Dr. Etzold
Diplom-Ingenieur für Fahrzeugtechnik

# So wird's gemacht

pflegen – warten – reparieren

**Band 131**

**OPEL CORSA C**
**COMBO/MERIVA**

Benziner

| | | |
|---|---|---|
| 1,0 l/43 kW | (58 PS) | 9/00 – 8/03 |
| 1,0 l/44 kW | (60 PS) | 9/03 – 9/06 |
| 1,2 l/55 kW | (75 PS) | 9/00 – 8/04 |
| 1,2 l/59 kW | (80 PS) | 9/04 – 9/06 |
| 1,4 l/66 kW | (90 PS) | 9/00 – 4/10 |
| 1,6 l/64 kW | (87 PS) | 9/00 – 9/06 |
| 1,6 l/74 kW | (100 PS) | 5/03 – 9/06 |
| 1,6 l/77 kW | (105 PS) | 2/06 – 4/10 |
| 1,8 l/92 kW | (125 PS) | 9/00 – 4/10 |

Diesel

| | | |
|---|---|---|
| 1,3 l/51 kW | (70 PS) | 9/03 – 9/06 |
| 1,3 l/55 kW | (75 PS) | 2/06 – 4/10 |
| 1,7 l/48 kW | (65 PS) | 9/00 – 8/03 |
| 1,7 l/55 kW | (75 PS) | 9/00 – 8/03 |
| 1,7 l/74 kW | (100 PS) | 9/03 – 9/06 |
| 1,7 l/92 kW | (125 PS) | 11/06 – 4/10 |

Delius Klasing Verlag

**Redaktion:** Günter Skrobanek (Text)
Christine Etzold (Bild)

Bibliografische Information der Deutschen Nationalbibliothek
Die Deutsche Nationalbibliothek verzeichnet diese Publikation
in der Deutschen Nationalbibliografie; detaillierte bibliografische
Daten sind im Internet über http://dnb.dnb.de abrufbar.

10. Auflage
ISBN 978-3-667-12979-6

Druck: BoD Books on Demand, Nordersteht
Printed in Germany 2024



Delius Klasing Verlag GmbH, Siekerwall 21, D-33602 Bielefeld
Tel: 0521/559-0, Fax: 0521/559-115
E-Mail: info@delius-klasing.de
www.delius-klasing.de
http://sowirdsgemacht.com

## *Lieber Leser,*

obwohl die Automobile von Modellgeneration zu Modellgeneration technisch wesentlich aufwändiger und komplizierter werden, greifen von Jahr zu Jahr immer mehr Heimwerker zum »So wird's gemacht«-Handbuch. Die Erklärung dafür ist einfach: Weil die Technik des Automobils komplizierter geworden ist benötigt selbst der Fachmann bei Wartungs- und Reparaturarbeiten am Fahrzeug eine spezielle Anleitung.

Auch der fachkundige Hobbymonteur, der sein Fahrzeug selbst wartet und repariert, sollte bedenken, dass der Fachmann viel Erfahrung hat und durch die Weiterschulung und den ständigen Erfahrungsaustausch über den neuesten Technikstand verfügt. Mithin kann es für die Überwachung und Erhaltung der Betriebs- und Verkehrssicherheit des eigenen Fahrzeugs sinnvoll sein, in regelmäßigen Abständen eine Fachwerkstatt aufzusuchen.

Grundsätzlich muss sich der Heimwerker natürlich darüber im Klaren sein, dass man mithilfe eines Handbuches nicht automatisch zum Kfz-Mechaniker wird. Auch deshalb sollten Sie nur solche Arbeiten durchführen, die Sie sich zutrauen. Das gilt insbesondere für jene Arbeiten, die die Verkehrssicherheit des Fahrzeugs beeinträchtigen können. Gerade in diesem Punkt sorgt das »So wird's gemacht«-Handbuch jedoch für praktizierte Verkehrssicherheit. Durch die Beschreibung der Arbeitsschritte und den Hinweis, die Sicherheitsaspekte nicht außer Acht zu lassen, wird der Heimwerker vor der Arbeit entsprechend sensibilisiert und informiert. Auch wird darauf hingewiesen, im Zweifelsfall die Arbeit lieber von einem Fachmann ausführen zu lassen.

**Sicherheitshinweis**
Auf verschiedenen Seiten dieses Buches stehen »Sicherheitshinweise«. Bevor Sie mit der Arbeit anfangen, lesen Sie bitte diese Sicherheitshinweise aufmerksam durch und halten Sie sich strikt an die dort gegebenen Anweisungen.

Vor jedem Arbeitsgang empfiehlt sich ein Blick in das vorliegende Buch. Dadurch werden Umfang und Schwierigkeitsgrad der Reparatur offenbar. Außerdem wird deutlich, welche Ersatz- oder Verschleißteile eingekauft werden müssen und ob unter Umständen die Arbeit nur mit Hilfe von Spezialwerkzeug durchgeführt werden kann.

Für die meisten Schraubverbindungen ist das Anzugsdrehmoment angegeben. Bei Schraubverbindungen, die in jedem Fall mit einem Drehmomentschlüssel angezogen werden müssen (Zylinderkopf, Achsverbindungen usw.), ist der Wert **fett** gedruckt. Nach Möglichkeit sollte man generell jede Schraubverbindung mit einem Drehmomentschlüssel anziehen. Übrigens: Für viele Schraubverbindungen sind Innen- oder Außen-Torxschlüssel erforderlich.

Als ich Anfang der siebziger Jahre den ersten Band der »So wird´s gemacht«-Buchreihe auf den Markt brachte, wurden im Automobilbau nur ganz wenige elektronische Bauteile eingesetzt. Inzwischen ist das elektronische Management allgegenwärtig; ob bei der Steuerung der Zündung, des Fahrwerks oder der Gemischaufbereitung. Die Elektronik sorgt auch dafür, dass es in verschiedenen Bereichen keine Verschleißteile mehr gibt, wie zum Beispiel der früher für den Zündfunken unentbehrliche Unterbrecherkontakt im Zündverteiler. Das Überprüfen elektronischer Bauteile ist wiederum nur noch mit teuren und speziell auf das Fahrzeugmodell abgestimmten Prüfgeräten möglich, die dem Heimwerker in der Regel nicht zur Verfügung stehen. Wenn also verschiedene Reparaturschritte nicht mehr beschrieben werden, so liegt das ganz einfach am vermehrten Einsatz von elektronischen Bauteilen.

Das vorliegende Buch kann zwangsläufig auch nicht auf jede aktuelle, technische Frage eingehen. Dennoch hoffe ich, dass die getroffene Auswahl an Reparatur-, Wartungs- und Pflegehinweisen in den meisten Fällen die auftretenden Probleme zufrieden stellend löst. Eines sollten Sie bei Ihren Arbeiten am eigenen Auto allerdings beachten: Ein Buch ist keine Tageszeitung. Ständig werden am aktuellen Modell technische Änderungen durchgeführt, so dass es vorkommen kann, dass sich die im Buch veröffentlichten Arbeitsanweisungen und Einstelldaten für Ihr spezielles Modell geändert haben. Sollten Zweifel auftreten, erfragen Sie bitte den aktuellen Stand beim Kundendienst des Automobilherstellers.

***Rüdiger Etzold***

# Inhaltsverzeichnis

# OPEL CORSA C/ MERIVA

## Aus dem Inhalt:

- **Modellvarianten**
- **Fahrzeugidentifizierung**
- **Motordaten**

Im September 2000 wurde der OPEL CORSA C in den Markt eingeführt. Das »C« weist auf die 3. Modell-Generation des CORSA hin.

Der CORSA C bietet gegenüber dem Vorgängermodell unter anderem einen verbesserten Fahrkomfort sowie einen hohen passiven Sicherheitsstandard. Dank der Verzinkung der kompletten Karosserie gibt es eine zwölfjährige Garantie gegen Durchrostung. Wesentliche Stilelemente der neuen CORSA-Karosserie sind die breite Motorhaube deren seitliches Profil in die A-Säule übergeht. Vorn endet die Motorhaube in einer geraden Linie oberhalb des opeltypischen Kühlergrills. Das Heck des CORSA wird von Rückleuchten geprägt, die hoch in den C-Säulen integriert sind.

Seit dem Modelljahr 2003 hat der CORSA Scheinwerfer mit klaren Streuscheiben und integrierten Blinkleuchten sowie in Wagenfarbe lackierten Türgriffen.

Seit dem Facelift 2004 werden Front- und Heckverkleidung (Stoßfänger) komplett in Wagenfarbe lackiert (vorher: obere Hälfte schwarz genarbt). Neu sind auch der Kühlergrill mit der breiten, verchromten Querstrebe sowie die V-förmige Linienführung der Kühlergrillaufnahme und des darunterliegenden Kühlluftgitters mit den getrennt davon angeordneten Nebelscheinwerfern. Die Nebelschlussleuchte ist nun im unteren Bereich der Heckverkleidung angeordnet.

Zu den umfangreiche Sicherheitseinrichtungen des OPEL CORSA C zählen Fahrer- und Beifahrerairbag sowie Seitenairbags und Gurtstraffer für die vorderen Sitze. Seitliche Karosserieverstärkungen in den Türen erhöhen zusätzlich die passive Sicherheit.

Für einen guten Fahrkomfort sorgt ein Fahrschemel, an dem die Vorderachse befestigt ist. Der Fahrschemel ist über Gummilager von der Karosserie entkoppelt, damit Schwingungen nicht in den Innenraum übertragen werden.

Für den CORSA stehen in Leistung, Hubraum und Bauart recht unterschiedliche Benzin- und Dieselmotoren zur Verfügung, so dass je nach persönlicher Anforderung zwischen sehr wirtschaftlicher und sportlicher Motorisierung ausgewählt werden kann.

**CORSA C, Modell 2001**

O-6608

**CORSA C, Modell 2004**

O-6609

O-6610

**CORSA C COMBO**

## OPEL MERIVA

Der OPEL MERIVA basiert auf dem CORSA C, hat allerdings einen längeren Radstand. Der Minivan wurde im Mai 2003 der Öffentlichkeit präsentiert.

Ähnlich wie beim OPEL ZAFIRA bietet der MERIVA einen variablen Innenraum mit umklappbaren oder versenkbaren Rücksitzen.

**MERIVA, Modell 2004**

**MERIVA, Modell 2004**

# Fahrzeug- und Motoridentifizierung

Anhand der Fahrzeug-Identnummer (Fahrgestellnummer) kann das Fahrzeugmodell eindeutig identifiziert werden. In der Fahrgestellnummer sind Modellreihe und Karosserievariante verschlüsselt aufgeführt.

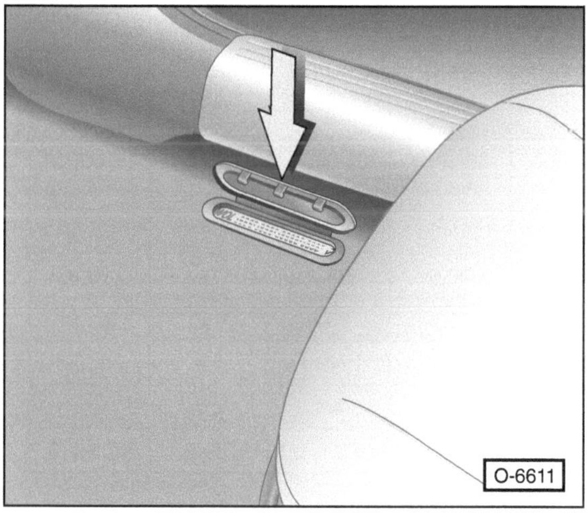


Die Fahrzeug-Identnummer ist neben dem rechten Vordersitz in das Karosserie-Bodenblech eingeprägt und durch eine Abdeckklappe verdeckt. Bei manchen Modellen ist die Fahrzeug-Identnummer an der Stirnwand vorn angebracht und durch eine Aussparung in der schwarzen Frontscheibenumrandung auf der Fahrerseite von außen lesbar.

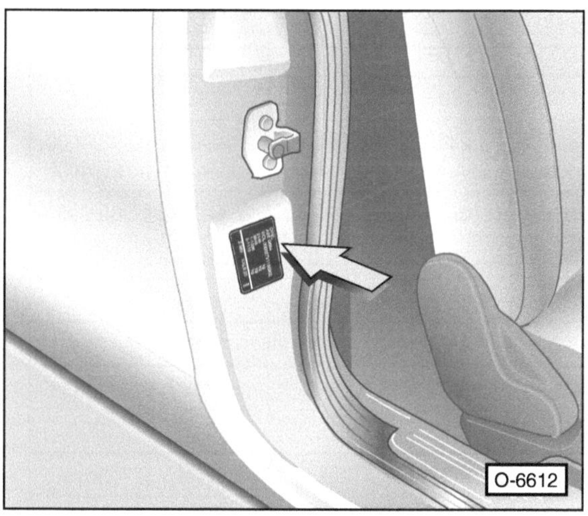


Das Typschild befindet sich am rechten Vordertürrahmen beziehungsweise bei manchen Modellen im Motorraum am rechten Radeinbau. Außer der Fahrzeug-Identnummer enthält es weitere Daten, wie beispielsweise die Farbnummer.

### Aufschlüsselung der Fahrzeug-Identifizierungsnummer

| WOL | O | X | C | F | 08 | 3 | 2 | 123 456 |
|---|---|---|---|---|---|---|---|---|
| ① | ② | ③ | ④ | ⑤ | ⑥ | ⑦ | ⑧ | ⑨ |

① Weltherstellercode: WOL = Adam Opel GmbH.

② Sonderausführung: O = kein Sonderfahrzeug.

③ GM-Code: X = CORSA C/MERIVA, H = AGILA.

④ Modell: C = CORSA C/MERIVA, A = AGILA A/TIGRA

⑤ Ausstattung.

⑥ Karosserie: 08 = 2-Türer Limousine, 68 = 4-Türer Limousine, 25 = 3-Türer ohne Seitenfenster hinten mit Schiebetür links (COMBO), 06 = 4-Türer COMBO TOUR, 75 = MERIVA.

⑦ Modelljahr: Y = 2000, 1 = 2001, 2 = 2002, 3 = 2003 bis 8 = 2008.

⑧ Herstellerwerk: 1 = Rüsselsheim, 2 = Bochum.

⑨ Fortlaufende Seriennummer.

### Aufschlüsselung der Motorkennzeichnung

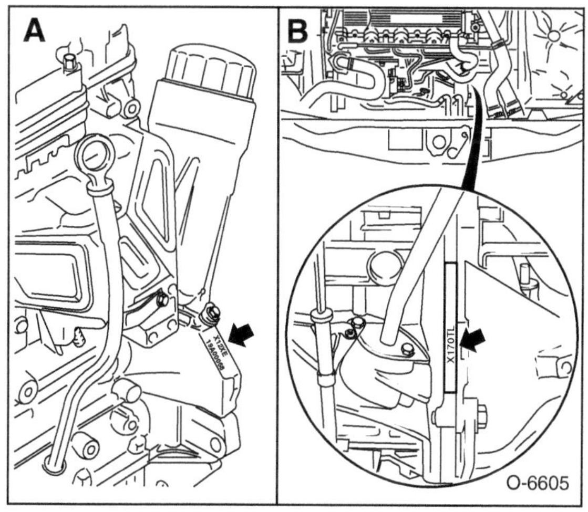


Motorkennzeichnung und Motornummer sind beim Benzinmotor –A– unterhalb des Ölfiltergehäuses im Motorblock eingeschlagen. Beim 1,7-l-Dieselmotor –B– befindet sich die Motorkennzeichnung auf der Abflachung am Motorblock an der Schwungradseite.

**Beispiel:**

| Z | 10 | X | E | P | – |
|---|---|---|---|---|---|
| Y | 17 | – | D | T | H |
| ① | ② | ③ | ④ | ⑤ | ⑤ |

① **Abgasnorm:** Y = EURO-3; Z = EURO-4.

② **Hubraum:** 16 = 1,6 l; 17 = 1,7 l.

③ **Verdichtungsverhältnis:** L = 8,5 – 9,0; N = 9,0 – 9,5; S = 9,5 – 10,0; X = 10,0 – 11,5; Y > 11,5. **Hinweis:** Beim Dieselmotor wird der Buchstabe »Y« in der aktuellen Bezeichnung weggelassen.

④ **Gemischsystem:** E = Benzin-Einspritzung; D = Diesel.

⑤ **Ausführung:** H = Höhere Leistung; L = Niedrigere Leistung; P = Kanalabschaltung durch Twinport-System; T = Turboaufladung.
**Hinweis:** Die Buchstaben »H« und »L« beziehen sich auf Basismotoren deren Leistung erhöht beziehungsweise vermindert wurde. Beispielsweise wurde der CORSA-Motor Y17DT**L** mit 65 PS vom CORSA-Motor Y17DT mit 75 PS abgeleitet.

# Motordaten

| Motor/Modell | 1.0 | 1.0 | 1.2 | 1.2 | 1.4 | 1.4 | 1.6 | 1.6 |
|---|---|---|---|---|---|---|---|---|
| Fertigung von – bis | 9/00 – 8/03 | 9/03 – 9/06 | 9/00 – 8/04 | 9/04 – 9/06 | 9/00 – 8/03 | 9/03 – 4/10 | 9/00 – 9/06 | 5/03 – 9/06 |
| Motorbezeichnung | Z10XE | Z10XEP | Z12XE | Z12XEP | Z14XE | Z14XEP | Z16SE[1] | Z16XE[2] |
| Hubraum cm$^3$ | 973 | 998 | 1199 | 1229 | 1389 | 1364 | 1598 | 1599 |
| Leistung kW bei 1/min<br>PS bei 1/min | 43/5600<br>58/5600 | 44/5600<br>60/5600 | 55/5600<br>75/5600 | 59/5600<br>80/5600 | 66/6000<br>90/6000 | 66/5600<br>90/5600 | 64/5400<br>87/5400 | 74/6000<br>100/6000 |
| Drehmoment Nm bei 1/min | 85/3800 | 88/3800 | 110/4000 | 110/4000 | 125/4000 | 125/4000 | 138/3000 | 150/3600 |
| Bohrung ∅ mm | 72,5 | 73,4 | 72,5 | 73,4 | 77,6 | 73,4 | 79 | 79,0 |
| Hub mm | 78,6 | 78,6 | 72,6 | 72,6 | 73,4 | 80,6 | 81,5 | 81,5 |
| Verdichtung | 10,1 | 10,5 | 10,1 | 10,5 | 10,5 | 10,5 | 9,6 | 10,5 |
| Zylinder/Ventile pro Zylinder | 3/4 | 3/4 | 4/4 | 4/4 | 4/4 | 4/4 | 4/2 | 4/4 |
| Motormanagement | ME 1.5.5 | ME 7.6.1/.2 | ME 1.5.5 | ME 7.6.2 | Multec S | ME 7.6.1/.2 | HSFI 2.1 | Multec S |
| Kraftstoff bleifrei ROZ | Super 95 | Super 95 | Super 95 | Super 95 | Super 95 | Super 95 | Super 95 | Super 95 |
| Wechselmengen<br>Motoröl Liter<br>Kühlflüssigkeit Liter | <br>3,0<br>5,0 | <br>3,0<br>5,0 | <br>3,5<br>5,0 | <br>3,5<br>5,0 | <br>3,5<br>6,0 | <br>3,5<br>5,0 | <br>3,5<br>6,0 | <br>3,5<br>5,3 |

| Motor/Modell | 1.6 | 1.8 | 1.3 CDTI | 1.3 CDTI | 1.7 DT | 1.7 DTI | 1.7 CDTI | 1.7 CDTI |
|---|---|---|---|---|---|---|---|---|
| Fertigung von – bis | 2/06 – 4/10 | 9/00 – 4/10 | 9/03 – 9/06 | 2/06 – 4/10 | 9/00 – 8/03 | 9/00 – 8/03 | 9/03 – 9/06 | 11/06 – 4/10 |
| Motorbezeichnung | Z16XEP[2] | Z18XE | Z13DT | Z13DTJ[2] | Y17DTL | Y17DT | Z17DTH | Z17DTR[2] |
| Hubraum cm$^3$ | 1599 | 1796 | 1248 | 1248 | 1686 | 1686 | 1686 | 1686 |
| Leistung kW bei 1/min<br>PS bei 1/min | 77/6000<br>105/6000 | 92/6000<br>125/6000 | 51/4000<br>70/4000 | 55/4000<br>75/4000 | 48/4400<br>65/4400 | 55/4400<br>75/4400 | 74/4000<br>100/4000 | 92/4000<br>125/4000 |
| Drehmoment Nm bei 1/min | 150/3900 | 170/3800 | 170/1750 | 170/1750 | 130/2000 | 165/1800 | 260/2000 | 280/2000 |
| Bohrung ∅ mm | 79,0 | 80,5 | 69,6 | 69,6 | 79,0 | 79,0 | 79,0 | 79,0 |
| Hub mm | 81,5 | 88,2 | 82,0 | 82,0 | 86,0 | 86,0 | 86,0 | 86,0 |
| Verdichtung | 10,5 | 10,5 | 18,0 | 18,0 | 18,4 | 18,4 | 18,2 | 18,2 |
| Zylinder/Ventile pro Zylinder | 4/4 | 4/4 | 4/4 | 4/4 | 4/4 | 4/4 | 4/4 | 4/4 |
| Motormanagement | Multec S | Simtec 71 | EDC | EDC | EDC | EDC | EDC | EDC |
| Kraftstoff bleifrei ROZ | Super 95 | Super 95 | Diesel | Diesel | Diesel | Diesel | Diesel | Diesel |
| Wechselmengen<br>Motoröl Liter<br>Kühlflüssigkeit Liter | <br>4,5<br>7,1 | <br>4,25<br>5,3 | <br>3,2<br>5,9 | <br>3,2<br>6,7 | <br>4,5<br>7,1 | <br>4,5<br>7,1 | <br>4,5<br>6,7 | <br>5,4<br>7,1 |

[1]) Nur OPEL COMBO und MERIVA.
[2]) Nur OPEL MERIVA.
EDC = **E**lectronic **D**iesel **C**ontrol = Elektronische Dieseleinspritzung.
M/ME 1.5.5 = BOSCH-Motronic
Multec S = **Mul**tiple **Tec**hnology, **S** = **s**equentielle Einspritzung
Simtec 71 = OPEL-Einspritzanlage
**Hinweis:** Die Wechselmengen sind ungefähre Angaben. Abweichungen entsprechend der jeweiligen Fahzeugausstattung sind möglich.

## 3-Zylinder-Benzinmotor

**1,0-l-Motor Z10XEP, 44 kW/60 PS**

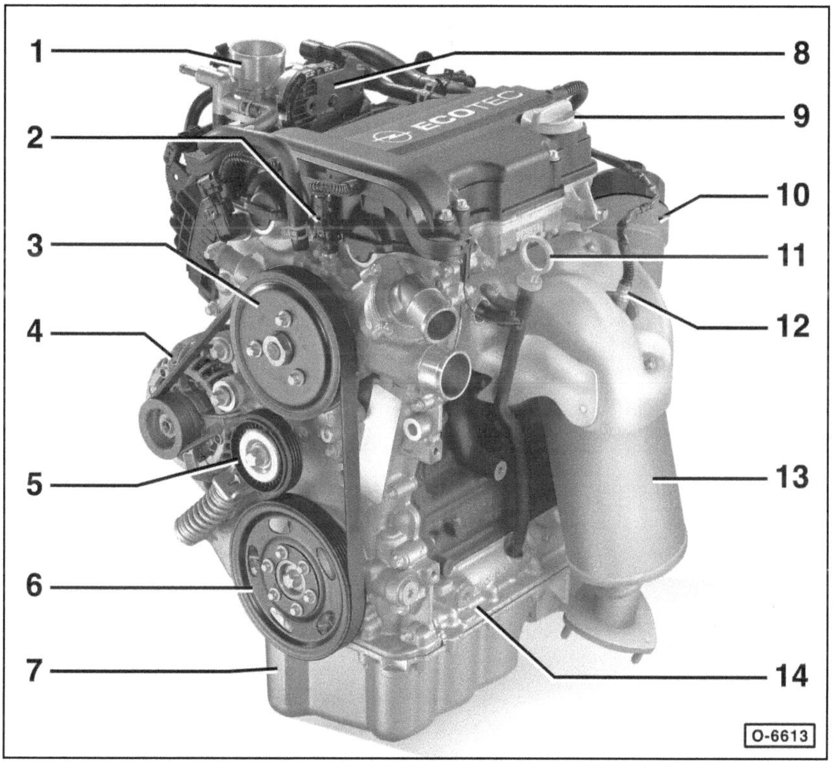


1 – Ansaugstutzen
2 – Kühlmitteltemperatur-Geber
3 – Kühlmittelpumpen-Riemenscheibe
4 – Generator
5 – Keilrippenriemen-Spannrolle
6 – Kurbelwellen-Riemenscheibe
7 – Ölwanne
8 – Drosselklappen-Steuereinheit
9 – Öleinfülldeckel
10 – Ölfilter
11 – Ölmessstab
12 – Lambdasonde 1
13 – Katalysator
14 – Grundplatte
Aus Aluminium gefertigter unterer Teil des Motorblocks.

## 4-Zylinder-Dieselmotor

**1,3-l-CDTI mit 51 kW (70 PS)**

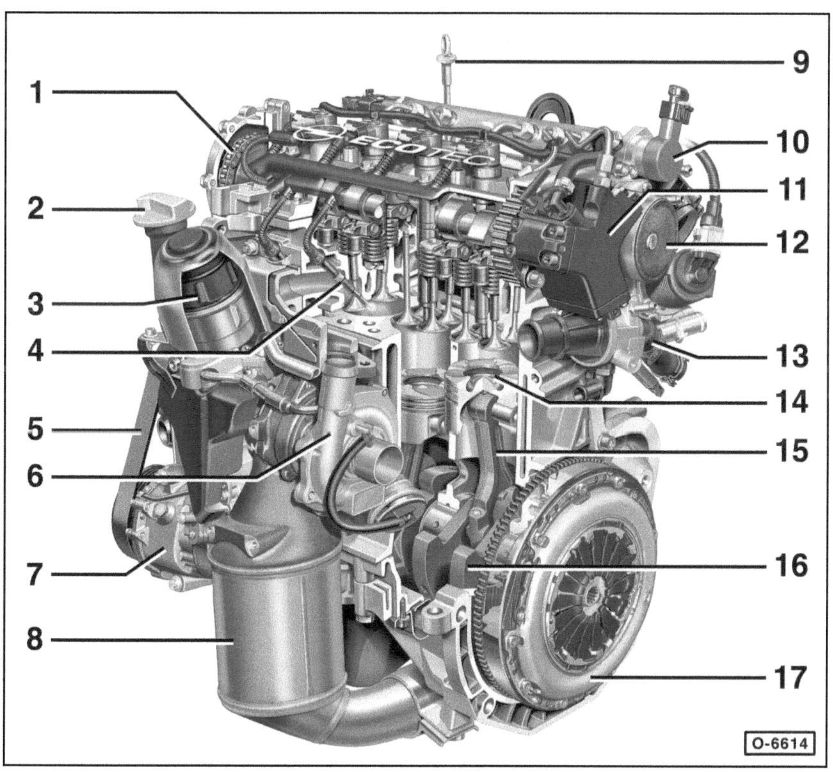


1 – Steuerkette
2 – Öleinfülldeckel
3 – Ölfilter
4 – Glühkerze
5 – Keilrippenriemen
6 – Abgas-Turbolader
7 – Klimakompressor
8 – Katalysator
9 – Ölmessstab
10 – Druckregler
11 – Hochdruckpumpe
12 – Vakuumpumpe
13 – Thermostatgehäuse
14 – Kolben
15 – Pleuel
16 – Kurbelwelle
17 – Kupplungs-Druckplatte

# Wartung

Aus dem Inhalt:

- Wartungsplan
- Wartungsarbeiten
- Serviceanzeige nach der Wartung zurückstellen
- Werkzeugausrüstung
- Motorstarthilfe
- Aufbocken

Die Wartungsintervalle beim CORSA sind von der Zeitdauer seit der letzten Wartung und den gefahrenen Kilometern abhängig. Als Maßstab für die Berechnung der Wartungszyklen werden hauptsächlich die Zeit und die gefahrenen Kilometer seit dem letzten Zurücksetzen der Service-Intervallanzeige herangezogen.

Seit Modelljahr 2004 (beim MERIVA ab Serienstart) kommt ein flexibles Wartungssystem zum Einsatz. Dabei werden von einem Steuergerät die Wartungsintervalle je nach Fahrweise aufgrund folgender Faktoren berechnet: Zurückgelegte Fahrstrecke, Motordrehzahl, Motordrehmoment, Fahrzyklen, Kühlmitteltemperatur und Öltemperatur.

O-62133

Wenn eine Wartung erforderlich ist, erscheint die Service-Intervallanzeige »InSP« nach Einschalten der Zündung anstelle der Tageskilometeranzeige im Tachometer.

Nachdem die Wartung durchgeführt wurde, muss die Service-Intervallanzeige zurückgesetzt werden.

**Hinweis:** Standzeiten, bei denen die Fahrzeugbatterie abgeklemmt ist, bleiben von der Service-Intervallanzeige unberücksichtigt.

## Service-Intervallanzeige zurücksetzen

Die Service-Intervallanzeige muss nach jeder Wartung zurückgesetzt werden.

**Zurücksetzen bei Fahrzeugen bis 8/03**

- Zündung ausschalten, Zündschlüssel steht in Nullstellung.
- Rückstellknopf für Tageskilometerzähler drücken und festhalten.
- Zündung einschalten und den Rückstellknopf noch für mindestens 2 Sekunden gedrückt halten. Nach Einschalten der Zündung blinkt die Anzeige »InSP« für ca. 2 Sekunden.
- Nach erfolgreicher Rücksetzung wird »----« angezeigt, bis der Stellknopf losgelassen wird. Danach erscheint wieder die Tageskilometer- oder Zeituhr-Anzeige.

**Zurücksetzen beim CORSA-C, COMBO ab 9/03** (Modelljahr 2004, mit flexiblem Wartungssystem)

- Zündung ausschalten, Zündschlüssel steht in Nullstellung.
- Rückstellknopf für Tageskilometerzähler drücken und festhalten. Nach ca. 3 Sekunden erscheint die Service-Intervallanzeige »InSP 0«.
- Rückstellknopf weiter gedrückt halten und zusätzlich das Bremspedal treten, beides halten.
- Zündung einschalten und den Rückstellknopf gedrückt sowie das Bremspedal getreten halten. In der Anzeige blinkt »InSP- - - -«. Rückstellknopf und Bremspedal weiter halten, bis die Anzeige umspringt.
- Nach ca. 10 Sekunden wird in der Anzeige die maximale Laufleistung »InSP 35.000 Km« (Benziner) oder »InSP 50.000 Km« (Diesel) angezeigt. Die Service-Intervallanzeige wurde zurückgesetzt. **Hinweis:** Dadurch wird der Zeitzähler im Kombiinstrument auf 24 Monate und die im Motor-Steuergerät abgelegte Information »Ölzustand« auf 100% gesetzt.

**Zurücksetzen beim MERIVA**

- Zündung ausschalten, Zündschlüssel steht in Nullstellung. Im Kombiinstrument wird der Tageskilometerzähler angezeigt.
- Rückstellknopf für Tageskilometerzähler drücken und festhalten.
- Zündung einschalten und den Rückstellknopf für mindestens 10 Sekunden weiter gedrückt halten, bis die Anzeige umspringt.
- Nach ca. 10 Sekunden wird in der Anzeige die maximale Laufleistung »InSP 35.000 km« oder »InSP 50.000 km« (Diesel) beziehungsweise »InSP« für 2 Sekunden angezeigt.
- Nach erfolgreichem Zurücksetzen wird in der Anzeige der Text »- - - -« bis zum Loslassen des Rückstellknopfes angezeigt. Danach erscheint die Tageskilometeranzeige oder die Uhrzeit-Anzeige. **Hinweis:** Dadurch wird der Zeitzähler im Kombiinstrument auf 24 Monate und die im Motor-Steuergerät abgelegte Information »Ölzustand« auf 100% gesetzt.

## Wartungsplan

Die Wartung ist nach der Service-Intervallanzeige durchzuführen. Bei Fahrzeugen bis Modelljahr 2003 (8/03) auf jeden Fall aber nach 12 Monaten oder, wenn innerhalb dieser Zeit mehr als 30.000 km gefahren werden, bereits nach 30.000 km. Ab Modelljahr 2004 (9/03) beim CORSA-C und COMBO beziehungsweise ab Produktionsbeginn beim MERIVA verlängern sich die Wartungsintervalle für den Benzinmotor auf 2 Jahre oder 30.000 km beziehungsweise für den Dieselmotor auf 2 Jahre oder 50.000 km.

Im Rahmen der Wartung sind zusätzlich die mit ◆ gekennzeichneten Wartungspunkte entsprechend den angegebenen Intervallen durchzuführen. **Achtung:** Abweichend von den Wartungsintervallen muss beim Dieselmotor der Kraftstofffilter **jedes Jahr** entwässert werden.

Nach erfolgter Wartung muss die Service-Intervallanzeige im Kombiinstrument zurückgesetzt werden.

**Achtung:** Bis 8/03 ist bei häufigen Kaltstarts und überwiegend Stadt- und Kurzstreckenverkehr (täglich weniger als 10 Kilometer oder Leerlaufanteil 30% und mehr) muss das Motoröl-Wechselintervall halbiert werden, ausgenommen es wird vollsynthetisches Motoröl verwendet. Bei häufigen Fahrten in staubiger Umgebung müssen Motor-Luftfilter und Pollenfilter bereits nach der Hälfte des ursprünglichen Wartungsintervalls gewechselt werden.

**Motor**

- ■ Dieselmotor: Kraftstofffilter entwässern (einmal pro Jahr, auch bei flexiblen Wartungsintervallen).
- Motor/Motorraum: Sichtprüfung auf Undichtigkeiten.
- Motor: Ölstand prüfen, Sichtprüfung auf Ölundichtigkeiten.
- Motor: Öl wechseln, Ölfilter ersetzen.
- Kühlsystem: Flüssigkeitsstand prüfen, Konzentration des Frostschutzmittels prüfen. Sichtprüfung auf Undichtigkeiten und äußere Verschmutzung des Kühlers.
- Keilrippenriemen: Zustand und Spannvorrichtung prüfen.
- Abgasanlage: Auf Beschädigungen sichtprüfen.

**Getriebe, Achsantrieb**

- Getriebe: Sichtprüfung auf Undichtigkeiten.

**Vorderachse und Lenkung**

- Radaufhängung und Federung vorn und hinten: Sichtprüfen auf Beschädigungen.
- Servolenkung: Auf Dichtheit sichtprüfen, gegebenenfalls Flüssigkeitsstand prüfen.
- Lenkgetriebe: Manschetten prüfen.
- Gummimanschetten der Gelenkwellen: Auf Undichtigkeiten und Beschädigungen prüfen.
- Spurstangenköpfe und Achsgelenke: Staubkappen prüfen, Gelenke auf Spiel prüfen.

**Bremsen, Reifen, Räder**

- Bremsen vorn/hinten: Belagstärke prüfen.
- Bremsanlage: Flüssigkeitsstand prüfen.
- Bremsanlage: Leitungen, Schläuche und Anschlüsse auf Undichtigkeiten und Beschädigungen prüfen.
- Handbremse: Funktion prüfen.
- Bereifung: Reifenfülldruck und Profiltiefe prüfen (einschließlich Reserverad); Reifen auf Verschleiß und Beschädigungen prüfen.
- Räder: Radschrauben lösen und über Kreuz wieder mit **110 Nm** festziehen.

**Aufbau, Heizung**

- Airbag-Einheiten: Sichtprüfen auf Beschädigungen.
- Klimakompressor auf Dichtheit sichtprüfen.
- Türfeststeller, Türscharniere, Tür-Schließzylinder und Schließbügel, Motorhaubenschloss, Heckklappenscharniere: Schmieren.

**Elektrische Anlage**

- Alle Stromverbraucher: Funktion prüfen.
- Signalhorn: Prüfen.
- Beleuchtungsanlage/Kontrolllampen: Funktion prüfen.
- Scheinwerfereinstellung: Prüfen (Werkstattarbeit).
- Scheibenwischer: Wischergummis auf Verschleiß prüfen.
- Scheibenwaschanlage: Funktion prüfen, Düsenstellung kontrollieren, Flüssigkeit nachfüllen, Scheinwerfer-Waschanlage prüfen.
- Batterie: Prüfen.
- Service-Intervallanzeige: Zurücksetzen.

## Zusätzliche Wartungsarbeiten

**Alle 2 Jahre unabhängig von den gefahrenen Kilometern**

- Bremsflüssigkeit für Bremssystem und Kupplungshydraulik wechseln.
- Funk-Fernbedienung: Batterien wechseln.
- Karosserie: Lackierung auf Beschädigung prüfen.
- Unterbodenschutz: Prüfen.
- Erste-Hilfe-Kasten: Haltbarkeitsdatum prüfen.
- Abgasuntersuchung (AU) erstmalig nach 3 Jahren, dann alle 2 Jahre (Werkstattarbeit).

**Alle 2 Jahre / 30.000 km**

**Hinweis:** Die folgenden Wartungspositionen gelten für Fahrzeuge mit starren und mit flexiblen Wartungsintervallen. Beim Dieselmotor und flexiblem Wartungsintervall liegt die Kilometerbegrenzung bei 50.000 km.

- Pollenfilter: Filtereinsatz ersetzen.
- Dieselmotor: Kraftstofffilter ersetzen.

**Alle 4 Jahre / 60.000 km**

- Motor-Luftfilter: Filtereinsatz ersetzen. **Hinweis:** Kilometerbegrenzung für den Dieselmotor ab 9/03: 50.000 km.
- Benzinmotor: Zündkerzen ersetzen.
- Benzinmotor: Kraftstofffilter ersetzen.
- Bremsanlage: Bremstrommel abnehmen, reinigen und sichtprüfen.
- Motor Z14XE, Z16XE, Z18XE bis 9/02: Zahnriemen und Zahnriemenspannrolle ersetzen.
- Automatisches Getriebe: Getriebeöl wechseln.

**Alle 6 Jahre / 90.000 km**

- Motor Z14XE, Z16XE, Z18XE ab 10/02: Zahnriemen und Zahnriemenspannrolle ersetzen, Umlenkrolle und Antriebsrad prüfen.

**Alle 8 Jahre / 120.000 km**

- Motor Z16SE: Zahnriemen und Zahnriemenspannrolle ersetzen, Umlenkrolle und Antriebsrad prüfen.

**Alle 10 Jahre / 90.000 km**

- Motor Z17DTH/DTR ab Modelljahr 2007: Zahnriemen und Zahnriemen-Spannrolle ersetzen.

**Alle 10 Jahre / 100.000 km**

- Motor Z17DTH bis Modelljahr 2006: Zahnriemen und Zahnriemen-Spannrolle ersetzen.

**Alle 10 Jahre / 150.000 km**

- Motor Y17DT, Y17DTL: Zahnriemen ersetzen, Zahnriemenspannrolle, Umlenkrolle und Antriebsrad prüfen.
- Dieselmotor: Keilrippenriemen ersetzen.
- 1,7-l-Dieselmotor: Ventilspiel prüfen beziehungsweise einstellen.
- 1,6-l-Benzinmotor Z16XEP: Ventilspiel prüfen beziehungsweise einstellen (Werkstattarbeit).

# Wartungsarbeiten

Hier werden, nach den verschiedenen Baugruppen des Fahrzeugs aufgeteilt, alle Wartungsarbeiten beschrieben, die gemäß dem Wartungsplan durchgeführt werden müssen. Auf die erforderlichen Verschleißteile sowie das möglicherweise benötigte Sonderwerkzeug wird jeweils hingewiesen.

Es empfiehlt sich, Reifendruck, Motorölstand und Flüssigkeitsstände für Kühlung, Wisch-/Waschanlage etc. mindestens alle 4 bis 6 Wochen zu prüfen und gegebenenfalls zu ergänzen.

**Achtung:** Beim **Einkauf von Ersatzteilen** ist zur Identifizierung des Fahrzeuges unbedingt der **KFZ-Schein** mitzunehmen, denn nur durch die Fahrzeug-Identnummer ist eine eindeutige Zuordnung von Ersatzteil und Fahrzeugmodell möglich. Sinnvoll ist es auch, das Altteil zum Ersatzteilhändler mitzunehmen, um es dort mit dem Neuteil vergleichen zu können.

# Motor und Abgasanlage

Folgende Wartungspunkte müssen nach dem Wartungsplan durchgeführt werden:

- Motor/Motorraum: Sichtprüfung auf Undichtigkeiten.
- Motorölstand prüfen, Sichtprüfung auf Ölundichtigkeiten.
- Motoröl wechseln, Ölfilter ersetzen.
- Kühlsystem: Flüssigkeitsstand prüfen, Konzentration des Frostschutzmittels prüfen. Sichtprüfung auf Undichtigkeiten und äußere Verschmutzung des Kühlers.
- Dieselmotor: Kraftstofffilter entwässern, ersetzen.
- Benzinmotor: Kraftstofffilter ersetzen.
- Keilrippenriemen-Zustand und Spannvorrichtung prüfen.
- Zahnriemenrollen prüfen.
- Zahnriemen und Zahnriemenspannrolle ersetzen, siehe auch Kapitel »Motor-Mechanik«.
- Motor-Luftfilter: Filtereinsatz ersetzen.
- Abgasanlage auf Beschädigungen sichtprüfen.
- Benzinmotor: Zündkerzen ersetzen.
- Dieselmotor: Keilrippenriemen ersetzen, siehe Kapitel »Motor-Mechanik«.
- 1,7-l-Dieselmotor: Ventilspiel prüfen beziehungsweise einstellen, siehe Kapitel »Motor-Mechanik«.
- Abgasuntersuchung (AU) erstmalig nach 3 Jahren, dann alle 2 Jahre (Werkstattarbeit).

## Motor/Motorraum: Sichtprüfung auf Undichtigkeiten

**Spezialwerkzeug: nicht erforderlich.**

- **Z13DT:** Obere Motorabdeckung von den 4 Befestigungsstiften nach oben abziehen.
- **Motor Z14XE/Z16XE/Z18XE:** Obere Motorabdeckung ausbauen. Dazu Deckel vom Öleinfüllstutzen abschrauben, 2 Schrauben herausdrehen, beim Motor Z16XE seitlichen Kühlmittelschlauch ausclipsen. Abdeckung hinten etwas anheben, waagerecht nach vorn schieben (zum Kühler) und aus den vorderen Gummihaltern aushängen. Anschließend Deckel am Öleinfüllstutzen aufschrauben.
- Leitungen, Schläuche und Anschlüsse der
  - ◆ Kraftstoffanlage,
  - ◆ des Kühl- und Heizungssystems,
  - ◆ der Bremsanlage

  auf Undichtigkeiten, Scheuerstellen, Porosität und Brüchigkeit sichtprüfen.

**Ölundichtigkeit suchen**

Bei ölverschmiertem Motor und hohem Ölverbrauch überprüfen, wo das Öl austritt. Dazu folgende Stellen überprüfen:

- Öleinfülldeckel öffnen und Dichtung auf Porosität oder Beschädigung prüfen.
- Kurbelgehäuse-Entlüftung. Zum Beispiel Belüftungsschlauch vom Zylinderkopfdeckel zum Luftansaugschlauch.
- Zylinderkopfdeckel-Dichtung.
- Zylinderkopf-Dichtung.
- Ölablassschraube (Dichtring).
- Ölfilterdichtung: Ölfilter am Ölfilterflansch.
- Ölwannendichtung.
- Wellendichtringe vorn und hinten für Nockenwelle und Kurbelwelle.

Da sich bei Undichtigkeiten das Öl meistens über eine größere Motorfläche verteilt, ist der Austritt des Öls nicht auf den ersten Blick zu erkennen. Bei der Suche geht man zweckmäßigerweise wie folgt vor:

- Motorwäsche folgendermaßen durchführen: Generator mit Plastiktüte abdecken. Motor mit handelsüblichem Kaltreiniger einsprühen und nach einer kurzen Einwirkungszeit an einer Autowaschanlage mit Wasser abspritzen.
- Trennstellen und Dichtungen am Motor von außen mit Kalk oder Talkumpuder bestäuben.
- Ölstand kontrollieren, gegebenenfalls auffüllen.
- Probefahrt durchführen. Da das Öl bei heißem Motor dünnflüssig wird und dadurch schneller an den Leckstellen austreten kann, sollte die Probefahrt über eine Strecke von ca. 30 km auf einer Schnellstraße durchgeführt werden.
- Anschließend Motor mit Lampe anstrahlen, undichte Stelle lokalisieren und Fehler beheben.

### Kühlsystem prüfen

- Kühlmittelschläuche durch Zusammendrücken und Verbiegen auf poröse Stellen untersuchen, hart gewordene und aufgequollene Schläuche erneuern.
- Die Schläuche dürfen nicht zu kurz auf den Anschlussstutzen sitzen.
- Festen Sitz der Schlauchschellen kontrollieren, gegebenenfalls Schellen erneuern.
- Dichtung des Verschlussdeckels für den Ausgleichbehälter auf Beschädigungen überprüfen.

**Achtung:** Ein zu niedriger Kühlmittelstand kann auch von einem nicht richtig aufgeschraubten Verschlussdeckel herrühren.

- Deutlicher Kühlmittelverlust und/oder Öl in der Kühlflüssigkeit sowie weiße Abgaswolken bei warmem Motor deuten auf eine defekte Zylinderkopfdichtung hin.

**Achtung:** Mitunter ist es schwierig, die Leckstelle ausfindig zu machen. Dann empfiehlt sich eine Druckprüfung durch die Werkstatt (Spezialgerät erforderlich). Hierbei kann ebenfalls das Überdruckventil des Verschlussdeckels geprüft werden.

- **Motor Z13DT:** Obere Motorabdeckung über den 4 Befestigungsstiften ansetzen, nach unten drücken und einrasten.
- **Motor Z14XE/Z16XE/Z18XE:** Deckel vom Öleinfüllstutzen abschrauben. Obere Motorabdeckung ansetzen, vorn in die Gummihalter einschieben und hinten anschrauben. Beim Motor Z16XE seitlichen Kühlmittelschlauch einclipsen. Anschließend Deckel am Öleinfüllstutzen aufschrauben.

## Motorölstand prüfen

**Spezialwerkzeug: nicht erforderlich.**

**Erforderliche Betriebsmittel/Verschleißteile:**

- Zum Nachfüllen nur ein von OPEL freigegebenes Motoröl verwenden, siehe Seite 210.

**Prüfen**

- Motor warm fahren und auf einer ebenen, waagerechten Fläche abstellen.
- Nach Abstellen des Motors mindestens 5 Minuten lang warten, damit sich das Öl in der Ölwanne sammelt.

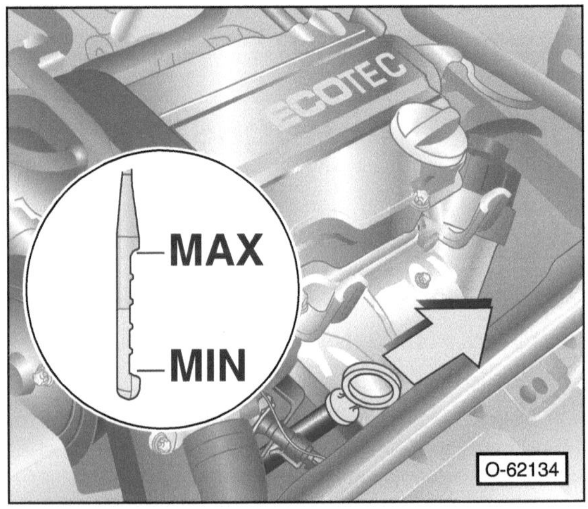


- Ölmessstab herausziehen –Pfeil– und mit sauberem Lappen abwischen.
- Anschließend Messstab bis zum Anschlag in das Führungsrohr einführen und wieder herausziehen. Der Ölstand muss zwischen den beiden Markierungen –MAX– und –MIN– liegen.
- Neues Öl erst nachfüllen, wenn sich der Ölstand der MIN-Marke nähert. Die Ölmenge von der MIN- bis zur MAX-Markierung beträgt **1,0 l**.

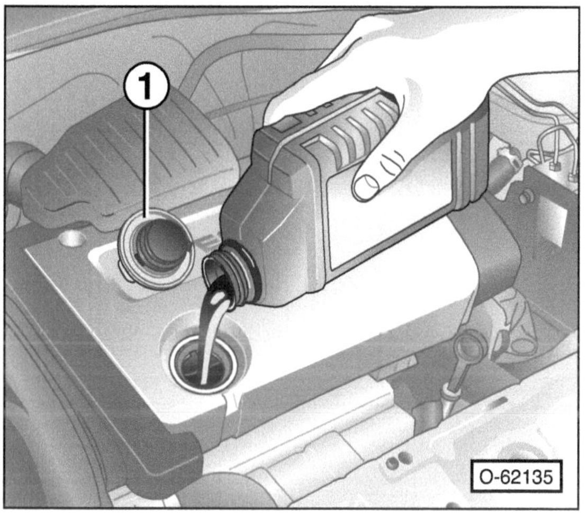


- Nachgefüllt wird am Verschluss des Zylinderkopf- oder Nockenwellengehäusedeckels. Beim Nachfüllen vorgeschriebene Ölsorte verwenden, keine Ölzusätze verwenden. 1 – Öleinfülldeckel.

**Achtung:** Zu viel eingefülltes Motoröl (oberhalb von der MAX-Markierung) muss wieder abgesaugt werden, da sonst die Motordichtungen beziehungsweise der Katalysator beschädigt werden können.

- Bei hoher Motorbeanspruchung durch beispielsweise längere Autobahnfahrten im Sommer, bei Anhängerbetrieb oder Gebirgsfahrten sollte der Ölstand im oberen Teil des Sollbereichs liegen.

## Motoröl wechseln/Ölfilter ersetzen

**Erforderliches Spezialwerkzeug:**

- Spezialwerkzeug zum Lösen des Ölfilters (Ölfilterzange, Spannbandschlüssel).
- **1,2-l-Benziner und Dieselmotor:** Stecknuss zum Lösen des Ölfilterdeckels. **Z13DT:** Stecknuss SW-27 oder HAZET 2169-27.

Wenn das Motoröl abgesaugt wird:

- Ölabsauggerät. Außendurchmesser der Sonde: 7 mm.
- Ölauffangbehälter.

Wenn das Motoröl abgelassen wird:

- Grube oder hydraulischer Wagenheber mit Unterstellböcken.
- Ölauffangwanne, die je nach Motor bis zu 5 Liter Öl fasst.

**Erforderliche Betriebsmittel/Verschleißteile:**

- Je nach Motor 3 bis 5 Liter Motoröl. Dabei nur ein von OPEL freigegebenes Motoröl verwenden, siehe Seite 210.
- Je nach Motor Ölfiltereinsatz oder Ölfilterpatrone.
- Nur wenn Öl abgelassen wird: Aluminium- oder Kupfer-Dichtring für die Ölablassschraube. Der Dichtring wird manchmal mit dem Ölfilter mitgeliefert.

**Hinweis:** Die Öl-Verkaufsstellen nehmen die entsprechende Menge Altöl kostenlos entgegen, daher beim Ölkauf Quittung und Ölkanister für spätere Altölrückgabe aufbewahren! **Um Umweltschäden zu vermeiden, keinesfalls Altöl einfach wegschütten oder dem Hausmüll mitgeben.**

**Ölwechselmenge mit Filterwechsel**

| | |
|---|---|
| 1,0-l-Motor | 3,0 l |
| 1,2-/1,4-l-Motor/1,6-l-Motor Z16XE/SE | 3,5 l |
| 1,6-l-Motor Z16XEP | 4,5 l |
| 1,8-l-Motor | 4,25 l |
| 1,3-l-Dieselmotor | 3,2 l |
| 1,7-l-Dieselmotor Y17DT(L)/Z17DT(H) | 4,5 l |
| 1,7-l-Dieselmotor Z17DTR | 5,4 l |

**Hinweis:** Die angegebenen Ölwechselmengen sind ungefähre Mengenangaben. Auf jeden Fall nach dem Ölwechsel den Ölstand mit dem Ölmessstab prüfen und gegebenenfalls korrigieren.

Das Motoröl kann entweder durch das Ölmessstab-Führungsrohr abgesaugt werden oder aus der Ölwanne abgelassen werden. Zum Absaugen ist eine geeignete Absaugpumpe erforderlich, dabei darauf achten, dass der Absaugschlauch in das Olmessstab-Führungsrohr passt.

## Motoröl ablassen

- Öleinfülldeckel –1– abschrauben, siehe dazu Abbildung O-62135 auf Seite 23.
- **1,3-l-Dieselmotor:** Abdeckung für Ölfilterdeckel abschrauben. Dazu 2 Innentorxschrauben und 1 Sechskantmutter herausdrehen. **Hinweis:** Die Torxschrauben sitzen mitunter sehr fest, daher empfiehlt es sich einen Innentorx-Bit T30 mit Verlängerung und Ratsche zu verwenden.

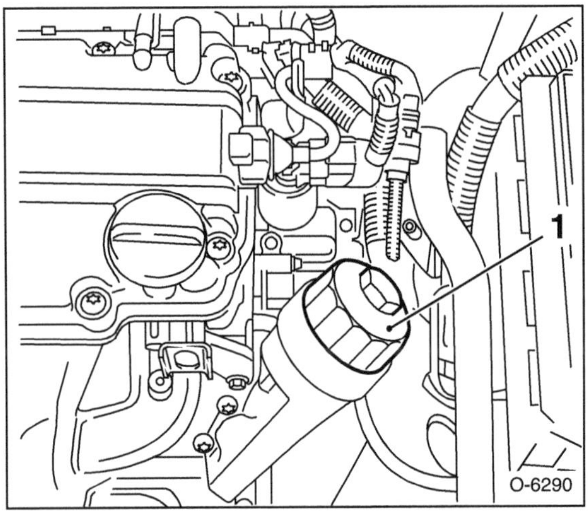

O-6290

- Deckel –1– vom Ölfiltergehäuse mit geeigneter Stecknuss SW-27 oder HAZET-2169-27 abschrauben. **Achtung:** Durch Abschrauben des Filterdeckels wird ein Ventil geöffnet, wodurch das Öl aus dem Filter in die Ölwanne zurücklaufen kann.
- Nachdem das Öl aus dem Filter abgelaufen ist, Ölfiltereinsatz herausnehmen.
- Motoröl mit einem Ölabsauggerät über das Ölmessstab-Führungsrohr absaugen.
- Steht das Ölabsauggerät nicht zur Verfügung, Motoröl ablassen. Dazu Fahrzeug waagerecht aufbocken oder über eine Montagegrube fahren.

**Sicherheitshinweis**
Beim Aufbocken des Fahrzeugs besteht Unfallgefahr! Hinweise im Kapitel »Fahrzeug aufbocken« beachten.

- **CORSA ECO:** Servicedeckel in der unteren Motorraumabdeckung öffnen. Dazu 4 Schrauben herausdrehen, siehe Seite 273.
- Altöl-Auffangwanne unter die Ölablassschraube stellen.

**Sicherheitshinweis**
Darauf achten, dass beim Herausdrehen der Ölablassschraube das heiße Motoröl nicht über die Hand läuft. Deshalb beim Abschrauben mit den Fingern den Arm waagerecht halten.

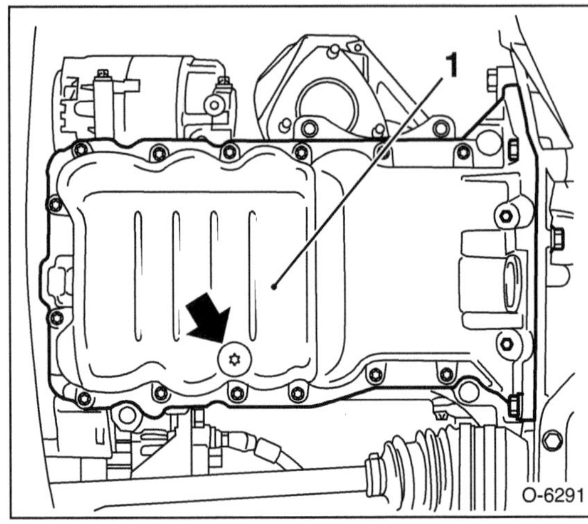

O-6291

- Ölablassschraube –Pfeil– mit Innentorxschlüssel aus der Ölwanne –1– herausdrehen und Altöl ganz ablassen.
- Ölablassschraube mit **neuem** Dichtring anschrauben.
  **Anzugsdrehmomente:**

| | |
|---|---|
| Motor Z10XE(P)/Z12XE(P)/Z14XE(P) | **10 Nm** |
| Motor Z16SE – Innentorxschraube | **10 Nm** |
| – Sechskantschraube | **55 Nm** |
| Motor Z18XE/Z16XE(P) | **14 Nm** |
| Dieselmotor Z13DT(J)/Z17DT(R) | **25 Nm** |
| Dieselmotor Y17DT(L)/Z17DTH | **80 Nm** |

**Achtung:** Werden im Motoröl Metallspäne und Abrieb in größeren Mengen festgestellt, deutet dies auf Fressschäden hin, zum Beispiel Kurbelwellen- oder Pleuellagerschäden. Um Folgeschäden nach erfolgter Reparatur zu vermeiden, ist die sorgfältige Reinigung von Ölkanälen und Ölschläuchen unerlässlich, gegebenenfalls Ölkühler erneuern.

- **CORSA ECO:** Servicedeckel in der unteren Motorraumabdeckung mit 4 Schrauben anschrauben.
- Fahrzeug ablassen.

## Ölfilter wechseln

**Achtung:** Benutzte Ölfilter oder Filtereinsätze müssen als Sondermüll entsorgt werden.

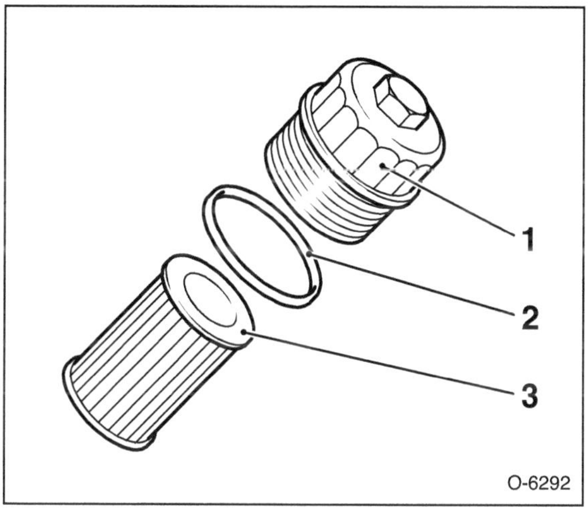


- Ölfilterdeckel –1– mit **neuem** Filtereinsatz –3– und **neuem** Dichtring –2– am Ölfiltergehäuse anschrauben.
  **Anzugsdrehmoment:**
  Z14XE/Z16XEP/Z18XE . . . . . . . . . . . . . . **12 Nm**
  Z10XEP/Z12XEP/Z14XEP . . . . . . . . . . . . **25 Nm**
  Dieselmotor . . . . . . . . . . . . . . . . . . . . **25 Nm**
- **1,3-l-Dieselmotor:** Abdeckung für Ölfilterdeckel mit 2 Innentorxschrauben und 1 Sechskantmutter anschrauben.

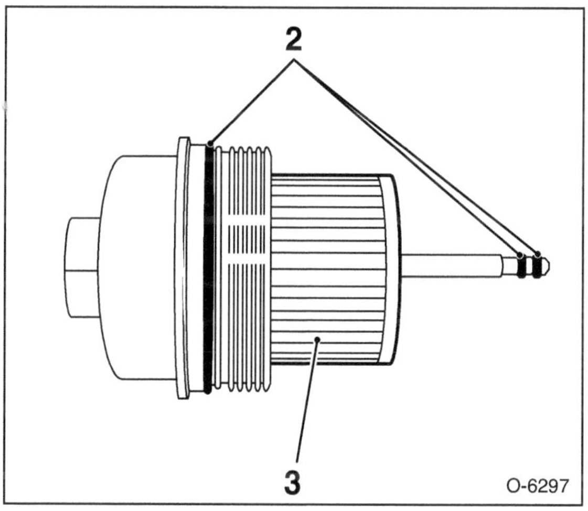


- **1,7-l-Dieselmotor:** Ölfilterdeckel mit **neuem** Filtereinsatz –3– und **neuen** Dichtringen –2– am Ölfiltergehäuse anschrauben und mit **25 Nm** festziehen.

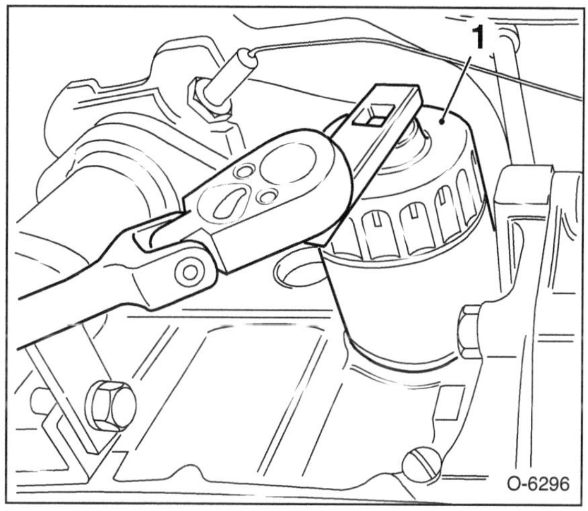


- **Motor Z14XE/Z16SE/Z16XE:** Ölfilter ausbauen. Für den Ausbau des Ölfilters benutzen die Werkstätten ein spezielles Werkzeug –1–. Steht dieses nicht zur Verfügung, kann auch das Werkzeug HAZET-2172 genommen werden. Man kann auch einen spitzen Schraubendreher seitlich in den Ölfilter eintreiben. Beim Drehen läuft dann allerdings Öl aus – Gefäß unterstellen. Altöl aus dem Ölfilter in das Auffanggefäß ablaufen lassen.
- Ölfilterflansch mit Kraftstoff reinigen. Eventuell dort verbliebene Filterdichtung abnehmen.
- Gummidichtring am neuen Ölfilter mit sauberem Motoröl bestreichen.
- Neuen Ölfilter nur mit der Hand festschrauben. Wenn die Filterdichtung am Motorblock anliegt, Filter noch um 1/2 Umdrehung weiterdrehen. Hinweise auf dem Ölfilter beachten. **Anzugsdrehmoment: 15 Nm.**
- Fahrzeug ablassen.

## Motoröl auffüllen

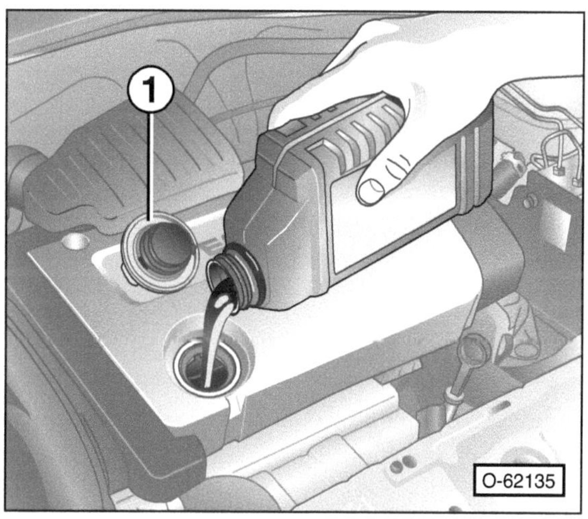


- **Neues** Öl am Einfüllstutzen des Zylinderkopfdeckels einfüllen. 1 – Verschlussdeckel.

**Achtung:** Grundsätzlich empfiehlt es sich, zunächst 1/2 Liter Motoröl weniger einzufüllen, den Motor warm laufen zu lassen und nach einigen Minuten den Ölstand mit dem Messstab zu kontrollieren und gegebenenfalls zu ergänzen. Zu viel eingefülltes Motoröl muss wieder abgesaugt werden, da sonst die Motordichtungen beziehungsweise der Katalysator beschädigt werden können.

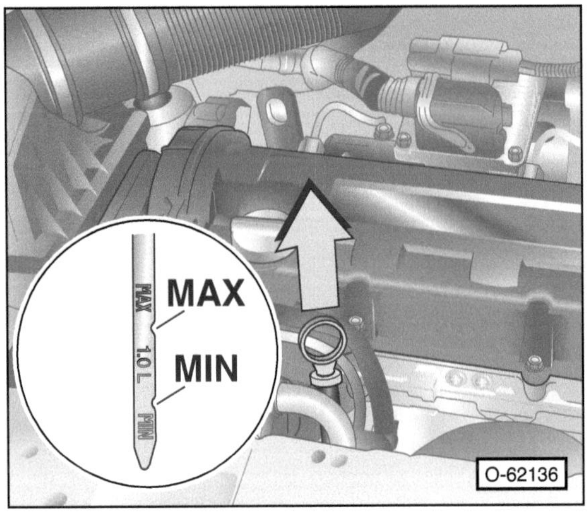


O-62136

- Ölmessstab herausziehen –Pfeil– und mit sauberem Lappen abwischen.
- Anschließend Messstab bis zum Anschlag in das Führungsrohr einführen und wieder herausziehen. Der Ölstand muss zwischen den beiden Markierungen –MAX– und –MIN– liegen.
- Neues Öl erst nachfüllen, wenn sich der Ölstand der MIN-Marke nähert. Die Ölmenge von der MIN- bis zur MAX-Markierung beträgt **1,0 l**.
- Nach Probefahrt Dichtigkeit der Ölablassschraube und des Ölfilters überprüfen, gegebenenfalls vorsichtig nachziehen.
- Ölstand ca. 5 Minuten nach Abstellen des Motors nochmals prüfen, gegebenenfalls korrigieren.
- **CORSA ECO:** Untere Motorraumabdeckung einbauen, siehe Seite 273.

## Kühlmittelstand prüfen/auffüllen

Ein zu niedriger Kühlmittelstand wird im Display des Kombiinstruments angezeigt. Vor jeder größeren Fahrt sollte dennoch grundsätzlich der Kühlmittelstand geprüft werden.

**Spezialwerkzeug: nicht erforderlich.**

**Erforderliche Betriebsmittel zum Nachfüllen:**

- Von OPEL freigegebenes Kühlerfrostschutzmittel. **Hinweis:** Grundsätzlich nur hellrotes, silikatfreies Kühlerfrostschutzmittel verwenden. **Auf keinen Fall grünblaues,** silikathaltiges Frostschutzmittel zum Nachfüllen verwenden.
- Sauberes, kalkarmes Wasser in Trinkwasserqualität.

Zum Nachfüllen – auch in der warmen Jahreszeit – nur eine Mischung aus Kühlerfrostschutzmittel und kalkarmem, sauberem Wasser verwenden.

**Achtung:** Um die Weiterfahrt zu ermöglichen, kann auch, insbesondere im Sommer, reines Wasser nachgefüllt werden. Der Kühlerfrostschutz muss dann jedoch baldmöglichst korrigiert werden.

O-62140

- Der Kühlmittelstand soll bei kaltem Motor (Kühlmitteltemperatur ca. +20° C) etwas über der Markierung »KALT/COLD« am Ausgleichbehälter liegen –Pfeil–.
- Wenn der Kühlmittelstand bei kaltem Motor die Markierung »KALT/COLD« unterschreitet, Kühlmittel nachfüllen.
- **Kaltes** Kühlmittel nur bei **kaltem Motor** nachfüllen, um Motorschäden zu vermeiden.

**Sicherheitshinweis:**
Verschlussdeckel bei heißem Motor vorsichtig öffnen. **Verbrühungsgefahr!** Beim Öffnen Lappen über den Verschlussdeckel legen. Verschlussdeckel nur bei einer Kühlmittel-Temperatur unter +90° C öffnen.

- Verschlussdeckel beim Öffnen zuerst etwas aufdrehen und Überdruck entweichen lassen. Danach Deckel weiterdrehen und abnehmen.
- Sichtprüfung auf Dichtheit durchführen, wenn der Kühlmittelstand in kurzer Zeit absinkt.

## Frostschutz prüfen/korrigieren

Regelmäßig vor Winterbeginn sollte sicherheitshalber die Konzentration des Frostschutzmittels geprüft werden, insbesondere wenn zwischendurch reines Wasser nachgefüllt wurde.

**Erforderliches Spezialwerkzeug:**

- Prüfspindel zum Messen des Frostschutzanteils beziehungsweise ein optisches Prüfgerät (Refraktometer) für Frostschutzanteil und Säuredichte, zum Beispiel HAZET-4810-C.

**Hinweis:** Eventuell ist es erforderlich, die **Prüfspindel zu eichen**. Dabei ist folgendermaßen vorzugehen: 50 ml Kühlkonzentrat mit 50 ml destilliertem Wasser mischen. Diese Mischung hat einen Frostschutz von –40° C. Frostschutz mit der Prüfspindel messen und eventuelle Abweichung zum Sollwert von –40° C notieren. **Beispiel:** Die Prüfspindel zeigt –31° C an. Die Abweichung beträgt also –9° C. Wird dann am Fahrzeug ein Wert von –16° C gemessen, dann beträgt der tatsächliche Frostschutz (–16°) + (–9°) = –25° C.

**Erforderliche Betriebsmittel zum Nachfüllen:**

- Von OPEL freigegebenes Kühlerfrostschutzmittel. **Hinweis:** Grundsätzlich nur hellrotes, silikatfreies Kühlerfrostschutzmittel verwenden. **Auf keinen Fall grünblaues,** silikathaltiges Frostschutzmittel zum Nachfüllen verwenden.
- Sauberes, kalkarmes Wasser in Trinkwasserqualität.

**Prüfen**

- Motor warm fahren, bis der obere Kühlmittelschlauch zum Kühler etwa handwarm ist.
- Verschlussdeckel am Ausgleichbehälter vorsichtig öffnen. **Achtung:** Nicht bei heißem Motor öffnen, siehe unter »Kühlmittelstand prüfen«.

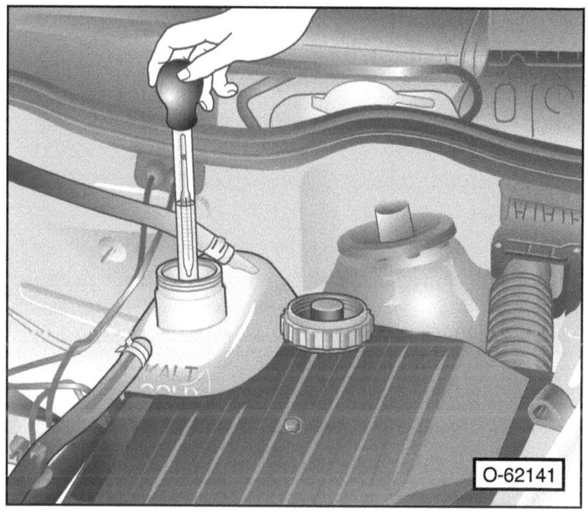


- Mit Messspindel Kühlflüssigkeit ansaugen und am Schwimmer die Kühlmitteldichte ablesen. Der Frostschutz soll in unseren Breiten bis –30° C reichen.

**OPEL-Kühlkonzentrat ergänzen**

**Achtung:** Da Kühler und Wärmetauscher aus Aluminium gefertigt sind, darf nur ein dafür geeignetes und von OPEL freigegebenes Frost- und Korrosionsschutzmittel verwendet werden.

**Beispiel:** Die Frostschutz-Messung mit der Spindel ergibt beim 1,2-l-Motor ohne Klimaanlage einen Frostschutz bis – 10° C. In diesem Fall aus dem Kühlsystem 1,5 l Kühlflüssigkeit ablassen und dafür 1,5 l reines Frostschutzkonzentrat auffüllen. Dadurch wird ein Frostschutz bis –30° C erreicht. Für einen Frostschutz von –40° C sind 1,8 l Kühlkonzentrat erforderlich.

| Gemess. Wert in °C | | 0 | –5 | –10 | –15 | –20 | –30 | Füllmenge |
|---|---|---|---|---|---|---|---|---|
| Motor | Sollwert | Differenzmenge in Liter | | | | | | |
| 1,0-/1,2-l u. Z14XEP | –30° | 2,0 | 1,7 | 1,5 | 1,2 | 0,9 | – | 5,0 |
| | –40° | 2,5 | 2,2 | 1,8 | 1,5 | 1,2 | 0,5 | |
| Z14XE/ Z16SE | –30° | 2,4 | 2,1 | 1,8 | 1,4 | 1,1 | – | 6,1 |
| | –40° | 3,1 | 2,6 | 2,2 | 1,8 | 1,4 | 0,6 | |
| Z16XE/ Z18XE | –30° | 2,1 | 1,8 | 1,5 | 1,3 | 1,0 | – | 5,3 |
| | –40° | 2,7 | 2,3 | 1,9 | 1,6 | 1,2 | 0,5 | |
| Z13DT Z17DTH | –30° | 2,4 | 2,0 | 1,7 | 1,4 | 1,1 | – | 5,9 |
| | –40° | 3,0 | 2,5 | 2,2 | 1,7 | 1,4 | 0,6 | |
| Y17DT/ Y17DTL | –30° | 2,8 | 2,4 | 2,1 | 1,7 | 1,3 | – | 7,1 |
| | –40° | 3,6 | 3,1 | 2,6 | 2,1 | 1,6 | 0,7 | |

**Achtung:** Die in der Tabelle angegebenen Werte gelten bei einer Kühlflüssigkeitstemperatur von ca. +20° C.

- Verschlussdeckel am Kühler verschließen und nach Probefahrt Frostschutz erneut überprüfen.

**Achtung:** Eine zu hohe Konzentration des Frostschutzmittels führt zu einer Verschlechterung von Kühleigenschaften und Frostschutz. Dies ist der Fall ab einem Frostschutzanteil von ca. 55 %.

## Kraftstofffilter für Dieselmotor entwässern/ersetzen

**Achtung:** Auslaufender Dieselkraftstoff muss besonders von Gummiteilen, beispielsweise Kühlmittelschläuchen, sofort abgewischt werden, sonst werden die Gummiteile im Lauf der Zeit zerstört.

**Hinweis:** Dieselkraftstoff ist ein Problemstoff und darf auf keinen Fall einfach weggeschüttet oder dem Hausmüll mitgegeben werden. Gemeinde- und Stadtverwaltungen informieren darüber, wo sich die nächste Problemstoff-Sammelstelle befindet.

**Erforderliches Spezialwerkzeug,** um den Filter zu ersetzen:

- Spezialzange zum Öffnen von Schnellverschlüssen der Kraftstoffleitungen, zum Beispiel HAZET 4501-1.
- Zum Auffangen des Wassersatzes ist ein geeignetes Auffanggefäß erforderlich.

**Erforderliche Verschleißteile,** um den Filter zu ersetzen:

- Kraftstofffiltereinsatz.
- Dichtungen für Filterdeckel.
- Etwa 0,2 l sauberen Dieselkraftstoff zum Füllen des Filters.

### Entwässern

**1,7-l-Dieselmotor Y17DT/Z17DTH**

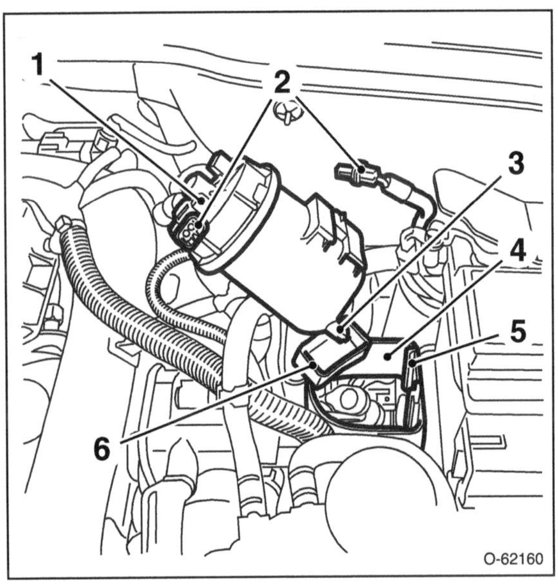


- Kraftstofffiltergehäuse –1– ausbauen. Dazu Mehrfachstecker für Kraftstoffvorwärmung –2– abziehen, Kraftstofffiltergehäuse –1– vorsichtig nach oben aus der Führung –5– der Crash-Box –4– herausziehen. **Hinweis:** Die Kraftstoffanlage bleibt geschlossen.

**Hinweis:** Das Kraftstofffiltergehäuse sitzt mitunter sehr fest in der Crash-Box, deshalb gegebenenfalls Crash-Box ausbauen, siehe Seite 242.

- Geeignete Auffangwanne –6– unter das Filtergehäuse stellen. **Achtung:** Kraftstofffiltergehäuse nicht schütteln.
- Ablassschraube –3– ca. 1 Umdrehung öffnen und Wassersatz (ca. 100 cm$^3$) ablaufen lassen. Sobald reiner Diesel-Kraftstoff austritt, Ablassschraube –3– schließen. **Achtung:** Kraftstofffiltergehäuse nicht leerlaufen lassen.

**1,3-l-Dieselmotor Z13DT bis Modelljahr 2006**

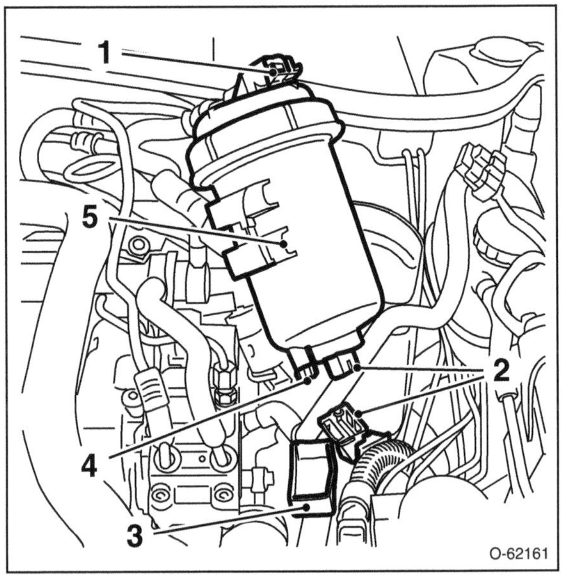


- Kraftstofffiltergehäuse –5– ausbauen. Dazu Mehrfachstecker für Kraftstoffvorwärmung –1– und, falls vorhanden, Stecker für Kraftstofftemperaturgeber –2– abziehen
- Kraftstofffiltergehäuse –5– vorsichtig nach oben aus der Crash-Box herausziehen. **Hinweis:** Die Kraftstoffanlage bleibt geschlossen.
- Geeignete Auffangwanne –3– unter das Filtergehäuse stellen. **Achtung**: Kraftstofffiltergehäuse nicht schütteln.
- Ablassschraube –4– ca. 1 Umdrehung öffnen und Wassersatz (ca. 100 cm$^3$) ablaufen lassen. Sobald reiner Diesel-Kraftstoff austritt, Ablassschraube –4– schließen. **Achtung:** Kraftstofffiltergehäuse nicht leerlaufen lassen.
- Kraftstofffiltergehäuse in die Crash-Box einsetzen und in der Führung nach unten schieben.
- Mehrfachstecker für Kraftstoffvorwärmung und, falls vorhanden, für Kraftstofftemperaturgeber aufstecken

**1,3-l-Dieselmotor Z13DT/Z13DTJ ab Modelljahr 2007**

**Hinweis:** Die Entwässerung des Kraftstofffilters erfolgt über den Systemdruck im Filter. Dabei steigt beim Öffnen der Ablassschraube der Wassersatz durch den Filter nach oben.

- Geeigneten, kraftstoffresistenten Schlauch auf den Anschlussstutzen der Entwässerungsschraube oben am Filter aufschieben. Das andere Ende des Schlauches in einem Auffangbehälter führen.
- Ablassschraube ca. 2 Umdrehungen öffnen.
- Zündung einschalten. **Achtung:** Motor **nicht** starten.

- Im Kraftstoffsystem wird jetzt Druck aufgebaut und nach ca. 20 Sekunden wird das im Filter angesammelte Wasser über eine Steigleitung durch die Entwässerungsöffnung aus dem Kraftstofffilter herausgedrückt.
- Sobald reiner Diesel-Kraftstoff austritt, Ablassschraube schließen.
- Zündung ausschalten.

## Ersetzen

### 1,7-l-Dieselmotor/1,3-l-Dieselmotor bis Modelljahr 2006

**Achtung:** Ab Modelljahr 2007 wird im MERIVA-A mit 1,3-l-Dieselmotor ein geänderter Kraftstofffilter verwendet.

**Ausbau**

- Batterie-Massekabel (–) abklemmen. **Achtung:** Hinweise im Kapitel »Batterie aus- und einbauen« durchlesen.

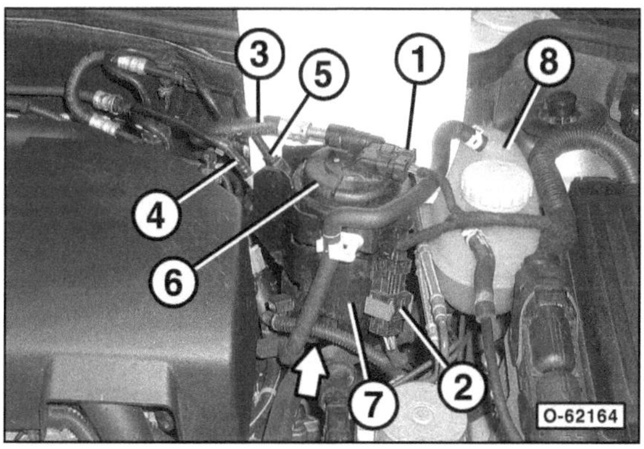


- Kabelsatzstecker für Kraftstoffheizung –1– entriegeln und abziehen. **Hinweis:** Die Abbildung zeigt den 1,3-l-Motor.
- Steckverbindung für Motormanagement –2– an der Crash-Box ausclipsen.
- Falls vorhanden, Stecker für Kraftstofftemperaturgeber unten am Kraftstofffilter –Pfeil– entriegeln und abziehen.
- Kraftstoffvorlaufleitung –3– am Filter abbauen, dazu Verschluss mit OPEL-Spezialwerkzeug KM-796-A oder HAZET 4501-1 öffnen. Kraftstoffvorlaufleitung mit geeignetem Stopfen verschließen.
- Kraftstoffvorlaufleitung zur Pumpe –4– vom Kraftstofffiltergehäuse abbauen und mit geeignetem Stopfen verschließen.
- Kraftstoffrücklaufleitung –5– abbauen und mit geeignetem Stopfen verschließen.
- Kraftstofffiltergehäuse –6– vorsichtig aus der Crash-Box –7– herausziehen.

**1,7-l-Dieselmotor**

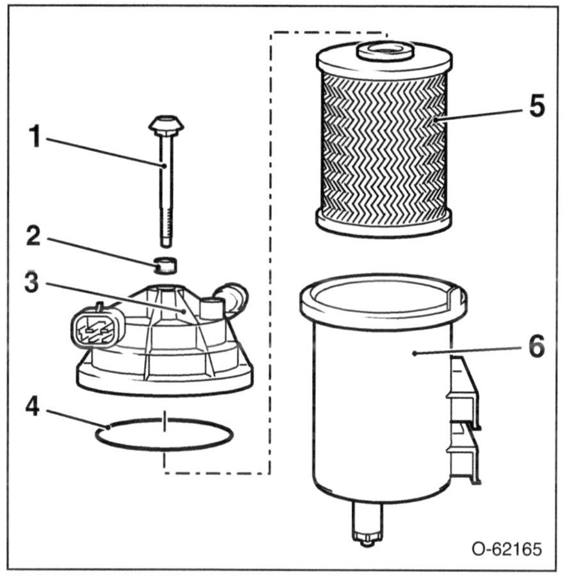


1 – Zentralschraube
2 – Dichtung
3 – Deckel
4 – Deckeldichtung
5 – Filtereinsatz
6 – Filtergehäuse

- Kraftstofffilterdeckel –3– vom Kraftstofffiltergehäuse –6– abschrauben.
- Kraftstofffilterelement –5– aus dem Kraftstofffiltergehäuse herausnehmen und in einem geeigneten Behälter ablegen.
- Kraftstoffrestmenge aus Kraftstofffiltergehäuse in einen geeigneten Behälter entleeren.

**1,3-l-Dieselmotor bis Modelljahr 2006**

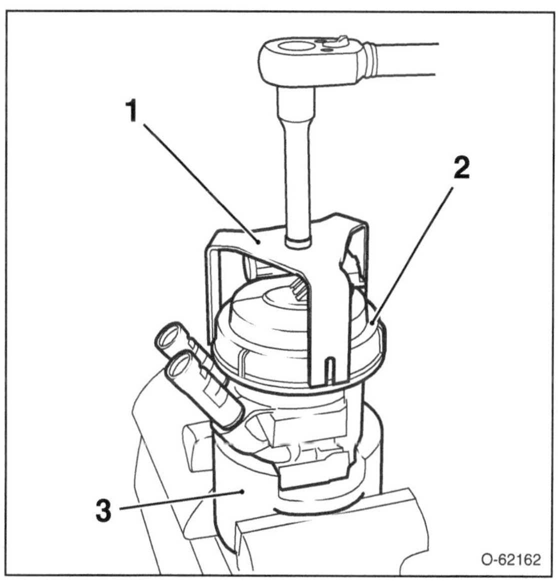


- Um den Schraubring –2– für den Kraftstofffilterdeckel zu lösen, setzt die Fachwerkstatt das Filtergehäuse in die Aufnahme –3– (OPEL-EN-46784-020) und spannt diese in einen Schraubstock ein. Anschließend wird der Schraubring mit dem Spezialschlüssel –1– (OPEL-EN-46784-010) gelöst.

**Achtung:** Steht das Spezialwerkzeug nicht zur Verfügung, muss besonders vorsichtig vorgegangen werden, damit Filtergehäuse und Schraubring nicht beschädigt werden.

- Kraftstofffiltergehäuse in einen Schraubstock einspannen und Schraubring mit einem Hartholzstab und einem Hammer vorsichtig lösen. Dabei Holzstab an unterschiedlichen Rippen des Rings ansetzen.

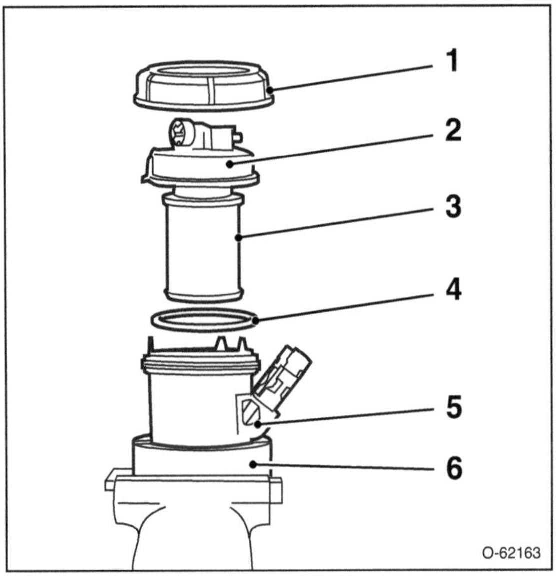


- Schraubring –1– von Kraftstofffiltergehäuse –5– abschrauben.
- Filterdeckel –2– mit Filterelement –3– herausnehmen.
- Dichtring –4– abnehmen.
- Filterelement –3– um 50° gegen den Uhrzeigersinn drehen und vom Filterdeckel abnehmen.
- **1,3-/1,7-l-Dieselmotor:** Filterdeckel und Kraftstofffiltergehäuse innen mit flusenfreiem Lappen reinigen.

**Einbau**

**1,7-l-Dieselmotor**

- Neues Filterelement in das Filtergehäuse einsetzen.
- Filtergehäuse bis kurz unterhalb vom Rand mit **sauberem** Dieselkraftstoff füllen. **Achtung:** Jedes Sandkorn auf der Filter-»Reinseite« kann zur Zerstörung der Einspritzpumpe führen.
- Deckel mit neuen Dichtungen –2– und –4– aufsetzen, siehe Abbildung O-62165.
- Zentralschraube –1– (Abbildung O-62165) mit **6 Nm** festziehen. **Achtung:** Schraube **nicht zu stark anziehen,** sonst können Undichtigkeiten auftreten.

**1,3-l-Dieselmotor bis Modelljahr 2006**

- **Neues** Filterelement am Filterdeckel ansetzen, um 50° im Uhrzeigersinn drehen und dadurch befestigen.
- **Neuen** Dichtring auflegen.
- Filterdeckel mit Filterelement in das Filtergehäuse einsetzen und mit Schraubring anschrauben. **Hinweis:** Der Filterdeckel passt nur in einer Einbaulage. Eine Falschmontage ist nicht möglich.
- Schraubring mit **30 Nm** festziehen.

**Kraftstofffiltergehäuse einbauen**

- Kraftstofffiltergehäuse in die Crash-Box einsetzen.
- Stopfen abnehmen und Kraftstoffleitungen am Kraftstofffilter aufstecken und verriegeln.
- Kabelsatzstecker aufstecken und einrasten.
- Steckverbindung an der Crash-Box einclipsen.
- Batterie-Massekabel (–) anklemmen. **Achtung:** Hinweise im Kapitel »Batterie aus- und einbauen« durchlesen.
- Kraftstoffsystem entlüften.
- Motor starten, Kraftstoffsystem auf Dichtheit sichtprüfen.

## Ersetzen

**MERIVA mit 1,3-l-Dieselmotor ab Modelljahr 2007**

**Achtung:** Ab Modelljahr 2007 wird im MERIVA-A mit 1,3-l-Dieselmotor eine Kraftstofffilterpatrone verwendet, die komplett ersetzt wird.

**Ausbau**

- Batterie-Massekabel (–) abklemmen. **Achtung:** Hinweise im Kapitel »Batterie aus- und einbauen« durchlesen.

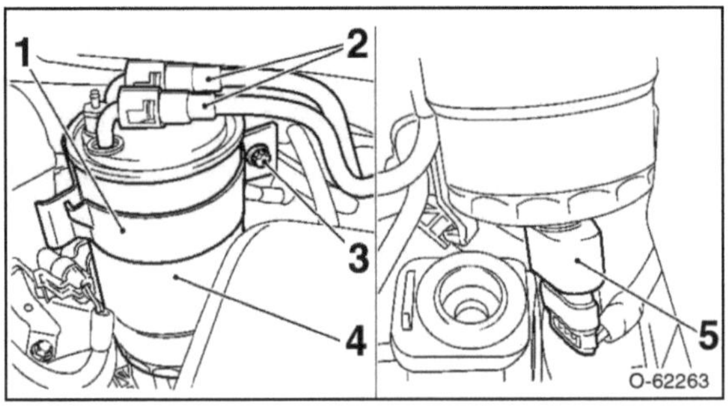


- Schraube –3– herausdrehen und Haltebügel –1– abnehmen.
- Einbaulage der Kraftstoffleitungen –2– am Filter markieren.
- Verschlüsse der Kraftstoffleitungen mit OPEL-Spezialwerkzeug KM-796-A oder HAZET 4501-1 öffnen und Leitungen abziehen.
- Stecker –5– vom Wasserstandsensor/Kraftstoffvorwärmung abziehen.
- Kraftstofffilter –4– herausnehmen und ersetzen.

**Einbau**

- Gegebenenfalls Überdruckventil für Rücklauf sowie Wasserstandsensor mit Kraftstoffvorwärmung auf neue Filterpatrone umbauen.
- Der Einbau erfolgt in umgekehrter Ausbaureihenfolge.
- Batterie-Massekabel (–) anklemmen. **Achtung:** Hinweise im Kapitel »Batterie aus- und einbauen« durchlesen.
- Kraftstoffsystem entlüften.
- Motor starten, Kraftstoffsystem auf Dichtheit sichtprüfen.

### Kraftstoffanlage entlüften

- Zündung dreimal für jeweils 15 Sekunden einschalten.
- Motor starten. Dabei Anlasser nicht länger als 40 Sekunden betätigen. Wenn der Motor in diesere Zeit nicht anspringt, Zündung ausschalten und Anlasser abkühlen lassen.
- Anschließend Vorgang wiederholen.

## Kraftstofffilter für Benzinmotor ersetzen

Der Kraftstofffilter sitzt am Fahrzeugunterboden vor dem Kraftstofftank.

**Hinweis:** Die Beschreibung gilt für den CORSA-C/MERIVA-A bis Modelljahr 2006. Ab Modelljahr 2007 befindet sich beim MERIVA-A der Kraftstofffilter im Tank.

**Erforderliches Spezialwerkzeug:**

- Eine Grube oder ein hydraulischer Wagenheber mit Unterstellböcken.
- Spezialzange zum Öffnen von Schnellverschlüssen der Kraftstoffleitungen, zum Beispiel HAZET 4501-1.

**Erforderliche Verschleißteile:**

- Kraftstofffilter.

**Ausbau**

**Achtung:** Kein offenes Feuer, Brandgefahr! Feuerlöscher bereitstellen.

- Kraftstoffdruck in der Leitung abbauen, siehe Seite 238.

**Sicherheitshinweis**
Beim Aufbocken des Fahrzeugs besteht Unfallgefahr! Hinweise im Kapitel »Fahrzeug aufbocken« beachten.

- Fahrzeug aufbocken.
- **CORSA ECO:** Luftführungsblech am Unterboden ausbauen, siehe Seite 273.
- Geeigneten Auffangbehälter unter den Kraftstofffilter halten.
- Zufluss- und Ablaufleitung mit Tesaband kennzeichnen. Die Zuordnung der Leitungen ist an der Pfeilrichtung auf dem Filter zu erkennen, der Pfeil zeigt in Durchflussrichtung.

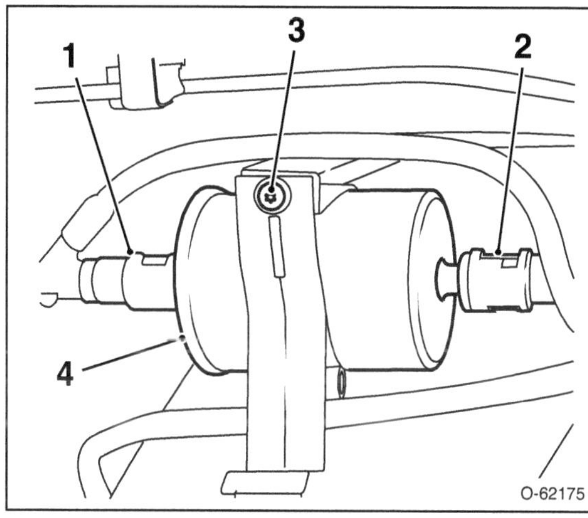


**Achtung: Der Kraftstoff im Filter kann unter Druck stehen, daher unbedingt vor dem Lösen der Kraftstoffleitungen einen dicken Lappen über den jeweiligen Anschluss legen, Schutzbrille tragen.**

- Schnellverschlüsse –1– und –2– der Kraftstoffleitungen mit Spezialzange entriegeln und beide Leitungen abziehen. Lappen um die Anschlüsse legen und herauslaufenden Kraftstoff auffangen.

**Achtung:** Der Kraftstofffilter ist auch nach dem Lösen der Leitungen mit Benzin gefüllt.

- Schraube –3– herausdrehen und Kraftstofffilter –4– abnehmen.

**Einbau**

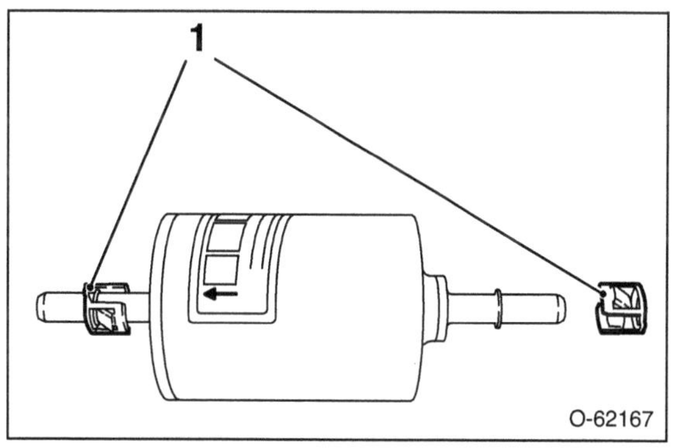


- Verbindungsclips –1– vom alten auf den neuen Filter umbauen.

**Achtung:** Kraftstofffilter so einbauen, dass der Pfeil auf dem Gehäuse in Durchflussrichtung zeigt, also vom Tank zum Motorraum.

- Kraftstofffilter in den Halter einsetzen und Befestigungsschraube festziehen.
- Kraftstoffleitungen am Filter aufschieben, bis die Schnellverschlüsse spürbar einrasten.
- **CORSA ECO:** Luftführungsblech am Unterboden einbauen, siehe Seite 273.
- Fahrzeug ablassen.
- Nach Probelauf des Motors Dichtheit der Kraftstoffanschlüsse kontrollieren.

# Keilrippenriemen prüfen

Der Keilrippenriemen muss nicht nachgespannt werden, da eine automatische Spannrolle die Riemenspannung konstant hält. Im Rahmen der Wartung muss der Keilrippenriemen auf Beschädigungen geprüft und gegebenenfalls erneuert werden.

**Spezialwerkzeug: nicht erforderlich.**

**Erforderliche Betriebsmittel/Verschleißteile bei defektem Keilrippenriemen:**

- Keilrippenriemen für die jeweilige Motorausführung.

**Spannvorrichtung prüfen**

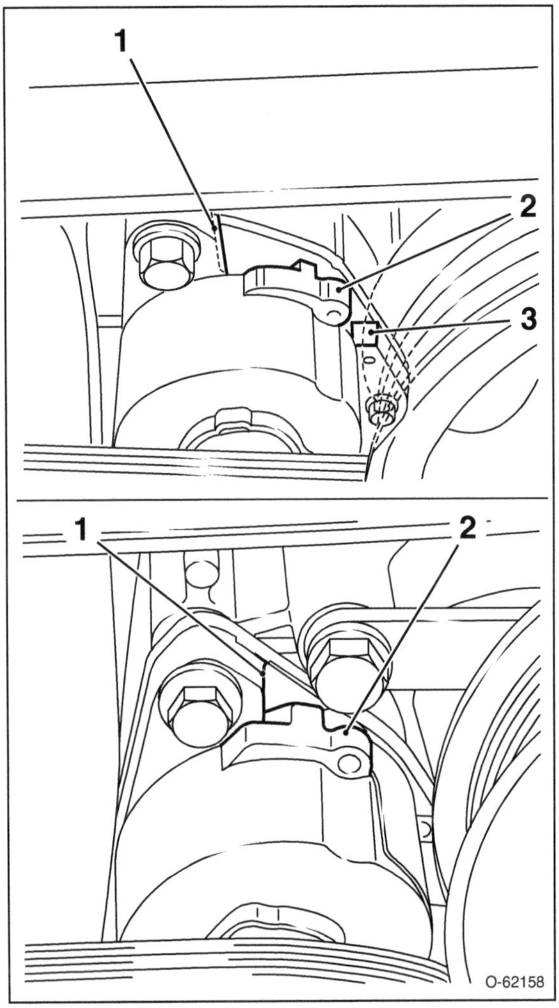


- Position des beweglichen Spannarms –2– der Keilrippenriemen-Spannvorrichtung prüfen. Der Spannarm sollte zwischen den Anschlägen –1– und –3– liegen. Falls der Spannarm an einem der Anschläge anliegt, müssen Keilrippenriemen und Spannvorrichtung ersetzt werden.

**Zustand prüfen**

- Zündung ausschalten.
- Riemen an gut sichtbarer Stelle mit einem Kreidestrich markieren.
- Motor stückweise langsam durchdrehen und dabei Zustand des Keilrippenriemens sichtprüfen. Motor durchdrehen, siehe Seite 187.

**Achtung:** Motor nicht rückwärts drehen.

- Keilrippenriemen auf folgende Beschädigungen prüfen:
- Öl- und Fettspuren.

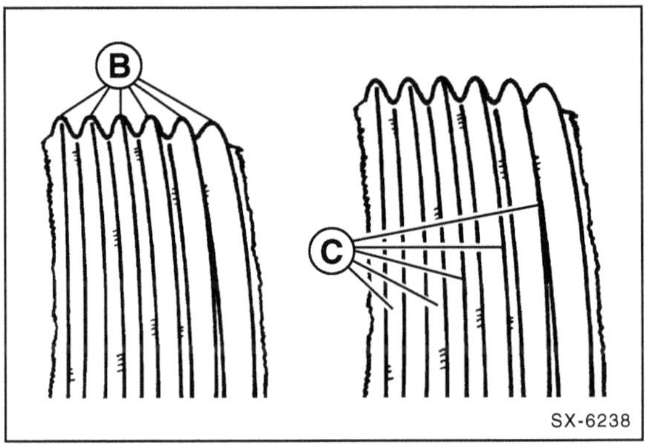


- Flankenverschleiß: Rippen laufen spitz zu –B–, neu sind sie trapezförmig. Der Zugstrang ist im Rippengrund sichtbar, erkenntlich an den helleren Stellen –C–.
- Flankenverhärtungen, glasige Flanken.

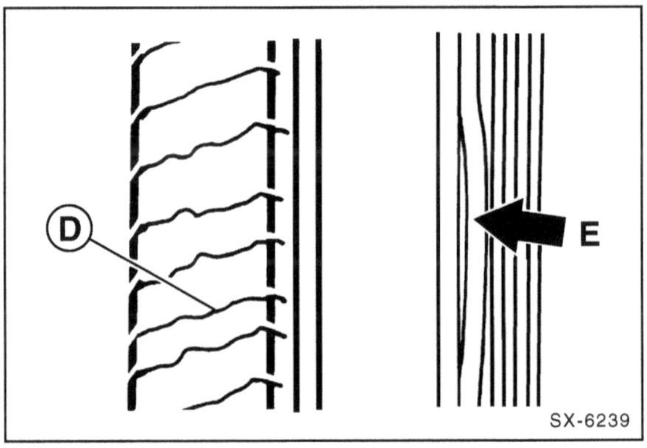


- Querrisse –D– auf der Rückseite des Riemens.
- Einzelne Rippen lösen sich ab –E–.

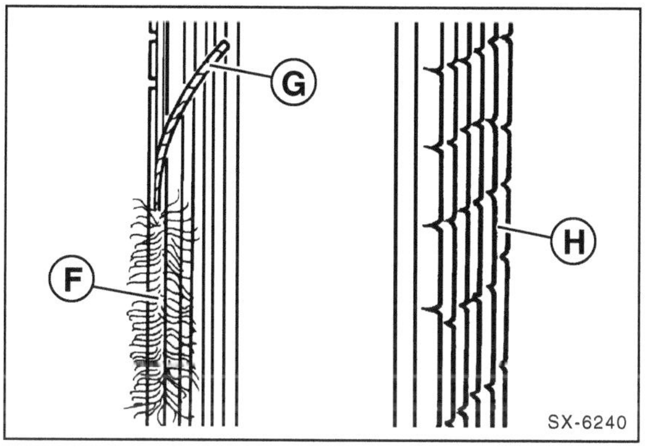


- Ausfransungen der äußeren Zugstränge –F–.
- Zugstrang seitlich herausgerissen –G–.
- Querrisse –H– in mehreren Rippen.

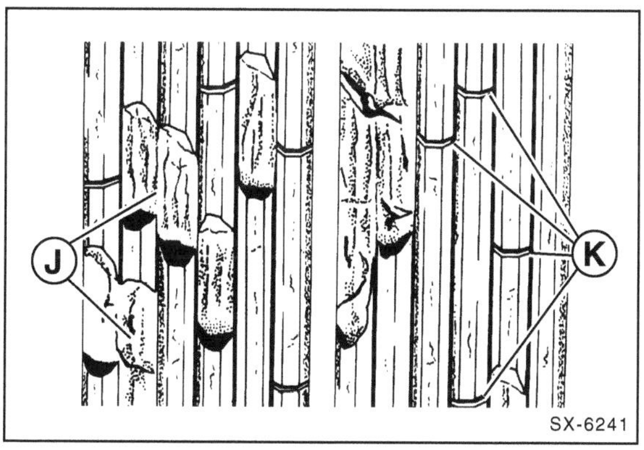


- Rippenbrüche –J–.
- Einzelne Rippenquerrisse –K–.
- Einlagerung von Schmutz und Steinen zwischen den Rippen.
- Gummiknollen im Rippengrund.
- Wenn eine oder mehrere dieser Beschädigungen vorhanden sind, Keilrippenriemen ersetzen, siehe Seite 206.

## Zahnriemen ersetzen/ Zahnriemenrollen prüfen

Das Ersetzen des Zahnriemens ist im Kapitel »Motor-Mechanik« beschrieben. **Achtung:** Wird die Arbeit falsch ausgeführt, können schwere Motorschäden die Folge sein. Daher bei unzureichender Erfahrung Fachwerkstatt aufsuchen.

**Zahnriemenrollen prüfen** und bei Auftreten der folgenden Punkte **austauschen.**

**Umlenkrolle, Spannrolle:**

- Deutliche Lagergeräusche der Spann-/Umlenkrolle bei aufgelegtem und nicht aufgelegtem Zahnriemen.
- Bei abgenommenem Zahnriemen drehen die Rollen bei leichtem Anstoßen mehrere Umdrehungen nach.
- Defekte Lager-Dichtlippe, dadurch extremer Fettverlust mit langem Nachlaufen der Rollen.
- Zahnriemen-Lauffläche auf der Spann-/Umlenkrolle weist Beschädigungen durch beispielsweise Sand, Staub, oder Salzwasser auf.

**Zahnriemen-Antriebsrad:**

- Zahnriemen-Lauffläche weist Beschädigungen durch beispielsweise Sand, Staub, oder Salzwasser auf.
- Stufenbildung zwischen verschlissenem und nicht verschlissenem Bereich ist größer als 0,1 mm (Papierdicke).

## Sichtprüfung der Abgasanlage

**Spezialwerkzeug: nicht erforderlich.**

**Sicherheitshinweis**
Beim Aufbocken des Fahrzeugs besteht Unfallgefahr! Hinweise im Kapitel »Fahrzeug aufbocken« beachten.

- Fahrzeug aufbocken.
- Befestigungsschellen und -flansche auf festen Sitz prüfen.
- Abgasanlage auf Löcher, durchgerostete Teile sowie Scheuerstellen absuchen.
- Stark gequetschte Abgasrohre ersetzen.
- Gummihalterungen durch Drehen und Dehnen auf Porosität überprüfen und gegebenenfalls austauschen.
- Benziner: Elektrischen Anschluss und festen Sitz der Lambdasonde(n) prüfen.
- Fahrzeug ablassen.

## Motor-Luftfilter: Filtereinsatz erneuern

**Spezialwerkzeug: nicht erforderlich.**

**Erforderliche Betriebsmittel/Verschleißteile:**

- Luftfiltereinsatz.

**Ausbau**

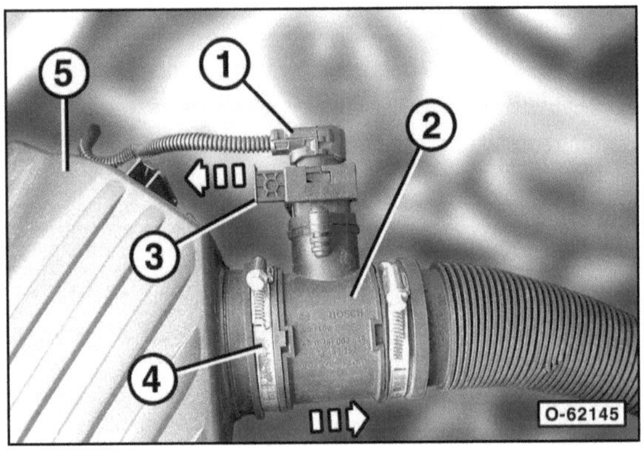


- Stecker –1– vom Luftmassenmesser –2– abziehen. Dazu Verriegelungsschieber –3– in Richtung Kotflügel schieben und dadurch Stecker ausrasten.
- Schlauchschelle –4– zwischen Luftmassenmesser und Luffilterdeckel mit Steckschlüssel, zum Beispiel HAZET-426-7, lösen und zurückschieben. Luftmassenmesser am Luftfilterdeckel –5– herausziehen und zur Seite legen.

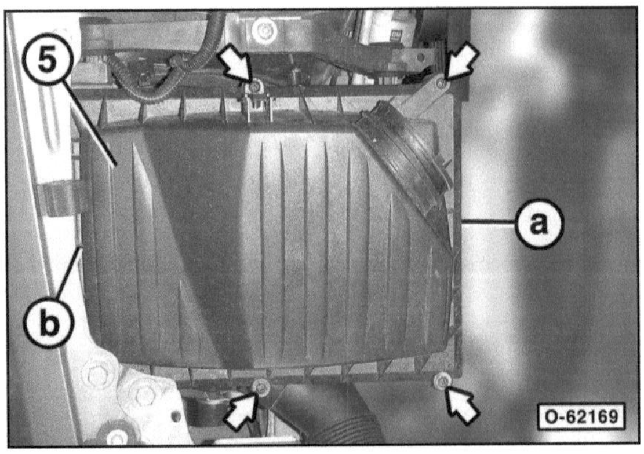


- 4 Kreuzschlitzschrauben –Pfeile– herausdrehen.
- Luftfilterdeckel –5– an der Motorseite –a– anheben, an der Kotflügelseite –b– aushängen und herausnehmen.
- Filtereinsatz herausnehmen und ersetzen.

**Einbau**

- **Neuen** Filtereinsatz einsetzen.
- Filterdeckel einsetzen und mit **3,5 Nm** anschrauben.

**Achtung:** Bei den Befestigungsschrauben handelt es sich um selbstfurchende Schrauben, die sich das Gewinde in das Luftfiltergehäuse selbst schneiden. Die Schrauben können bis zu 10-mal verwendet werden. Falls der Deckel nicht mehr festgeschraubt werden kann, Gewinde ausbohren und neue Schrauben mit Muttern einsetzen.

- Der weitere Einbau erfolgt in umgekehrter Ausbaureihenfolge.

## Zündkerzen erneuern

**Benzinmotor**

**Erforderliches Spezialwerkzeug:**

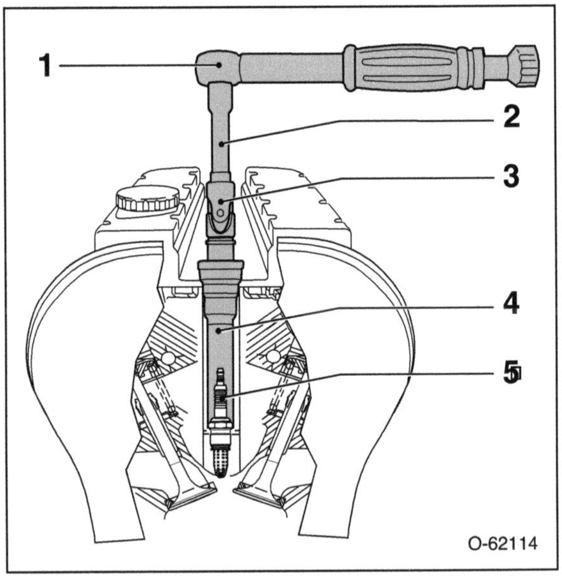


- Ein 16 mm-Zündkerzenschlüssel, zum Beispiel HAZET 4766-1. **Achtung:** Für die DOHC-Motoren darf nur ein Schlüssel verwendet werden, dessen Gehäuse –4– sich **nicht** an den Isolator –5– der Zündkerze anlegen (verkanten) kann. Außerdem wird eine Verlängerung –2– mit Gelenk –3– benötigt. 1 – Drehmomentschlüssel.

**Erforderliche Verschleißteile:**

- Je nach Motor 3 oder 4 Zündkerzen.

| Motor | Zündkerzen | | Anzugs-drehm. |
|---|---|---|---|
| | BOSCH | EA* | |
| **Alle** außer Z10/12/14/16XEP | FLR 8 LDCU | 0,9 – 1,1 | 25 Nm |
| Z10/12/14/16XEP | FQR 8 LEU2 | 0,85 – 0,95 | 25 Nm |

*) **EA** = Elektrodenabstand in mm.

**Achtung:** Es kann sein, dass für einzelne Motoren andere Zündkerzenwerte gelten, so dass unsere Tabelle nicht auf dem neuesten Stand ist. Um die aktuelle Zündkerze für Ihren Fahrzeugmotor zu ermitteln, benötigt der Fachhandel die **Fahrzeug-Ident.-** und die **3 Schlüsselnummern**. Diese Nummern sind im Fahrzeugschein aufgeführt. Sie sollten beim Kauf von Zündkerzen angegeben werden.

## 1,0-/1,2-/1,4-l-Motor (Z14XEP)

### Ausbau

**Achtung:** Zündkerzen nur bei kaltem oder handwarmem Motor wechseln. Wenn die Zündkerzen bei heißem Motor herausgedreht werden, kann das Zündkerzengewinde des Leichtmetall-Zylinderkopfes ausreißen.

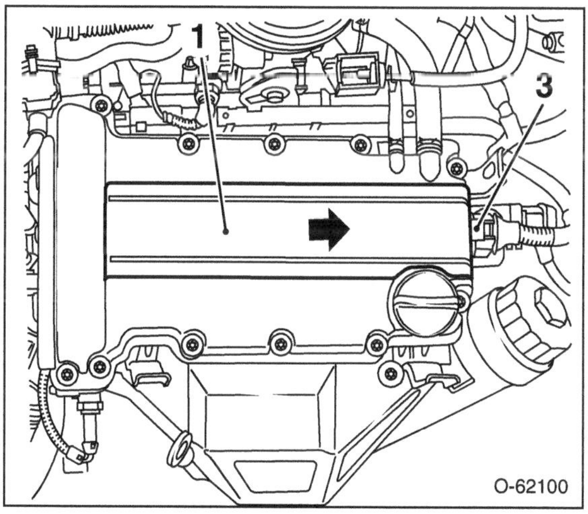


- Abdeckung für Zündmodul –1– in Pfeilrichtung vom Zylinderkopfdeckel abziehen.
- Mehrfachstecker –3– für Zündmodul abziehen.

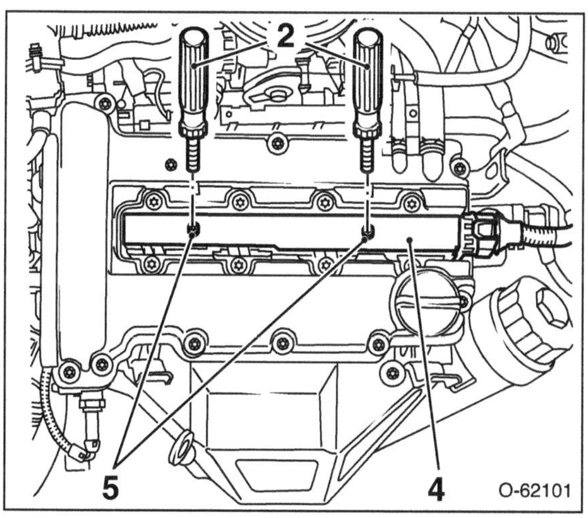


- Schrauben –5– für Zündmodul herausdrehen. **Hinweis:** Die Abbildung zeigt den 1,2-l-Motor.
- Zündmodul –4– nach oben aus dem Zylinderkopf herausziehen. Die Werkstatt schraubt dazu die Spezialgriffe KM-6009 –2– in das Zündmodul ein. Steht das Spezialwerkzeug nicht zur Verfügung, geeignete Schrauben eindrehen und Schrauben mit Zündmodul herausziehen.

**Achtung:** Zündmodul beim Abziehen von den Zündkerzen nicht verkanten, sonst können die Zündkerzenstecker beschädigt werden.

- Zündkerzen mit geeignetem Kerzenschlüssel herausdrehen. Dabei darauf achten, dass der Kerzenschlüssel nicht verkantet wird, was zum Bruch des Keramikisolators führen kann.

### Prüfen

- Zustand der Kerze (so genanntes »Kerzengesicht«) prüfen. Eine verölte Kerze deutet auf Aussetzen der betreffenden Zündkerze oder schlecht abdichtende Kolbenringe hin (Kompression prüfen).

### Einbau

- Zündkerzen mit Kerzenschlüssel von Hand bis zur Anlage am Zylinderkopf einschrauben. **Achtung:** Dabei Kerzen nicht verkanten.
- Zündkerzen mit **25 Nm** festziehen. **Achtung:** Dabei Zündkerzenschlüssel nicht verkanten, damit der Keramikisolator nicht beschädigt wird.
- Zündmodul einbauen, siehe Seite 232.

## Hinweise für die anderen Motoren:

**Achtung:** Hier werden nur die Abweichungen zu den Arbeitsschritten für den 1,0-/1,2-/1,4-l-Motor (X14XEP) beschrieben.

### 1,4-/1,6-/1,8-l-Motor Z14XE/Z16XE/Z18XE

- Obere Motorabdeckung ausbauen. Dazu Deckel vom Öleinfüllstutzen abschrauben, 2 Schrauben herausdrehen und beim Motor Z16XE seitlichen Kühlmittelschlauch ausclipsen. Abdeckung hinten etwas anheben, waagerecht nach vorn schieben (zum Kühler) und aus den vorderen Gummihaltern aushängen. Anschließend Deckel am Öleinfüllstutzen aufschrauben.
- Mehrfachstecker für Zündmodul abziehen.
- 4 Schrauben (Z14XE/Z16XE) beziehungsweise 5 Schrauben (Z18XE) für Zündmodul herausdrehen.
- Zündmodul wie beim 1,0-/1,2-l-Motor nach oben aus dem Zylinderkopf herausziehen.

### 1,6-l-Motor Z16SE

- 4 Zündkerzenstecker abziehen. Dabei nur an den Steckern, nicht an den Kabeln ziehen.

## Alle Motoren:

### Zündkerzengewinde erneuern

**Hinweis:** Falls festgestellt wird, dass das Zündkerzengewinde defekt ist, muss dieses erneuert werden. Dazu gibt es unter anderem von BERU einen entsprechenden Werkzeug- und Reparatursatz. Mit einem Spezialbohrer wird das alte Gewinde herausgeschält; der Zylinderkopf muss dazu nicht ausgebaut werden. Anschließend wird ein neues Gewinde in den Zylinderkopf geschnitten und die Zündkerze mit einem speziellen Gewindeeinsatz reingedreht. Nachträglich eingebaute Zündkerzengewindeeinsätze sitzen sicher und sind kompressionsdicht.

# Getriebe/Achsantrieb

Folgende Wartungspunkte müssen nach dem Wartungsplan durchgeführt werden:

- Schaltgetriebe/Automatikgetriebe: Sichtprüfung auf Undichtigkeiten.
- Automatisches Getriebe: Ölstand prüfen. Fehlerspeicher auslesen lassen (Werkstattarbeit).

**Achtung:** Getriebe-Altöl **keinesfalls einfach wegschütten oder dem Hausmüll mitgeben**. Die Öl-Verkaufsstellen nehmen die entsprechende Menge Altöl kostenlos entgegen, daher beim Ölkauf Quittung und Ölkanister für spätere Altölrückgabe aufbewahren!

## Getriebe-Sichtprüfung auf Dichtheit

**Spezialwerkzeug: nicht erforderlich.**

Folgende Leckstellen sind möglich:

- Trennstelle zwischen Motorblock und Getriebe.
- Antriebswelle an Getriebe.
- Öleinfüllschraube.
- Ölablassschraube.

### Prüfen

Bei ölverschmiertem Getriebe und Ölverlust überprüfen, wo das Öl austritt. Bei der Suche nach der Leckstelle folgendermaßen vorgehen:

- Getriebegehäuse mit Kaltreiniger reinigen.
- Mögliche Leckstellen mit Kalk oder Talkumpuder bestäuben.
- Probefahrt durchführen. Damit das Öl besonders dünnflüssig wird, sollte die Probefahrt auf einer Schnellstraße über eine Entfernung von ca. 30 km durchgeführt werden.

**Sicherheitshinweis**
Beim Aufbocken des Fahrzeugs besteht Unfallgefahr! Hinweise im Kapitel »Fahrzeug aufbocken« beachten.

- Fahrzeug aufbocken und Getriebe mit einer Lampe anstrahlen und nach der Leckstelle absuchen.
- Leckstelle umgehend beseitigen. Anschließend Getriebeöl auffüllen.

### Getriebeölstand prüfen

Der Ölstand muss nur geprüft werden, wenn bei der Sichtprüfung Ölundichtigkeiten festgestellt werden. **Hinweis:** Ab Werk ist ein Getriebeölstand bis zu 20 mm unterhalb der Kontrollbohrung möglich.

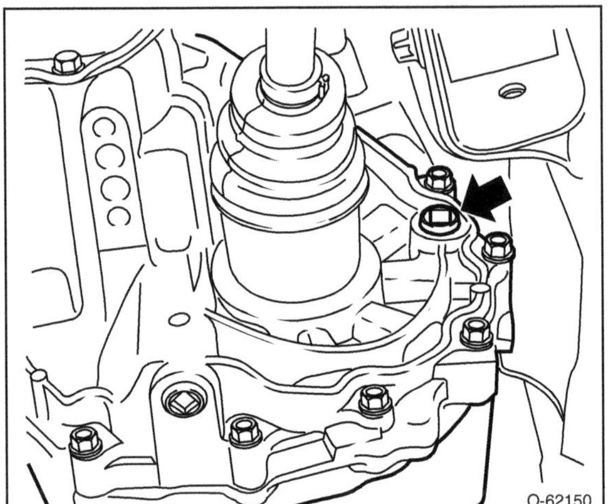

O-62150

- Ölkontrollschraube herausdrehen. Die Kontrollschraube befindet sich links hinten am Getriebe (hinter der Antriebswelle).
- Der Ölstand liegt produktionsseitig ca. 20 mm unter der Unterkante der Kontrollöffnung. Das entspricht gleichzeitig dem Mindestölstand. Zur Kontrolle rechtwinklig gebogenen Hilfsdraht einführen.
- Falls Öl nachgefüllt werden muss, kann bis zum Austreten aus der Kontrollöffnung aufgefüllt werden.

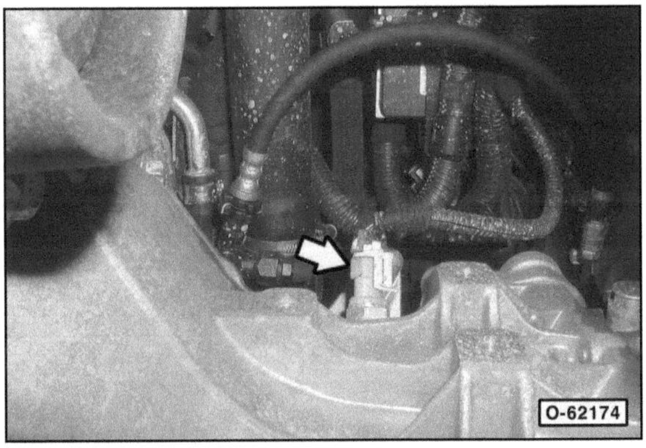

O-62174

- **Manuelles Schaltgetriebe:** Zum Nachfüllen Stecker am Schalter für Rückfahrscheinwerfer –Pfeil– abziehen und den Schalter herausdrehen. Getriebeöl durch die Bohrung des Schalters einfüllen.

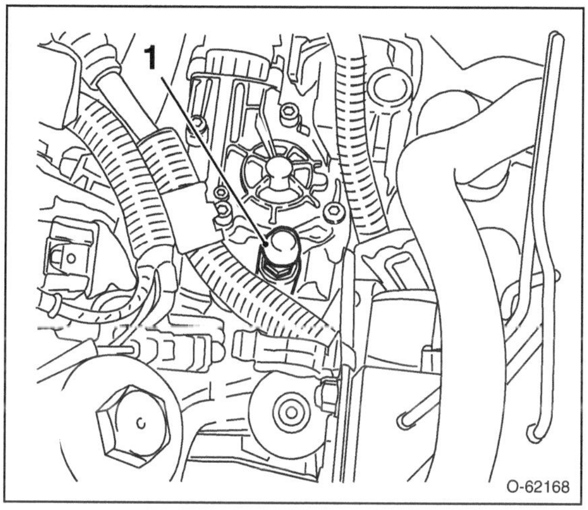


- **Easytronic:** Zum Nachfüllen Entlüftungsschraube –1– am Deckel der Schaltung herausdrehen, falls vorhanden vorher Abdeckkappe abdrücken.
- Getriebeöl langsam einfüllen, bis es an der Kontrollbohrung herausläuft. **Achtung:** Getriebeöl ist zähflüssig und braucht Zeit bis es sich unten im Getriebe sammelt. Nicht zu viel Öl auf einmal einfüllen, zwischendurch Ölstand prüfen.
- Kontrollschraube und, falls ausgebaut, Entlüftungsschraube wieder einschrauben. Anzugsdrehmoment für beide Schrauben: Mit **4 Nm** anziehen und anschließend mit starrem Schlüssel um **45° bis 135°** (also 1/8 bis maximal 3/8 Umdrehung) weiterdrehen.
- Falls ausgebaut, Schalter für Rückfahrscheinwerfer mit **neuem** Dichtring einschrauben und mit **20 Nm** festziehen.
- Abdeckkappe für Getriebeentlüftung auf losen Sitz prüfen. **Achtung:** Eine festsitzende oder verstopfte Abdeckkappe kann zu Überdruck im Getriebe führen und dadurch Fehlfunktionen beziehungsweise Undichtigkeiten des Getriebes verursachen.

## Automatikgetriebe: Ölstand prüfen

Der vorgeschriebene Ölstand ist für die einwandfreie Funktion des automatischen Getriebes äußerst wichtig. Darum ist die Prüfung mit großer Sorgfalt durchzuführen.

Der Peilstab für die Prüfung befindet sich im Motorraum. Hier wird auch das ATF eingefüllt. **Achtung:** Bei allen Arbeiten am automatischen Getriebe ist auf peinliche Sauberkeit zu achten.

**Erforderliches Spezialwerkzeug:**

- Trichter mit feinmaschigem Sieb.

**Erforderliche Betriebsmittel/Verschleißteile:**

- Spezial-Getriebeöl **OPEL-19 40 767**, ET-Nr. 09 117 946.

**Achtung:** Das Automatik-Getriebeöl **ATF-Dexron II** oder **Dexron III** darf **nicht** verwendet werden (ATF = Automatic Transmission Fluid).

**Prüfen**

- Fehlerspeicher auslesen lassen (Werkstattarbeit).
- Fahrzeug unbeladen auf ebener Fläche abstellen.
- Handbremse anziehen.
- Wählhebel bei laufendem Motor nacheinander kurz in alle Fahrstufen von P bis 1 und von 1 bis P einlegen.
- Wählhebel in die Stellung »P« (Parkstellung) bringen und Motor weiter mit Leerlaufdrehzahl laufen lassen.

**Achtung:** Der Motor muss während der Prüfung im Leerlauf laufen, damit sich der Drehmomentwandler füllen kann.

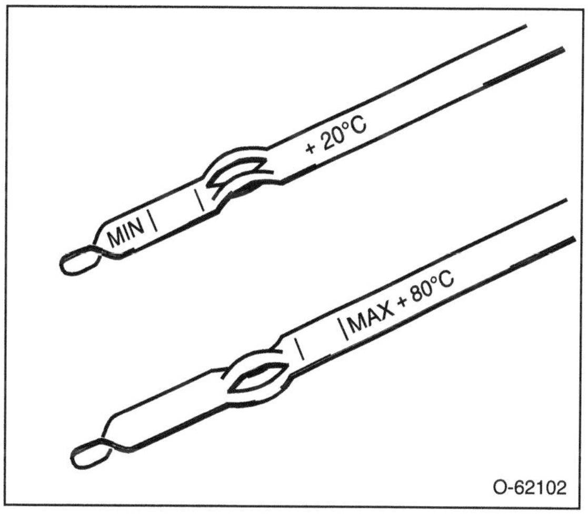


- Die Prüfung kann bei kaltem oder warmem Getriebe erfolgen. Da der Ölstand bei kaltem oder warmem Öl unterschiedlich ist, hat der Messstab 2 Messskalen. Auf der einen Seite wird bei einer Öltemperatur von +80° C und auf der anderen Seite bei einer Öltemperatur von +20° C abgelesen.

**Achtung:** Zum Abwischen des Peilstabes darf nur ein sauberer, nicht fasernder Lappen verwendet werden.

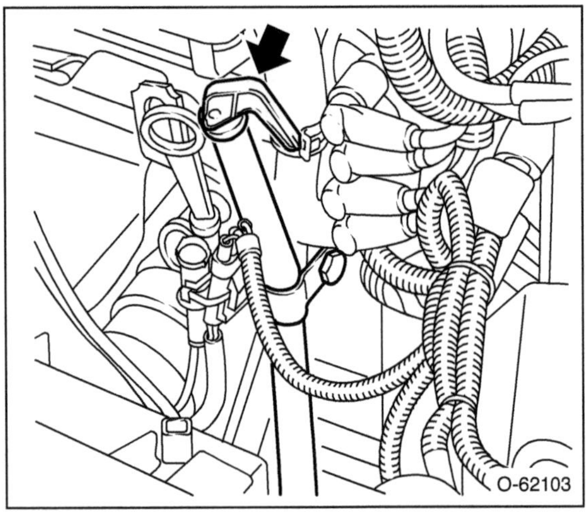


- Bei kaltem Getriebe (Umgebungstemperatur unter +35° C) muss die Prüfung nach einer Minute Motorleerlauf abgeschlossen sein. Ölmessstab –Pfeil– herausziehen und mit einem sauberen, nicht fasernden Lappen abwischen. Anschließend Messstab voll eintauchen, wieder herausziehen und Ölstand ablesen. Der korrekte Ölstand muss auf der mit »+20° C« bezeichneten Seite des Ölmessstabes an der »MAX«-Markierung stehen.
- Bei betriebswarmem Getriebe wird der Ölstand auf der anderen mit »+80° C« bezeichneten Seite des Ölmessstabes abgelesen. Der korrekte Ölstand liegt zwischen der »MIN«- und der »MAX«-Markierung. Die Betriebstemperatur wird nach einer Fahrt auf einer Schnellstraße von mindestens 20 km Länge erreicht.
- Das Nachfüllen erfolgt durch das Ölstandskontrollrohr. Muss Getriebeöl nachgefüllt werden, sauberen Trichter, möglichst mit feinmaschigem Sieb, verwenden.

**Achtung:** Nicht zu viel Öl einfüllen. Zu viel Öl kann Störungen im Automatikgetriebe hervorrufen. In jedem Fall muss zu viel eingefülltes Öl wieder abgelassen oder mit einer Spritze abgesaugt werden.

- Altes Öl gleichzeitig am Peilstab auf Aussehen und Geruch prüfen. Verbrannte Reibbeläge verursachen Brandgeruch. Durch verschmutztes Öl können Störungen in der Getriebesteuerung auftreten.

**Achtung:** Es darf nur das OPEL-Spezialöl verwendet werden. **Kein** ATF-Öl »Dexron II« oder »Dexron III« verwenden.

Ohne Ölfüllung im Drehmomentwandler und im automatischen Getriebe darf weder der Motor laufen noch darf der Wagen abgeschleppt werden.

- Nach erfolgter Prüfung oder Korrektur des Ölstandes Messstab wieder ganz einstecken und festklemmen.
- Fußbremse betätigen und sämtliche Wählhebelstellungen langsam durchschalten. Anschließend Ölstand nochmals kontrollieren.
- Motor abstellen.

# Vorderachse/Lenkung

Folgende Wartungspunkte müssen nach dem Wartungsplan durchgeführt werden:

- Radaufhängung sichtprüfen: Federn auf Bruch, Stoßdämpfer auf deutliche Ölspuren prüfen – etwas Feuchtigkeit ist unbedenklich.
- Gummimanschetten der Gelenkwellen: Auf Undichtigkeiten und Beschädigungen prüfen.
- Lenkgetriebe: Manschetten prüfen.
- Spurstangenköpfe und Achsgelenke: Staubkappen prüfen, Gelenke auf Spiel prüfen.
- Servolenkung: Auf Dichtheit sichtprüfen, Flüssigkeitsstand prüfen.

## Gummimanschetten der Gelenkwellen prüfen

**Für die Prüfung werden weder Spezialwerkzeuge noch Verschleißteile benötigt.**

**Sicherheitshinweis**
Beim Aufbocken des Fahrzeugs besteht Unfallgefahr! Hinweise im Kapitel »Fahrzeug aufbocken« beachten.

- Fahrzeug aufbocken.

- Gummi der Manschetten –1– mit Lampe anstrahlen und auf Porosität und Risse untersuchen. Eingerissene Gelenkschutzhüllen umgehend erneuern.
- Sollte eine Manschette durch Unterdruck im Gelenk nach innen gezogen oder defekt sein, so ist sie umgehend auszutauschen.
- Auf sichtbare Fettspuren an den Manschetten und in deren Umgebung achten.
- Festen Sitz der Manschettenbänder –2– prüfen.

## Lenkmanschetten prüfen

**Für die Prüfung werden weder Spezialwerkzeuge noch Verschleißteile benötigt.**

**Sicherheitshinweis**
Beim Aufbocken des Fahrzeugs besteht Unfallgefahr! Hinweise im Kapitel »Fahrzeug aufbocken« beachten.

- Fahrzeug vorn aufbocken.

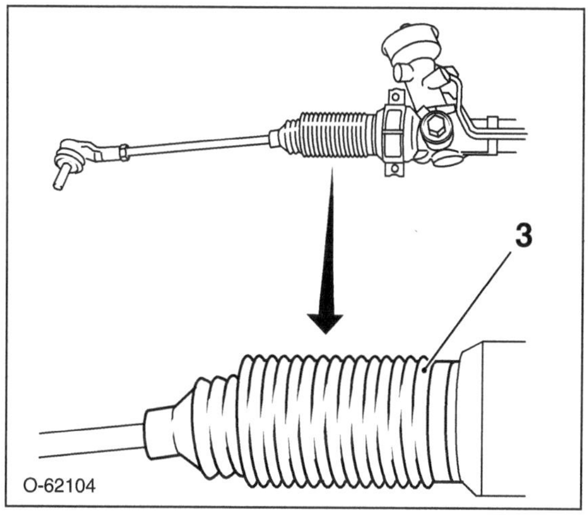


- Gummimanschetten –3– links und rechts mit Lampe anstrahlen und auf Beschädigungen überprüfen, dabei auf Fettspuren an den Manschetten und in deren Umgebung achten.
- Manschetten auf Risse, Einschnitte oder Marderbisse prüfen.
- Festen Sitz der Manschettenbänder prüfen.
- Fahrzeug ablassen.

# Spurstangen- und Achsgelenke: Auf Undichtigkeit und Spiel prüfen

## Staubkappen prüfen

**Für die Prüfung werden weder Spezialwerkzeuge noch Verschleißteile benötigt.**

**Sicherheitshinweis**
Beim Aufbocken des Fahrzeugs besteht Unfallgefahr! Hinweise im Kapitel »Fahrzeug aufbocken« beachten.

- Fahrzeug vorn aufbocken.

**Spurstangengelenk**

**Achsgelenk**

- Staubkappen links und rechts mit Lampe anstrahlen und auf Beschädigungen überprüfen, dabei auf Fettspuren an den Manschetten und in deren Umgebung achten.
- Manschetten auf Risse, Einschnitte und festen Sitz prüfen.
- Bei beschädigter Staubkappe sicherheitshalber entsprechendes Gelenk mit Schutzkappe auswechseln. Eingedrungener Schmutz zerstört das Gelenk.
- Befestigungsmuttern für die Gelenke auf festen Sitz prüfen, dabei Mutter jedoch nicht verdrehen.
- **Achsgelenke auf Spiel prüfen.** Dazu Vorderräder oben und unten packen und versuchen, diese über den Nabenmittelpunkt zu schwenken. Dabei darf kein spürbares Spiel vorhanden sein, andernfalls entsprechendes Achsgelenk ersetzen.
- Fahrzeug ablassen.

## Spurstangengelenk auf Spiel prüfen

**Für die Prüfung wird eine Grube benötigt.**

- Fahrzeug über eine Montagegrube fahren.
- Räder und Lenkrad in Geradeausstellung bringen.
- Zündschlüssel abziehen und Lenkradschloss einrasten.
- Handbremse anziehen.
- Von unten Spurstangen mit beiden Händen fassen und abwechselnd Axialbewegungen (nach links und rechts schieben) und Torsionsbewegungen (drehen) ausführen. Dabei darf in den Spurstangengelenken kein spürbares Spiel vorhanden sein. Andernfalls entsprechendes Spurstangengelenk ersetzen.

# Bremsen/Reifen/Räder

Folgende Wartungspunkte müssen nach dem Wartungsplan durchgeführt werden:

- Bremsflüssigkeitsstand prüfen.
- Bremsanlage vorn/hinten: Belagstärke prüfen.
- Trommelbremse hinten: Bremstrommel abnehmen, reinigen und sichtprüfen.
- Handbremse: Funktion prüfen.
- Bremsanlage: Leitungen, Schläuche und Anschlüsse auf Undichtigkeiten und Beschädigungen prüfen.
- Bremsflüssigkeit für Bremssystem und Kupplungshydraulik wechseln.
- Bereifung: Reifenfülldruck und Profiltiefe prüfen (einschließlich Reserverad); Reifen auf Verschleiß und Beschädigungen prüfen.
- Räder: Radschrauben lösen und über Kreuz mit **110 Nm** festziehen.

## Bremsflüssigkeitsstand prüfen

**Spezialwerkzeug: nicht erforderlich.**

**Erforderliche Verschleißteile:**

- Bremsflüssigkeit der Spezifikation **DOT 4**.

Der Vorratsbehälter für die Bremsflüssigkeit befindet sich unter dem Windlaufgrill.

Der Vorratsbehälter ist durchscheinend, so dass der Bremsflüssigkeitsstand von außen überprüft werden kann. Außerdem wird ein zu niedriger Bremsflüssigkeitsstand durch eine Warnleuchte im Kombiinstrument signalisiert. Dennoch ist es ratsam, bei der regelmäßigen Motorölkontrolle auch einen Blick auf den Vorratsbehälter zu werfen.

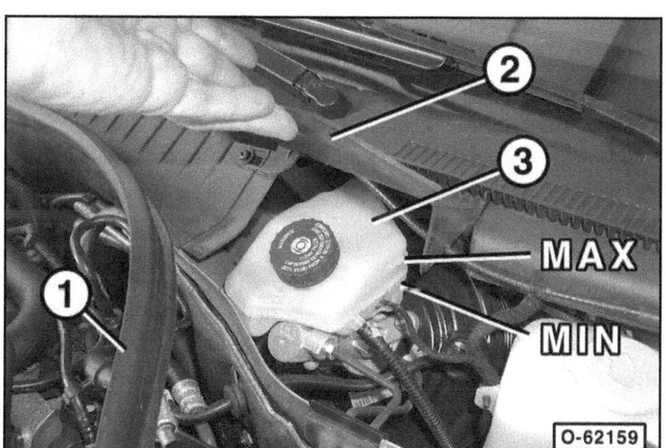


- CORSA: Gummidichtung –1– von der Spritzwand auf der linken Seite abziehen.
- CORSA: Abdeckung –2– über dem Bremsflüssigkeitsbehälter –3– anheben, damit der Behälter zugänglich wird. MERIVA: Abdeckkappe ausclipsen und abnehmen.
- Der Flüssigkeitsstand soll zwischen der MAX- und der MIN-Marke liegen.
- Falls nachgefüllt werden muss, nur **neue** Bremsflüssigkeit einfüllen.

**Hinweis:** Durch Abnutzung der Scheibenbremsbeläge entsteht ein geringfügiges Absinken der Bremsflüssigkeit. Das ist normal. Es muss keine Bremsflüssigkeit nachgefüllt werden.

**Achtung:** Sinkt die Bremsflüssigkeit jedoch innerhalb kurzer Zeit stark ab oder liegt der Flüssigkeitsspiegel unter der MIN-Marke, ist das ein Zeichen für Bremsflüssigkeitsverlust.

Die Leckstelle muss dann sofort ausfindig gemacht werden. Sicherheitshalber sollte die Überprüfung der Anlage von einer Fachwerkstatt durchgeführt werden.

## Bremsbelagdicke prüfen

**Für die Prüfung werden weder Spezialwerkzeuge noch Verschleißteile benötigt.**

**Sicherheitshinweis**
Beim Aufbocken des Fahrzeugs besteht Unfallgefahr! Hinweise im Kapitel »Fahrzeug aufbocken« beachten.

- Fahrzeug aufbocken.
- Reifen-Laufrichtung mit Pfeil am Reifen markieren. Radschrauben lösen. Fahrzeug aufbocken und Räder abnehmen. **Achtung:** Unbedingt Hinweise im Kapitel »Rad aus- und einbauen« beachten.

**Scheibenbremse**

- Bremsscheibendicke prüfen, siehe Seite 170.

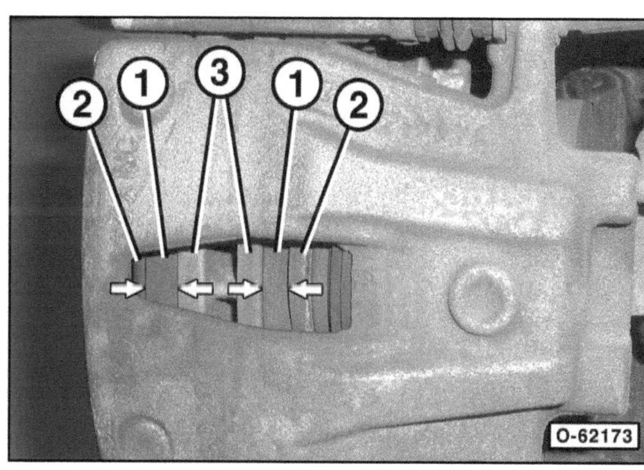


- Dicke der Bremsbeläge –1– ohne Rückenplatte –2– sichtprüfen. Die Dicke des Belags muss mindestens **2 mm** betragen. 3 – Bremsscheibe.
- Im Zweifelsfall Bremsbeläge ausbauen und Belagdicke mit einer Schieblehre messen.

- Ist die Verschleißgrenze der Bremsbeläge erreicht, Bremsbeläge wechseln. Dabei müssen immer alle vier Beläge einer Achse ersetzt werden. Auch dann, wenn nur ein Belag die Verschleißgrenze erreicht hat.

**Hinweis:** Nach einer Faustregel entspricht bei den vorderen Scheibenbremsen 1 mm Bremsbelag einer Fahrleistung von mindestens 1.000 km. Diese Faustregel gilt unter ungünstigen Bedingungen. Im Normalfall halten die Beläge viel länger. Bei einer Belagdicke der Scheibenbremsbeläge von 5,0 mm (ohne Rückenplatte) beträgt die Restnutzbarkeit der Bremsbeläge also noch mindestens 3.000 km.

- Reifen-Laufrichtung beachten, Räder anschrauben, Fahrzeug ablassen, erst dann Radschrauben über Kreuz mit **110 Nm** festziehen. **Achtung:** Unbedingt Hinweise im Kapitel »Rad aus- und einbauen« beachten.

#### Hinterrad-Trommelbremse

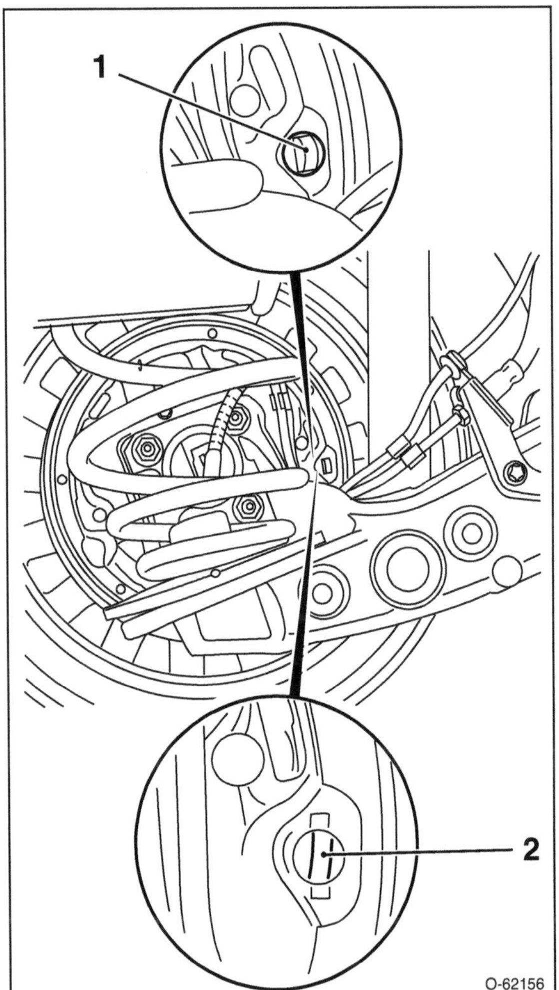


- An den hinteren Bremsträgern Gummikappe –1– vom Schauloch abnehmen und mit Taschenlampe durch die Öffnung –2– leuchten und Belagdicke sichtprüfen. Die Verschleißgrenze ist erreicht, wenn der Belag eine Stärke von ca. 1,0 mm (ohne Metall-Trägerbacke) hat. Im Zweifelsfall Bremstrommel ausbauen und Belagstärke messen.

- Stopfen einsetzen und auf gute Abdichtung achten.
- Reifen-Laufrichtung beachten, Räder anschrauben, Fahrzeug ablassen, erst dann Radschrauben über Kreuz mit **110 Nm** festziehen. **Achtung:** Unbedingt Hinweise im Kapitel »Rad aus- und einbauen« beachten.

## Bremstrommeln prüfen

**Für die Prüfung werden weder Spezialwerkzeuge noch Verschleißteile benötigt.**

**Sicherheitshinweis**
Beim Aufbocken des Fahrzeugs besteht Unfallgefahr! Hinweise im Kapitel »Fahrzeug aufbocken« beachten.

- Fahrzeug aufbocken.
- Reifen-Laufrichtung mit Pfeil am Reifen markieren. Radschrauben lösen. Fahrzeug aufbocken und Räder abnehmen. **Achtung:** Unbedingt Hinweise im Kapitel »Rad aus- und einbauen« beachten.
- Bremstrommel ausbauen, siehe Seite 170.
- Bremstrommeln und Bremsbeläge auf Riefen, Risse, Verschleiß und Verölung prüfen, gegebenenfalls ersetzen. **Achtung:** Verölte Bemsbeläge grundsätzlich erneuern.

- Manschette Radbremszylinder zurückziehen und auf Feuchtigkeit hinter der Manschette prüfen. Gegebenenfalls Radbremszylinder auswechseln.
- Ist die Verschleißgrenze der Bremsbeläge erreicht, Beläge auswechseln. Grundsätzlich alle Beläge einer Achse erneuern.
- Bremstrommeln einbauen, siehe Seite 170.
- Reifen-Laufrichtung beachten, Räder anschrauben, Fahrzeug ablassen, erst dann Radschrauben über Kreuz mit **110 Nm** festziehen. **Achtung:** Unbedingt Hinweise im Kapitel »Rad aus- und einbauen« beachten.

## Handbremse prüfen

**Erforderliches Spezialwerkzeug:**

- Eine Grube oder ein hydraulischer Wagenheber mit Unterstellböcken.

**Verschleißteile/Betriebsmittel: nicht erforderlich.**

**Sicherheitshinweis:**
Beim Aufbocken des Fahrzeugs besteht Unfallgefahr! Deshalb vorher das Kapitel »Fahrzeug aufbocken« durchlesen.

- Fahrzeug aufbocken und durch Unterstellböcke sichern. Die Räder sollen sich mindestens 5 cm über dem Boden befinden.
- Handbremse lösen und Hinterräder drehen. Die Räder müssen frei drehbar sein, die Bremsen dürfen nicht schleifen.
- Handbremshebel um 3 Zähne anziehen und Hinterräder drehen.
- Die Bremswirkung auf die Hinterräder muss gerade einsetzen. Die Hinterräder dürfen sich gerade noch drehen lassen (schwergängig).
- Andernfalls Handbremse einstellen, siehe Seite 178.
- Fahrzeug ablassen.

## Bremsleitungen sichtprüfen

**Für die Prüfung werden weder Spezialwerkzeug noch Verschleißteile benötigt.**

**Sicherheitshinweis**
Beim Aufbocken des Fahrzeugs besteht Unfallgefahr! Hinweise im Kapitel »Fahrzeug aufbocken« beachten.

- Fahrzeug aufbocken.
- Bremsleitungen mit Kaltreiniger reinigen.

**Achtung:** Die Bremsleitungen sind zum Schutz gegen Korrosion mit einer Kunststoffschicht überzogen. Wird diese Schutzschicht beschädigt, kann es zur Korrosion der Leitungen kommen. Aus diesem Grund dürfen Bremsleitungen nicht mit Drahtbürste, Schmirgelleinen oder Schraubendreher gereinigt werden.

- Bremsleitungen vom Hauptbremszylinder zu den einzelnen Radbremszylindern mit Lampe anstrahlen und überprüfen. Der Hauptbremszylinder sitzt im Motorraum unter dem Vorratsbehälter für Bremsflüssigkeit.
- Bremsleitungen dürfen weder geknickt noch gequetscht sein. Auch dürfen sie keine Rostnarben oder Scheuerstellen aufweisen. Andernfalls Leitung bis zur nächsten Trennstelle ersetzen.
- Bremsschläuche verbinden die Bremsleitungen mit den Radbremszylindern an den beweglichen Teilen des Fahrzeugs. Sie bestehen aus hochdruckfestem Material, können aber mit der Zeit porös werden, aufquellen oder durch scharfe Gegenstände angeschnitten werden. In einem solchen Fall sind sie sofort zu ersetzen.

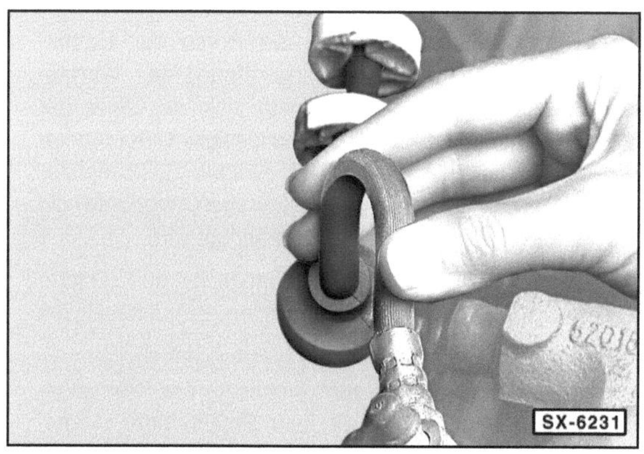


- Bremsschläuche mit der Hand hin- und herbiegen, um Beschädigungen festzustellen. Schläuche dürfen nicht verdreht sein, farbige Kennlinie beachten, falls vorhanden!
- Lenkrad nach links und rechts bis zum Anschlag drehen. Die Bremsschläuche dürfen dabei in keiner Stellung Fahrzeugteile berühren.
- Anschlussstellen von Bremsleitungen und -schläuchen dürfen nicht durch ausgetretene Flüssigkeit feucht sein.

**Achtung:** Wenn der Vorratsbehälter und die Dichtungen durch ausgetretene Bremsflüssigkeit feucht sind, so ist das nicht unbedingt ein Hinweis auf einen defekten Hauptbremszylinder. Vielmehr dürfte die Bremsflüssigkeit durch die Belüftungsbohrung im Deckel oder durch die Deckeldichtung ausgetreten sein.

- Fahrzeug ablassen.

## Bremsflüssigkeit wechseln

**Achtung: Da die Kupplungsbetätigung ebenfalls mit Bremsflüssigkeit arbeitet, muss im Rahmen der Wartung auch der Inhalt des Kupplungssystems ersetzt werden. Dazu schreibt OPEL vor, dass die hydraulische Kupplungsbetätigung nur noch mit einem Bremsentlüftungsgerät entlüftet werden darf. Manuelles Entlüften ist nicht mehr zulässig.**

Es empfiehlt sich daher, das Wechseln der Bremsflüssigkeit in der Fachwerkstatt vornehmen zu lassen.

Da das Bremssystem auch weiterhin manuell entlüftet werden darf, bezieht sich die folgende Beschreibung nur auf den Wechsel der Bremsflüssigkeit im Bremssystem.

### Bremsflüssigkeit im Bremssystem wechseln

**Erforderliches Spezialwerkzeug:**

- Ringschlüssel für Entlüftungsschrauben.
- Durchsichtigen Entlüftungsschlauch und Auffangflasche.

**Erforderliches Betriebsmittel:**

- 1,0 l Bremsflüssigkeit der Spezifikation **DOT 4**.

Die Bremsflüssigkeit nimmt durch die Poren der Bremsschläuche sowie durch die Entlüftungsöffnung des Vorratsbehälters Luftfeuchtigkeit auf. Dadurch sinkt im Laufe der Betriebszeit der Siedepunkt der Bremsflüssigkeit. Bei starker Beanspruchung der Bremse kann es deshalb zu Dampfblasenbildung in den Bremsleitungen kommen, wodurch die Funktion der Bremsanlage stark beeinträchtigt wird.

Die Bremsflüssigkeit soll alle 2 Jahre, möglichst im Frühjahr, erneuert werden. Bei vielen Gebirgsfahrten, Bremsflüssigkeit in kürzeren Abständen wechseln.

**Achtung:** Die Arbeitsschritte zum Wechseln der Bremsflüssigkeit sind weitgehend gleich wie beim Entlüften der Bremsanlage. In der folgenden Beschreibung wird nur auf die Unterschiede eingegangen, daher muss auf jeden Fall auch das Kapitel »Bremsanlage entlüften« beachtet werden, siehe Seite 181.

- Bremsflüssigkeitsstand auf dem Vorratsbehälter mit Filzstift markieren. Nach Erneuern der Bremsflüssigkeit ursprünglichen Flüssigkeitsstand wieder herstellen. Dadurch wird ein Überlaufen des Bremsflüssigkeitsbehälters beim Wechsel der Bremsbeläge vermieden.
- Mit einer Absaugflasche aus dem Bremsflüssigkeitsbehälter so viel Bremsflüssigkeit wie möglich absaugen, maximal aber bis zu einem Stand von ca. 10 mm.
- Vorratsbehälter bis zur MAX-Marke mit **neuer** Bremsflüssigkeit füllen.
- Alte Bremsflüssigkeit durch Treten des Bremspedals nacheinander aus den Bremssätteln herauspumpen. Die abfließende Bremsflüssigkeit muss in jedem Fall klar und blasenfrei sein. An jedem Bremssattel sollen ca. **200 $cm^3$** Bremsflüssigkeit herausgepumpt werden.

**Achtung:** Vorratsbehälter zwischendurch immer mit **neuer** Bremsflüssigkeit auffüllen. Er darf nie ganz leer sein, sonst gelangt Luft in das Bremssystem. Falls der Bremsflüssigkeitsbehälter dennoch leer läuft, Bremsanlage in der Fachwerkstatt entlüften lassen.

- Nach dem Bremsflüssigkeitswechsel das Bremspedal betätigen und Leerweg prüfen. Der Leerweg darf maximal 1/3 des gesamten Pedalwegs betragen.
- Bremsflüssigkeit im Vorratsbehälter bis zum markierten Stand vor dem Bremsflüssigkeitswechsel auffüllen.
- Verschlussdeckel am Behälter aufschrauben.

---

**Achtung, Sicherheitskontrolle durchführen:**

- Sind die Entlüftungsschrauben angezogen?
- Ist genügend Bremsflüssigkeit eingefüllt?
- Bei laufendem Motor Dichtheitskontrolle durchführen. Hierzu Bremspedal mit 200 bis 300 N (entspricht 20 bis 30 kg) etwa 10 Sekunden betätigen. Das Bremspedal darf nicht nachgeben. Sämtliche Anschlüsse auf Dichtheit kontrollieren.

---

- Anschließend einige Bremsungen auf einer Straße mit geringem Verkehr durchführen. Dabei auch mindestens eine Vollbremsung vornehmen, bei der die ABS-Regelung einsetzt, beispielsweise auf losem Untergrund. Die ABS-Regelung ist am Pulsieren des Bremspedals spürbar. **Achtung: Dabei besonders auf nachfolgenden Verkehr achten.**

# Reifenprofil/Radbefestigung prüfen

**Spezialwerkzeug: nicht erforderlich.**

Die Reifen ausgewuchteter Räder nutzen sich bei gewissenhaftem Einhalten des vorgeschriebenen Fülldrucks und bei fehlerfreier Radeinstellung und Stoßdämpferfunktion auf der gesamten Lauffläche annähernd gleichmäßig ab. Bei ungleichmäßiger Abnutzung können verschiedene Fehler vorliegen, siehe Kapitel »Räder und Reifen«. Im Übrigen lässt sich keine generelle Aussage über die Lebensdauer bestimmter Reifenfabrikate machen, denn die Lebensdauer hängt von unterschiedlichen Faktoren ab:

- Fahrbahnoberfläche
- Reifenfülldruck
- Fahrweise
- Witterung

Vor allem sportliche Fahrweise, scharfes Anfahren und starkes Bremsen fördern den schnellen Reifenverschleiß.

**Achtung:** Die Rechtsprechung verlangt, dass Reifen lediglich bis zu einer Profiltiefe von 1,6 mm abgefahren werden dürfen, und zwar müssen die Profilrillen auf der gesamten Lauffläche noch mindestens 1,6 mm Tiefe aufweisen. Es empfiehlt sich jedoch, sicherheitshalber die Reifen bereits bei einer Mindestprofiltiefe von 2 mm auszutauschen.

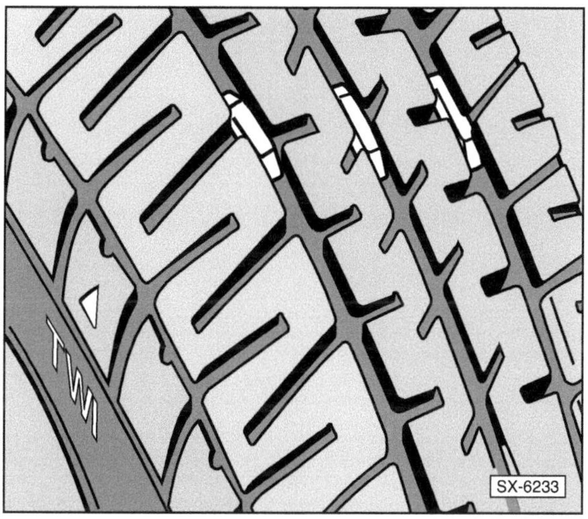


Nähert sich die Profiltiefe der gesetzlich zulässigen Mindestprofiltiefe, das heißt, weist der mehrmals am Reifenumfang angeordnete 1,6 mm hohe Verschleißanzeiger kein Profil mehr auf, müssen die Reifen gewechselt werden.

**Achtung:** »M+S«-Reifen haben auf Matsch und Schnee nur den gewünschten Grip, wenn ihr Profil noch mindestens 4 mm tief ist.

**Achtung:** Reifen auf Schnittstellen untersuchen und mit kleinem Schraubendreher Tiefe der Schnitte feststellen. Wenn die Schnitte bis zur Karkasse reichen, korrodiert durch eindringendes Wasser der Stahlgürtel. Dadurch löst sich unter Umständen die Lauffläche von der Karkasse, der Reifen platzt. Deshalb: Bei tiefen Einschnitten im Profil aus Sicherheitsgründen Reifen austauschen.

- Sämtliche Radschrauben lösen und über Kreuz mit **110 Nm** festziehen.

# Reifenfülldruck prüfen

**Für die Prüfung werden weder Spezialwerkzeug noch Verschleißteile benötigt.**

Reifenfülldruck einmal im Monat an der Tankstelle prüfen. Vor längeren Autobahnfahrten Fülldruck zusätzlich kontrollieren, da hierbei die Temperaturbelastung für den Reifen am größten ist.

- Ventilkappe abschrauben. Damit dabei die Finger nicht verschmutzt werden, Kunststoffröhrchen innen an der Tankklappe abnehmen und auf die Ventilkappe aufsetzen.

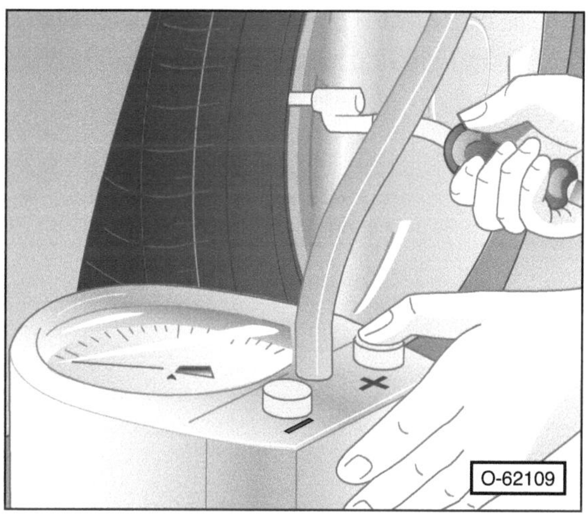


- Reifenfülldruck grundsätzlich am kalten Reifen prüfen. Höherer Druck infolge Reifenerwärmung durch längere Fahrt darf nicht reduziert werden. Der richtige Reifenfülldruck steht auf der Innenseite der Tankklappe. Anhaltswerte für den Reifenfülldruck, siehe Seite 154.
- Bei der Druckprüfung im Rahmen der Wartung ebenfalls das Reserverad prüfen. Der richtige Fülldruck entspricht dem höchsten angegebenen Druck bei voller Beladung.
- Ventilkappe mit Hilfswerkzeug fest aufschrauben.

## Reifenventil prüfen

**Erforderliches Spezialwerkzeug:**

- Ventil-Metallschutzkappe oder HAZET 666-1.

**Prüfen**

- Staubschutzkappe vom Ventil abschrauben.

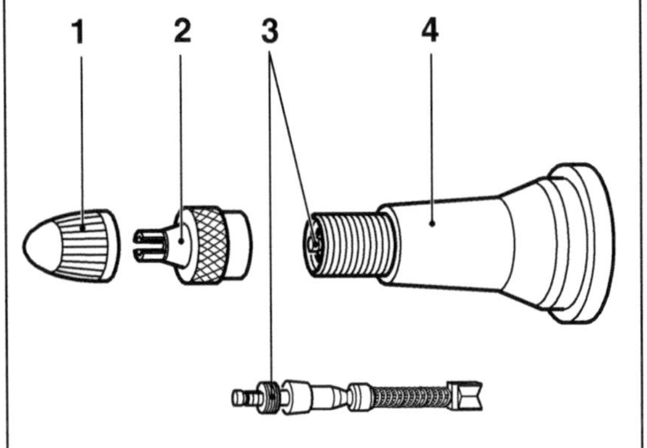

SX-6235

- Etwas Seifenwasser oder Speichel auf das Ventil geben. Wenn sich eine Blase bildet, Ventileinsatz –3– mit umgedrehter Metallschutzkappe –2– festdrehen.

**Achtung:** Zum Anziehen des Ventileinsatzes kann nur eine Metallschutzkappe –2– verwendet werden. Metallschutzkappen sind an der Tankstelle erhältlich. 1 – Gummischutzkappe, 4 – Ventil.

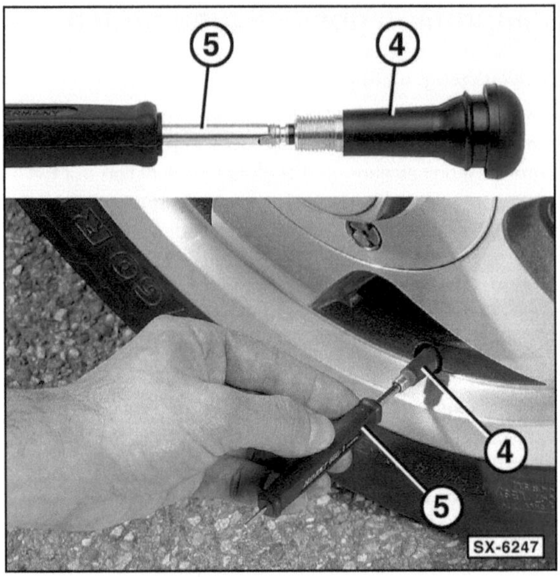

SX-6247

**Hinweis:** Anstelle der Metallschutzkappe kann auch das Werkzeug HAZET 666-1 –5– verwendet werden. 4 – Ventil.

- Ventil erneut prüfen. Falls sich wieder Blasen bilden oder das Ventil sich nicht weiter anziehen lässt, Ventileinsatz beziehungsweise Ventil erneuern.
- Grundsätzlich Staubschutzkappe wieder aufschrauben.

# Karosserie/Innenausstattung/Heizung

Folgende Wartungspunkte müssen nach dem Wartungsplan durchgeführt werden:

- Airbag-Einheiten: Sichtprüfen auf Beschädigungen.
- Klimakompressor auf Dichtheit sichtprüfen.
- Pollenfilter: Filtereinsatz ersetzen.
- Türfeststeller, Türscharniere, Tür-Schließzylinder und Schließbügel, Motorhaubenschloss, Heckklappenscharniere: Schmieren.
- Erste-Hilfe-Kasten: Haltbarkeitsdatum überprüfen, gegebenenfalls Erste-Hilfe-Kasten ersetzen.
- Karosserie: Lackierung auf Beschädigung sichtprüfen.
- Unterbodenschutz und Hohlraumkonservierung: Sichtprüfen, Beschädigungen ausbessern.

## Airbageinheiten sichtprüfen

**Spezialwerkzeug und Verschleißteile/Betriebsmittel sind nicht erforderlich.**

Erkennungsmerkmal für den Airbag ist der Schriftzug »AIR-BAG« auf der Polsterplatte des Lenkrades beziehungsweise auf der Abdeckung an der rechten Seite der Armaturentafel.

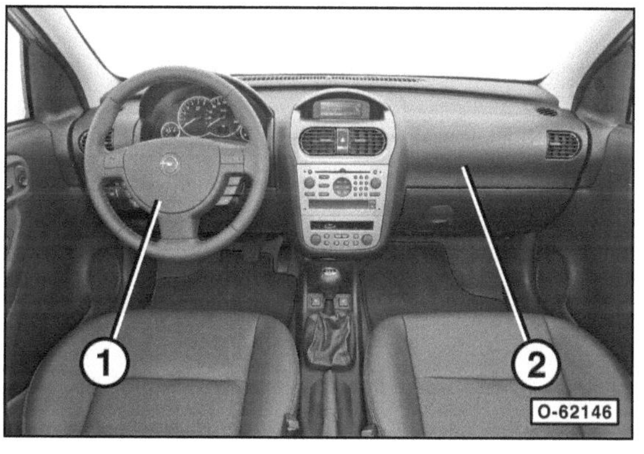


- Sichtprüfung der Airbageinheiten –1– und –2– durchführen. Sie dürfen keine äußeren Beschädigungen aufweisen.

**Sicherheitshinweise**

- Die Abdeckungen der Airbag-Einheiten dürfen nicht beklebt, überzogen oder anderweitig verändert werden.
- Die Abdeckungen der Airbag-Einheiten dürfen nur mit einem trockenen oder mit Wasser angefeuchteten Lappen gereinigt werden.

**Zusätzliche Hinweise:**

- Bei Ausstattung mit Seitenairbags dürfen die Sitzlehnen nur mit speziellen, von OPEL freigegebenen Bezügen überzogen werden.

## Pollenfilter ersetzen

**Spezialwerkzeug: nicht erforderlich.**

**Erforderliche Betriebsmittel/Verschleißteile:**

- Filtereinsatz.

Der Filter sitzt unterhalb der Windschutzscheibe in der Mitte hinter einer Abdeckung. Er reinigt die von außen eintretende Luft von Staub, Ruß, Pollen und Sporen. Bei häufigen Fahrten in staubiger Umgebung Filter in kürzeren Abständen wechseln.

**Hinweis:** Es gibt 2 unterschiedliche Filter-Ausführungen mit und ohne Aktivkohlebeschichtung (dunkleres Filterflies). Filter immer gegen einen gleicher Ausführung ersetzen.

### CORSA

**Ausbau**

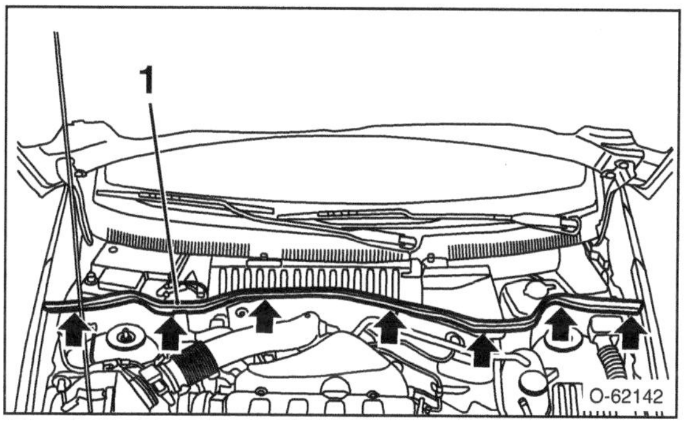


- Motorraum-Abdichtung –1– nach oben abziehen –Pfeile–.

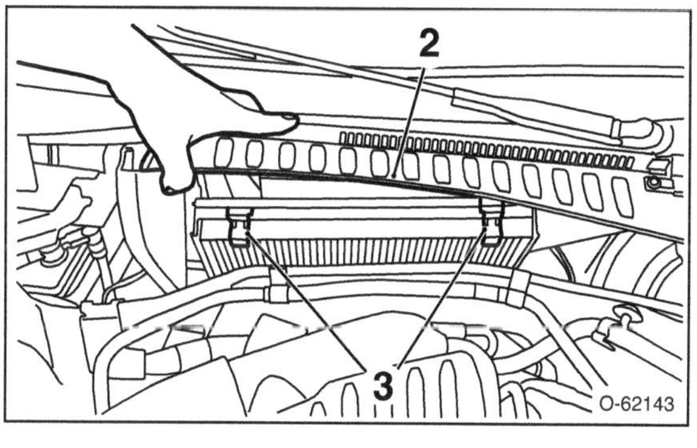


- Windlaufgrill –2– anheben, bis der Pollenfilter zugänglich ist.
- Befestigungslaschen –3– entriegeln und Filtereinsatz herausnehmen.

### Einbau

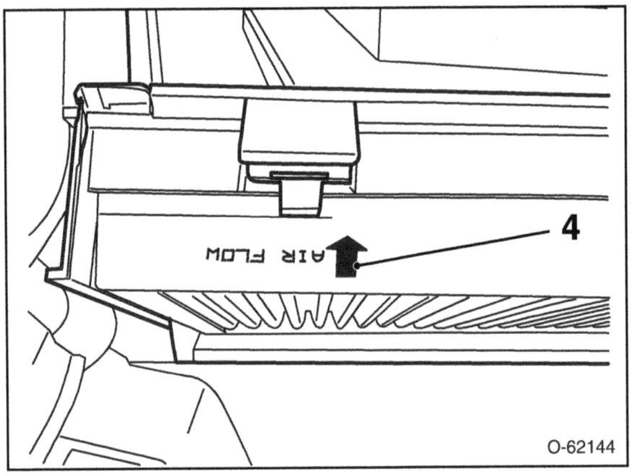


- Filtereinsatz, wie in der Abbildung gezeigt, einsetzen. Dabei auf korrekte Einbaurichtung –Pfeil 4– achten.
- Der weitere Einbau erfolgt in umgekehrter Ausbaureihenfolge.

## MERIVA

### Ausbau

- Windlaufgrill ausbauen, siehe Seite 274.

**Hinweis:** Bei Platzproblemen Stirnwandabdeckung ausbauen, siehe Seite 274.

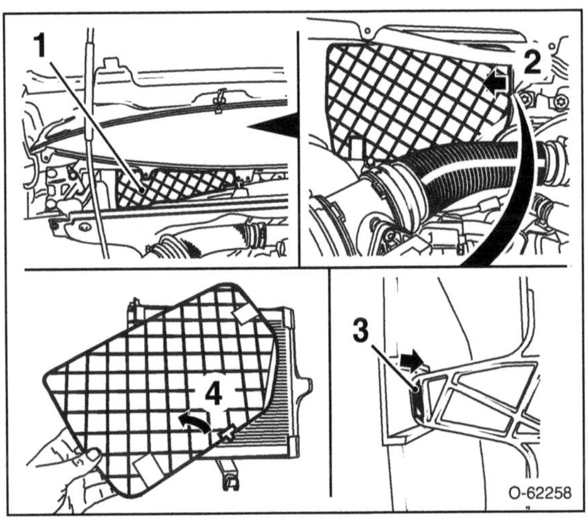


- Abdeckung für Pollenfilter –1– ausbauen. Dazu Abdeckung entriegeln –Pfeil 2/3–, anschließend gegen den Uhrzeigersinn –Pfeilrichtung 4– drehen und aus der Halterung herausnehmen.

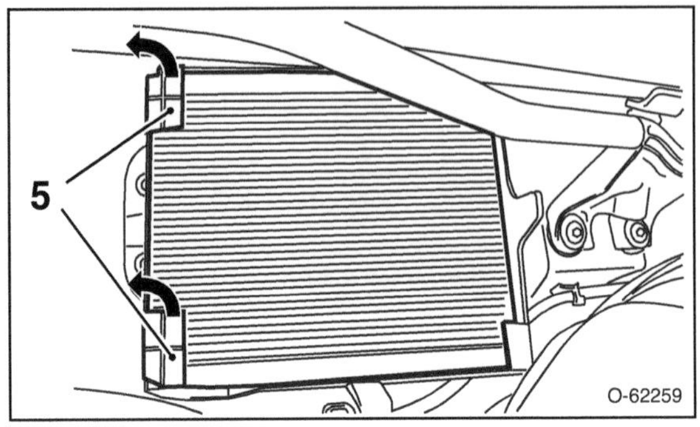


- Halter für Pollenfilter –5– in Pfeilrichtung drehen und dadurch entriegeln.

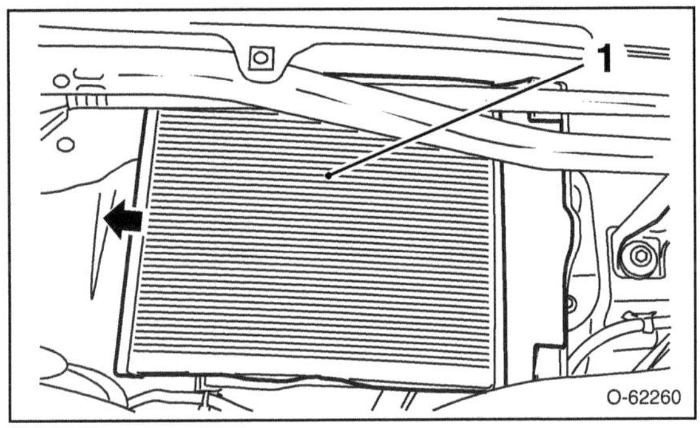


- Pollenfilter –1– in Pfeilrichtung herausziehen.

### Einbau

- Pollenfilter einsetzen und durch Verriegeln der Halter sichern.

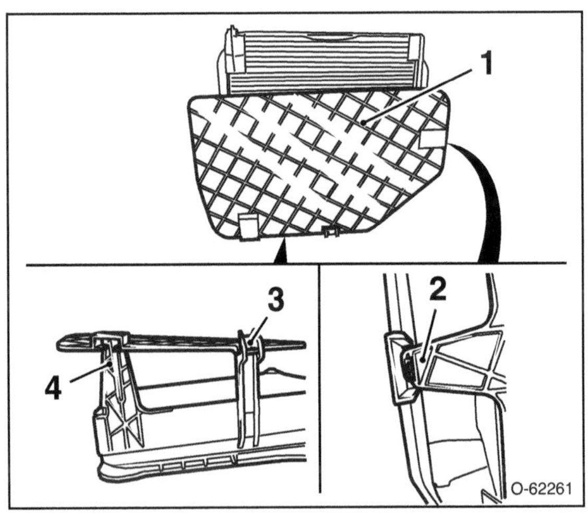


- Abdeckung für Pollenfilter –1– einbauen. Dazu Abdeckung in die Halter unten –3/4– und anschließend in den seitlichen Halter –2– einsetzen.
- Windlaufgrill einbauen, siehe Seite 274.

## Schließeinrichtungen schmieren

**Spezialwerkzeug: nicht erforderlich.**

**Erforderliches Betriebsmittel:**

- Für Schließzylinder: OPEL-Fett mit der Kat-Nr. 1948610 und der ET-Nr. 09163311.
  Für die übrigen Schmierstellen: Radlager- oder Hochdruckfett, zum Beispiel OPEL-Fett mit der Kat-Nr. 1948607/-608 und der ET-Nr. 90510336/-2280.

**Schmierstellen**

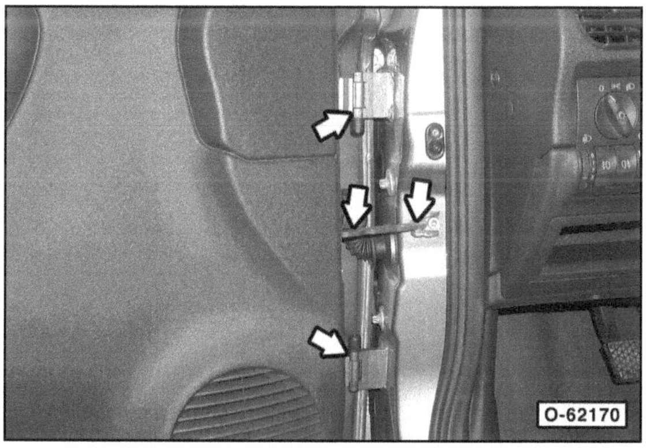

O-62170

- Türscharniere
- Türbremse

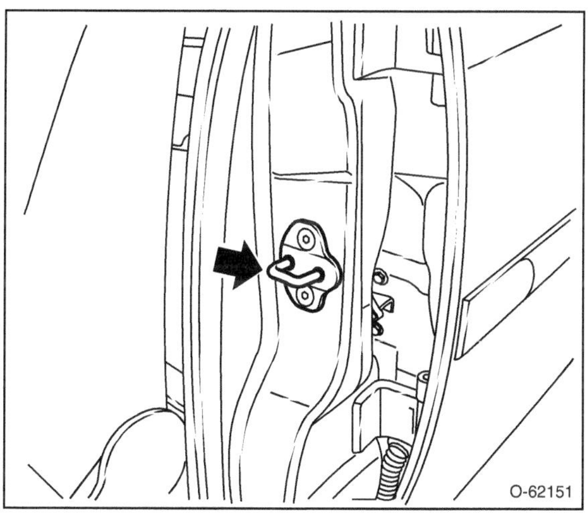

O-62151

- Schließbügel

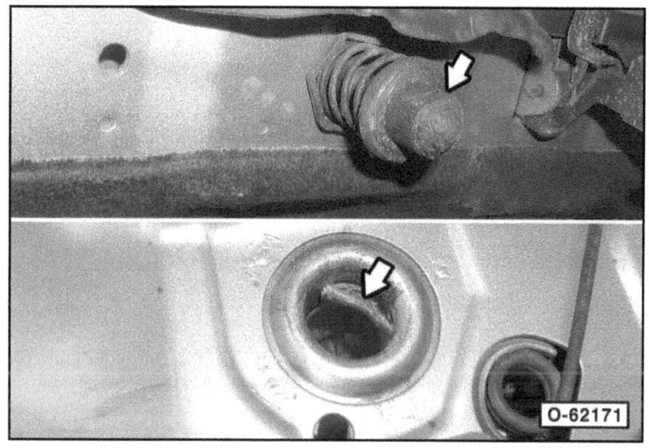

O-62171

- Motorhaubenschloss

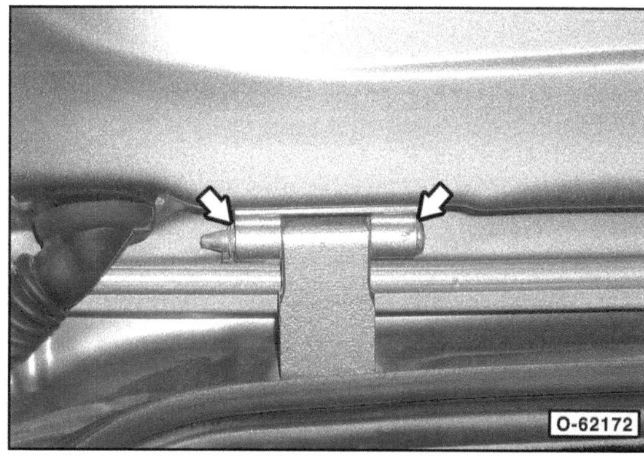

O-62172

- Heckklappenscharniere
- Schließzylinder der Vordertüren

# Elektrische Anlage

Folgende Wartungspunkte müssen nach dem Wartungsplan durchgeführt werden:

- Alle Stromverbraucher: Funktion prüfen.
- Signalhorn: Prüfen.
- Beleuchtungsanlage/Kontrolllampen: Funktion prüfen.
- Scheinwerfereinstellung prüfen (Werkstattarbeit).
- Scheibenwischer: Wischergummis auf Verschleiß prüfen.
- Scheibenwaschanlage: Funktion prüfen, Düsenstellung kontrollieren, Flüssigkeit nachfüllen, Scheinwerfer-Waschanlage prüfen, siehe Kapitel »Scheibenwischanlage«.
- Funk-Fernbedienung: Batterien wechseln.
- Fahrzeugbatterie: Prüfen.

## Stromverbraucher prüfen

**Für die Prüfung werden weder Spezialwerkzeuge noch Verschleißteile benötigt.**

Folgende Funktionen prüfen, gegebenenfalls Fehler beheben. Je nach Ausstattung sind nicht alle Verbraucher vorhanden:

- Beleuchtung: Abblendlicht, Fernlicht, Standlicht, Nebellicht vorn, Blinkleuchten, Warnblinkanlage, Schlusslicht, Nebelschlusslicht, Rückfahrlicht, Bremslicht.
- Leuchtweitenregulierung.
- Innen- und Leseleuchten (Abschaltautomatik für Innenleuchten vorn), Handschuhkastenbeleuchtung, beleuchteter Ascher, Sonnenblendenbeleuchtung, Einstiegsleuchten, Kofferraumbeleuchtung.
- Check-Control: Prüfen, ob »Check« innerhalb von ca. 4 Sekunden erlischt, nachdem die Zündung eingeschaltet wurde.
- Warnsummer für nicht ausgeschaltetes Licht und/oder Radio.
- Alle Schalter in der Konsole.
- Bordcomputer.
- Kombiinstrument mit allen Anzeigen, Leuchten und Beleuchtung.
- Hupe (Doppeltonfanfare).
- Scheibenwisch-/Scheibenwaschanlage, Scheinwerferreinigungsanlage.
- Zigarettenenanzünder.
- Elektrische Außenspiegel, Beheizung und Verstellung.
- Elektrische Fensterheber.
- Elektrisches Schiebe-/Ausstelldach.
- Zentralverriegelung, Funk-Fernbedienung.
- Beheizbare Sitze.
- Radio.

## Wischergummis prüfen

**Spezialwerkzeug: nicht erforderlich.**

**Erforderliche Betriebsmittel/Verschleißteile:**

- Bei Bedarf: Scheibenwaschkonzentrat, Wischerblätter.

**Prüfen**

- Wischerarme hochklappen und Wischerblätter abwinkeln.
- Wischlippen mit einem weichen Tuch sowie Scheibenreinigungs- und Frostschutzmittel reinigen.
- Wischlippen auf Verhärtungen oder Risse prüfen, gegebenenfalls Wischergummis/Wischerblätter ersetzen, siehe Kapitel »Scheibenwischeranlage«.
- Flüssigkeitsstand im Scheibenwaschbehälter prüfen, gegebenenfalls mit einer Mischung aus Scheibenreinigungs- und Frostschutzkonzentrat und Trinkwasser auffüllen.

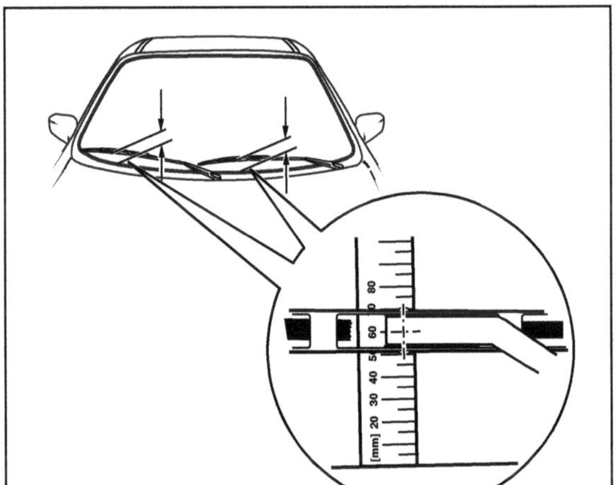


O-62139

- Ruhestellung der Scheibenwischerarme prüfen. Dazu Abstandsmaß von der Scheibenfassung (sichtbares Glasende) zur Wischerblattmitte am Wischerblatt-Einhängepunkt messen. Gegebenenfalls Wischerarm an der Wischerwelle umsetzen, siehe Kapitel »Scheibenwischeranlage«.

# Funk-Fernbedienung: Batterie wechseln

**Spezialwerkzeug: nicht erforderlich.**

**Erforderliche Betriebsmittel/Verschleißteile:**

■ Batterie für Fernbedienung

**Achtung:** Die Batterie enthält Problemstoffe und darf auf keinen Fall dem Hausmüll mitgegeben werden. Verbrauchte Batterie bei der Verkaufsstelle der neuen Batterie abgeben.

**Hinweis:** Es empfiehlt sich, ebenfalls die Batterie für den Zweitschlüssel zu wechseln.

### Batterie wechseln

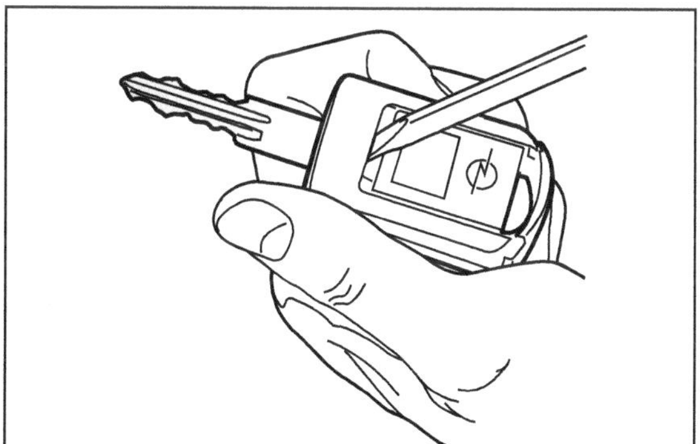

O-62137

● Schraubendreher, wie in der Abbildung gezeigt, ansetzen. Schraubendrehergriff schwenken und dadurch Fernbedienung vom Schlüsselteil trennen.

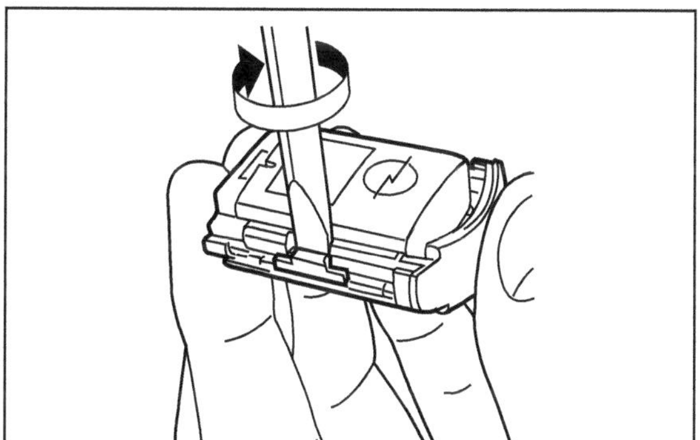

O-62138

● Schraubendreher, wie in der Abbildung gezeigt, ansetzen, leicht drehen und dadurch Fernbedienung öffnen.

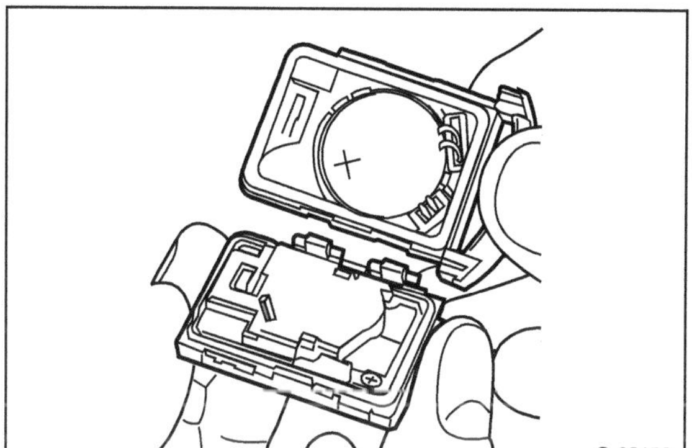

O-62152

● Fernbedienung aufklappen.

**Achtung:** Prüfen, ob die Polarität auf den Batterien eingeprägt ist, andernfalls Einbaulage notieren. Batteriewechsel **innerhalb von 3 Minuten** durchführen, sonst muss die Fernbedienung neu synchronisiert werden, siehe Seite 64.

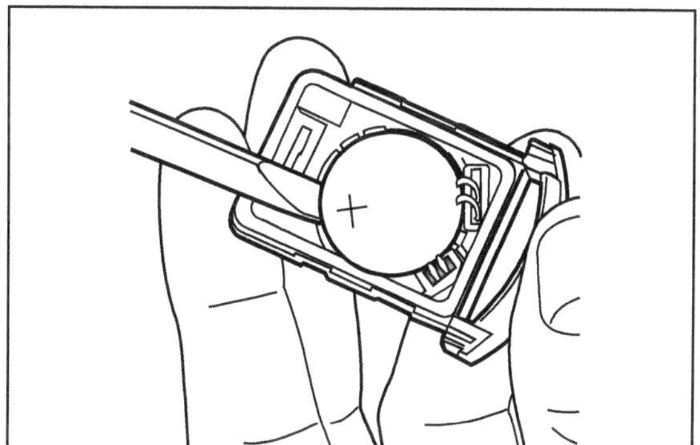

O-62153

● Batterie herausnehmen und durch eine neue gleicher Ausführung (CR 2032) ersetzen. Neue Batterie in gleicher Lage wie die ausgebaute einsetzen, dabei auf richtige Polarität (+/–) achten.

● Fernbedienung zuklappen und hörbar einrasten. Fernbedienteil in das Schlüsselteil einschieben und hörbar einrasten.

# Fahrzeugbatterie prüfen

**Erforderliches Spezialwerkzeug:**

- Voltmeter (Spannungsmessgerät).

## Batterie sichtprüfen

- Batterieauge sichtprüfen. Bei grünem Batterieauge ist die Batterie in Ordnung. Bei schwarzem Batterieauge muss die Batterie geladen werden. **Hinweis:** Falls das Batterieauge nach dem Laden schwarz bleibt, Batterieauge nach einiger Zeit erneut prüfen. Wenn die Batterie in Ordnung ist, dann wird das Batterieauge aufgrund der Durchmischung der Batterieflüssigkeit beim Fahren nach einiger Zeit von selbst grün.
- Batteriegehäuse auf Beschädigungen sichtprüfen. Bei beschädigtem Gehäuse kann Batteriesäure auslaufen und die umliegenden Bauteile beschädigen. In diesem Fall Batterie schnellstmöglich ersetzen.

## Ruhespannung prüfen

Prüfvoraussetzung: Das Fahrzeug muss vor der Prüfung mindestens 2 Stunden im Ruhezustand gewesen sein. Keine Motorstarts, keine Be- und Entladung der Batterie, die Zündung ist ausgeschaltet.

- Mit einem Voltmeter die Batteriespannung zwischen den beiden Batteriepolen messen. Sollwert: mindestens 12,5 Volt. Andernfalls Säurestand prüfen und Batterie laden

## Batterie auf festen Sitz prüfen

Eine lockere Batterie hat eine verkürzte Lebensdauer durch Rüttelschäden. Lockere Batterieanschlüsse können einen Kabelbrand oder Funktionsstörungen in der elektrischen Anlage nach sich ziehen. Eine lockere Batterie vermindert außerdem die Crash-Sicherheit des Fahrzeuges.

- Batterie kräftig hin- und herbewegen.
- Sitzt die Batterie lose, Batterie-Haltebügel festziehen.

**Achtung:** Falls die Batterie-Plusklemme locker ist, muss vor dem Festziehen der Plusklemme wegen Kurzschlussgefahr die Masseklemme an der Batterie abgeklemmt werden. Nach Festziehen der Plusklemme, Massekabel wieder anklemmen. Batterie-Massekabel abklemmen, siehe Seite 64.

- Batterieklemmen hin- und herbewegen und festen Sitz prüfen, gegebenenfalls Befestigungsmuttern nachziehen.

# Wagenpflege

Aus dem Inhalt:

- Fahrzeug waschen
- Lackierung pflegen
- Unterbodenschutz
- Hohlraumkonservierung
- Polster reinigen
- Lackschäden ausbessern

## Fahrzeug waschen

Aus Umweltschutzgründen ist es in den meisten Gemeinden verboten, Fahrzeuge auf öffentlichen Plätzen zu waschen. Wird das Auto sehr oft in einer automatischen Waschanlage gewaschen, hinterlassen die rotierenden Waschbürsten Schleifspuren auf dem Lack. Diese lassen sich verhindern, wenn man den Wagen von Hand in einer entsprechenden Waschanlage wäscht.

- Vogelkot, Insekten, Baumharze, Teer- und Fettflecken, Streusalz und andere aggressive Ablagerungen sofort abwaschen, da sie ätzende Bestandteile enthalten, die Lackschäden verursachen.
- Bedienungshinweise für den Hochdruckreiniger bezüglich Druck und Düsenabstand des Sprühkopfes befolgen.
- Beim Waschen reichlich Wasser verwenden. Mit einem Schwamm oder Waschhandschuh beziehungsweise einer weichen Bürste mit dem Reinigen des Fahrzeugdaches beginnen; Schwamm oft ausspülen.
- Waschmittel nur bei hartnäckiger Verschmutzung verwenden. Mit klarem Wasser gründlich nachspülen, um die Reste des Waschmittels zu entfernen. Bei regelmäßiger Benutzung von Waschmitteln muss öfter konserviert werden. Dem Waschwasser kann ein Konservierungsmittel beigegeben werden.
- Darauf achten, dass kein Wasser in die Eintrittsöffnungen für die Innenraumbelüftung eindringt. Hochdruckdüse nicht gegen den Kühler oder schadhafte Lackflächen des Fahrzeugs richten.
- Zum Abtrocknen sauberes Leder verwenden. Verschiedene Reinigungsleder für Lack- und Fensterflächen verwenden, da Konservierungsmittelrückstände auf den Scheiben zu Sichtbehinderungen führen.
- Durch Streusalz besonders gefährdet sind alle innen liegenden Falze, Flansche und Fugen an Türen und Hauben. Diese Stellen müssen deshalb bei jeder Wagenwäsche – auch nach der Wäsche in automatischen Waschstraßen – mit einem Schwamm gründlich gereinigt und anschließend abgespült und abgeledert werden.
- Wagen niemals in der Sonne waschen oder trocknen. Wasserflecken sind sonst unvermeidlich.

**Achtung:** Nach der Wagenwäsche Bremspedal während der Fahrt leicht antippen, um den Wasserfilm abzubremsen.

## Lackierung pflegen

**Konservieren:** Die gewaschene und getrocknete Lackierung möglichst oft mit einem Konservierungsmittel behandeln, um die Oberfläche durch eine Poren schließende und Wasser abweisende Wachsschicht gegen Witterungseinflüsse zu schützen. Auch wenn beim Waschen regelmäßig Waschkonservierer verwendet werden, empfiehlt es sich, den Lack mindestens zweimal im Jahr mit Hartwachs zu schützen.

Sofern Kraftstoff, Öl, Fett oder Bremsflüssigkeit auf den Lack gelangt, diese Flüssigkeiten **sofort entfernen,** sonst kommt es zu Lackverfärbungen.

Spätestens dann, wenn Wasser nicht mehr deutlich vom Lack abperlt, muss konserviert werden. Der Lack trocknet sonst aus.

**Polieren:** Das Polieren des Lackes ist nur dann erforderlich, wenn dieser infolge mangelhafter Pflege beziehungsweise unter der Einwirkung von Umwelteinflüssen unansehnlich geworden ist und sich durch eine Behandlung mit Konservierungsmitteln kein Glanz mehr erzielen lässt. Zu warnen ist vor stark schleifenden oder chemisch stark angreifenden Poliermitteln, auch wenn der erste Versuch damit noch so sehr zu überzeugen scheint.

Vor jedem Polieren muss der Wagen sauber gewaschen und sorgfältig abgetrocknet werden. Im Übrigen ist nach der Gebrauchsanweisung für das Poliermittel zu verfahren.

Die Bearbeitung soll in nicht zu großen Flächen erfolgen, um ein vorzeitiges Eintrocknen der Politur zu vermeiden. Bei manchen Poliermitteln muss anschließend noch konserviert werden. Nicht in der prallen Sonne polieren!

Kunststoffteile und matt lackierte Teile dürfen nicht mit Konservierungs- oder Poliermitteln behandelt werden, da sich sonst Flecken bilden.

**Teerflecke entfernen:** Frische Teerflecke können mit einem in Waschbenzin getränkten weichen Lappen entfernt werden oder mit speziellen Teerfleck-Entfernern. Notfalls kann auch Petroleum oder Terpentinöl verwendet werden. Sehr gut gegen Teerflecke eignet sich auch ein Lackkonservierer. Bei

Verwendung dieses Mittels kann auf ein Nachwaschen verzichtet werden.

**Insekten entfernen:** Insekten enthalten aggressive Stoffe, die den Lackfilm beschädigen können. Sie müssen deshalb umgehend mit lauwarmer Seifen- oder Waschmittellösung abgewaschen werden. Es gibt auch spezielle Insekten-Entferner.

**Außenbeleuchtung:** Leuchten- und Scheinwerferabdeckungen sind aus Kunststoff. Verunreinigungen nur mit einem feuchten, weichen Tuch entfernen. Scheinwerferabdeckungen auf keinen Fall mit einem trockenen oder scheuernden Tuch reinigen. Keine Eiskratzer verwenden und nicht mit Reinigungs- oder Lösungsmitteln säubern.

**Kunststoffteile pflegen:** Kunststoffteile, Kunstledersitze, Himmel, Leuchtengläser sowie mattschwarz gespritzte Teile mit Wasser und Flüssigseife säubern. Fahrzeughimmel nicht durchfeuchten. Kunststoffteile gegebenenfalls mit Kunststoffreiniger behandeln.

**Scheiben reinigen:** Schnee und Eis von Scheiben und Spiegeln nur mit einem Kunststoffschaber entfernen. Um Kratzer durch Schmutz zu vermeiden, sollte der Schaber nicht nach vorn und dann zurückbewegt, sondern nur geschoben werden. Fensterscheiben innen und außen mit sauberem, weichem Lappen abreiben. Bei starker Verschmutzung helfen Spiritus oder Salmiakgeist und lauwarmes Wasser oder auch ein spezieller Scheibenreiniger. Beim Reinigen der Windschutzscheibe Scheibenwischerarme nach vorn klappen. Bei der Reinigung der Windschutzscheibe auch die Wischerblätter säubern.

**Achtung:** Bei Verwendung silikonhaltiger Mittel dürfen die zur Reinigung der Lackierung verwendeten Waschbürsten, Schwämme, Lederlappen und Tücher nicht für die Scheiben verwendet werden. Beim Einsprühen der Lackierung mit silikonhaltigen Pflegemitteln sollten die Scheiben mit Pappe oder anderem Material abgedeckt werden.

**Gummidichtungen pflegen:** Gummidichtungen durch Einpudern der Dicht- und Gleitflächen mit Talkum oder Besprühen mit Silikonspray geschmeidig halten. So werden auch quietschende oder knarrende Geräusche beim Schließen der Türen vermieden. Auch das Einreiben der betreffenden Flächen mit Schmierseife beseitigt die Geräusche.

**Reifen reinigen:** Reifen nicht mit einem Dampfstrahlgerät reinigen. Wird die Düse des Dampfstrahlers zu nahe an den Reifen gehalten, wird dessen Gummischicht innerhalb weniger Sekunden irreparabel zerstört, selbst bei Verwendung von kaltem Wasser. Ein auf diese Weise gereinigter Reifen sollte sicherheitshalber ersetzt werden.

**Leichtmetall-Scheibenräder** mit Felgenreiniger und Bürste reinigen, jedoch keine aggressiven, säurehaltigen, stark alkalischen und rauen Reinigungsmittel oder Dampfstrahler über +60° C verwenden.

**Sicherheitsgurte** nur mit milder Seifenlauge im eingebauten Zustand säubern, nicht chemisch reinigen, da dadurch das Gewebe zerstört werden kann. Automatikgurte nur in trockenem Zustand aufrollen.

## Unterbodenschutz/ Hohlraumkonservierung

Die Unterbodenverkleidung ist aus Kunststoff und schützt den hinteren Bereich des Fahrzeugunterbodens. Die besonders stark gefährdeten Bereiche in den Radläufen sind zusätzlich mit Kunststoffschalen gegen Steinschlag geschützt. Vor der kalten Jahreszeit und nach einer Unterbodenwäsche sollte der Unterbodenschutz kontrolliert und gegebenenfalls ausgebessert werden.

Im Schleuderbereich des Unterbaues können sich Staub, Lehm und Sand ablagern. Den angesammelten Schmutz entfernen, zumal er während der Winterzeit auch noch mit Streusalz angereichert sein kann.

## Polsterbezüge pflegen/reinigen

**Textilbezüge:** Polsterbezüge mit Staubsauger und Bürste reinigen. Flecken mit Flüssigseife, 25-prozentiger Ammoniaklösung oder Branntweinessig entfernen.

Fett- und Ölflecke mit Reinigungsbenzin oder Fleckenwasser behandeln. Das Reinigungsmittel darf aber nicht unmittelbar auf den Stoff gegossen werden, da sich sonst unweigerlich Ränder bilden. Fleck durch kreisförmiges Reiben von außen nach innen bearbeiten. Andere Verschmutzungen lassen sich meistens mit lauwarmem Seifenwasser entfernen.

**Lederbezüge**: Bei starker Sonneneinstrahlung und längerer Standzeit Sitze abdecken, damit sie nicht ausbleichen.

Trikot- oder Wolllappen mit Wasser leicht anfeuchten und Lederflächen säubern, ohne das Leder oder die Nahtstellen zu durchfeuchten. Anschließend das getrocknete Leder mit einem sauberen und weichen Tuch nachreiben.

Stärker verschmutzte Lederflächen mit einem milden Feinwaschmittel ohne Aufheller (2 Esslöffel auf 1 Liter Wasser) oder Flüssigseife reinigen. Fett- und Ölflecke ohne zu reiben vorsichtig mit Reinigungsbenzin abtupfen.

Lackierte Lederpolster sollten nach dem Reinigen mit einem handelsüblichen Pflegemittel für Lederflächen behandelt werden. Das Mittel vor Gebrauch gut schütteln und mit einem weichen Lappen dünn auftragen. Nach dem Eintrocknen mit einem sauberen und weichen Tuch nachreiben. Diese Behandlung empfiehlt sich bei normaler Beanspruchung alle 6 Monate.

## Steinschlagschäden ausbessern

Ausbeul- und Lackierarbeiten an der Autokarosserie setzen Erfahrung über den Werkstoff und dessen Bearbeitung voraus. Derartige Fertigkeiten werden in der Regel erst durch eine langjährige Praxis erreicht. Aus diesem Grund wird hier nur das Ausbessern von kleineren Lackschäden erläutert.

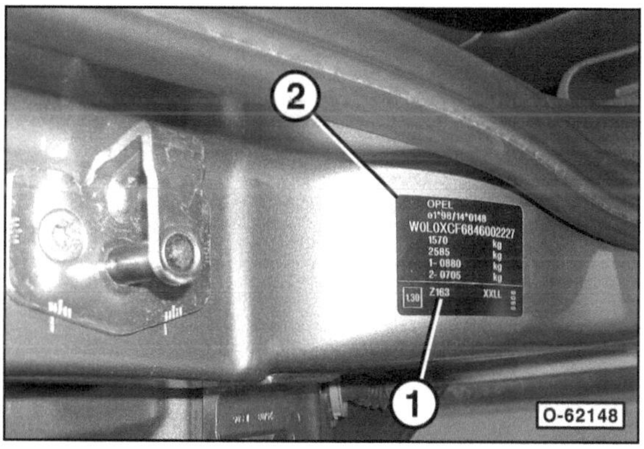


Zum Nachlackieren wird unbedingt dieselbe Lackfarbe benötigt, denn selbst kleinste Farbunterschiede fallen nach Abschluss der Arbeiten sofort ins Auge. Der jeweilige Fahrzeug-Farbton wird vom Hersteller durch die Lacknummer gekennzeichnet. Die Lacknummer –1– steht auf dem Fahrzeugtypschild –2–. Das Typschild befindet sich am rechten Vordertürrahmen beziehungsweise bei manchen Modellen im Motorraum am rechten Radeinbau.

Treten dennoch Differenzen zwischen dem Originallack und dem Reparaturlack auf, dann liegt das daran, dass sich Fahrzeug-Lackierungen durch Alterung, ultraviolette Sonnenbestrahlung, extreme Temperaturdifferenzen, Witterungsbedingungen und chemische Einflüsse wie beispielsweise Industrieabgase mit der Zeit verändern. Außerdem können Oberflächenschäden, Farbveränderungen und Ausbleichen des Lackes eintreten, wenn Reinigung und Lackpflege mit ungeeigneten Mitteln durchgeführt wurden.

Die Metallic-Lackierung besteht aus 2 Schichten, dem Metallic-Grundlack und der farblosen Decklackierung. Beim Lackieren wird der Klarlack über den feuchten Grundlack gespritzt. Die Gefahr von Farbdifferenzen bei der nachträglichen Metallic-Lackierung ist besonders groß, da hier schon die unterschiedliche Viskosität des Reparaturlackes gegenüber dem Originallack zu Farbverschiebungen führt.

Es lohnt sich, auch kleinste Lackschäden regelmäßig zu beseitigen, da auf diese Weise Rostschäden und größere Reparaturen vermieden werden.

Für kleine Kratzer und Steinschläge, die lediglich den Decklack abgesplittert haben, also nicht bis aufs blanke Blech vorgedrungen sind, genügt im allgemeinen der Lackstift oder Tupflack. Dabei handelt es sich um eine kleine Lackdose, in deren Deckel ein Pinsel integriert ist. Der Lackstift wird im Auto-Zubehörhandel angeboten.

- Tiefere Steinschlagschäden, die schon kleine Rostnarben gebildet haben, mit einem »Rostradierer« beziehungsweise einem Messer oder einem kleinen Schraubendreher auskratzen, bis das blanke Blech erscheint. Wichtig ist, dass keine auch noch so kleine Roststelle mehr sichtbar ist. Bei »Rostradierern« handelt es sich um kleine Kunststoffhülsen, die zum Auskratzen des Rostes kurze Drahtborsten besitzen.
- Die blanken Stellen müssen einwandfrei trocken und fettfrei sein. Dazu Reparaturstelle sowie den umgebenden Lack mit Silikonentferner reinigen.
- Auf die blanke Metallfläche mit einem dünnen Pinsel etwas Lackgrundierung (»Primer«) auftragen. Da das Grundiermittel meist in Sprühdosen erhältlich ist, etwas Grundiermittel in den Deckel der Dose sprühen.
- Nachdem die Grundierung trocken ist, Stelle mit Tupflack ausbessern. Bei den Tupflackdosen ist ein Pinsel bereits im Deckel integriert. Falls nur eine Spraydose mit der entsprechenden Farbe zur Verfügung steht, etwas Farbe in den Deckel der Dose sprühen und Lack mit einem dünnen Wasserfarbenpinsel auftragen. Dabei in einem Arbeitsgang immer nur eine dünne Lackschicht anbringen, damit der Lack nicht herunterlaufen kann. Anschließend Farbe gut trocknen lassen. Vorgang so oft wiederholen, bis der Krater ausgefüllt ist und die ausgebesserte Stelle gegenüber der umgebenden Lackfläche keine Vertiefung mehr bildet.

# Werkzeugausrüstung

Langfristig zahlt es sich immer aus, wenn man qualitativ hochwertiges Werkzeug kauft. Neben einer Grundausstattung mit Maul- und Ringschlüsseln in den gängigen Größen und verschiedenen Torxschraubendrehern sowie einem Satz Steckschlüssel empfiehlt sich auch der Kauf eines Drehmomentschlüssels. Darüber hinaus ist bei manchen Arbeitsgängen der Einsatz von Spezialwerkzeug zwingend erforderlich.

Gutes und stabiles Werkzeug wird von der Firma HAZET (42804 Remscheid, Postfach 100461) angeboten. In den Tabellen sind die Werkzeuge mit der HAZET-Bestellnummer aufgeführt. Vertrieben wird das Werkzeug über den Fachhandel.

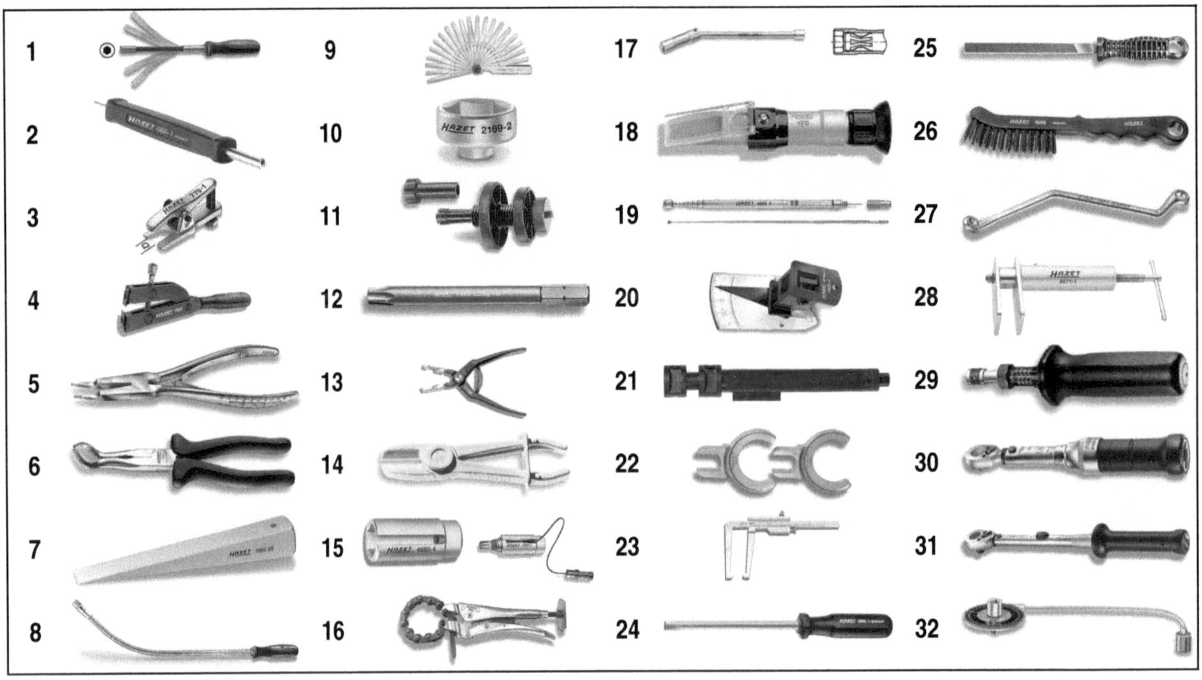


| Abb. | Werkzeug | Hazet-Nr. |
|---|---|---|
| 1 | Flexibler Steckschlüssel für Schlauchschellen | 426-7 |
| 2 | Ventildreher für Reifenventile | 666-1 |
| 3 | Kugelgelenk-Abzieher, Maulweite 20 – 22 mm, 2-stufig | 1790-7 |
| 4 | Klemmzange für Edelstahlhaltebänder der Gelenkwellenmanschetten | 1847 |
| 5 | Zange für Sicherungsring im Gleichlaufgelenk | 1847-3 |
| 6 | Zündkerzenstecker-Zange (nur Motor Z16SE) | 1849 |
| 7 | Montagekeil | 1965-20 |
| 8 | Magnet-Sucher | 1976 |
| 9 | Fühlerblattlehre 0,05 - 1,0 mm | 2147 |
| 10 | Ölfilterschlüssel für 1,3-l-Dieselmotor | 2169-27 |
| 11 | Kupplungs-Zentrierwerkzeug | 2174 |
| 12 | Innentorx-Einsatz für Airbagsensor-Schraube | 2223Lg-T30 |
| 13 | Zange für Verriegelung Kraftstoffleitungen | 4501-1 |
| 14 | Abklemmzangen-Satz | 4590/3 |
| 15 | Steckschlüssel für Lambdasondenausbau (1,6-l-Motor) | 4680-4 |

| Abb. | Werkzeug | Hazet-Nr. |
|---|---|---|
| 16 | Ketten-Abgasrohrschneider | 4682 |
| 17 | Zündkerzenschlüssel | 4766-1 |
| 18 | Messgerät für Säuredichte und Frostschutzanteil | 4810 B |
| 19 | Spritzdüseneinsteller für Scheibenwaschanlage | 4850-1 |
| 20 | Winkeleinsteller für Scheibenwischerarme | 4851-1 |
| 21 | Spanngerät für Schraubenfedern der Federbeine | 4900-2A |
| 22 | Federspanner-Spannplatten-Paar für den CORSA | 4900-11 |
| 23 | Bremsscheiben-Messschieber | 4956-1 |
| 24 | Handbrems-Einstellschlüssel | 4965-1 |
| 25 | Bremssattelfeile | 4968-1 |
| 26 | Bremssatteldrahtbürste | 4968-2 |
| 27 | Entlüftungsschlüssel Bremse | 4968-9 |
| 28 | Bremskolben-Rücksetzvorrichtung | 4971-1 |
| 29 | Drehmomentschlüssel 1 – 6 Nm | 6003 CT |
| 30 | Drehmomentschlüssel 4 – 40 Nm | 6109-2 CT |
| 31 | Drehmomentschlüssel 40 – 200 Nm | 6122–1CT |
| 32 | Winkelscheibe für drehwinkelgesteuerten Schraubenanzug | 6690 |

# Motorstarthilfe

**Sicherheitshinweise:**
Werden die vorgeschriebenen Anschlusshinweise nicht genau eingehalten, besteht die Gefahr der Verätzung durch austretende Batteriesäure. Außerdem können Verletzungen oder Schäden durch eine Batterieexplosion entstehen oder Defekte an der Fahrzeugelektrik auftreten.

- Batterieflüssigkeit von Augen, Haut, Gewebe und lackierten Flächen fern halten. Die Flüssigkeit ist ätzend. Säurespritzer sofort mit klarem Wasser gründlich abspülen. Gegebenenfalls einen Arzt aufsuchen.
- Keine Funken oder offenen Flammen in Batterienähe, da aus der Batterie brennbare Gase austreten können.
- Augenschutz tragen.
- Darauf achten, dass die Starthilfekabel nicht durch drehende Teile wie z. B. Kühlerventilator beschädigt werden.

- Die Starthilfekabel sollten einen Leitungsquerschnitt von 25 mm² aufweisen und mit isolierten Kabelzangen ausgestattet sein. In der Regel ist der Leitungsquerschnitt auf der Packung der Starthilfekabel angegeben.
- Bei beiden Batterien muss die Spannung 12 Volt betragen. Die Kapazität der stromgebenden Batterie darf nicht wesentlich unter der der entladenen Batterie liegen.
- Eine entladene Batterie kann bereits bei –10° C gefrieren. Vor Anschluss der Starthilfekabel muss eine gefrorene Batterie unbedingt aufgetaut werden.
- Die entladene Batterie muss ordnungsgemäß am Bordnetz angeklemmt sein.
- Wenn möglich, Säurestand der entladenen Batterie prüfen, gegebenenfalls destilliertes Wasser auffüllen und Batterie verschließen.
- Fahrzeuge so weit auseinander stellen, dass kein metallischer Kontakt besteht. Andernfalls könnte bereits beim Verbinden der Pluspole ein Strom fließen.
- Bei beiden Fahrzeugen Handbremse anziehen. Schaltgetriebe in Leerlaufstellung, automatisches Getriebe zusätzlich in Parkstellung »P« schalten.
- Alle Stromverbraucher ausschalten.
- Grundsätzlich Motor des Spenderfahrzeuges ca. 1 Minute vor dem Startvorgang und während des Startvorganges mit Leerlaufdrehzahl drehen lassen. Dadurch wird eine Beschädigung des Generators durch Spannungsspitzen beim Startvorgang vermieden.
- Starthilfekabel in folgender Reihenfolge anschließen:
  **1.** Rotes Kabel an den Pluspol (+) –1– der stromgebenden Batterie anklemmen.
  **2.** Das andere Ende des roten Kabels an den Pluspol (+) –2– der entladenen Batterie anklemmen.

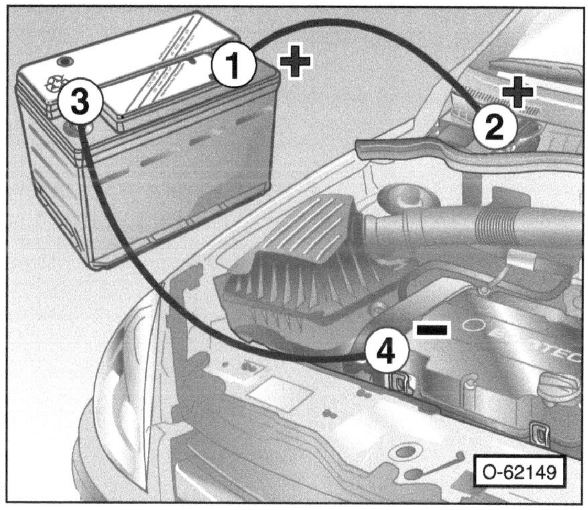


**3.** Schwarzes Kabel an den Minuspol (–) –3– der stromgebenden Batterie anklemmen.
**4.** Das andere Ende des schwarzen Kabels an eine gute Massestelle –4– des Empfängerfahrzeuges anschließen. **Achtung: Nicht an den Minuspol (–) der leeren Batterie.** Am besten eignet sich ein mit dem Motorblock verschraubtes Metallteil. Unter ungünstigen Umständen könnte beim Anschließen des Kabels an den Minuspol der leeren Batterie, durch Funkenbildung und Knallgasentwicklung, die Batterie explodieren.

**Achtung:** Die Klemmen der Starthilfekabel dürfen bei angeschlossenen Kabeln nicht in Kontakt miteinander kommen, beziehungsweise die Plusklemmen dürfen keine Massestellen (Karosserie oder Rahmen) berühren – Kurzschlussgefahr!

- Motor des Empfängerfahrzeuges (leere Batterie) starten und laufen lassen. Beim Starten Anlasser nicht länger als 10 Sekunden ununterbrochen betätigen, da sich durch die hohe Stromaufnahme Polzangen und Kabel erwärmen. Deshalb zwischendurch eine »Abkühlpause« von mindestens ½ Minute einlegen.
- Bei Startschwierigkeiten nicht unnötig lange den Anlasser betätigen. Während des Anlassens wird permanent Kraftstoff eingespritzt. Fehlerursache ermitteln und beseitigen.
- Nach erfolgreichem Start beide Fahrzeuge mit der »Strombrücke« noch 3 Minuten laufen lassen.
- Um Spannungsspitzen beim Trennen abzubauen, im Fahrzeug mit der leeren Batterie Gebläse und Heckscheibenheizung einschalten. Nicht das Fahrlicht einschalten. Glühlampen brennen bei Überspannung durch.
- **Nach der Starthilfe** Kabel in **umgekehrter** Reihenfolge abklemmen: Zuerst schwarzes Kabel (–) am Empfängerfahrzeug –4–, dann am stromgebenden Fahrzeug –3– abklemmen. Rotes Kabel zuerst am Empfängerfahrzeug –2– und dann am stromgebenden Fahrzeug –1– abklemmen.

# Fahrzeug abschleppen

Das Fahrzeug darf nur an den dafür vorgesehenen Abschleppösen abgeschleppt werden.

**Abschleppseil/Abschleppstange anbringen**

- Abdeckkappe für die Aufnahme der Abschleppöse vorn rechts öffnen: Abdeckkappe nach unten ausrasten und nach unten abziehen.
- Die Abschleppöse befindet sich in der Tasche für Wagenheber und Wagenwerkzeug im Gepäck- beziehungsweise Laderaum unter dem Reserverad.

- Abschleppöse entgegen Uhrzeigersinn einschrauben und mit einem Radschlüssel bis zum Anschlag in waagerechte Stellung festziehen.

**Achtung:** Nach Gebrauch Abschleppöse in Werkzeugtasche legen. Abschleppöse immer im Fahrzeug mitführen.

- Die hintere Abschleppöse ist rechts am Wagenunterbau angeschweißt.

**Regeln beim Abschleppen**

- Zündung einschalten, damit das Lenkrad nicht blockiert ist und Blinkleuchten, Signalhorn, Scheibenwischer und Scheibenwischanlage betätigt werden können.
- Getriebe in Leerlaufstellung bringen.
- Warnblinkanlage bei beiden Fahrzeug einschalten.
- Da der Bremskraftverstärker und die Servolenkung nur bei laufendem Motor arbeiten, müssen bei nicht laufendem Motor das Bremspedal und das Lenkrad entsprechend kräftiger betätigt werden!
- Bei der Verwendung eines Abschleppseils muss der Fahrer des ziehenden Wagens beim Schalten weich einkuppeln. Der Fahrer des gezogenen Wagens hat darauf zu achten, dass das Seil stets straff ist.
- Ohne Öl im Schaltgetriebe beziehungsweise Automatikgetriebe darf der Wagen nur mit angehobenen Antriebsrädern abgeschleppt werden.
- **Empfehlenswert ist die Verwendung einer Abschleppstange.** Die Gefahr des Auffahrens ist bei Verwendung eines Abschleppseils groß. Ein Abschleppseil soll elastisch sein, damit das schleppende und das gezogene Fahrzeug geschont werden. Nur Kunstfaserseile oder Seile mit elastischen Zwischengliedern verwenden.

**Fahrzeuge mit Automatikgetriebe**

Wählhebelstellung: **»N«**
Maximale Schleppgeschwindigkeit: **80 km/h!**
Maximale Schleppentfernung: **100 Kilometer!**

- Über große Entfernungen das Fahrzeug mit einem Abschleppwagen vorn anheben oder aufladen.

**Achtung:** Zur Vermeidung von Getriebeschäden, Fahrzeug niemals rückwärts mit drehenden Antriebsrädern abschleppen.

**Fahrzeug anschleppen (Notstart)**

Bevor der Motor durch Anschleppen des Fahrzeuges (Starten des Motors durch das rollende Fahrzeug) gestartet wird, Starthilfe durch Batterie eines anderen Fahrzeugs durchführen.

Fahrzeuge mit Automatikgetriebe können nicht angeschleppt werden.

**Achtung:** Bei betriebswarmem Benzinmotor mit Schaltgetriebe darf nur über eine Strecke von maximal 50 Metern angeschleppt werden, da sonst die Gefahr von Katalysatorschäden besteht.

- Vor dem Anschleppen den 2. oder 3. Gang einlegen, Kupplungspedal treten und halten.
- Zündung einschalten.
- Langsam einkuppeln, wenn beide Fahrzeuge in Bewegung sind.
- Sobald der Motor angesprungen ist, Kupplung treten und Gang herausnehmen, um nicht auf das ziehende Fahrzeug aufzufahren.

# Fahrzeug aufbocken

Bei Arbeiten unter dem Fahrzeug muss dieses, falls es nicht auf einer Hebebühne steht, auf zwei oder vier stabilen Unterstellböcken stehen.

**Sicherheitshinweis:**
Wenn unter dem Fahrzeug gearbeitet werden soll, muss es mit geeigneten Unterstellböcken sicher abgestützt werden. Abstützen nur mit dem Wagenheber ist unzureichend. **Lebensgefahr!**

- Das Fahrzeug nur in unbeladenem Zustand auf ebener, fester Fläche aufbocken.
- Fahrzeug mit Unterstellböcken so abstützen, dass jeweils ein Bein seitlich nach außen zeigt.

**Anheb- und Aufbockpunkte für Bordwagenheber**

- Am Wagenunterbau sind vorn und hinten Aussparungen zum Ansetzen des Wagenhebers vorhanden, siehe auch Abbildung O-62132

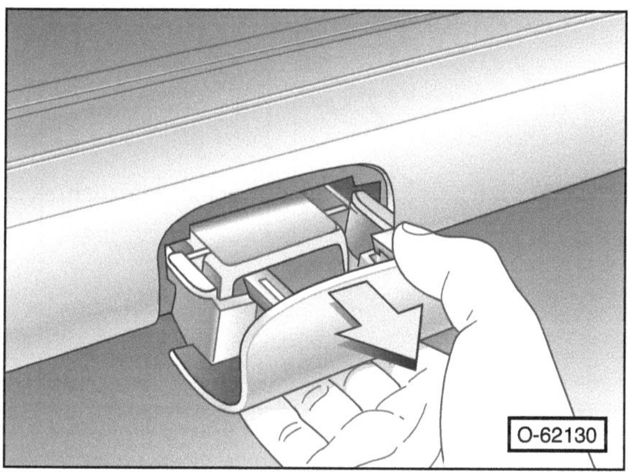

O-62130

- Je nach Modell vor dem Ansetzen des Wagenhebers die Abdeckklappen –Pfeil– nach außen abziehen.

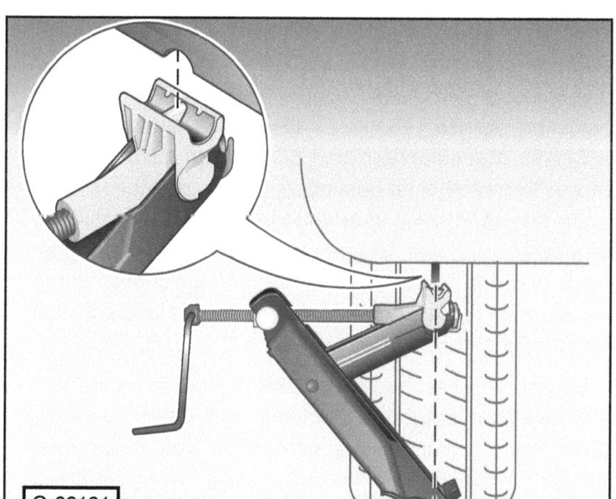

O-62131

- Wagenheberarm so ansetzen, dass die Wagenheberklaue den senkrechten Steg umfasst und in die Aussparung im Steg greift. Beim Drehen der Kurbel darauf achten, dass die Kante des Wagenheberfußes senkrecht unter der Aussparung im Steg den Boden berührt.
- Wagenheber hochkurbeln, bis das Rad vom Boden abgehoben hat. Fahrzeug mit Unterstellböcken abstützen, beispielsweise am vorderen Längsträger.
- Die Räder, die beim Anheben auf dem Boden stehen bleiben, mit Keilen gegen Vor- oder Zurückrollen sichern. Nicht auf die Feststellbremse verlassen, diese muss bei einigen Reparaturen gelöst werden.

**Aufnahmepunkte für Hebebühne und Werkstattwagenheber**

**Achtung:** Um Beschädigungen am Unterbau zu vermeiden, geeignete Gummi- oder Holzzwischenlage verwenden. Der Wagen darf keinesfalls am Antriebsaggregat, an der Vorder- oder Hinterachse angehoben werden, da dadurch große Schäden entstehen können.

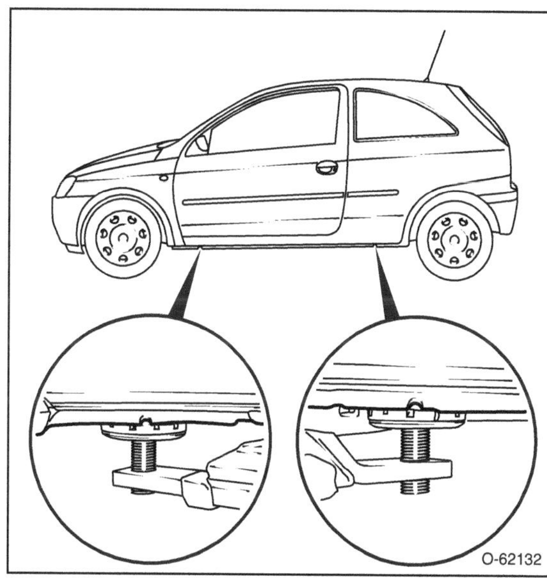

O-62132

- Die Aufnahmen einer Hebebühne oder eines Werkstattwagenhebers an den gleichen Stellen ansetzen, die auch für den Bordwagenheber vorgesehen sind.

# Elektrische Anlage

Aus dem Inhalt:

- Relais/Schalter prüfen
- Elektromotoren prüfen
- Sicherungen auswechseln
- Batterie ausbauen
- Generator prüfen
- Anlasser prüfen
- Scheibenwischer
- Beleuchtungsanlage
- Armaturen/Schalter

**Sicherheitshinweis**
Im Fahrzeug wird Hochspannung erzeugt, zum Beispiel an der Zündanlage und bei den Xenonlampen. Personen mit Herzschrittmacher dürfen daher keine Arbeiten an der elektrischen Anlage vornehmen.

Bei der Überprüfung der elektrischen Anlage stößt der Heimwerker in den technischen Unterlagen immer wieder auf die Begriffe Spannung, Stromstärke und Widerstand.

Die Spannung wird in Volt (V) gemessen, die Stromstärke in Ampere (A) und der Widerstand in Ohm (Ω). Mit dem Begriff Spannung ist beim Auto in der Regel die Batteriespannung gemeint. Es handelt sich dabei um eine Gleichspannung von ca. 12 Volt. Die Höhe der Batteriespannung hängt vom Ladezustand der Batterie und von der Außentemperatur ab. Sie kann zwischen 10 und 13 Volt betragen. Demgegenüber wird die Bordspannung vom Generator (Lichtmaschine) erzeugt, die bei mittleren Drehzahlen ca. 14 Volt beträgt.

Der Begriff Stromstärke taucht im Bereich der Automobil-Elektrik relativ selten auf. Die Stromstärke ist beispielsweise auf der Rückseite von Sicherungen angegeben und weist auf den maximalen Strom hin, der fließen kann, ohne dass die Sicherung durchbrennt und damit den Stromkreis unterbricht.

Überall wo Strom fließt, muss er einen Widerstand überwinden. Der Widerstand ist unter anderem von folgenden Faktoren abhängig: Leitungsquerschnitt und -länge, Leitungsmaterial, Leitfähigkeit. Ist der Widerstand zu groß, treten Funktionsstörungen auf. Beispielsweise darf beim Benzinmotor der Widerstand in den Zündleitungen nicht zu hoch sein, sonst fehlt ein ausreichend starker Zündfunke an den Zündkerzen, der das Kraftstoff-Luftgemisch entzündet und damit den Motor zum Laufen bringt.

**Achtung:** Vor Arbeiten an der elektrischen Anlage grundsätzlich das Batterie-Massekabel (–) abklemmen. Dazu Hinweise im Kapitel »Batterie aus- und einbauen« beachten. Als Arbeit an der elektrischen Anlage ist dabei schon zu betrachten, wenn eine elektrischen Leitung vom Anschluss abgezogen beziehungsweise abgeklemmt wird.

## Elektrisches Zubehör nachträglich einbauen

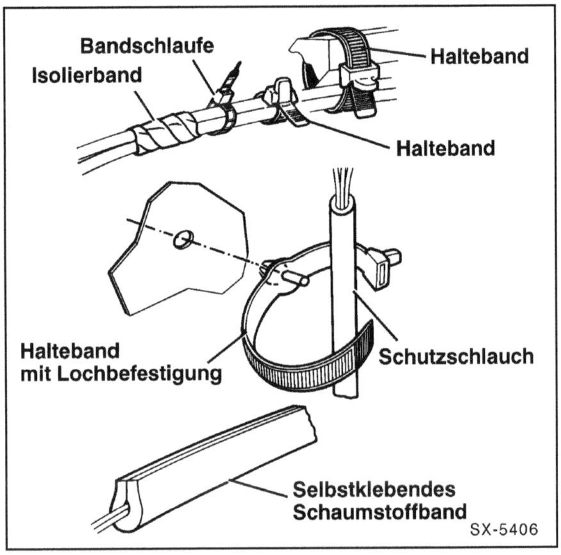


Kabel, die beim Einbau von Zubehör zusätzlich zu dem serienmäßig eingebauten Kabelsatz im Fahrzeug verlegt werden müssen, sind nach Möglichkeit immer entlang der einzelnen Kabelstränge unter Verwendung der vorhandenen Kabelschellen und Gummitüllen zu verlegen.

Falls erforderlich, zum Beispiel um Geräuschen während der Fahrt vorzubeugen und das Scheuern von Kabeln zu vermeiden, müssen die neu verlegten Kabel mit Isolierband, plastischer Masse, Kabelbändern und dergleichen zusätzlich befestigt werden. Hierbei ist besonders darauf zu achten, dass zwischen den Bremsleitungen und den festverlegten Kabeln ein Mindestabstand von 10 mm sowie zwischen den Bremsleitungen und den Kabeln, die mit dem Motor oder anderen Teilen des Fahrzeuges schwingen, ein Mindestabstand von 25 mm vorliegt.

Beim Bohren von Karosserie-Löchern müssen die Lochränder anschließend entgratet, grundiert und lackiert werden. Die beim Bohren zwangsläufig anfallenden Späne sind restlos aus der Karosserie zu entfernen.

Bei allen Arbeiten, die das elektrische Leitungssystem betreffen, ist grundsätzlich das Massekabel (–) von der Fahrzeugbatterie bei ausgeschalteter Zündung abzuklemmen und zur Seite zu hängen. Damit wird der Gefahr von Kurzschlüssen und Überlastungsschäden im Leitungssystem vorgebeugt.

**Achtung:** Wird die Batterie abgeklemmt, werden unter Umständen der Fehlerspeicher sowie elektrische Geräte wie zum Beispiel das Radio und die Zeituhr stillgelegt, beziehungsweise Speicherwerte gelöscht. Spezielle Hinweise zu diesem Thema stehen im Kapitel »Batterie aus- und einbauen«.

Sofern zusätzliche elektrische Verbraucher eingebaut werden, ist in jedem Fall zu überprüfen, ob die erhöhte Belastung noch von dem vorhandenen Drehstromgenerator mit übernommen werden kann. Falls erforderlich, sollte ein Generator mit größerer Leistung vorgesehen werden.

## Fehlersuche in der elektrischen Anlage

Beim Aufspüren eines Fehlers in der elektrischen Anlage ist es wichtig, systematisch vorzugehen. Dies gilt sowohl beim Überprüfen von ausgefallenen Glühlampen als auch bei nicht laufenden Elektromotoren.

Der **erste Schritt** ist immer die Überprüfung der Sicherung, sofern das elektrische Bauteil abgesichert ist. Die aktuelle Sicherungsbelegung befindet sich auf Aufklebern in den beiden Sicherungskästen.

Defekte Sicherung gegebenenfalls auswechseln und nach Einschalten des elektrischen Verbrauchers kontrollieren, ob diese nicht unmittelbar danach wieder durchbrennt. In diesem Fall muss zuerst der Fehler aufgespürt und behoben werden. In der Regel handelt es sich um einen Kurzschluss. Das bedeutet, an irgend einer Stelle, mitunter auch intern im elektrischen Gerät, sind Masse- und Plusanschluss überbrückt.

**Zweiter Prüfschritt:** Wenn bei intakter Sicherung die Glühlampe nicht leuchtet beziehungsweise der Elektromotor nicht anläuft, ist die Stromversorgung zu überprüfen.

### 12-V-Glühlampe prüfen

- Glühlampe ausbauen und sichtprüfen. Ist der Glühfaden durchgebrannt oder sitzt der Glaskolben locker im Sockel, Lampe erneuern.
- Glühlampe auf Funktion prüfen: Glühlampe mit 2 Kabeln direkt an die Pole der Batterie anschließen. Wenn jetzt die Lampe nicht leuchtet, Glühlampe erneuern. **Hinweis:** Gegebenenfalls korrodierte oder verbogene Anschlüsse an der Glühlampe und in der Glühlampenfassung polieren und einwandfreien Kontakt herstellen.
- Ist die Glühlampe intakt, leuchtet aber immer noch nicht, Stromzufuhr überprüfen. Dazu Prüfspitze einer Prüflampe an eine gute Massestelle am Motor (blankes Metall) oder direkt am Batterie-Minuspol anschließen. Die andere Prüfspitze (+) entweder an den Strom führenden Stecker halten oder in das Strom führende Kabel einstechen.
- Wenn die Prüflampe jetzt aufleuchtet und die Lampe dennoch nicht brennt, ist die Massezuführung zur Glühlampe unterbrochen. Dazu Massehilfsleitung an die Glühlampenfassung anlegen. Die Glühlampe muss jetzt leuchten.
- Wenn das Strom führende Kabel zur Glühlampe keine Spannung aufweist, die Prüflampe also nicht aufleuchtet, ist sehr wahrscheinlich der Schalter defekt. Schalter auf Durchgang prüfen, siehe dazu auch Kapitel »Elektrischen Schalter auf Durchgang prüfen«.

### Elektromotoren prüfen

Im Auto werden immer mehr Funktionen von Elektromotoren übernommen. Dazu gehören beispielsweise der Fensterheber, das Schiebedach oder die elektrische Zentralverriegelung. Jeder Motor wird bei Bedarf über einen Schalter zugeschaltet, meist von Hand.

- Sicherung des betreffenden Elektromotors prüfen und gegebenenfalls ersetzen.

**Hinweis:** Elektromotoren beim Fensterheber und Schiebedach besitzen in der Regel Sicherungsautomaten, die sich bei Überlastung ausschalten und nach einiger Zeit wieder zuschalten. Vor einer erneuten Betätigung sollte die Überlastungsursache beseitigt werden. Das können vereiste Scheiben oder verschmutzte Fenster-Führungsschienen sein.

- Brennt die Sicherung gleich wieder durch, liegt ein Kurzschluss vor.
- Um eindeutig zu klären, ob der Defekt im Motor liegt, 2 Hilfskabel (∅ ca. 2 mm) direkt von der Batterie an den Elektromotor anlegen. Pluskabel an den Plusanschluss, Massekabel an den Masseanschluss (–) des Motors. Die Anschluss-Belegung im Zweifel an Hand eines Stromlaufplans ermitteln. Dazu muss der Motor gegebenenfalls ausgebaut werden. Alle elektrischen Motoren im Fahrzeug werden mit Bordspannung (12 bis 14 Volt) versorgt. Funktioniert der Motor jetzt ordnungsgemäß, war die Stromversorgung defekt. **Hinweis:** Ein zu langsam laufender oder aussetzender Elektromotor kann auf abgenutzte Schleifkohlen hinweisen. In diesem Fall sind – wenn möglich – die Schleifkohlen (Bürsten) zu ersetzen.
- Läuft der Motor, feststellen welche Zuleitung am Elektromotor Spannung führt, wenn der Schalter betätigt wird.
- Spannungsführendes Kabel am Elektromotor mit Prüflampe prüfen. Da bei Elektromotoren ein großer Strom fließt, kann eine herkömmliche Prüflampe mit Glühlampe genommen werden. Die Prüflampe hat in der Regel spitze Prüfnadeln, mit denen das Anschlusskabel durchstochen werden kann. So lässt sich auf einfache Weise die Spannung prüfen.
- Liegt keine Spannung am Elektromotor an, ist die Stromversorgung defekt. Fehler in der Zuleitung suchen und beheben. Elektromotoren haben in der Regel aufgrund des hohen Strombedarfs zusätzliche Schaltrelais.
- Wurde kein Fehler gefunden, Schalter prüfen.
- Ist ein Kabel defekt, ist es oft sinnvoller, man legt ein neues Kabel, da es schwierig ist, einen Defekt im Kabel zu lokalisieren.

# Elektrischen Schalter auf Durchgang prüfen

Die meisten elektrischen Verbraucher werden über einen von Hand betätigten Schalter ein- und ausgeschaltet. Darüber hinaus gibt es auch Schalter, die automatisch betätigt werden. Zu diesen Schaltern zählen zum Beispiel der Ölstandgeber und der Geber für Bremsflüssigkeitsstand.

Grundsätzlich hat ein Schalter die Aufgabe, den Stromkreis zu schließen und zu unterbrechen. Es gibt Schalter, die die Masseleitung (–) unterbrechen, und Schalter, die die Strom führende Leitung (+) unterbrechen.

### Schalter für Lampen und Elektromotoren prüfen

- Betreffenden Schalter ausbauen.
- Einfache Schalter haben nur 2 Anschlüsse. In diesem Fall muss an einem Anschluss immer Spannung (+) anliegen und nach dem Einschalten an der anderen Klemme auch. Es gibt auch Schalter mit mehreren Klemmen. Bei diesen Schaltern anhand des Stromlaufplans feststellen, an welcher Klemme Spannung anliegen muss.
- Mit Prüflampe prüfen, ob am Schalter Spannung anliegt, gegebenenfalls vorher Zündung einschalten. Leuchtet die Prüflampe auf, Schalter betätigen und an der Ausgangsklemme prüfen, ob dort auch Spannung anliegt. Ist das der Fall, dann ist sichergestellt, dass der Schalter funktioniert.
- Wenn an der Eingangsklemme keine Spannung anliegt, liegt eine Unterbrechung in der Leitungs-Zuführung vor. Anhand des Stromlaufplans die Spannungszuführung kontrollieren und gegebenenfalls eine neue Leitung einbauen.

### Geberschalter prüfen

Geberschalter sind beispielsweise: Geber für Bremsflüssigkeits-, Motoröl- und Kühlmittelstand.

- Durchgangsprüfer (Prüflampe oder Ohmmeter) an der Zu- und Ableitung des Schalters anschließen, dazu Kabel am Schalter abziehen. **Achtung:** Schalter, die im Motorblock eingeschraubt sind, haben in der Regel kein Massekabel, da das Schaltergehäuse über die Verbindung zum Motorblock als Minuspol (Masse) dient.
- Am besten eignet sich als Durchgangsprüfer ein Ohmmeter, das auf einen entsprechenden Messbereich eingestellt wird. Bei geschlossenem Schalter muss das Ohmmeter 0 Ω, bei geöffnetem Schalter ∞ Ω (unendlich) anzeigen.
- Zusätzlich sollte die Funktionsfähigkeit der Warnlampe im Kombiinstrument überprüft werden: Bei eingeschalteter Zündung die Zuleitung am Schalter abziehen und an eine Massestelle halten. Die Lampe muss nun aufleuchten.

# Relais prüfen

In vielen Stromkreisen ist ein Relais integriert. Ein Schaltrelais arbeitet wie ein Schalter. Wenn der Verbraucher über den Handschalter eingeschaltet wird, bekommt das Relais den Befehl, den Strom zum Verbraucher durchzuschalten. Man könnte natürlich den Strom auch direkt über den Schalter von der Batterie zum Verbraucher legen. Bei allen Verbrauchern mit hoher Stromaufnahme schaltet man jedoch ein Relais dazwischen, um den Schalter nicht zu überlasten beziehungsweise um kurze Stromwege sicherzustellen.

### Schaltrelais prüfen

Beim Einschalten des betreffenden Verbrauchers wird das Relais angesteuert, das heißt durch den Schaltstrom zieht eine Magnetspule im Relaisinnern einen Kontakt an und schließt so den Stromkreis für den »Arbeitsstrom«. Der Arbeitsstrom läuft über das Relais zum Stromverbraucher weiter.

Am einfachsten lässt sich die Funktionsfähigkeit eines Relais prüfen, wenn man es gegen ein intaktes auswechselt. So macht man es auch in der Werkstatt. Da dem Heimwerker jedoch in den seltensten Fällen ein neues Relais sofort zur Verfügung steht, empfiehlt sich folgende Vorgehensweise:

- Relais mit Relaiszange, zum Beispiel HAZET 4770-1, aus der Halterung herausziehen.
- Zündung und entsprechenden Schalter einschalten.
- Zuerst mit Spannungsprüfer feststellen, ob an der entsprechenden Plus-Klemme (+) im Relaishalter Spannung anliegt. Dazu Spannungsprüfer an Masse (–) anschließen und die andere Kontaktspitze vorsichtig in die Klemme einführen. Wenn die Leuchtdiode des Spannungsprüfers aufleuchtet, ist Spannung vorhanden. Zeigt der Spannungsprüfer keine Spannung an, Unterbrechung vom Batterie-Pluspol (+) zur Klemme anhand des Schaltplanes aufspüren.
- Leitungsbrücke aus einem Stück isoliertem Draht herstellen, die Enden müssen blank sein.
- Mit dieser Brücke im Relaishalter die Plus-Klemme (+), die immer Spannung führt, mit dem Ausgang des Relais-Schließers verbinden. Mit diesem Arbeitsschritt wird das getan, was ein intaktes Relais auch vornimmt.
- Wenn bei eingesetzter Brücke zum Beispiel das Fernlicht aufleuchtet, ist in der Regel das Relais defekt.
- Wenn das Fernlicht nicht aufleuchtet, klären, ob die Masseverbindung (–) zum Scheinwerfer intakt ist. Dann Unterbrechung in der Leitungsführung von der Relaisklemme zum Hauptscheinwerfer anhand des Schaltplanes aufspüren und beheben.
- Falls erforderlich, neues Relais einsetzen.

**Achtung:** Falls ein Relais nur zeitweise nicht funktioniert, dann liegt der Defekt in der Regel im Relais. Es bleibt dann ein Kontakt im Relais ab und zu kleben, während das Relais ansonsten einwandfrei funktioniert. Bei Auftreten des Fehlers leicht gegen das Relaisgehäuse klopfen. Wenn das Relais daraufhin durchschaltet, Relais ersetzen.

## Heizbare Heckscheibe prüfen

Bei eingeschalteter Heckscheibenheizung muss das Feld mit den sichtbaren Leiterbahnen nach einiger Zeit frei von Beschlag oder Eis sein.

- Bei Störungen zuerst Sicherung im Sicherungskasten überprüfen.
- Ist die Sicherung in Ordnung, anschließend festen Sitz der Kabelstecker an der Heckscheibe überprüfen, gegebenenfalls von Korrosion reinigen.
- Funktioniert die Heckscheibenheizung immer noch nicht, Zuleitungen und Schalter prüfen.

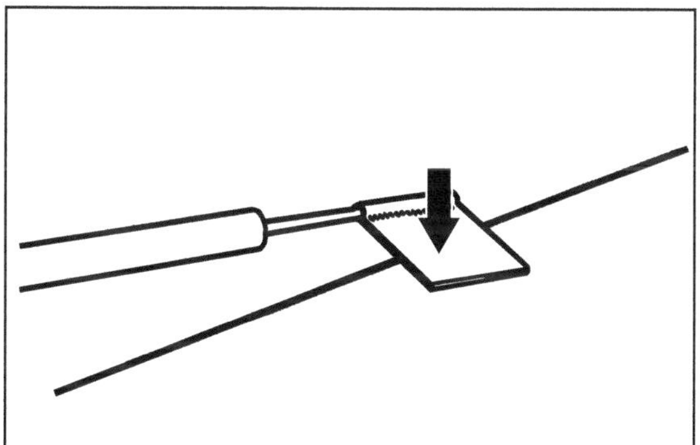
SX-5424

- Heizdraht überprüfen. Spannung zwischen Heizdraht und Anschlussstelle der elektrischen Zuleitung messen. Dazu Prüfspitze des Messgerätes mit einem breiten Stück Aluminiumfolie umwickeln und dieses während der Messung auf den Heizdraht drücken –Pfeil–.
- Motor starten und Scheibenheizung einschalten.
- Spannung in der Mitte jedes Heizdrahtes messen. Beträgt sie ca. 6 Volt ist der Draht in Ordnung. Beträgt sie ca. 10 Volt oder 0 Volt ist der Draht unterbrochen.
- Durch Schieben der Prüfspitze entlang des Heizdrahtes kann die Bruchstelle ermittelt werden: Dort tritt ein abrupter Spannungswechsel zwischen Null und mehreren Volt auf.

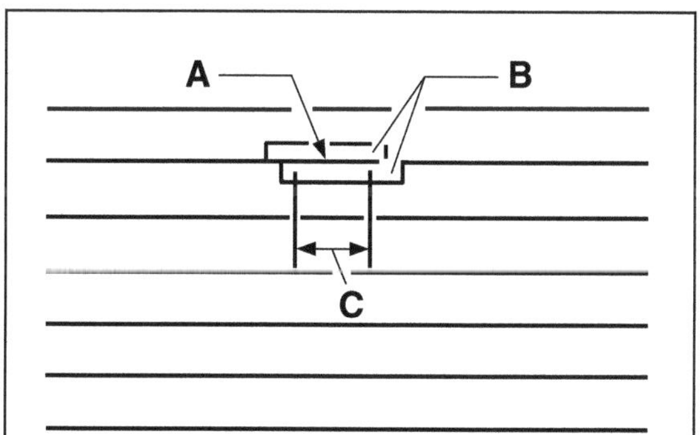

SX-5422

- Sind Heizfäden unterbrochen, hilft handelsüblicher Leitsilberlack zur Wiederherstellung der Verbindung. Dazu beschädigten Bereich –A– reinigen.
- Unterbrochene Stelle –A– von beiden Seiten mit Klebeband –B– abkleben und mit einem kleinen Pinsel Leitsilberlack –C– auftragen.
- Leitsilberlack bei ca. +25° C ca. 24 Stunden trocknen lassen. Es kann auch ein Heißluftfön verwendet werden. Bei +150° C trocknet der Lack in ca. 30 Minuten.

**Achtung:** Heckscheibenheizung nicht einschalten, bevor der Lack ganz trocken ist. Kein Benzin oder andere Lösungsmittel zum Reinigen des beschädigten Teils verwenden.

## Steckverbinder trennen

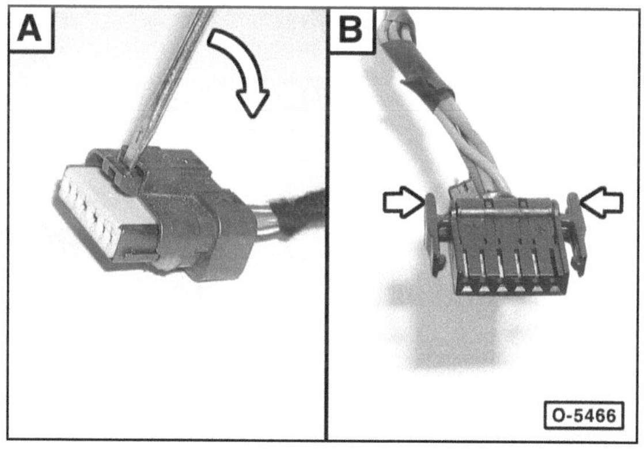

O-5466

- –A–: Lasche mit einem Schraubendreher herunterdrücken –Pfeil–, Stecker dabei ziehen und Verbindung trennen. Stecker beim Aufschieben hörbar einrasten lassen.
- –B–: 2 Laschen nach innen drücken –Pfeile– und Steckverbindung trennen.

#### Lichtwellenleiter

Es kommen vermehrt Lichtwellenleiter als Steuerleitungen zum Einsatz, die sich durch eine verlustarme Übertragung von Daten sowie eine hohe Bandbreite auszeichnen.

Dabei wird die Bandbreite einer Leitung durch ihren physikalischen Aufbau bestimmt. Die Leitung wird in mehrere Kanäle unterteilt, die sich untereinander nicht beeinträchtigen. Dadurch können durch eine Leitung gleichzeitig mehrere Ströme mit unterschiedliche Steueraufgaben durchgeleitet werden. Je höher die Bandbreite einer Leitung ist, desto mehr Kanäle können genutzt werden.

**Sicherheitshinweise im Umgang mit Lichtwellenleitern beachten:**

- Steckverbindungen für den Lichtwellenleiter vorsichtig trennen.
- Die Übergangsstellen des Lichtwellenleiters dürfen nicht verschmutzt oder verkratzt werden.
- **Kontaktstellen mit Abdeckkappen und Stopfen schützen.**
- Lichtwellenleiter nicht knicken, strecken oder quetschen.

## Bremslicht prüfen

### Glühlampen und Sicherung prüfen

- Brems-Glühlampen und entsprechende Sicherung überprüfen, gegebenenfalls erneuern.

Sind die Brems-Glühlampen und die Sicherung in Ordnung, anschließend Bremslichtschalter prüfen. Beim Niedertreten des Bremspedals wird der Schalterkontakt geschlossen und die Bremslichter leuchten auf.

### Bremslichtschalter prüfen

Der Schalter befindet sich im Fußraum am Pedalbock des Bremspedals, siehe Seite 183.

- Zündung einschalten.
- Stecker vom Bremslichtschalter abziehen und Steckerkontakte mit kurzer Hilfsleitung überbrücken. Wenn die Bremslichter jetzt aufleuchten, ist der Bremslichtschalter defekt.

## Hupe aus- und einbauen

### Ausbau

- Batterie-Massekabel (–) abklemmen. **Achtung:** Hinweise im Kapitel »Batterie aus- und einbauen« beachten.
- **CORSA:** Stoßfängerabdeckung vorn ausbauen, siehe Seite 275.

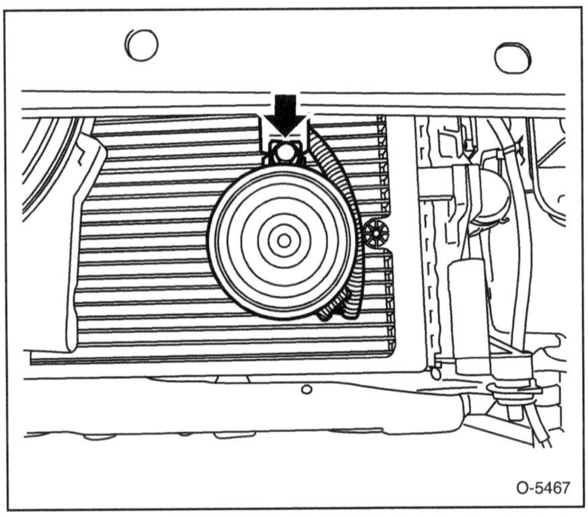


- Stecker von der Hupe entriegeln und abziehen.
- Schraube –Pfeil– herausdrehen und Hupe abnehmen.

### Einbau

- Der Einbau erfolgt in umgekehrter Ausbaureihenfolge.

**Hinweis:** Beim MERIVA befindet sich die Hupe vor dem Kühlergrill. Je nach Ausstattung können aber auch 2 Signalhörner vor dem linken Radkasten eingebaut sein. Zum Ausbau muss zuerst die Stoßfängerabdeckung ausgebaut werden.

## Sicherungen auswechseln

Um Kurzschluss- und Überlastungsschäden an den Leitungen und Verbrauchern der elektrischen Anlage zu verhindern, sind die einzelnen Stromkreise durch Schmelzsicherungen geschützt.

- Vor dem Auswechseln einer Sicherung immer alle Stromverbraucher und die Zündung ausschalten.
- Es empfiehlt sich, stets einige Ersatzsicherungen im Wagen mitzuführen und diese nach Gebrauch zu ersetzen.
- Brennt eine neu eingesetzte Sicherung nach kurzer Zeit wieder durch, muss der entsprechende Stromkreis überprüft werden.

**Achtung: Auf keinen Fall Sicherung durch Draht oder ähnliche Hilfsmittel ersetzen, weil dadurch ernste Schäden an der elektrischen Anlage auftreten können.**

### CORSA

**Hinweis:** Die Sicherungen befinden sich beim CORSA in einem Sicherungskasten im Motorraum auf der linken Seite.

- Motorhaube öffnen.

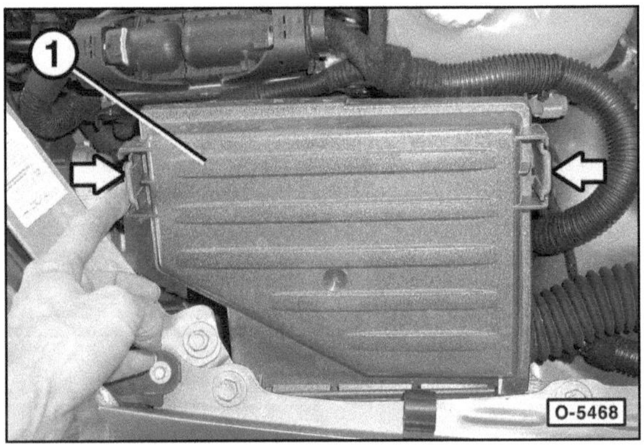


- Laschen drücken –Pfeile– und Deckel –1– vom Sicherungskasten nach oben abnehmen.

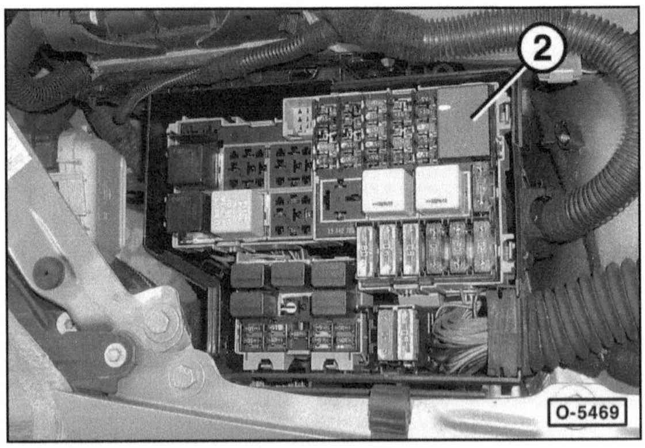


- Abdeckkappe –2– über den Zusatzsicherungen abnehmen. **Hinweis:** Die Abbildung zeigt den Sicherungskasten beim Fahrzeug mit Dieselmotor.

**MERIVA**

**Hinweis:** Die Sicherungen befinden sich in 2 Sicherungskästen. Der zentrale Sicherungskasten befindet sich im Fahrzeuginnenraum, der Zusatz-Sicherungskasten im Motorraum.

**Zentraler Sicherungskasten**

**Hinweis:** Der zentrale Sicherungskasten befindet sich hinter einer Klappe unterhalb des Lichtschalters.

- Klappe unten am Griff nach hinten ziehen und ausrasten.
- Klappe oben aus der Halterung in der Armaturentafel herausziehen.

**Zusatz-Sicherungskasten**

**Hinweis:** Der Zusatz-Sicherungskasten befindet sich im Motorraum links im Wasserkasten.

- Motorhaube öffnen und Klappe links im Wasserkasten öffnen.
- Seitliche Haltelasche ausrasten und Deckel vom Sicherungskasten nach oben abnehmen.

- Eine Übersicht der aktuellen Sicherungsbelegung befindet sich in der Bedienungsanleitung. **Hinweis:** Die Sicherungsbelegung ist abhängig von der Ausstattung und vom Baujahr des Fahrzeuges.

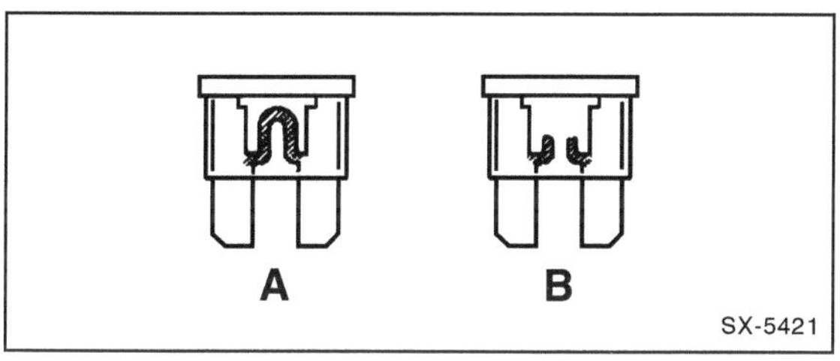


- Eine durchgebrannte Sicherung erkennt man am durchgeschmolzenen Metallstreifen. A – Sicherung in Ordnung, B – Sicherung durchgebrannt.

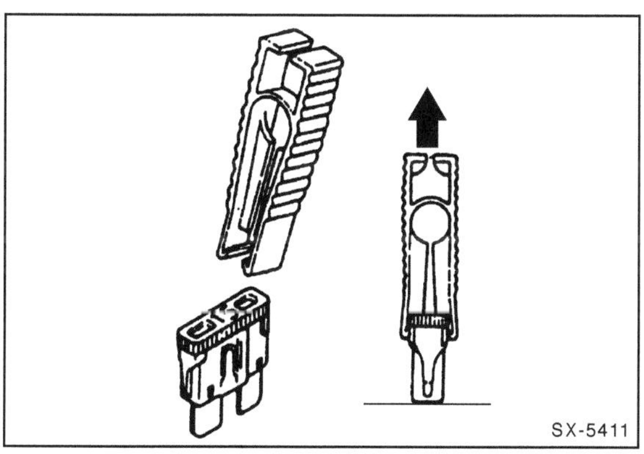


- Defekte Sicherung herausziehen. Je nach Modell befindet sich im Sicherungskasten eine Kunststoffklammer.

| Kleine Sicherungen | | Große Sicherungen | |
|---|---|---|---|
| **Nennstromstärke in A** *) | **Kennfarbe** | **Nennstromstärke in A** *) | **Kennfarbe** |
| 3 | violett | 20 | blau |
| 5 | beige | 30 | rosa |
| 7,5 | braun | 40 | grün |
| 10 | rot | 50 | rot |
| 15 | blau | 60 | gelb |
| 20 | gelb | 70 | braun |
| 25 | transparent | 80 | schwarz |
| 30 | grün | – | – |

*) **A** = Ampere

- Neue Sicherung **gleicher Sicherungsstärke** einsetzen. Die Nennstromstärke der Sicherung ist auf der Rückseite aufgedruckt. Außerdem ist die Sicherung durch eine Farbe gekennzeichnet, an der ebenfalls die Nennstromstärke zu erkennen ist.

**Achtung:** Die Kennfarben werden sowohl bei den herkömmlichen kleinen Sicherungen als auch bei Sicherungen mit höherer Nennstromstärke benutzt. Diese Sicherungen sind wesentlich größer.

## Sicherungskasten aus- und einbauen

**CORSA**

**Ausbau**

- Batterie-Massekabel (–) abklemmen. **Achtung:** Hinweise im Kapitel »Batterie aus- und einbauen« beachten.
- Kabelstränge am Sicherungskasten lösen.
- Masseverbindungen abschrauben.

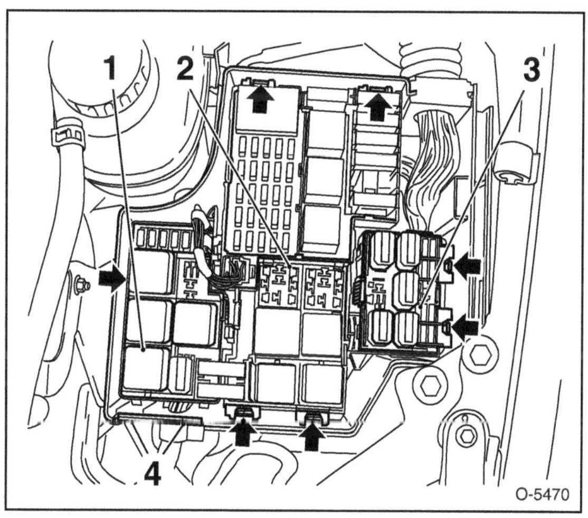


- Relaisträger für Gebläse –1– und Beleuchtung –3– sowie Hauptsicherungsträger –2– ausrasten –Pfeile–.
- Kabel vorne ausclipsen –4–.

- Relais- und Sicherungsträger aus dem Sicherungskasten herausziehen und mit angeschlossenen Leitungen zur Seite ablegen.

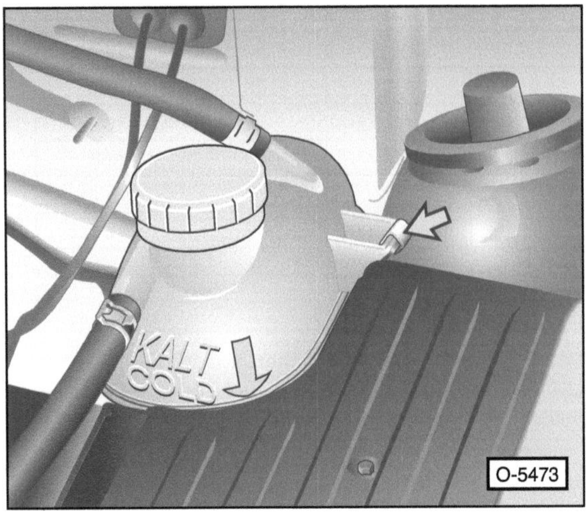


- Sicherungsklammer –Pfeil– ausclipsen und Kühlflüssigkeitsbehälter aus der Halterung herausziehen.
- Schrauben für Halter für ABS-Einheit lockern.
- 2 Schrauben herausdrehen und Sicherungskasten nach oben aus dem Motorraum herausziehen.

**Einbau**

- Der Einbau erfolgt in umgekehrter Ausbaureihenfolge.

## Batterie aus- und einbauen

Die Batterie befindet sich beim CORSA im Motorraum rechts unter dem Windlaufgrill. Um die Batterie auszubauen, muss zuvor die rechte Seite des Windlaufgrills ausgebaut werden.

Beim MERIVA befindet sich die Batterie im Motorraum links vor dem Wasserkasten.

**Achtung:** Durch das Abklemmen der Batterie werden einige **elektronische Speicher gelöscht**:

- Je nach Ausführung des Radios oder Navigationsgerätes Diebstahlcode vor Abklemmen der Batterie oder Ausbau des Gerätes feststellen. Ansonsten kann das Radio nur durch die OPEL-Werkstatt oder den Hersteller wieder in Betrieb genommen werden. Die Code-Nummer ist in der Radio-Bedienungsanleitung angegeben. Sie sollte nicht im Fahrzeug aufbewahrt werden.
- Nach dem Anklemmen der Batterie oder dem Ausbau des mittleren Anzeigeinstrumentes müssen die Uhrzeit und das Datum im Anzeigeinstrument eingestellt werden.
- Nach dem Anklemmen der Batterie muss die automatische Hochlauffunktion der elektrischen Fensterheber neu aktiviert werden:
  - Türen schließen und Zündung einschalten.
  - Ein Fenster ganz runterfahren. Fenster wieder hochfahren, dabei Taste noch mindestens 5 Sekunden gedrückt halten.
  - Vorgang für jedes Fenster wiederholen.
- Nach dem Anklemmen der Batterie muss bei Fahrzeugen mit ESP der Lenkwinkelsensor neu kalibriert werden:
  - Zündung einschalten.
  - Lenkrad einmal vom rechten zum linken Endanschlag drehen.

**Hinweis:** Damit die gespeicherten Daten nicht verloren gehen, kann ein so genanntes Ruhestrom-Erhaltungsgerät verwendet werden. Das Gerät wird vor Abklemmen der Batterie nach Herstelleranweisung am Zigarettenanzünder angeschlossen.

**Hinweis:** Wird die Autobatterie ersetzt, unbedingt die Altbatterie zum Händler mitnehmen und zurückgeben. Sonst muss Pfand für die neue Batterie bezahlt werden.

**Ausbau**

- Alle elektrischen Verbraucher ausschalten. Zündung ausschalten. Dadurch werden Schäden an elektronischen Steuergeräten vermieden.
- **CORSA:** Windlaufgrill ausbauen, siehe Seite 274.
- **MERIVA:** Relaiskasten aushängen.

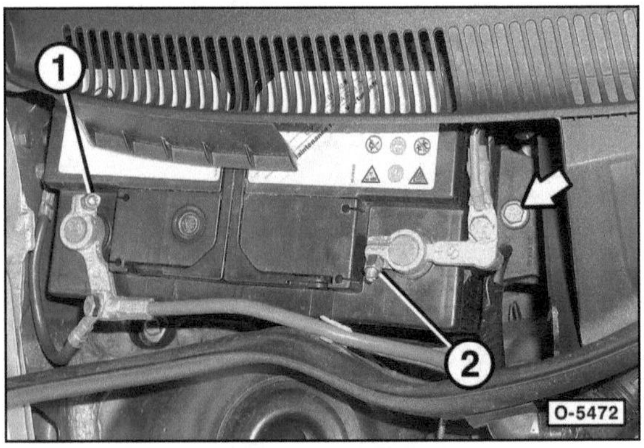


- **Zuerst Massekabel** von der Batterie abklemmen. Dazu Mutter –1– abschrauben, Klemme vom Minuspol (–) abziehen und Massekabel zur Seite legen. Pfeil – Schraube für Batteriehalteplatte beim CORSA.

**Hinweis:** Wird die Batterie lediglich abgeklemmt und nicht ausgebaut, muss in den meisten Fällen nur das Massekabel abgezogen werden.

- Abdeckkappe über dem Pluspol (+) abziehen, Mutter –2– abschrauben, Klemme vom Pluspol abziehen und Pluskabel zur Seite legen.

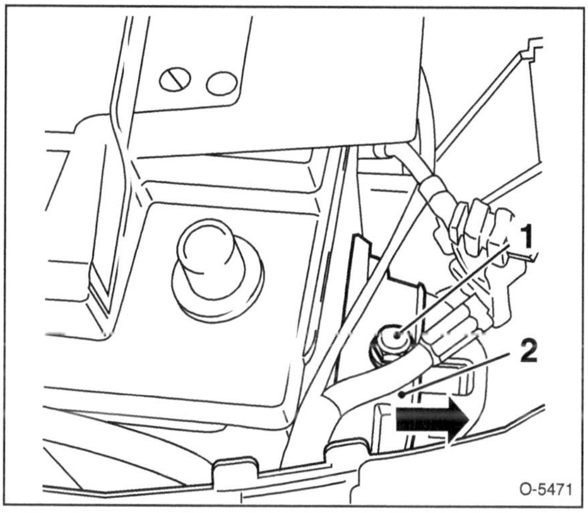


- **CORSA:** Schraube –1– lockern und Halteplatte –2– in Pfeilrichtung zur Seite schieben.
- **MERIVA:** Schraube vorne am Batteriefuß herausdrehen und Halteplatte abnehmen.
- Batterie nach oben herausziehen.

### Einbau

- Vor dem Einbau Batterie-Pole blank kratzen, geeignet ist dazu eine Messingdrahtbürste.
- Batterie einsetzen, Halteplatte über den Batteriefuß schieben und festschrauben.
- Batterie mit Schlauch für die Zentralentgasung: Darauf achten, dass der Schlauch nicht abgeklemmt wird.
- Vor dem Anklemmen der Batterie sicherstellen, dass die Zündung und alle Stromverbraucher ausgeschaltet sind.
- **Zuerst Pluskabel** am Pluspol (+) anklemmen, danach Massekabel am Minuspol (–). Muttern festziehen.

**Hinweis:** Durch eine falsch angeschlossene Batterie können erhebliche Schäden am Generator und an der elektrischen Anlage entstehen.

- Anschlussklemmen und Batteriepole mit Polfett oder etwas Vaseline dünn einfetten, um Korrosion zu vermeiden. **Achtung:** Pole **nicht vor** Anklemmen der Kabel fetten.
- Abdeckkappe über den Pluspol (+) setzen.
- **MERIVA:** Relaiskasten einhängen.
- **CORSA:** Windlaufgrill einbauen, siehe Seite 274.
- Wenn nötig, Radiocode eingeben.
- Radioprogramme, falls erforderlich, neu eingeben.
- Zeituhr einstellen.
- Falls vorhanden, automatische Hochlauffunktion der elektrischen Fensterheber aktivieren.
- Fahrzeuge mit ESP: Lenkwinkelsensor kalibrieren.
- Generatorspannung prüfen, siehe Seite 70.

**Hinweis:** Eine zu hohe Ladespannung des Generators kann die Ursache für den Ausfall der bisherigen Batterie gewesen sein und, falls der Fehler weiter besteht, die neue Batterie schädigen.

# Batterie prüfen

Vor Beginn des Winters sollte die Batterie unbedingt überprüft werden. Bei großer Kälte sinkt die Batteriespannung einer nur mäßig geladenen Batterie während des Anlassvorgangs stark ab.

## Wartungsarme Batterie

Bei einer wartungsarmen Batterie fehlen die Verschlussstopfen auf der Batterie-Oberseite. Kontrollmessungen des Säurestandes oder der Säuredichte entfallen, da keine Flüssigkeit entweicht oder entgast.

In Fahrzeugen, in denen eine wartungsarme Batterie eingebaut ist, ist an der Batterie oftmals ein »magisches Auge« angebracht. Durch diese optische Anzeige werden der Säurestand und der Ladezustand der Batterie angegeben, und zwar durch unterschiedliche Farbkennung. Dazu magisches Auge mit einer Taschenlampe von oben anleuchten.

- Anzeige **grün**: Batterie ist in gutem Zustand.
- Anzeige **schwarz**: Batterie muss geladen werden.
- Andere Farbanzeige: Kritischer Säurezustand. Die wartungsarme Batterie muss ausgetauscht werden.

**Hinweis:** Batterien neuester Generation sind mit einem Rückzündungsschutz, einer so genannten »Fritte«, ausgestattet. Das bei der Ladung entstehende Gas tritt durch eine Öffnung an der oberen Deckelseite aus, in die die Fritte eingesetzt ist. Die Fritte besteht aus einer kleinen runden Glasfasermatte und arbeitet ähnlich wie ein Ventil.

## Herkömmliche Batterie

Eine herkömmliche Batterie ist an abnehmbaren Verschlussstopfen beziehungsweise einer Verschluss-Leiste auf der Batterie-Oberseite erkennbar. Eine regelmäßige Kontrolle des Säurestands ist erforderlich.

### Säurestand prüfen

Der Säurestand muss in den Batteriezellen etwa 5 mm über den Zellen-Elementen liegen. Ist bei manchen Batterien der Säurestand von außen erkennbar, muss dieser zwischen der oberen (MAX) und der unteren (MIN) Marke liegen. Bei Batterien mit einem Kunststoffsteg in den Einfüllöffnungen muss der Flüssigkeitsstand in dessen Höhe liegen. Einfüllöffnungen mit einer Taschenlampe von oben anleuchten.

- Verschluss-Stopfen mit breitem Schraubendreher oder HAZET 4650-3 herausdrehen beziehungsweise Verschluss-Leiste mit Schraubendreher vorsichtig aufhebeln.
- Wenn nötig, destilliertes Wasser mit einem Trichter in die Einfüllöffnungen bis zur Markierung nachfüllen.
- Verschluss-Stopfen wieder eindrehen beziehungsweise Verschluss-Leiste aufdrücken.
- Batterie anschließend laden und unter Belastung prüfen, siehe entsprechende Kapitel.

**Säuredichte prüfen**

Die Säuredichte ergibt in Verbindung mit einer Spannungsmessung genauen Aufschluss über den Ladezustand der Batterie. Zur Prüfung der Säuredichte dient ein Säureheber, zum Beispiel HAZET 4650-1. Die Temperatur der Batteriesäure muss für die Prüfung mindestens +10° C betragen.

- Zündung ausschalten.
- Verschluss-Stopfen mit breitem Schraubendreher oder HAZET 4650-3 herausdrehen beziehungsweise Verschluss-Leiste mit Schraubendreher vorsichtig aufhebeln.

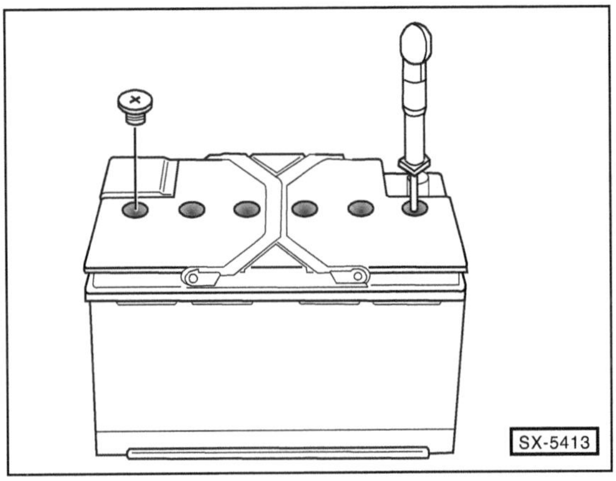

SX-5413

- Säureheber in eine der Batteriezellen eintauchen und soviel Säure ansaugen, bis der Schwimmer frei in der Säure schwimmt.
- Je größer das spezifische Gewicht (Säuredichte) der angesaugten Batteriesäure ist, desto mehr taucht der Schwimmer auf.
- An der Skala kann man die Säuredichte in spezifischem Gewicht (g/ml) oder Baumégrad (+°Bé) ablesen. Die Säuredichte muss mindestens 1,24 g/ml betragen. Ist die Säuredichte zu gering, Batterie laden.

| Ladezustand | +°Bé | g/ml |
|---|---|---|
| entladen | 16 | 1,12 |
| halb entladen | 24 | 1,20 |
| gut geladen | 30 | 1,28 |

- Nacheinander jede Batteriezelle prüfen, alle Zellen müssen die gleiche Säuredichte (maximale Differenz 0,04 g/ml) haben. Bei größeren Differenzen ist die Batterie wahrscheinlich defekt.
- Verschluss-Stopfen wieder eindrehen beziehungsweise Verschluss-Leiste aufdrücken.

## Herkömmliche und wartungsarme Batterie

**Batterie unter Belastung prüfen**

- Voltmeter an die Batteriepole anschließen. Anschlusskabel nicht abklemmen.
- Motor starten und Spannung ablesen.
- Während des Startvorganges darf bei einer **vollen** Batterie die Spannung nicht unter 10 Volt (bei einer Säuretemperatur von ca. +20° C) abfallen.
- Bricht die Spannung sogar zusammen und wurde in den Zellen eine unterschiedliche Säuredichte festgestellt, ist die Batterie defekt.

**Ruhespannung prüfen**

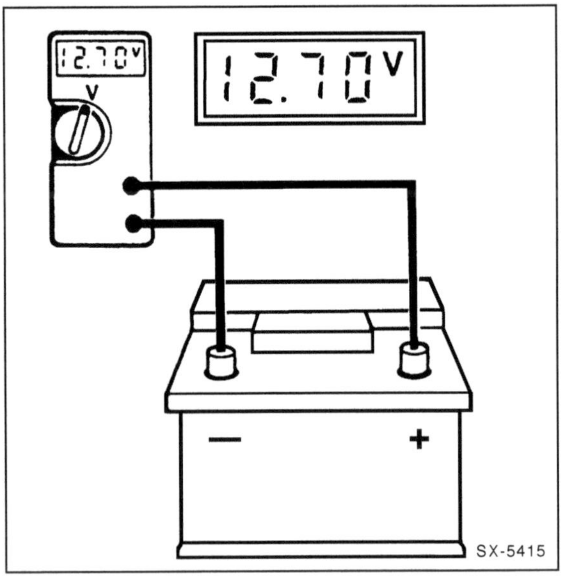


SX-5415

Der Batterie-Zustand wird durch Messen der Spannung mit einem Voltmeter zwischen den Batteriepolen überprüft.

- Batteriepole abklemmen, siehe Kapitel »Batterie aus- und einbauen«.
- Vor der Prüfung muss die Batterie mindestens zwei Stunden abgeklemmt sein.
- Voltmeter an die Batteriepole anschließen und Spannung messen.
- **Beurteilung des Spannungsmesswertes:**
  12,7 Volt oder darüber : Batterie in gutem Zustand.
  unter 12,7 Volt : Batterie in schlechtem Zustand, Batterie laden oder ersetzen.
- Batterie anklemmen.
- Batterie-Pluskabel (+) und Batterie-Massekabel (–) bei ausgeschalteter Zündung anklemmen.

## Batterie entlädt sich selbstständig

Je nach Fahrzeugausstattung addiert sich zur natürlichen Selbstentladung der Batterie auch die Stromaufnahme der verschiedenen Stromverbraucher im Ruhezustand. Daher sollte die Batterie in einem abgestellten Fahrzeug alle 6 Wochen nachgeladen werden. Wenn der Verdacht auf Kriechströme besteht, Bordnetz nach folgender Anleitung prüfen:

- Zur Prüfung eine geladene Batterie verwenden.

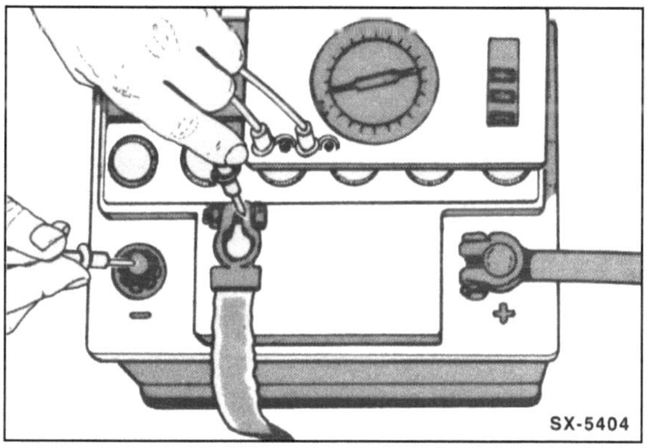


- Am Amperemeter den höchsten Messbereich einstellen.
- Batterie-Massekabel (–) abklemmen. **Achtung:** Hinweise im Kapitel »Batterie aus- und einbauen« beachten.
- Amperemeter zwischen Batterie-Minuspol (–) und Massekabel schalten: Amperemeter-Plus-Anschluss (+) an Massekabel und Minus-Anschluss (–) an Batterie-Minuspol (–).

**Achtung:** Die Prüfung kann auch mit einer Prüflampe durchgeführt werden. Leuchtet die Lampe zwischen Massekabel und Minuspol der Batterie jedoch nicht auf, ist auf jeden Fall ein Amperemeter zu verwenden.

- Alle Verbraucher ausschalten, vorhandene Zeituhr (und andere Dauerverbraucher) abklemmen, Türen schließen.
- Vom Amperebereich solange auf den Milliamperebereich zurückschalten bis eine ablesbare Anzeige erfolgt (1–3 mA sind zulässig).
- Durch Herausnehmen der Sicherungen nacheinander die verschiedenen Stromkreise unterbrechen. Geht bei einem unterbrochenen Stromkreis die Anzeige auf Null zurück, ist hier die Fehlerquelle zu suchen.
- Fehler können sein: korrodierte und verschmutzte Kontakte, durchgescheuerte Leitungen, interner Kurzschluss in Aggregaten.
- Wird in den abgesicherten Stromkreisen kein Fehler gefunden, so sind die Leitungen an den nicht abgesicherten Aggregaten, wie Generator und Anlasser, abzuziehen.
- Geht beim Abklemmen von einem der ungesicherten Aggregate die Anzeige auf Null zurück, betreffendes Bauteil überholen oder austauschen. Bei Stromverlust in der Anlasser- oder Zündanlage immer auch den Zünd-Anlassschalter nach Schaltplan prüfen.
- Batterie-Massekabel (–) anklemmen. **Achtung:** Hinweise im Kapitel »Batterie aus- und einbauen« beachten.

## Batterie laden

**Sicherheitshinweise**

- Batterie **nicht** bei laufendem Motor abklemmen.
- Batterie **niemals kurzschließen,** das heißt Plus- (+) und Minuspol (–) dürfen nicht verbunden werden. Bei Kurzschluss erhitzt sich die Batterie und kann platzen.
- Nicht mit offener Flamme in die Batterie leuchten. Batteriesäure ist ätzend und darf nicht in die Augen, auf dio Haut odor dio Kloidung golangon, gogobo nenfalls mit viel Wasser abspülen.
- Die Verschluss-Stopfen bleiben bei einer Batterie mit Zentralentgasung beim Laden fest eingeschraubt. Sicherstellen, dass der Entgasungsschlauch nicht abgeklemmt ist.
- Gefrorene Batterie vor dem Laden auftauen. Eine geladene Batterie gefriert bei ca. –65° C, eine halbentladene bei ca. –30° C und eine entladene bei ca. –12° C. Aufgetaute Batterie vor dem Laden auf Gehäuserisse prüfen, gegebenenfalls ersetzen.
- Batterie nur in gut belüftetem Raum oder im Freien laden. Beim Laden der eingebauten Batterie Motorhaube geöffnet lassen.

Zum Laden der Batterie mit einem **Normal- oder Schnellladegerät** Batterie ausbauen. Zumindest aber Massekabel (–) sowie Pluskabel (+) abklemmen. **Achtung:** Erfolgt das Laden der Batterie bei angeklemmten Batteriekabeln können Teile der Fahrzeugelektronik beschädigt werden.

Beim Laden muss die Batterie eine Temperatur von mindestens +10° C aufweisen.

**Laden**

- Batterie ausbauen, siehe entsprechendes Kapitel.
- Herkömmliche Batterie: Säurestand prüfen, gegebenenfalls destilliertes Wasser nachfüllen, siehe entsprechendes Kapitel.
- Falls am Ladegerät der Ladestrom eingestellt werden kann, Ladestrom für Normalladung auf ca. 10 % der Batteriekapazität einstellen. Bei einer 50-Ah-Batterie also etwa 5,0 A. Als Richtwert für die Ladezeit können dann 10 Stunden genommen werden.
- **Bei ausgeschaltetem Ladegerät** Pluskabel (+) des Ladegerätes an den Pluspol (+) der Batterie anschließen. Minuskabel (–) des Ladegerätes mit dem Minuspol (–) der Batterie verbinden.
- Netzstecker des Ladegerätes in die Steckdose stecken. Falls erforderlich, Ladegerät einschalten.
- Wird die Batterie mit einem konstanten Ladestrom geladen, Temperatur der Batterie durch Auflegen der Hand prüfen. Die Säuretemperatur darf während des Ladens ca. +55° C nicht überschreiten, gegebenenfalls Ladung unterbrechen oder Ladestrom herabsetzen.

- Nach dem Laden der Batterie Ladegerät ausschalten (wenn möglich) und Netzstecker des Ladegerätes ziehen.
- Anschlusskabel des Ladegerätes von der Batterie abklemmen.
- Geladene Batterie prüfen, siehe entsprechendes Kapitel.
- Batterie einbauen, siehe entsprechendes Kapitel.

---

**Hinweise für Batterien ohne Zentralentgasung**

- Vor dem Laden Verschluss-Stopfen abnehmen und leicht auf die Öffnungen legen. Dadurch werden Säurespritzer aus den Einfüllöffnungen heraus vermieden, während die beim Laden entstehenden Gase entweichen können.
- So lange laden, bis alle Zellen lebhaft gasen und bei drei im Abstand von je einer Stunde aufeinander folgenden Messungen das spezifische Gewicht der Säure und die Spannung nicht mehr angestiegen sind.
- Nach dem Laden Batterie ca. 20 Minuten ausgasen lassen. Dann Verschlussstopfen einsetzen.

---

**Tiefentladene und sulfatierte Batterie laden**

Eine Batterie, die längere Zeit unbenutzt war (zum Beispiel Fahrzeug stillgelegt), entlädt sich allmählich selbst und sulfatiert.

Wenn die Ruhespannung der Batterie unter 11,6 Volt liegt, bezeichnet man sie als tiefentladen. Ruhespannung prüfen, siehe unter »Batterie prüfen«.

Bei einer tiefentladenen Batterie besteht die Batteriesäure (Schwefelsäure-Wassergemisch) fast nur noch aus Wasser. **Achtung:** Bei Minustemperaturen kann diese Batterie einfrieren und das Gehäuse kann dann platzen.

Eine tiefentladene Batterie sulfatiert, das heißt die gesamte Plattenoberfläche der Batterie verhärtet. Die Batteriesäure ist dann nicht klar, sie hat eine schwach weißliche Einfärbung.

Wenn die tiefentladene Batterie unmittelbar nach der Entladung wieder geladen wird, bildet sich die Sulfatierung wieder zurück. Andernfalls verhärten die Batterieplatten weiter und die Ladungsaufnahme bleibt dauerhaft eingeschränkt.

- Eine tiefentladene und sulfatierte Batterie muss mit einem geringen Ladestrom von ca. 5 % der Batteriekapazität geladen werden. Der Ladestrom beträgt dann beispielsweise bei einer 60 Ah-Batterie ca. 3 A.
- Die Ladespannung darf maximal 14,4 Volt betragen.

**Achtung:** Eine tiefentladene Batterie darf keinesfalls mit einem Schnellladegerät geladen werden.

---

**Schnellladen/Starthilfe**

- Mit einem Schnellladegerät darf die Batterie nur ausnahmsweise geladen beziehungsweise durch Starthilfe belastet werden. Beim Schnellladen beträgt die Stromstärke des Ladestroms 20 bis 50% der Batteriekapazität. Durch Schnellladen wird die Batterie geschädigt, da sie kurzfristig einer sehr hohen Stromstärke ausgesetzt wird. Länger gelagerte und tiefentladene Batterien sollten nicht mit einem Schnellladegerät aufgeladen werden, da es sonst zur so genannten Oberflächenladung kommt.

## Batterie lagern

Wird das Fahrzeug länger als 2 Monate stillgelegt, Batterie ausbauen und im aufgeladenen Zustand lagern. Die günstigste Lagertemperatur liegt zwischen 0° C und +27° C. Bei diesen Temperaturen hat die Batterie die günstigste Selbstentladungsrate. Spätestens nach 2 Monaten Batterie erneut aufladen, da sie sonst unbrauchbar wird.

Wenn eine über längere Zeit gelagerte Batterie mit einem Schnellladegerät geladen wird, nimmt sie unter Umständen keinen Ladestrom auf oder wird durch so genannte Oberflächenladung zu früh als »voll« ausgewiesen. Sie ist anscheinend defekt.

Bevor solch eine Batterie als defekt angesehen wird, ist sie folgendermaßen zu prüfen:

- Säuredichte prüfen. Weicht die Säuredichte in allen Zellen nicht mehr als 0,04 g/ml voneinander ab, so ist die Batterie mit einem Normalladegerät zu laden.
- Batterie nach der Ladung durch eine Belastungsprüfung testen, siehe entsprechendes Kapitel. Bei einem Spannungswert unter ca. 9,6 Volt ist die Batterie defekt.
- Weicht die Säuredichte in einer oder in zwei benachbarten Zellen merklich nach unten ab, hat die Batterie einen Kurzschluss und ist defekt.
- Tiefentladene und sulfatierte Batterie laden, siehe entsprechendes Kapitel.

## Batteriepole reinigen

Batteriepole auf Korrosion überprüfen. Korrosion an den Batteriepolen zeigt sich in Form von weißen oder gelblichen pulverartigen Ablagerungen an den Polen.

- Batterie ausbauen, siehe entsprechendes Kapitel.
- Zur Entfernung von Korrosion Batteriepole mit einer Lösung aus Wasser und Soda bestreichen. Es kommt zu einer chemischen Reaktion mit Blasenbildung und einer braunen Verfärbung an den Polen.
- Gegebenenfalls Batteriepole mit einem Polreiniger oder einer Drahtbürste von Korrosionsrückständen reinigen.
- Nach Abklingen dieser Reaktion Batteriepole und Batterie mit klarem Wasser abwaschen und Batterie abtrocknen.
- Batterie einbauen, siehe entsprechendes Kapitel.

# Störungsdiagnose Batterie

| Störung | Ursache | Abhilfe |
|---|---|---|
| Abgegebene Leistung ist zu gering, Spannung fällt stark ab. | Batterie entladen. | ■ Batterie nachladen. |
| | Ladespannung zu niedrig. | ■ Spannungsregler prüfen, gegebenenfalls austauschen. |
| | Anschlussklemmen lose oder oxydiert. | ■ Anschlussklemmen reinigen, Klemmenschrauben anziehen. |
| | Masseverbindungen Batterie/Motor/ Karosserie sind schlecht. | ■ Masseverbindung überprüfen, gegebenenfalls metallische Verbindungen herstellen oder Schraubverbindungen festziehen. Korrodierte Schrauben durch verzinnte ersetzen. |
| | Zu große Selbstentladung der Batterie. | ■ Batterie austauschen. |
| | Batterie sulfatiert. | ■ Batterie mit geringer Stromstärke laden. Falls die abgegebene Leistung immer noch zu gering ist, Batterie austauschen. |
| | Batterie verbraucht, aktive Masse der Platten ausgefallen. | ■ Batterie austauschen. |
| Nicht ausreichende Ladung der Batterie. | Fehler an Generator, Spannungsregler oder Leitungsanschlüssen. | ■ Generator und Spannungsregler überprüfen, gegebenenfalls Generator austauschen. |
| | Keilrippenriemen locker, Spannvorrichtung defekt. | ■ Spannvorrichtung prüfen, gegebenenfalls Keilrippenriemen ersetzen. |
| | Zu viele Verbraucher angeschlossen. | ■ Stärkere Batterie einbauen; eventuell auch leistungsstärkeren Generator verwenden. |
| Säurestand zu niedrig.*) | Überladung oder Verdunstung, besonders im Sommer. | ■ Bei geladener Batterie destilliertes Wasser bis zur vorgeschriebenen Höhe nachfüllen. |
| Säuredichte zu niedrig.*) | Batterie entladen. | ■ Batterie laden. |
| | Kurzschluss im Leitungsnetz. | ■ Elektrische Anlage überprüfen. |
| Säuredichte in einer Zelle deutlich niedriger als in den übrigen Zellen.*) | Kurzschluss in einer Zelle. | ■ Batterie austauschen. |
| Säuredichte in zwei benachbarten Zellen deutlich niedriger als in den übrigen Zellen.*) | Zellen-Trennwand undicht, so dass eine leitende Verbindung zwischen den Zellen entsteht und sich die Zellen entladen. | ■ Batterie austauschen. |
| Batterie gast nach Abstellen des Motors sehr stark. Geruch nach faulen Eiern.*) | Spannungsregler am Generator defekt. Batterie wird zu stark geladen und beginnt zu gasen. Dabei bildet sich Schwefelwasserstoff ($H_2S$). | ■ Ladespannung bzw. Spannungsregler des Generators prüfen, ggf. Spannungsregler ersetzen. |

*) Diese Punkte gelten nur für die herkömmliche Batterie.

# Generator aus- und einbauen/ Generator-Ladespannung prüfen

Das Fahrzeug ist mit einem Drehstromgenerator ausgerüstet. Je nach Modell und Ausstattung können Generatoren mit unterschiedlichen Leistungen eingebaut sein. **Achtung:** Wenn nachträglich elektrisches Zubehör mit hohem Stromverbrauch in das Fahrzeug eingebaut wird, sollte überprüft werden, ob die bisherige Generatorleistung noch ausreicht; gegebenenfalls stärkeren Generator einbauen.

### Ladespannung prüfen

Wenn die Batterie nicht ausreichend geladen wird, Generatorspannung prüfen:

- Voltmeter zwischen Plus- und Minuspol der Batterie anschließen.
- Motor starten. Die Spannung darf beim Startvorgang bis etwa 8 Volt (bei + 20° C Außentemperatur) absinken.
- Motordrehzahl auf 3.000/min erhöhen. Die Spannung soll dann 13 bis 14,5 Volt betragen. Dies ist ein Beweis, dass Generator und Regler arbeiten. Die Generatorspannung (Bordspannung) muss höher als die Batteriespannung sein, damit die Batterie im Fahrbetrieb wieder aufgeladen wird.
- Regelstabilität prüfen. Dazu Fernlicht einschalten und Messung bei 3.000/min wiederholen. Die gemessene Spannung darf nicht mehr als 0,4 Volt über dem vorher gemessenen Wert liegen.
- Liegen die gemessenen Werte außerhalb der Sollwerte, Generator und Regler von Fachwerkstatt überprüfen lassen.

**Sicherheitshinweise**

Bei Arbeiten an der elektrischen Anlage im Motorraum grundsätzlich das Batterie-Massekabel (–) abklemmen. **Achtung:** Dadurch werden elektronische Speicher gelöscht, wie zum Beispiel die Daten im Motor-Fehlerspeicher. Vor dem Abklemmen der Batterie bitte Hinweise im Kapitel »Batterie aus- und einbauen« beachten.

- Batterie oder Spannungsregler **nicht** bei laufendem Motor abklemmen.
- Generator **nicht** bei angeschlossener Batterie ausbauen.
- Beim Elektroschweißen Batterie grundsätzlich abklemmen.

**Hinweis:** Hier wird der Aus- und Einbau des Generators beim CORSA beschrieben. Beim MERIVA in ähnlicher Weise vorgehen.

## 1,0-/1,2-/1,4-l-Benzinmotor

### Ausbau

- Batterie-Massekabel (–) abklemmen. **Achtung:** Hinweise im Kapitel »Batterie aus- und einbauen« beachten.

**Sicherheitshinweis**
Beim Aufbocken des Fahrzeugs besteht Unfallgefahr! Hinweise im Kapitel »Fahrzeug aufbocken« beachten.

- Fahrzeug vorne aufbocken.
- **CORSA ECO:** Untere Motorraumabdeckung ausbauen, siehe Seite 273.

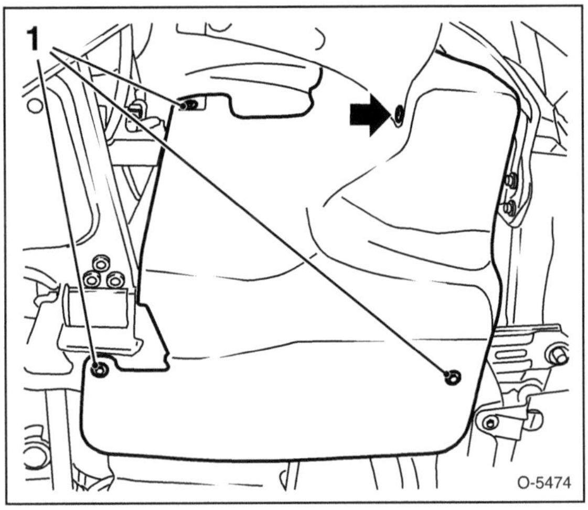


- 3 Schrauben –1– herausdrehen, Clip –Pfeil– herausziehen und Abdeckung für Keilrippenriemen abnehmen.

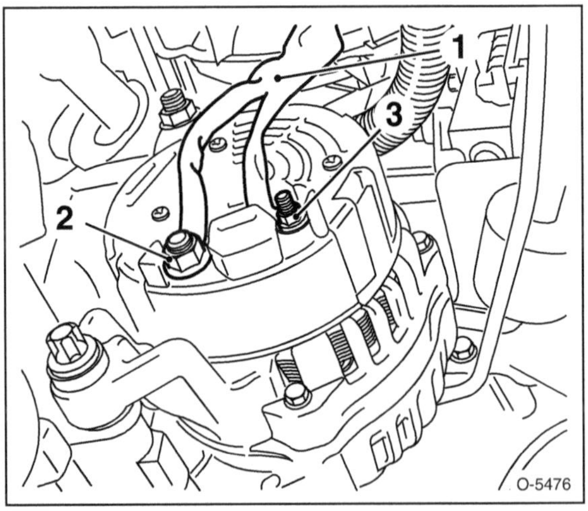


- Mutter –2– abschrauben und (B+)-Leitung vom Generator abklemmen. 1 – Kabelstrang für Generator.
- Mutter –3– abschrauben und (D+)-Leitung vom Generator abklemmen.

## Benzinmotor ohne Klimaanlage

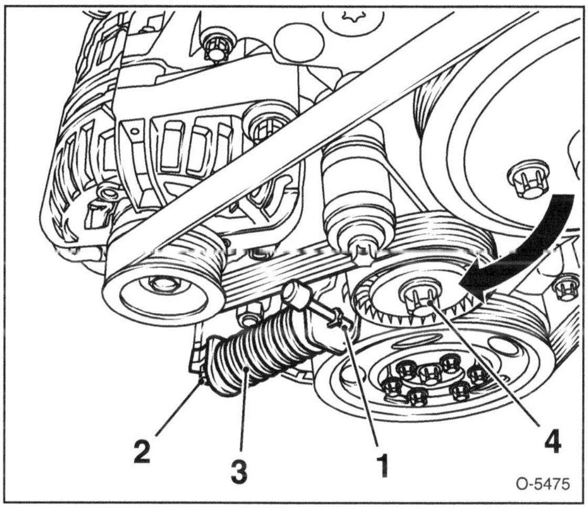


- OPEL-Spannhebel KM-6131 an der Zentralschraube –4– der Spannrolle ansetzen, in Pfeilrichtung drücken und Keilrippenriemen-Spanner –3– zusammendrücken.
- Spanner mit OPEL-Arretierstift KM-955-2 –1– festsetzen und Spanner entspannen.
- Keilrippenriemen vom Generator-Antriebsrad abnehmen, siehe auch Seite 206.
- Schraube unten –2– für Spanner –3– herausdrehen.
- Steckverbindung für Lambdasonde trennen und Kabelbinder durchtrennen.

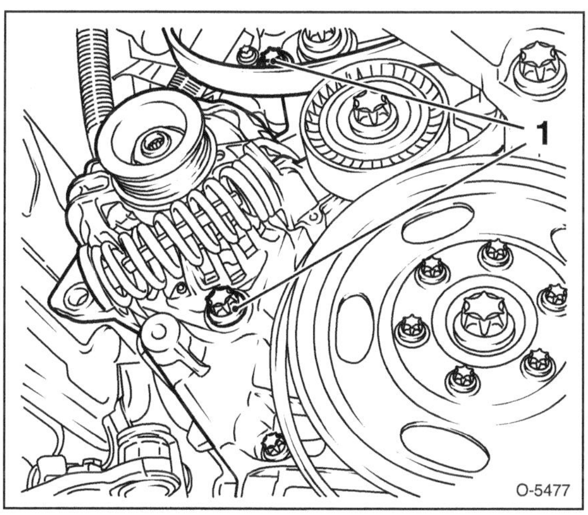


- 2 Muttern abschrauben, 2 Schrauben –1– herausziehen und Generator vorsichtig nach unten aus dem Motorraum herausziehen.

## Benzinmotor mit Klimaanlage

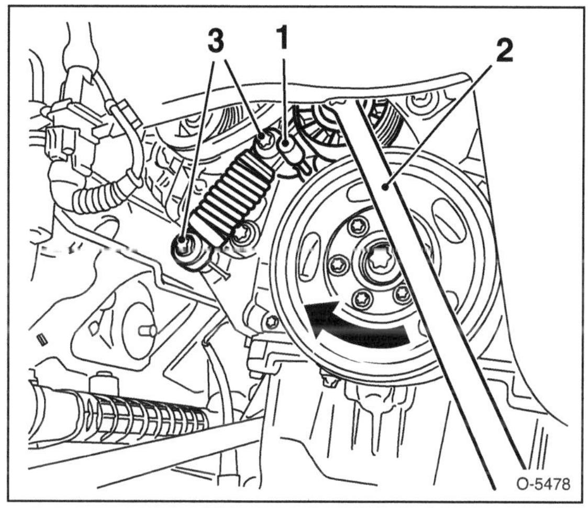


- Keilrippenriemen-Spanner mit OPEL-Spannhebel KM-6131 –2– in Pfeilrichtung drücken und spannen.
- Spanner mit OPEL-Arretierstift KM-6130 –1– festsetzen und Spanner entspannen.
- Keilrippenriemen von der Spannrolle und der Kurbelwellen-Riemenscheibe abnehmen, siehe auch Seite 206.
- Spanner mit Spannhebel erneut spannen, Arretierstift herausziehen und Spanner wieder entspannen.
- 2 Schrauben –3– herausdrehen und Spanner abnehmen. **Achtung:** Spanner so ablegen, dass der Markierungspfeil nach oben zeigt. Ansonsten muss der Spanner entlüftet werden.

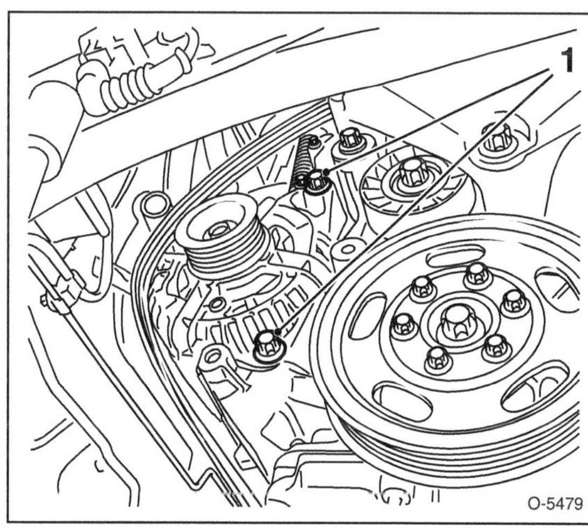


- 2 Muttern für Generator abschrauben und Halter der Steckverbindung für Lambdasonde abnehmen.
- 2 Schrauben –1– herausziehen und Generator vorsichtig nach unten aus dem Motorraum herausziehen.

### Einbau

- Generator einsetzen und Schrauben einschieben.

- **Fahrzeuge mit Klimaanlage:** Halter der Steckverbindung für Lambdasonde aufsetzen.
- Muttern für Generator anschrauben und mit **35 Nm** festziehen.
- **Fahrzeuge ohne Klimaanlage:** Stecker für Lambdasonde verbinden und mit Kabelbinder sichern.
- (B+)- und (D+)-Leitung am Generator anschrauben. Muttern festziehen.
- Keilrippenriemen-Spanner anschrauben, dabei zeigt der Markierungspfeil bei Fahrzeugen mit Klimaanlage nach oben.
- Schrauben für Spanner festziehen. Anzugsdrehmoment: Schrauben M8 = **20 Nm**, Schrauben M10 = **55 Nm**.
- **Fahrzeuge mit Klimaanlage:** Spanner spannen, Arretierstift einsetzen und Spanner wieder entspannen.
- Keilrippenriemen-Spanner mit Spannhebel spannen und Keilrippenriemen auflegen, siehe auch Seite 206.

**Achtung:** Auf die richtige Einbaulage des Keilrippenriemens achten.

- Arretierstift herausziehen und Spanner entspannen.
- Abdeckung für Keilrippenriemen anschrauben und Clip einsetzen.
- **CORSA ECO:** Untere Motorraumabdeckung einbauen, siehe Seite 273.
- Fahrzeug absenken.
- Batterie-Massekabel (–) anklemmen. **Achtung:** Hinweise im Kapitel »Batterie aus- und einbauen« beachten.

---

## 1,8-/1,6-l-Benzinmotor, mit Klimaanlage

### Ausbau

- Batterie-Massekabel (–) abklemmen. **Achtung:** Hinweise im Kapitel »Batterie aus- und einbauen« beachten.
- Ablaufstutzen von der Stirnwand im Motorraum abclipsen.
- Reifen-Laufrichtung mit Pfeil am Reifen markieren. Radschrauben lösen. Fahrzeug vorne aufbocken und rechtes Vorderrad abnehmen. **Achtung:** Unbedingt Hinweise im Kapitel »Rad aus- und einbauen« beachten.

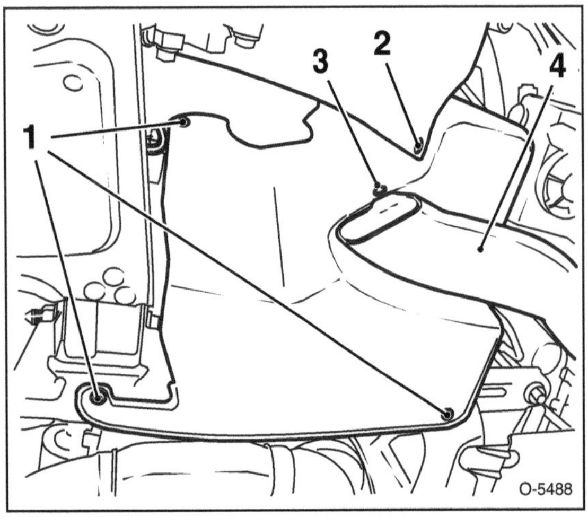


- **1,8-l-Motor:** Schraube oben –3– herausdrehen, 2 Schrauben unten am Lüftungsgitter im Stoßfänger herausdrehen und Luftführungskanal –4– abnehmen.
- 3 Schrauben –1– herausdrehen, Clip –2– herausziehen und Abdeckung für Keilrippenriemen abnehmen.
- Laufrichtung des Keilrippenriemens markieren.

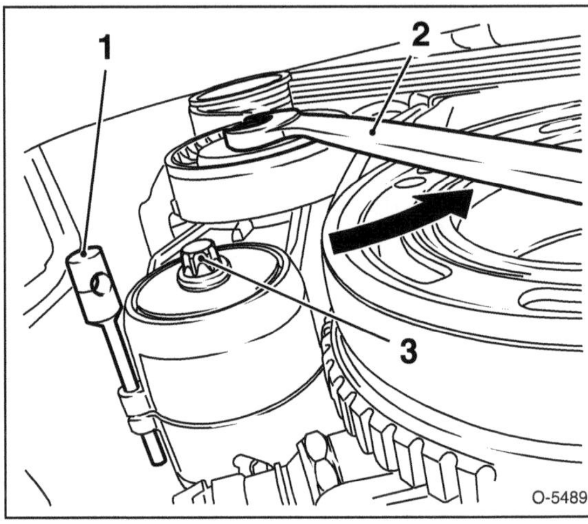


- Mit OPEL-Spannhebel KM-913-A –2–, oder einem langen Maulschlüssel mit SW 15, Spannrolle in Pfeilrichtung zurückdrücken und Keilrippenriemen-Spanner mit OPEL-Arretierstift KM-6130 –1– festsetzen. 3 – Schraube für Spanner.
- Spanner entspannen und Keilrippenriemen abnehmen, siehe auch Seite 206.
- Fahrzeug absenken und obere Motorabdeckung ausbauen.
- Luftfiltergehäuse ausbauen, siehe Seite 242.
- **1,6-l-Motor:** 2 Schellen lösen, 2 Schrauben herausdrehen, Stecker für Temperatursensor abziehen und Luftansaugschlauch vom Zylinderkopf abnehmen.
- **1,6-l-Motor:** Rücklaufschlauch für Drosselklappenvorwärmung abclipsen. Schelle lösen und Schlauch für Motorentlüftung abziehen.
- Kabelhalter und Schlauch vom Generator-Stützbügel abnehmen.
- **1,6-l-Motor:** Mutter für Generator-Stützbügel abschrauben.

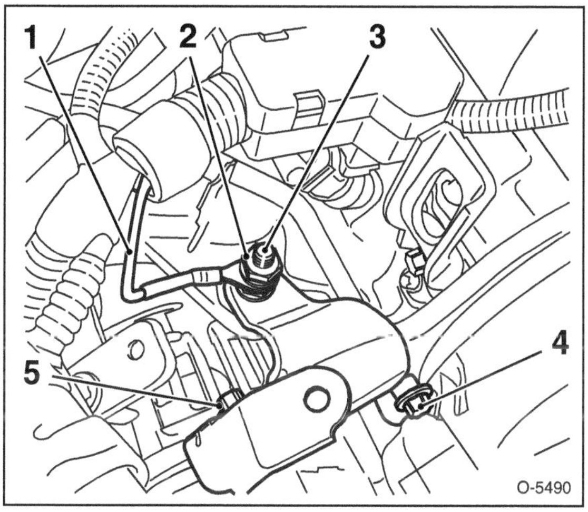


- **1,8-l-Motor:** Mutter –2– abschrauben und Massekabel –1– abnehmen.
- Stehbolzen –3– herausdrehen.
- 2 Schrauben –4/5– herausdrehen und Generator-Stützbügel abnehmen.
- Fahrzeug vorne aufbocken.
- **1,8-l-Motor:** Keilrippenriemen-Spanner mit Spannhebel erneut spannen, Arretierstift herausziehen und Spanner wieder entspannen. Schraube –3– herausdrehen und Spanner abnehmen, siehe Abbildung O-5489.

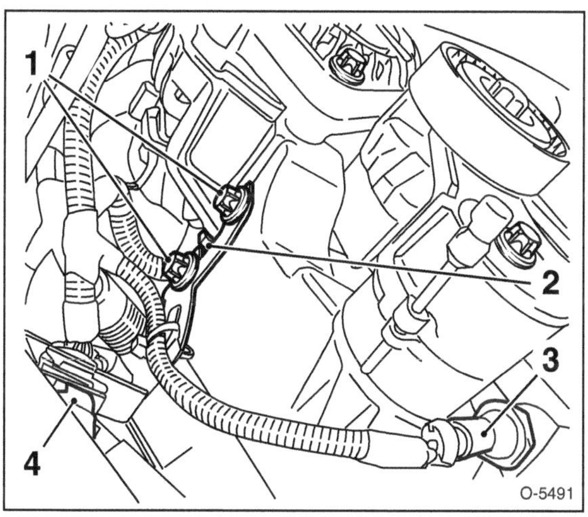


- Stecker für Öldruckschalter –3– und Lambdasonde –4– abziehen.
- Bremsleitung und Kraftstoffleitung aus der Halterung herausziehen und Halterung abclipsen.
- 2 Schrauben –1– für Generator-Haltebock herausdrehen.
- Mutter –2– für Generator abschrauben.
- Schraube herausdrehen und Generator-Haltebock abnehmen.
- Schraube für Generator herausziehen.
- 2 Muttern abschrauben und (B+)- und (D+)-Leitung vom Generator abklemmen.
- Generator durch den Radkasten aus dem Motorraum herausziehen.

**Einbau**

- Der Einbau erfolgt in umgekehrter Ausbaureihenfolge.
  **Anzugsdrehmomente:**
  Stehbolzen . . . . . . . . . . . . . . . . . . . . . **20 Nm**
  Schrauben für Generator und Haltebock . . . . . **35 Nm**
  Schraube für Keilrippenriemen-Spanner . . . . . **35 Nm**

## 1,3-l-Dieselmotor Z13DT, mit Klimaanlage

**Ausbau**

- Batterie-Massekabel (–) abklemmen. **Achtung:** Hinweise im Kapitel »Batterie aus- und einbauen« beachten.
- Luftfiltergehäuse ausbauen, siehe Seite 243.

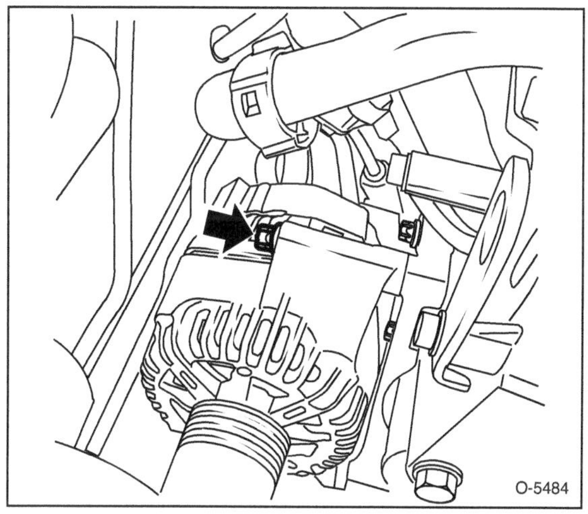


- Schraube oben –Pfeil– für Generator herausdrehen.
- Fahrzeug vorne aufbocken und Abdeckung für Keilrippenriemen abschrauben, siehe Abbildung O-5474 in Abschnitt »1,0-/1,2-/1,4-l-Benzinmotor«.

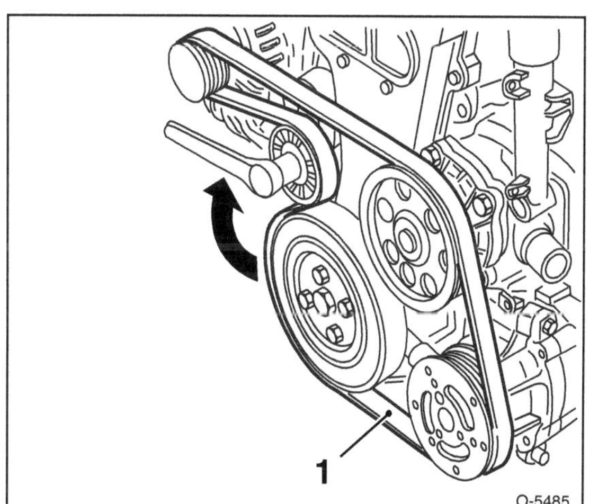


- Laufrichtung des Keilrippenriemens –1– markieren und Spannrolle in Pfeilrichtung zurückdrücken.

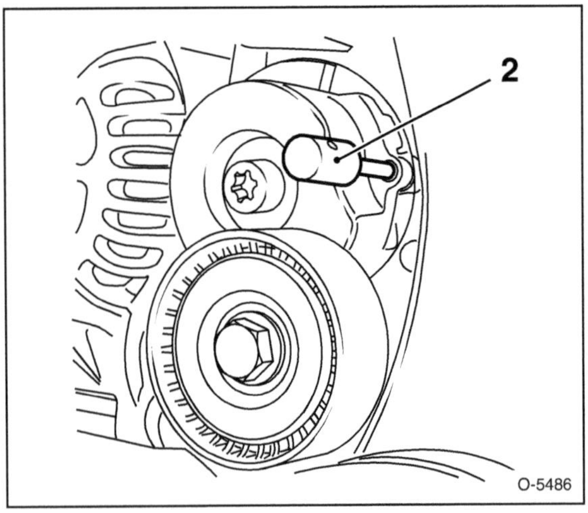


- Spanner mit OPEL-Arretierstift KM-6130 –2– festsetzen und Spanner entspannen.
- Keilrippenriemen abnehmen, siehe auch Seite 206.
- 2 Muttern abschrauben und (B+)- und (D+)-Leitung vom Generator abklemmen.

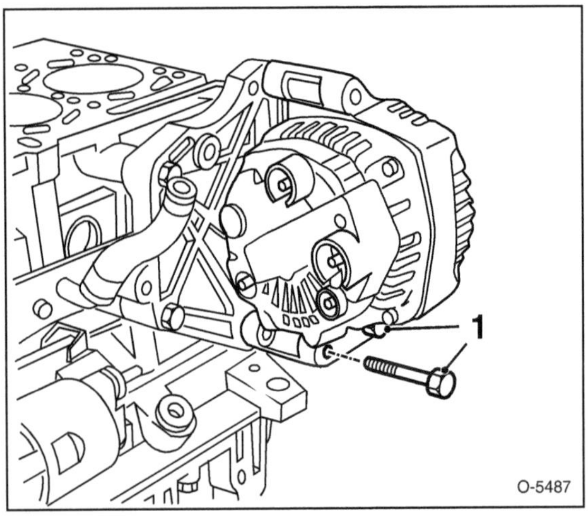


- 2 Schrauben –1– herausdrehen und Generator aus dem Motorraum herausziehen.

**Einbau**

- Generator einsetzen und Schrauben einschieben.
- 2 Schrauben unten mit **25 Nm** festziehen.
- (B+)- und (D+)-Leitung am Generator anschrauben. Muttern festziehen.
- Spannrolle zurückdrücken und Keilrippenriemen auflegen, siehe auch Seite 206.

**Achtung:** Auf die richtige Einbaulage des Keilrippenriemens achten.

- Arretierstift herausziehen und Spanner entspannen.
- Abdeckung für Keilrippenriemen anschrauben und Clip einsetzen.
- Fahrzeug absenken.
- Schraube oben für Generator mit **25 Nm** festziehen.
- Luftfiltergehäuse einbauen, siehe Seite 243.
- Batterie-Massekabel (–) anklemmen. **Achtung:** Hinweise im Kapitel »Batterie aus- und einbauen« beachten.

---

## 1,7-l-Dieselmotor Y17DT/Y17DTL, ohne Klimaanlage

**Ausbau**

- Batterie-Massekabel (–) abklemmen. **Achtung:** Hinweise im Kapitel »Batterie aus- und einbauen« beachten.

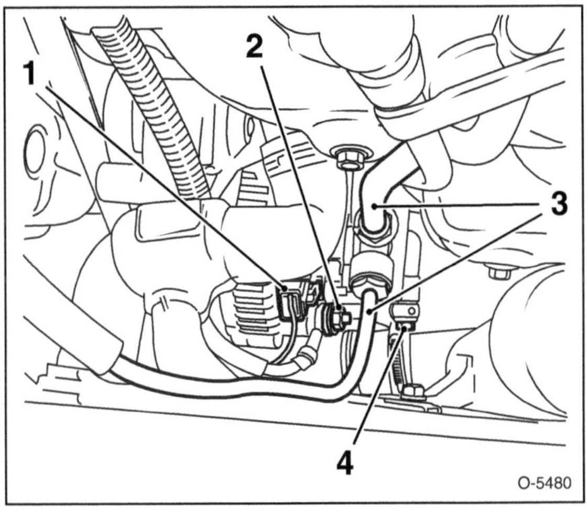


- Unterdruckschläuche –3– für Bremskraftverstärker von der Vakuumpumpe abschrauben.
- Auffangschale unter die Vakuumpumpe legen. Hohlschraube –4– herausdrehen und Ölvorlaufleitung von der Vakuumpumpe abziehen.
- Mutter –2– abschrauben und (B+)-Leitung vom Generator abklemmen.
- Stecker –1– für (D+)-Leitung am Generator abziehen.

**Sicherheitshinweis**
Beim Aufbocken des Fahrzeugs besteht Unfallgefahr! Hinweise im Kapitel »Fahrzeug aufbocken« beachten.

- Fahrzeug vorne aufbocken.
- 3 Schrauben herausdrehen, Clip herausziehen und Abdeckung für Keilrippenriemen abnehmen, siehe Abbildung O-5474 in Abschnitt »1,0-/1,2-/1,4-l-Benzinmotor«.
- Laufrichtung des Keilrippenriemens markieren.

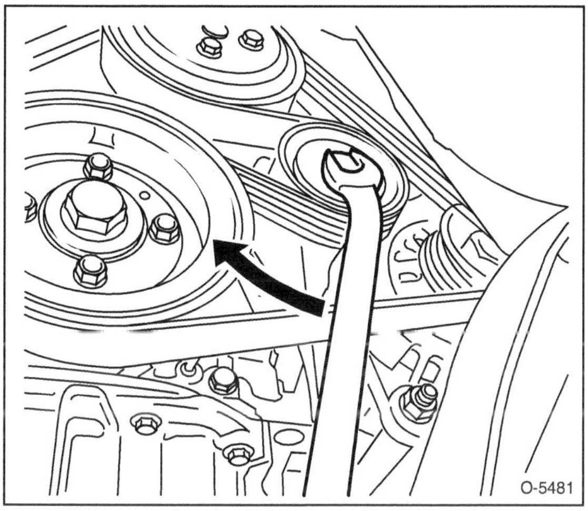

O-5481

- Mit OPEL-Spannhebel KM-913-A, oder einem langen Maulschlüssel mit SW 15, Spannrolle in Pfeilrichtung zurückdrücken und Keilrippenriemen abnehmen, siehe auch Seite 206.
- Ölrücklaufschlauch von der Vakuumpumpe abziehen.

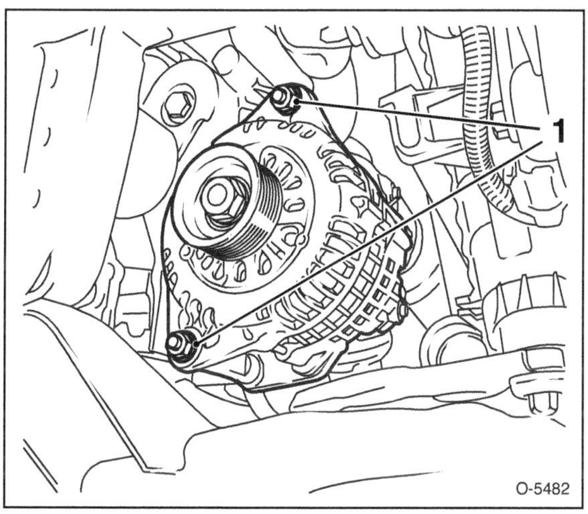


O-5482

- 2 Muttern –1– abschrauben und Generator aus dem Motorraum herausziehen.
- 3 Schrauben herausdrehen und Vakuumpumpe vom Generator abnehmen.

**Einbau**

- Vakuumpumpe mit neuem Dichtring am Generator anschrauben.
- Generator einsetzen und festschrauben. Anzugsdrehmoment: Schrauben M8 = **19 Nm**, Schrauben M10 = **46 Nm**.
- Der weitere Einbau erfolgt in umgekehrter Ausbaureihenfolge. Dabei Ölvorlaufleitung mit neuen Dichtringen und **22 Nm** anschrauben. Unterdruckschläuche für Bremskraftverstärker mit **18 Nm** an der Vakuumpumpe anschrauben. Keilrippenriemen in Laufrichtung auflegen.

## 1,7-l-Dieselmotor Y17DT/Y17DTL, mit Klimaanlage

**Ausbau**

- Batterie-Massekabel (–) abklemmen. **Achtung:** Hinweise im Kapitel »Batterie aus- und einbauen« beachten.
- Klimaanlage entleeren. **Achtung:** Werkstattarbeit.
- Luftfiltergehäuse ausbauen, siehe Seite 243.
- Unterdruckleitung für Bremskraftverstärker an 5 Haltern ausclipsen und zur Seite legen.
- 2 Schellen losschrauben und Ladeluftschlauch abziehen.
- Mittleres Ladeluftrohr abschrauben.
- Stoßfängerverkleidung vorn ausbauen, siehe Seite 275.
- Schelle losschrauben und unteres Ladeluftrohr vom Ladeluftkühler des Turboladers abziehen.
- Leitung für Klimaanlage abschrauben und zur Seite legen.
- Der weitere Ausbau erfolgt wie beim Motor ohne Klimaanlage.

**Einbau**

- Der Einbau erfolgt in umgekehrter Ausbaureihenfolge. Dabei Leitung für Klimaanlage mit **20 Nm** festschrauben.

## 1,7-l-Dieselmotor Z17DTH, mit Klimaanlage

**Ausbau**

- Batterie-Massekabel (–) abklemmen. **Achtung:** Hinweise im Kapitel »Batterie aus- und einbauen« beachten.
- Klimaanlage entleeren. **Achtung:** Werkstattarbeit.
- Fahrzeug vorne aufbocken und Abdeckung für Keilrippenriemen abschrauben, siehe Abbildung O-5474 in Abschnitt »1,0-/1,2-/1,4-l-Benzinmotor«.
- Laufrichtung des Keilrippenriemens markieren und Keilrippenriemen abnehmen, siehe Abbildung O-5481.

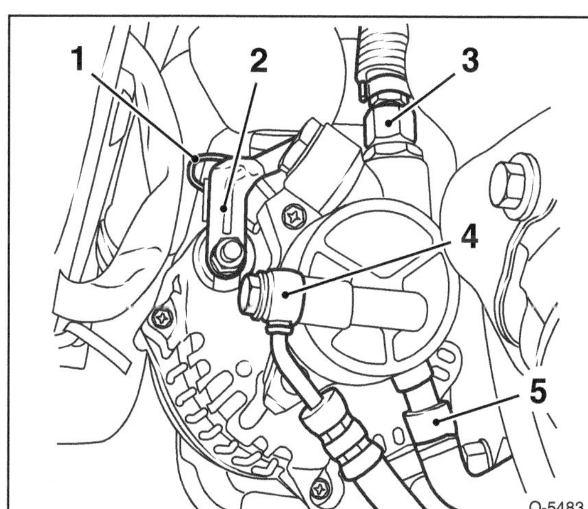


O-5483

- Auffangschale unter die Vakuumpumpe legen. Hohlschraube herausdrehen und Ölvorlaufleitung –4– von der Vakuumpumpe abziehen.

- Stecker für Ölstandkontrolle abziehen.
- Ölrücklaufschlauch –5– von der Vakuumpumpe abziehen.
- Unterdruckschläuche –3– für Bremskraftverstärker von der Vakuumpumpe abschrauben.
- Mutter abschrauben und (B+)-Leitung –2– vom Generator abklemmen.
- Stecker –1– für (D+)-Leitung am Generator abziehen.
- Schraube oben für Generator herausdrehen.
- Mutter unten für Generator abschrauben, Generator unten aus der Halterung heraushebeln und Schraube herausziehen.
- Schraube herausdrehen und Kältemittelleitung trennen.
- Generator aus dem Motorraum herausziehen.

### Einbau

- Generator einsetzen und festschrauben. Anzugsdrehmoment: Schraube = **19 Nm**, Mutter = **46 Nm**.
- Kältemittelleitung mit neuem Dichtring und **20 Nm** anschrauben.
- Der weitere Einbau erfolgt in umgekehrter Ausbaureihenfolge. Dabei Ölvorlaufleitung mit neuen Dichtringen und **22 Nm** anschrauben. Unterdruckschläuche für Bremskraftverstärker mit **18 Nm** an der Vakuumpumpe anschrauben. Keilrippenriemen in Laufrichtung auflegen.

## Spannungsregler aus- und einbauen/ Schleifkohlen ersetzen

### Ausbau

- Generator ausbauen, siehe entsprechendes Kapitel.

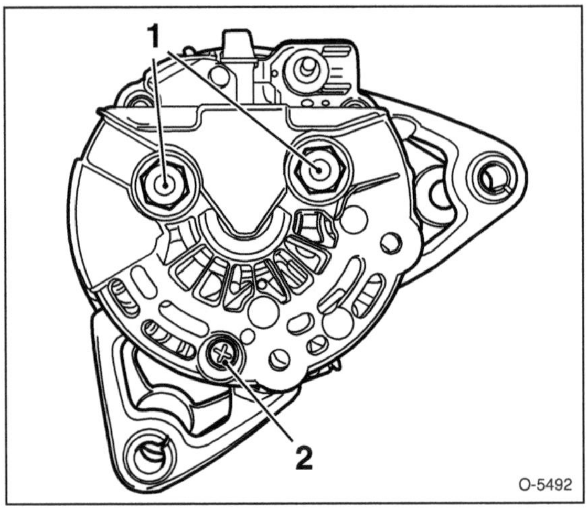


- Schraube –2– sowie 2 Muttern –1– an der Rückseite des Generators abschrauben und Schutzabdeckung abziehen.

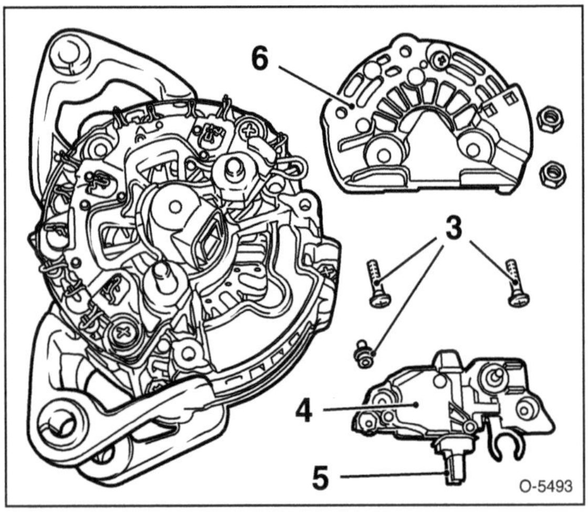


- 3 Schrauben –3– herausdrehen und Regler –4– vom Generator abnehmen. 5 – Schleifkohlen, 6 – Schutzabdeckung.

### 1,3-l-Dieselmotor

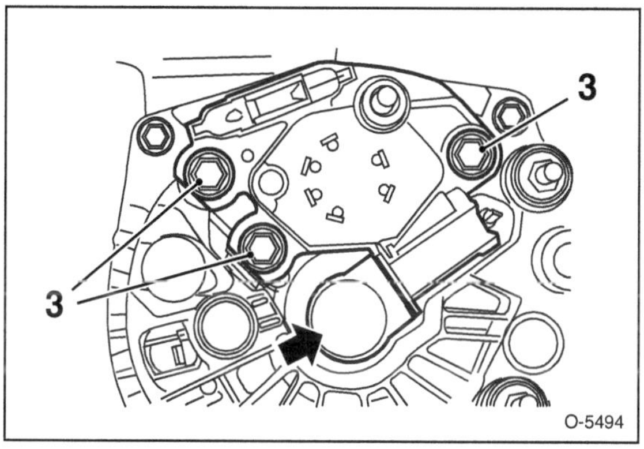


- Abdeckung für Regler vom Generator abclipsen. Abdeckung –Pfeil– für Schleifkohlen abclipsen, 3 Schrauben –3– herausdrehen und Regler vom Generator abnehmen.

**Schleifkohlen prüfen**

- Schleifkohlen des Spannungsreglers ersetzen, wenn die Länge 5 mm oder weniger beträgt beziehungsweise wenn die Schleifkohlen um mehr als 1 mm unterschiedlich lang sind. Dazu Anschlusslitze auslöten.
- Schleifringe auf Verschleiß prüfen, gegebenenfalls feinstüberdrehen und polieren (Werkstattarbeit).
- Kontaktfläche reinigen und Vorspannung der Kontaktfeder prüfen, gegebenenfalls erneuern.

**Einbau**

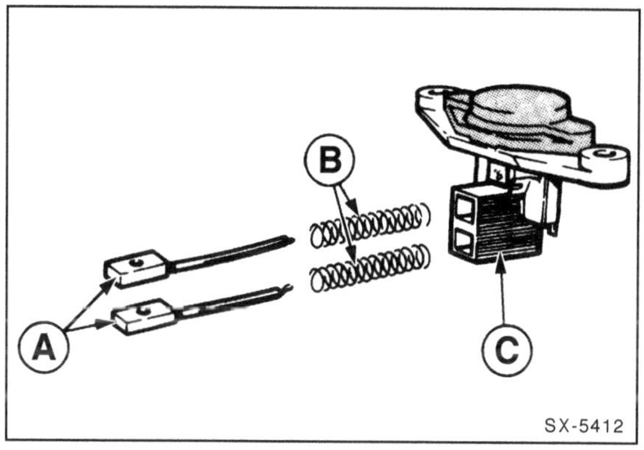


- Neue Kohlebürsten –A– und Federn –B– in den Bürstenhalter –C– einsetzen und Anschlüsse verlöten.
- Damit beim Anlöten der neuen Bürsten kein Lötzinn in der Litze hochsteigen kann, Anschlusslitze der Bürsten mit einer Flachzange fassen. **Achtung:** Durch hochsteigendes Lötzinn würden die Litzen steif und die Kohlebürsten unbrauchbar werden.
- Spannungsregler einsetzen und festschrauben.
- Nach dem Einbau neue Kohlebürsten auf leichten Lauf in den Bürstenhaltern prüfen.
- Schutzabdeckung am Generator anschrauben.
- Muttern aufschrauben.
- Generator einbauen, siehe entsprechendes Kapitel.

## Störungsdiagnose Generator

| Störung | Ursache | Abhilfe |
|---|---|---|
| Ladekontrolllampe brennt nicht bei eingeschalteter Zündung. | Batterie leer. | ■ Laden. |
| | Anschlusskabel an der Batterie locker oder korrodiert. | ■ Kabel auf festen Sitz prüfen, Anschlüsse reinigen. |
| | Kabel am Generator locker oder korrodiert. | ■ Kabel auf einwandfreien Kontakt prüfen, Mutter festziehen. |
| | Kontrolllampe durchgebrannt. | ■ Ersetzen. |
| | Regler defekt. | ■ Regler prüfen, gegebenenfalls austauschen. |
| | Unterbrechung in der Leitungsführung zwischen Generator, Zündschloss und Kontrolllampe. | ■ Mit Ohmmeter nach Schaltplan untersuchen. Leitung gegebenenfalls reparieren beziehungsweise ersetzen. |
| | Kohlebürsten liegen nicht auf dem Schleifring auf. | ■ Freigängigkeit der Kohlebürsten und Mindestlänge prüfen. Anpresskraft der Bürstenfedern prüfen lassen. |
| Ladekontrolllampe erlischt nicht bei Drehzahlsteigerung. | Keilrippenriemen locker, Riemen rutscht durch. | ■ Keilrippenriemen prüfen, Spannvorrichtung prüfen, gegebenenfalls ersetzen. |
| | Kohlebürsten im Spannungsregler abgenutzt. | ■ Kohlebürsten prüfen, gegebenenfalls austauschen. |
| | Verkabelung schadhaft oder locker. | ■ Verkabelung überprüfen, gegebenenfalls instand setzen. |

## Anlasser aus- und einbauen

Zum Starten des Verbrennungsmotors ist ein elektrischer Motor, der Anlasser, erforderlich. Damit der Motor überhaupt anspringen kann, muss der Anlasser den Verbrennungsmotor auf eine Drehzahl von mindestens 300 Umdrehungen in der Minute beschleunigen. Das funktioniert aber nur, wenn der Anlasser einwandfrei arbeitet und die Batterie hinreichend geladen ist.

Da zum Starten eine hohe Stromaufnahme erforderlich ist, ist im Rahmen der Wartung auf eine einwandfreie Kabelverbindung zu achten. Korrodierte Anschlüsse säubern und mit Polschutzfett einstreichen.

**Hinweis:** Je nach Fahrzeugmodell werden unterschiedliche Anlasser eingebaut.

---

### 1,0-/1,2-/1,4-l-Benzinmotor

**Ausbau**

- Massekabel (–) und Pluskabel (+) von der Batterie abklemmen. **Achtung:** Hinweise im Kapitel »Batterie aus- und einbauen« beachten.

> **Sicherheitshinweis**
> Beim Aufbocken des Fahrzeugs besteht Unfallgefahr! Hinweise im Kapitel »Fahrzeug aufbocken« beachten.

- Fahrzeug vorne aufbocken.
- **CORSA ECO:** Untere Motorraumabdeckung ausbauen, siehe Seite 273.
- **1,0-l-Benzinmotor:** Generator ausbauen, siehe Seite 70.

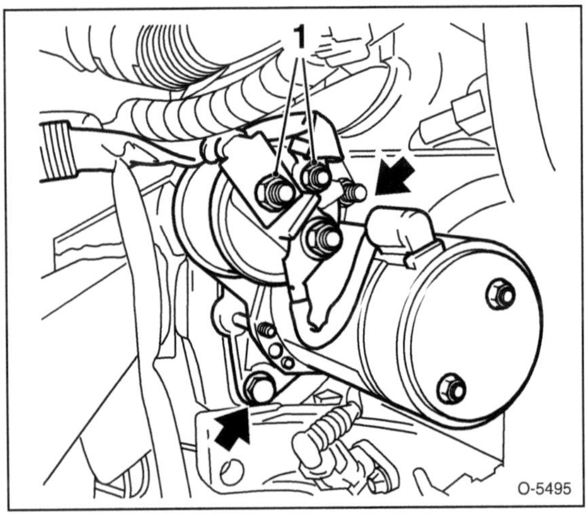


- 2 Muttern –1– abschrauben und Leitungen vom Anlasser abklemmen.
- 2 Schrauben –Pfeile– herausdrehen und Anlasser nach unten aus dem Motorraum herausziehen. **Hinweis:** Zweite Schraube ist verdeckt.

**Einbau**

- Anlasser einsetzen und mit **25 Nm** festschrauben.
- Leitungen an die entsprechenden Anlasserklemmen anschrauben.
- Der weitere Einbau erfolgt in umgekehrter Ausbaureihenfolge.

---

### 1,6-l-Benzinmotor

**Ausbau**

- Massekabel (–) und Pluskabel (+) von der Batterie abklemmen. **Achtung:** Hinweise im Kapitel »Batterie aus- und einbauen« beachten.
- Fahrzeug vorne aufbocken.
- Steckverbindung für Lambdasonde trennen.
- Schraube herausdrehen und zentrales Massekabel vom Motorblock abnehmen.
- 2 Muttern abschrauben und Leitungen vom Anlasser abklemmen.
- 2 Schrauben herausdrehen und Anlasser nach unten aus dem Motorraum herausziehen.

**Einbau**

- Der Einbau erfolgt in umgekehrter Ausbaureihenfolge.
  **Anzugsdrehmomente:**
  Schrauben für Anlasser . . . . . . . . . . . . . . . **25 Nm**
  Schraube für Massekabel an Motorblock . . . . . **35 Nm**

---

### 1,8-l-Benzinmotor

**Ausbau**

- Massekabel (–) und Pluskabel (+) von der Batterie abklemmen. **Achtung:** Hinweise im Kapitel »Batterie aus- und einbauen« beachten.

> **Sicherheitshinweis**
> Beim Aufbocken des Fahrzeugs besteht Unfallgefahr! Hinweise im Kapitel »Fahrzeug aufbocken« beachten.

- Fahrzeug vorne aufbocken.

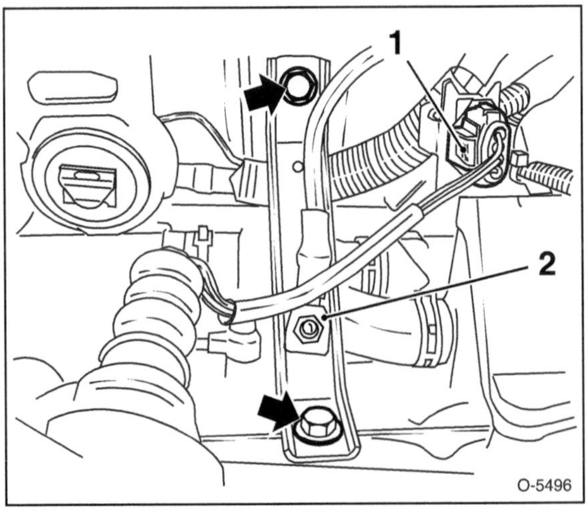


- Steckverbindung –1– für Lambdasonde trennen.

● 2 Schrauben –Pfeile– herausdrehen und Stütze für Einlasskrümmer abnehmen. 2 – Massekabel.

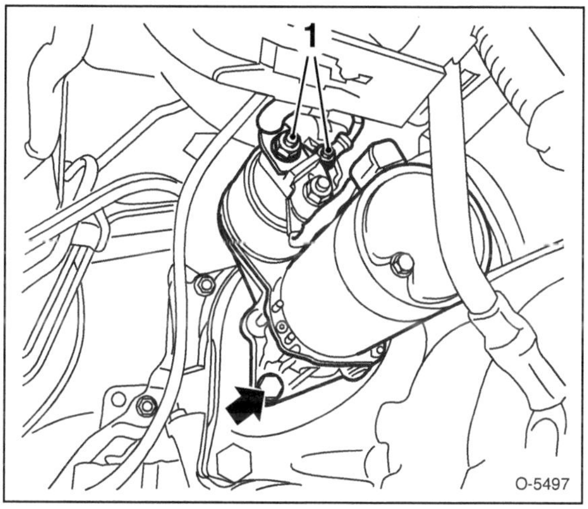


● 2 Muttern –1– abschrauben und Leitungen vom Anlasser abklemmen.

● 2 Schrauben –Pfeil– herausdrehen und Anlasser nach unten aus dem Motorraum herausziehen. **Hinweis:** Zweite Schraube ist verdeckt.

**Einbau**

● Anlasser einsetzen und mit **25 Nm** festschrauben.

● Leitungen an die entsprechenden Anlasserklemmen anschrauben.

● Stütze für Einlasskrümmer einsetzen und anschrauben.
**Anzugsdrehmomente:**
Schraube an Einlasskrümmer. . . . . . . . . . . **20 Nm**
Schraube an Motorblock . . . . . . . . . . . . . . **35 Nm**

● Der weitere Einbau erfolgt in umgekehrter Ausbaureihenfolge.

## 1,3-l-Dieselmotor

**Ausbau**

● Massekabel (–) und Pluskabel (+) von der Batterie abklemmen. **Achtung:** Hinweise im Kapitel »Batterie aus- und einbauen« beachten.

● Getriebe-Schaltmodul ausbauen. **Hinweis:** Dieser Arbeitsgang wird hier nicht beschrieben.

● Abdeckkappe am Getriebegehäuse abnehmen und obere Schraube für Anlasser herausdrehen.

● Fahrzeug vorne aufbocken.

● 2 Muttern abschrauben und Leitungen vom Anlasser abklemmen.

● Untere Schraube für Anlasser herausdrehen und Anlasser aus dem Motorraum herausziehen.

**Einbau**

● Der Einbau erfolgt in umgekehrter Ausbaureihenfolge, dabei Schrauben für Anlasser mit **25 Nm** anziehen.

## 1,7-l-Dieselmotor Y17DT/Y17DTL

**Ausbau**

● Massekabel (–) und Pluskabel (+) von der Batterie abklemmen. **Achtung:** Hinweise im Kapitel »Batterie aus- und einbauen« beachten.

● **MERIVA:** Batterie ausbauen, siehe Seite 64.

● **MERIVA:** Stecker vom Kraftstofffilter abziehen, Kraftstofffilter ausclipsen und zur Seite legen.

● **MERIVA:** 4 Schrauben herausdrehen und Batterieträger ausbauen.

● Obere Schraube für Anlasser herausdrehen und dabei Massekabel abnehmen.

**Sicherheitshinweis**
Beim Aufbocken des Fahrzeugs besteht Unfallgefahr! Hinweise im Kapitel »Fahrzeug aufbocken« beachten.

● Fahrzeug vorne aufbocken.

● Halter für Schaltumlenkung ausbauen. Dazu Sicherungsklammer von der Schaltschwinge abziehen, Schraube herausdrehen und Halter aus der Verzahnung nehmen.

● Stecker vom Impulsgeber Kurbelwelle abziehen.

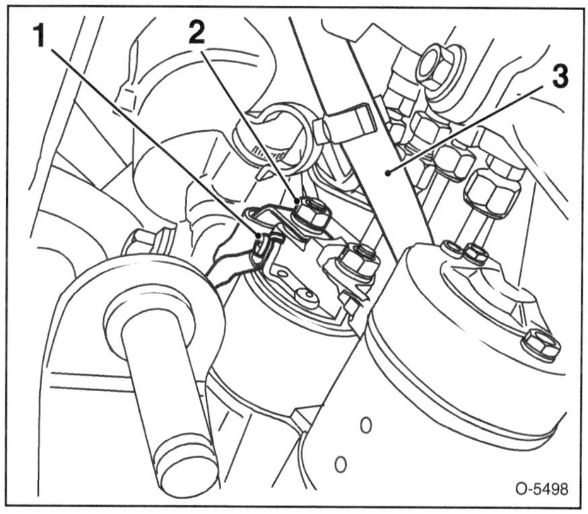


● Unterdruckschlauch –3– vom Magnetventil abziehen.

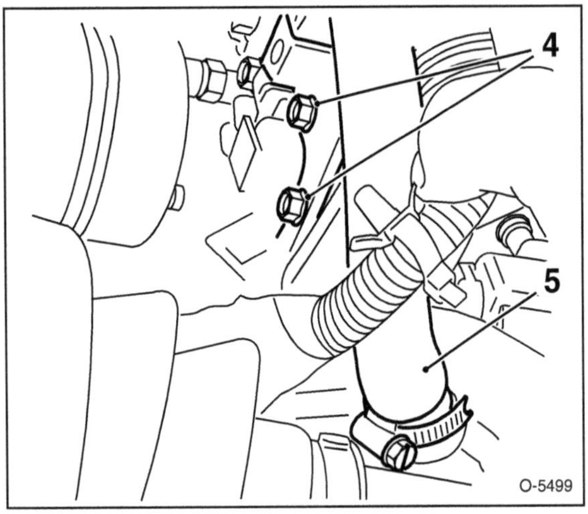


- Auffangschale unterlegen. Schelle lösen und Ölrücklaufschlauch –5– vom Motorblock abziehen.
- 2 Schrauben –4– herausdrehen und Halter für Atmosphärendrucksensor abbauen.
- Schraube –1– herausdrehen, Mutter –2– abschrauben und Leitungen vom Anlasser abklemmen, siehe Abbildung O-5498.
- Untere Schraube für Anlasser herausdrehen und Anlasser aus dem Motorraum herausziehen.

### Einbau

- Der Einbau erfolgt in umgekehrter Ausbaureihenfolge.
  **Anzugsdrehmomente:**
  Untere Schraube für Anlasser . . . . . . . . . . . **38 Nm**
  Halter für Schaltumlenkung . . . . . . . . . . . . . **20 Nm**
  Obere Schraube für Anlasser (mit Massekabel) . **60 Nm**
- Motorölstand überprüfen, siehe Seite 20.

## 1,7-l-Dieselmotor Z17DTH

### Ausbau

- Massekabel (–) und Pluskabel (+) von der Batterie abklemmen. **Achtung:** Hinweise im Kapitel »Batterie aus- und einbauen« beachten.
- **MERIVA:** Stecker vom Kraftstofffilter abziehen, Kraftstofffilter ausclipsen und zur Seite legen.

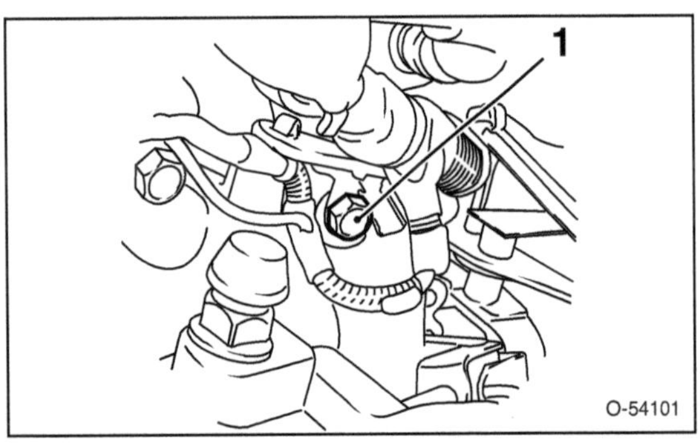


- Obere Schraube für Anlasser herausdrehen. **Hinweis:** Der Anlasser sitzt hinten am Motorblock.

> **Sicherheitshinweis**
> Beim Aufbocken des Fahrzeugs besteht Unfallgefahr! Hinweise im Kapitel »Fahrzeug aufbocken« beachten.

- Fahrzeug vorne aufbocken.
- **MERIVA:** 3 Muttern abschrauben und Abgasrohr vorne abbauen, dabei darauf achten, dass das flexible Abgasrohr nicht zu stark geknickt wird. Abgasanlage an den Schlaufen aushängen und durch Helfer abstützen lassen. **Hinweis:** Beim Einbau neue Dichtung verwenden.

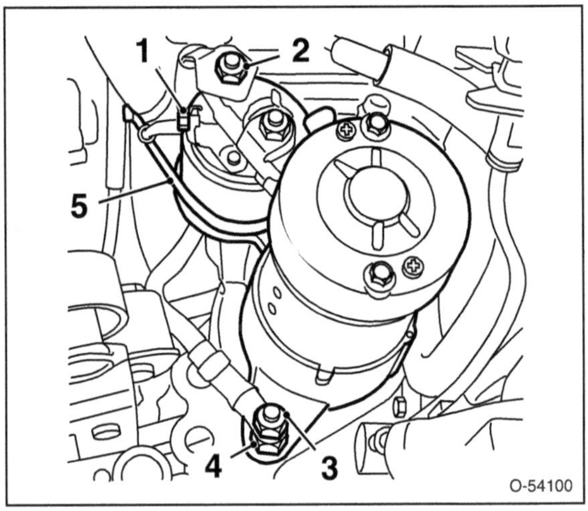


- Kabelbinder –5– durchtrennen.
- Schraube –1– herausdrehen, Mutter –2– abschrauben und Leitungen vom Anlasser abklemmen.
- Mutter –3– für Massekabel abschrauben.
- Stecker für Kraftstoffdrucksensor abziehen.
- Stehbolzen –4– herausdrehen und Anlasser nach unten aus dem Motorraum herausziehen.

### Einbau

- Der Einbau erfolgt in umgekehrter Ausbaureihenfolge.
  **Anzugsdrehmomente:**
  Unterer Stehbolzen für Anlasser . . . . . . . . . . **38 Nm**
  Obere Schraube für Anlasser (mit Massekabel) . **60 Nm**
  MERIVA: **Neue** Muttern für Abgasrohr . . . . . . **25 Nm**

# Magnetschalter für Anlasser prüfen

### Schaltschema Anlasser/Magnetschalter

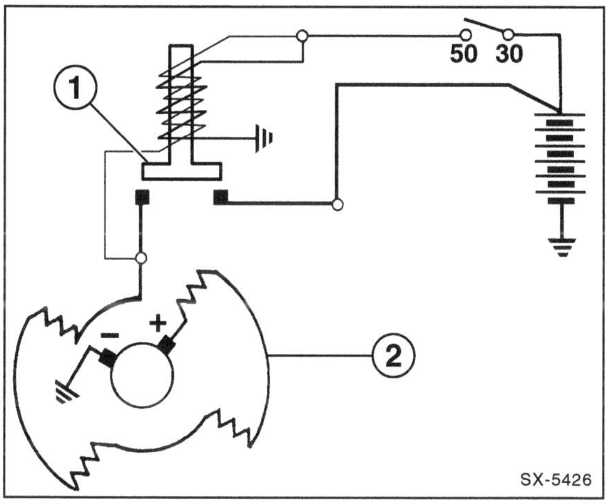


Bei einem Defekt des Magnetschalters –1– wird das Ritzel im Anlasser –2– nicht gegen den Zahnkranz des Schwungrades gezogen. Dadurch kann der Anlasser den Motor nicht durchdrehen.

### Prüfen in eingebautem Zustand

- Prüfvoraussetzung: Batterie voll geladen.
- Zündung ausschalten.
- Gang herausnehmen, Schalthebel in Leerlaufstellung; bei Automatikgetriebe Wählhebel auf Stellung P.
- Fahrzeug aufbocken.
- **CORSA ECO:** Untere Motorraumabdeckung ausbauen, siehe Seite 273.
- Zum Prüfen ein Hilfskabel, zum Beispiel Starthilfekabel, an Klemme 50 des Magnetschalters (= dünnes Kabel, führt zum Zündschloss) anschließen.
- Das andere Ende des Hilfskabels **kurz** an Klemme 30 (= dickes Pluskabel, führt zur Batterie) halten.
- Das Anlasserritzel muss jetzt nach vorne schnellen. Falls nicht, Magnetschalter austauschen.

### Prüfen in ausgebautem Zustand

- Prüfvoraussetzung: Voll geladene Autobatterie.
- Anlasser ausbauen, siehe entsprechendes Kapitel.
- Anlasser-Gehäuse mit einem Starthilfekabel an Batterie-Minuspol (–) anschließen.
- 2. Starthilfekabel an Batterie-Pluspol (+) anschließen.
- Das andere Ende des 2. Starthilfekabels **kurz** an die kleine Klemme 50 des Magnetschalters halten.
- Das Anlasserritzel muss jetzt nach vorne schnellen. Falls nicht, Magnetschalter austauschen.

## Störungsdiagnose Anlasser

| Störung | Ursache | Abhilfe |
|---|---|---|
| Anlasser dreht sich nicht beim Betätigen des Zünd-Anlass-Schalters. | Batterie entladen. | ■ Batterie laden. |
| | Anlasser läuft an nach Überbrücken der Klemmen 30 und 50; dann ist die Leitung vom Zünd-Anlass-Schalter unterbrochen, oder der Anlass-Schalter ist defekt. | ■ Unterbrechung beseitigen, defekte Teile ersetzen. |
| | Kabel oder Masseanschluss ist unterbrochen, oder die Batterie ist entladen. | ■ Batteriekabel und Anschlüsse prüfen. Batteriespannung messen, ggf. laden. |
| | Ungenügender Stromdurchgang infolge lockerer oder oxydierter Anschlüsse. | ■ Batteriepole und -klemmen reinigen. Stromsichere Verbindungen zwischen Batterie, Anlasser und Masse herstellen. |
| | Keine Spannung an Klemme 50. | ■ Leitung unterbrochen, Zünd-Anlass-Schalter defekt. |
| Anlasserwelle dreht sich zu langsam und zieht den Motor nicht durch. | Batterie teilentladen. | ■ Batterie laden. |
| | Ungenügender Stromdurchgang infolge lockerer oder oxydierter Anschlüsse. | ■ Batteriepole und -klemmen und Anschlüsse am Anlasser reinigen, Anschlüsse festziehen. |
| | Kohlebürsten liegen nicht auf dem Kollektor auf, klemmen in ihren Führungen, sind abgenutzt, gebrochen, verölt oder verschmutzt. | ■ Kohlebürsten überprüfen, reinigen beziehungsweise auswechseln. Führungen prüfen. |
| | Ungenügender Abstand zwischen Kohlebürsten und Kollektor. | ■ Kohlebürsten ersetzen und Führungen für Kohlebürsten reinigen. |
| | Kollektor riefig oder verbrannt und verschmutzt. | ■ Anlasser ersetzen. |
| | Spannung an Klemme 50 zu niedrig (weniger als 10 Volt). | ■ Zünd-Anlass-Schalter oder Magnetschalter überprüfen. |
| | Lager ausgeschlagen. | ■ Lager prüfen, gegebenenfalls auswechseln. |
| | Magnetschalter defekt. | ■ Magnetschalter auswechseln. |
| Anlasserritzel spurt ein und zieht an, Motor dreht nicht oder nur ruckweise. | Ritzelgetriebe defekt. | ■ Anlasser ersetzen. |
| | Ritzel verschmutzt. | ■ Ritzel reinigen. |
| | Zahnkranz am Schwungrad defekt. | ■ Schwungrad erneuern. |
| Ritzelgetriebe spurt nicht aus. | Ritzelgetriebe oder Steilgewinde verschmutzt beziehungsweise beschädigt. | ■ Anlasser ersetzen. |
| | Magnetschalter defekt. | ■ Magnetschalter ersetzen. |
| | Rückzugfeder schwach oder gebrochen. | ■ Magnetschalter ersetzen. |
| Anlasserwelle läuft weiter, nachdem der Zündschlüssel losgelassen wurde. | Magnetschalter hängt, schaltet nicht ab. | ■ Zündung sofort ausschalten, Magnetschalter ersetzen. |
| | Zünd-Anlass-Schalter schaltet nicht ab. | ■ Sofort Batterie abklemmen, Zünd-Anlass-Schalter ersetzen. |

# Scheibenwischanlage

## Scheibenwischergummi ersetzen

**Sicherheitshinweis**
Bei Wartungs- und Reparaturarbeiten an der Scheibenwischanlage besteht Verletzungsgefahr der Hände durch Klemmen oder Quetschen; im Extremfall durch Abscheren von Gliedmaßen bei Eingriffen in die Scheibenwischermechanik. Vor jeglichen Reparaturarbeiten ist stets der Zündschlüssel abzuziehen.

**Achtung:** Wenn die Scheibenwischerblätter rattern, genügt es in der Regel nicht, Wischerblätter oder Wischergummis zu ersetzen, zusätzlich muss der Anstellwinkel der Scheibenwischerblätter geprüft beziehungsweise eingestellt werden.

**Ausbau**

- Wischerarm hochklappen.

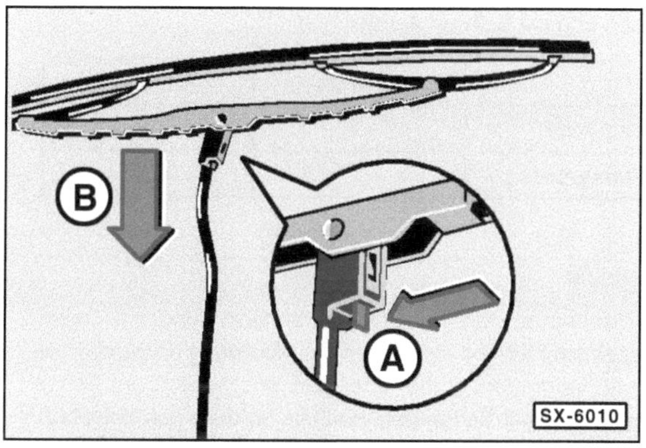


- **Frontscheibe:** Wischerblatt rechtwinklig zum Wischerarm stellen. Federklammer niederdrücken –Pfeil A– und Wischerblatt nach unten –Pfeil B– aus dem Haken am Wischerarm schieben. Wischerblatt vom Haken des Wischerarmes abnehmen.

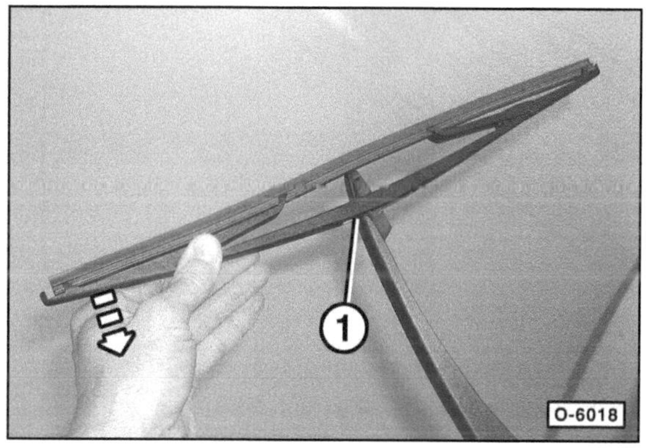


- **Heckscheibe:** Wischerarm hochklappen. Wischerblatt rechtwinklig zum Wischerarm stellen. Wischerblatt gegen den Anschlag –1– drücken –Pfeil– und aus der Halterung ausrasten.

**Achtung:** Im Handel werden sowohl komplette Scheibenwischerblätter (Wischergummi mit Träger) als auch einzelne Wischergummis angeboten. Wird nur das Wischergummi ersetzt, darauf achten, dass der Träger nicht verbogen wird.

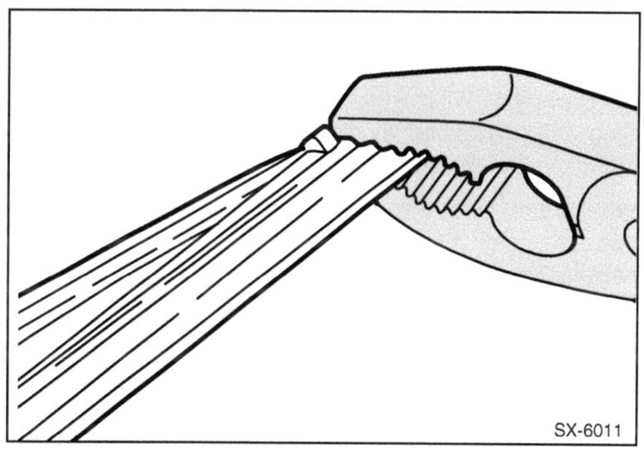


- An der geschlossenen Seite des Wischergummis beide Stahlschienen mit Kombizange zusammendrücken und diese seitlich aus der oberen Klammer herausnehmen. Anschließend Gummi komplett mit Schienen aus den restlichen Klammern des Wischerblattes herausziehen.

### Einbau

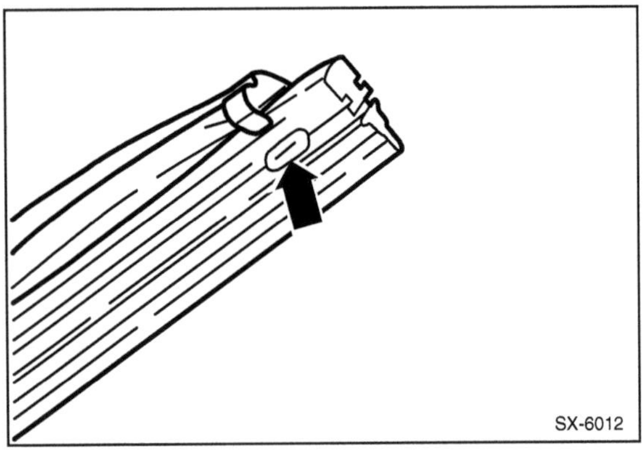

SX-6012

- Neues Wischergummi ohne Halteschienen in die unteren Klammern des Wischerblattes lose einlegen.
- Beide Schienen so in die erste Rille des Wischergummis einführen, dass die Aussparungen zum Gummi zeigen und in die Gumminasen der Rille einrasten. Wischergummi vorher an der geschlossenen Seite mit Seifenwasser einstreichen, damit es besser in die Haltebügel gleitet.
- Beide Stahlschienen und das Gummi mit Kombizange zusammendrücken und so in die obere Klammer einsetzen, dass die Klammernasen beidseitig in die Haltenuten –Pfeil– des Wischergummis einrasten.
- **Frontscheibe:** Wischerblatt über Wischerarm schieben und Federklammer in den Haken des Wischerarms einclipsen.
- **Heckscheibe:** Wischerblatt über Wischerarm schieben, Steg am Wischerblatt in die Halterung am Wischerarm einsetzen und einrasten.
- Wischerarm zurückklappen. Darauf achten, dass das Wischergummi überall an der Scheibe anliegt, gegebenenfalls Träger vorsichtig nachbiegen.

## Anstellwinkel der Scheibenwischerblätter prüfen/einstellen

Der Anstellwinkel der Wischerblätter muss eingestellt werden, wenn die Wischerblätter im Wischbetrieb rubbeln oder rattern.

**Hinweis:** Der Heckwischer ist aus Kunststoff und kann nicht eingestellt werden.

### Erforderliches Sonderwerkzeug:

- Scheibenwischer-Einstellwerkzeug HAZET 4851-1.

### Prüfen

- Wischerarme in Ruhestellung bringen. Dazu Scheibe mit Wasser benetzen, Scheibenwischer kurze Zeit laufen lassen und mit dem Wischerschalter ausschalten.
- Wischerblatt ausbauen, siehe Kapitel »Scheibenwischergummi ersetzen«.

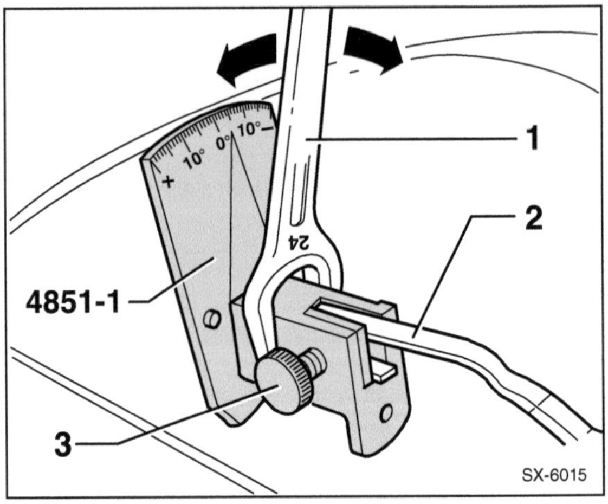


SX-6015

- Wischerarm –2– hochklappen, Spezialwerkzeug HAZET 4851-1 aufschieben und mit Schraube –3– arretieren.
- Wischerarm vorsichtig zurück klappen. Das Werkzeug HAZET 4851-1 muss mit 3 Punkten auf der Scheibe aufliegen. Gegebenenfalls Klemmschraube lockern, Werkzeug ausrichten und Klemmschraube wieder anziehen.
- Anstellwinkel auf der Skala des Spezialwerkzeugs ablesen und mit Sollwert vergleichen.

| | CORSA | MERIVA |
|---|---|---|
| Fahrerseite | – 4° | – 8° |
| Beifahrerseite | – 2° | + 5° |

### Einstellen

- Wischerarm von der Scheibe abheben und mit Gabelschlüssel SW 24 –1–, wie in der Abbildung dargestellt, etwas verdrehen. Dabei aber den Wischerarm am Scharnier mit einer Zange gegenhalten, so dass das Scheibenwischerscharnier beim Einstellen nicht beschädigt wird.
- Anstellwinkel erneut prüfen und gegebenenfalls korrigieren, bis an der Skala der Sollwert angezeigt wird.
- Anschließend Werkzeug abbauen, nochmals neu aufsetzen und arretieren. Anstellwinkel erneut prüfen, gegebenenfalls korrigieren.

# Scheibenwaschdüsen aus- und einbauen

## Frontscheibe/CORSA

**Ausbau**

- Windlaufgrill ausbauen, siehe Seite 274.

- Rasthaken –Pfeil– an der Rückseite des Windlaufgrills nach außen drücken und Scheibenwaschdüse nach unten aus dem Windlaufgrill herausdrücken.
- Wasserschlauch –1– von der Düse abziehen.

**Einbau**

- Der Einbau erfolgt in umgekehrter Ausbaureihenfolge.

## Heckscheibe/CORSA

**Ausbau**

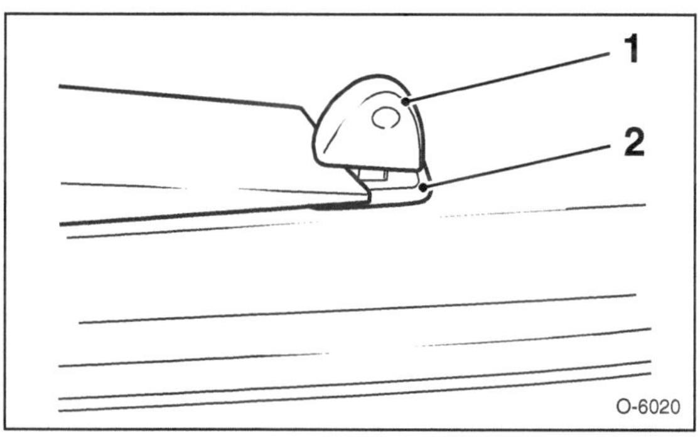


- Kunststoffkeil, zum Beispiel HAZET 1965-20, zwischen Gummidichtung –2– und Düse –1– ansetzen und Scheibenwaschdüse vorsichtig heraushebeln.
- Scheibenwaschdüse herausziehen und Wasserschlauch von der Düse abziehen.

**Einbau**

- Der Einbau erfolgt in umgekehrter Ausbaureihenfolge.

**Hinweis:** Beim CORSA COMBO ist die Scheibenwaschdüse hinten in der Zusatzbremsleuchte eingesetzt. Düse nach Ausbau der Zusatzbremsleuchte von hinten mit einem Kunststoffkeil herauslösen.

## Frontscheibe/MERIVA

**Ausbau**

- Motorhaube öffnen.

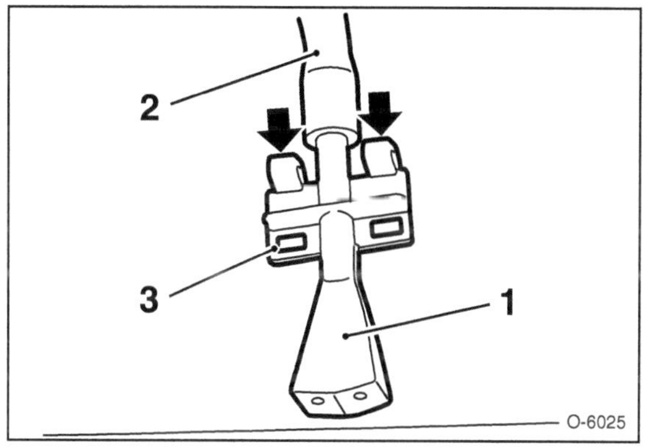


- Mit einem Schraubendreher in Pfeilrichtung gegen den Steg drücken, Scheibenwaschdüse –1– aus der Halterung lösen und von der Unterseite der Motorhaube abnehmen.
- Wasserschlauch –2– von der Düse abziehen.

**Einbau**

- Wasserschlauch auf die Düse aufschieben.
- Haltelaschen –3– der Scheibenwaschdüse in die Halterung einhängen und Scheibenwaschdüse einclipsen.
- Scheibenwaschdüse einstellen.

**Einstellen**

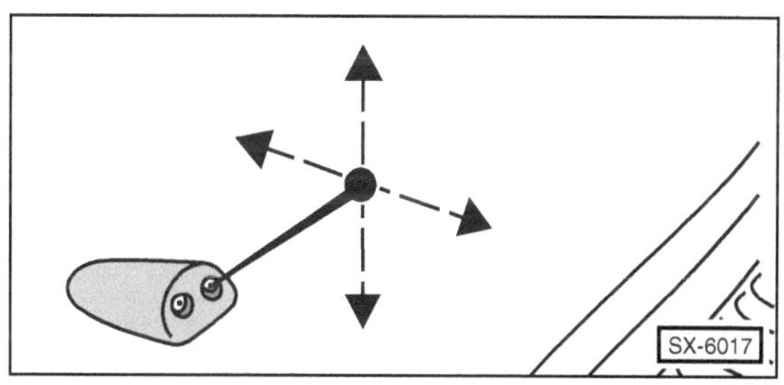


- Die Spritzrichtungen der vorderen Scheibenwaschdüsen können mit einem feinen Dorn, zum Beispiel einer Nadel, eingestellt werden. Dorn in die Düse einsetzen und Zielpunkt auf der Scheibe anpeilen.

**Hinweis:** Die Scheibenwaschdüse für die Heckscheibe ist beim MERIVA in der Zusatzbremsleuchte eingesetzt, siehe Seite 102.

## Wischerarm aus- und einbauen

### Frontscheibe

**Ausbau**

- Frontscheibe mit Wasser benetzen.
- Scheibenwischeranlage kurze Zeit laufen lassen und über den Scheibenwischerschalter abschalten. Dadurch läuft der Wischer in die Endstellung.
- Stellung der Wischergummis auf der Frontscheibe markieren. Dazu Klebeband neben den Wischergummis auf die Scheibe kleben.
- Motorhaube öffnen.

- **CORSA:** Abdeckkappe –1– hochklappen.
- **MERIVA:** Schraubendreher in den Spalt am Wischerarm einführen und Abdeckkappe nach oben heraushebeln.
- Mutter –2– ca. 2 Umdrehungen lösen.
- Wischerarm etwas hochklappen und durch leichtes Hin- und Herdrehen vom Konus der Wischerachse lösen. **Hinweis:** Es kann auch ein geeignetes Abziehwerkzeug, zum Beispiel HAZET 1966-05, verwendet werden.
- Muttern ganz abschrauben und Wischerarme abnehmen.

**Einbau**

- Wischerarm auf Konus der Wischerachse aufsetzen und an den angebrachten Klebeband-Markierungen ausrichten.
- Befestigungsmutter aufschrauben und mit **14 Nm** anziehen. Abdeckkappe aufdrücken.
- Scheibe mit Wasser benetzen.
- Scheibenwischer kurze Zeit laufen lassen und über den Scheibenwischerschalter abschalten. Stellung der Wischerarme kontrollieren, gegebenenfalls korrigieren.

---

### Heckscheibe

Der Aus- und Einbau des Wischerarmes an der Heckscheibe erfolgt wie an der Frontscheibe. Die Befestigungsmutter wird jedoch mit **9 Nm** festgezogen. Abdeckkappe kräftig aufdrücken und einrasten.

## Wischermotor an der Frontscheibe aus- und einbauen

**CORSA**

**Ausbau**

- Wischermotor kurze Zeit laufen lassen und über den Scheibenwischerschalter abschalten. Dadurch läuft der Wischermotor in die Endstellung.
- Batterie-Massekabel (–) abklemmen. **Achtung:** Hinweise im Kapitel »Batterie aus- und einbauen« beachten.
- Wischerarme ausbauen, siehe entsprechendes Kapitel.
- Windlaufgrill ausbauen, siehe Seite 274.

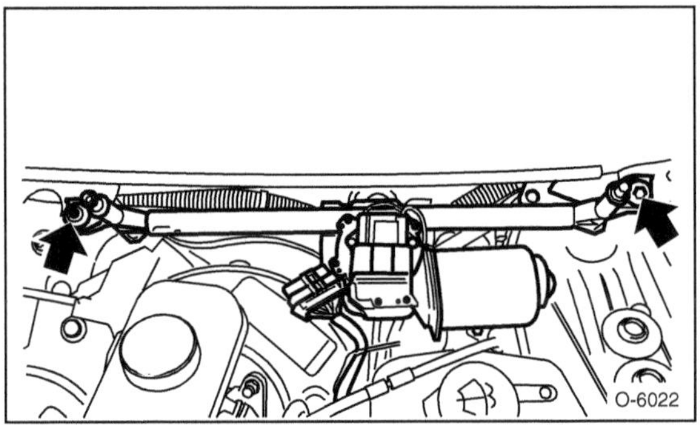


- Stecker vom Scheibenwischermotor abziehen und Wischermotor mit Gestänge abschrauben –Pfeile–.

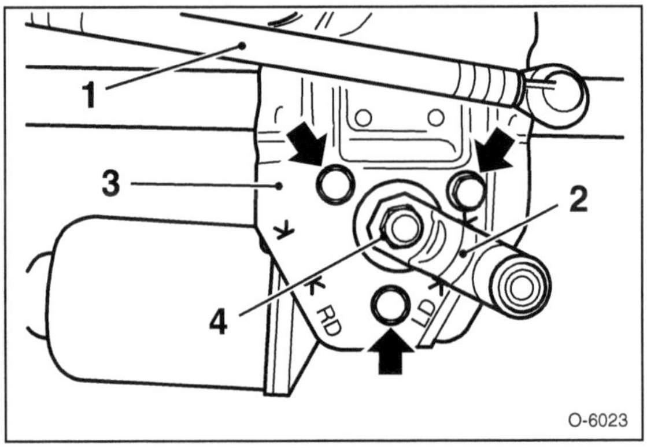


- Gestänge –1– mit einem großen Schraubendreher von der Kurbel –2– abhebeln.
- Stellung der Kurbel –2– zur Montageplatte –3– markieren. Dazu mit Filzstift oder Reißnadel entlang der Kurbel einen Strich auf der Montageplatte anbringen.
- Mutter –4– abschrauben und Kurbel vom Wischermotor abnehmen.
- 3 Schrauben –Pfeile– herausdrehen und Wischermotor von der Montageplatte abnehmen.

### Einbau

**Achtung:** Vor dem Einbau prüfen, ob sich der Wischermotor in Endstellung befindet. Dazu kurzzeitig Anschlussstecker aufschieben und Batterie-Massekabel anschließen. Motor kurz laufen lassen und anschließend mit Wischerschalter ausschalten, damit der Motor in Endstellung stehen bleibt.

- Der Einbau erfolgt in umgekehrter Ausbaureihenfolge.

**Achtung:** Auf die richtige Einbaustellung der Kurbel am Wischermotor achten: Die Kurbel muss sich zwischen den beiden Pfeilmarkierungen auf der Montageplatte befinden (LD = Lenkrad links), siehe Abbildung O-6023.

- Einstellung der Wischerarme überprüfen.

## Wischermotor an der Frontscheibe aus- und einbauen

**MERIVA**

### Ausbau

- Wischermotor kurze Zeit laufen lassen und über den Scheibenwischerschalter abschalten. Dadurch läuft der Wischermotor in die Endstellung.
- Batterie-Massekabel (–) abklemmen. **Achtung:** Hinweise im Kapitel »Batterie aus- und einbauen« beachten.
- Wischerarme ausbauen, siehe entsprechendes Kapitel.
- Windlaufgrill ausbauen, siehe Seite 274.

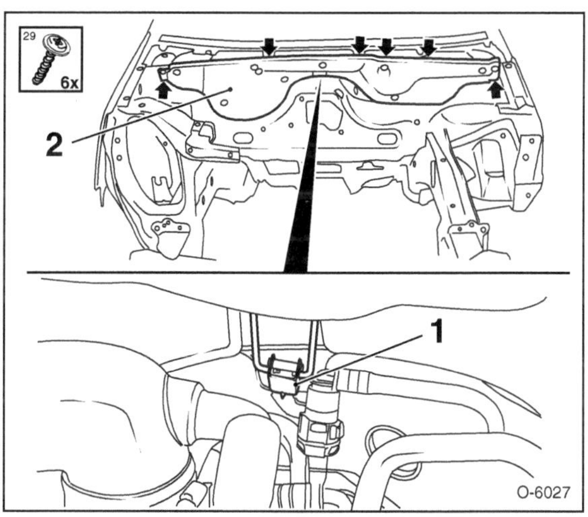


- Gummidichtung von der Stirnwandabdeckung –2– abziehen.
- 6 Schrauben –Pfeile– herausdrehen.
- Sicherungskasten ausclipsen.
- Schließbügel –1– öffnen und Stirnwandabdeckung aus dem Motorraum herausnehmen.
- Sicherungsblech nach vorne abziehen, Bremsflüssigkeitsbehälter aus der Halterung herausziehen und zur Seite legen.

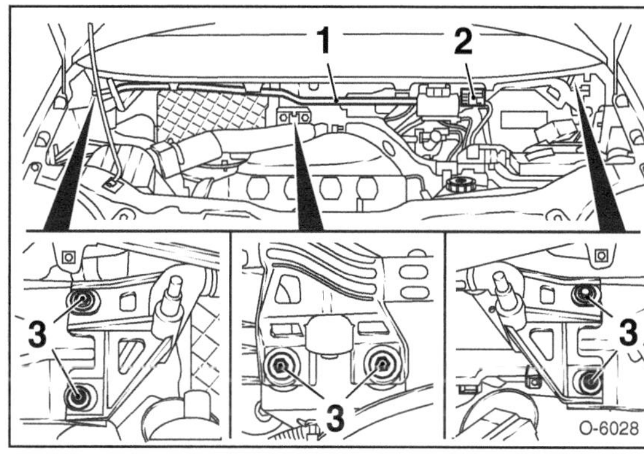


- Stecker –2– für Scheibenwischermotor abziehen und 6 Schrauben –3– für Scheibenwischanlage herausdrehen.
- Wischermotor mit Gestänge –1– aus dem Motorraum herausnehmen.
- Stellung der Kurbel am Wischermotor zur Montageplatte markieren. Dazu mit Filzstift oder Reißnadel entlang der Kurbel einen Strich auf der Montageplatte anbringen.
- Mutter abschrauben und Kurbel vom Wischermotor abnehmen.
- 3 Schrauben herausdrehen und Wischermotor von der Montageplatte abnehmen.

### Einbau

**Achtung:** Vor dem Einbau prüfen, ob sich der Wischermotor in Endstellung befindet. Dazu kurzzeitig Anschlussstecker aufschieben und Batterie-Massekabel anschließen. Motor kurz laufen lassen und anschließend mit Wischerschalter ausschalten, damit der Motor in Endstellung stehen bleibt.

- Der Einbau erfolgt in umgekehrter Ausbaureihenfolge.

**Achtung:** Auf die richtige Einbaustellung der Kurbel am Wischermotor achten: Die Kurbel und das darauf aufgedrückte Gestänge müssen auf einer Linie liegen.

- Einstellung der Wischerarme überprüfen.

## Wischermotor an der Heckscheibe aus- und einbauen

**Ausbau**

- Wischermotor kurze Zeit laufen lassen und über den Scheibenwischerschalter abschalten. Dadurch läuft der Wischermotor in die Endstellung.
- Batterie-Massekabel (–) abklemmen. **Achtung:** Hinweise im Kapitel »Batterie aus- und einbauen« beachten.
- Wischerarm ausbauen, siehe entsprechendes Kapitel.
- Heckklappenverkleidung ausbauen, siehe Seite 283/284.

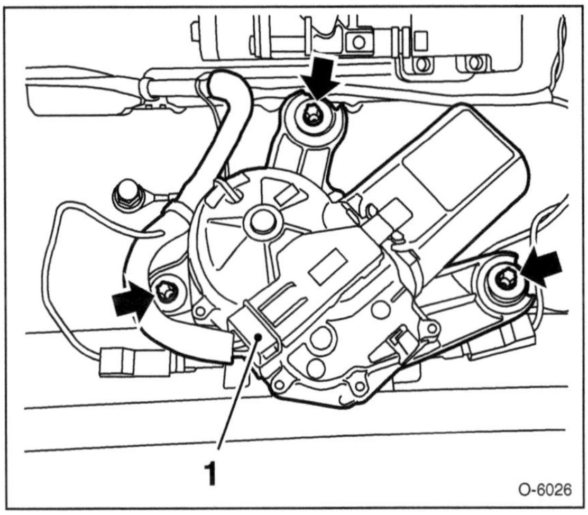


- Stecker –1– entriegeln und abziehen. Kabel vom Heckwischermotor abclipsen.
- 3 Schrauben –Pfeile– herausdrehen und Heckwischermotor vorsichtig aus der Führung an der Heckklappe herausziehen.

**Einbau**

- Wischermotor in Endstellung bringen.
- Der Einbau erfolgt in umgekehrter Ausbaureihenfolge.
- Einstellung des Wischerarmes überprüfen.

## Scheibenwaschbehälter/-pumpe aus- und einbauen

### CORSA

**Ausbau**

- Windlaufgrill ausbauen, siehe Seite 274.
- Gummidichtung vor dem Scheibenwaschbehälter von der Stirnwandabdeckung abziehen.
- Scheibenwaschbehälter etwas nach hinten aus der Halterung drücken und gleichzeitig nach oben herausziehen.
- Kabelhalterung aus dem Scheibenwaschbehälter herausziehen.

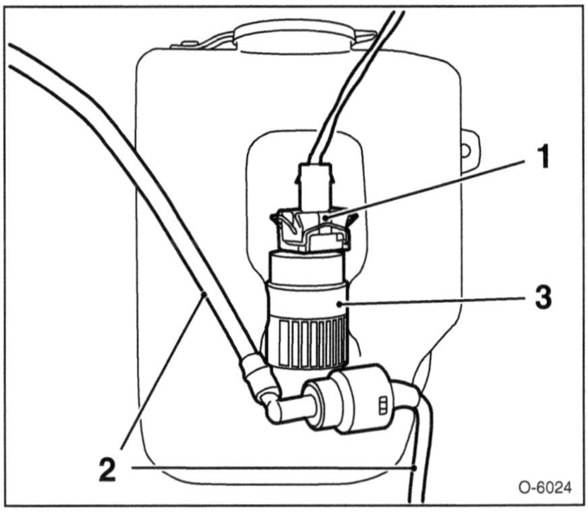


- Stecker –1– und Schläuche –2– von der Scheibenwaschpumpe –3– abziehen. Dabei auslaufende Scheibenwaschflüssigkeit auffangen.
- Scheibenwaschpumpe etwas zur Seite ziehen und aus dem Scheibenwaschbehälter herausziehen.

**Einbau**

- Der Einbau erfolgt in umgekehrter Ausbaureihenfolge.

---

### MERIVA

**Ausbau**

- Windlaufgrill ausbauen, siehe Seite 274.
- Stirnwandabdeckung ausbauen, siehe Kapitel »Wischermotor an der Frontscheibe aus- und einbauen«.
- Mutter abschrauben und Scheibenwaschbehälter herausziehen.
- Scheibenwaschpumpe etwas zur Seite ziehen und aus dem Scheibenwaschbehälter herausziehen.
- Stecker von der Pumpe abziehen, Pumpe aus der Gummitülle herausziehen, Schläuche von der Pumpe abziehen. Auslaufende Scheibenwaschflüssigkeit auffangen.

**Einbau**

- Der Einbau erfolgt in umgekehrter Ausbaureihenfolge.

## Störungsdiagnose Scheibenwischergummi

| Wischbild | Ursache | Abhilfe |
|---|---|---|
| Schlieren. | Wischergummi verschmutzt. | ■ Wischergummi mit harter Nylonbürste und einer Waschmittellösung oder Spiritus reinigen. |
| | Ausgefranste Wischlippe, Gummi ausgerissen oder abgenutzt. | ■ Wischergummi erneuern. |
| | Wischergummi gealtert, rissige Oberfläche. | ■ Wischergummi erneuern. |
| Im Wischfeld verbleibende Wasserreste ziehen sich sofort zu Perlen zusammen. | Frontscheibe durch Lackpolitur oder Öl verschmutzt. | ■ Frontscheibe mit sauberem Putzlappen und einem Fett-Öl-Silikonentferner reinigen. |
| Wischerblatt wischt einseitig gut, einseitig schlecht, rattert. | Wischergummi einseitig verformt, »kippt nicht mehr«. | ■ Neues Wischergummi einbauen. |
| | Wischerarm verdreht, Blatt steht schief auf der Scheibe. | ■ Wischerarm vorsichtig verdrehen, bis richtige Stellung erreicht ist, siehe »Anstellwinkel der Scheibenwischerblätter einstellen«. |
| Nicht gewischte Flächen. | Wischergummi aus den Klammern herausgerissen. | ■ Wischergummi korrekt in die Klammern einsetzen. |
| | Wischerblatt liegt nicht mehr gleichmäßig an der Scheibe an, da Federschienen oder Bleche verbogen. | ■ Wischerblatt ersetzen. Dieser Fehler tritt vor allem bei unsachgemäßem Montieren eines Ersatzblattes auf. |
| | Anpressdruck durch Wischerarm zu gering. | ■ Wischerarmgelenke und Feder leicht einölen oder neuen Wischerarm einbauen. |

# Beleuchtungsanlage

## Lampentabelle

| 12-V-Glühlampe für | Typ | Leistung |
|---|---|---|
| Abblendlicht | H7 | 55 W |
| Xenon-Abblendlicht | D1S | 35 W |
| Fernlicht [1)2)] | H7 | 55 W |
| Fernlicht [3)] | H1 | 55 W |
| Nebelleuchten | H3 | 55 W |
| Standlicht | W | 5 W |
| Vordere Blinkleuchten | PY | 21 W |
| Seitliche Blinkleuchten | W | 5 W |
| Hintere Blinkleuchten | PY | 21 W |
| Brems-/Schlussleuchten [1)] | P | 21/5 W |
| Bremsleuchten [4)] | P | 21 W |
| Schlussleuchten [4)] | R | 5 W |
| Rückfahrleuchten | P | 21 W |
| Nebelschlussleuchten | P | 21 W |
| Kennzeichenleuchten | W | 5 W |
| Leseleuchten | W | 5 W |
| Deckenleuchte | C | 5 W |
| Kofferraumleuchte | C | 10 W |

H3/H7: Halogenlampe; P: Kugel-Glaskolben/Bajonett-Sockel; R: Zylinder-Glaskolben/Bajonett-Sockel; W: Glassockel; C: Soffitte; Y: Leuchtenfarbe orange; Xenonlampe: D1S.

¹) CORSA; ²) MERIVA mit Xenon-Abblendlicht; ³) MERIVA mit Halogen-Abblendlicht; ⁴) MERIVA.

**Hinweis:** Glühlampen grundsätzlich nur durch solche gleicher Ausführung ersetzen. Vor einem Lampenwechsel sicherstellen, dass der betreffende Schalter ausgeschaltet ist.

**Achtung:** Den Glaskolben einer leistungsstarken Glühlampe nicht mit bloßen Fingern berühren. Am besten ein sauberes Stofftuch dazwischen legen oder Baumwollhandschuhe anziehen. Der durch die Berührung verursachte Fingerabdruck verdampft aufgrund der Hitzeentwicklung. Rückstände setzen sich auf dem Reflektor ab und lassen den Scheinwerfer matt werden. Dies gilt insbesondere für die Haupt- und Nebelscheinwerfer. Versehentlich entstandene Berührungsflecken auf dem Glaskolben mit einem sauberen, nicht fasernden Tuch und etwas Spiritus abwischen.

**Achtung:** Die mit einem Schutzlack beschichteten Kunststoffscheiben der Hauptscheinwerfer dürfen auf keinen Fall mit einem trockenen oder gar scheuernden Lappen gesäubert werden. Es dürfen auch keine Reinigungs- oder Lösungsmittel benutzt werden. Die Scheiben nur mit einem weichen, feuchten Tuch reinigen.

## Glühlampen am Scheinwerfer auswechseln

**CORSA**

Je nach Modell und Ausstattung kommen unterschiedliche Scheinwerfer- und Glühlampentypen zum Einsatz: Herkömmliche Halogenlampen, Halogenlampen in 3D-Ellipsoid-Scheinwerfern und Xenonlampen.

**Achtung:** Halogenlampen stehen unter Druck und können platzen. Deshalb beim Lampenwechsel Schutzbrille und Handschuhe tragen.

**Hinweis:** Je nach Fahrzeugmodell sind die Versorgungsöffnungen am Scheinwerfer nur schwer oder gar nicht zugänglich. In diesem Fall muss der Scheinwerfer ausgebaut werden, siehe entsprechendes Kapitel.

- Zündung und Schalter des Scheinwerfers ausschalten.
- Motorhaube öffnen.
- Batterie-Massekabel (–) abklemmen. **Achtung:** Hinweise im Kapitel »Batterie aus- und einbauen« beachten.
- Nach dem Einbau neue Glühlampe auf Funktion überprüfen. Gegebenenfalls Scheinwerfer-Einstellung von einer Werkstatt kontrollieren und, wenn nötig, einstellen lassen.

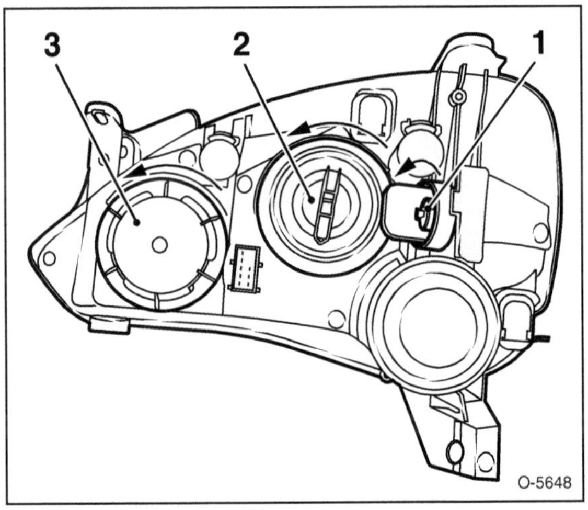


1 – Lampenfassung Blinklicht mit Griffstück
2 – Lampenfassung Abblendlicht
3 – Abdeckkappe Fernlicht/Standlicht

### Abblendlicht/Halogen

**Ausbau**

- **Linker Scheinwerfer:** Deckel des Sicherungskastens abnehmen siehe Seite 62.
- **Rechter Scheinwerfer:** Luftschlauch am Luftfilter abziehen. Falls eingebaut, Einfüllstutzen für Vorratsbehälter Scheinwerferwaschanlage nach oben abnehmen.

- Lampenfassung –2– an der Rückseite des Scheinwerfers gegen den Uhrzeigersinn drehen –Pfeil– und entriegeln, siehe Abbildung O-5648.
- Lampenfassung mit Lampe aus dem Reflektor herausziehen und Glühlampe aus der Fassung herausziehen.

### Einbau

- Neue Glühlampe in die Fassung einsetzen.
- Lampenfassung mit Lampe so in den Reflektor einsetzen, dass die Rastnasen in die entsprechenden Aussparungen passen.
- Lampenfassung im Uhrzeigersinn drehen und verriegeln.
- Der weitere Einbau erfolgt in umgekehrter Ausbaureihenfolge.

## Fernlicht

### Befestigung mit Drahtbügel

### Ausbau

- **Linker Scheinwerfer:** Deckel des Sicherungskastens abnehmen siehe Seite 62.
- **Rechter Scheinwerfer:** Luftschlauch am Luftfilter abziehen.
- Abdeckkappe –3– an der Rückseite des Scheinwerfers gegen den Uhrzeigersinn drehen –Pfeil– und abnehmen, siehe Abbildung O-5648.

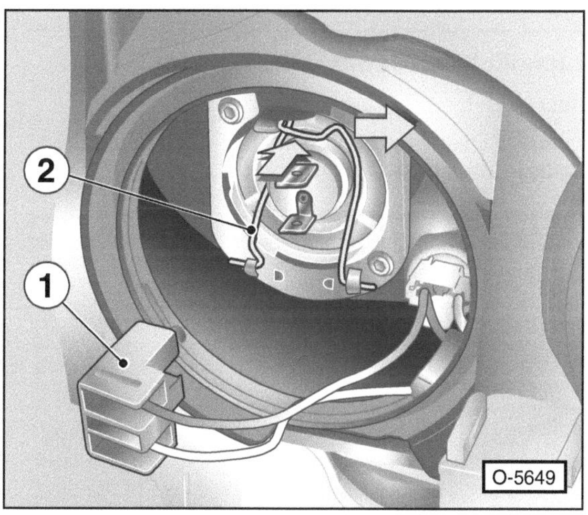

O-5649

- Stecker –1– von der Glühlampe abziehen, Drahtbügel –2– zum Entriegeln nach vorne und dann zur Seite drücken –Pfeile– und hochklappen.
- Glühlampe aus dem Reflektor herausnehmen.

### Einbau

- Neue Glühlampe so in den Reflektor einsetzen, dass die Rastnasen in die entsprechenden Aussparungen passen.
- Drahtbügel zurückklappen und einhängen.
- Der weitere Einbau erfolgt in umgekehrter Ausbaureihenfolge, dabei Abdeckkappe an der Rückseite des Scheinwerfers im Uhrzeigersinn drehen und verriegeln.

## Fernlicht

### Befestigung ohne Drahtbügel

### Ausbau

- **Linker Scheinwerfer:** Deckel des Sicherungskastens abnehmen siehe Seite 62.
- **Rechter Scheinwerfer:** Luftschlauch am Luftfilter abziehen.
- Abdeckkappe –3– an der Rückseite des Scheinwerfers gegen den Uhrzeigersinn drehen –Pfeil– und abnehmen, siehe Abbildung O-5648.

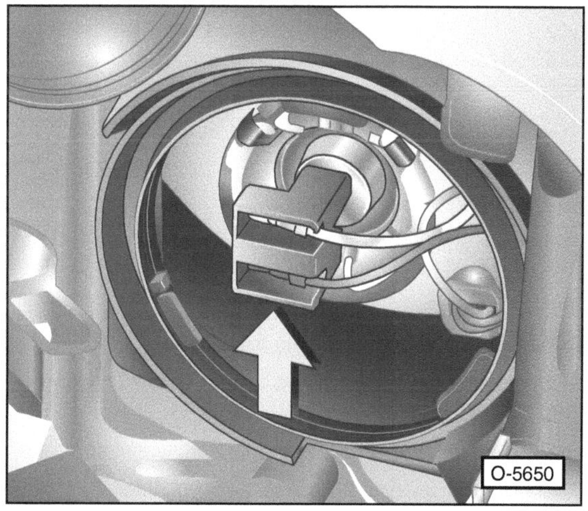
O-5650

- Glühlampe zum Entriegeln am Stecker nach oben drücken –Pfeil– und aus dem Reflektor herausziehen.
- Stecker von der Glühlampe abziehen.

### Einbau

- Stecker auf die Glühlampe aufschieben.
- Neue Glühlampe so in den Reflektor einsetzen, dass die Rastnase in die entsprechende Aussparung greift.
- Der weitere Einbau erfolgt in umgekehrter Ausbaureihenfolge, dabei Abdeckkappe an der Rückseite des Scheinwerfers im Uhrzeigersinn drehen und verriegeln.

## Standlicht

### Ausbau

- **Linker Scheinwerfer:** Deckel des Sicherungskastens abnehmen siehe Seite 62.
- **Rechter Scheinwerfer:** Luftschlauch am Luftfilter abziehen.
- Abdeckkappe –3– an der Rückseite des Scheinwerfers gegen den Uhrzeigersinn drehen –Pfeil– und abnehmen, siehe Abbildung O-5648.

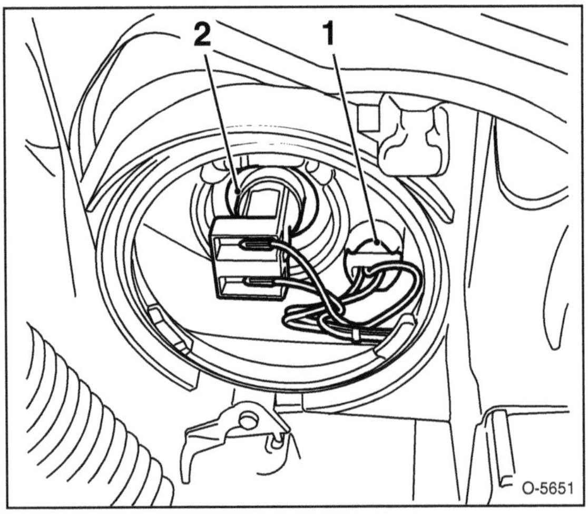


- Stecker von der Glühlampe für Fernlicht –2– abziehen.
- Lampenfassung –1– mit Glühlampe für Standlicht aus dem Reflektor herausziehen.
- Glühlampe aus der Fassung herausziehen.

**Einbau**

- Neue Glühlampe in die Fassung einsetzen.
- Lampenfassung mit Glühlampe in den Reflektor einsetzen.
- Stecker auf die Glühlampe für Fernlicht aufschieben.
- Abdeckkappe an der Rückseite des Scheinwerfers im Uhrzeigersinn drehen und verriegeln.
- Der weitere Einbau erfolgt in umgekehrter Ausbaureihenfolge.

## Blinklicht

**Ausbau**

- **Linker Scheinwerfer:** Deckel des Sicherungskastens abnehmen siehe Seite 62.
- **Linker Scheinwerfer:** Gegebenenfalls Relaiskasten vor dem Sicherungskasten nach oben aus den Führungen herausziehen.
- **Rechter Scheinwerfer:** Luftschlauch am Luftfilter abziehen. Falls eingebaut, Einfüllstutzen für Vorratsbehälter Scheinwerferwaschanlage nach oben abnehmen.
- Lampenfassung –1– an der Rückseite des Scheinwerfers gegen den Uhrzeigersinn drehen –Pfeil– und entriegeln, siehe Abbildung O-5648.

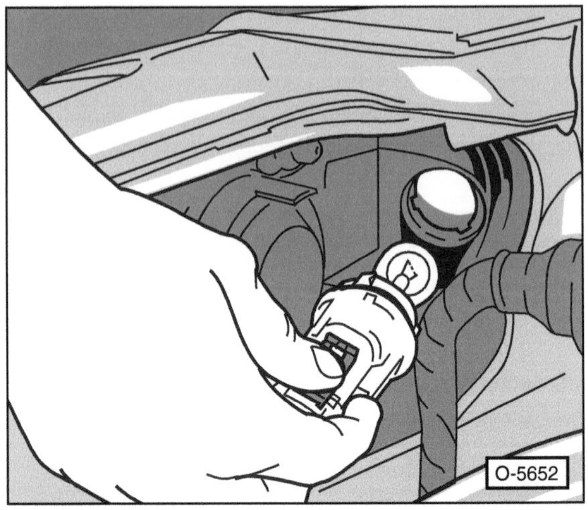


- Lampenfassung mit Lampe aus dem Reflektor herausziehen.
- Glühlampe eindrücken, gegen den Uhrzeigersinn drehen und aus der Fassung herausziehen.

**Einbau**

- Neue Glühlampe in die Fassung einsetzen und einrasten.
- Fassung mit Glühlampe in den Reflektor einsetzen und im Uhrzeigersinn drehen, bis die Fassung einrastet.
- Der weitere Einbau erfolgt in umgekehrter Ausbaureihenfolge.

## Abblendlicht/Ellipsoid-Scheinwerfer

**Ausbau**

- **Linker Scheinwerfer:** Deckel des Sicherungskastens abnehmen siehe Seite 62.
- **Rechter Scheinwerfer:** Luftschlauch am Luftfilter abziehen. Falls eingebaut, Einfüllstutzen für Vorratsbehälter Scheinwerferwaschanlage nach oben abnehmen.

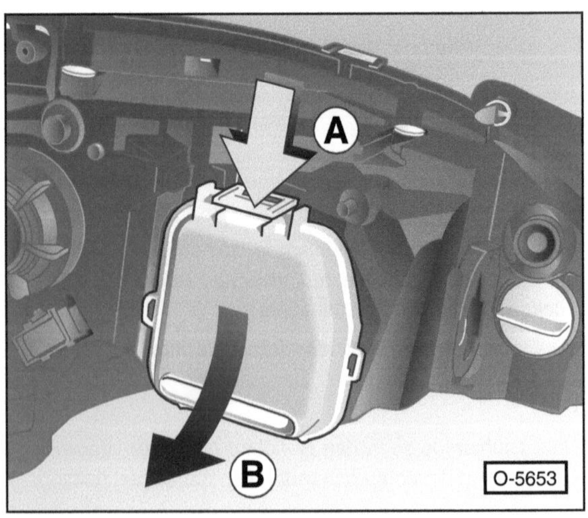


- Lasche herunterdrücken –Pfeil A– und Abdeckung an der Rückseite des Scheinwerfers nach unten abnehmen –Pfeil B–.

- Stecker von der Glühlampe abziehen, Drahtbügel zum Entriegeln nach vorne und dann nach innen drücken und hochklappen.
- Glühlampe aus dem Reflektor herausnehmen.

**Einbau**

- Neue Glühlampe so in den Reflektor einsetzen, dass die Rastnasen in die entsprechenden Aussparungen passen.
- Drahtbügel zurückklappen und einhängen.
- Der weitere Einbau erfolgt in umgekehrter Ausbaureihenfolge.

## Abblendlicht/Xenonlampe

**Ausbau**

**Sicherheitshinweis/Xenon-Scheinwerfer:**
Vorsicht beim Lampenwechsel an Xenon-Scheinwerfern. Verletzungsgefahr durch Hochspannung! Auf jeden Fall Scheinwerfer ausschalten und Batterie abklemmen. Anschließend Scheinwerferschalter kurz ein- und wieder ausschalten, um Restspannungen abzubauen. Sicherheitshalber Schuhe mit Gummisohlen tragen.

- Scheinwerfer ausbauen, siehe entsprechendes Kapitel.

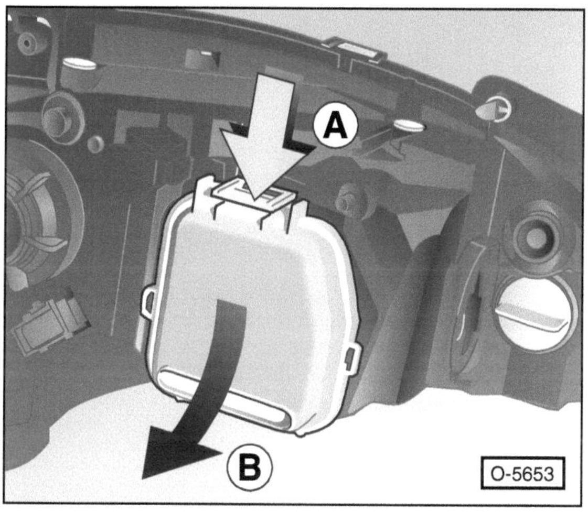


- Lasche herunterdrücken –Pfeil A– und Abdeckung an der Rückseite des Scheinwerfers nach unten abnehmen –Pfeil B–. **Hinweis:** Beim MERIVA ist die Abdeckung mit 3 Schrauben befestigt.

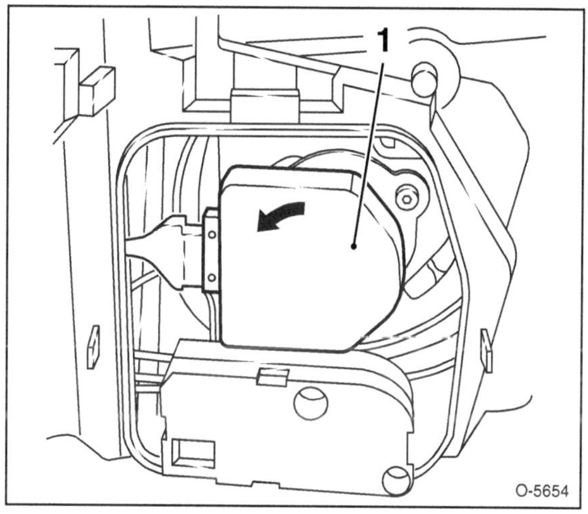


- Zündgerät –1– gegen den Uhrzeigersinn drehen –Pfeil– und von der Lampe abziehen.

**Achtung: Die Scheinwerfer dürfen bei abgezogenem Zündgerät nicht eingeschaltet werden.**

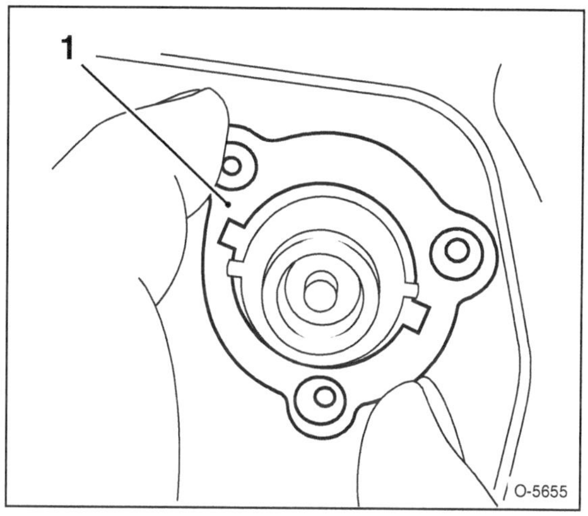


- 3 Schrauben herausdrehen und Haltering –1– abnehmen. **Achtung:** Die Glühlampe festhalten, da sie sonst aus dem Reflektor herausfallen kann.
- Glühlampe aus dem Reflektor herausnehmen.

**Einbau**

- Neue Glühlampe in den Reflektor einsetzen, Haltering einsetzen und festschrauben. **Hinweis:** Bei Glühlampe und Haltering auf die Codierung achten.
- Zündgerät auf die Lampe stecken, im Uhrzeigersinn drehen und verriegeln.
- Abdeckung an der Rückseite des Scheinwerfers einsetzen und einrasten.
- Scheinwerfer einbauen, siehe entsprechendes Kapitel.

# Glühlampen am Scheinwerfer auswechseln

**MERIVA**

**Hinweis:** Der Aus- und Einbau der Glühlampen am Halogen-Scheinwerfer erfolgt in ähnlicher Weise wie beim CORSA.

**Achtung:** Halogenlampen stehen unter Druck und können platzen. Deshalb beim Lampenwechsel Schutzbrille und Handschuhe tragen.

- Zündung und Schalter des Scheinwerfers ausschalten.
- Motorhaube öffnen.
- Batterie-Massekabel (–) abklemmen. **Achtung:** Hinweise im Kapitel »Batterie aus- und einbauen« beachten.
- Nach dem Einbau neue Glühlampe auf Funktion überprüfen. Gegebenenfalls Scheinwerfer-Einstellung von einer Werkstatt kontrollieren und, wenn nötig, einstellen lassen.

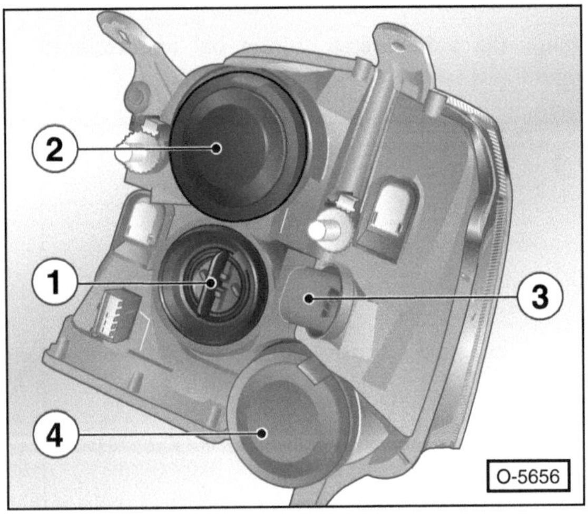


1 – Lampenfassung Abblendlicht
2 – Abdeckkappe Fernlicht/Standlicht
3 – Lampenfassung Blinklicht mit Griffstück
4 – Stellmotor für Leuchtweitenregelung

**Hinweis:** In der Abbildung ist die Scheinwerfer-Ausführung bis 9/2004 dargestellt.

## Abblendlicht/Halogen bis 9/04

### Ausbau

- Lampenfassung –1– an der Rückseite des Scheinwerfers gegen den Uhrzeigersinn drehen und entriegeln, siehe Abbildung O-5656.
- Lampenfassung mit Lampe aus dem Reflektor herausziehen und Glühlampe aus der Fassung herausziehen.

### Einbau

- Neue Glühlampe in die Fassung einsetzen.
- Lampenfassung mit Lampe so in den Reflektor einsetzen, dass die Rastnasen in die entsprechenden Aussparungen passen.
- Lampenfassung im Uhrzeigersinn drehen und verriegeln.

## Fernlicht bis 9/04

### Ausbau

- Obere Lasche der Abdeckkappe –2– an der Rückseite des Scheinwerfers nach unten ziehen und Abdeckkappe abnehmen, siehe Abbildung O-5656.
- Stecker von der Glühlampe abziehen, Drahtbügel entriegeln und hochklappen.
- Glühlampe aus dem Reflektor herausnehmen.

### Einbau

- Neue Glühlampe so in den Reflektor einsetzen, dass die Rastnasen in die entsprechenden Aussparungen passen.
- Drahtbügel zurückklappen und einhängen.
- Abdeckkappe an der Rückseite des Scheinwerfers aufdrücken.

## Abblendlicht/Halogen ab 10/04

### Ausbau

- Linker Scheinwerfer: Relaiskasten abziehen.
- Linker Scheinwerfer: Luftschlauch am Luftfilter abziehen.

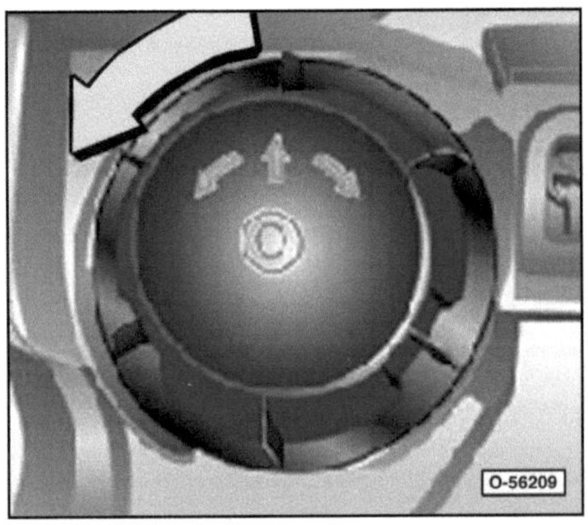


- Untere Abdeckkappe gegen den Uhrzeigersinn drehen –Pfeil– und abnehmen.

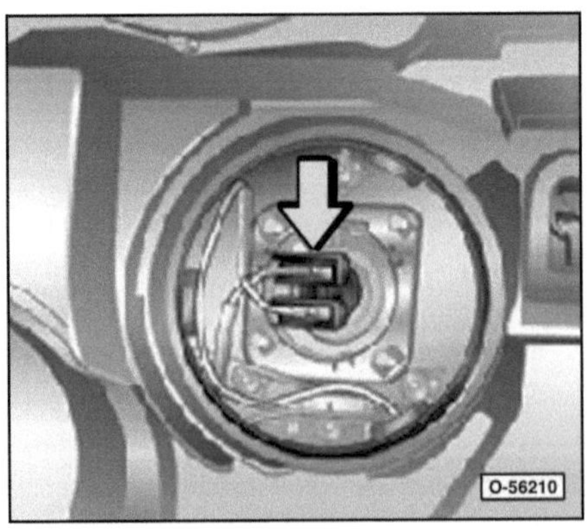


- Glühlampe am Stecker nach unten drücken –Pfeil– und dadurch entriegeln.
- Glühlampe mit Stecker aus Reflektorgehäuse herausnehmen.

- Stecker vom Lampensockel abziehen.

**Einbau**

- Stecker auf die neue Glühlampe stecken.
- Glühlampe mit Stecker so einsetzen, dass die Fixiernase in die Aussparung am Reflektor eingreift und die Lampe im Reflektor einrastet.
- Abdeckkappe ansetzen und bis zum Anschlag im Uhrzeigersinn drehen.
- Linker Scheinwerfer: Relaiskasten einsetzen.
- Linker Scheinwerfer: Luftschlauch am Luftfilter aufschieben und sichern.

## Fernlicht/Halogen ab 10/04

**Ausbau**

- Linker Scheinwerfer: Relaiskasten abziehen.
- Linker Scheinwerfer: Luftschlauch am Luftfilter abziehen.

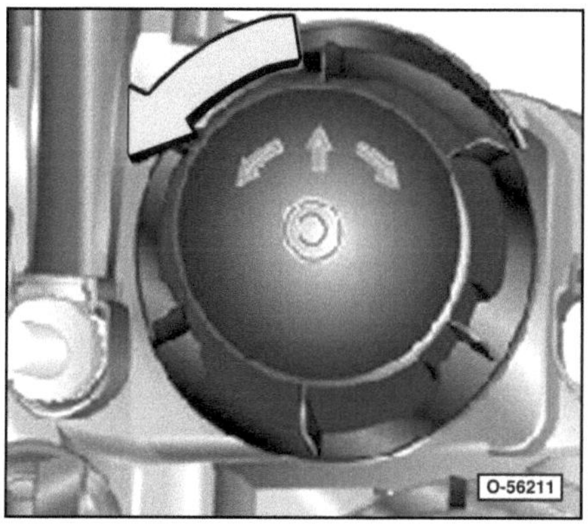


- Obere Abdeckkappe gegen den Uhrzeigersinn drehen –Pfeil– und abnehmen.

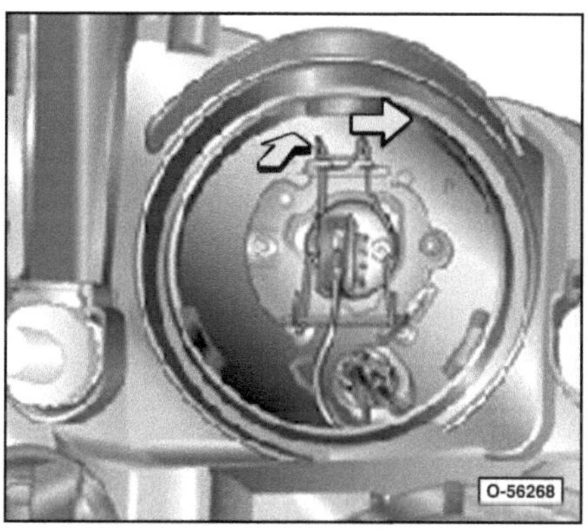


- Stecker von der Glühlampe abziehen.
- Drahtbügel oben aus der Haltenase ausrasten, zur Seite schwenken und nach unten klappen.
- Glühlampe aus dem Reflektor herausnehmen.

**Einbau**

- Neue Glühlampe so in den Reflektor einsetzen, dass die Fixiernasen in die Aussparungen am Reflektor eingreifen.
- Drahtbügel hochklappen und in die Haltenasen einrasten.
- Stecker auf die Glühlampe stecken.
- Abdeckkappe ansetzen und bis zum Anschlag im Uhrzeigersinn drehen.
- Linker Scheinwerfer: Relaiskasten einsetzen.
- Linker Scheinwerfer: Luftschlauch am Luftfilter aufschieben und sichern.

## Standlicht

**Ausbau**

- Obere Abdeckkappe für Fernlicht an der Rückseite des Scheinwerfers abnehmen.

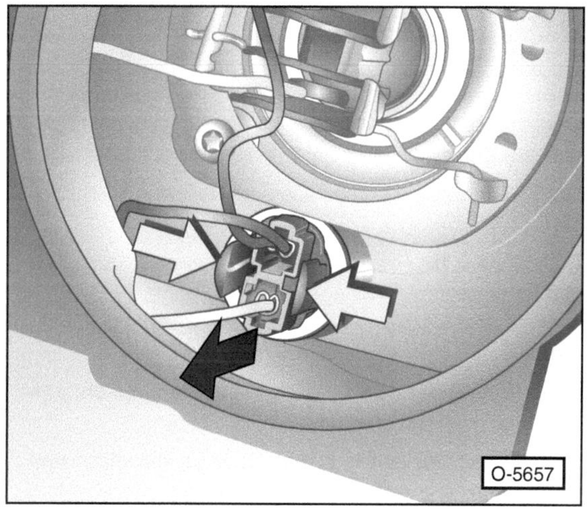


- Lampenfassung für Standlicht an den seitlichen Laschen zusammendrücken –Pfeile– und Fassung aus dem Reflektor herausziehen.
- Glühlampe aus der Fassung herausziehen.

**Einbau**

- Neue Glühlampe in die Fassung einsetzen.
- Lampenfassung in den Reflektor einsetzen.
- Abdeckkappe an der Rückseite des Scheinwerfers aufdrücken.

## Blinklicht bis 9/04

**Ausbau**

- Lampenfassung –3– an der Rückseite des Scheinwerfers gegen den Uhrzeigersinn drehen und entriegeln, siehe Abbildung O-5656.
- Lampenfassung mit Lampe aus dem Reflektor herausziehen.
- Glühlampe eindrücken, gegen den Uhrzeigersinn drehen und aus der Fassung herausziehen.

**Einbau**

- Neue Glühlampe in die Fassung einsetzen und einrasten.
- Fassung mit Glühlampe in den Reflektor einsetzen und im Uhrzeigersinn drehen, bis die Fassung einrastet.

## Blinklicht ab 10/04

**Ausbau**

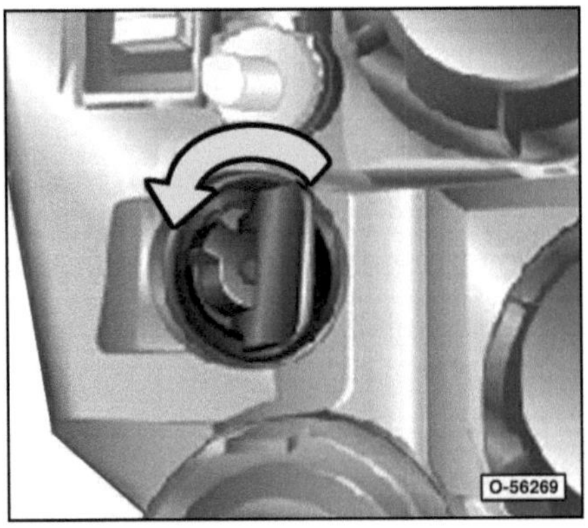


- Lampenfassung an der Rückseite des Scheinwerfers gegen den Uhrzeigersinn drehen –Pfeil– und entriegeln.
- Lampenfassung mit Lampe aus dem Reflektor herausziehen.
- Glühlampe in die Fassung eindrücken, nach links drehen und herausziehen.

**Einbau**

- Neue Glühlampe in die Fassung eindrücken und bis zum Anschlag nach rechts drehen.
- Fassung mit Glühlampe in den Reflektor einsetzen und im Uhrzeigersinn drehen, bis die Fassung einrastet.

# Seitliche Blinkleuchte aus- und einbauen

**Ausbau**

- Zündung und Schalter der Leuchte ausschalten.
- Batterie-Massekabel (–) abklemmen. **Achtung:** Hinweise im Kapitel »Batterie aus- und einbauen« beachten.

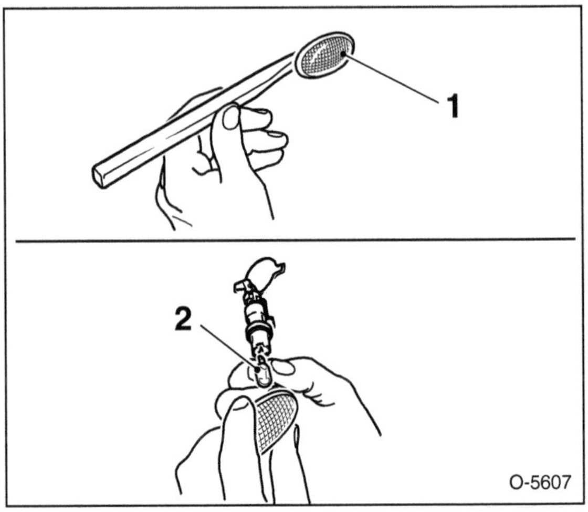


- Blinkleuchte –1– mit den Fingern oder mit einem Kunststoffkeil, zum Beispiel HAZET 1965-20, nach hinten drücken – in Fahrtrichtung gesehen – und herausnehmen.
- Lampenfassung um 90° gegen den Uhrzeigersinn drehen und aus der Leuchte herausziehen.
- Glühlampe –2– aus der Fassung herausziehen.

**Einbau**

- Neue Glühlampe in die Fassung einstecken.
- Fassung in die Leuchte einsetzen und durch Drehen im Uhrzeigersinn arretieren.
- Blinkleuchte zuerst vorn in die Öffnung am Kotflügel einsetzen, dann hinten andrücken, bis die Kunststofffeder einrastet.
- Neue Glühlampe auf Funktion prüfen.

## Scheinwerfer aus- und einbauen

### Ausbau

- Motorhaube öffnen.
- Batterie-Massekabel (–) abklemmen. **Achtung:** Hinweise im Kapitel »Batterie aus- und einbauen« beachten.
- **CORSA:** Stoßfängerabdeckung vorn ausbauen, siehe Seite 275.
- Stecker an der Rückseite des Scheinwerfers abziehen.

**CORSA**

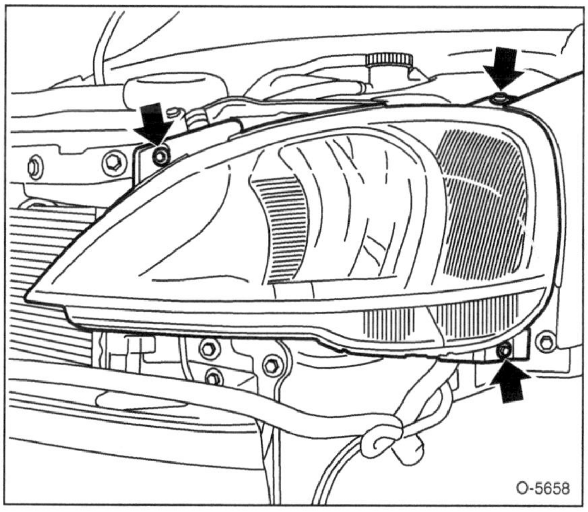


**MERIVA**

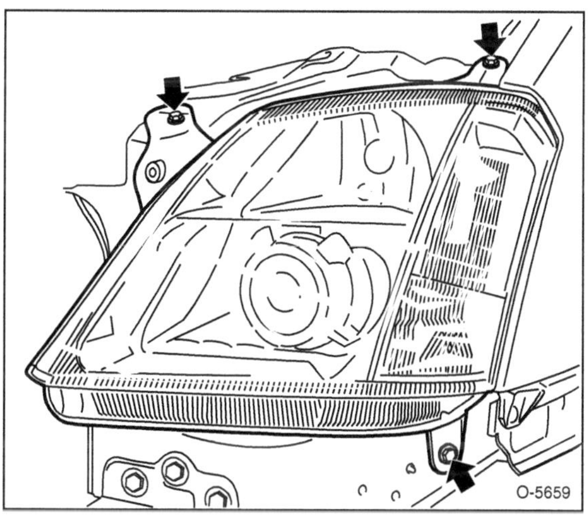


- 3 Schrauben –Pfeile– herausdrehen und Scheinwerfer nach vorne herausziehen.

### Einbau

- Der Einbau erfolgt in umgekehrter Ausbaureihenfolge.
- Scheinwerfer-Einstellung so bald wie möglich von einer Werkstatt kontrollieren und gegebenenfalls einstellen lassen. **Achtung:** Für die Verkehrssicherheit ist die exakte Einstellung der Scheinwerfer von großer Bedeutung.

## Nebelscheinwerfer aus- und einbauen

**CORSA**

**Hinweis:** Hier wird der Aus- und Einbau beim CORSA beschrieben. Die Arbeitsschritte erfolgen beim MERIVA im Prinzip in gleicher Weise. Das Fahrzeug muss hier jedoch vorne aufgebockt werden.

### Ausbau

- Zündung und Schalter der Leuchte ausschalten.
- Batterie-Massekabel (–) abklemmen. **Achtung:** Hinweise im Kapitel »Batterie aus- und einbauen« beachten.
- Stecker am Nebelscheinwerfer entriegeln und abziehen.

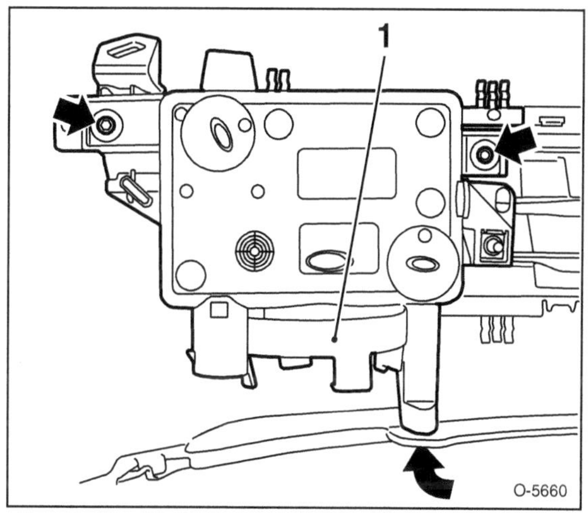


- 3 Schrauben –Pfeile– an der Rückseite der Stoßfängerabdeckung herausdrehen und Nebelscheinwerfer abnehmen. 1 – Abdeckkappe für Nebelscheinwerfer.

**Hinweis:** Beim MERIVA sind 2 Schrauben von unten zugänglich.

### Einbau

- Der Einbau erfolgt in umgekehrter Ausbaureihenfolge.

**Glühlampe wechseln**

- Gegebenenfalls Fahrzeug vorn aufbocken.

> **Sicherheitshinweis**
> Beim Aufbocken des Fahrzeugs besteht Unfallgefahr! Hinweise im Kapitel »Fahrzeug aufbocken« beachten.

- Abdeckkappe –1– an der Rückseite des Nebelscheinwerfers gegen den Uhrzeigersinn drehen –Pfeil– und nach unten abnehmen.

- Drahtbügel –2– an den Rastnasen aushängen und nach unten klappen.
- Glühlampe herausnehmen und Stecker –3– abziehen.
- Neue Glühlampe so in die Fassung einsetzen, dass die Nasen in die entsprechenden Aussparungen am Lampensockel eingreifen.
- Lampensockel mit dem Finger in Einbaulage halten und gleichzeitig mit der anderen Hand die Ösen des Drahtbügels einhaken.
- Stecker aufdrücken.
- Abdeckkappe einsetzen und im Uhrzeigersinn festdrehen, dabei kräftig gegen den ersten Widerstand drehen.
- Neue Glühlampe auf Funktion prüfen.

# Heckleuchte aus- und einbauen

## CORSA Limousine

**Ausbau**

- Zündung und Schalter der Leuchte ausschalten.
- Batterie-Massekabel (–) abklemmen. **Achtung:** Hinweise im Kapitel »Batterie aus- und einbauen« beachten.

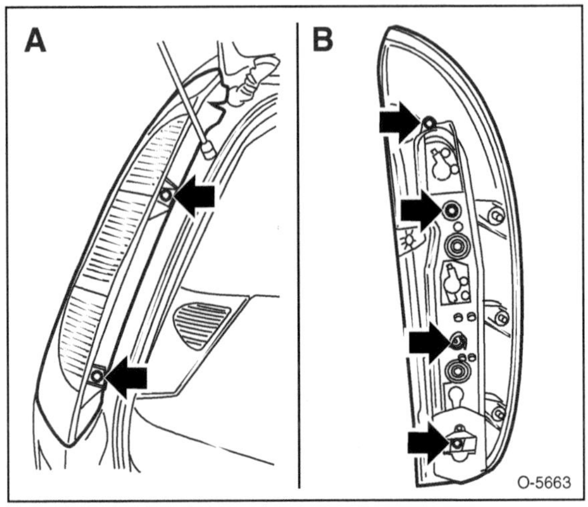


- Heckklappe öffnen und 2 Schrauben –Pfeile A– herausdrehen. Pfeile B – Schrauben für den Lampenträger.

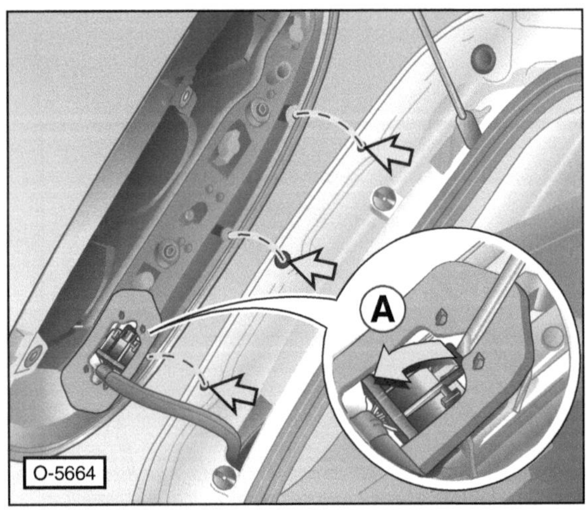


- Heckleuchte nach hinten abnehmen, dabei Führungsnasen aus den Aufnahmen –Pfeile– herausziehen.
- Stecker an der Rückseite der Heckleuchte mit einem Schraubendreher heraushebeln –Pfeil A– und abziehen.

**Einbau**

- Der Einbau erfolgt in umgekehrter Ausbaureihenfolge, dabei müssen die Führungsnasen der Heckleuchte in die Aufnahmen eingreifen.

**Glühlampe wechseln**

- Heckleuchte ausbauen.
- 4 Schrauben –Pfeile B– aus dem Lampenträger herausdrehen und Lampenträger aus der Heckleuchte herausnehmen, siehe Abbildung O-5663.
- Glühlampe eindrücken, gegen den Uhrzeigersinn drehen und aus der Fassung herausziehen.
- Neue Glühlampe einsetzen und einrasten.
- Lampenträger in die Heckleuchte einsetzen und festschrauben.
- Heckleuchte einbauen.
- Neue Glühlampe auf Funktion prüfen.

## CORSA COMBO

**Ausbau**

- Zündung und Schalter der Leuchte ausschalten.
- Batterie-Massekabel (–) abklemmen. **Achtung:** Hinweise im Kapitel »Batterie aus- und einbauen« beachten.
- Heckklappe öffnen und Serviceklappe in der Laderaumverkleidung öffnen.

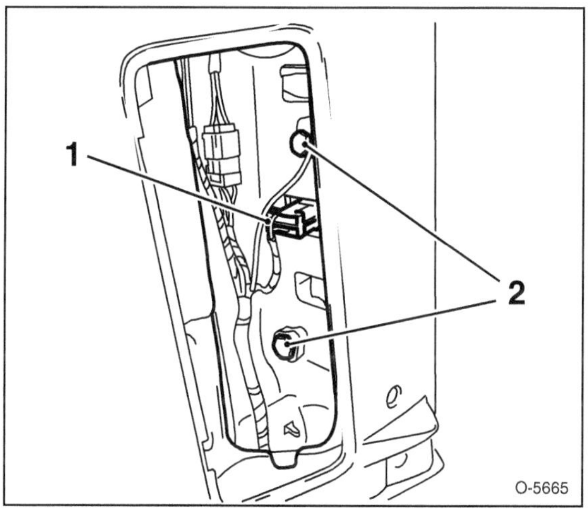


- Stecker –1– an der Rückseite der Heckleuchte entriegeln und abziehen.
- 2 Muttern –2– abschrauben und Heckleuchte nach hinten abnehmen.

**Einbau**

- Der Einbau erfolgt in umgekehrter Ausbaureihenfolge.

**Glühlampe wechseln**

- Heckleuchte ausbauen.

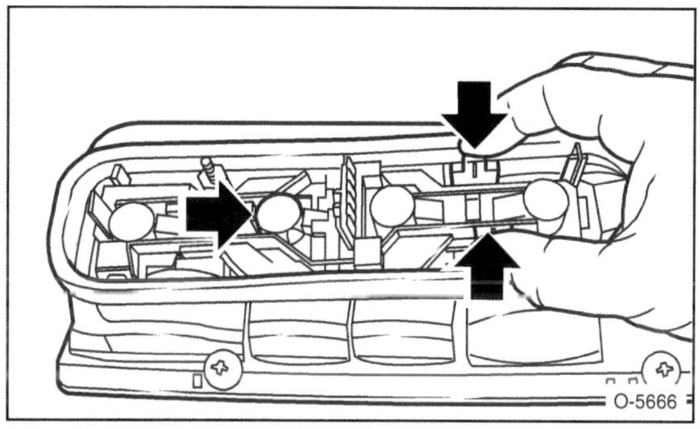


- Sperrzungen –Pfeile– zusammendrücken und Lampenträger nach oben aus der Heckleuchte herausnehmen.
- Glühlampe eindrücken, gegen den Uhrzeigersinn drehen und aus der Fassung herausziehen.
- Neue Glühlampe einsetzen und einrasten.
- Lampenträger in die Heckleuchte einsetzen und einrasten.
- Heckleuchte einbauen.
- Neue Glühlampe auf Funktion prüfen.

## MERIVA

**Ausbau**

- Zündung und Schalter der Leuchte ausschalten.
- Batterie-Massekabel (–) abklemmen. **Achtung:** Hinweise im Kapitel »Batterie aus- und einbauen« beachten.

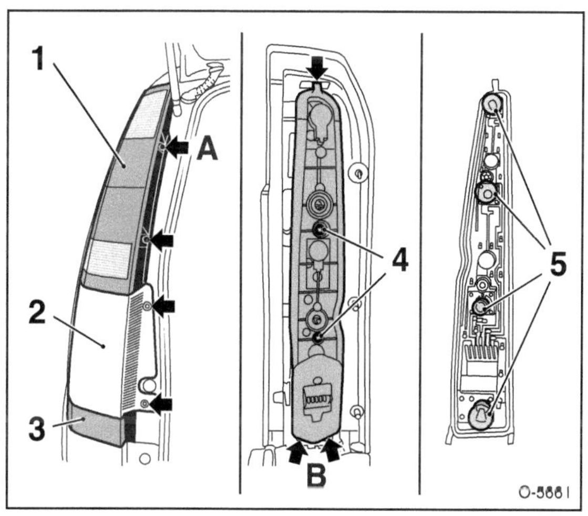


- Heckklappe öffnen und 4 Schrauben –Pfeile A– herausdrehen.
- Obere Heckleuchte –1– mit Blende –2– nach hinten abnehmen, dabei Führungsnasen aus den Aufnahmen herausziehen. 3 – Nebelschlussleuchte.
- Stecker an der Rückseite der Heckleuchte entriegeln und abziehen.

### Einbau

- Der Einbau erfolgt in umgekehrter Ausbaureihenfolge, dabei müssen die Führungsnasen der Heckleuchte in die Aufnahmen eingreifen.

### Glühlampe wechseln

- Heckleuchte ausbauen.
- 2 Schrauben –4– aus dem Lampenträger herausdrehen, siehe Abbildung O-5661.
- Lampenträgerleiste gegen die Heckleuchte drücken, dabei Sperrzungen –Pfeile B– oben und unten auseinander drücken und Lampenträgerleiste entriegeln, siehe Abbildung O-5661.
- Lampenträgerleiste aus der Heckleuchte herausnehmen.
- Glühlampe –5– eindrücken, gegen den Uhrzeigersinn drehen, aus der Fassung herausziehen und ersetzen, siehe Abbildung O-5661.

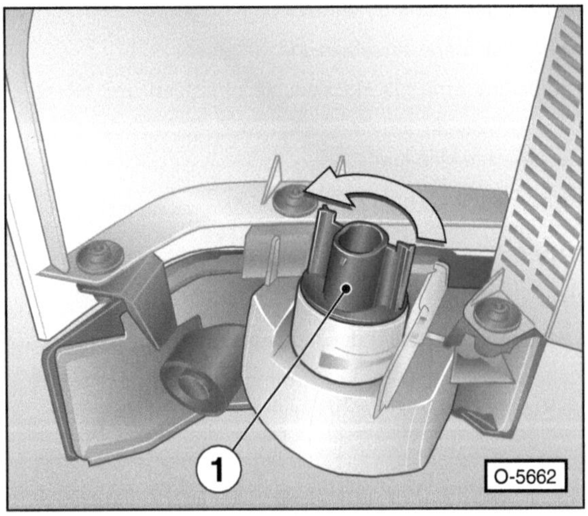

O-5662

- An der Rückseite der Heckleuchte Lampenfassung –1– für Nebelschlussleuchte gegen den Uhrzeigersinn drehen –Pfeil–, entriegeln und herausziehen.
- Glühlampe für Nebelschlussleuchte eindrücken, gegen den Uhrzeigersinn drehen, aus der Fassung herausziehen und ersetzen.
- Fassung mit Glühlampe in die Nebelschlussleuchte einsetzen und im Uhrzeigersinn drehen, bis die Fassung einrastet.
- Lampenträgerleiste oben in die Heckleuchte einsetzen und einrasten. 2 Schrauben eindrehen.
- Heckleuchte einbauen.
- Neue Glühlampe auf Funktion prüfen.

# Nebelschlussleuchte aus- und einbauen

## CORSA bis 8/03

### Ausbau

- Zündung und Schalter der Leuchte ausschalten.
- Batterie-Massekabel (–) abklemmen. **Achtung:** Hinweise im Kapitel »Batterie aus- und einbauen« beachten.
- Stoßfängerabdeckung hinten ausbauen, siehe Seite 276.
- Stecker für Nebelschlussleuchte entriegeln und abziehen.

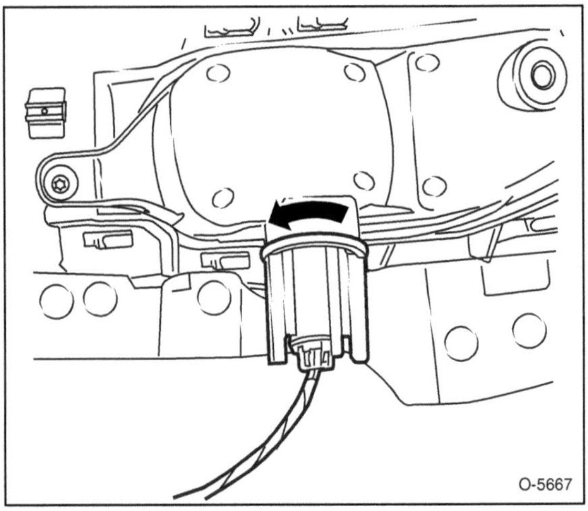
O-5667

- Lampenfassung für Nebelschlussleuchte im Uhrzeigersinn drehen –Pfeil–, entriegeln und herausziehen.

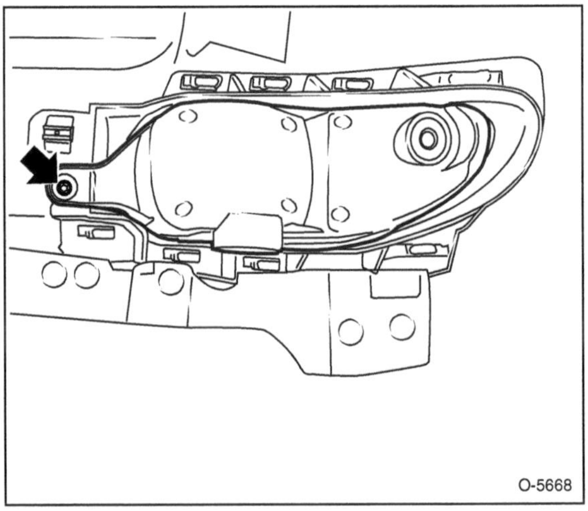
O-5668

- Schraube –Pfeil– herausdrehen und Nebelschlussleuchte von der Stoßfängerabdeckung abnehmen.

### Einbau

- Der Einbau erfolgt in umgekehrter Ausbaureihenfolge.

**Glühlampe wechseln**

- Stoßfängerabdeckung hinten ausbauen, siehe Seite 276.
- Lampenfassung für Nebelschlussleuchte gegen den Uhrzeigersinn drehen –Pfeil–, entriegeln und herausziehen, siehe Abbildung O-5667.
- Glühlampe eindrücken, gegen den Uhrzeigersinn drehen und aus der Fassung herausziehen.
- Nach dem Einbau Glühlampe auf Funktion überprüfen.

## CORSA ab 9/03

### Ausbau

- Zündung und Schalter der Leuchte ausschalten.
- Batterie-Massekabel (–) abklemmen. **Achtung:** Hinweise im Kapitel »Batterie aus- und einbauen« beachten.
- Innenkotflügel hinten ausbauen, siehe Seite 278.

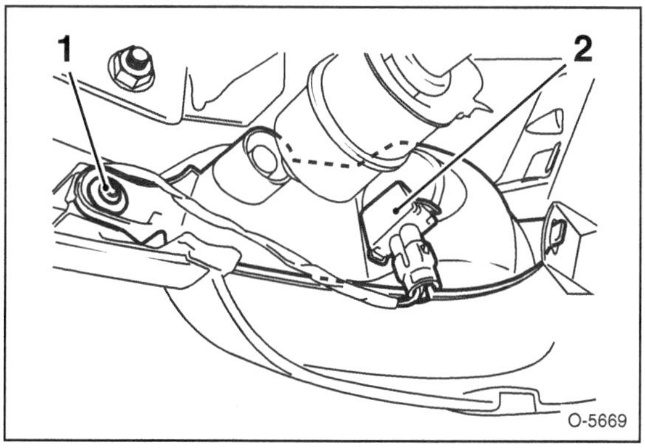

O-5669

- Stecker –2– für Nebelschlussleuchte entriegeln und abziehen.
- Schraube –1– herausdrehen und Nebelschlussleuchte von der Stoßfängerabdeckung abnehmen.

### Einbau

- Der Einbau erfolgt in umgekehrter Ausbaureihenfolge.

**Glühlampe wechseln**

- Innenkotflügel hinten ausbauen, siehe Seite 278.
- Stecker –2– für Nebelschlussleuchte entriegeln und abziehen, siehe Abbildung O-5669.

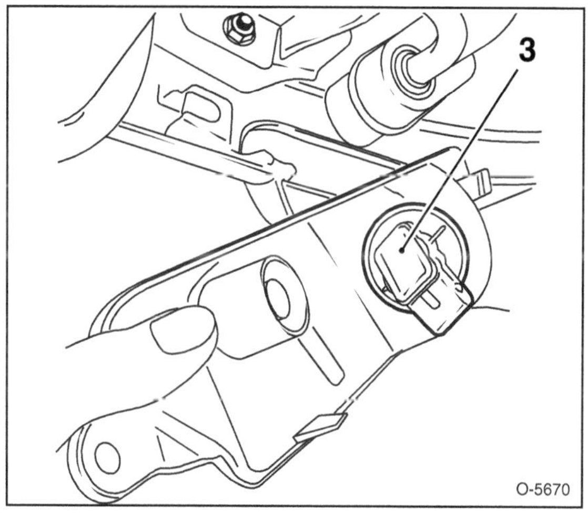

O-5670

- Lampenfassung –3– drehen und aus der Nebelschlussleuchte herausziehen.
- Glühlampe eindrücken, gegen den Uhrzeigersinn drehen und aus der Fassung herausziehen.
- Neue Glühlampe in die Fassung einsetzen und einrasten.
- Fassung mit Glühlampe in die Nebelschlussleuchte einsetzen und drehen, bis die Fassung einrastet.
- Nach dem Einbau Glühlampe auf Funktion überprüfen.

# Zusatzbremsleuchte aus- und einbauen

### CORSA Limousine

In der Zusatzbremsleuchte sind Leuchtdioden eingesetzt, die nicht einzeln ausgetauscht werden können.

#### Ausbau

- Zündung und Schalter der Leuchte ausschalten.
- Batterie-Massekabel (–) abklemmen. **Achtung:** Hinweise im Kapitel »Batterie aus- und einbauen« beachten.
- Heckklappe öffnen und Zusatzbremsleuchte mit einem Kunststoffkeil, zum Beispiel HAZET 1965-20, aus der Cliphalterung lösen und herausziehen.
- Steckverbindung für Zusatzbremsleuchte entriegeln und trennen. Zusatzbremsleuchte von der Heckklappe nehmen.

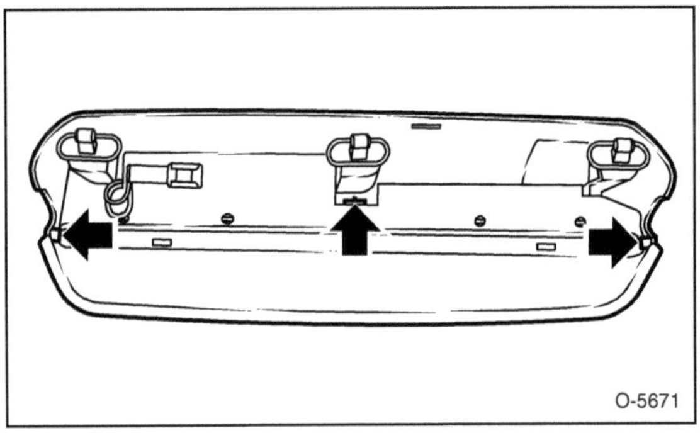


- LED-Leiste von der Bremsleuchte ausclipsen –Pfeile– und abnehmen.

#### Einbau

- Der Einbau erfolgt in umgekehrter Ausbaureihenfolge.

### CORSA COMBO

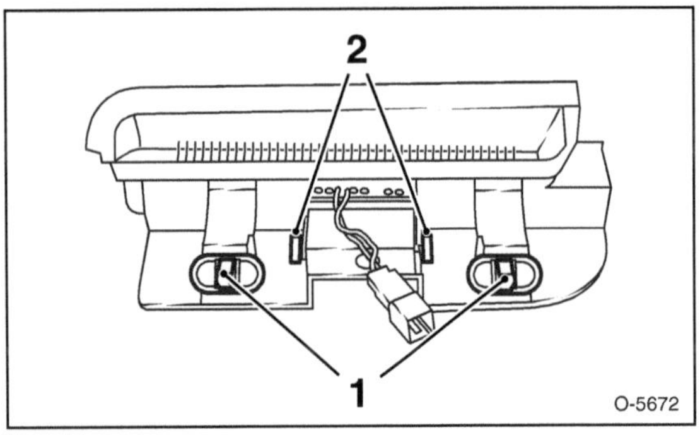


- Abdeckung mit Zusatzbremsleuchte aus der Cliphalterung –1– lösen und herausziehen.
- Steckverbindung entriegeln und trennen.
- Trägerleiste der Bremsleuchte von der Abdeckung ausclipsen –2– und abnehmen.

### MERIVA

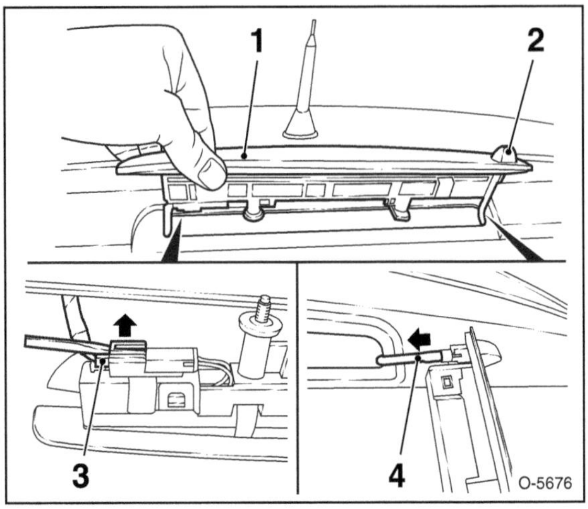


1 – Zusatzbremsleuchte
2 – Scheibenwaschdüse
3 – Stecker Bremsleuchte
4 – Wasserschlauch

## Kennzeichenleuchte aus- und einbauen

**CORSA Limousine/MERIVA**

**Ausbau**

- Zündung und Schalter der Leuchte ausschalten.
- Batterie-Massekabel (–) abklemmen. **Achtung:** Hinweise im Kapitel »Batterie aus- und einbauen« beachten.

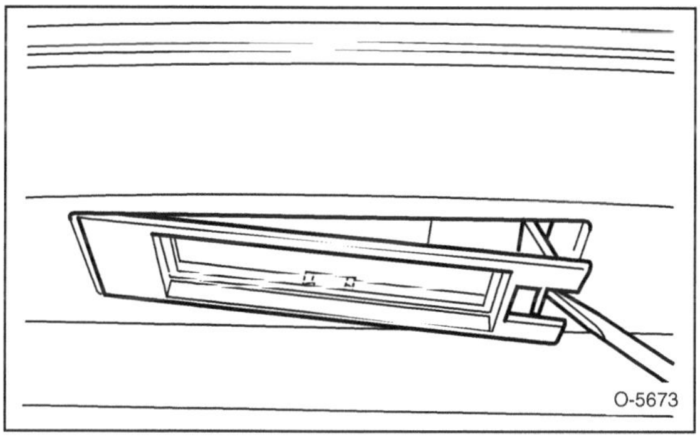


- Schraubendreher an der rechten Seite der Kennzeichenleuchte einführen, Feder entriegeln und Leuchte aus dem Stoßfänger heraushebeln.
- Stecker von der Kennzeichenleuchte abziehen.

**Einbau**

- Der Einbau erfolgt in umgekehrter Ausbaureihenfolge.

**Glühlampe wechseln**

- Kennzeichenleuchte aus dem Stoßfänger herausziehen.
- Lampenfassung durch Drehen gegen den Uhrzeigersinn entriegeln und mit Glühlampe aus der Kennzeichenleuchte herausziehen.
- Glühlampe aus der Fassung herausziehen und ersetzen.

---

**CORSA COMBO**

- Leuchtenglas mit 2 Schrauben abschrauben.
- Soffittenlampe gegen die federnde Klemme drücken, herausnehmen und ersetzen.

## Glühlampen für Innenleuchten auswechseln

- Zündung und Schalter der Leuchte ausschalten.
- Batterie-Massekabel (–) abklemmen. **Achtung:** Hinweise im Kapitel »Batterie aus- und einbauen« beachten.

**Hinweis:** Nach dem Einbau neue Glühlampe auf Funktion überprüfen.

---

**Kofferraum-/Laderaumleuchte**

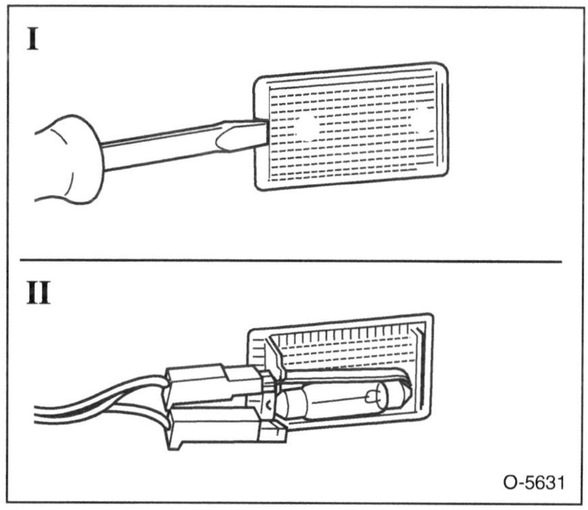


- Leuchtenglas mit einem Schraubendreher vorsichtig aus der Verkleidung heraushebeln.
- Soffittenlampe an der Rückseite des Leuchtenglases gegen die federnde Klemme drücken, herausnehmen und ersetzen.

---

**Deckenleuchte vorn**

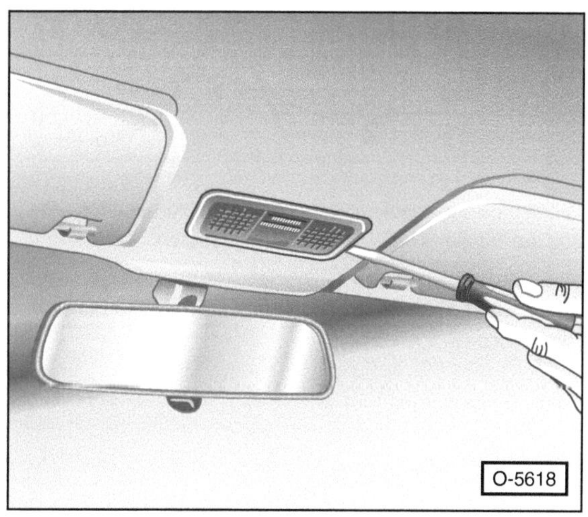


- Leuchtenglas mit Schraubendreher abdrücken und herausnehmen.

● Soffittenlampe an der Rückseite des Leuchtenglases gegen die federnde Klemme drücken, herausnehmen und ersetzen.

**Hinweis:** Die hintere Deckenleuchte wird in gleicher Weise ausgebaut.

---

**Leseleuchte vorn**

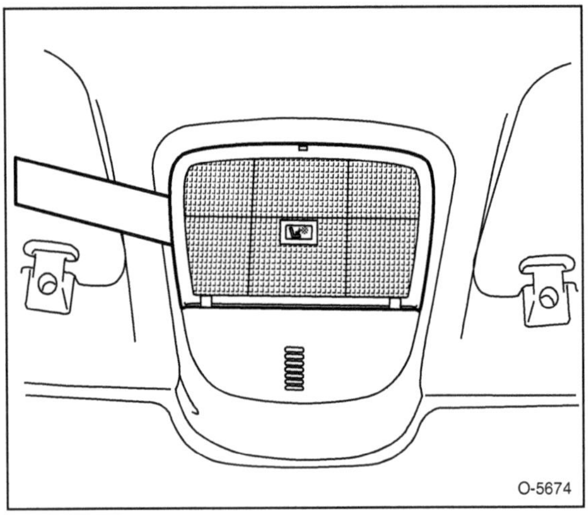


● Leuchtenglas mit einem Schraubendreher oder einem Kunststoffkeil, zum Beispiel HAZET 1965-20, vorsichtig von der Deckenleuchte abhebeln.

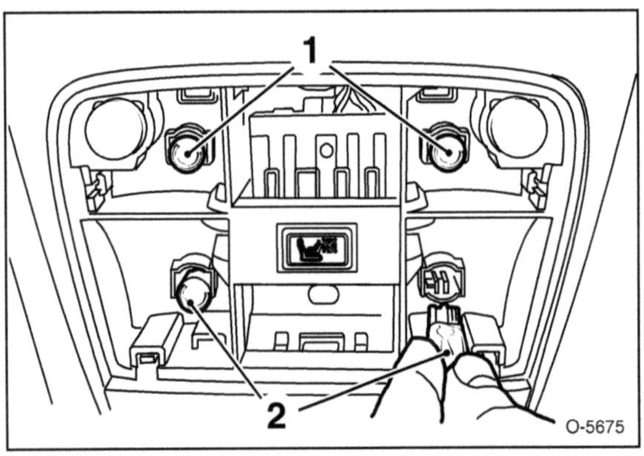


● Glühlampe für Leseleuchte –1– und Deckenleuchte –2– aus der Fassung herausziehen und ersetzen.

**Hinweis:** Zum Ausbau der Leseleuchte Kunststoffkeil, zum Beispiel HAZET 1965-20, an der Seite ansetzen und Leuchte aus der Decke heraushebeln.

# Armaturen/Schalter/Radioanlage

In diesem Kapitel wird der Ausbau des Kombiinstrumentes sowie diverser Schalter und die Demontage einzelner Komponenten der Audioanlage beschrieben.

## Kombiinstrument aus- und einbauen

### Ausbau

- Verkleidung Lenkstockschalter ausbauen, siehe Kapitel »Lenkstockschalter aus- und einbauen«.

#### Blende für Kombiinstrument/CORSA

- Ablagefach und untere Verkleidung Armaturentafel auf der Fahrerseite ausbauen, siehe Seite 254.

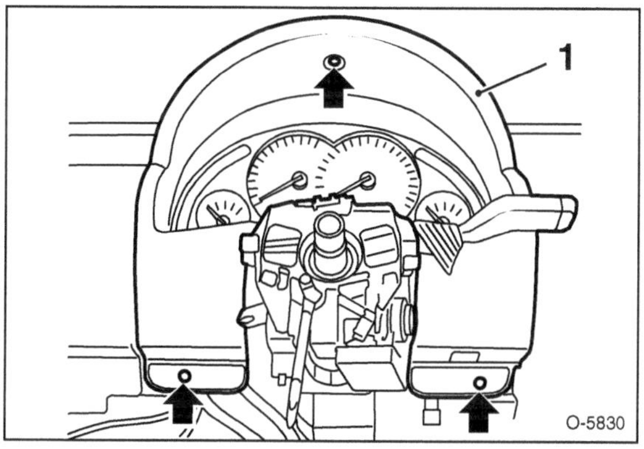


- 3 Schrauben –Pfeile– herausdrehen und Blende –1– für Kombiinstrument abnehmen. **Hinweis:** Das Lenkrad muss nicht ausgebaut werden.

#### Blende für Kombiinstrument/MERIVA

- 2 Schrauben herausdrehen und Verkleidung unter der Lenksäule ausbauen, siehe Seite 262.

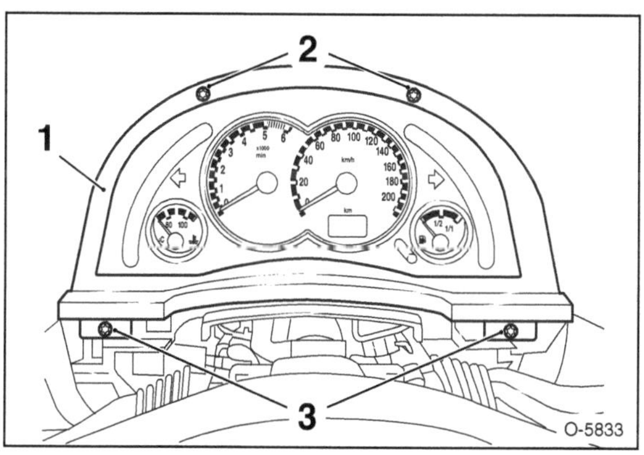


- 4 Schrauben –2/3– herausdrehen. 1 – Blende für Kombiinstrument.

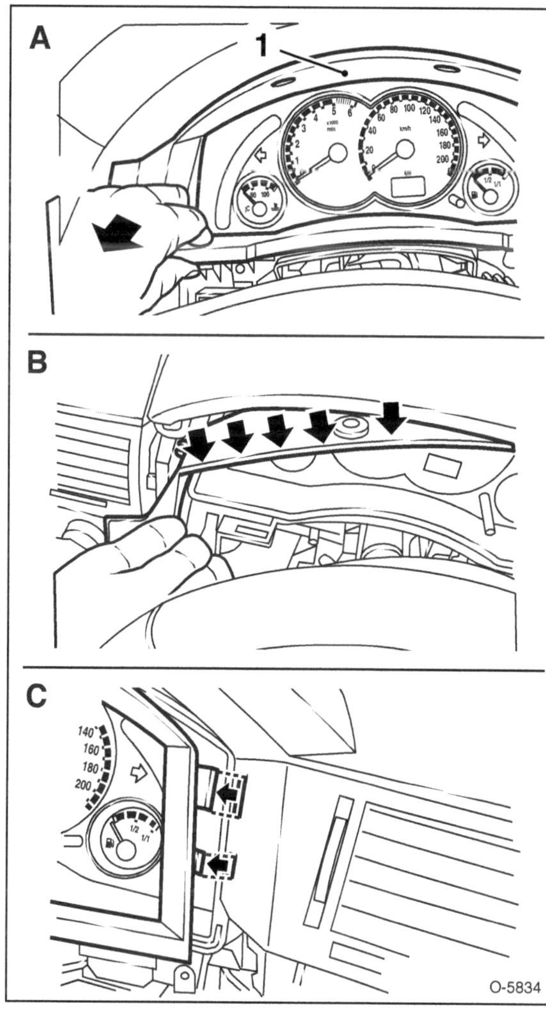


- Blende –1– für Kombiinstrument aus den Cliphalterungen –Pfeile– lösen und nach hinten herausziehen.

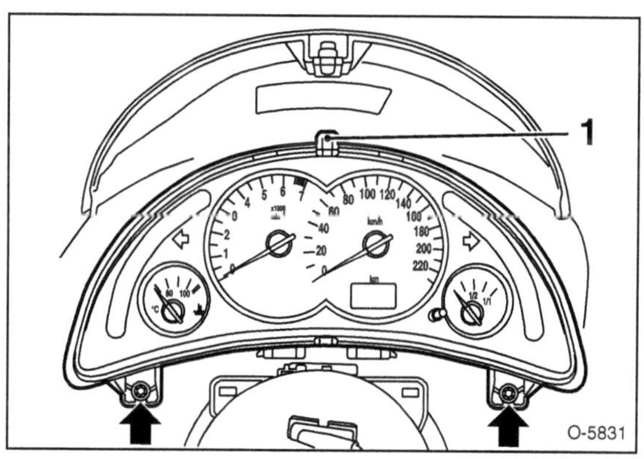


- 2 Schrauben –Pfeile– unten herausdrehen.

● Kombiinstrument aus der Cliphalterung oben –1– lösen und nach hinten aus der Armaturentafel herausziehen. **Hinweis:** Die Steckverbindung für das Kombiinstrument wird beim Herausziehen getrennt.

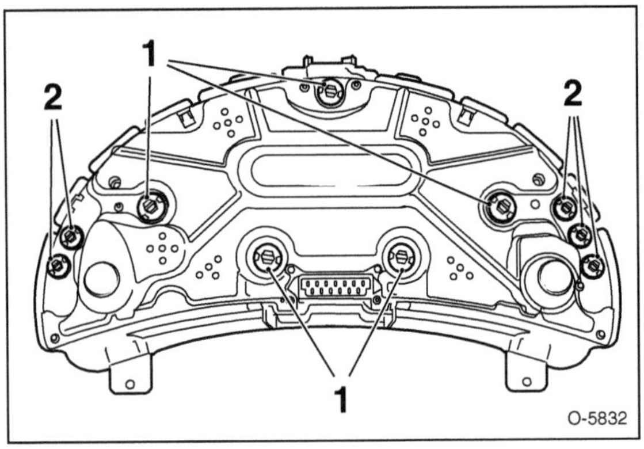


● An der Rückseite des Kombiinstruments defekte Glühlampen für Instrumentenbeleuchtung –1– und Kontrollleuchten –2– herausschrauben.

**Einbau**

● Der Einbau erfolgt in umgekehrter Ausbaureihenfolge.

● Wurde das Kombiinstrument erneuert, Service-Intervallanzeige und Wegstreckenzähler anpassen lassen (Werkstattarbeit).

● Zündung einschalten und Kontrollleuchten sowie Anzeigeinstrumente im Kombiinstrument auf Funktion prüfen.

## Mittleres Anzeigeinstrument aus- und einbauen

**CORSA**

**Ausbau**

● Gehäuse für mittlere Luftaustrittsdüse ausbauen, siehe Seite 116.

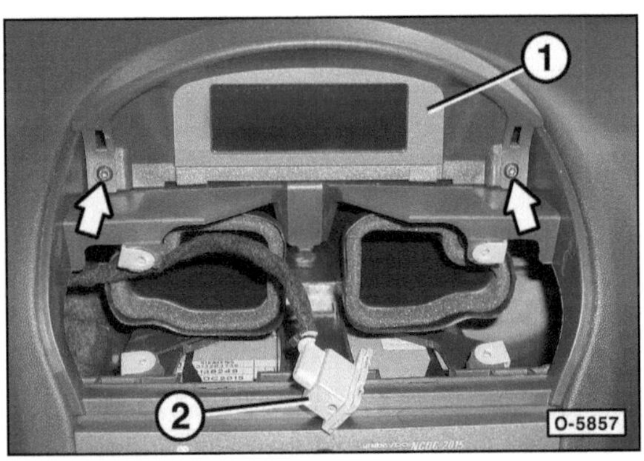


● 2 Schrauben –Pfeile– herausdrehen und Blende mit Anzeigeinstrument –1– aus der Armaturentafel herausziehen. 2 – Stecker für Warnblinker.

● An der Rückseite kleine Rastlasche herunterdrücken, Verriegelungsbügel hochziehen und Stecker vom Anzeigeinstrument abziehen.

● 2 Schrauben an der Rückseite herausdrehen und Anzeigeinstrument von der Blende abnehmen.

**Einbau**

● Der Einbau erfolgt in umgekehrter Ausbaureihenfolge.

## Lenkstockschalter aus- und einbauen

Als Lenkstockschalter bezeichnet man die beiden Schalter an der Lenksäule für Blinker/Fernlicht und Scheibenwischer.

**Ausbau**

● Batterie-Massekabel (–) abklemmen. **Achtung:** Hinweise im Kapitel »Batterie aus- und einbauen« beachten.

● Lenkradverstellhebel umlegen und Knauf vom Lenkradverstellhebel abschrauben.

● Obere Lenksäulen-Verkleidung –1– nach hinten –Pfeil– und gleichzeitig nach oben drücken.

● Obere Verkleidung von unterer Verkleidung ablösen und abnehmen.

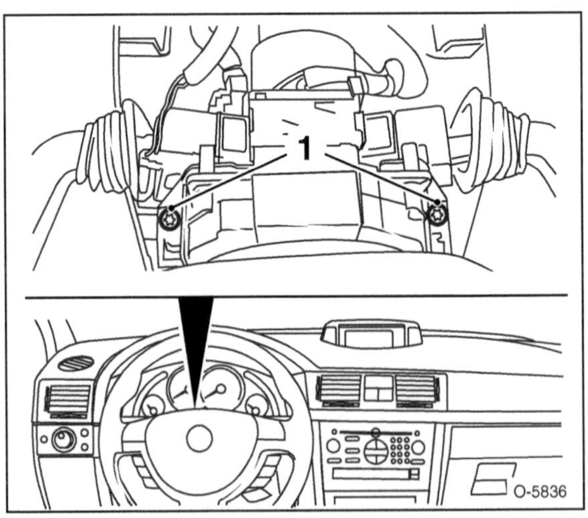


● 2 Schrauben –1– oben herausdrehen.

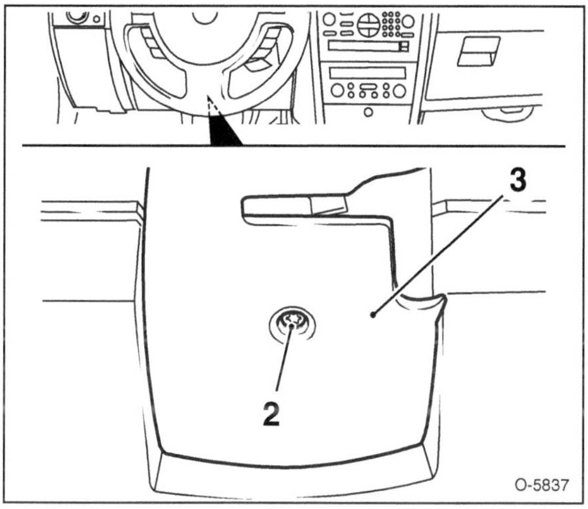


- Schraube –2– unten herausdrehen und untere Verkleidung –3– von der Lenksäule abnehmen.

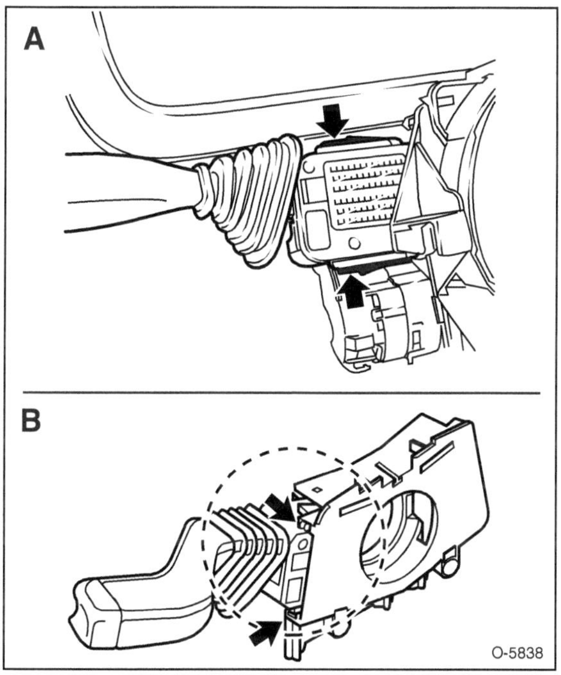


- Rasthebel –Pfeile A– für Blinker zusammendrücken und entriegeln.
- Schalter vom Lenkstock ziehen, Stecker entriegeln und vom Schalter abziehen.
- Schalter für Scheibenwischer in gleicher Weise ausbauen.

### Einbau

- Stecker am Lenkstockschalter aufschieben.
- Schalter in die Führungsschiene –Pfeile B– am Lenkstock einschieben und einrasten. Dabei auf korrekte Einbaulage achten.
- Der weitere Einbau erfolgt in umgekehrter Ausbaureihenfolge.
- Untere Schraube für untere Lenksäulen-Verkleidung sowie Schraube für Lenkradverstellhebel mit Schraubensicherungsmittel, zum Beispiel LOCTITE 243, bestreichen.

## Lichtschaltereinheit aus- und einbauen

**CORSA**

### Ausbau

- Batterie-Massekabel (–) abklemmen. **Achtung:** Hinweise im Kapitel »Batterie aus- und einbauen« beachten.
- Ablagefach und untere Verkleidung Armaturentafel auf der Fahrerseite ausbauen, siehe Seite 254.

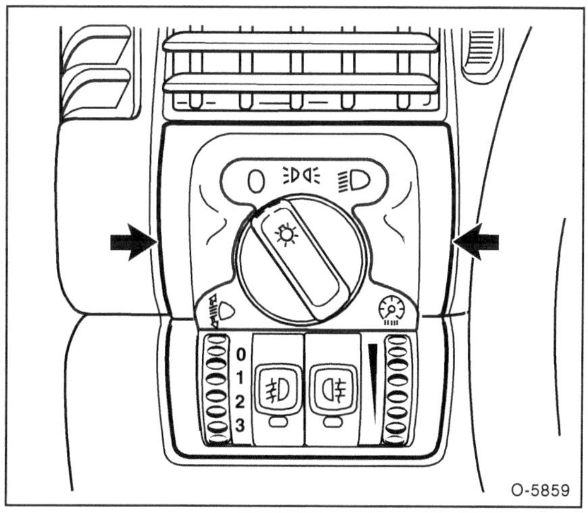


- Kunststoffkeil, zum Beispiel HAZET 1965-20, in den Spalt rechts und links an der Lichtschaltereinheit einführen –Pfeile– und Haltefedern ausrasten.

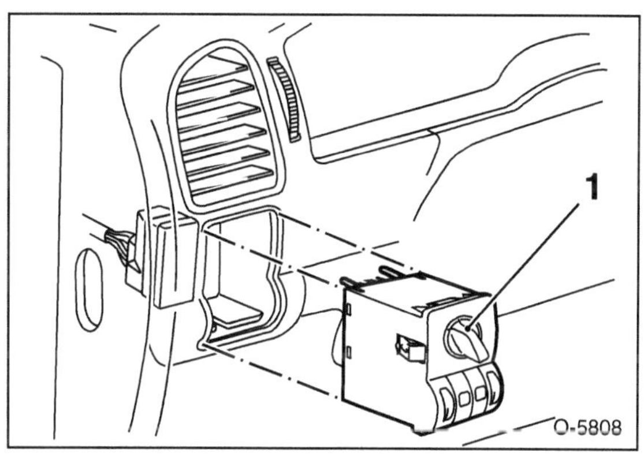


- Lichtschaltereinheit –1– aus der Armaturentafel herausziehen. **Hinweis:** Die Steckverbindung für den Schalter wird beim Herausziehen getrennt.
- An der Rückseite der Lichtschaltereinheit Glühlampe aus dem Lichtschalter herausdrehen und ersetzen.

### Einbau

- Der Einbau erfolgt in umgekehrter Ausbaureihenfolge.

## Warnblinkschalter aus- und einbauen

**CORSA**

### Ausbau

- Batterie-Massekabel (–) abklemmen. **Achtung:** Hinweise im Kapitel »Batterie aus- und einbauen« beachten.
- Mittlere Luftaustrittsdüsen ausbauen, siehe Seite 116.

- Abdeckkappe –1– mit der Hand vom Warnblinkschalter abziehen.

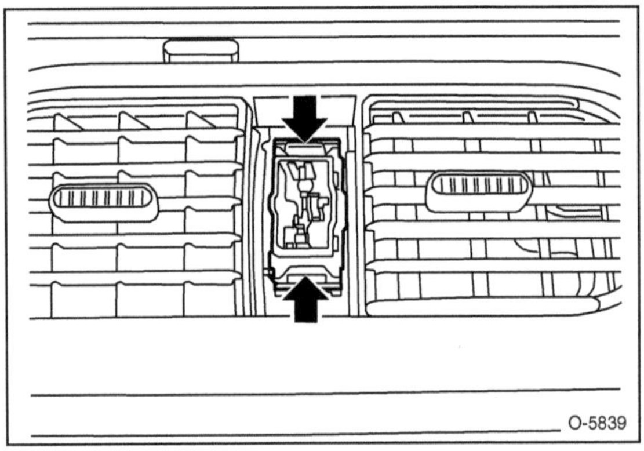


- Warnblinkschalter am Sockel mit kleinem Schraubendreher entriegeln –Pfeile– und herausziehen. **Hinweis:** Die Steckverbindung für den Schalter wird beim Herausziehen getrennt.

### Einbau

- Der Einbau erfolgt in umgekehrter Ausbaureihenfolge. Schalter dabei so einschieben, dass die Leuchtdiode oben sitzt.

## Schalter in der Mittelkonsole aus- und einbauen

**CORSA**

### Ausbau

- Batterie-Massekabel (–) abklemmen. **Achtung:** Hinweise im Kapitel »Batterie aus- und einbauen« beachten.
- Manschettenrahmen für Schalthebel aus der Mittelkonsole herausziehen und Schalthebelmanschette nach oben über den Knauf stülpen.

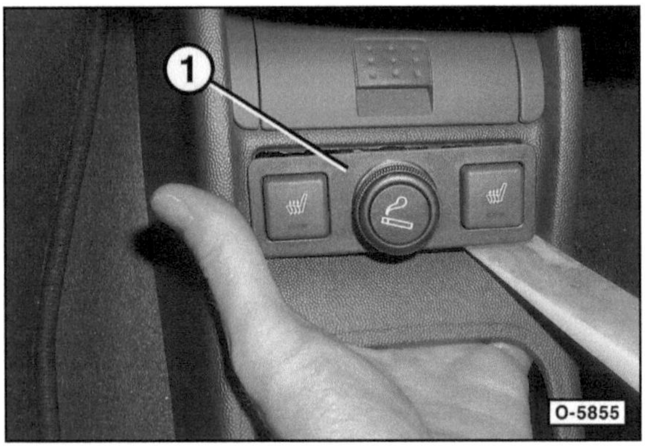


- Schalterfeld –1– für Sitzheizung und Zigarettenanzünder von unten aus der Mittelkonsole herausdrücken, dabei gleichzeitig Haltefedern mit einem Kunststoffkeil lösen.

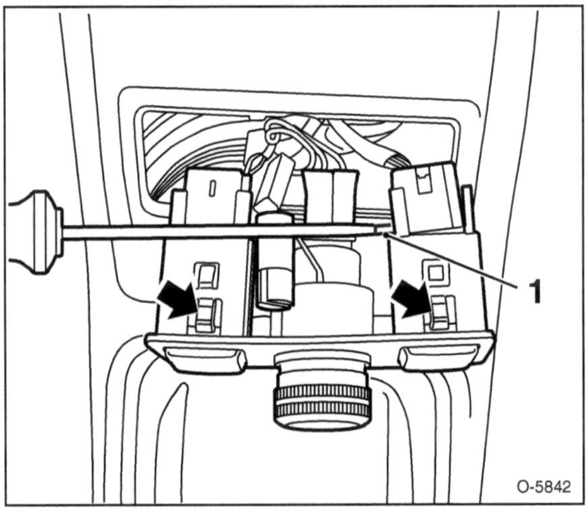


- Stecker mit einem Schraubendreher entriegeln –1– und vom Schalter für Sitzheizung abziehen. Pfeile – Haltefedern.
- Stecker für Zigarettenanzünder abziehen.

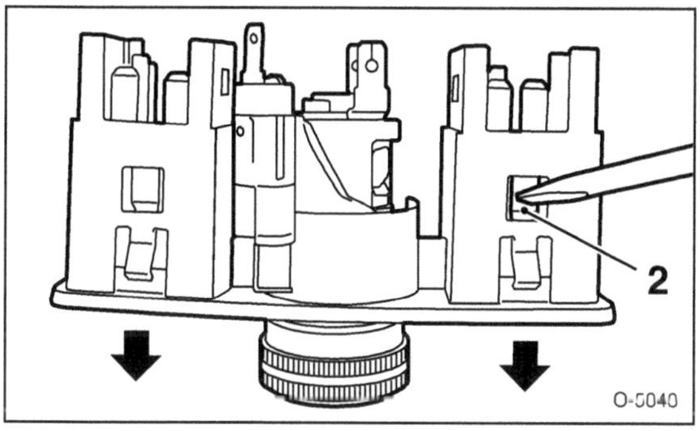


- Lasche –2– mit einem Schraubendreher eindrücken und entriegeln. Schalter für Sitzheizung in Pfeilrichtung aus der Blende herausziehen.

### Einbau

- Der Einbau erfolgt in umgekehrter Ausbaureihenfolge.

## Schalter in der Tür aus- und einbauen

**CORSA**

### Ausbau

- Batterie-Massekabel (–) abklemmen. **Achtung:** Hinweise im Kapitel »Batterie aus- und einbauen« beachten.

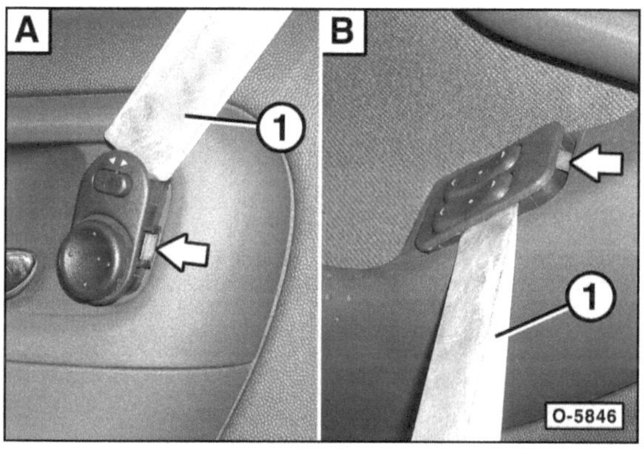


- Schalterfeld mit einem Kunststoffkeil –1– vorsichtig aus der Türverkleidung heraushebeln.
- Schalter aus der Tür herausziehen, Stecker entriegeln und abziehen. A – Schalterfeld für Außenspiegelverstellung, B – Schalterfeld für Fensterheber, Pfeil – Haltefeder.

### Einbau

- Der Einbau erfolgt in umgekehrter Ausbaureihenfolge.

## Türkontaktschalter aus- und einbauen

**CORSA/MERIVA**

### Ausbau

- Batterie-Massekabel (–) abklemmen. **Achtung:** Hinweise im Kapitel »Batterie aus- und einbauen« beachten.

### Türen

### Heckklappe

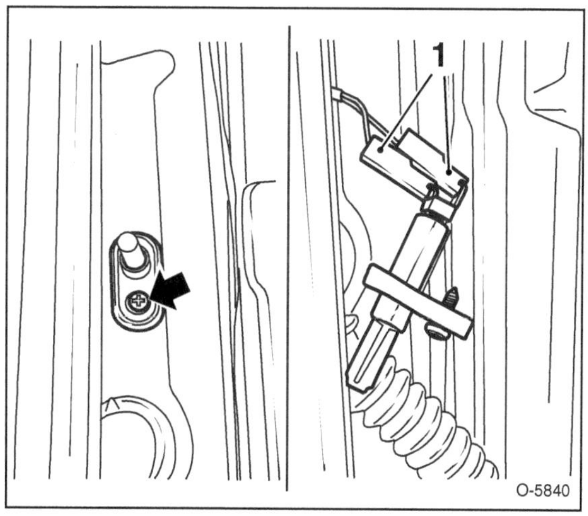


- Tür beziehungsweise Heckklappe öffnen.
- **MERIVA:** Heckklappenverkleidung ausbauen, siehe Seite 284.
- Schraube –Pfeil– für Türkontaktschalter herausdrehen.
- Türkontaktschalter herausziehen und Stecker –1– abziehen.

### Einbau

- Stecker am Schalter aufstecken, Schalter einsetzen und anschrauben.

## Kontaktschalter für Motorhaube aus- und einbauen

**CORSA**

### Ausbau

- Batterie-Massekabel (–) abklemmen. **Achtung:** Hinweise im Kapitel »Batterie aus- und einbauen« beachten.

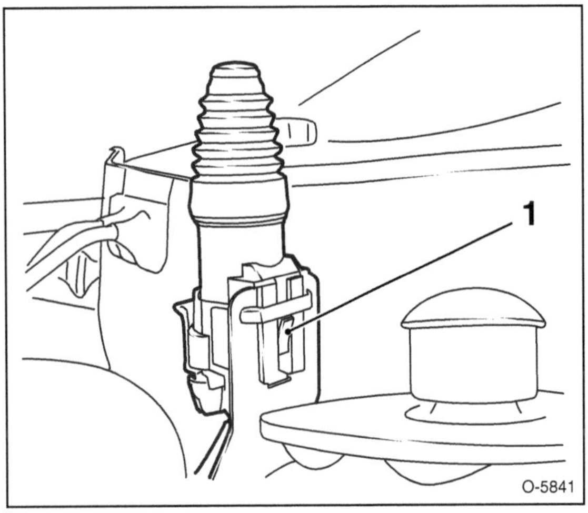


- Motorhaube öffnen und Stecker vom Schalter abziehen.
- Lasche –1– eindrücken und Schalter von der Halterung abziehen.

### Einbau

- Schalter in die Halterung einsetzen, einrasten und Stecker am Schalter aufstecken.

## Mittleres Anzeigeinstrument aus- und einbauen

**MERIVA**

### Ausbau

- Blende des Anzeigeinstrumentes unten mit einem Kunststoffkeil aus der Armaturentafel ausclipsen und abnehmen.

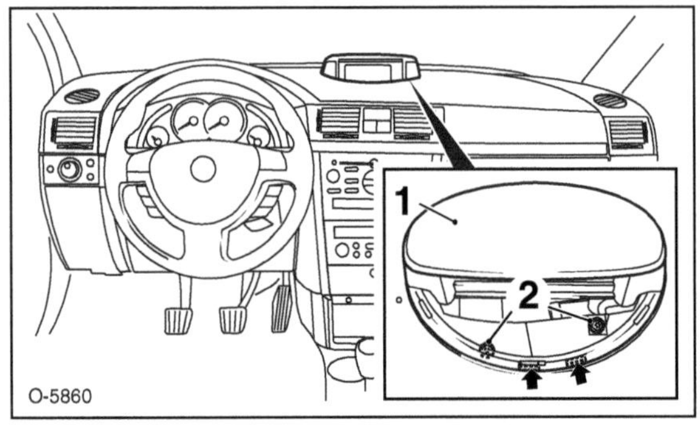


- 2 Schrauben –2– herausdrehen, Anzeigeinstrument –1– unten aus der Armaturentafel ausclipsen –Pfeile– und herausnehmen.

### Einbau

- Der Einbau erfolgt in umgekehrter Ausbaureihenfolge.

## Schalter in der Tür aus- und einbauen

**MERIVA**

### Ausbau

- Batterie-Massekabel (–) abklemmen. **Achtung:** Hinweise im Kapitel »Batterie aus- und einbauen« beachten.

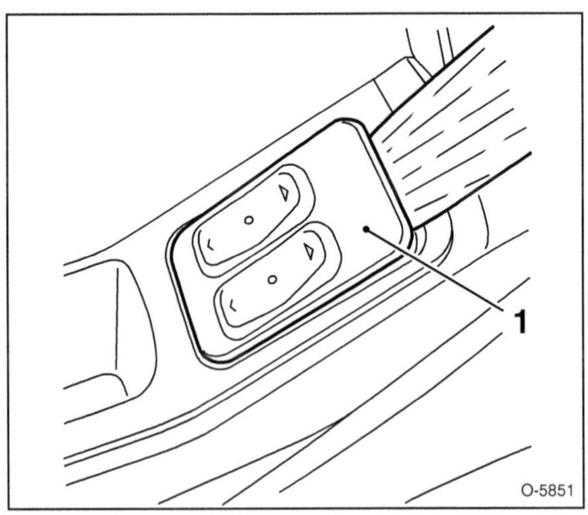


- Schalterfeld für Fensterheber –1– mit einem Kunststoffkeil, zum Beispiel HAZET 1965-20, vorsichtig aus der Türverkleidung heraushebeln.
- Schalter aus der Tür herausziehen, Stecker entriegeln und abziehen.

**Einbau**

- Der Einbau erfolgt in umgekehrter Ausbaureihenfolge.

**Spiegelverstellschalter**

- Dreiecksblende von der Tür vorn ausbauen, siehe Seite 293.
- An der Rückseite der Blende Stecker entriegeln und vom Schalter abziehen.
- Schalterfeld für Außenspiegelverstellung aus der Blende ausclipsen.

## Warnblinkschalter aus- und einbauen

**MERIVA**

**Ausbau**

- Batterie-Massekabel (–) abklemmen. **Achtung:** Hinweise im Kapitel »Batterie aus- und einbauen« beachten.

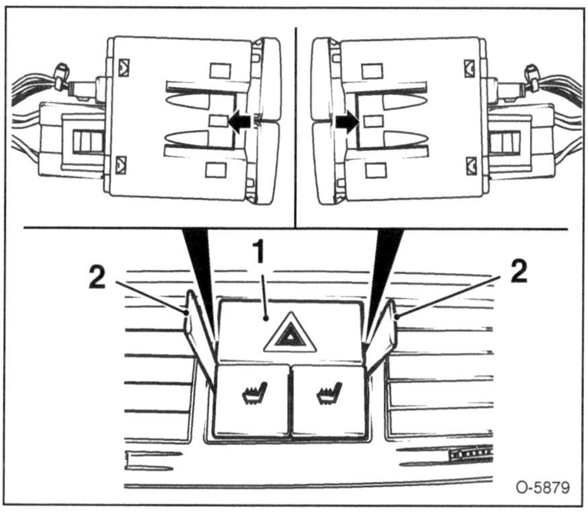

O-5879

- Kunststoffkeil –2– in die seitlichen Schlitze am Schalterfeld –1– einführen und Rastlaschen –Pfeile– entriegeln.
- Schalterfeld für Warnblinklicht und Sitzheizung nach hinten herausziehen.
- Stecker an der Rückseite entriegeln und vom Schalter abziehen.

**Einbau**

- Der Einbau erfolgt in umgekehrter Ausbaureihenfolge.

## Lichtschaltereinheit aus- und einbauen

**MERIVA**

**Ausbau**

- Batterie-Massekabel (–) abklemmen. **Achtung:** Hinweise im Kapitel »Batterie aus- und einbauen« beachten.

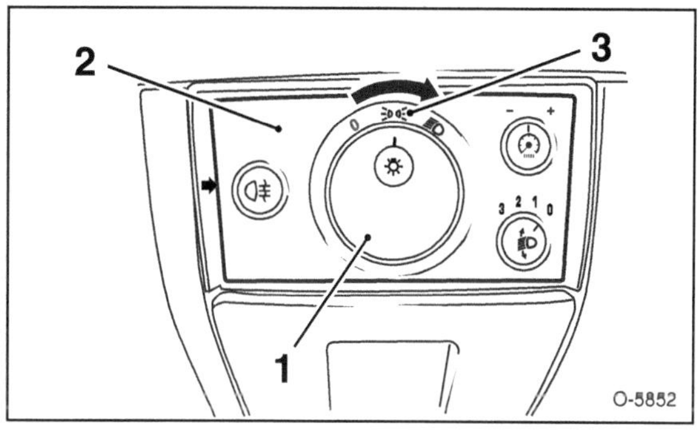

O-5852

- Drehgriff –1– der Lichtschaltereinheit –2– in Stellung »0« drehen.
- Drehgriff fest hineindrücken und gleichzeitig nach rechts auf Mittelstellung (Standlicht) –3– drehen.
- Lichtschaltereinheit –2– nach innen drücken und entriegeln.
- Lichtschaltereinheit aus der Armaturentafel herausziehen.
- Stecker an der Rückseite entriegeln und abziehen.

**Einbau**

- Stecker an der Rückseite aufschieben und verriegeln.

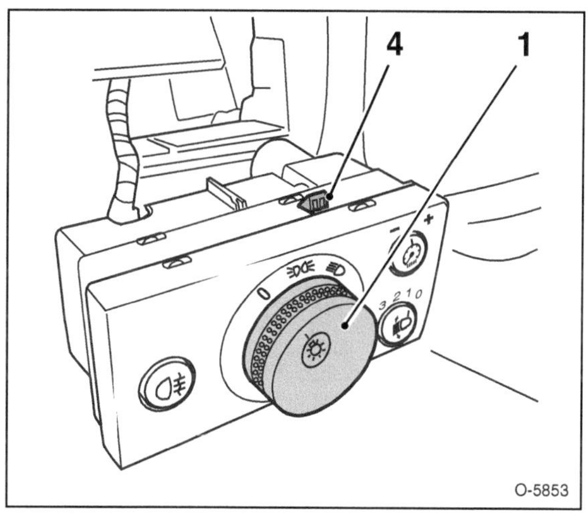

O-5853

- Schaltereinheit festhalten, Drehgriff –1– des Lichtschalters fest hineindrücken und gleichzeitig nach rechts drehen.

**Hinweis:** Dadurch werden die Verriegelungshaken –4– des Schalters versenkt.

- Drehgriff in dieser Stellung halten und Lichtschaltereinheit in die Öffnung in der Armaturentafel eindrücken.
- Drehgriff in Stellung »0« drehen und Lichtschaltereinheit einrasten.
- Sämtliche Positionen des Schalters durchschalten und festen Sitz des Schalters prüfen.
- Batterie-Massekabel (–) anklemmen. **Achtung:** Hinweise im Kapitel »Batterie aus- und einbauen« beachten.

# Radio aus- und einbauen

**Hinweis:** Der Aus- und Einbau des Navigationsgerätes erfolgt auf die gleiche Weise.

Serienmäßig ist ein Radio mit **Anti-Diebstahl-Codierung** eingebaut, die die unbefugte Inbetriebnahme des Gerätes verhindert, wenn die Stromversorgung unterbrochen wurde. Die Stromversorgung wird beispielsweise unterbrochen beim Abklemmen der Batterie, beim Ausbau des Radios oder wenn die Radiosicherung durchgebrannt ist.

**Achtung:** Vor Abklemmen der Batterie oder Ausbau des Radios Radiocode feststellen. Ansonsten kann das Radio nur durch die OPEL-Werkstatt oder den Hersteller wieder in Betrieb genommen werden. Die Radiocode-Nummer ist in der Radio-Bedienungsanleitung angegeben. Sie sollte nicht im Fahrzeug aufbewahrt werden.

Einige OPEL-Navigationsgeräte sind über das CAN-Bus-System auf das mittlere Anzeigeinstrument codiert. Daher ist bei Trennen und Wiederanschließen der Stromversorgung, beziehungsweise bei Aus- und Einbau desselben Radios keine Codeeingabe erforderlich.

### Ausbau

**Hinweis:** Das ab Werk eingebaute Radiogerät ist mit einer Einschubhalterung ausgestattet, die den schnellen Aus- und Einbau des Radios ermöglicht. Allerdings werden dazu 2 Ausziehbügel KM-6067 von OPEL benötigt.

- Batterie-Massekabel (–) abklemmen. **Achtung:** Hinweise im Kapitel »Batterie aus- und einbauen« beachten.

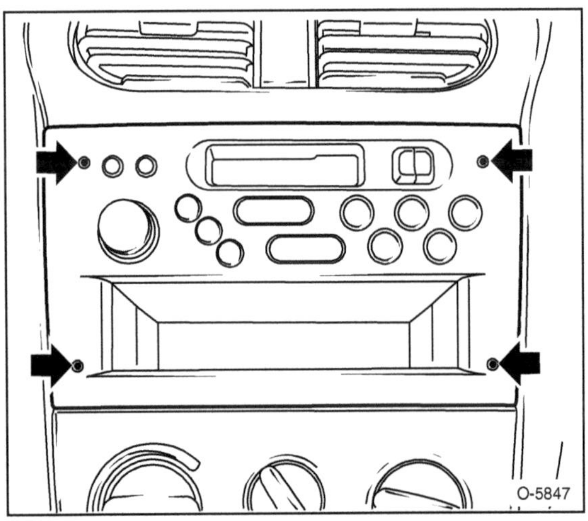


- 4 Madenschrauben –Pfeile– herausdrehen.

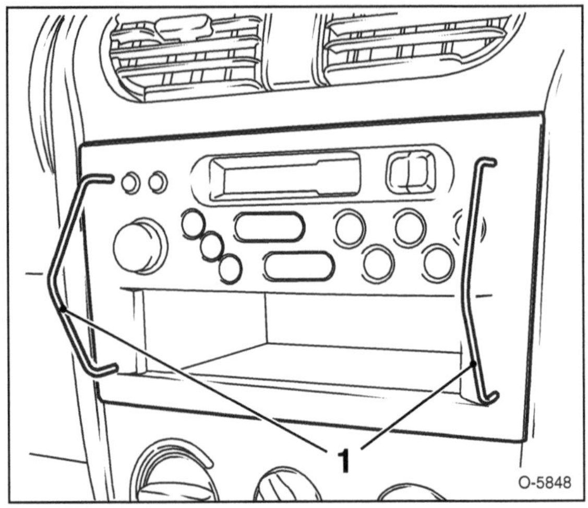


- Ausziehbügel –1– von OPEL bis zum Einrasten in die Öffnungen einführen.
- Ausziehbügel nach außen drücken und Radio aus dem Radioeinschubgehäuse herausziehen.

**Hinweis:** Das Radio wird dabei aus den Steckersockeln herausgezogen, die sich im Radioeinschubgehäuse befinden.

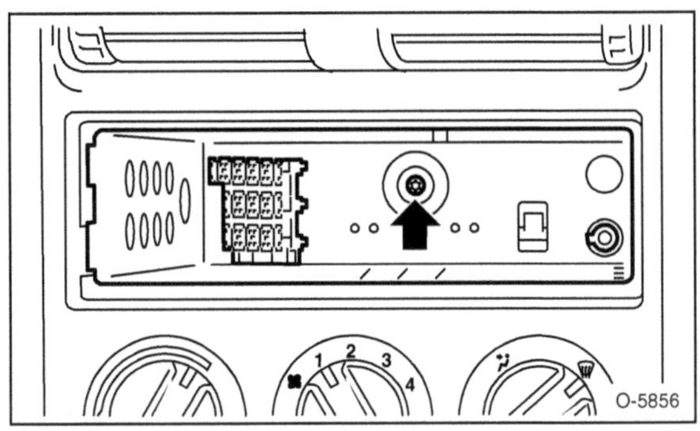


- Gegebenenfalls Radioeinschubgehäuse abschrauben und aus der Armaturentafel herausziehen. Dazu Schraube –Pfeil– innen im Einschubfach herausdrehen.
- Stecker und Antennenkabel an der Rückseite des Radioeinschubgehäuses abziehen.

### Einbau

- Stecker sowie Antennenkabel an der Rückseite des Radioeinschubgehäuses anschließen.
- Radioeinschubgehäuse in den Einbauschacht schieben und festschrauben.
- Radio in das Radioeinschubgehäuse schieben, bis es einrastet.
- 4 Madenschrauben in die Öffnungen eindrehen.
- Batterie-Massekabel (–) anklemmen. **Achtung:** Hinweise im Kapitel »Batterie aus- und einbauen« beachten.
- Wenn nötig, Radiocode eingeben, Radio einschalten und auf Funktion überprüfen.
- Neues Radio in der Werkstatt auf Diebstahlcode abstimmen lassen.

# Lautsprecher aus- und einbauen

## Breitbandlautsprecher vorn

**Ausbau**

- Türverkleidung ausbauen, siehe Seite 288/290.
- **MERIVA:** Wasserabweisfolie teilweise abziehen.

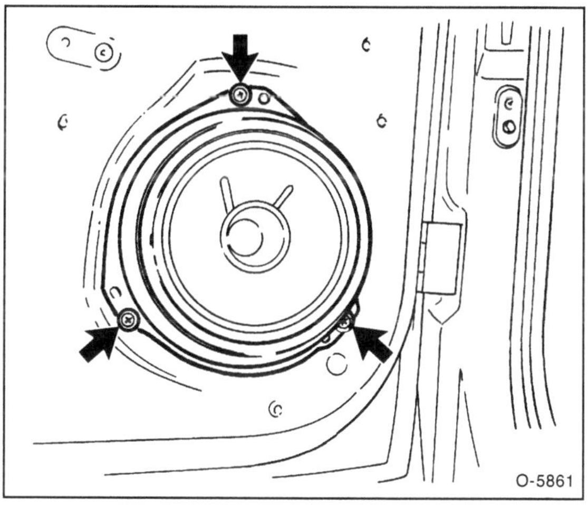


- Lautsprecher mit 3 Schrauben abschrauben und herausnehmen.
- Steckverbindung für Lautsprecher abziehen.

**Einbau**

- Der Einbau erfolgt in umgekehrter Ausbaureihenfolge.

**Hinweis/MERIVA:** Der Aus- und Einbau des Breitbandlautsprechers hinten erfolgt im Prinzip auf die gleiche Weise.

## CORSA: Breitbandlautsprecher hinten

**Ausbau**

- Heckklappe öffnen und Laderaumverkleidung an der Seite ausbauen.
- Steckverbindung für Lautsprecher abziehen.

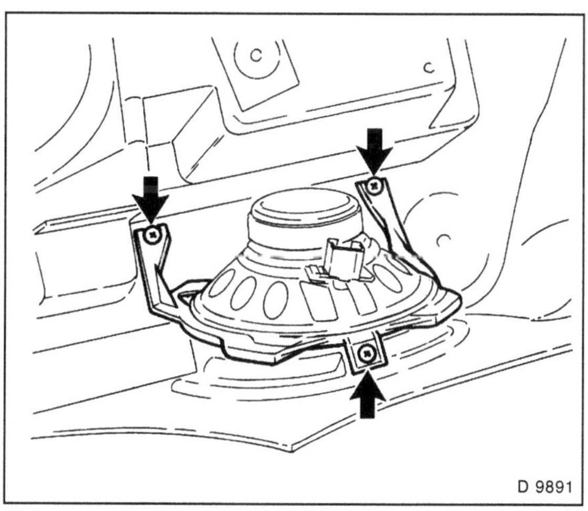


- Lautsprecher von unten mit 3 Schrauben abschrauben.

**Einbau**

- Der Einbau erfolgt in umgekehrter Ausbaureihenfolge.

## CORSA: Hochtonlautsprecher vorn

**Ausbau**

- Dreiecksblende mit einem Kunststoffkeil, zum Beispiel HAZET 1965-20, von der Tür vorn abhebeln, siehe Seite 293.

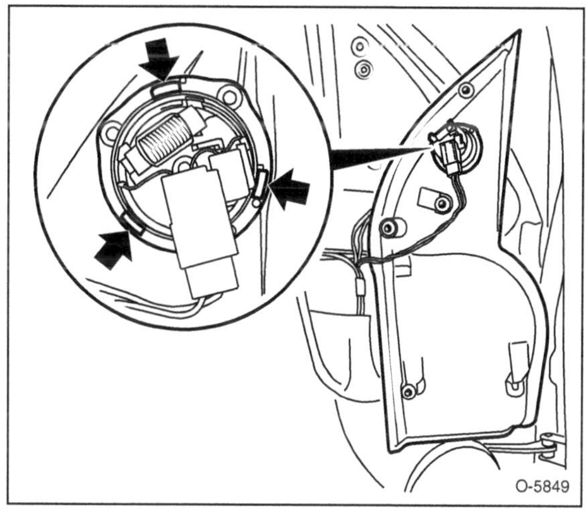


- An der Rückseite der Dreiecksblende Lautsprecher aus der Halterung ausclipsen –Pfeile– und herausnehmen.
- Stecker vom Lautsprecher abziehen.

**Einbau**

- Der Einbau erfolgt in umgekehrter Ausbaureihenfolge.

## MERIVA: Hochtonlautsprecher

### Ausbau

- Blende für Tür-Innengriff von der Türverkleidung abheben, siehe Kapitel »Türverkleidung aus- und einbauen«, Seite 290.

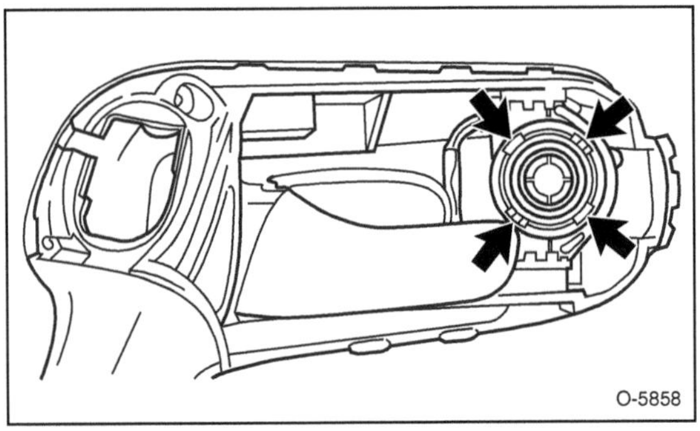

O-5858

- Lautsprecher aus der Halterung ausclipsen –Pfeile– und aus der Tür herausziehen.
- Stecker abziehen und Hochtöner abnehmen.

### Einbau

- Der Einbau erfolgt in umgekehrter Ausbaureihenfolge.

## Dachantenne aus- und einbauen

**CORSA Limousine**

### Ausbau

- Heckklappe öffnen und 3 Clips hinten für Dachhimmel herausziehen.
- Deckenleuchte hinten ausbauen, siehe Kapitel »Glühlampen für Innenleuchten auswechseln«, Seite 103.
- Verkleidung an der C/D-Säule oben lösen, siehe Seite 257/258.
- Dachhimmel etwas nach unten ziehen.

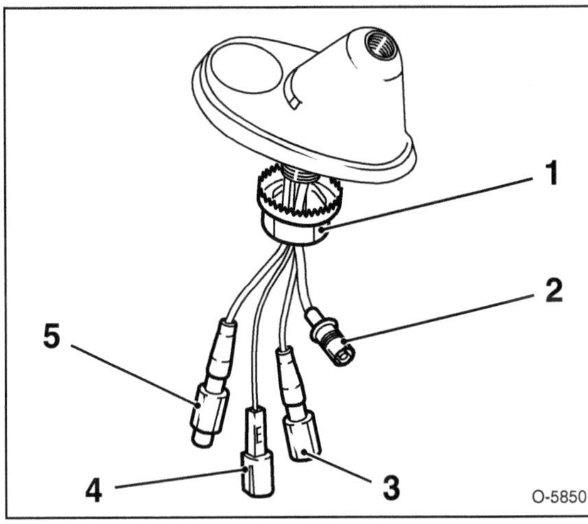


O-5850

1 – Mutter für Antennenfuß
2 – Radioanschluss
3 – Telefon-Anschluss
4 – Stromversorgung
5 – Anschluss für Navigationsgerät

- Alle Steckverbindungen –2– bis –5– am Antennenfuß trennen.
- Mutter –1– abschrauben und Antennenfuß nach oben vom Dach abnehmen.

### Einbau

- Der Einbau erfolgt in umgekehrter Ausbaureihenfolge.

# Heizung/Klimatisierung

Beim CORSA/MERIVA wird die Frischluft für die Heizungs- und Belüftungsanlage von einem elektrischen Gebläse angesaugt. Bevor die Luft in den Innenraum gelangt, wird sie von einem Staub- und Pollenfilter gereinigt. Danach durchströmt die Luft das Heizungsgehäuse und wird durch verschiedene Klappen auf die einzelnen Luftaustrittsdüsen verteilt.

Erwärmt wird die Luft für den Fahrzeuginnenraum über den Wärmetauscher oder sie wird, sofern vorhanden, im Verdampfer der Klimaanlage abgekühlt und dann auf die Luftaustrittsdüsen im Fahrzeuginnenraum verteilt. Die verbrauchte Luft entweicht durch Entlüftungsöffnungen im Laderaum.

Der Wärmetauscher wird ständig von der heißen Motorkühlflüssigkeit durchströmt, so dass er die Wärme für den Fahrzeuginnenraum schnell an die vorbeiströmende Frischluft abgibt. Um den Luftdurchsatz im Fahrzeuginnenraum zu erhöhen, kann das integrierte Frischluftgebläse in mehreren Leistungsstufen betrieben werden.

Die Heizung wird luftseitig beeinflusst, das heißt, die Temperatur wird durch das Mischungsverhältnis von kalter und warmer Luft mit Hilfe der Temperaturmischklappe gesteuert.

Soll keine Frischluft von außen angesaugt werden, zum Beispiel bei schlechter Außenluft, kann bei Fahrzeugen mit Klimaanlage auf Umluftbetrieb umgeschaltet werden. In dieser Betriebsart wird nur die im Fahrzeug befindliche Luft umgewälzt. Geschieht das über einen längeren Zeitraum, können die Scheiben innen beschlagen.

Tritt ein Fehler in der Heizungs- oder Klimaanlage auf, wird er in einem elektronischen Speicher abgelegt. Über ein Fehlerauslesegerät kann der entsprechende Speicher ausgelesen werden. Eine exakte Fehlerdiagnose ohne Auslesegerät ist nicht möglich.

**Achtung:** Wenn im Rahmen von Arbeiten an der Heizung auch Arbeiten an der elektrischen Anlage durchgeführt werden, **grundsätzlich** das Batterie-Massekabel (–) abklemmen. Dazu unbedingt Hinweise im Kapitel »Batterie aus- und einbauen« beachten.

Wird der CORSA/MERIVA von einem Dieselmotor angetrieben, ist eine dieselbetriebene **Zusatzheizung** vorhanden. Die Zusatzheizung befindet sich auf der Fahrerseite hinter dem vorderen Stoßfänger. Die Zusatzheizung verbessert bei tiefen Außentemperaturen das Heizungsdefizit und unterstützt die Aufwärmphase des Motors. Liefert der Fahrzeugmotor zu wenig Wärme, wird die Zusatzheizung automatisch zugeschaltet. Die Kühlflüssigkeit wird durch die Zusatzheizung geleitet. Die Zusatzheizung erwärmt sich durch Verbrennung von Dieselkraftstoff und gibt in Abhängigkeit von der Kühlmitteltemperatur die Wärme an die durchfließende Kühlflüssigkeit ab.

## Klimaanlage

Auf Wunsch ist der CORSA/MERIVA mit einer Klimaanlage ausgestattet. Die Klimaanlage ist eine kombinierte Kühl- und Heizanlage. Im Kühlbetrieb arbeitet die Klimaanlage im Prinzip wie ein Kühlschrank. Der Kompressor verdichtet das dampfförmige FCKW-freie Kältemittel R 134 A. Dieses erhitzt sich dabei und wird in den Kondensator geleitet. Dort wird das Kältemittel abgekühlt und verflüssigt sich. Über das Expansionsventil wird das Kältemittel entspannt und in den Verdampfer eingespritzt, wo es auf Grund seines niedrigen Druckes verdampft. Es kühlt dabei stark ab.

Durch diesen Verdampfungs- und Abkühlungsprozess wird der von außen vorbeistreichenden Luft Wärme entzogen. Die Luft kühlt sich ab und mitgeführte Luftfeuchtigkeit wird zu Kondenswasser, das ins Freie geleitet wird. Die Intensität der Kühlung ist abhängig von der eingestellten Temperatur und von der Gebläseschalterstellung.

**Sicherheitshinweis**

Der **Kältemittelkreislauf der Klimaanlage darf nicht geöffnet** werden, da das Kältemittel bei Hautberührung Erfrierungen hervorrufen kann.

Bei versehentlichem Hautkontakt betroffene Stelle sofort mindestens 15 Minuten lang mit kaltem Wasser spülen. Kältemittel ist farb- und geruchlos sowie schwerer als Luft. Bei austretendem Kältemittel besteht am Boden beziehungsweise in unteren Räumen Erstickungsgefahr. Das Kältemittelgas ist nicht wahrnehmbar.

**Hinweis:** Die Klimaanlage sollte, vor allem in der kalten Jahreszeit, einmal im Monat für einige Zeit bei höchster Gebläsestufe eingeschaltet werden, und zwar bei normaler und gleichmäßiger Fahrzeuggeschwindigkeit und bei betriebswarmem Motor. Dadurch wird sichergestellt, dass das im Kältemittel enthaltene Schmieröl in Umlauf gebracht wird, die beweglichen Teile der Klimaanlage regelmäßig geschmiert werden und die Dichtungen nicht porös werden.

**Achtung: Arbeiten an der Klimaanlage dürfen nur von einer Fachwerkstatt durchgeführt werden. Deshalb werden Reparaturen an der Klimaanlage nicht beschrieben.**

Optional gibt es für den CORSA/MERIVA auch eine **elektronisch gesteuerte Klimaanlage**. Der Automatikmodus sorgt für konstante Temperaturen im Innenraum und entfeuchtet die Luft im Fahrzeuginnern, so dass die Scheiben nicht beschlagen. Außerdem werden Lufttemperatur, Luftmenge und Luftverteilung automatisch geregelt und Schwankungen der Außentemperatur ausgeglichen. Im Econ-Betrieb wird die Kühlanlage ausgeschaltet; dennoch wird die Heizungs- und Belüftungsanlage automatisch geregelt. Durch das Abschalten der Kühlanlage läuft der Klimakompressor nicht mit, so dass Kraftstoff eingespart wird.

# Luftaustrittsdüsen aus- und einbauen

**CORSA**

## Ausbau

### Seitliche Luftaustrittsdüse

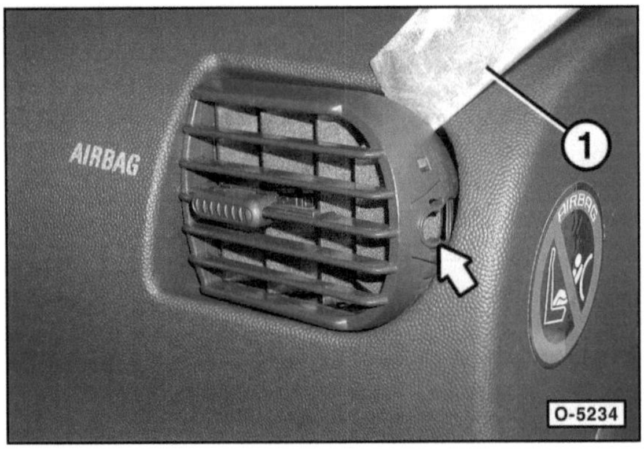


### Mittlere Luftaustrittsdüse

- Luftaustrittsdüse nach unten kippen.
- Kunststoffkeil –1–, zum Beispiel HAZET 1965-20, an der abgerundeten Seite oben einführen und Düse aus der äußeren Halterung –Pfeil– heraushebeln.
- Düse gerade stellen, aus der inneren Halterung herausziehen und aus der Armaturentafel nehmen.

## Einbau

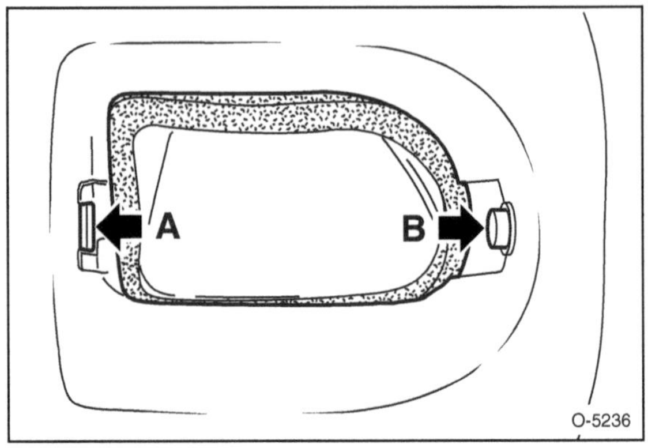


- Düse in die innere Halterung –A– in der Armaturentafel einsetzen und an der äußeren Halterung –B– einrasten.

---

# Gehäuse für mittlere Luftaustrittsdüse

## Ausbau

- Mittlere Luftaustrittsdüsen ausbauen.
- Warnblinkschalter ausbauen, siehe Seite 108.

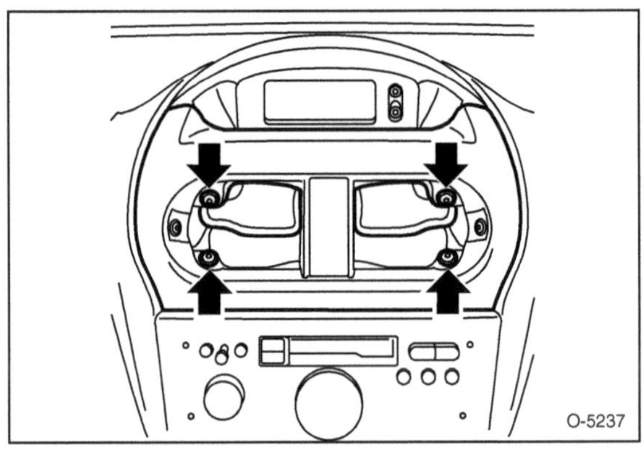


- 4 Schrauben –Pfeile– herausdrehen.

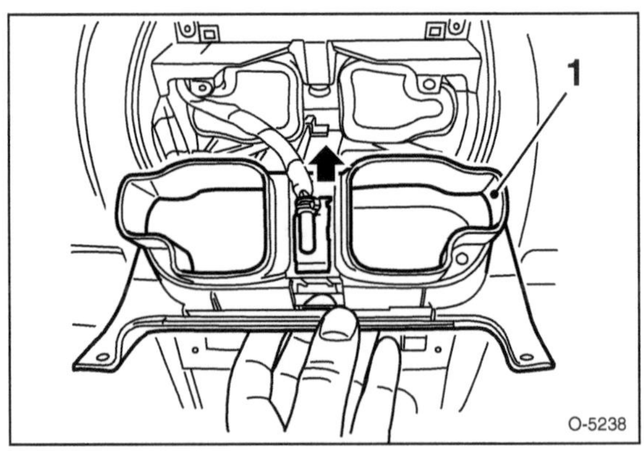


- Gehäuse –1– für Luftaustrittsdüse aus der Armaturentafel herausziehen. Dabei Gehäuse unten greifen, etwas nach vorne drücken, gleichzeitig nach oben ziehen und ausrasten.

**Achtung:** In der Abbildung ist die Gehäuserückseite dargestellt. Dabei wurde das Gehäuse etwa 180° um die Längsachse nach unten gedreht.

- Stecker für Warnblinkschalter nach unten aus dem Gehäuse abziehen –Pfeil–. **Hinweis:** Der Pfeil gibt die Abzugsrichtung am gedrehten Gehäuse wider.

**Einbau**

- Der Einbau erfolgt in umgekehrter Ausbaureihenfolge. Dabei auf korrekte Verlegung des Kabels für den Warnblinkschalter achten.

## Luftaustrittsdüsen aus- und einbauen

**MERIVA**

### Seitliche Luftaustrittsdüse

**Ausbau**

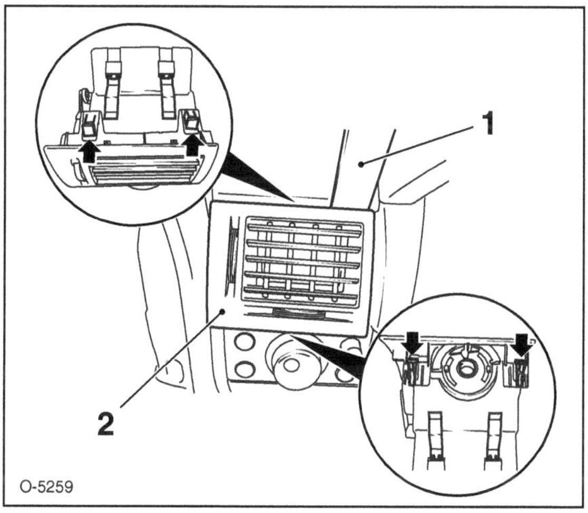

O-5259

- Mit einem Kunststoffkeil –1–, zum Beispiel HAZET 1965-20, Rastnasen –Pfeile– oben und unten an der Düse entriegeln.
- Luftaustrittsdüse –2– aus der Armaturentafel herausziehen.

**Einbau**

- Luftaustrittsdüse in die Armaturentafel einschieben und einrasten.

---

### Mittlere Luftaustrittsdüsen

**Ausbau**

- Verkleidung Lenkstockschalter ausbauen, siehe Kapitel »Lenkstockschalter aus- und einbauen«, Seite 106.
- Verkleidung unter der Lenksäule ausbauen, siehe Seite 262.
- Blende für Kombiinstrument ausbauen, siehe Kapitel »Kombiinstrument aus- und einbauen«, Seite 105.
- Zierleiste über dem Handschuhfach ausbauen, siehe Seite 262.

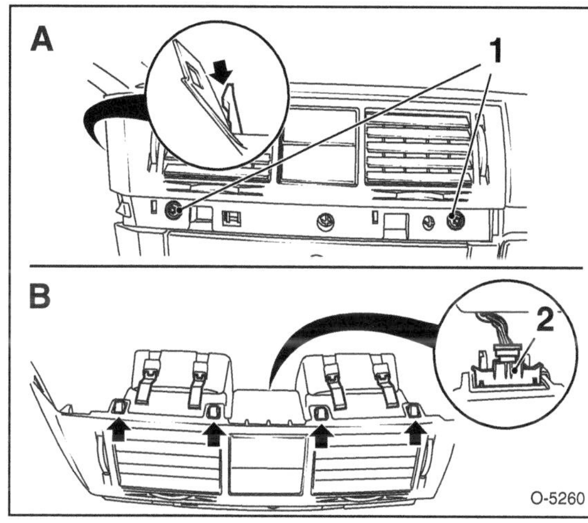

O-5260

- 2 Schrauben –1– herausdrehen.
- Gehäuse mit Luftaustrittsdüsen nach unten drücken und Rastnasen –Pfeile– entriegeln.
- Gehäuse mit Luftaustrittsdüsen aus der Armaturentafel herausziehen, Stecker –2– an der Rückseite entriegeln und abziehen.

**Einbau**

- Der Einbau erfolgt in umgekehrter Ausbaureihenfolge.

## Heizungs-/Klimabedieneinheit aus- und einbauen

**Ausbau**

- Batterie-Massekabel (–) abklemmen. **Achtung:** Hinweise im Kapitel »Batterie aus- und einbauen« beachten.
- Radio/Navigationsgerät mit Radioeinschubgehäuse ausbauen, siehe Seite 112.

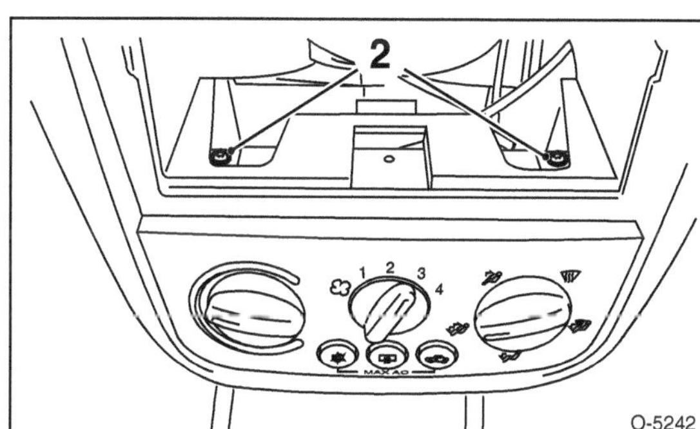

O-5242

- 2 Schrauben –2– herausdrehen.

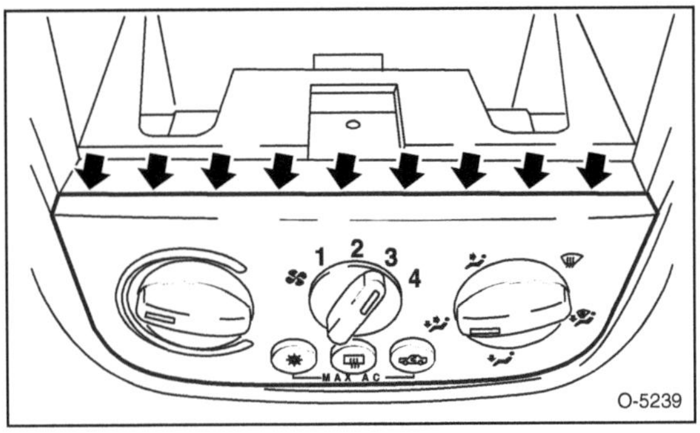


● Blende der Heizungsbedieneinheit zuerst oben am Radioeinschub –Pfeile– ausclipsen.

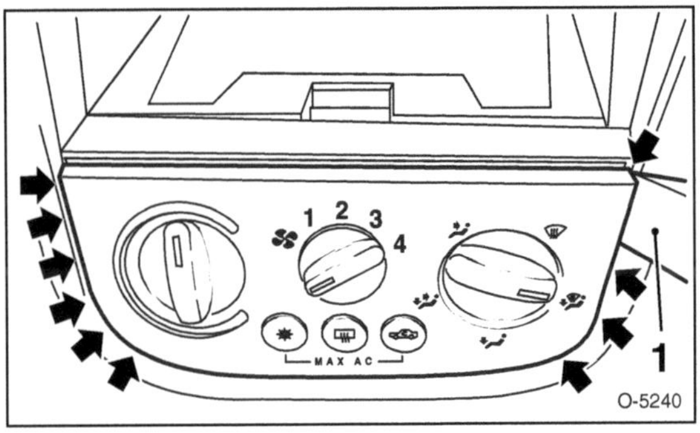


● Blende mit einem Kunststoffkeil –1–, zum Beispiel HAZET 1965-20, an den Seiten –Pfeile– ausclipsen und abnehmen.

● **CORSA:** Handschuhfach ausbauen, siehe Seite 252.

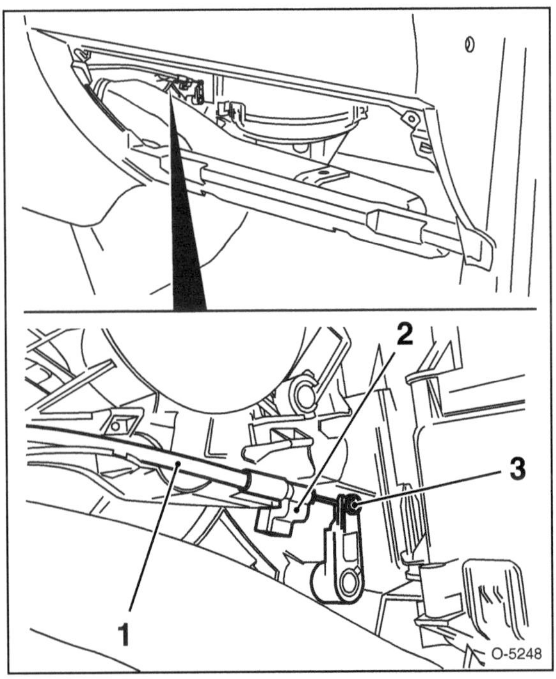


● **CORSA:** Bowdenzug –1– am Luftverteilergehäuse abclipsen –2– und Innenzug am Hebel für Mischluftklappe –3– aushängen.

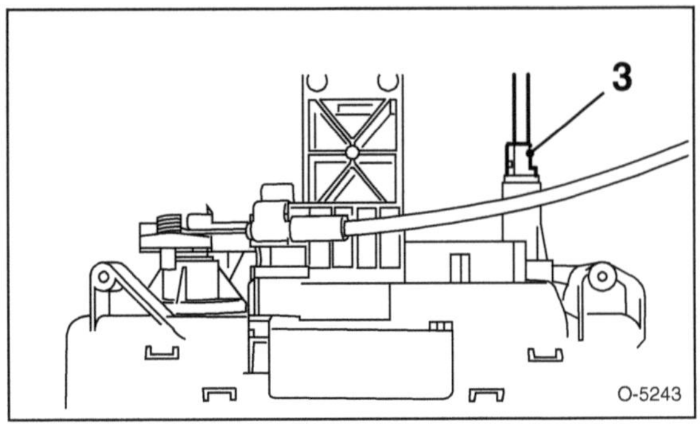


● An der Rückseite der Heizungsbedieneinheit Antriebswelle für Luftverteilungsklappe –3– entriegeln und aus der Führung nehmen.

● **MERIVA:** Bowdenzug an der Rückseite der Heizungsbedieneinheit abclipsen und Innenzug aushängen.

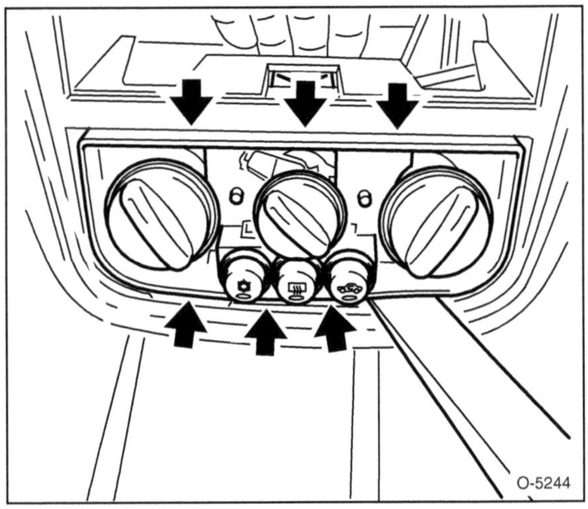


● Mit einem Kunststoffkeil Rastnasen –Pfeile– entriegeln und Heizungsbedieneinheit nach hinten aus der Armaturentafel herausziehen.

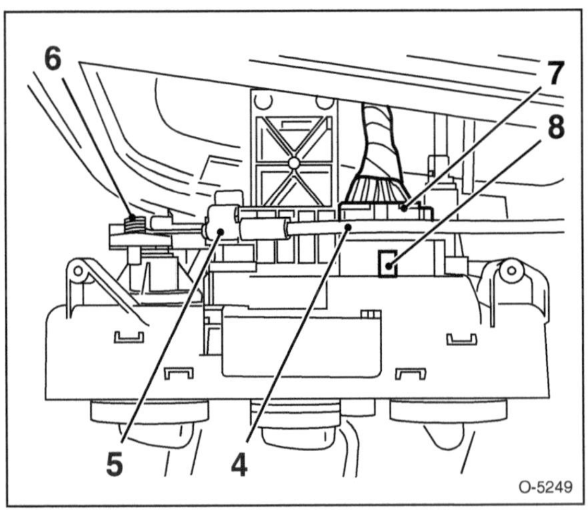


● **CORSA:** Bowdenzug –4– an der Rückseite der Heizungsbedieneinheit abclipsen –5– und Innenzug aushängen –6–.

- Stecker –7– entriegeln –8– und abziehen.

### Einbau

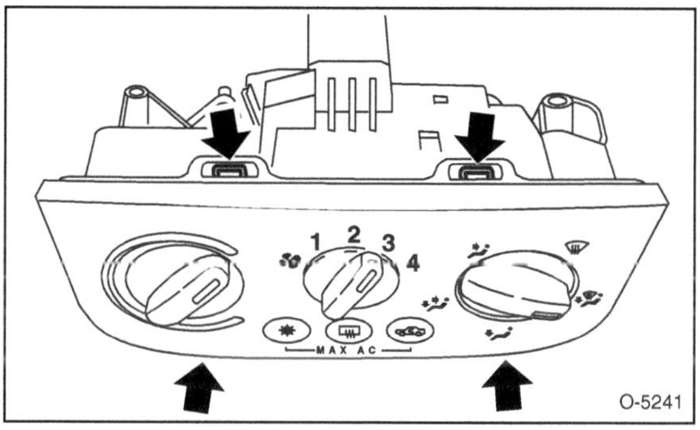

O-5241

- Der Einbau erfolgt in umgekehrter Ausbaureihenfolge. Dabei Blende an der Heizungsbedieneinheit ansetzen und andrücken, bis die Rastnasen –Pfeile– hörbar einrasten. **Hinweis:** In der Abbildung ist die Blende vom CORSA dargestellt.

## Schaltereinheit/Glühlampen

Bei Ausfall eines Schalters muss die komplette Schaltereinheit ersetzt werden.

### Ausbau

- Blende der Heizungsbedieneinheit ausclipsen und abnehmen.

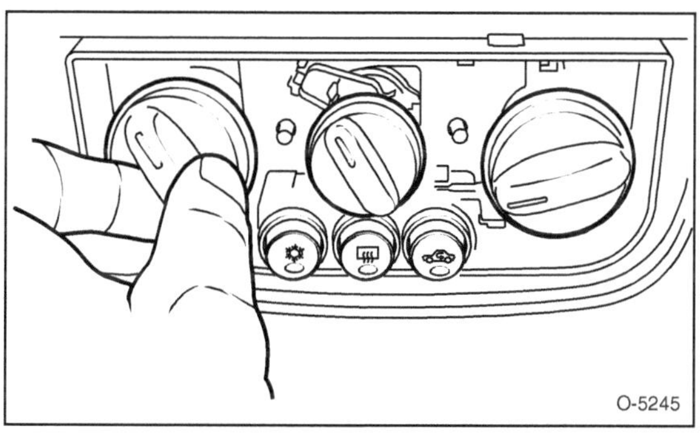
O-5245

- Mittleren Drehknopf für Gebläsestufe ganz nach links auf Stellung »AUS« drehen.
- Fahrzeuge mit Klimaanlage: Rechten Drehknopf für Luftverteilung auf Stellung »Kopf-/Fußraum« drehen. Dadurch werden Beschädigungen der Schaltereinheit beim Einbau des Drehknopfes vermieden.
- Drehknöpfe von der Heizungsbedieneinheit abziehen.

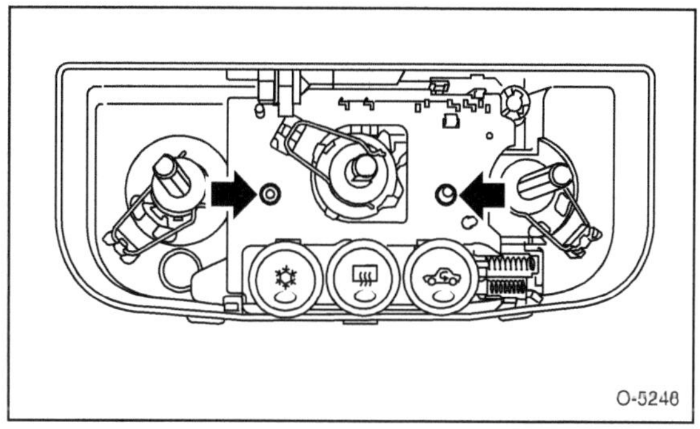
O-5246

- Glühlampen –Pfeile– für Heizungsbedieneinheit aus der Schaltereinheit herausziehen.

**Hinweis:** Falls nötig, vorher Abdeckung über den Glühlampen ausclipsen und abnehmen.

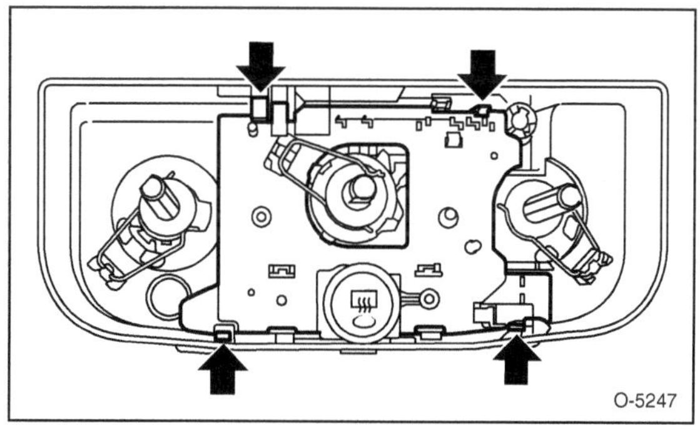
O-5247

- Rastnasen –Pfeile– für Schaltereinheit entriegeln.
- An der Rückseite der Heizungsbedieneinheit auf den Anschlussstecker drücken, Schaltereinheit herausdrücken und abnehmen.

### Einbau

- Der Einbau erfolgt in umgekehrter Ausbaureihenfolge.

## Gebläsemotor für Heizung und Klimaanlage aus- und einbauen

**CORSA**

### Ausbau

- Batterie-Massekabel (–) abklemmen. **Achtung:** Hinweise im Kapitel »Batterie aus- und einbauen« beachten.
- Handschuhfach ausbauen, siehe Seite 252.
- Obere Abdeckung im Fußraum abnehmen.
- Spreizclip herausziehen und Luftführungskanal für den Beifahrer-Fußraum vom Luftverteilergehäuse abziehen.
- Seitliche Verkleidung im Fußraum ausbauen, siehe Seite 254.

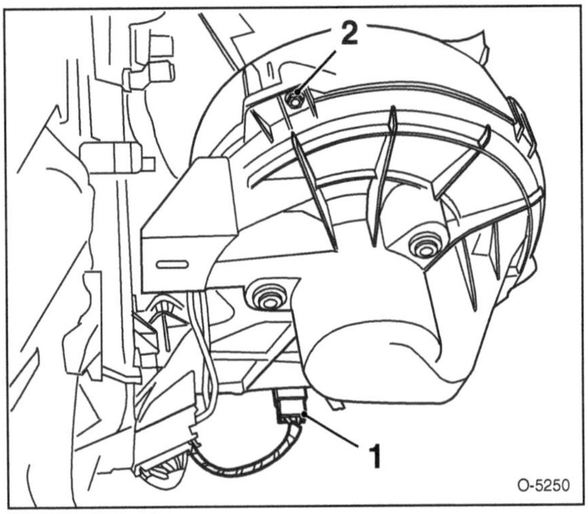


- Stecker –1– entriegeln und vom Gebläsemotor abziehen.
- 5 Schrauben –2– herausdrehen.

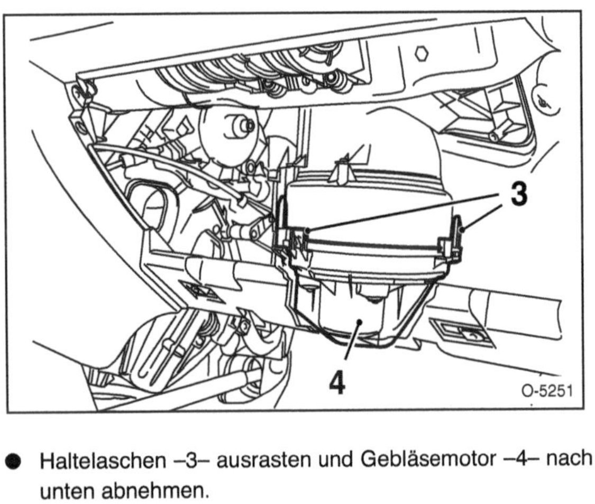


- Haltelaschen –3– ausrasten und Gebläsemotor –4– nach unten abnehmen.

### Einbau

- Der Einbau erfolgt in umgekehrter Ausbaureihenfolge.

## Vorwiderstand aus- und einbauen

**CORSA**

Läuft das Gebläse bei einer Geschwindigkeitsstufe nicht, ist meist ein Vorwiderstand defekt. In diesem Fall den Vorwiderstand ersetzen.

### Ausbau

- **Heizung ohne Klimaanlage:** Gebläsemotor ausbauen, siehe entsprechendes Kapitel.

**Heizung ohne Klimaanlage**

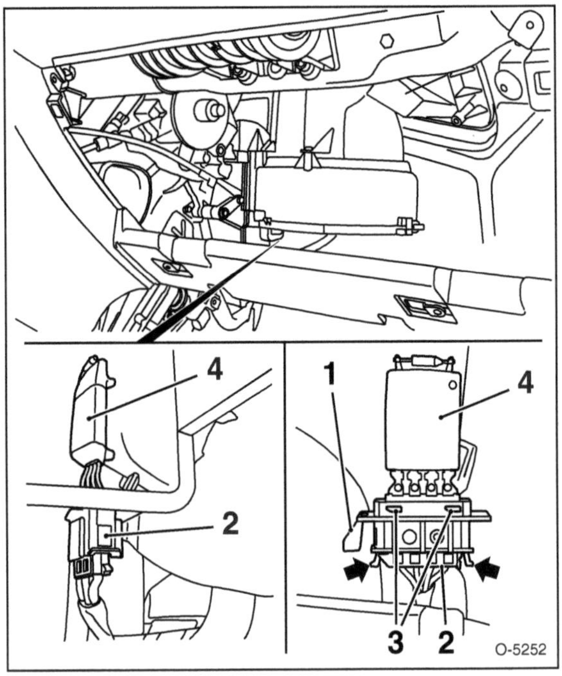


**Heizung mit Klimaanlage**

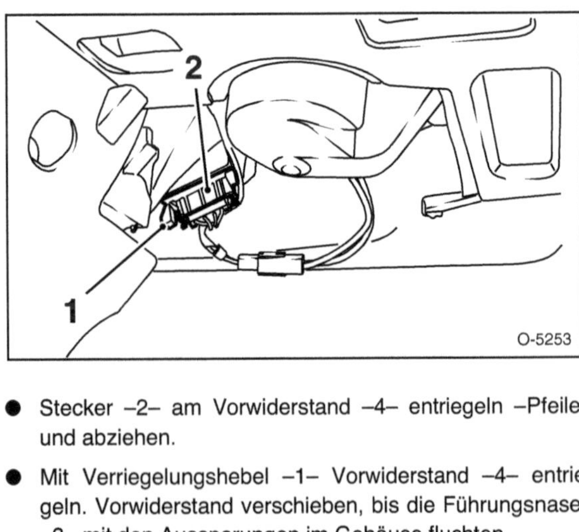


- Stecker –2– am Vorwiderstand –4– entriegeln –Pfeile– und abziehen.
- Mit Verriegelungshebel –1– Vorwiderstand –4– entriegeln. Vorwiderstand verschieben, bis die Führungsnasen –3– mit den Aussparungen im Gehäuse fluchten.
- Vorwiderstand herausziehen.

**Hinweis:** Bei der elektronisch gesteuerten Klimaanlage wird ein Regler ausgebaut. Dazu 2 Haltenasen am Stecker auseinander drücken und Regler herausziehen.

### Einbau

- Der Einbau erfolgt in umgekehrter Ausbaureihenfolge, dabei Vorwiderstand hörbar einrasten.

## Gebläsemotor für Heizung und Klimaanlage aus- und einbauen

**MERIVA**

### Ausbau

- Batterie-Massekabel (–) abklemmen. **Achtung:** Hinweise im Kapitel »Batterie aus- und einbauen« beachten.
- Handschuhfach ausbauen, siehe Seite 252.
- Verkleidung im Fußraum auf der Beifahrerseite ausbauen, siehe Seite 262.
- Spreizclip herausziehen und Luftführungskanal für den Beifahrer-Fußraum vom Luftverteilergehäuse abziehen.

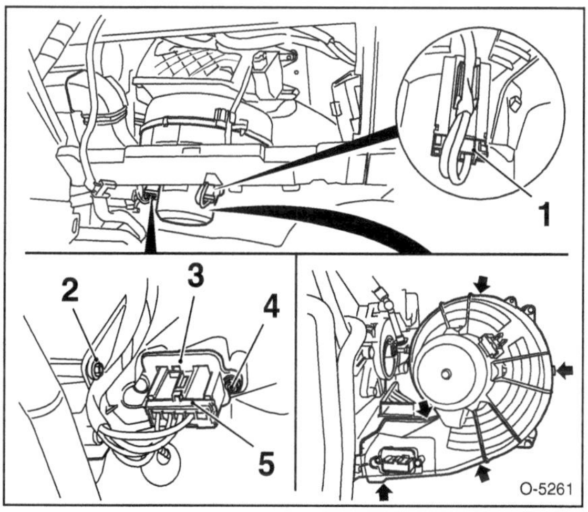


- Stecker –1– entriegeln und vom Gebläsemotor abziehen. Kabel vom Gebläsemotor lösen.
- Stecker –5– am Vorwiderstand –3– entriegeln und abziehen.
- Schraube –2– herausdrehen.
- 6 Klammern –Pfeile– lösen und Gebläsemotor nach unten abnehmen.

### Einbau

- Der Einbau erfolgt in umgekehrter Ausbaureihenfolge. Dabei werden 2 Klammern im Bereich der Stirnwand durch Schrauben ersetzt.

### Vorwiderstand ausbauen

- Stecker –5– am Vorwiderstand entriegeln und abziehen.
- Schraube –4– herausdrehen und Vorwiderstand –3– am Gebläsemotor herausziehen.

**Hinweis:** Bei der elektronisch gesteuerten Klimaanlage wird ein Regler ausgebaut. Dazu 2 Haltenasen am Stecker auseinander drücken und Regler herausziehen.

## Stelleinheit Luftverteilung aus- und einbauen

**CORSA**

### Ausbau

- Handschuhfach ausbauen, siehe Seite 252.
- Obere Abdeckung im Fußraum abnehmen.
- Spreizclip herausziehen und Luftführungskanal für den Beifahrer-Fußraum vom Luftverteilergehäuse abziehen.
- **Klimaanlage:** Rechten Drehknopf für Luftverteilung auf Stellung »Entfrosten« drehen und System auf Umluftbetrieb schalten.
- Heizungs-/Klimabedieneinheit ausbauen, siehe entsprechendes Kapitel.
- Bowdenzug am Luftverteilergehäuse aushängen.

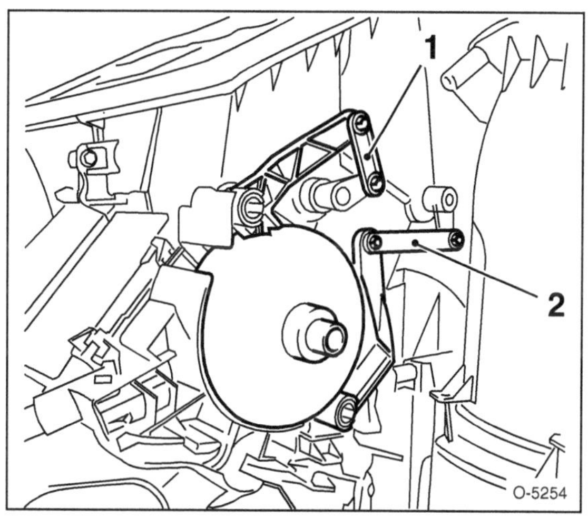


- Betätigungshebel –1/2– vom Luftklappenhebel ausclipsen.

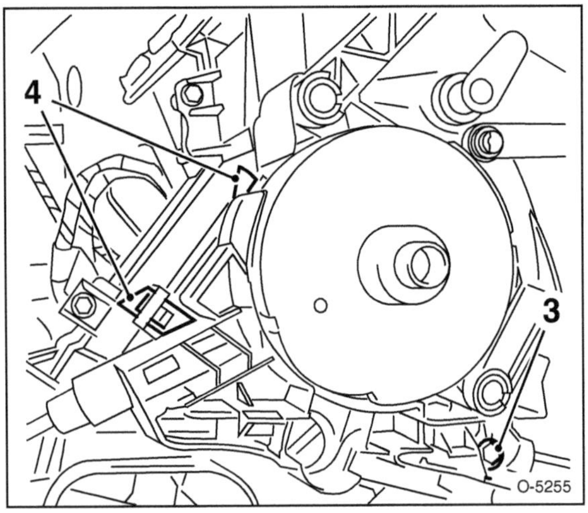


- Schraube –3– herausdrehen und Stelleinheit aus der Führung –4– am Luftverteilergehäuse herausziehen.

### Einbau

- Stelleinheit am Luftverteilergehäuse in die Führung einschieben und festschrauben.

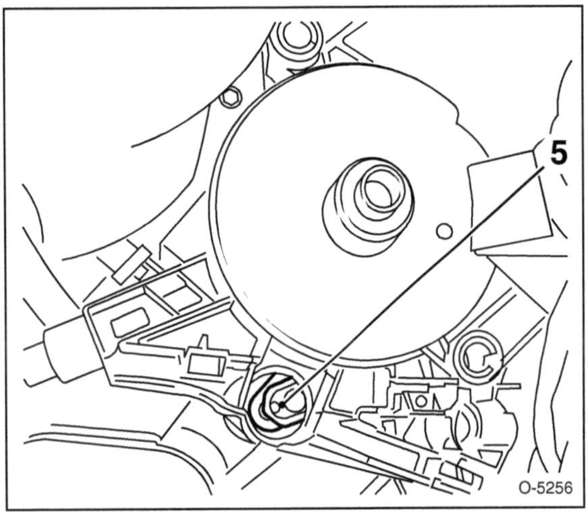


- Betätigungshebel für Luftklappe auf korrekten Sitz –5– und auf Funktion prüfen.
- Der weitere Einbau erfolgt in umgekehrter Ausbaureihenfolge.

## Zusatzheizung aus- und einbauen

### Dieselmotor

Die Zusatzheizung für Diesel-Fahrzeuge befindet sich auf der Fahrerseite hinter dem vorderen Stoßfänger.

### Ausbau

- Stoßfängerabdeckung ausbauen, siehe Seite 275.

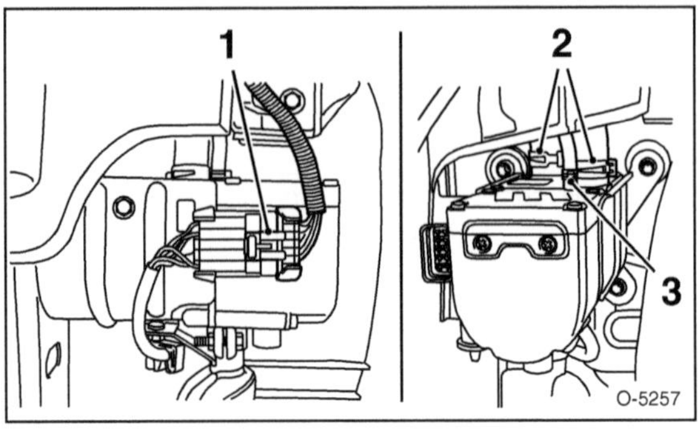


- Steckverbindung –1– für Zusatzheizung entriegeln und trennen.
- Schellen für Kühlmittelschläuche –2– lösen und Kühlmittelschläuche abziehen. Dabei auslaufendes Kühlmittel mit Gefäß auffangen.
- Kraftstoffleitung –3– abziehen und sofort verschließen. **Hinweis:** Auslaufenden Kraftstoff mit einem Lappen auffangen.

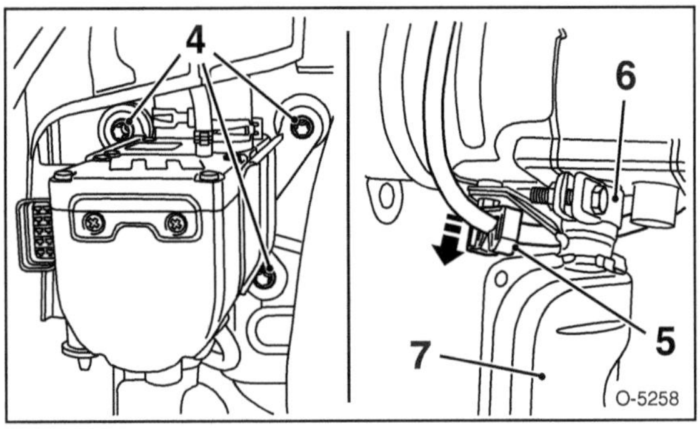


- 3 Schrauben –4– herausdrehen und Zusatzheizung mit Halterung von der Karosserie abnehmen.
- Zuleitung aus dem Kabelhalter –5– herausziehen und Kabelhalter abdrehen.
- Halteschelle –6– am Abgasrohr –7– lösen.
- Halter für Abgasrohr von der Halterung der Zusatzheizung abschrauben und Abgasrohr von der Zusatzheizung abziehen.
- 2 Schrauben für Halterung herausdrehen, Halterung an den Einraststellen heraushebeln und von der Zusatzheizung abnehmen.

### Einbau

- Der Einbau erfolgt in umgekehrter Ausbaureihenfolge, dabei Zusatzheizung mit **20 Nm** an der Karosserie anschrauben.
- Kühlflüssigkeit nachfüllen und Kühlmittelschläuche auf Dichtheit überprüfen.

## Störungsdiagnose Heizung

| Störung | Ursache | Abhilfe |
|---|---|---|
| Heizgebläse läuft nicht. | Sicherung für Gebläsemotor defekt. | ■ Sicherung für Gebläse prüfen, gegebenenfalls ersetzen. |
| | Gebläseschalter defekt. | ■ Schaltereinheit ausbauen und prüfen, gegebenenfalls ersetzen. |
| | Gebläsewiderstand defekt. | ■ Gebläsewiderstand ausbauen und Spannung am Kontakt des Gebläsemotors bei eingeschalteter Zündung und betätigtem Gebläseschalter messen. Falls keine oder zu geringe Spannung anliegt, Gebläsewiderstand ersetzen. |
| | Gebläsemotor defekt. | ■ Prüfen, ob bei eingeschalteter Zündung und betätigtem Gebläseschalter am Kontakt des Gebläsemotors Spannung anliegt. Dazu müssen der Motor sowie der Gebläsewiderstand ausgebaut werden. Wenn ja, Gebläsemotor auswechseln. |
| Heizleistung zu gering. | Kühlmittelstand zu niedrig. | ■ Kühlmittelstand prüfen, gegebenenfalls Kühlmittel auffüllen. |
| | Staubfilter verstopft. | ■ Staubfilter ersetzen. |
| | Wärmetauscher undicht oder verstopft. | ■ Wärmetauscher ersetzen (Werkstattarbeit). |
| | Diesel-Fahrzeuge: Zusatzheizung defekt. | ■ Zusatzheizung prüfen, gegebenenfalls ersetzen. |
| Heizgebläse läuft nur mit einer Geschwindigkeit. | Gebläsewiderstand defekt. | ■ Gebläsewiderstand ersetzen. |
| Geräusche im Bereich des Heizgebläses. | Eingedrungener Schmutz, Laub. | ■ Gebläse ausbauen, reinigen, Luftkanal säubern. |
| | Lüfterrad hat Unwucht, Lager defekt. | ■ Gebläsemotor ausbauen und auf leichten Lauf prüfen. |
| Heizluft riecht süßlich, Scheiben beschlagen, wenn Heizung eingeschaltet wird. | Wärmetauscher undicht. | ■ Kühlsystem abdrücken (Werkstattarbeit). Wenn Kühlflüssigkeit aus dem Heizungskasten austritt, Wärmetauscher erneuern lassen. |
| Frischluft bzw. Heizluft riecht nach faulen Eiern. Batterie gast kurz nach Abstellen des Motors sehr stark. | Spannungsregler am Generator defekt. Batterie wird zu stark geladen und beginnt zu gasen. Dabei bildet sich Schwefelwasserstoff ($H_2S$). | ■ Ladespannung bzw. Spannungsregler des Generators prüfen, ggf. Spannungsregler ersetzen. |

# Fahrwerk

## Aus dem Inhalt:

- Vorderachse
- Hinterachse
- Federbein
- Stoßdämpfer
- Schraubenfeder
- Vorderachswelle
- Lenkung/Airbag
- Räder und Reifen

Die Federung und Führung der Vorderräder übernehmen zwei Federbeine, die mit der Karosserie und den Achsschenkeln verschraubt sind. Am Vorderachsträger sind die beiden Querlenker für die Führung der Federbeine befestigt. Die Federbeine sind über Koppelstangen mit den Stabilisatoren verbunden. Diese wirken bei Fahrten in Kurven der Karosserieneigung entgegen.

Durch eine gegenüber dem CORSA veränderte Ausführung der Querlenker und der Achsgelenke wurde beim MERIVA die Spur um 20 mm verbreitert.

An der Hinterachse sind die Schraubenfedern und Stoßdämpfer getrennt voneinander eingebaut. Zwei seitliche Längslenker sind am Hinterachskörper angebracht, der je nach Ausstattung und Motorisierung als Torsionsrohr ausgeführt ist.

Beim Bremsen auf Fahrbahnoberflächen mit unterschiedlichen Reibwerten geht das Rad mit der besseren Bodenhaftung automatisch in Vorspur. Der CORSA/MERIVA bleibt dank der programmierten Elastokinematik selbst in kritischen Fahrsituationen kontrollierbar in seiner Spur. Diese DSA-Charakteristik (**D**ynamic **S**afety **A**ction) des Fahrwerks, verbunden mit Stabilisatoren vorn und hinten, sorgt für ein stabiles Fahrverhalten.

# Vorderachse

Tragendes Element der Vorderachse ist ein geschlossener Fahrschemel, der an vier Punkten mit der Karosserie verbunden ist. Am Fahrschemel befinden sich die Befestigungspunkte für die Dreiecksquerlenker, das Lenkgetriebe, den Kühler sowie die Drehmomentstützen der Motorlagerung.

Die Räder sind einzeln aufgehängt und werden über McPherson-Federbeine abgefedert. Die bananenartig gebogenen Schraubenfedern benötigen weniger Platz und sind vergleichsweise leicht. Sie übernehmen die Kompensation von Querkräften an der Stoßdämpfer-Kolbenstange ohne die sonst übliche Schrägstellung der Feder.

Die Dämpfungsbuchsen an den Nahtstellen zwischen Fahrschemel beziehungsweise Karosserie und Fahrwerk wurden in Querrichtung sehr steif ausgelegt. Die Lager in Längsrichtung sind dagegen relativ weich. Eine Besonderheit ist dabei das Hydrolager, das am Dreieckslenker vorn angebracht und am Fahrschemel abgestützt ist.

**Sicherheitshinweis**
Schweiß- und Richtarbeiten an tragenden und radführenden Bauteilen der Vorderradaufhängung **sind nicht zulässig. Selbstsichernde Muttern** sowie korrodierte Schrauben/Muttern im Reparaturfall **immer ersetzen.**

Optimale Fahreigenschaften und geringster Reifenverschleiß sind nur dann zu erzielen, wenn die Stellung der Räder einwandfrei ist. Bei unnormaler Reifenabnutzung sowie mangelhafter Straßenlage sollte die Werkstatt aufgesucht werden, um den Wagen optisch vermessen zu lassen. Die Fahrwerkvermessung kann ohne eine entsprechende Messanlage nicht durchgeführt werden.

Die Vorderachse einschließlich der Radlager ist wartungsfrei.

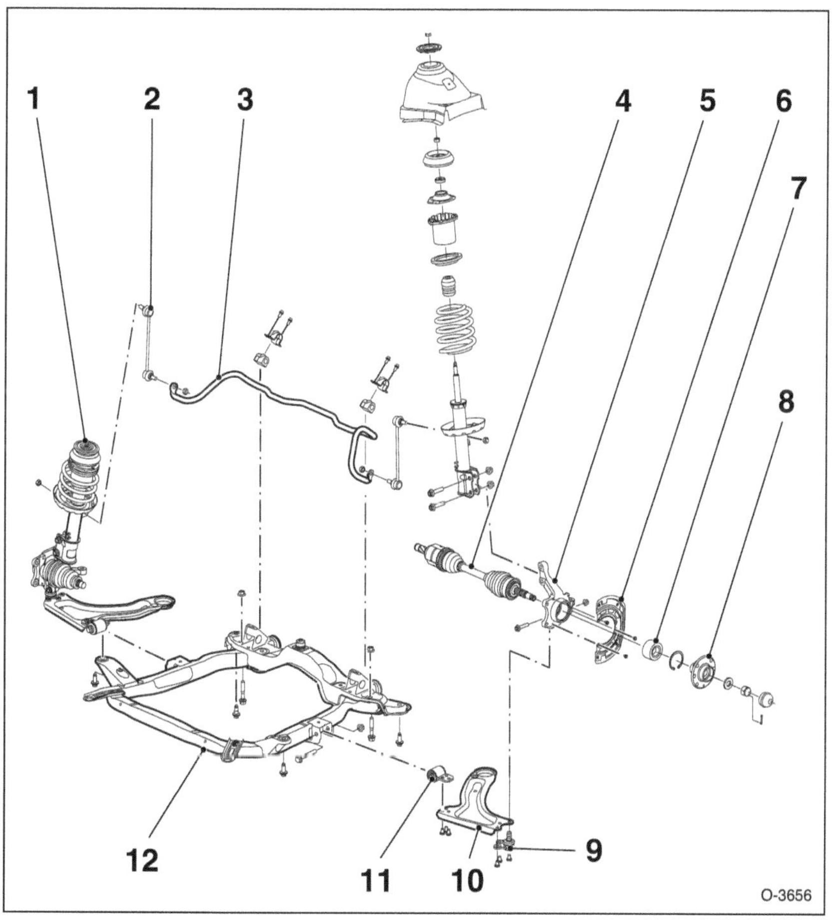


1 – **Federbein**
2 – **Koppelstange**
3 – **Stabilisator**
4 – **Gelenkwelle**
5 – **Achsschenkel**
6 – **Abdeckblech Vorderradbremse**
7 – **Radlager**
8 – **Radnabe**
9 – **Achsgelenk**
10 – **Querlenker**
11 – **Hydrolagerbuchse**
12 – **Vorderachsträger/Fahrschemel**

## Federbein aus- und einbauen

### Ausbau

- Motorhaube öffnen.
- **OPEL MERIVA:** Stirnwandabdeckung ausbauen, siehe Seite 274.

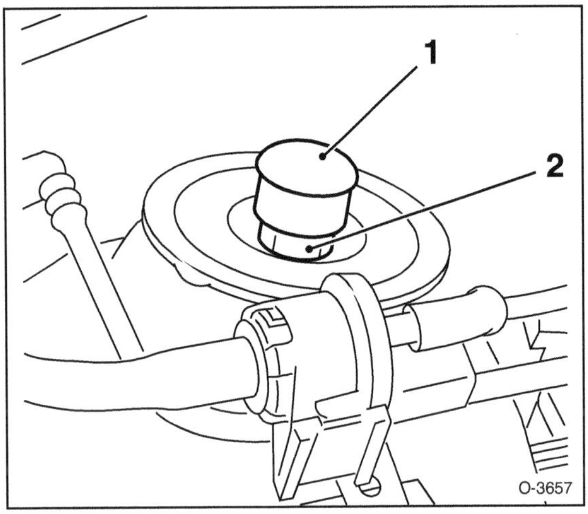


- Abdeckkappe –1– am Federbeindom abnehmen.
- Mutter –2– für obere Federbeinbefestigung abschrauben.
- Reifen-Laufrichtung mit Pfeil am Reifen markieren. Radschrauben lösen. Fahrzeug vorne aufbocken und Rad abnehmen. **Achtung:** Unbedingt Hinweise im Kapitel »Rad aus- und einbauen« beachten.

**Sicherheitshinweis**
Beim Aufbocken des Fahrzeugs besteht Unfallgefahr! Hinweise im Kapitel »Fahrzeug aufbocken« beachten.

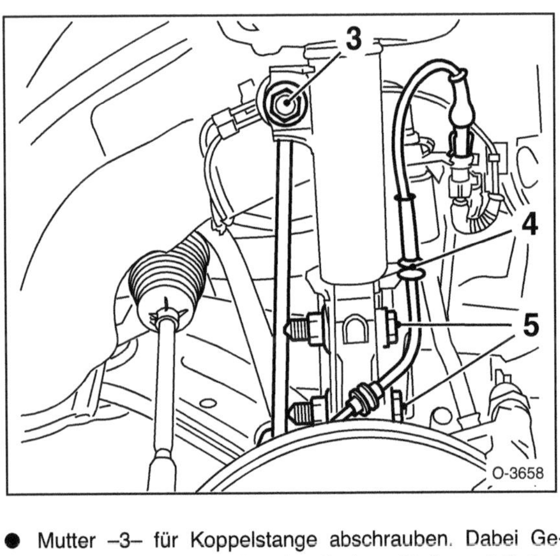


- Mutter –3– für Koppelstange abschrauben. Dabei Gelenk-Kugelbolzen an den abgeflachten Stellen mit Gabelschlüssel gegenhalten.
- Gelenkbolzen aus dem Federbein-Stützrohr herausziehen und Koppelstange abnehmen.
- Leitung für ABS-Radsensor aus der Halterung –4– am Federbein-Stützrohr ausclipsen.
- Einbaulage der Schrauben –5– für das Federbein am Achsschenkel kennzeichnen. Damit der Achsschenkel in gleicher Lage wieder angeschraubt wird, Schraubenköpfe mit Reißnadel umkreisen. **Achtung:** Durch Verschieben des Achsschenkels in den Bohrungen kann der Radsturz eingestellt werden.
- Muttern für untere Federbeinbefestigung abschrauben, Schrauben –5– aus dem Achsschenkel herausziehen und Federbein nach unten aus dem Radkasten herausziehen.

### Einbau

- Federbein in den Radkasten einführen und am Federbeindom einsetzen. Anschlagscheibe von oben auflegen und Federbein mit **neuer Mutter** lose anschrauben.
- Federbein mit **neuen selbstsichernden Schrauben und Muttern** unten am Achsschenkel anschrauben, dabei Schraubenköpfe nach den Markierungen ausrichten. **Achtung:** Schraubverbindung nach der Kontrolle des Radsturzes endgültig festziehen.
- Schraubverbindung für Federbein in 3 Stufen festziehen:
  **1. Stufe:** . . mit Drehmomentschlüssel **80 Nm** anziehen
  **2. Stufe:** . . . . mit starrem Schlüssel **60°** weiterdrehen
  **3. Stufe:** . . . . mit starrem Schlüssel **15°** weiterdrehen

**Hinweis:** Um die Winkelgrade beim Anziehen einzuhalten, ist es sinnvoll, aus Pappe eine Winkelscheibe auszuschneiden oder die Winkelscheibe HAZET 6690 zu verwenden.

- Leitung für ABS-Radsensor in die Halterung einsetzen.
- Koppelstange mit **neuer Mutter** und **65 Nm** am Federbein-Stützrohr festschrauben. Dabei Gelenkbolzen mit Gabelschlüssel gegenhalten.
- Reifen-Laufrichtung beachten, Rad anschrauben, Fahrzeug ablassen, erst dann Radschrauben über Kreuz mit **110 Nm** festziehen. **Achtung:** Unbedingt Hinweise im Kapitel »Rad aus- und einbauen« beachten.
- Obere Mutter am Federbeindom mit **55 Nm** festziehen und Abdeckkappe aufschieben.
- **OPEL MERIVA:** Stirnwandabdeckung einbauen, siehe Seite 274.
- Radsturz baldmöglichst in Fachwerkstatt kontrollieren, gegebenenfalls einstellen lassen, siehe entsprechendes Kapitel.

**Achtung:** Wenn der Radsturz eingestellt werden muss, werden die selbstsichernden Schrauben und Muttern für die untere Federbeinbefestigung ausgetauscht. Gegebenenfalls zweiten Satz Schrauben und Muttern bereit halten.

## Radsturz vorn einstellen/Gesamtspur

Die Fahrwerkvermessung kann ohne eine entsprechende Messanlage nicht durchgeführt werden. Der Sturz der Vorderräder muss nach dem Einbau des Federbeins eingestellt werden, wenn bei der Achsvermessung der Messwert vom Sollwert abweicht. In diesem Fall zuvor sämtliche Fahrwerksteile auf Beschädigungen untersuchen und gegebenenfalls ersetzen.

- Reifen mit vorgeschriebenem Reifendruck füllen.
- Kraftstofftank halb füllen.
- Beide Vordersitze während der Messung mit je 70 kg belasten.
- Fahrzeug mehrmals durchfedern und ca. 1 Meter vor- und zurückrollen.

| Modelle | Radsturz | Nachlauf |
|---|---|---|
| CORSA Limousine | –1°10' ± 45' | 1°35' ± 1° |
| CORSA Limousine Sport | –1°20' ± 45' | 1°30' ± 1° |
| CORSA Limousine Ausstattung »Schlechte Straßen« | –0°50' ± 45' | 1°55' ± 1° |
| CORSA Limousine ECO | –1°25' ± 45' | 1°40' ± 1° |
| COMBO/COMBO TOUR | –1°05' ± 45' | 1°25' ± 1° *) |
| COMBO Ausstattung »Schlechte Straßen« | –0°45' ± 45' | 1°20' ± 1° |
| MERIVA | –1°10' ± 45' | 2°55' ± 1° |

*) COMBO mit erhöhter Nutzlast: 1°15' ± 1°

- Sturzeinstellung prüfen, und falls erforderlich, Einstellung korrigieren. Zulässiger Unterschied zwischen rechter und linker Seite: 1°.
- Nach der Einstellung Federbein mit **neuen selbstsichernden Schrauben und Muttern** unten am Achsschenkel festschrauben. Anzugsdrehmoment: **80 Nm + 60° + 15°**.

### Gesamtspur

Achseinstellwert für die Gesamtspur vorn:

**CORSA Limousine:** . . . . . . . . . . . . . . +0°10' ± 10'

**COMBO:** . . . . . . . . . . . . . . . . . . . . –0°10' ± 10'

**MERIVA:** . . . . . . . . . . . . . . . . . . . . +0°00' ± 10'

## Federbein

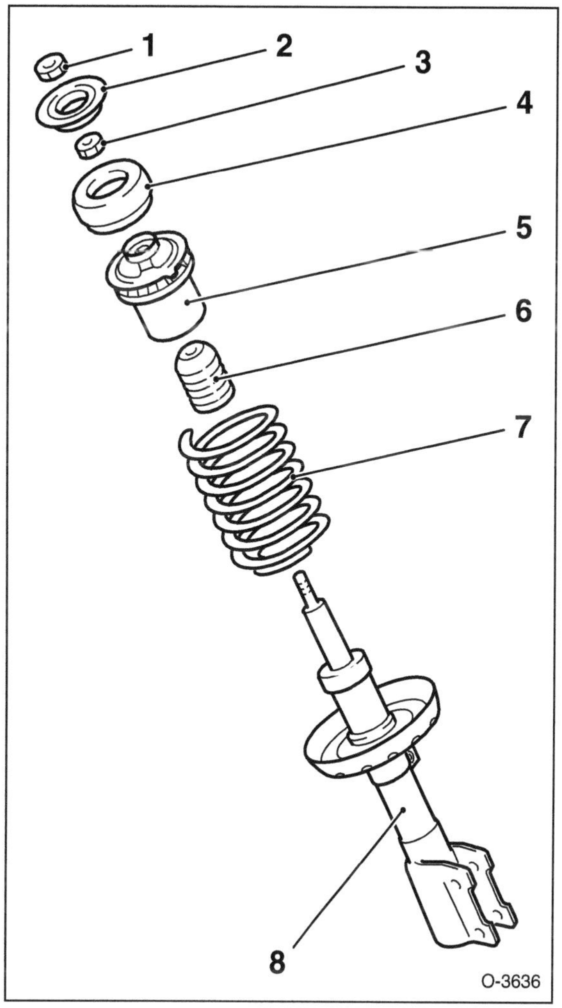


1 – Befestigungsmutter oben, **55 Nm**
2 – Anschlagscheibe oben
3 – Befestigungsmutter für Stützlager, **50 Nm**
4 – Dämpfungsring oben
5 – Stützlager mit Federsitz oben
6 – Anschlagpuffer
7 – Schraubenfeder
8 – Stützrohr mit Stoßdämpfer

# Federbein zerlegen/Stoßdämpfer/ Schraubenfeder aus- und einbauen

### Ausbau

- Federbein ausbauen, siehe entsprechendes Kapitel.

**Achtung:** Die Schraubenfeder steht unter hoher Spannung. Um den Stoßdämpfer ausbauen zu können, **muss die Schraubenfeder mit einem geeigneten Federspanner zusammengedrückt werden**.

**Sicherheitshinweis**
**Auf keinen Fall Stoßdämpfermutter lösen, wenn die Feder nicht einwandfrei und sicher gespannt ist. Darauf achten, dass die Federwindungen sicher von den Spannplatten umfasst werden und der Federspanner nicht abrutschen kann. Nur stabiles Werkzeug verwenden. Keinesfalls Feder mit Draht zusammenbinden. Unfallgefahr!**

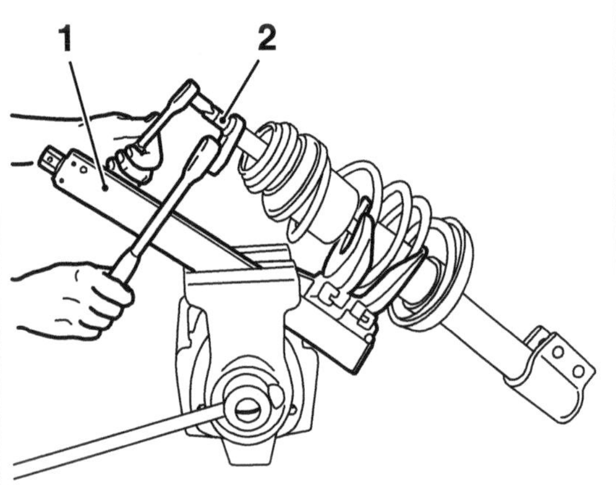

O-3628

- Geeigneten Federspanner –1–, zum Beispiel OPEL MKM-6068 mit Spannplattenpaar OPEL MKM-6068-10 in Schraubstock einspannen.
- Federbein mit den Windungen der Schraubenfeder so in den Federspanner –1– einsetzen, dass mindestens 3 Windungen der Feder gespannt werden.
- Einbaulage der Federbein-Bauteile notieren und gegebenenfalls kennzeichnen.
- Feder zusammendrücken, bis das Stützlager entlastet ist.
- Mutter für Stützlager mit tiefgekröpftem Ringschlüssel –2– abschrauben, dabei an der Stoßdämpfer-Kolbenstange mit Ringschlüssel gegenhalten. **Hinweis:** Es kann auch der Stoßdämpfer-Werkzeugsatz HAZET 4910/13 verwendet werden.
- Dämpfungsring und Stützlager abziehen. Anschlagpuffer von der Kolbenstange des Stoßdämpfers abziehen.
- Stoßdämpfer aus der Schraubenfeder herausziehen.
- Stoßdämpfer prüfen, siehe entsprechendes Kapitel.
- Alle Einzelteile des Federbeins auf Risse, Verschleiß, Korrosion und Alterungserscheinungen sichtprüfen. Beschädigte beziehungsweise verschlissene Teile erneuern.
- Falls die Schraubenfeder ausgewechselt werden soll, **Feder langsam entspannen** und aus dem Schraubstock nehmen.

### Einbau

Schraubenfedern immer paarweise austauschen, also an beiden Fahrzeugseiten. Beim Einbau neuer Federn darauf achten, dass je nach Motorisierung/Fahrzeugausstattung unterschiedliche Federn eingebaut sind. Nur gleiche Federn an einer Achse verwenden. Die Kennzeichnung der Federn erfolgt durch Farbmarkierung an einer Windung.

- Wenn die Schraubenfeder ausgebaut war, Schraubenfeder in den Federspanner einsetzen und zusammendrücken.
- Stoßdämpfer in die Schraubenfeder einsetzen.
- Anschlagpuffer auf die Kolbenstange aufschieben. Stützlager mit Federsitz sowie Dämpfungsring aufschieben, dabei auf richtige Einbaulage achten.
- **Neue Mutter** auf die Stoßdämpfer-Kolbenstange aufschrauben und mit **50 Nm** festziehen. Dabei Kolbenstange gegenhalten.
- Schraubenfeder langsam entspannen, dabei auf richtigen Sitz der Feder achten.
- Federbein aus dem Federspanner herausnehmen.
- Federbein einbauen, siehe entsprechendes Kapitel.

## Stoßdämpfer prüfen

Folgende Fahreigenschaften weisen auf defekte Stoßdämpfer hin:

- Langes Nachschwingen der Karosserie bei Bodenunebenheiten.
- Aufschaukeln der Karosserie bei aufeinander folgenden Bodenunebenheiten.
- Springen der Räder auch auf normaler Fahrbahn.
- Ausbrechen des Fahrzeuges beim Bremsen (kann auch andere Ursachen haben).
- Kurvenunsicherheit durch mangelnde Spurhaltung, Schleudern des Fahrzeuges.
- Abnorme Reifenabnutzung mit Abflachungen (Auswaschungen) am Reifenprofil.
- Polter- und Knackgeräusche während der Fahrt. Allerdings haben diese Geräusche häufig auch andere Ursachen, zum Beispiel lockere Fahrwerksschrauben und Muttern, defektes Radlager oder Gleichlaufgelenk (Achsgelenk). Daher Dämpfer vor dem Ersetzen immer prüfen, gegebenenfalls auf Stoßdämpferprüfstand prüfen lassen.

Der Stoßdämpfer kann von Hand geprüft werden. Eine genaue Überprüfung der Stoßdämpferleistung ist jedoch nur mit einem Shock-Tester (Stoßdämpfer eingebaut) oder einer Stoßdämpfer-Prüfmaschine möglich.

**Prüfung von Hand**

- Stoßdämpfer ausbauen.

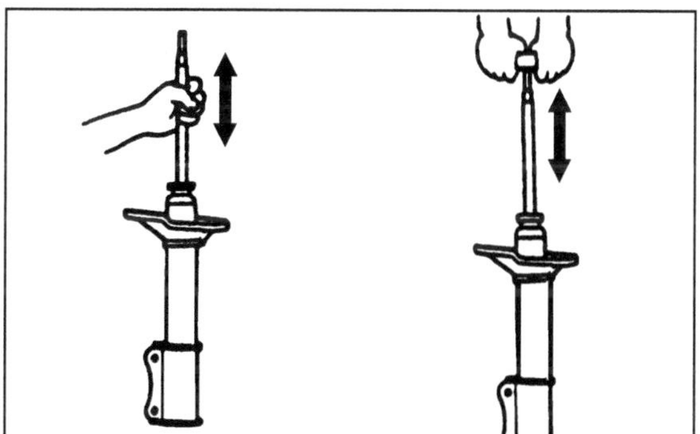

SX-3603

- Stoßdämpfer in Einbaulage halten, Stoßdämpfer auseinander ziehen und zusammendrücken. Der Stoßdämpfer muss sich über den gesamten Hub gleichmäßig schwer und ruckfrei bewegen lassen.
- Kolbenstange auf Oberflächen-Beschädigung, Verbiegung und auf klemmfreien Lauf in der Führungsbuchse prüfen.
- Gummilager im Gehäuseauge sichtprüfen. Die Gummilager müssen fest im Gehäuse sitzen und dürfen nicht gerissen oder beschädigt sein. Defekte Gummilager können im Fahrbetrieb Poltergeräusche verursachen.
- Bei Gasdruck-Stoßdämpfern geht die Kolbenstange bei ausreichendem Gasfülldruck von selbst wieder in die Ausgangslage zurück. Ist dies nicht der Fall, braucht der Dämpfer nicht unbedingt ersetzt werden. Die Wirkungsweise entspricht, solange kein größerer Ölverlust eingetreten ist, der Wirkungsweise eines konventionellen Dämpfers. Die dämpfende Funktion ist auch ohne Gasdruck vollständig vorhanden. Allerdings kann sich das Geräuschverhalten verschlechtern.
- Bei einwandfreier Funktion sind geringe Spuren von Stoßdämpferöl kein Grund zum Austausch. Als Faustregel gilt: Wenn ein Ölfleck sichtbar ist und sich nicht weiter ausbreitet als vom oberen Stoßdämpferverschluss (Kolbenstangendichtring) bis zum unteren Federteller, gilt der Dämpfer als in Ordnung. Voraussetzung ist, dass der Ölfleck stumpf, matt beziehungsweise durch Staub getrocknet ist. Ein geringfügiger Ölaustritt ist sogar von Vorteil, weil dadurch der Dichtring geschmiert wird und sich somit die Lebensdauer erhöht.
- Bei starkem Ölverlust Stoßdämpfer austauschen.

## Stoßdämpfer verschrotten

Damit ein defekter Stoßdämpfer entsorgt werden kann, muss das Hydrauliköl aus dem Stoßdämpfer abgelassen werden. Der entleerte Stoßdämpfer kann dann wie normaler Eisenschrott behandelt werden.

**Achtung:** Hydrauliköl ist ein Problemstoff und darf auf keinen Fall einfach weggeschüttet oder dem Hausmüll mitgegeben werden. Gemeinde- und Stadtverwaltungen informieren darüber, wo sich die nächste Problemstoff-Sammelstelle befindet.

**Sicherheitshinweis**
Der Gasdruck eines neuen Stoßdämpfer beträgt bis zu 25 bar. Deshalb beim Öffnen des Dämpfers Arbeitsstelle abdecken und **unbedingt Schutzbrille tragen.**

Stoßdämpfer können auf 2 Arten entleert werden, entweder durch Anbohren oder durch Aufsägen der Außenwand.

### Stoßdämpfer anbohren

- Ausgebauten Stoßdämpfer senkrecht, mit der Kolbenstange nach unten, in den Schraubstock einspannen.

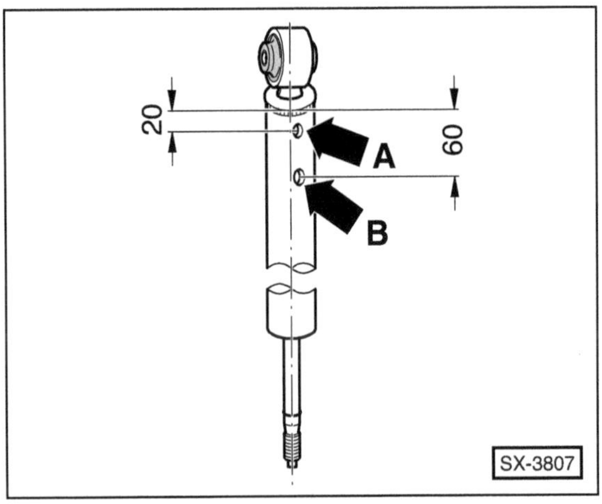


- An der Stelle –A– ein Loch mit 3 mm ∅ in das Außenrohr bohren.

**Achtung:** Bei Gasdruckstoßdämpfern entweicht nach dem Durchbohren der ersten Rohrwandung Gas. Öffnung während des Entgasens mit Lappen abdecken. Anschließend weiterbohren, bis das innenliegende Rohr (ca. 25 mm) durchbohrt ist.

- An der Stelle –B– eine zweite Bohrung mit 6 mm-Bohrer bis durch das innenliegende Rohr bohren.
- Dämpfer über eine Ölauffangwanne halten und Hydrauliköl durch hin- und herbewegen der Kolbenstange über den gesamten Hub herausdrücken.
- Dämpfer abtropfen lassen, bis kein Hydrauliköl mehr austritt.
- Hydrauliköl bei einer Problemstoff-Sammelstelle entsorgen.
- Entleerten Stoßdämpfer als Eisenschrott entsorgen.

### Stoßdämpfer aufsägen

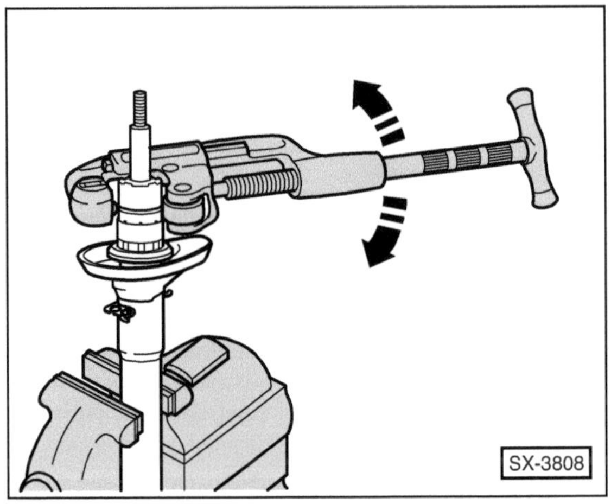


- Federbein in Schraubstock spannen.
- Rohrschneider, zum Beispiel Stahlwille Express 150/3, ansetzen und Außenrohr durchtrennen. **Achtung:** Bei Gasdruck-Stoßdämpfern entweicht dabei das Gas; Schutzbrille tragen.
- Kolbenstange hochziehen, dabei das Innenrohr mit einer Wasserrohrzange festhalten und nach unten drücken, so dass dieses beim langsamen Hochziehen der Kolbenstange im Außenrohr verbleibt.
- Kolbenstange vom Innenrohr abziehen.
- Dämpfer über eine Ölauffangwanne halten und Hydrauliköl ablaufen lassen, bis kein Hydrauliköl mehr austritt.
- Hydrauliköl bei einer Problemstoff-Sammelstelle entsorgen.
- Entleerten Stoßdämpfer als Eisenschrott entsorgen.

# Gelenkwelle/Manschetten/Gleichlaufgelenke

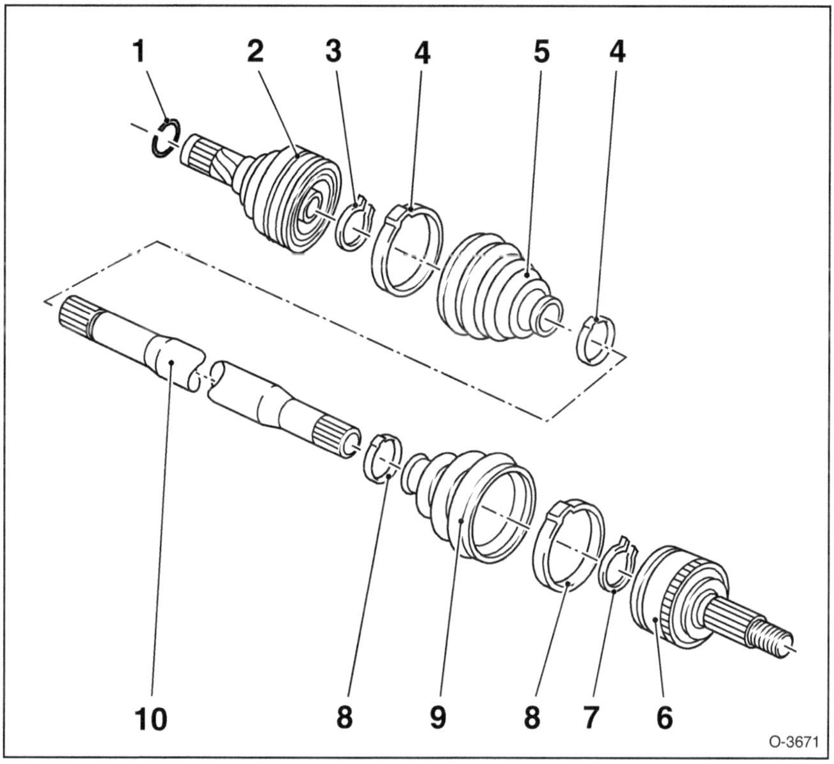


**Gelenkwelle mit Gleichlaufgelenken**

1 – **Sicherungsring auf der Welle**

2 – **Gleichlaufgelenk Getriebeseite**

3 – **Sicherungsring im Gelenk**

4 – **Manschettenbänder (Gleichlaufgelenk Getriebeseite)**

5 – **Manschette Getriebeseite**

6 – **Gleichlaufgelenk Radseite**

7 – **Sicherungsring im Gelenk**

8 – **Manschettenbänder (Gleichlaufgelenk Radseite)**

9 – **Manschette Radseite**

10 – **Gelenkwelle**

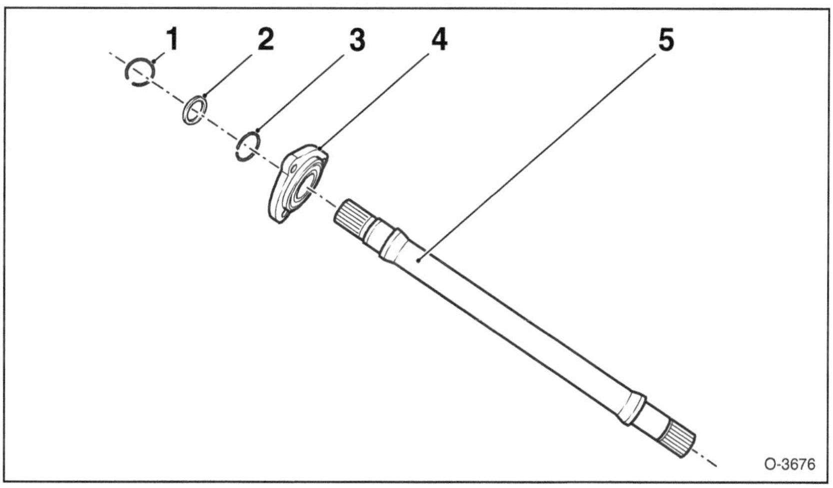


**Zwischenwelle 1,7-l/74-kW-Dieselmotor**

1 – **Sicherungsring**

2 – **O-Ring**

3 – **Sicherungsring für Lager der Zwischenwelle**

4 – **Lager mit Flansch**

**Ausbau**

- Zwischenwelle –5– ausbauen, siehe entsprechendes Kapitel.
- O-Ring –2– von der Zwischenwelle abziehen.
- Mit einem Schraubendreher Sicherungsring –3– abhebeln.
- Lager von der Zwischenwelle abdrücken.

**Einbau**

- Lager bis zum Anschlag auf die Zwischenwelle aufdrücken.
- **Neuen** Sicherungsring –3– in der Nut der Welle einsetzen und einrasten.
- **Neuen** O-Ring –2– auf die Welle aufschieben.
- Zwischenwelle einbauen, siehe entsprechendes Kapitel.

5 – **Zwischenwelle**

# Gelenkwelle aus- und einbauen

### Ausbau

Bei allen Arbeiten, bei denen die Gelenkwelle aus dem Getriebegehäuse ausgebaut wird, darauf achten, dass **stets nur am Gelenk** und **nicht an der Welle** gezogen wird.

- Gang in Leerlaufstellung bringen; Automatikgetriebe auf Stellung »N«.
- Reifen-Laufrichtung mit Pfeil am Reifen markieren. Radschrauben lösen. Fahrzeug vorne aufbocken und Rad abnehmen. **Achtung:** Unbedingt Hinweise im Kapitel »Rad aus- und einbauen« beachten.
- **CORSA:** Staubkappe mit einem Schraubendreher von der Radnabe abhebeln. **Hinweis:** Die Kappe wird dabei beschädigt und muss ersetzt werden.

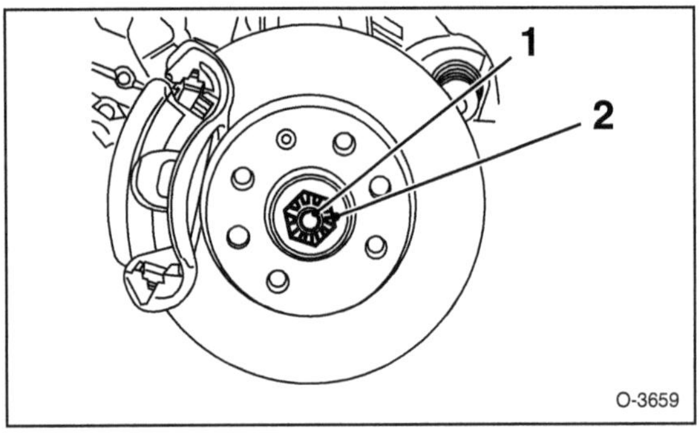


- Sicherungssplint –2– an der Radnabenmutter –1– herausziehen.

**Achtung: Hohes Löse- und Anzugsmoment der Nabenmutter!** Wir empfehlen, vor Lösen und Anziehen der Nabenmutter den Reifen zu montieren und das Fahrzeug auf die Räder zu stellen.

- Rad anschrauben und Fahrzeug ablassen.
- Radnabenmutter –1– abschrauben und zusammen mit Unterlegscheibe von der Gelenkwelle abnehmen. **Achtung:** Fußbremse beim Losdrehen der Mutter durch Helfer treten lassen.
- Fahrzeug vorne aufbocken und Rad abnehmen.

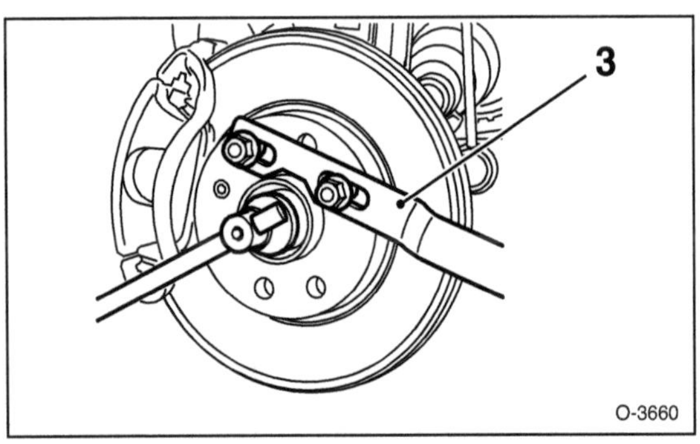


- Bleibt das Fahrzeug zum Abschrauben der Radnabenmutter aufgebockt, muss die Radnabe beim Losdrehen der Mutter mit einem langen Hebelwerkzeug –3– gegengehalten werden. **Achtung:** Fahrzeug sicher aufbocken!
- Hebelwerkzeug anfertigen: Flacheisen mit Langlöchern versehen und mit Radschrauben an der Radnabe anschrauben.
- Koppelstange vom Federbein-Stützrohr abschrauben, siehe Kapitel »Federbein aus- und einbauen«.

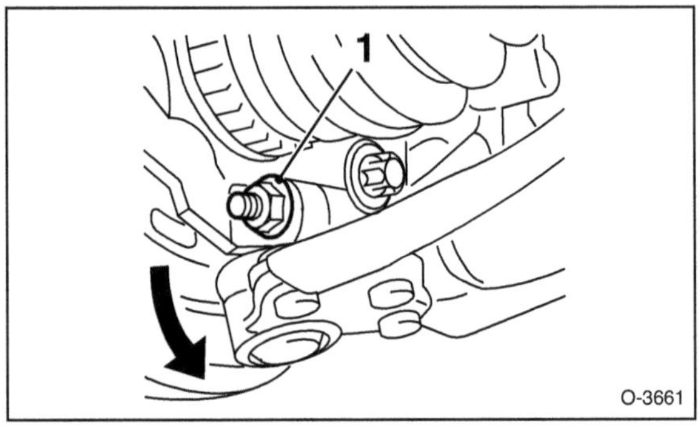


- Mutter –1– für Achsgelenk am Achsschenkel abschrauben und Schraube herausziehen.
- Achsgelenk nach unten drücken –Pfeil– und aus dem Achsschenkel herausziehen. Dabei Aufnahme am Achsschenkel mit geeignetem Werkzeug, zum Beispiel einem Inbusschlüssel, spreizen.
- Gelenkwelle mit Draht abstützen, damit die Gelenke beim Ausbau nicht bis zum Anschlag gebeugt werden.

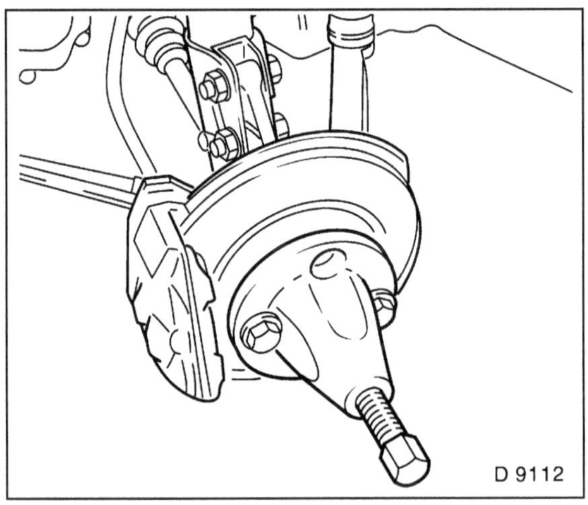


- Gelenkwelle aus der Radnabe herausziehen, indem das Federbein nach außen gezogen wird. Falls das nicht möglich ist, Gelenkwelle mit handelsüblichem Radnabenabzieher, zum Beispiel HAZET 781-5, herausdrücken.

**Achtung:** Nach Ausbau der Gelenkwelle aus der Radnabe darf das Rad nicht mehr belastet werden, beziehungsweise das Fahrzeug nicht mehr bewegt werden, da sonst die Wälzkörper des Radlagers beschädigt werden. Muss das Fahrzeug dennoch bewegt werden, in jedem Fall einen Gelenkwellenstummel für den Gegendruck in die Nabe einsetzen und mit der Nabenmutter festziehen.

- **CORSA ECO:** Untere Motorraumabdeckung ausbauen, siehe Seite 273.

**Achtung:** Aus dem Getriebegehäuse tritt beim Herausziehen der Gelenkwelle Öl aus. Auffanggefäß unterstellen und Öffnung schnell mit geeignetem Stopfen verschließen.

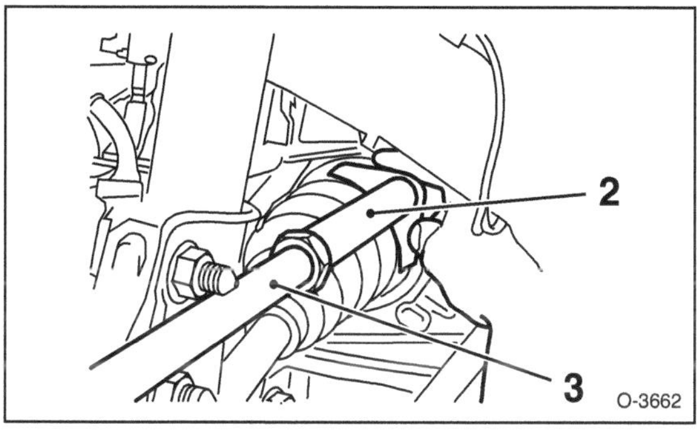

O-3662

- Gelenkwelle am Getriebegehäuse mit der OPEL-Ausziehklaue KM-6003 –2– und dem OPEL-Schlagauszieher KM-313 –3– heraustreiben.

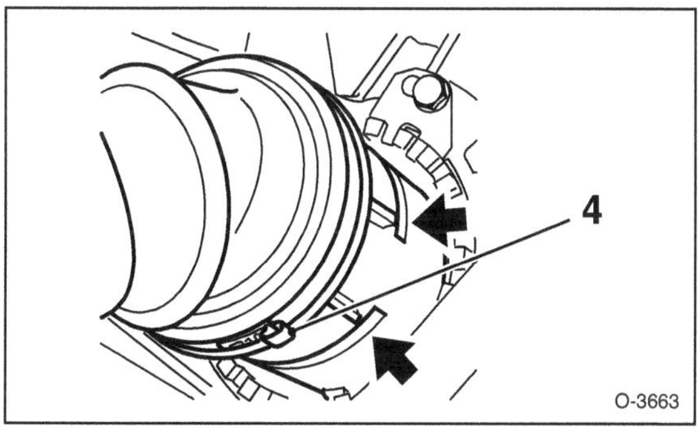

O-3663

- Ausziehklaue dabei am Flansch zwischen Getriebe und Gelenkwelle in der Einfräsung am Gelenk –Pfeile– ansetzen. Darauf achten, dass beim Herausziehen der Welle der Verschluss –4– des Haltebandes für die Gelenkmanschette nicht auf dem Werkzeug aufliegt.

**Hinweis:** Die Abbildung zeigt die Welle mit Tripodegelenk. Bei getriebeseitigen Gleichlaufgelenken verläuft die Einfräsung entlang des gesamten Gelenkgehäuses.

### Einbau

**Achtung:** Die Welle vorsichtig behandeln, sie darf nicht längere Zeit auf den Faltenbälgen lagern.

- Lagerstellen und Verzahnungen im Getriebe sowie an der Radnabe säubern und mit Getriebeöl schmieren.

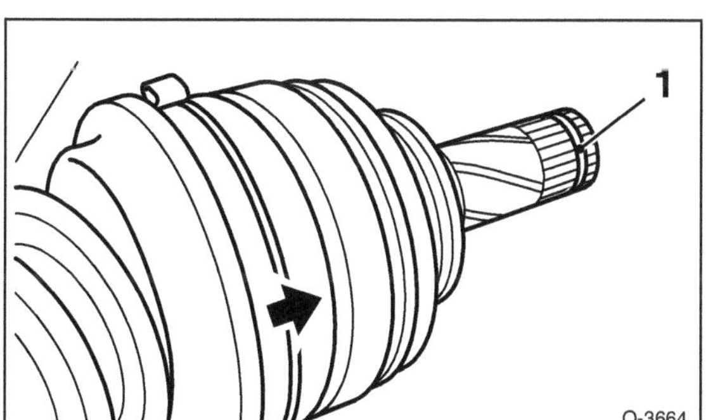

O-3664

- **Neuen Sicherungsring** –1– in getriebeseitige Gelenknut einsetzen, dabei nicht überdehnen. **Hinweis:** Die Abbildung zeigt die Einfräsung –Pfeil– am Gehäuse des Gleichlaufgelenkes.
- Verschlussstopfen am Getriebe abnehmen.

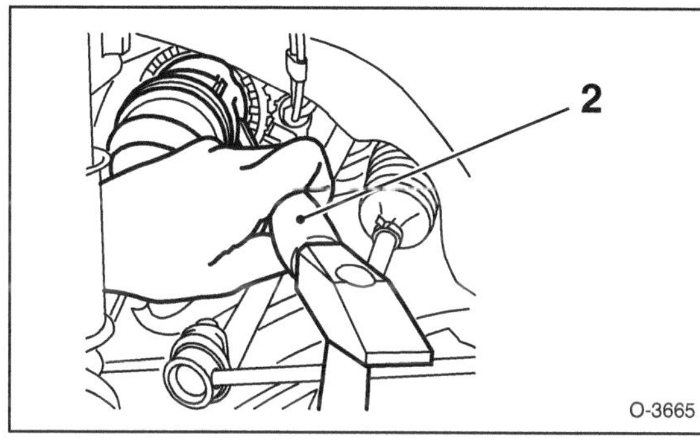

O-3665

- Gelenkwelle in das Getriebegehäuse einführen, dabei Dichtring am Getriebe nicht beschädigen, gegebenenfalls Schutzhülse OPEL KM-6332 verwenden. Dann Welle an der Einfräsung am Gelenkgehäuse mit Messingdorn –2– bis zum Einrasten des Sicherungsringes eintreiben. Dorn dabei nicht an der Blechverkleidung ansetzen. **Hinweis:** Die Abbildung zeigt die Welle mit Tripodegelenk.
- Nach dem Einrasten des Sicherungsringes festen Sitz des Gelenkes durch Ziehen von Hand am **Gelenkaußendurchmesser** prüfen. Nicht an der Welle ziehen.
- Gelenkwelle in die Verzahnung der Radnabe einsetzen.
- **Neue Nabenmutter** mit **neuer Unterlegscheibe** auf die Gelenkwelle aufschrauben und genügend fest anziehen.
- **Achtung: Hohes Anzugsmoment der Nabenmutter!** Deshalb Mutter erst endgültig festziehen, wenn das Fahrzeug auf dem Boden steht. Beim Anziehen der Nabenmutter von Helfer Bremspedal treten lassen.
- Sicherungsdraht entfernen.
- Achsgelenk in den Achsschenkel einsetzen und **neue selbstsichernde** Mutter mit **60 Nm** festziehen.
- Rad anschrauben und Fahrzeug ablassen.
- Radnabenmutter in 4 Stufen festziehen:

  **1. Stufe:**. . mit Drehmomentschlüssel **120 Nm** anziehen
  **2. Stufe:** Mutter losdrehen, bis sie von Hand drehbar ist.
  **3. Stufe:** . . mit Drehmomentschlüssel **20 Nm** anziehen
  **4. Stufe:** . . . . mit starrem Schlüssel **90°** weiterdrehen

**Hinweis:** Um den Winkelgrad beim Anziehen einzuhalten, ist es sinnvoll, aus Pappe eine Winkelscheibe auszuschneiden oder die Winkelscheibe HAZET 6690 zu verwenden.

- Fahrzeug vorne aufbocken und Rad abnehmen.
- Nabenmutter mit **neuem** Splint sichern. Lässt sich der Splint nicht einsetzen, Nabenmutter geringfügig **zurückdrehen,** bis ein Splintloch mit der nächsten Kronenmutternut fluchtet. Splint einsetzen und die Enden mit einer Flachzange umbiegen.
- **CORSA: Neue Staubkappe** auf die Radnabe aufdrücken.

- Koppelstange mit **neuer Mutter** und **65 Nm** am Federbein-Stützrohr festschrauben. Dabei Gelenkbolzen mit Gabelschlüssel gegenhalten.
- **CORSA ECO:** Untere Motorraumabdeckung einbauen, siehe Seite 273.
- Reifen-Laufrichtung beachten, Rad anschrauben, Fahrzeug ablassen, erst dann Radschrauben über Kreuz mit **110 Nm** festziehen. **Achtung:** Unbedingt Hinweise im Kapitel »Rad aus- und einbauen« beachten.
- Getriebeöl auffüllen, siehe Seite 34.

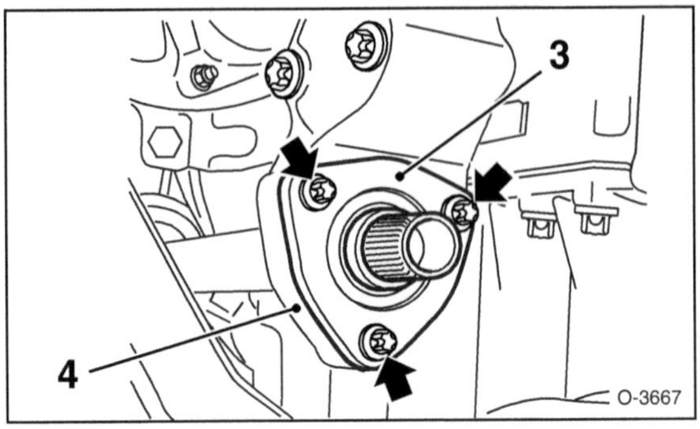


- 3 Schrauben –Pfeile– am Flansch –3– der Zwischenwelle herausdrehen.
- Zwischenwelle mit Lagerflansch vom Haltebock –4– ziehen.

**Achtung:** Aus dem Getriebegehäuse tritt beim Herausziehen der Zwischenwelle Öl aus. Auffanggefäß unterstellen und Öffnung schnell mit geeignetem Stopfen verschließen.

- Zwischenwelle aus dem Getriebe herausziehen.

## Zwischenwelle aus- und einbauen

**1,7-l/74-kW-Dieselmotor**

Vom Getriebe führt eine Zwischenwelle zur rechten Gelenkwelle, dadurch werden Drehschwingungen vermieden.

### Ausbau

- Reifen-Laufrichtung mit Pfeil am Reifen markieren. Radschrauben lösen. Fahrzeug vorne aufbocken und **rechtes** Vorderrad abnehmen. **Achtung:** Unbedingt Hinweise im Kapitel »Rad aus- und einbauen« beachten.
- Spurstangenkopf am rechten Achsschenkel ausbauen, siehe Seite 152.
- Schraube für Achsgelenk am rechten Achsschenkel abschrauben und Achsgelenk nach unten aus dem Achsschenkel herausziehen.
- Mutter für Koppelstange unten am Stabilisator abschrauben. Dabei Gelenk-Kugelbolzen an den abgeflachten Stellen mit Gabelschlüssel gegenhalten.
- Rechte Gelenkwelle mit Draht abstützen.

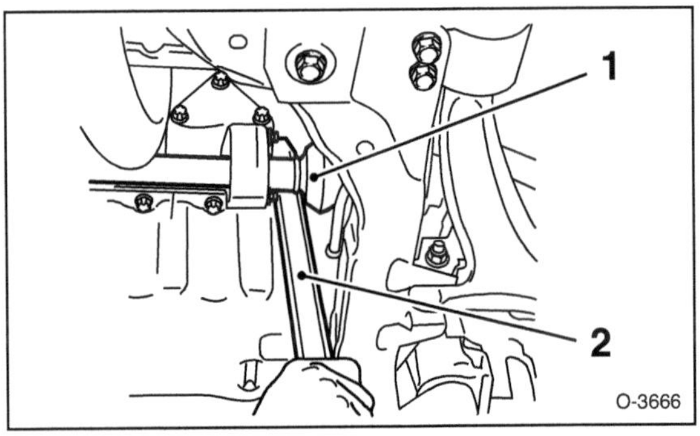


- Rechte Gelenkwelle –1– mit Montiereisen –2– von der Zwischenwelle abtreiben.

### Einbau

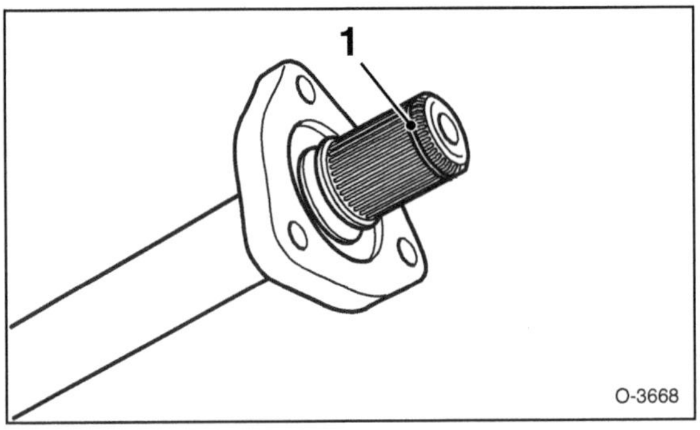


- **Neuen Sicherungsring** –1– an der Zwischenwelle einsetzen, Sicherungsring dabei bis in die Nut aufschieben.
- Zwischenwelle in Haltebock einsetzen.
- Zwischenwelle vorsichtig in Getriebe einführen. Dabei Dichtring am Getriebe nicht beschädigen, gegebenenfalls Schutzhülse OPEL KM-6332 verwenden.
- Lagerflansch mit **18 Nm** am Haltebock festschrauben.
- Rechte Gelenkwelle vorsichtig abhängen, über die Zwischenwelle aufschieben und einrasten.
- Koppelstange mit **neuer Mutter** und **65 Nm** am Stabilisator festschrauben.
- Achsgelenk in den Achsschenkel einsetzen und **neue selbstsichernde** Mutter mit **60 Nm** festziehen.
- Spurstangenkopf einbauen und mit **neuer selbstsichernder** Mutter und **35 Nm** am rechten Achsschenkel festschrauben, siehe Seite 152.
- Reifen-Laufrichtung beachten, rechtes Vorderrad anschrauben, Fahrzeug ablassen, erst dann Radschrauben über Kreuz mit **110 Nm** festziehen. **Achtung:** Unbedingt Hinweise im Kapitel »Rad aus- und einbauen« beachten.
- Getriebeöl auffüllen, siehe Seite 34.

# Gelenkwelle zerlegen/ Manschette ersetzen

Defekte Gelenkmanschette (Faltenbalg) sofort erneuern, dazu muss die Gelenkwelle zerlegt werden. Falls Schmutz in das Fett eingedrungen ist, Gelenk auswaschen und mit neuem Spezialfett schmieren. **Achtung:** Auf peinlichste Sauberkeit achten. Jede noch so geringe Verschmutzung führt zur Zerstörung des Gelenkes.

Defekte Kugeln im Lager machen sich durch Lastwechselschlagen und Knackgeräusche bemerkbar. In diesem Fall Gelenk komplett erneuern.

**Achtung:** Bei Fahrzeugen mit höherer Laufleistung empfiehlt es sich, beide Manschetten auszuwechseln. Auch wenn beide Manschetten erneuert werden sollen, immer nur ein Gelenk ausbauen.

## Gleichlaufgelenk

### Ausbau

- Gelenkwelle ausbauen, siehe entsprechendes Kapitel.
- Gelenkwelle in Schraubstock spannen. Dabei die Welle mit Aluminiumblechen schützen.
- Manschettenbänder an der Gelenkmanschette mit Seitenschneider oder Säge auftrennen und abnehmen. **Achtung:** Gelenk und Welle dabei nicht beschädigen.
- **Inneres, getriebeseitiges Gleichlaufgelenk:** Manschette an der Gelenkwelle mit Seitenschneider aufschneiden.

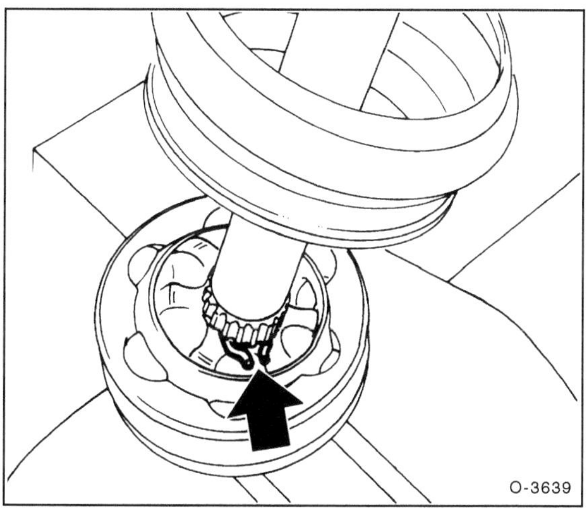

O-3639

- Gelenkmanschette zurückschieben und Fettfüllung aus dem Gelenk herausnehmen, bis der Sicherungsring –Pfeil– sichtbar ist.
- Sicherungsring im Gelenk mit einer Zange spreizen.

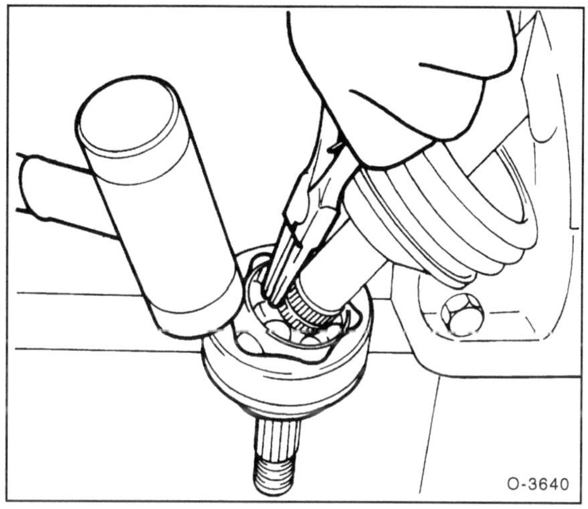

O-3640

- Gelenk mit Kunststoffhammer von der Wellenverzahnung abtreiben, gleichzeitig Sicherungsring mit Zange gespreizt halten.
- Manschette von der Gelenkwelle abziehen.

### Einbau

**Achtung:** Spröde oder gerissene Manschetten ersetzen. Defekte Gelenke grundsätzlich komplett erneuern.

- Altes Fett aus dem Gelenk gründlich mit Benzin auswaschen. Mit einem Holzspachtel Gelenk-Hohlräume mit neuem OPEL-Spezialfett 1941522 füllen.
- **Neuen** Sicherungsring im Gelenk einsetzen. Dabei darauf achten, dass der Sicherungsring einwandfrei in seiner Nut sitzt.
- Halteband und Manschette auf die Gelenkwelle aufschieben.
- Restliches Fett in Manschette einfüllen.
- Neues Gelenk auf die Wellenverzahnung aufschieben und mit Plastikhammer bis zum Einrasten des Sicherungsringes aufschlagen.
- Mit Schraubendreher Hülle an der Welle etwas anheben und entlüften.

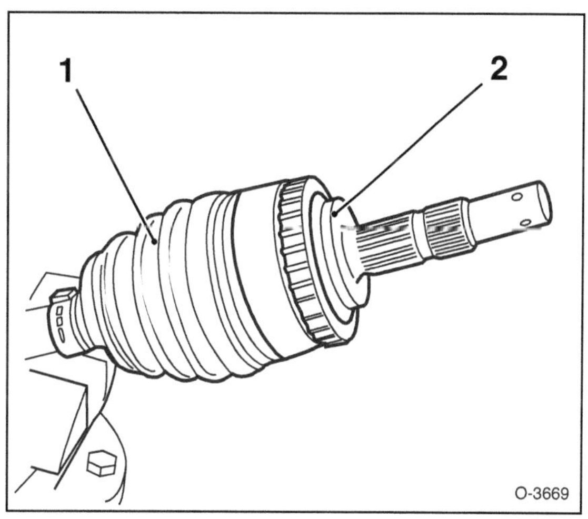


O-3669

- Manschette –1– über das Gelenk –2– schieben.

**Hinweis:** Die Manschette muss dabei in der Nut des Gelenks und in der Nut der Welle sitzen. In der Abbildung ist das radseitige Gleichlaufgelenk dargestellt.

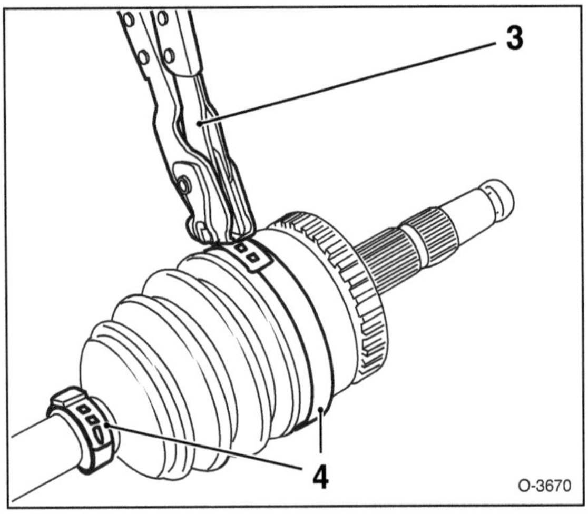


- Manschettenbänder –4– über die Manschette legen und mit Klemmzange –3–, zum Beispiel HAZET 1847-1, spannen. **Achtung:** Die Manschette darf gegenüber der Gelenkwelle nicht verdreht sitzen.
- Gelenkwelle einbauen, siehe entsprechendes Kapitel.

## Getriebeseitiges Tripodengelenk

### 1,0-l-Benzinmotor

Der Aus- und Einbau erfolgt im Prinzip wie beim Gleichlaufgelenk. Hier werden nur die davon abweichenden Arbeitsgänge beschrieben.

**Ausbau**

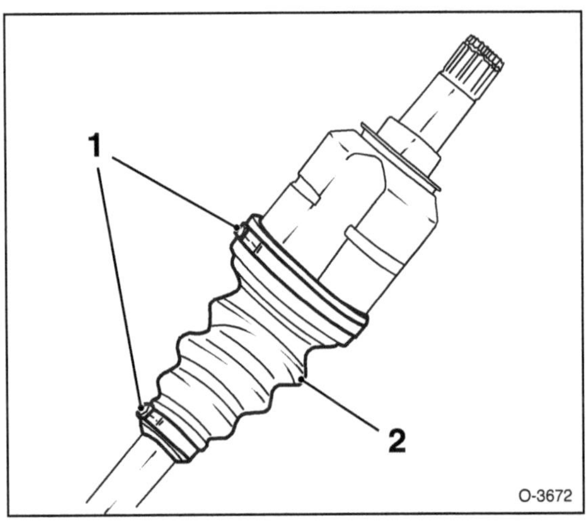


- Gelenkwelle in Schraubstock spannen, Manschettenbänder –1– an der Gelenkmanschette –2– öffnen und abnehmen.
- Manschette –2– auf der Gelenkwelle zurückschieben.

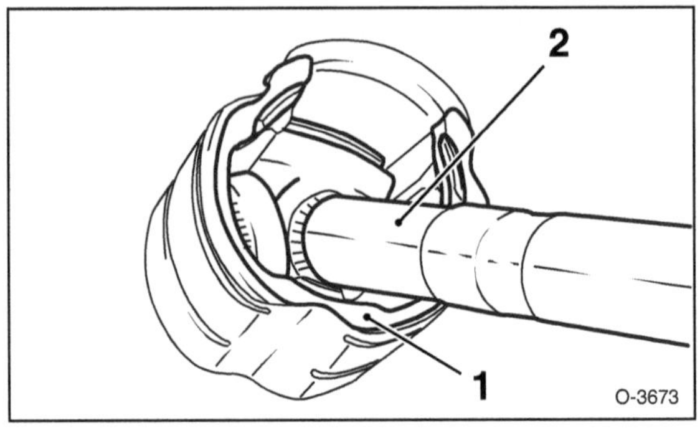


- Gehäuse des Tripodengelenks säubern und Sicherungsblech –1– abziehen. **Hinweis:** Das Sicherungsblech dient als Montagehilfe und muss bei Beschädigung nicht ersetzt werden.
- Gelenkwelle –2– mit Tripodenlager aus dem Gelenkgehäuse herausziehen.

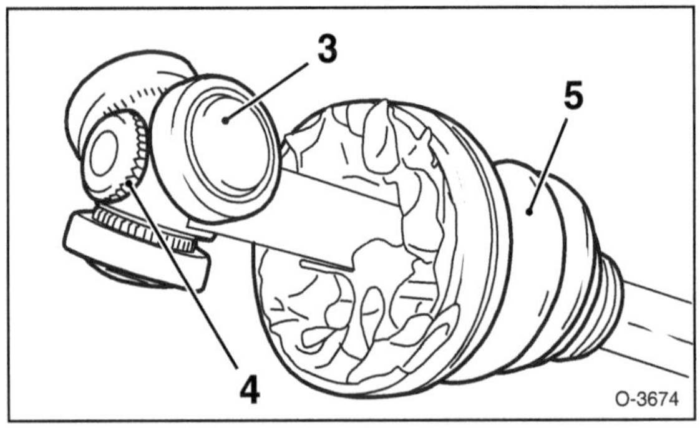


- Sicherungsring –4– für Lager abnehmen und Tripodestern –3– von der Welle abziehen. Falls nötig, Tripodestern mit OPEL-Abziehwerkzeug KM-161-B, oder HAZET 784-15, von der Welle abziehen.
- Manschette –5– von der Gelenkwelle abziehen.

**Einbau**

- Halteband und Manschette auf die Gelenkwelle aufschieben.
- Tripodestern auf die Gelenkwelle aufschieben und **neuen** Sicherungsring einsetzen.
- Gelenkgehäuse mit Spezialfett füllen und über das Tripodegelenk setzen.
- Gegebenenfalls Sicherungsblech am Gelenkgehäuse einsetzen.
- Manschette über das Gelenk schieben, so dass sie in den Nuten sitzt.
- Manschettenbänder mit Klemmzange spannen. Dabei darauf achten, dass der Verschluss des Haltebandes am Gelenkgehäuse nicht in einer Einbuchtung sitzt.

## Schwingungsdämpfer

### Gelenkwelle rechts

#### Ausbau

- Getriebeseitiges Gelenk und Manschette von der rechten Gelenkwelle ausbauen.

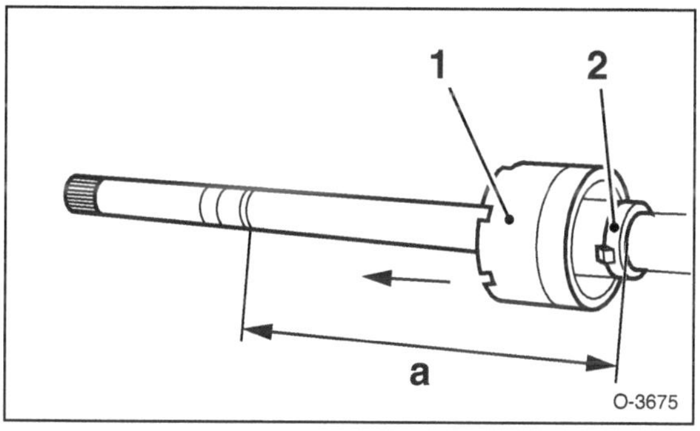


- Halteband –2– durchtrennen, Schwingungsdämpfer –1– mit Kriechöl unterspülen und in Pfeilrichtung von der Welle abziehen.

#### Einbau

- Gelenkwelle entfetten und reinigen.
- Neues Halteband und Schwingungsdämpfer auf die Welle schieben, dabei den Abstand a = 225 ± 5 mm einhalten.
- Halteband mit Klemmzange spannen.
- Gelenk und Manschette an der Gelenkwelle einbauen.

## Achsschenkel aus- und einbauen

#### Ausbau

**Achtung: Hohes Lösemoment der Nabenmutter!**

- Radnabenmutter am Radlager abschrauben, siehe Kapitel »Gelenkwelle aus- und einbauen«.
- Reifen-Laufrichtung mit Pfeil am Reifen markieren. Radschrauben lösen. Fahrzeug vorne aufbocken und Rad abnehmen. **Achtung:** Unbedingt Hinweise im Kapitel »Rad aus- und einbauen« beachten.

**Sicherheitshinweis**
Beim Aufbocken des Fahrzeugs besteht Unfallgefahr! Hinweise im Kapitel »Fahrzeug aufbocken« beachten.

- Gelenkwelle mit Draht abstützen, damit die Gelenke beim Ausbau nicht bis zum Anschlag gebeugt werden.
- Scheibenbremsbeläge vorn ausbauen, siehe Seite 161.
- Bremssattelträger vorn ausbauen, siehe Seite 164.
- Bremsscheibe vorn ausbauen, siehe Seite 169.
- ABS-Sensor mit Halter vom Achsschenkel abschrauben.

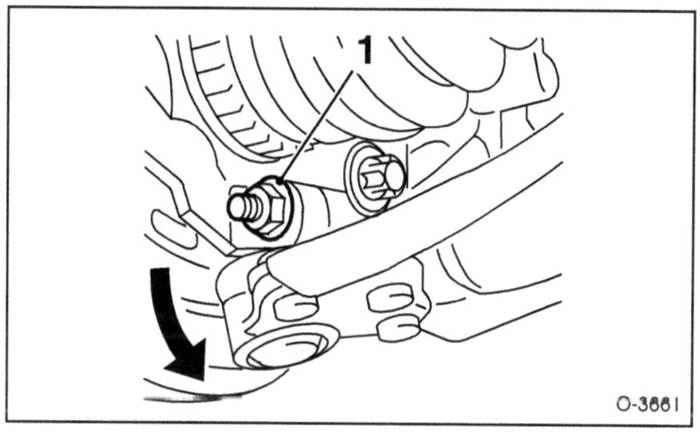


- Mutter –1– für Achsgelenk am Achsschenkel abschrauben und Schraube herausziehen.
- Achsgelenk nach unten drücken –Pfeil– und aus dem Achsschenkel herausziehen. Dabei Aufnahme am Achsschenkel mit geeignetem Werkzeug, zum Beispiel einem Inbusschlüssel, spreizen.

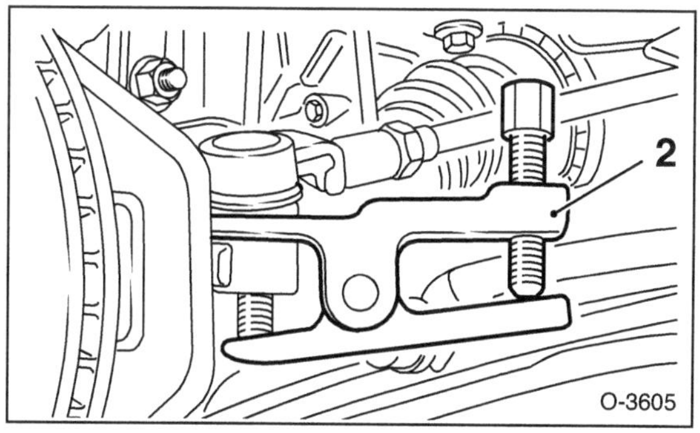


- Mutter für Spurstangenkopf einige Umdrehungen losschrauben. Spurstangenkopf mit handelsüblichem Ausdrücker –2–, zum Beispiel HAZET 779, aus dem Achsschenkel herausdrücken. Mutter abschrauben.
- Muttern für untere Federbeinbefestigung abschrauben und Schrauben aus dem Achsschenkel herausziehen, siehe Kapitel »Federbein aus- und einbauen«.
- Achsschenkel von der Gelenkwelle abziehen und abnehmen.

#### Einbau

**Achtung:** Bei Einbau eines neuen Achsschenkels muss ein **neues** Radlager eingebaut werden und das Abdeckblech für die Bremsscheibe angeschraubt werden.

- Achsschenkel in Achsgelenk des Querlenkers einsetzen.
- Gelenkwelle in die Verzahnung der Radnabe einsetzen. **Neue Nabenmutter** mit **neuer Unterlegscheibe** lose auf die Gelenkwelle aufschrauben.
- Sicherungsdraht entfernen.
- Achsschenkel unten am Federbein mit **neuen selbstsichernden Schrauben und Muttern** anschrauben, dabei Schraubverbindung mit **80 Nm + 60° + 15°** festziehen, siehe Kapitel »Federbein aus- und einbauen«.

**Achtung:** Schraubverbindung nach der Kontrolle des Radsturzes endgültig festziehen.

- Schraube für Achsgelenk einsetzen und mit **neuer selbstsichernden** Mutter und **60 Nm** festziehen.
- Spurstangenkopf in den Achsschenkel einsetzen, **neue selbstsichernde** Mutter aufschrauben und mit **35 Nm** festziehen.
- ABS-Sensor mit Halter am Achsschenkel anschrauben.
- Bremsscheibe, Bremssattelträger und Bremsbeläge einbauen, siehe Seite 169/164/161.
- Radnabenmutter festziehen mit **120 Nm** festziehen, Mutter wieder **losdrehen** und erneut mit **20 Nm + 90°** festziehen. **Achtung: Hohes Anzugsmoment der Nabenmutter**, siehe Kapitel »Gelenkwelle aus- und einbauen«.
- Nabenmutter mit **neuem** Splint sichern. **Neue Staubkappe** auf die Radnabe aufdrücken.
- Reifen-Laufrichtung beachten, Rad anschrauben, Fahrzeug ablassen, erst dann Radschrauben über Kreuz mit **110 Nm** festziehen. **Achtung:** Unbedingt Hinweise im Kapitel »Rad aus- und einbauen« beachten.
- Radsturz baldmöglichst in Fachwerkstatt kontrollieren, gegebenenfalls einstellen lassen, siehe entsprechendes Kapitel.

**Achtung:** Wenn der Radsturz eingestellt werden muss, werden die selbstsichernden Schrauben und Muttern für die untere Federbeinbefestigung ausgetauscht. Gegebenenfalls zweiten Satz Schrauben und Muttern bereit halten.

## Radlager aus- und einbauen

Das Radlager ist wartungsfrei, es muss weder eingestellt noch geschmiert werden. Defekte Radlager machen sich folgendermaßen bemerkbar: Geräusche in engen Kurven, Schwergängigkeit des Rades bei gelöster Bremse.

### Ausbau

- Achsschenkel ausbauen, siehe entsprechendes Kapitel.

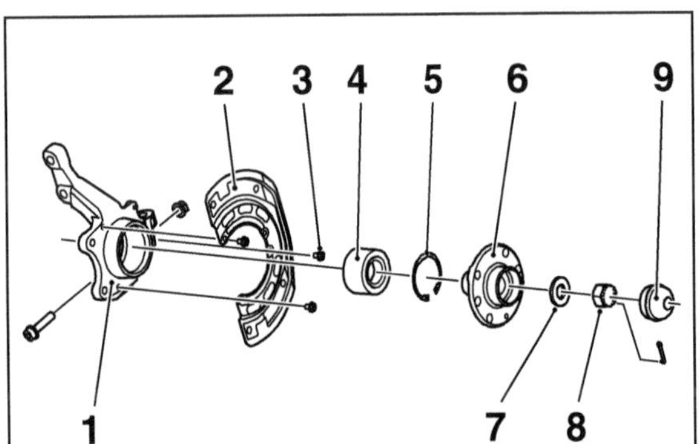


1 – Achsschenkel
2 – Bremsabdeckblech
3 – Schrauben für Bremsabdeckblech
4 – Radlager
5 – Sicherungsring
6 – Radnabe
7 – Scheibe
8 – Radnabenmutter
9 – Staubkappe (nur CORSA)

- Achsschenkel –1– in einen Schraubstock spannen. Abdeckblech –2– für die Bremsscheibe vom Achsschenkel abschrauben, dabei sind die Schrauben –3– durch die Montagelöcher der Radnabe zugänglich.

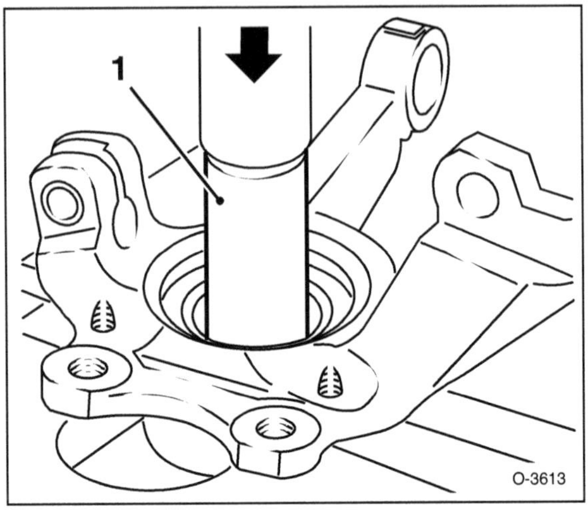


- Radnabe mit Hydraulikpresse und OPEL-Werkzeug KM-466-5 –1– vom Radlager abpressen. **Achtung:** Beim Abpressen wird das Radlager zerstört.

**Hinweis:** Die Radlager sitzen so fest im Radlagergehäuse, dass sie nur mit einer geeigneten Hydraulikpresse aus- und eingebaut werden können (Werkstattarbeit). Zum Auspressen sind unterschiedliche OPEL-Spezialwerkzeuge erforderlich. Man kann auch kurze, starke Rohre mit entsprechendem Durchmesser verwenden. Das Radlager nicht mit einem Dorn herausschlagen.

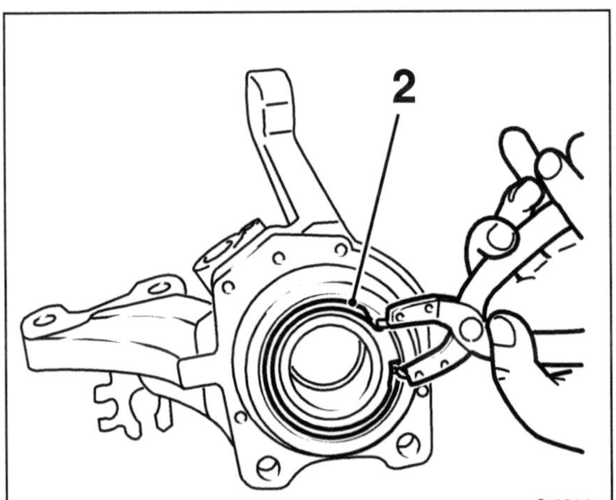


- Achsschenkel in einen Schraubstock spannen. Sicherungsring –2– mit Sprengringzange aus dem Achsschenkel herausnehmen.

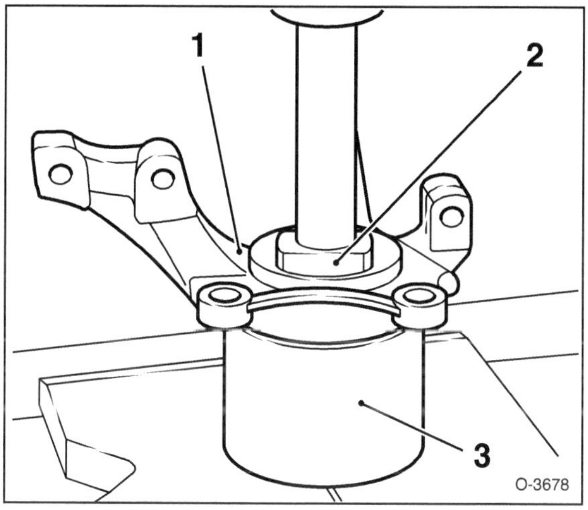


- KM-500-2 –3– unter Achsschenkel –1– legen, Radlager mit Hydraulikpresse und OPEL-Werkzeug KM-248-1 –2– sowie geeignetem Stempel aus dem Achsschenkel herauspressen.
- Gleitflächen des Achsschenkels säubern und mit Wälzlagerfett bestreichen.

**Einbau**

**Achtung:** Das ausgebaute Radlager darf **nicht** wieder verwendet werden.

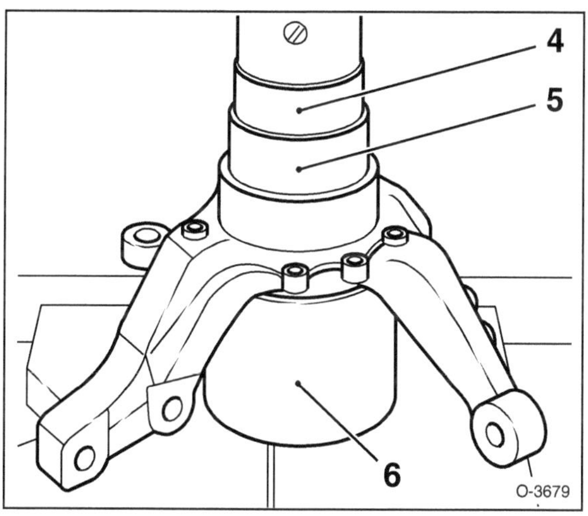


- Achsschenkel auf OPEL-Werkzeug KM-466-2 –6– legen und neues Radlager –5– mit KM-466-A –4– einpressen.
- Achsschenkel in einen Schraubstock spannen und Sicherungsring einsetzen, dabei darauf achten, dass der Sicherungsring einwandfrei in seiner Nut sitzt.

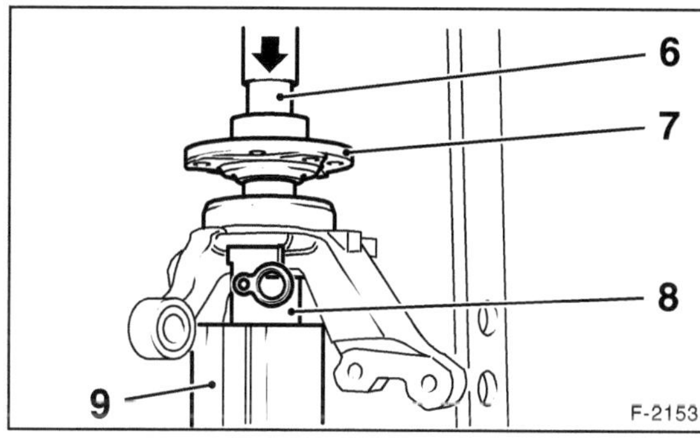


- Achsschenkel auf OPEL-Werkzeug KM-500-3 –8– legen. Radnabe –7– mit Hydraulikpresse und KM-466-5 –6– in das Radlager einpressen. 9 – Holzblock als Unterlage.
- Achsschenkel in einen Schraubstock spannen und Bremsabdeckblech anschrauben.
- Achsschenkel ausbauen, siehe entsprechendes Kapitel.

## Querlenker aus- und einbauen/ Achsgelenk prüfen

**Achsgelenk prüfen**

- Fahrzeug vorn aufbocken.

**Sicherheitshinweis**
Beim Aufbocken des Fahrzeugs besteht Unfallgefahr! Hinweise im Kapitel »Fahrzeug aufbocken« beachten.

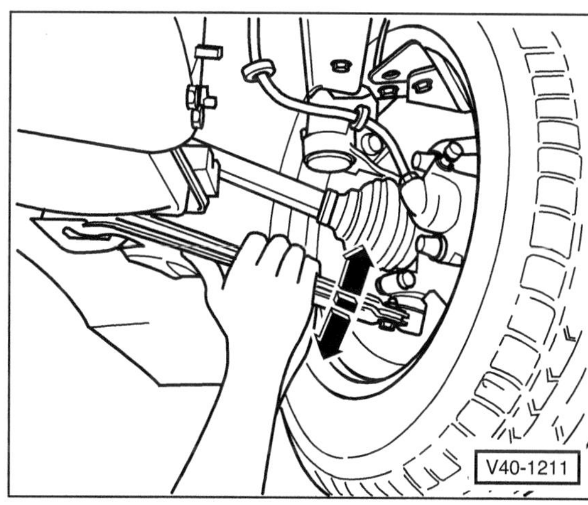


- Querlenker kräftig nach oben drücken und nach unten ziehen, dabei das Achsgelenk beobachten.
- Rad unten kräftig nach außen und innen drücken, dabei das Achsgelenk beobachten.
- Bei beiden Prüfungen darf kein fühlbares und sichtbares Spiel im Achsgelenk vorhanden sein.

**Hinweis:** Eventuell vorhandenes Radlagerspiel oder Spiel im Federbeinlager oben berücksichtigen.

- Gummibalg auf Beschädigung prüfen, bei Beschädigung Achsgelenk erneuern.

**Ausbau**

- Reifen-Laufrichtung mit Pfeil am Reifen markieren. Radschrauben lösen. Fahrzeug vorne aufbocken und Rad abnehmen. **Achtung:** Unbedingt Hinweise im Kapitel »Rad aus- und einbauen« beachten.

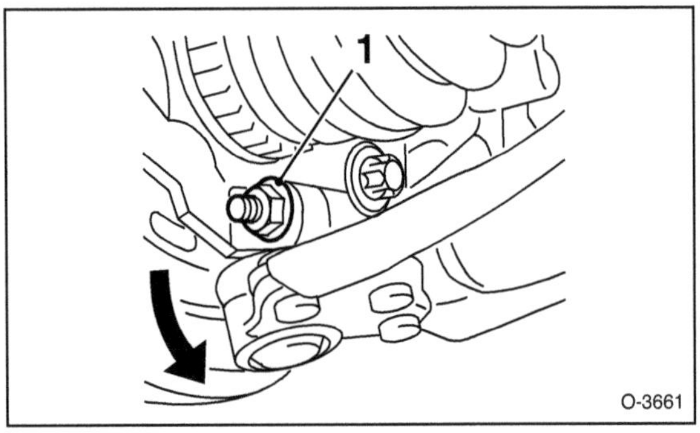


- Mutter –1– für Achsgelenk am Achsschenkel abschrauben und Schraube herausziehen.
- Achsgelenk nach unten drücken –Pfeil– und aus dem Achsschenkel herausziehen. Dabei Aufnahme am Achsschenkel mit geeignetem Werkzeug, zum Beispiel einem Inbusschlüssel, spreizen.

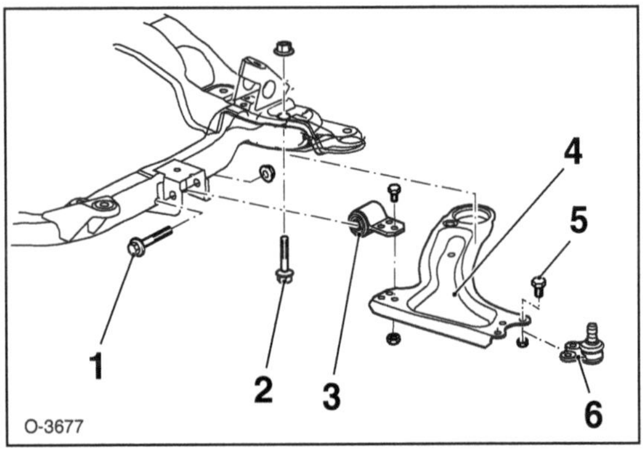


- Schraube –1– für Hydrolager –3– herausdrehen.
- Schraube –2– hinten aus Vorderachsträger herausdrehen und Querlenker –4– abnehmen.
- Nieten –5– mit Bohrer ∅ 10 mm ausbohren und Achsgelenk –6– vom Querlenker abnehmen. Bei Einbau des alten Querlenkers Bohrränder anschließend mit Rostschutzfarbe bestreichen.

**Einbau**

- Das neue Achsgelenk wird mit dem Querlenker verschraubt. **Unbedingt die dafür vorgesehenen Spezialschrauben von OPEL verwenden.**

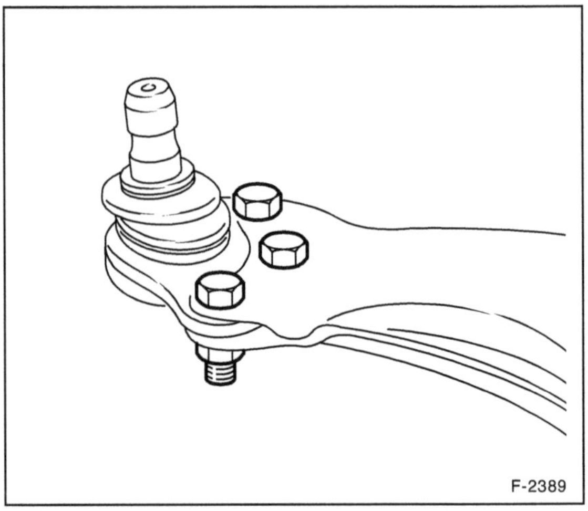


- Achsgelenk mit 3 Spezialschrauben an der Unterseite des Querlenkers anschrauben, dabei Schrauben von oben nach unten einsetzen. Schrauben mit **55 Nm** festziehen.
- Querlenker mit **neuen selbstsichernden Schrauben und Muttern** vorne und hinten am Vorderachsträger anschrauben. Dabei die Schraubverbindungen noch nicht festziehen.
- Achsgelenk in den Achsschenkel einsetzen und **neue selbstsichernde** Mutter mit **60 Nm** festziehen.
- Schraubverbindungen für Querlenker vorne und hinten am Vorderachsträger in 3 Stufen festziehen:

  **1. Stufe:** . . mit Drehmomentschlüssel **90 Nm** anziehen
  **2. Stufe:** . . . . mit starrem Schlüssel **75°** weiterdrehen
  **3. Stufe:** . . . . mit starrem Schlüssel **15°** weiterdrehen

**Hinweis:** Um die Winkelgrade beim Anziehen einzuhalten, ist es sinnvoll, aus Pappe eine Winkelscheibe auszuschneiden oder die Winkelscheibe HAZET 6690 zu verwenden.

- Reifen-Laufrichtung beachten, Rad anschrauben, Fahrzeug ablassen, erst dann Radschrauben über Kreuz mit **110 Nm** festziehen. **Achtung:** Unbedingt Hinweise im Kapitel »Rad aus- und einbauen« beachten.

# Hinterachse

Die Hinterachse des CORSA ist als Verbundlenker-Konstruktion mit Längslenkern und Schraubenfedern ausgeführt und je nach Motorisierung unterschiedlich abgefedert. Bei Fahrzeugen mit Motoren der unteren Leistungsstufen besteht die Achse aus einem offenen Querrohr, in dem sich ein zusätzlicher Stabilisator befindet. Die Hinterachse der höher motorisierten Fahrzeuge ist als Rohrprofil ausgelegt.

Die Längslenker sind über Gummi-Metall-Lager mit dem Aufbau verschraubt. Zur Abfederung und Dämpfung von Fahrbahnunebenheiten dienen Miniblock-Schraubenfedern und hydraulisch arbeitende Stoßdämpfer.

Beim MERIVA wirkt der kompakte Achskörper zusätzlich als Stabilisator, der die Kurvenneigung des Fahrzeuges verringert. Abgefedert wird das Fahrzeug hinten durch getrennt angeordnete Schraubenfedern und Stoßdämpfer. Sie sind so konstruiert, dass auf Federbeindome im Laderaum verzichtet werden kann. Dadurch vergrößert sich die Laderaumbreite.

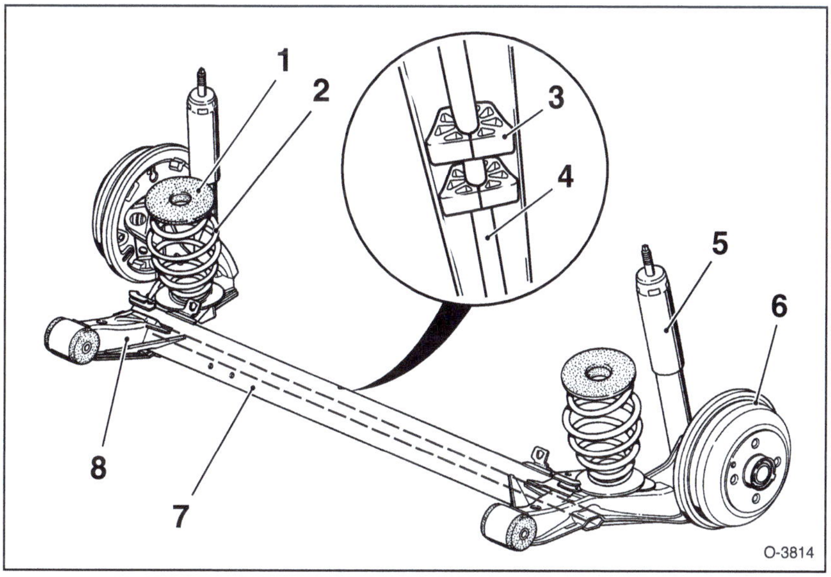


**CORSA**

**1,0-/1,2-l-Benzinmotor**

**1,7-l/48-kW-Dieselmotor**

**1 – Federsitz oben**
**2 – Schraubenfeder**
**3 – Profilgummi**
**4 – Stabilisator/Drehstabfeder**
**5 – Stoßdämpfer**
**6 – Trommelbremse**
**7 – Hinterachskörper**
**8 – Längslenker**

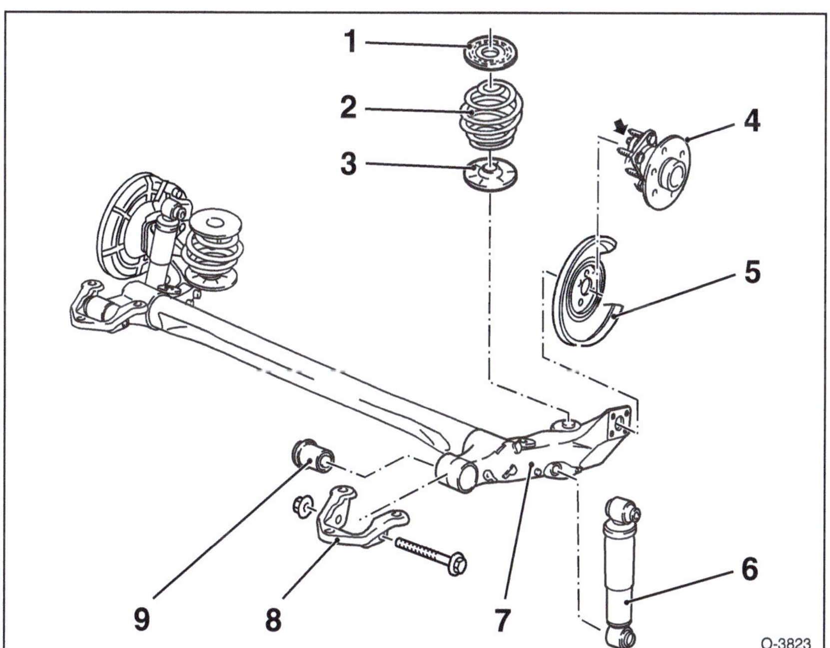


**MERIVA**

**1 – Dämpfungsring oben**
**2 – Schraubenfeder**
**3 – Dämpfungsring unten**
**4 – Radlager mit Radsensor (Pfeil)**
**5 – Bremsabdeckblech**
**6 – Stoßdämpfer**
**7 – Längslenker**
**8 – Halter Hinterachse**
**9 – Dämpfungsbuchse**

# Schraubenfeder an der Hinterachse aus- und einbauen

## Schraubenfeder/CORSA Limousine

**Achtung:** Schraubenfedern immer paarweise austauschen, also an beiden Fahrzeugseiten. Es gibt unterschiedliche Ausführungen und Federhärten; deshalb nur die für die jeweilige Fahrzeugausführung vorgesehenen Ersatzteile verwenden.

**Achtung:** Bedingt durch die Achskonstruktion können beide Schraubenfedern nur nacheinander aus- und eingebaut werden. Werden die Stoßdämpfer gleichzeitig gelöst, fällt die Hinterachse nach unten.

### Ausbau

- Fahrzeug hinten aufbocken.

**Sicherheitshinweis**
Beim Aufbocken des Fahrzeugs besteht Unfallgefahr! Hinweise im Kapitel »Fahrzeug aufbocken« beachten.

- **Fahrzeuge mit Xenon-Scheinwerfern:** Gestänge für Leuchtweitenregulierung vom Halter an der Hinterachse abschrauben.

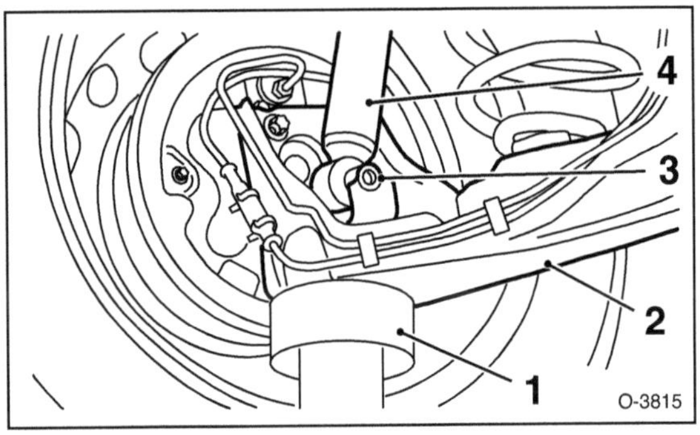


- Mit einem Werkstattwagenheber –1– Längslenker der Hinterachse –2– im Bereich des Stoßdämpfers –4– etwas anheben. Damit ist sichergestellt, dass die Feder nicht wegspringen kann. Darauf achten, dass das Fahrzeug beim Anheben nicht von den Böcken rutscht. **Unfallgefahr!**
- Untere Schraube –3– für Stoßdämpfer –4– herausdrehen.

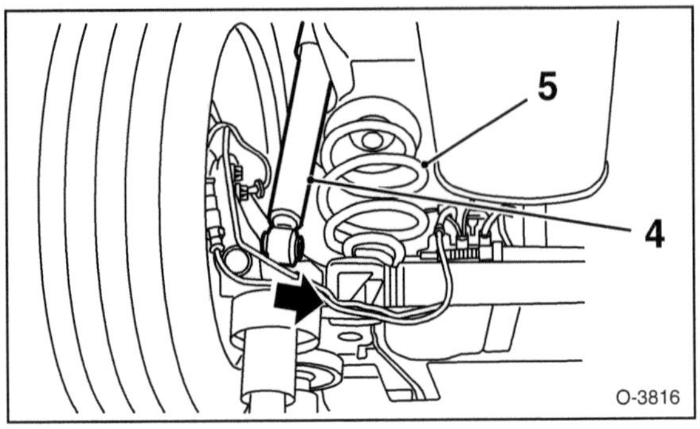


- Werkstattwagenheber langsam absenken, bis die Hinterachse –Pfeil– frei hängt. 4 – Stoßdämpfer.
- Hinterachse am Längslenker nach unten drücken und Schraubenfeder –5– herausnehmen.

**Achtung:** Hinterachse nicht zu weit herunterdrücken, damit die Bremsschläuche an der Hinterachse nicht gedehnt werden.

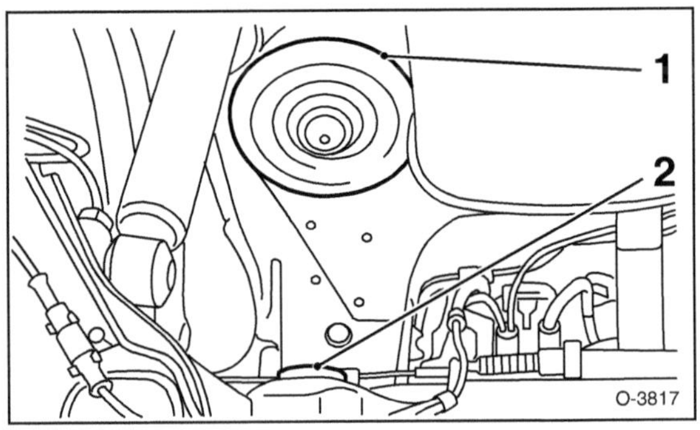


- Oberen Dämpfungsring –1– vom Fahrzeug-Unterboden abnehmen. Unteren Zwischenring –2– vom Federsitz an der Hinterachse abnehmen.

### Einbau

- Oberen Dämpfungsring am Fahrzeug-Unterboden aufstecken. Unteren Zwischenring auf die Aufnahme an der Hinterachse setzen.
- Hinterachse am Längslenker nach unten drücken und Schraubenfeder in den Federsitz einsetzen. Dabei auf die Einbaulage der Feder achten: Die Schraubenfeder so einsetzen, dass die größere Spiralöffnung auf den unteren Federsitz gesetzt wird. Gegebenenfalls mit Feder auf der gegenüberliegenden Fahrzeugseite vergleichen.
- Längslenker der Hinterachse mit dem Werkstattwagenheber bis zur Einbaulage des Stoßdämpfers anheben.
- Schraube für Stoßdämpfer eindrehen und mit Anzugsdrehmoment festziehen. Schraube M10: **65 Nm**, Schraube M14 (Fahrzeuge mit Guss-Längslenker): **110 Nm**.
- Werkstattwagenheber absenken und entfernen.
- **Fahrzeuge mit Xenon-Scheinwerfern:** Gestänge für Leuchtweitenregulierung am Halter an der Hinterachse anschrauben.
- Fahrzeug ablassen.

## Schraubenfeder/CORSA COMBO

**Achtung:** Schraubenfedern immer paarweise austauschen.

### Ausbau

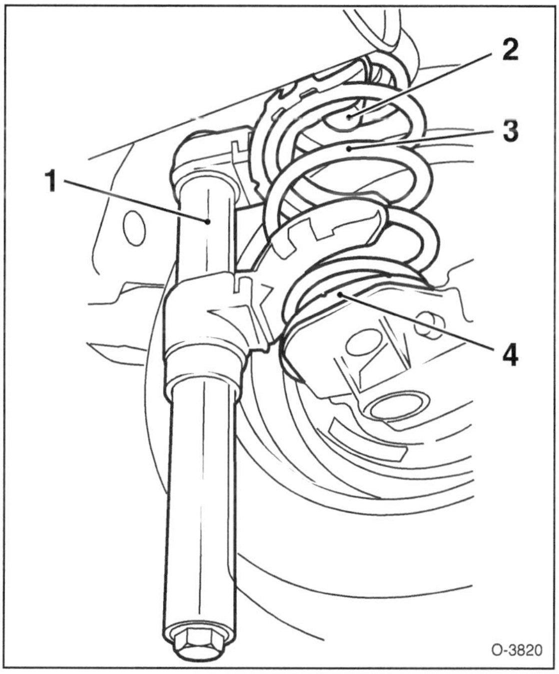


- Geeigneten Federspanner –1– von hinten an der Schraubenfeder –3– ansetzen und möglichst nah an den Federwindungen anlegen, dabei mindestens 3 Windungen umgreifen. **Hinweis:** Die Fachwerkstatt benutzt den Federspanner MKM-6068 mit dem Spannplattenpaar MKM-6068-10 von OPEL.

**Achtung:** Während des Spannvorganges auf korrekten Sitz der Spannplatten in den Federwindungen achten.

- Schraubenfeder so weit spannen, bis diese herausnehmbar ist. Schraubenfeder mit oberem Dämpfungsring –2– und unterem Zwischenring –4– herausnehmen.

### Einbau

- Der Einbau erfolgt in umgekehrter Ausbaureihenfolge, dabei darauf achten, dass beim Entspannen der Oberflächenschutz der Schraubenfeder nicht beschädigt wird.

## Schraubenfeder/MERIVA

Der Aus- und Einbau erfolgt weitgehend wie bei der CORSA Limousine.

**Achtung:** Schraubenfedern immer paarweise austauschen.

### Ausbau

- Reifen-Laufrichtung mit Pfeil am Reifen markieren. Radschrauben lösen. Fahrzeug hinten aufbocken und Rad abnehmen. **Achtung:** Unbedingt Hinweise im Kapitel »Rad aus- und einbauen« beachten.
- Mit einem Werkstattwagenheber Längslenker der Hinterachse etwas anheben und untere Schraube für Stoßdämpfer herausdrehen.

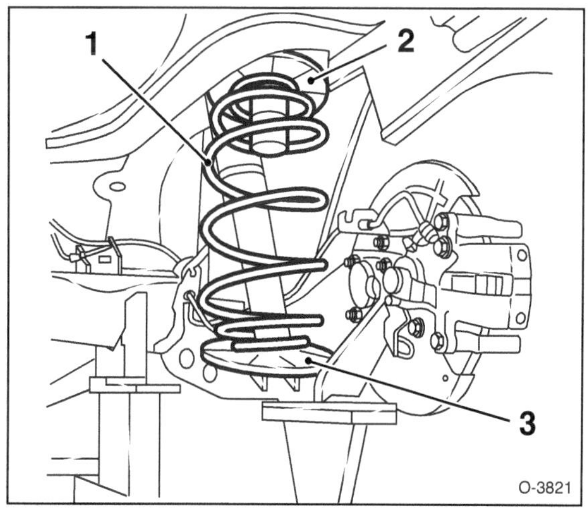


- Werkstattwagenheber absenken, bis die Hinterachse frei hängt. Hinterachse nach unten drücken und Schraubenfeder –1– mit Dämpfungsring oben –2– und unten –3– herausnehmen.

### Einbau

- Dämpfungsringe aus der Feder herausnehmen und auf Verschleiß prüfen, gegebenenfalls erneuern.
- Dämpfungsringe in die Schraubenfeder einsetzen, Hinterachse nach unten drücken und Schraubenfeder mit Dämpfungsringen in den Federsitz einsetzen.
- Hinterachse mit Werkstattwagenheber anheben und Stoßdämpfer mit **110 Nm** an der Hinterachse anschrauben.
- Werkstattwagenheber absenken und entfernen.
- Reifen-Laufrichtung beachten, Rad anschrauben, Fahrzeug ablassen, erst dann Radschrauben über Kreuz mit **110 Nm** festziehen. **Achtung:** Unbedingt Hinweise im Kapitel »Rad aus- und einbauen« beachten.

# Stoßdämpfer an der Hinterachse aus- und einbauen

## Stoßdämpfer/CORSA Limousine

**Achtung:** Stoßdämpfer immer paarweise austauschen, also an beiden Fahrzeugseiten. Es gibt unterschiedliche Ausführungen; deshalb nur die für die jeweilige Fahrzeugausführung vorgesehenen Ersatzteile verwenden.

**Achtung:** Bedingt durch die Achskonstruktion können beide Stoßdämpfer nur nacheinander aus- und eingebaut werden. Werden die Stoßdämpfer gleichzeitig gelöst, fällt die Hinterachse nach unten.

### Ausbau

- Heckklappe öffnen und Abdeckkappe am Stoßfängerdom abnehmen.

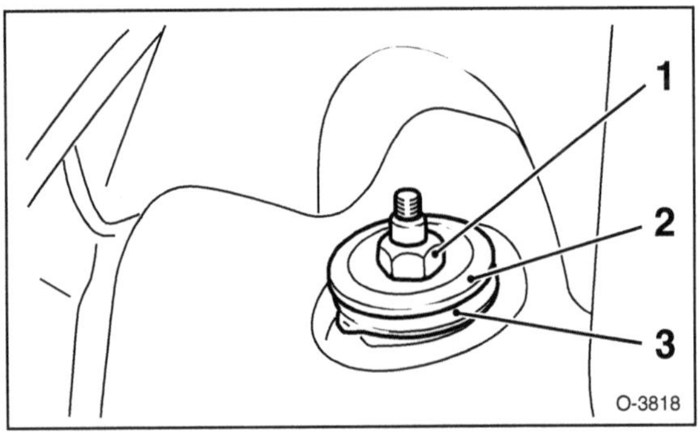


- Mutter –1– für obere Stoßfängerbefestigung abschrauben, dabei Kolbenstange mit Maulschlüssel gegenhalten.
- Scheibe –2– und Gummipuffer –3– von der Kolbenstange abziehen. Dabei auf die Einbaulage der Bauteile achten.
- Fahrzeug hinten aufbocken.

**Sicherheitshinweis**
Beim Aufbocken des Fahrzeugs besteht Unfallgefahr! Hinweise im Kapitel »Fahrzeug aufbocken« beachten.

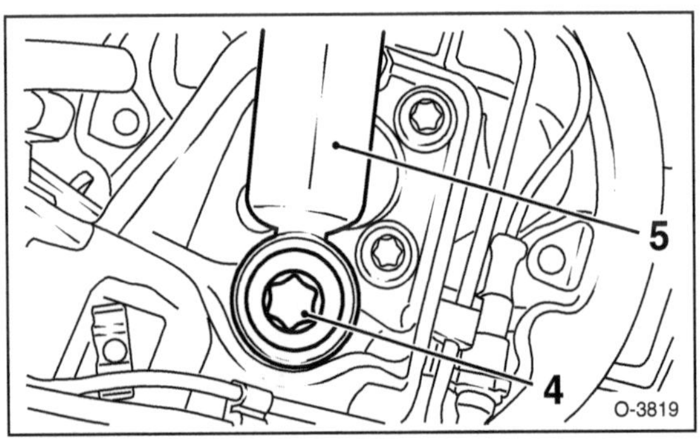


- Schraube –4– unten am Längslenker herausdrehen und Stoßdämpfer –5– nach unten aus dem Radkasten herausnehmen.

### Einbau

- Stoßdämpfer in den Radkasten einführen und nach oben zum Stoßfängerdom ausrichten.
- Untere Schraube für Stoßdämpfer eindrehen und mit Anzugsdrehmoment festziehen. Schraube M10: **65 Nm**, Schraube M14 (Fahrzeuge mit Guss-Längslenker): **110 Nm**.
- Fahrzeug langsam ablassen, dabei Stoßdämpfer durch einen Helfer in den Dom einführen lassen.
- Gummipuffer und Scheibe auf die Kolbenstange aufschieben. Dabei auf die Einbaulage der Bauteile achten.
- **Neue Mutter** für obere Stoßfängerbefestigung aufschrauben und mit **20 Nm** festziehen, dabei Kolbenstange mit Maulschlüssel gegenhalten.
- Abdeckkappe am Stoßfängerdom aufschieben.

---

## Stoßdämpfer/CORSA COMBO, MERIVA

**Achtung:** Stoßdämpfer immer paarweise austauschen.

### Ausbau

- Reifen-Laufrichtung mit Pfeil am Reifen markieren. Radschrauben lösen. Fahrzeug hinten aufbocken und Rad abnehmen. **Achtung:** Unbedingt Hinweise im Kapitel »Rad aus- und einbauen« beachten.

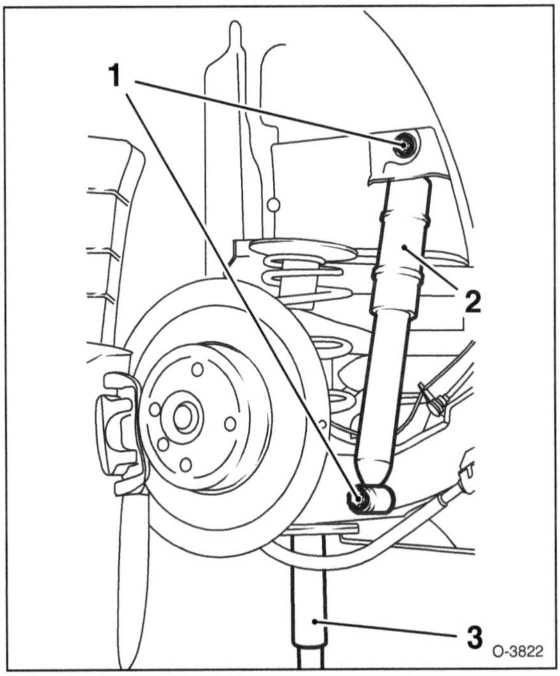


- Mit einem Werkstattwagenheber –3– Längslenker der Hinterachse etwas anheben.
- Untere und obere Schraube –1– herausdrehen und Stoßdämpfer –2– aus dem Radkasten herausnehmen.

### Einbau

- Stoßdämpfer in den Radkasten einführen und am Fahrzeug anschrauben. Dabei zuerst die untere Befestigungsschraube eindrehen, aber noch nicht festziehen.

- Zunächst Schraube oben am Fahrzeugunterboden mit **90 Nm** und dann Schraube unten an der Hinterachse mit **110 Nm** festziehen.
- Werkstattwagenheber absenken und entfernen.
- Reifen-Laufrichtung beachten, Rad anschrauben, Fahrzeug ablassen, erst dann Radschrauben über Kreuz mit **110 Nm** festziehen. **Achtung:** Unbedingt Hinweise im Kapitel »Rad aus- und einbauen« beachten.

## Radlager/Radlagereinheit hinten aus- und einbauen

### Radlager/CORSA mit Trommelbremse hinten

**Ausbau**

- Reifen-Laufrichtung mit Pfeil am Reifen markieren. Radschrauben lösen. Fahrzeug hinten aufbocken und Rad abnehmen. **Achtung:** Unbedingt Hinweise im Kapitel »Rad aus- und einbauen« beachten.
- Bremstrommel ausbauen. **Achtung:** Hohes Lösemoment, siehe Seite 170.

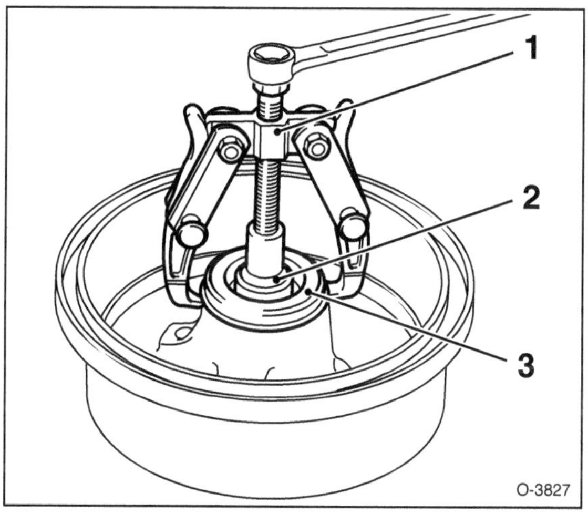


- Impulsgeber –3– der Trommelnabe mit Abziehwerkzeugen von der Bremstrommel abziehen. Dabei OPEL-Werkzeug KM-161-B –1– mit Abziehhaken KM-161-3 und Druckstück KM-161-4 –2– verwenden.

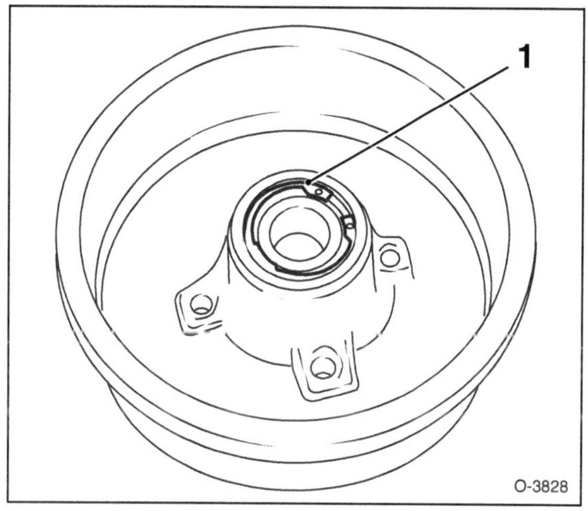


- Sicherungsring –1– mit einer Sprengringzange aus der Trommelnabe herausnehmen.

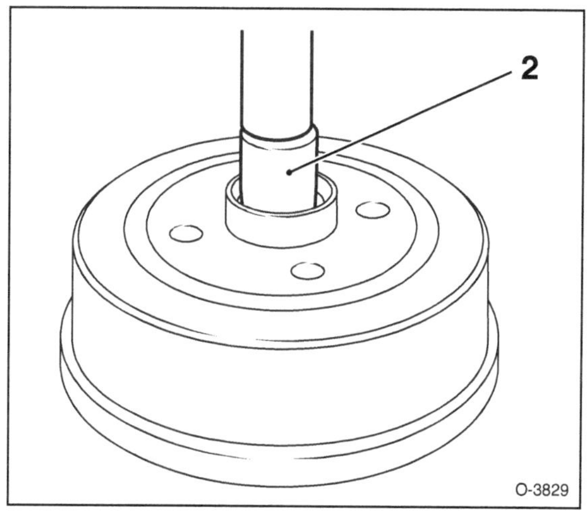


- Radlager mit Hydraulikpresse und OPEL-Werkzeug KM-500-5 –2– aus der Trommelnabe herauspressen.

**Einbau**

- Trommelnabe reinigen und mit Lagerfett schmieren.

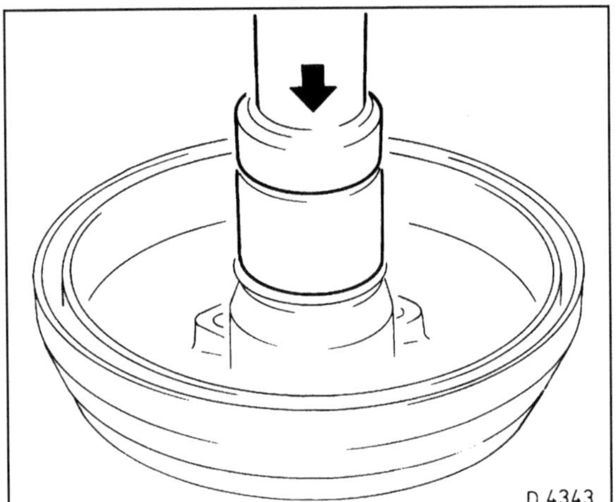

D 4343

- Neues Radlager mit Hydraulikpresse und OPEL-Werkzeug KM-273 in die Trommelnabe einpressen.
- Sicherungsring mit einer Sprengringzange in die Trommelnabe einsetzen.

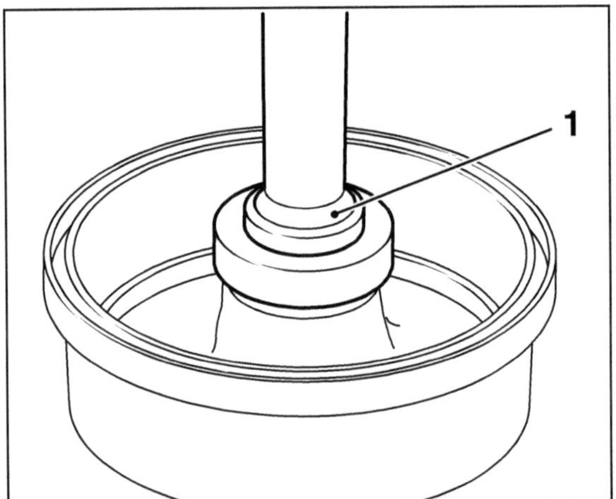


O-3830

- Neuen Impulsgeber –1– mit Hydraulikpresse und OPEL-Werkzeug KM-6175 in die Trommelnabe einpressen.
- Bremstrommel einbauen. **Achtung:** Hohes Anzugsmoment, siehe Seite 170.
- Reifen-Laufrichtung beachten, Rad anschrauben, Fahrzeug ablassen, erst dann Radschrauben über Kreuz mit **110 Nm** festziehen. **Achtung:** Unbedingt Hinweise im Kapitel »Rad aus- und einbauen« beachten.

## Radlagereinheit/ CORSA mit Scheibenbremse hinten

**bis 8/03**

In der Radlagereinheit sind Radlager und Radnabe integriert. Die Radlagereinheit ist wartungsfrei, sie muss weder eingestellt noch geschmiert werden.

**Ausbau**

- Reifen-Laufrichtung mit Pfeil am Reifen markieren. Radschrauben lösen. Fahrzeug hinten aufbocken und Rad abnehmen. **Achtung:** Unbedingt Hinweise im Kapitel »Rad aus- und einbauen« beachten.
- Bremssattelträger hinten ausbauen. **Achtung:** Hohes Lösemoment, siehe Seite 167.
- Bremsscheibe hinten ausbauen, siehe Seite 169.

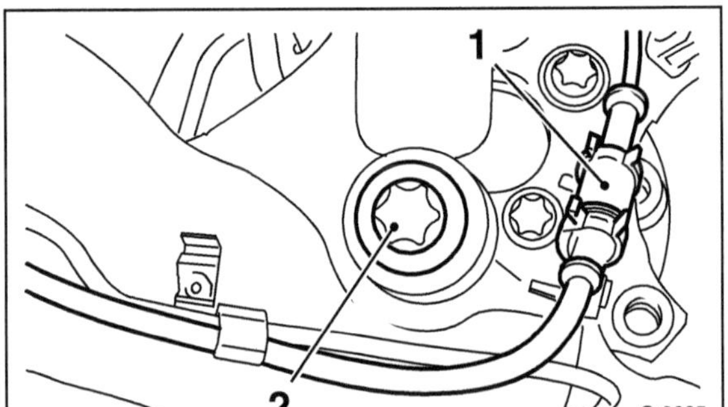


O-3825

- Steckverbindung –1– für ABS-Sensor an der Innenseite der Radnabe trennen.
- Kabel für ABS-Sensor vom Bremsschlauch abclipsen.
- Gummitülle aus dem Bremsabdeckblech herausdrücken und ABS-Kabel aus der Öffnung durchziehen.
- Halterung für Bremsschlauch vom Bremsabdeckblech abschrauben.
- Mit einem Werkstattwagenheber Längslenker der Hinterachse etwas anheben und untere Schraube –2– für Stoßdämpfer herausdrehen.

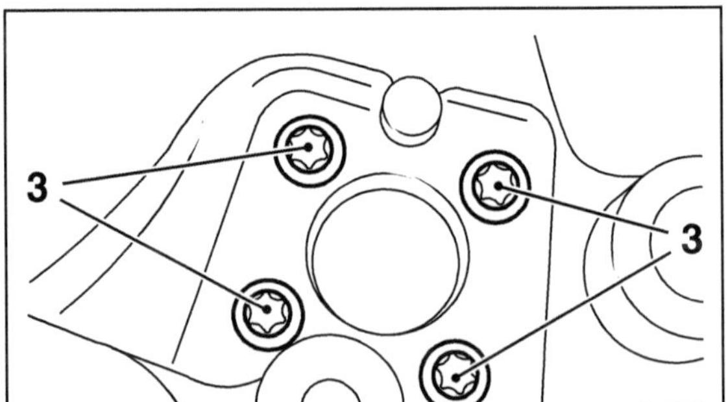


O-3826

- 4 Schrauben –3– herausdrehen und Radlagereinheit mit Bremsabdeckblech vom Längslenker abnehmen.

**Einbau**

- Radlagereinheit am Längslenker mit **neuen Schrauben** anschrauben und Schrauben in 3 Stufen festziehen:

  **1. Stufe:** . . mit Drehmomentschlüssel **50 Nm** anziehen

  **2. Stufe:** . . . . mit starrem Schlüssel **30°** weiterdrehen

  **3. Stufe:** . . . . mit starrem Schlüssel **15°** weiterdrehen

**Hinweis:** Um die Winkelgrade beim Anziehen einzuhalten, ist es sinnvoll, aus Pappe eine Winkelscheibe auszuschneiden oder die Winkelscheibe HAZET 6690 zu verwenden.

- Schraube für Stoßdämpfer eindrehen und mit Anzugsdrehmoment festziehen. Schraube M10: **65 Nm**, Schraube M14 (Fahrzeuge mit Guss-Längslenker): **110 Nm**.
- Werkstattwagenheber absenken und entfernen.
- Der weitere Einbau erfolgt in umgekehrter Ausbaureihenfolge.
- Reifen-Laufrichtung beachten, Rad anschrauben, Fahrzeug ablassen, erst dann Radschrauben über Kreuz mit **110 Nm** festziehen. **Achtung:** Unbedingt Hinweise im Kapitel »Rad aus- und einbauen« beachten.

---

## Radlagereinheit/ CORSA mit Scheibenbremse hinten

**ab 9/03**

In der Radlagereinheit sind Radlager und Radnabe integriert. Die Radlagereinheit ist wartungsfrei, sie muss weder eingestellt noch geschmiert werden.

**Ausbau**

- Reifen-Laufrichtung mit Pfeil am Reifen markieren. Radschrauben lösen. Fahrzeug hinten aufbocken und Rad abnehmen. **Achtung:** Unbedingt Hinweise im Kapitel »Rad aus- und einbauen« beachten.
- Staubkappe mit einem Schraubendreher von der Radnabe abhebeln. **Hinweis:** Die Kappe wird dabei beschädigt und muss ersetzt werden.

**Achtung: Hohes Löse- und Anzugsmoment der Nabenmutter!** Wir empfehlen, vor Lösen und Anziehen der Nabenmutter den Reifen zu montieren und das Fahrzeug auf die Räder zu stellen.

- Rad anschrauben und Fahrzeug ablassen.

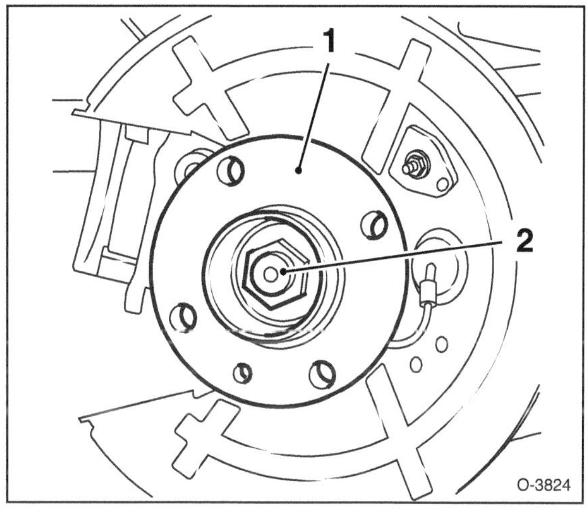


- Radnabenmutter –2– losschrauben. **Achtung:** Dabei Fußbremse durch Helfer treten lassen.
- Bremssattelträger hinten ausbauen. **Achtung:** Hohes Lösemoment, siehe Seite 167.
- Fahrzeug hinten aufbocken und Rad abnehmen.
- Bremsscheibe hinten ausbauen, siehe Seite 169.
- Radnabenmutter –2– abschrauben und Radlagereinheit –1– vom Radzapfen abnehmen.

**Einbau**

- Radzapfen mit Gewinde reinigen. Radzapfen und Innenring des Radlagers leicht mit Öl schmieren.
- Radlagereinheit auf Radzapfen aufschieben.
- **Neue** Radnabenmutter aufschrauben und genügend fest anziehen.
- **Achtung: Hohes Anzugsmoment der Nabenmutter!** Deshalb Mutter erst endgültig festziehen, wenn das Fahrzeug auf dem Boden steht. Beim Anziehen der Nabenmutter von Helfer Bremspedal treten lassen.
- Rad anschrauben und Fahrzeug ablassen.
- Radnabenmutter mit **175 Nm** festziehen.
- Fahrzeug hinten aufbocken und Rad abnehmen.
- **Neue Staubkappe** auf die Radnabe aufdrücken.
- Der weitere Einbau erfolgt in umgekehrter Ausbaureihenfolge.
- Reifen-Laufrichtung beachten, Rad anschrauben, Fahrzeug ablassen, erst dann Radschrauben über Kreuz mit **110 Nm** festziehen. **Achtung:** Unbedingt Hinweise im Kapitel »Rad aus- und einbauen« beachten.

## Radlagereinheit/CORSA COMBO

In der Radlagereinheit sind Radlager und Radnabe integriert.

**Ausbau**

- Bremstrommel und Bremsbacken ausbauen. **Achtung:** Hohes Lösemoment, siehe Seite 170.

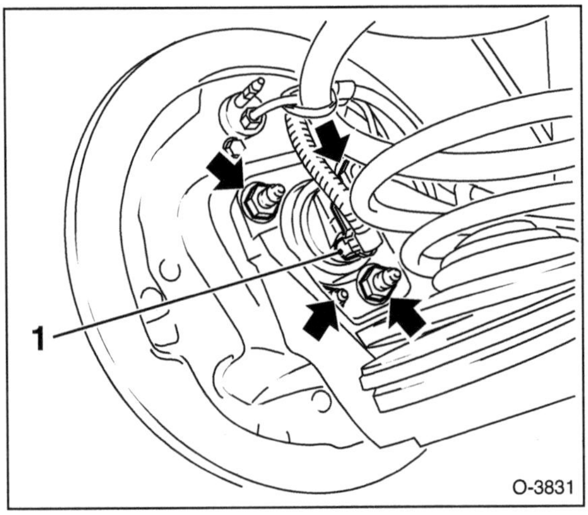


- Stecker –1– vom ABS-Sensor abziehen.
- 4 Muttern –Pfeile– abschrauben und Radlagereinheit vom Längslenker abnehmen. Die Bremsträgerplatte bleibt am Längsträger angeschraubt.

**Einbau**

- Radlagereinheit mit Bremsabdeckblech am Längslenker anschrauben und **neue Muttern** in 3 Stufen mit **50 Nm + 30° + 15°** anziehen.
- Stecker am ABS-Sensor aufschieben.
- Bremstrommel und Bremsbacken einbauen. **Achtung:** Hohes Anzugsmoment, siehe Seite 170.

## Radlagereinheit/MERIVA

Der Aus- und Einbau erfolgt wie beim CORSA COMBO. Allerdings ist beim MERIVA an der Hinterachse eine Scheibenbremse eingebaut.

**Ausbau**

- Bremssattelträger hinten ausbauen. **Achtung:** Hohes Lösemoment, siehe Seite 167.
- Bremsscheibe hinten ausbauen, siehe Seite 169.
- Stecker vom ABS-Sensor abziehen.
- 4 Muttern abschrauben und Radlagereinheit mit Bremsabdeckblech vom Längslenker abnehmen.

**Einbau**

- Radlagereinheit mit Bremsabdeckblech am Längslenker anschrauben und **neue Muttern** in 3 Stufen mit **50 Nm + 30° + 15°** anziehen.
- Der weitere Einbau erfolgt in umgekehrter Ausbaureihenfolge.

# Lenkung/Airbag

Die Lenkung besteht im Wesentlichen aus dem Lenkrad mit der Lenksäule, dem Zahnstangen-Lenkgetriebe und den Spurstangen. Die Lenksäule überträgt die Lenkbewegungen auf das Lenkgetriebe. Über eine Verzahnung im Lenkgetriebe wird die Zahnstange entsprechend dem Lenkradeinschlag nach links oder rechts bewegt. Spurstangen übertragen die Lenkkräfte über Spurstangengelenke und Achsschenkel auf die Räder.

Die Zahnstangenlenkung ist spiel- und wartungsfrei, nur die Lenkmanschetten und Staubkappen der Spurstangenköpfe müssen im Rahmen der Wartung auf einwandfreien Zustand geprüft werden.

Der Kraftaufwand beim Einschlagen der Räder, insbesondere bei stehendem Fahrzeug, wird durch eine **elektrische Lenkhilfe** (Servolenkung) verringert. Die Lenkbewegungen am Lenkrad werden über den Servomotor, der an der Lenksäule angebracht ist, auf das Lenkgetriebe übertragen.

Im Lenkrad ist der Fahrer-Airbag untergebracht. Der **Airbag** ist ein zusammengefalteter Luftsack, der im Fall einer Frontalkollision aufgeblasen wird und dadurch Oberkörper und Kopf des Fahrers vor einem Aufprall auf das Lenkrad schützt. Bei einer entsprechend starken Frontalkollision wird über ein Steuergerät eine kleine Sprengladung im Gasgenerator der Airbag-Einheit gezündet. Es entstehen Explosionsgase, die den Luftsack innerhalb weniger Millisekunden aufblasen. Diese Zeit reicht aus, um den Aufprall des nach vorn schnellenden Fahrer-Oberkörpers zu dämpfen. Der Airbag fällt anschließend wieder in sich zusammen, da die Gase durch Austrittsöffnungen entweichen.

**Achtung: Die angegebenen Anzugsdrehmomente sind unbedingt einzuhalten. Bei mangelnder Erfahrung sollten Arbeiten an der Lenkung von einer Fachwerkstatt durchgeführt werden.**

**Sicherheitshinweis**
Schweiß- und Richtarbeiten an Bauteilen der Lenkung **sind nicht zulässig. Selbstsichernde Schrauben/Muttern** sowie korrodierte Schrauben/Muttern im Reparaturfall **immer ersetzen.**

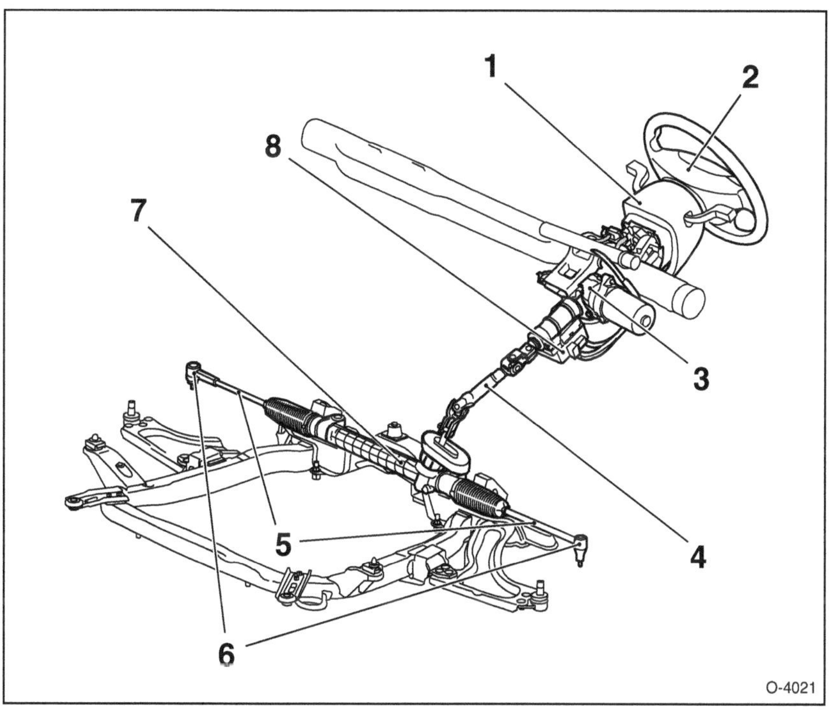


**1 – Lenksäulenverkleidung**
**2 – Lenkrad**
**3 – Lenksäule mit EPS-Servomotor**
**4 – Zwischenlenkspindel**
**5 – Spurstangen**
**6 – Spurstangenköpfe**
**7 – Lenkgetriebe**
**8 – EPS-Steuergerät**

## Airbag-Sicherheitshinweise

Das Airbag-System besteht aus dem Aufprallsensor, dem Gasgenerator und dem Airbag. Das Aufblasen des Airbags wird elektrisch ausgelöst.

Serienmäßig ist das Fahrzeug mit Front- sowie Seitenairbags einschließlich Gurtstraffern und Gurtkraftbegrenzern ausgestattet.

Bei Fahrzeugen mit Seitenairbag darf auf dem Beifahrersitz kein Kindersitz montiert werden; ausgenommen ein spezieller Kindersitz von OPEL mit automatischer Kindersitzerkennung in Zusammenhang mit der Sitzbelegungserkennung.

**Hinweis:** Bei Fahrzeugen mit Sitzbelegungserkennung leuchtet eine Kontrolllampe in der vorderen Innenleuchte nach Einschalten der Zündung kurz auf.

Bei Fahrzeugen ohne Sitzbelegungserkennung darf auf dem Beifahrersitz kein gegen die Fahrtrichtung angeordneter Babysitz montiert werden.

**Achtung:** Aus Sicherheitsgründen keine Arbeiten an Teilen des Airbag- oder Gurtstraffer-Systems durchführen.

---

**Vor Aus- und Einbau der Fahrer-Airbag-Einheit folgende Hinweise unbedingt befolgen:**

- Zuerst Batterie-Massekabel (–) und anschließend Batterie-Pluskabel (+) abklemmen. Anschließend **1 Minute warten**. **Achtung:** Hinweise im Kapitel »Batterie aus- und einbauen« durchlesen.
- Batteriepole isolieren, um einen versehentlichen Kontakt zu vermeiden.
- Räder in Geradeausstellung, Lenkrad in Mittelstellung bringen.
- Vor dem Abnehmen (Berühren) der Airbag-Einheit elektrostatische Aufladung abbauen. Dazu kurz den Schließkeil der Tür oder die Karosserie anfassen.

**Achtung: Beim Anklemmen der Batterie darf sich keine Person im Innenraum des Fahrzeuges aufhalten.**

---

**Allgemeine Hinweise:**

- Niemals Airbag-Komponenten eines anderen Fahrzeugs oder ein anderes Lenkrad einbauen. Beim Austausch stets neue Teile verwenden.
- Selbst nach einem leichten Unfall, der nicht zum Auslösen des Airbags führte, Airbag- und Gurtstraffer-System von einer Fachwerkstatt überprüfen lassen.
- Einmal ausgelösten Airbag oder Gurtstraffer umgehend ersetzen.
- **Das Airbag-System darf nur in der Fachwerkstatt geprüft werden. Keinesfalls mit Prüflampe, Voltmeter oder Ohmmeter prüfen.**
- Airbag-Komponenten, die aus einer Höhe von mehr als 0,8 m fallengelassen wurden, müssen grundsätzlich ersetzt werden.
- Airbag-Komponenten vor großer Hitze und direkter Flammeneinwirkung schützen und keinen Temperaturen über +80° C aussetzen, auch nicht kurzfristig.
- Airbag-Komponenten vor Kontakt mit Wasser, Fett oder Öl schützen. Sofort mit einem trockenem Lappen abwischen.
- Die Airbag-Einheit ist im ausgebauten Zustand immer so abzulegen, dass das Lenkradpolster nach oben zeigt. Bei umgekehrter Lagerung besteht die Gefahr, dass bei eventueller Zündung der Gasgenerator nach oben geschleudert wird. Dadurch erhöht sich die Verletzungsgefahr.
- Bei Arbeitsunterbrechung die Airbag-Einheit nicht unbeaufsichtigt liegen lassen.
- Die Airbag-Einheit darf nicht zerlegt werden, bei einem Defekt ist sie immer komplett zu ersetzen. Da die Airbag-Einheit Explosivstoffe enthält, ist sie unter Verschluss oder geeigneter Aufsicht aufzubewahren.
- Vor Verschrotten des Fahrzeugs müssen die Airbag-Einheiten entsorgt werden. Die Entsorgung erfolgt nur durch eine Fachwerkstatt.
- Zwischen Airbag und Insassen dürfen sich keine Gegenstände befinden.
- Lenkrad, Armaturentafel und Vordersitzlehnen im Bereich der Airbag-Einheit nicht bekleben und von Gegenständen freihalten.
- An den Haken der Handgriffe nur leichte Kleidungsstücke ohne Kleiderbügel aufhängen. Keine Gegenstände in den Taschen der Kleidungsstücke belassen.
- Im Bereich der Mittelkonsole sind das Steuergerät des Airbag-Systems und der Gurtstraffer untergebracht. Zur Vermeidung von Funktionsstörungen dürfen dort keine magnetischen Gegenstände abgelegt werden.
- Die Airbag-Kontrolllampe im Kombiinstrument muss beim Einschalten der Zündung aufleuchten und nach etwa 4 Sekunden erlöschen. Andernfalls liegt eine Störung vor.

**Speziell bei Seitenairbags folgendes beachten:**

- Fahrzeuge mit Seitenairbag sind erkennbar am Schriftzug AIRBAG an den Seiten der Lehnen.
- Es dürfen an den Vordersitzen nur Schonbezüge verbaut werden, die für Seitenairbags freigegeben sind.
- Sitzplatzauflagen, -matten oder ähnliches, die die Funktion der Sitzbelegungserkennung und der Airbags beeinträchtigen, sind nicht zulässig.
- Bei Beschädigung des Bezuges (zum Beispiel durch Risse oder Brandlöcher) im Bereich des Seitenairbags ist aus Sicherheitsgründen immer der Bezug zu wechseln, da sich sonst der Seitenairbag nicht richtig entfaltet.
- Nicht mit der Polsternadel oder ähnlich spitzen Gegenständen im Bereich des Airbags und der Sensormatte in den Bezug stechen.

## Airbageinheit aus- und einbauen

### Ausbau

- Airbag-Sicherheitshinweise durchlesen und befolgen.
- Zuerst Batterie-Massekabel (–) und anschließend Batterie-Pluskabel (+) abklemmen. Anschließend **1 Minute warten**. **Achtung:** Hinweise im Kapitel »Batterie aus- und einbauen« durchlesen.
- Um ein Auslösen des Airbags zu verhindern, **Batteriepole mit Isolierband abkleben**.

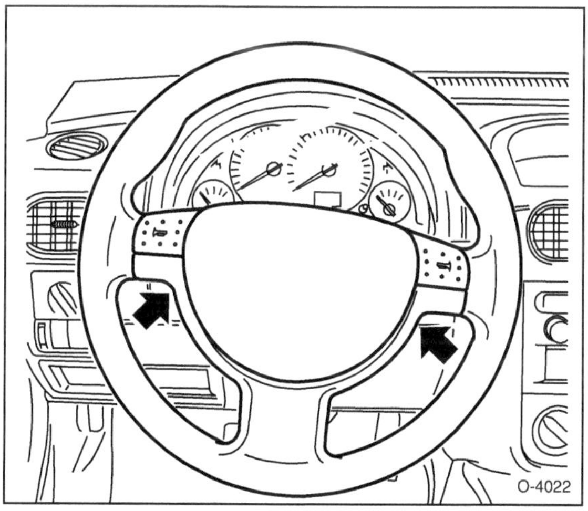


- 2 Schrauben –Pfeile– herausdrehen und Airbageinheit vorsichtig ein Stück vom Lenkrad abheben.

**Achtung:** Vor dem Abziehen der Kabel muss sich der Monteur elektrostatisch entladen. Dazu Schließkeil für Tür oder Karosserie kurz anfassen.

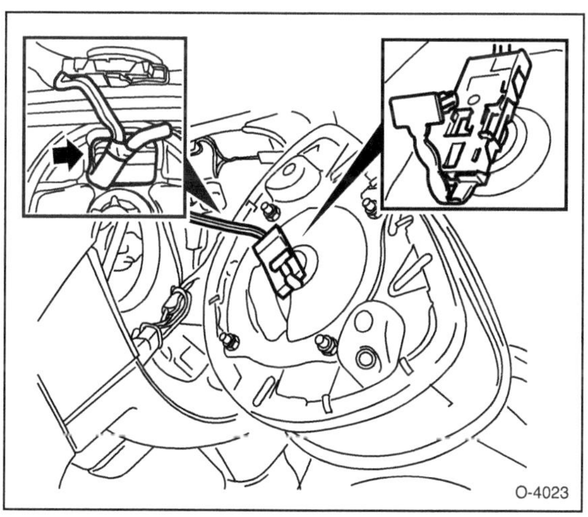


- Sicherungsnippel am Stecker herausziehen und Stecker von der Airbageinheit abziehen.
- Airbageinheit abnehmen und so ablegen, dass das Prallpolster nach oben zeigt.

### Einbau

- Stecker an der Airbageinheit aufschieben und Sicherungsnippel einsetzen.
- Airbageinheit vorsichtig auf das Lenkrad setzen, 2 Schrauben eindrehen und mit **8 Nm** festziehen.

**Achtung: Beim Anklemmen der Batterie darf sich keine Person im Innenraum des Fahrzeuges aufhalten.**

- Isolierband an den Polen der Batterie entfernen, zuerst Pluskabel (+) und danach Massekabel (–) an der Batterie anklemmen. **Achtung:** Hinweise im Kapitel »Batterie aus- und einbauen« beachten.
- Zündung einschalten; die Airbag-Kontrolllampe im Kombiinstrument muss für etwa 4 Sekunden aufleuchten.

## Lenkrad aus- und einbauen

### Ausbau

- Airbageinheit ausbauen, dabei Airbag-Sicherheitshinweise befolgen, siehe Seite 151.
- Räder in Geradeausstellung bringen, Zündschlüssel abziehen und Lenkradschloss einrasten lassen.

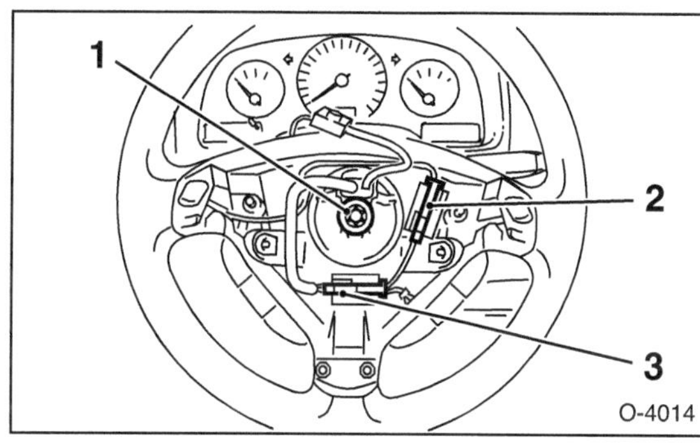


- Stecker –2/3– für Hupe und, falls vorhanden, für Radiofernbedienung aus der Halterung am Lenkrad herausziehen, entriegeln und trennen. **Hinweis:** Für den späteren Einbau die Verlegung der Kabel beachten.
- Schraube –1– von der Lenkspindel abschrauben.
- Lenkrad von Hand von der Lenkspindel abziehen, dabei Kabel durch Lenkradnabe durchziehen. **Achtung:** Dabei darauf achten, dass die Kabel nicht beschädigt werden.

### Einbau

- Gewinde in der Lenkspindel nachschneiden und säubern.

**Achtung:** Beim Aufsetzen des Lenkrades müssen sich die Räder in Geradeausstellung befinden. Ansonsten kann die Kontakteinheit beschädigt werden.

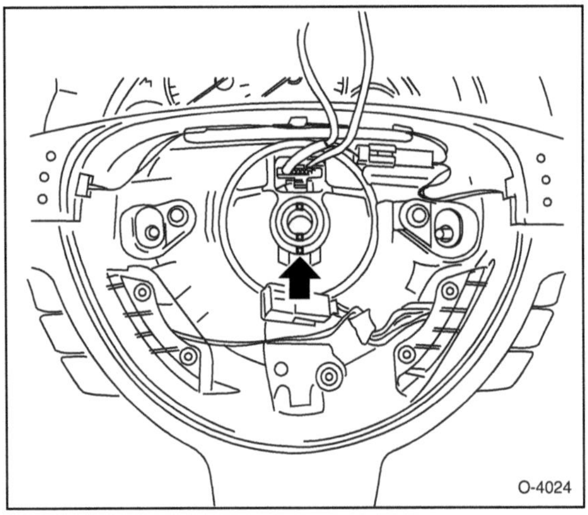


- Beim Einbau Lenkrad so aufsetzen, dass die Strichmarkierungen –Pfeile– auf der Nabe des Lenkrades und auf der Lenkspindel fluchten.

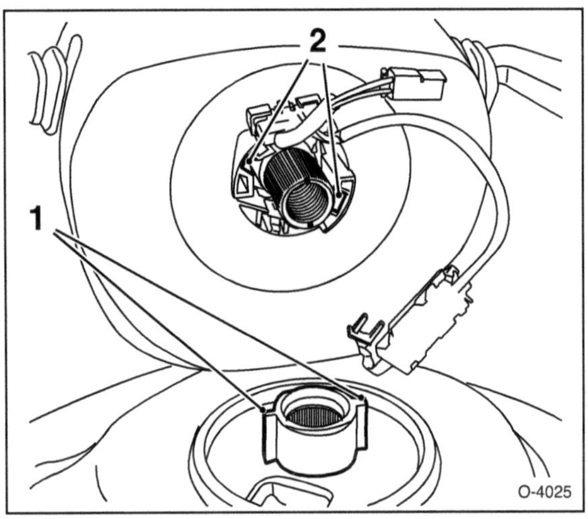


- Kabel für Hupe und, falls vorhanden, für Radiofernbedienung durch die Nabe des Lenkrades durchziehen.
- Lenkrad auf Lenkspindel aufstecken, dabei müssen die Mitnehmer –1– an der Lenkradnabe in die entsprechenden Aussparungen der Kontakteinheit –2– eingreifen.
- **Neue Schraube** für Lenkrad mit Schraubensicherungsmittel, zum Beispiel LOCTITE 243, bestreichen, einsetzen und festziehen. Anzugsdrehmoment: CORSA – **25 Nm**, MERIVA – **30 Nm**.
- Stecker für Hupe und, falls vorhanden, für Radiofernbedienung verbinden, sichern und in die Halterung am Lenkrad einclipsen. Dabei auf korrekte Verlegung der Kabel achten.
- Auf ebener Straße kontrollieren, ob das Lenkrad in Mittelstellung steht, gegebenenfalls Lenkrad umsetzen.
- Airbageinheit einbauen, siehe entsprechendes Kapitel.
- Hupe und, falls vorhanden, Radiofernbedienung auf Funktion prüfen.

## Spurstangenkopf aus- und einbauen

### Ausbau

- **Spurstangenspiel prüfen:** Fahrzeug vorn aufbocken, die Räder müssen frei hängen. Räder und Spurstangen bewegen. Dabei darf kein Spiel auftreten.
- Reifen-Laufrichtung mit Pfeil am Reifen markieren. Radschrauben lösen. Fahrzeug vorn aufbocken und Rad abnehmen. **Achtung:** Unbedingt Hinweise im Kapitel »Rad aus- und einbauen« beachten.

**Sicherheitshinweis**
Beim Aufbocken des Fahrzeugs besteht Unfallgefahr! Hinweise im Kapitel »Fahrzeug aufbocken« beachten.

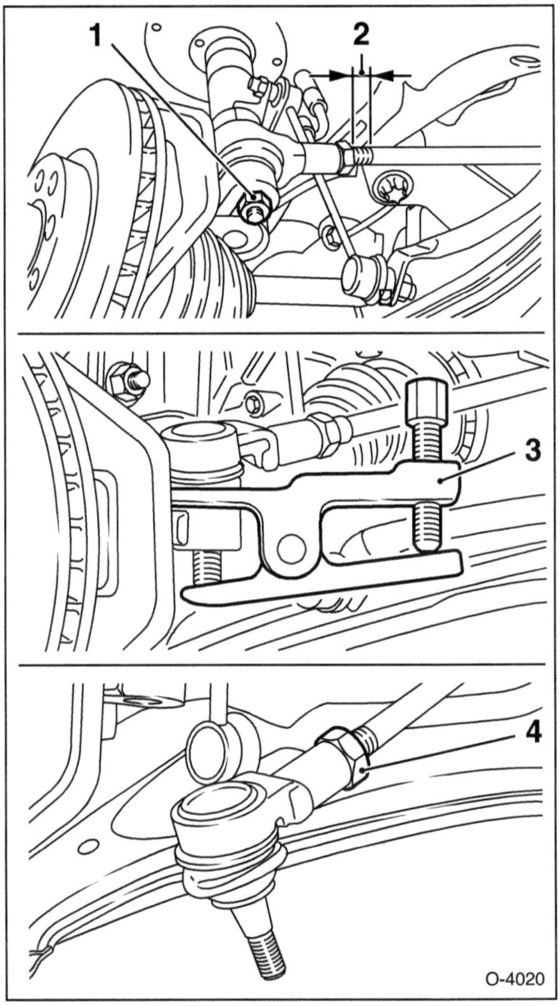


- Aufschraubtiefe –2– des Spurstangenkopfes auf der Spurstange messen und notieren.
- Mutter –1– so weit abschrauben, dass sich der Ausdrücker –3– auf der Mutter abstützt.
- Spurstangenkopf mit handelsüblichem Ausdrücker –3–, zum Beispiel HAZET 779, aus dem Achsschenkel herausdrücken.

- Mutter –1– für Spurstangenkopf abschrauben.
- Kontermutter –4– lösen, dabei mit Gabelschlüssel den Spurstangenkopf gegenhalten. Spurstangenkopf abschrauben. Dabei die Anzahl der Umdrehungen für den späteren Einbau merken.

### Einbau

- Spurstangenkopf mit der gleichen Anzahl an Umdrehungen wie beim Ausbau auf die Spurstange aufschrauben. Dabei das ermittelte Maß für die Aufschraubtiefe, welches beim Ausbau notiert wurde, überprüfen. Kontermutter handfest anschrauben.
- Spurstangenkopf am Achsschenkel einsetzen und mit **neuer selbstsichernder** Mutter und **35 Nm** festziehen.
- Kontermutter für Spurstangenkopf mit **50 Nm** festziehen.
- Reifen-Laufrichtung beachten, Rad anschrauben, Fahrzeug ablassen, erst dann Radschrauben über Kreuz mit **110 Nm** festziehen. **Achtung:** Unbedingt Hinweise im Kapitel »Rad aus- und einbauen« beachten.
- Spur in der Fachwerkstatt überprüfen und gegebenenfalls einstellen lassen.

## Gummimanschette für Lenkung aus- und einbauen

### Ausbau

- Reifen-Laufrichtung mit Pfeil am Reifen markieren. Radschrauben lösen. Fahrzeug vorn aufbocken und Rad abnehmen. **Achtung:** Unbedingt Hinweise im Kapitel »Rad aus- und einbauen« beachten.
- Falls vorhanden, untere Motorraumabdeckung ausbauen, siehe Seite 273.
- Spurstangenkopf ausbauen, siehe entsprechendes Kapitel.
- Kontermutter für Spurstangenkopf von der Spurstange abschrauben.
- Spurstange vor Ausbau der Gummimanschette von Verschmutzungen säubern.

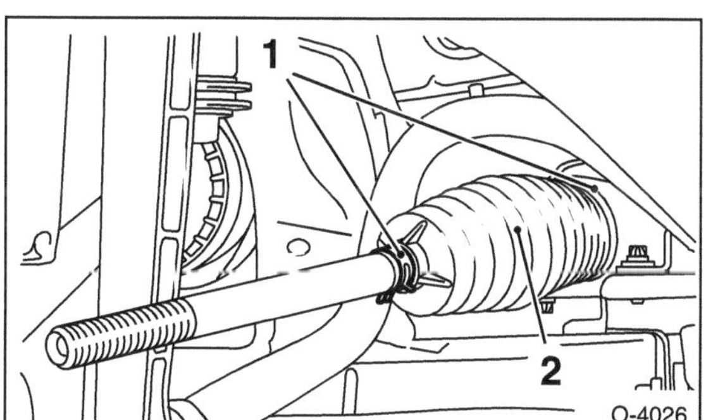


- Beide Manschettenbänder –1– lösen und Gummimanschette –2– von der Spurstange abziehen.

### Einbau

- Spurstange reinigen und leicht einfetten.

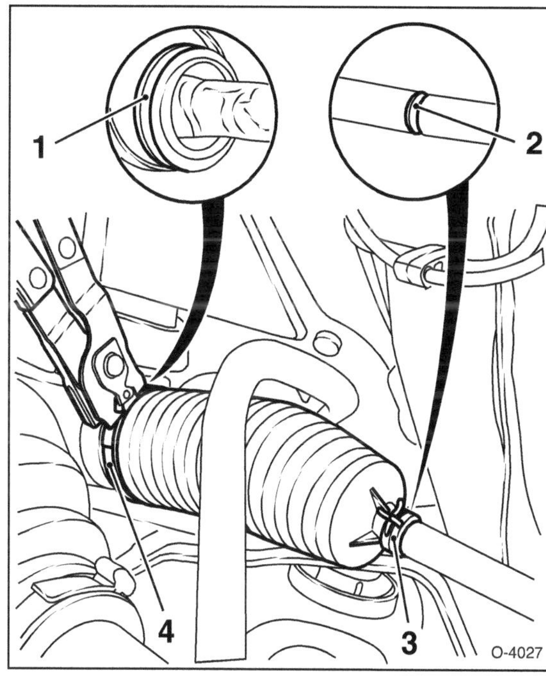


- Gummimanschette über die Spurstange aufziehen, dabei darauf achten, dass die Manschette in den Nuten des Lenkgetriebes –1– und der Spurstange –2– richtig sitzt.
- Gummimanschette am Lenkgetriebe mit neuem Halteband –4– und an der Spurstange mit neuer Klemmschelle –3– befestigen.
- Kontermutter auf die Spurstange aufschrauben und Spurstangenkopf einbauen, siehe entsprechendes Kapitel.
- Gegebenenfalls untere Motorraumabdeckung einbauen, siehe Seite 273.
- Prüfen ob die Gummimanschette nicht verdreht ist.
- Reifen-Laufrichtung beachten, Rad anschrauben, Fahrzeug ablassen, erst dann Radschrauben über Kreuz mit **110 Nm** festziehen. **Achtung:** Unbedingt Hinweise im Kapitel »Rad aus- und einbauen« beachten.

# Räder und Reifen

Der CORSA/MERIVA ist je nach Modell und Ausstattung mit Rädern unterschiedlicher Größe ausgerüstet. Sofern Reifen montiert werden, die nicht in den Fahrzeugpapieren vermerkt sind, müssen sie in der EG-Übereinstimmungsbescheinigung (CoC = Certificate of Conformity) zum Fahrzeug stehen. Die Bescheinigung oder eine Kopie davon ist dann grundsätzlich im Fahrzeug mitzuführen.

Neben der Felgenbreite und dem Felgendurchmesser sind bei einem Wechsel der Felge auch die Einpresstiefe und der Lochkreisdurchmesser zu beachten. Die Einpresstiefe ist das Maß von der Felgenmitte (= Mitte der Reifenspur) bis zur Anlagefläche der Radschüssel an die Radnabe/Bremstrommel. Der Lochkreisdurchmesser gibt den Durchmesser des Kreises an, an dem die Radschrauben angeordnet sind.

Alle Scheibenräder sind als Hump-Felgen ausgelegt. Der Hump ist ein in die Felgenschulter eingepresster Wulst, der auch bei extrem scharfer Kurvenfahrt nicht zulässt, dass der schlauchlose Reifen von der Felge gedrückt wird. **Achtung:** In schlauchlose Reifen darf kein Schlauch eingezogen werden.

## Reifenfülldruck

Der Reifenfülldruck wird vom Automobilhersteller in Abhängigkeit verschiedener Parameter festgelegt. Dazu zählen unter anderem die Fahrzeugbeladung und die Fahrzeug-Höchstgeschwindigkeit. Vom Werk sind für den CORSA/MERIVA unterschiedliche Reifendimensionen und Felgengrößen zugelassen. Die vorliegende Reifentabelle listet nur einen Querschnitt möglicher Reifen-/Felgenkombinationen auf. Eine komplette Liste aller zugelassenen Reifen und Felgen hat jede OPEL-Fachwerkstatt.

**Achtung:** Es dürfen nur die Reifen und Felgen montiert werden, die in den Fahrzeugpapieren aufgeführt sind.

Für die Lebensdauer der Reifen und die Fahrzeugsicherheit ist das Einhalten des Reifenfülldrucks von großer Wichtigkeit. Reifenfülldruck deshalb alle 4 Wochen und vor jeder längeren Fahrt prüfen (auch am Reserverad).

**Hinweis:** Die Reifenfülldruckwerte stehen auf einem Aufkleber an der Innenseite der **Tankklappe**.

- Reifenfülldruckangaben beziehen sich auf **kalte** Reifen. Der sich bei längerer Fahrt einstellende und um ca. 0,2 bis 0,4 bar höhere Überdruck darf nicht reduziert werden. **Winterreifen** (Bezeichnung M+S) können mit einem um **0,1 bar höheren Überdruck** als Sommerreifen gefahren werden. Auf jeden Fall müssen die Reifenfülldrücke bei Winterreifen entsprechend den Vorgaben des Reifenherstellers eingehalten werden. Unterliegen die Winterreifen einer Geschwindigkeitsbeschränkung, muss ein Hinweis im Blickfeld des Fahrers angebracht werden (§ 36, Absatz 1 StVZO).
- Bei **Anhängerbetrieb** Reifenfülldruck auf den unter »volle Zuladung« angegebenen Wert erhöhen. Reifenfülldruck der Anhängerbereifung ebenfalls kontrollieren.
- Der Reifenfülldruck für das **Reserverad** entspricht dem höchsten für das Fahrzeug vorgesehenen Fülldruck.

### Eine Auswahl von Reifen-/Felgenkombinationen für die CORSA Limousine und MERIVA

| Motor | Reifengröße | Scheibenrad (Felgengröße) | Einpresstiefe in mm | Reifenfülldruck (Überdruck) in bar | | | |
|---|---|---|---|---|---|---|---|
| | | | | halbe Zuladung | | volle Zuladung | |
| **CORSA Limousine** | | | | vorn | hinten | vorn | hinten |
| Z10XE/Z10XEP Z12XE/Z12XEP | 155/80 R 13 | 5J x 13 | 43 | 2,2 | 1,8 | 2,4 | 2,8 |
| | 175/65 R 14 | 5½J x 14 | 49 | 2,2 | 1,8 | 2,4 | 2,8 |
| | 185/55 R 15 [1] | 6J x 15 | 49 | 2,2 | 1,8 | 2,4 | 2,8 |
| Z10XE-ECO Z10XEP-ECO | 155/80 R 13 M+S [2] | 5J x 13 | 43 | 2,4 | 2,4 | 2,7 | 3,0 |
| | 175/65 R 14 | 5½J x 14 | 49 | 2,7 | 2,5 | 2,7 | 3,0 |
| Z14XE/Z14XEP Z13DT/Y17DT/Y17DTL | 175/65 R 14 | 5½J x 14 | 49 | 2,3 | 2,1 | 2,4 | 2,8 |
| | 185/55 R 15 [1] | 6J x 15 | 49 | 2,3 | 2,1 | 2,4 | 2,8 |
| Z17DTH | 185/55 R 15 | 6J x 15 | 49 | 2,6 | 2,4 | 2,6 | 3,0 |
| | 195/45 R 16 [1] | 6½J x 16 | 40 | 2,7 | 2,5 | 2,7 | 3,0 |
| Z18XE | 175/65 R 14 M+S [2] | 5½J x 14 | 49 | 2,3 | 2,1 | 2,4 | 2,8 |
| | 185/55 R 15 | 6J x 15 | 49 | 2,3 | 2,1 | 2,4 | 2,8 |
| | 195/45 R 16 [1] | 6½J x 16 | 40 | 2,6 | 2,4 | 2,6 | 3,0 |
| **OPEL MERIVA** | | | | | | | |
| Z16SE | 175/70 R 14 | 5½J x 14 | 43 | 2,4 | 2,2 | 2,6 | 3,0 |
| Z16XE/Z18XE/Y17DT | 185/60 R 15 | 6J x 15 | 43 | 2,4 | 2,2 | 2,6 | 3,0 |
| Z17DTH | 185/60 R 15 | 6J x 15 | 43 | 2,6 | 2,4 | – | – |

[1]) Nicht als Winterreifen, [2]) Nur als Winterreifen.

## Reifen- und Scheibenrad-Bezeichnungen/Herstellungsdatum

### Reifen-Bezeichnungen

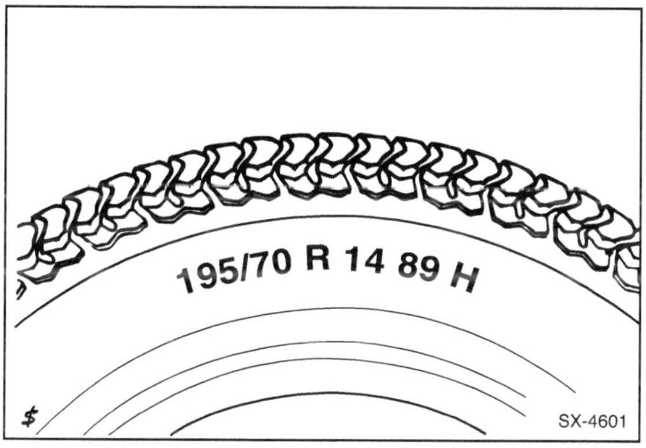


**195** = Reifenbreite in mm.
**/70** = Verhältnis Höhe zu Breite (die Höhe des Reifenquerschnitts beträgt 70 % von der Breite).

Fehlt eine Angabe des Querschnittverhältnisses (zum Beispiel 155 R 13), so handelt es sich um das »normale« Höhen-Breiten-Verhältnis. Es beträgt bei Gürtelreifen 82 %.

**R** = Radial-Bauart (= Gürtelreifen).
**14** = Felgendurchmesser in Zoll.
**89** = Tragfähigkeits-Kennzahl.

**Achtung:** Steht zwischen den Angaben 14 und 89 die Bezeichnung **M+S**, dann handelt es sich um einen Reifen mit Winterprofil.

**H** = Kennbuchstabe für zulässige Höchstgeschwindigkeit, H: bis 210 km/h.

Der Geschwindigkeitsbuchstabe steht hinter der Reifengröße. Die Geschwindigkeitsbuchstaben gelten sowohl für Sommer- als auch für Winterreifen.

### Geschwindigkeits-Kennbuchstabe

| Kennbuchstabe | Zulässige Höchstgeschwindigkeit |
|---|---|
| Q | 160 km/h |
| S | 180 km/h |
| T | 190 km/h |
| H | 210 km/h |
| V | 240 km/h |
| ZR | über 240 km/h |

**Achtung:** Steht hinter der Reifenbezeichnung das Wort »reinforced«, handelt es sich um einen Reifen in verstärkter Ausführung, beispielsweise für Vans und Transporter.

### Reifen-Herstellungsdatum

Das Herstellungsdatum steht auf dem Reifen im Hersteller-Code.

**Beispiel:** DOT CUL2 UM8 4607 TUBELESS

DOT = Department of Transportation (US-Verkehrsministerium)
CU = Kürzel für Reifenhersteller
L2 = Reifengröße
UM8 = Reifenausführung
4607 = Herstellungsdatum = 46. Produktionswoche 2007
**Hinweis:** Falls anstelle der 4-stelligen Ziffer eine 3-stellige Ziffer gefolgt von einem ◁-Symbol aufgeführt ist, dann wurde der Reifen im vergangenen Jahrzehnt produziert. Die Bezeichnung 509◁ bedeutet beispielsweise: 50. Produktionswoche 1999.
TUBELESS = schlauchlos (TUBETYPE = Schlauchreifen)

**Achtung:** Neureifen müssen seit 10/98 zusätzlich mit einer ECE-Prüfnummer an der Reifenflanke versehen sein. Diese Prüfnummer weist nach, dass der Reifen dem ECE-Standard entspricht. Werden Reifen seit 10/98 **ohne** ECE-Prüfnummer montiert, erlischt die Allgemeine Betriebserlaubnis (ABE) des Fahrzeuges.

### Scheibenrad-Bezeichnungen

**Beispiel :** 5½J x 15 H2, ET 38, LK 4/100

5½ = Maulweite (Innenbreite) der Felge in Zoll.
J = Kennbuchstabe für Höhe und Kontur des Felgenhorns (B = niedrigere Hornform).
x = Kennzeichen für einteilige Tiefbettfelge.
15 = Felgen-Durchmesser in Zoll.
H2 = Felgenprofil an Außen- und Innenseite mit Hump-Schulter (Hump = Sicherheitswulst, damit der Reifen nicht von der Felge rutscht).
ET 38 = Einpresstiefe: 38 mm. Das Maß gibt in mm an, wie weit die Felgenanschraubfläche von der Felgenmitte entfernt ist.
LK 4 = Die Felge ist in diesem Beispiel mit 4 Schrauben befestigt.
/100 = Der Lochkreisdurchmesser, auf dem die Schrauben angeordnet sind, beträgt 100 mm.

## Profiltiefe messen

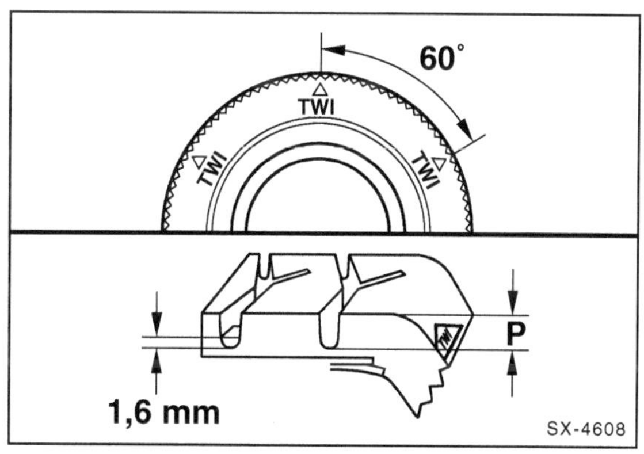


Reifen dürfen aufgrund gesetzlicher Vorschriften bis zu einer Profiltiefe von 1,6 mm abgefahren werden, und zwar an der gesamten Reifenlauffläche gemessen. Aus Sicherheitsgründen empfiehlt es sich, die Sommerreifen bereits bei einer Profiltiefe von 2 mm und die Winterreifen bei einer Profiltiefe von 4 mm auszutauschen.

Die Tiefe des Reifenprofils an den Hauptprofilrillen mit dem stärksten Verschleiß messen. Im Profilgrund der Originalbereifung sind Abnutzungsindikatoren vorhanden. An den Reifenflanken kennzeichnen Buchstaben (TWI = **T**read **W**ear **I**ndicator) oder Dreiecksymbole die Lage der Verschleißanzeiger. Die Flächen der Abnutzungsindikatoren haben eine Höhe von 1,6 mm. Sie dürfen nicht in die Messung mit einbezogen werden. Für die Messwerte entscheidend ist das Maß an der Stelle mit der geringsten Profiltiefe –P–.

## Auswuchten von Rädern

Die serienmäßigen Räder werden im Werk ausgewuchtet. Das Auswuchten ist notwendig, um unterschiedliche Gewichtsverteilung und Materialungenauigkeiten auszugleichen. Im Fahrbetrieb macht sich die Unwucht durch Trampel- und Flattererscheinungen bemerkbar. Das Lenkrad beginnt dann bei höherem Tempo zu zittern.

In der Regel tritt dieses Zittern nur in einem bestimmten Geschwindigkeitsbereich auf und verschwindet wieder bei niedrigerer oder höherer Geschwindigkeit.

Solche Unwuchterscheinungen können mit der Zeit zu Schäden an Achsgelenken, Lenkgetriebe und Stoßdämpfern sowie am Reifenprofil führen.

Räder nach jeder Reifenreparatur und nach jeder Montage eines neuen Reifens auswuchten lassen, da sich durch Abnutzung und Reparatur die Gewichts- und Materialverteilung am Reifen ändert.

## Schneeketten

Schneeketten sind nur an den **Vorderrädern** zulässig. Um Beschädigungen an den Radvollblenden zu vermeiden, sollten diese bei Schneekettenbetrieb abgenommen werden. Nach Entfernen der Schneeketten, Radvollblenden wieder montieren.

Aus technischen Gründen ist die Verwendung von Schneeketten nur mit bestimmten Reifen-/Felgenkombinationen zulässig, siehe Bedienungsanleitung. Auf dem Notrad keine Schneeketten auflegen.

**Achtung:** Nur feingliedrige Schneeketten aufziehen, die an der Lauffläche und an den Reifeninnenseiten inklusive Schloss maximal 15 mm auftragen.

Mit Schneeketten darf in Deutschland nicht schneller als **50 km/h** gefahren werden. Auf schnee- und eisfreien Straßen Schneeketten abnehmen. Nur feingliedrige Schneeketten verwenden.

## Rad aus- und einbauen

### Ausbau

**Hinweis:** Leichtmetallfelgen sind durch einen Klarlacküberzug gegen Korrosion geschützt. Beim Radwechsel darauf achten, dass die Schutzschicht nicht beschädigt wird, andernfalls mit Klarlack ausbessern.

- Reifen-Laufrichtung mit Kreide durch einen Pfeil am Reifen markieren.
- Fahrzeug gegen Wegrollen sichern. Dazu Handbremse anziehen, Rückwärtsgang oder 1. Gang einlegen. Bei Fahrzeugen mit Automatikgetriebe Wählhebel in Stellung »P« legen. Außerdem einen Keil hinter das diagonal gegenüberliegende Rad legen. Dabei Keil immer an der von der Aufbockstelle weg zeigenden Seite unterlegen.

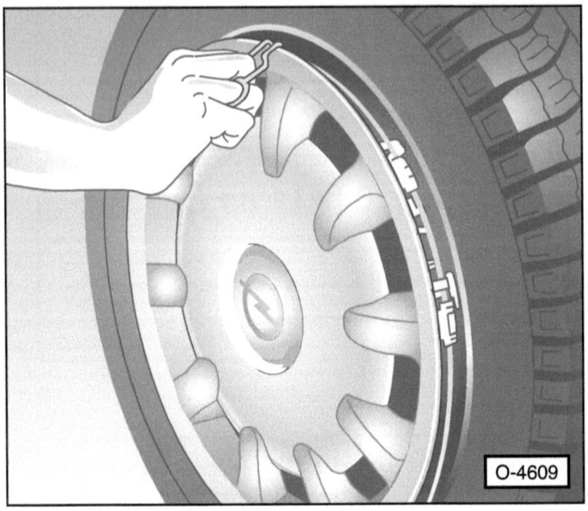

O-4609

- **Räder mit Radvollblende:** Für das Abziehen der Radblende gibt es ein spezielles Werkzeug, welches dem Bordwerkzeug beigelegt ist. Fehlt das Werkzeug zum Lösen der Radkappe, Schraubendreher an der seitlichen Aussparung der Radkappe ansetzen.
- **Räder mit Radkappe:** Schraubendreher an der seitlichen Aussparung der Radkappe ansetzen, Radkappe ausrasten und abnehmen. **Hinweis:** Je nach Ausstattung und Modell sind verschiedene Radkappen montiert. Alle Radkappen können mit einem Schraubendreher vom Rad abgehebelt werden.

**Hinweis:** Zum Lösen diebstahlgesicherter Radschrauben ist ein Adapter für die Radschrauben erforderlich, der in der Regel dem Bordwerkzeug beigelegt ist.

O-4610

- **Radschrauben ½ Umdrehung** lockern, nicht abschrauben.

**Achtung: Radschrauben lösen, wenn das Fahrzeug auf dem Boden steht.** Dabei muss ein Gang eingelegt und die Handbremse angezogen sein. Zum Lösen keinen Drehmomentschlüssel verwenden.

**Sicherheitshinweis**
Beim Aufbocken des Fahrzeugs besteht Unfallgefahr! Hinweise im Kapitel »Fahrzeug aufbocken« beachten.

- Fahrzeug mit dem Wagenheber so weit anheben, bis das Rad vom Boden abgehoben hat, siehe Seite 57.
- Radschrauben herausdrehen und Rad abnehmen. Dabei Schrauben so ablegen, dass sie nicht verschmutzen.

**Einbau**

- Zum Schutz gegen das Festrosten des Rades Zentriersitz der Felge an der Radnabe vorn und hinten vor jeder Montage des jeweiligen Rades dünn mit Wälzlagerfett einfetten.
- Verschmutzte Schrauben und Gewinde reinigen. Gewinde der Radschrauben **nicht** fetten oder ölen.

**Achtung:** Korrodierte oder schwergängige Schrauben umgehend erneuern. Bis dahin vorsichtshalber nur mit mäßiger Geschwindigkeit fahren.

- Kegelflächen der Schrauben mit Wälzlagerfett bestreichen.
- Rad entsprechend der beim Ausbau angebrachten Laufrichtungs-Markierung ansetzen.
- Radschrauben anschrauben und leicht mit etwa **50 Nm** über Kreuz anziehen.
- Fahrzeug absenken und Wagenheber entfernen.
- Radschrauben über Kreuz in mehreren Durchgängen anziehen. Zum Festziehen der Radschrauben sollte stets ein Drehmomentschlüssel verwendet werden. Dadurch wird sichergestellt, dass die Radschrauben gleichmäßig und fest angezogen sind. **Das Anzugsdrehmoment für die Radschrauben beträgt für Stahl- und Leichtmetallfelgen 110 Nm.**

**Achtung:** Wurden die Radschrauben nicht mit einem Drehmomentschlüssel festgezogen, unbedingt das Anzugsdrehmoment in einer Werkstatt kontrollieren lassen. Durch einseitiges oder unterschiedlich starkes Anziehen der Radschrauben können das Rad oder die Radnabe verspannt werden.

- **Fahrzeuge mit Radvollblende:** Felge im Bereich der Halteklammern säubern. Radblende im Bereich des Ventilausschnittes zuerst aufdrücken. Dabei auf das Ventilsymbol an der Rückseite der Blende achten.
- **Leichtmetallräder:** Der Stift an der Rückseite der Radkappe muss in das Loch in der Felge eingreifen.
- Radkappe/Radvollblende ansetzen und einrasten lassen. Radkappe/Radvollblende gegebenenfalls mit dem Handballen aufschlagen.
- Nach dem Reifenwechsel unbedingt Reifenfülldruck prüfen und gegebenenfalls korrigieren.

**Achtung:** Nach ca. **100 km Fahrt** Radschrauben in der angegebenen Reihenfolge mit **110 Nm nachziehen**.

## Austauschen der Räder/ Laufrichtung beachten

Es ist nicht zweckmäßig, bei einem Austausch der Räder die Drehrichtung der Reifen zu ändern, da sich die Reifen nur unter vorübergehend stärkerem Verschleiß der veränderten Drehrichtung anpassen. Bei einigen Reifen ist die Laufrichtung durch einen Pfeil auf der Reifenflanke vorgegeben, die Laufrichtung ist dann unbedingt einzuhalten.

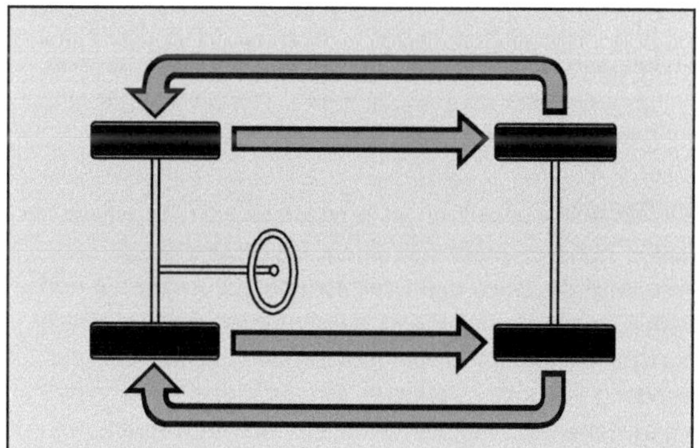

SX-4606

Bei größerem Verschleiß der vorderen Reifen empfiehlt es sich, die Vorderräder gegen die Hinterräder zu tauschen. Dadurch haben alle 4 Reifen etwa die gleiche Lebensdauer.

**Sicherheitshinweise**
Reifen nicht einzeln, sondern mindestens achsweise ersetzen. Reifen mit der größeren Profiltiefe **vorn** montieren. Am Fahrzeug dürfen nur Reifen gleicher Bauart verwendet werden. An einer Achse dürfen nur Reifen desselben Herstellers und mit der selben Profilausführung eingebaut werden. Reifen, die älter als 6 Jahre sind, nur im Notfall und bei vorsichtiger Fahrweise verwenden. Keine gebrauchten Reifen verwenden, deren Ursprung nicht bekannt ist. Beim Erneuern von Felge oder Reifen grundsätzlich das Gummiventil ersetzen.

SX-4609

- Bei Reifen **mit laufrichtungsgebundenem Profil,** erkennbar an Pfeilen auf der Reifenflanke in Laufrichtung, **muss** die Laufrichtung des Reifens **unbedingt** eingehalten werden. Dadurch werden optimale Laufeigenschaften bezüglich Aquaplaning, Haftvermögen, Geräusch und Abrieb sichergestellt.

- Falls ein laufrichtungsgebundenes Reserverad bei einer Reifenpanne einmal entgegen der Laufrichtung montiert werden muss, sollte dieser Einsatz nur vorübergehend sein. Insbesondere bei Nässe empfiehlt es sich, die Geschwindigkeit den Fahrbahnverhältnissen anzupassen.

## Reifenpflegetipps

Reifen haben ein »Gedächtnis«. Unsachgemäße Behandlung – und dazu zählt beispielsweise auch schon schnelles oder häufiges Überfahren von Bordstein- oder Schienenkanten – führt deshalb zu Reifenpannen, mitunter sogar erst nach längerer Laufleistung.

### Reifen reinigen

- Reifen generell **nicht** mit einem Dampfstrahlgerät reinigen. Wird die Düse des Dampfstrahlers zu nahe an den Reifen gehalten, dann wird die Gummischicht innerhalb weniger Sekunden irreparabel zerstört, selbst bei Verwendung von kaltem Wasser. Ein auf diese Weise gereinigter Reifen sollte sicherheitshalber ersetzt werden.
- Ersetzt werden sollte auch ein Reifen, der über längere Zeit mit Öl, Fett oder Kraftstoff in Berührung kam. Der Reifen quillt an den betreffenden Stellen zunächst auf, nimmt jedoch später wieder seine normale Form an und sieht äußerlich unbeschädigt aus. Die Belastungsfähigkeit des Reifens nimmt aber ab.

### Reifen lagern

- Reifen sollten kühl, dunkel und trocken aufbewahrt werden. Sie dürfen nicht mit Fett, Öl oder Kraftstoff in Berührung kommen.
- Räder liegend oder an den Felgen aufgehängt in der Garage oder im Keller lagern. Reifen, die nicht auf einer Felge montiert sind, sollten stehend aufbewahrt werden.
- Bevor die Räder abmontiert werden, Reifenfülldruck etwas erhöhen (ca. 0,3 – 0,5 bar).
- Für Winterreifen eigene Felgen verwenden, denn das Ummontieren der Reifen lohnt sich aus Kostengründen nicht.

### Reifen einfahren

Neue Reifen haben vom Produktionsprozess her eine besonders glatte Oberfläche. Deshalb müssen neue Reifen – das gilt auch für das neue Ersatzrad – etwa 300 Kilometer mit mäßiger Geschwindigkeit und vorsichtiger Fahrweise eingefahren werden. Bei diesem Einfahren raut sich durch die beginnende Abnutzung die glatte Oberfläche auf, das Haftvermögen des Reifens verbessert sich.

Während der ersten 300 km sollte man mit neuen Reifen speziell auf Nässe besonders vorsichtig fahren.

## Fehlerhafte Reifenabnutzung

- In erster Linie ist auf vorschriftsmäßigen Reifenfülldruck zu achten, wobei alle 4 Wochen und vor jeder längeren Fahrt sowie bei hoher Zuladung eine Prüfung vorgenommen werden sollte.
- Reifenfülldruck nur bei kühlen Reifen prüfen. Der Reifenfülldruck steigt nämlich mit zunehmender Erhitzung bei schneller Fahrt an. Dennoch ist es völlig falsch, aus erhitzten Reifen Luft abzulassen.

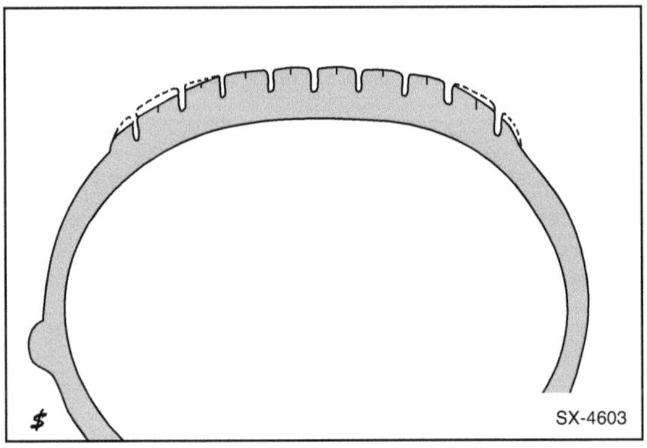
SX-4603

- An den Vorderrädern ist eine etwas größere Abnutzung der Reifenschultern gegenüber der Laufflächenmitte normal, wobei aufgrund der Straßenneigung die Abnutzung der zur Straßenmitte zeigenden Reifenschulter (linkes Rad: außen, rechtes Rad: innen) deutlicher ausgeprägt sein kann.
- Ungleichmäßiger Reifenverschleiß ist zumeist die Folge zu geringen oder zu hohen Reifenfülldrucks. Er kann auch auf Fehler in der Radeinstellung oder der Radauswuchtung sowie auf mangelhafte Stoßdämpfer oder Felgen zurückzuführen sein.
- Bei zu hohem Reifenfülldruck wird die Laufflächenmitte mehr abgenutzt, da der Reifen an der Lauffläche durch den hohen Innendruck mehr gewölbt ist.
- Bei zu niedrigem Reifenfülldruck liegt die Lauffläche an den Reifenschultern stärker auf, und die Laufflächenmitte wölbt sich nach innen durch. Dadurch ergibt sich ein stärkerer Reifenverschleiß der Reifenschultern.

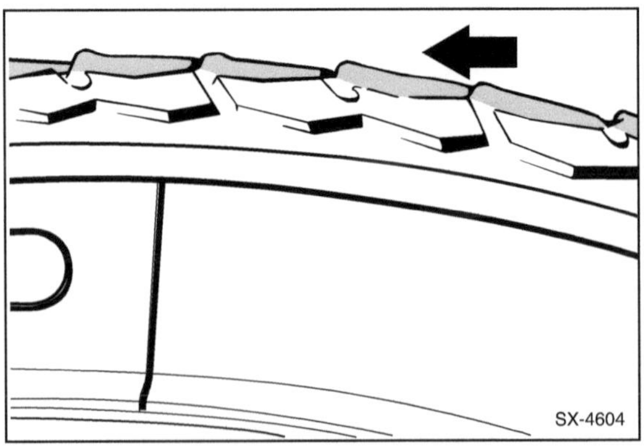
SX-4604

- Sägezahnförmige Abnutzung des Profils ist in der Regel auf eine Überbelastung des Fahrzeugs zurückzuführen.

# Bremsanlage

## Aus dem Inhalt:

- **Bremsbeläge wechseln**
- **Bremsscheibe prüfen**
- **Bremsscheibe wechseln**
- **Bremse entlüften**
- **Handbremse einstellen**
- **ABS/EBV/TC/ESP**
- **Handbremsseil**
- **Bremskraftverstärker**
- **Bremslichtschalter**

Das Arbeiten an der Bremsanlage erfordert peinliche Sauberkeit und exakte Arbeitsweise. Falls die nötige Arbeitserfahrung fehlt, sollten Reparaturarbeiten an der Bremsanlage von einer Fachwerkstatt durchgeführt werden.

Das Bremssystem besteht aus dem Hauptbremszylinder, dem Bremskraftverstärker und den Scheibenbremsen für die Vorderräder. Je nach Modell können die Hinterräder über Trommel- oder Scheibenbremsen verzögert werden. Das hydraulische Bremssystem ist in zwei Kreise aufgeteilt, die diagonal wirken. Ein Bremskreis ist mit den Bremssätteln vorn rechts/hinten links verbunden, der zweite mit den Bremssätteln vorn links/hinten rechts. Dadurch kann bei Ausfall eines Bremskreises, zum Beispiel durch ein Leck, das Fahrzeug über den anderen Bremskreis zum Stehen gebracht werden. Der Druck für beide Bremskreise wird im Tandem-Hauptbremszylinder über das Bremspedal aufgebaut.

Der Bremsflüssigkeitsbehälter befindet sich im Motorraum über dem Hauptbremszylinder. Er versorgt das Bremssystem wie auch das hydraulische Kupplungssystem mit Bremsflüssigkeit.

Der Bremskraftverstärker speichert beim Benzinmotor einen Teil des vom Motor erzeugten Ansaugunterdruckes. Beim Betätigen des Bremspedals wird dann die Pedalkraft durch den Unterdruck verstärkt. Da beim Dieselmotor der Ansaugunterdruck nicht vorhanden ist, erzeugt eine Vakuumpumpe den Unterdruck für den Bremskraftverstärker. Die Vakuumpumpe ist an der Rückseite des Generators angeschraubt und wird über die Generatorwelle angetrieben.

Die Bremsbeläge sind Bestandteil der Allgemeinen Betriebserlaubnis (ABE), außerdem sind sie vom Werk auf das jeweilige Fahrzeugmodell abgestimmt. Es dürfen deshalb nur die vom Automobilhersteller beziehungsweise vom Kraftfahrtbundesamt freigegebenen Bremsbeläge verwendet werden. Diese Bremsbeläge haben eine KBA-Freigabenummer.

**Hinweis:** Während des Fahrens auf stark regennassen Fahrbahnen die Fußbremse von Zeit zu Zeit betätigen, um die Bremsscheiben von Rückständen zu befreien. Während der Fahrt wird zwar durch die Zentrifugalkraft das Wasser von den Bremsscheiben geschleudert, es bleibt jedoch teilweise ein dünner Film von Fett und Verschmutzungen zurück, der das Ansprechen der Bremse vermindert.

Eingebrannter Schmutz auf den Bremsbelägen und zugesetzte Regennuten in den Bremsbelägen führen zur Riefenbildung auf den Bremsscheiben. Dadurch kann eine verminderte Bremswirkung eintreten.

**Sicherheitshinweis**
Beim Reinigen der Bremsanlage fällt Bremsstaub an, der zu gesundheitlichen Schäden führen kann. Beim Reinigen der Bremsanlage Bremsstaub nicht einatmen.

### ABS/EBV/TC/ESP

Grundsätzlich dürfen Arbeiten an den elektronisch gesteuerten Brems- und Fahrwerkskomponenten nur von dafür ausgebildeten Fachkräften ausgeführt werden.

**ABS:** Das **A**nti-**B**lockier-**S**ystem verhindert bei scharfem Abbremsen das Blockieren der Räder, dadurch bleibt das Fahrzeug lenkbar. Serienmäßig ist der OPEL CORSA/MERIVA mit ABS, Bremsassistent und elektronischer Bremskraftverteilung ausgestattet.

**EBV:** Die **E**lektronische **B**remskraft**v**erteilung reguliert mittels ABS-Hydraulik die Bremskraft, mit der die Hinterräder abgebremst werden. Die elektronische EBV-Steuerung arbeitet wesentlich sensibler als ein mechanisch wirkender Bremskraftregler, so dass ein deutlich größerer Regelbereich ausgenutzt werden kann.

Bei Geradeausfahrt wird die Hinterradbremse voll an der Bremsleistung beteiligt. Um auch bei Kurvenbremsungen die Fahrstabilität zu gewährleisten, muss dann der Bremskraftanteil der Hinterachse reduziert werden. Über die ABS-Drehzahlsensoren erkennt die EBV, ob das Fahrzeug geradeaus oder durch eine Kurve fährt. Bei Kurvenfahrt wird der Bremsdruck für die Hinterräder reduziert. Dadurch können die Hinterräder die maximale Seitenführungskraft aufbringen.

**TC:** Je nach Modell ist das Fahrzeug mit einer Traktionskontrolle (**T**raction **C**ontrol) ausgerüstet. Sie verhindert, dass die Antriebsräder beim Gasgeben durchdrehen, zum Beispiel bei Nässe. Die TC kontrolliert den Schlupf der Räder, reduziert sofort die Motorleistung und bremst gegebenenfalls das betroffene Rad ab. Die TC/ESP-Warnleuchte im Kombiinstrument blinkt, wenn ein Rad die Schlupfgrenze erreicht hat.

**ESP:** Je nach Modell ist der CORSA/MERIVA mit dem **E**lektronischen **S**tabilitäts-**P**rogramm ausgerüstet. Über die ABS-Funktionen hinaus verringert ESP das Schleuderrisiko, auch wenn gerade nicht Gas gegeben oder gebremst wird. Im ESP sind die Funktionen der Traktionskontrolle (TC) integriert.

In schnell durchfahrenen Kurven oder bei abrupten Ausweichmanövern erkennt ESP, ob das Fahrzeug auszubrechen droht. Über Sensoren erfasst ESP den Lenkwinkel und die Drehgeschwindigkeit des Fahrzeugs um die Hochachse. Unstabile Fahrzustände werden sofort erkannt. Durch das Abbremsen einzelner Räder und die Regulierung der Motorleistung wird das Fahrzeug bestmöglichst auf dem gewünschten Kurs gehalten.

Ist die ESP-Regelung aktiv, wird dies durch Blinken der TC/ESP-Warnleuchte im Kombiinstrument signalisiert. Die Fahrweise sollte dann den Straßenverhältnissen angepasst werden, sonst besteht Unfallgefahr.

### Hinweise zur ABS/EBV/TC/ESP-Anlage

Eine Sicherheitsschaltung im elektronischen Steuergerät sorgt dafür, dass sich die Anlage bei einem Defekt (zum Beispiel Kabelbruch) oder bei zu niedriger Betriebsspannung (Batteriespannung unter 10 Volt) selbst abschaltet. Angezeigt wird dies durch das Aufleuchten der Kontrolllampen im Kombiinstrument. Die herkömmliche Bremsanlage bleibt dabei in Betrieb. Das Fahrzeug verhält sich dann beispielsweise beim Bremsen so, als ob keine ABS-Anlage eingebaut wäre.

**Sicherheitshinweis**
Wenn während der Fahrt die Kontrollleuchten für das ABS und für die Bremsanlage leuchten, können bei starkem Abbremsen die Hinterräder blockieren, da die Bremskraftverteilung ausgefallen ist.

Leuchten eine oder mehrere Kontrolllampen im Kombiinstrument während der Fahrt auf, folgende Punkte beachten:

- Fahrzeug kurz anhalten, Motor abstellen und wieder starten.
- Batteriespannung prüfen. Wenn die Spannung unter 10,5 Volt liegt, Batterie laden.

**Achtung:** Wenn die Kontrolllampen am Anfang einer Fahrt aufleuchten und nach einiger Zeit wieder erlöschen, deutet das darauf hin, dass die Batteriespannung zunächst zu gering war, bis sie sich während der Fahrt durch Ladung über den Generator wieder erhöht hat.

- Prüfen, ob die Batterieklemmen richtig festgezogen sind und einwandfreien Kontakt haben.
- Fahrzeug aufbocken, Räder abnehmen, elektrische Leitungen zu den Drehzahlfühlern auf äußere Beschädigungen (Scheuerstellen) prüfen. Weitere Prüfungen der ABS/EBV/TC/ESP-Anlage sollten von einer Fachwerkstatt durchgeführt werden.

**Achtung:** Vor Schweißarbeiten mit einem elektrischen Schweißgerät muss der Stecker von der ABS-Steuereinheit im Motorraum abgezogen werden. Stecker nur bei ausgeschalteter Zündung abziehen. Bei Lackierarbeiten darf das Steuergerät auch kurzzeitig keiner Temperatur von mehr als +80° C belastet werden.

## Technische Daten Bremsanlage

| Scheibenbremse | | vorn | | | hinten | |
|---|---|---|---|---|---|---|
| Bremsbelagdicke neu (mit Rückenplatte) | mm | 15 | 16 | 19 | 16 | 16 |
| Bremsbelag-Verschleißgrenze (mit Rückenplatte) | mm | 7,0 | 7,0 | 10,0 | 7,0 | 7,0 |
| Bremsscheibendurchmesser | mm | 240 | 260 | 280 | 240 | 264 [3] |
| Bremsscheibendicke neu | mm | 20/11 [1] | 24 | 25 | 10 [1] | 10 [1] |
| Bremsscheiben-Verschleißgrenze | mm | 17/8 [1] | 21 | 22 | 8 [1] | 8 [1] |

| Trommelbremse | | hinten | |
|---|---|---|---|
| Bremsbelagdicke neu (ohne Stützbacke) | mm | 5,0 | 5,0 |
| Bremsbelag-Verschleißgrenze (ohne Stützbacke) | mm | 2,5 | 2,5 |
| Bremstrommeldurchmesser neu | mm | 200 | 230 |
| Bremstrommeldurchmesser Verschleißgrenze | mm | 201 | 231 |
| Bremstrommel-Breite | mm | 45/28 [2] | 40 |

[1] Massive Bremsscheibe, [2] Ohne ABS, [3] OPEL MERIVA

## Scheibenbremsbeläge vorn aus- und einbauen

### Ausbau

**Achtung:** Bremsbeläge sind Bestandteil der Allgemeinen Betriebserlaubnis (ABE) und vom Werk auf das jeweilige Modell abgestimmt. Es dürfen deshalb nur die vom Automobilhersteller freigegebenen Bremsbeläge verwendet werden.

**Achtung:** Sollen die Bremsbeläge wieder verwendet werden, müssen sie beim Ausbau gekennzeichnet werden. Ein Wechsel der Beläge von der Außen- zur Innenseite oder vom rechten zum linken Rad ist nicht zulässig.

**Achtung: Grundsätzlich alle Scheibenbremsbeläge einer Achse gleichzeitig ersetzen, auch wenn nur ein Belag die Verschleißgrenze erreicht hat.**

- Reifen-Laufrichtung mit Pfeil am Reifen markieren. Radschrauben lösen. Fahrzeug vorn aufbocken und Räder abnehmen. **Achtung:** Unbedingt Hinweise im Kapitel »Rad aus- und einbauen« beachten.

**Sicherheitshinweis**
Beim Aufbocken des Fahrzeugs besteht Unfallgefahr! Hinweise im Kapitel »Fahrzeug aufbocken« beachten.

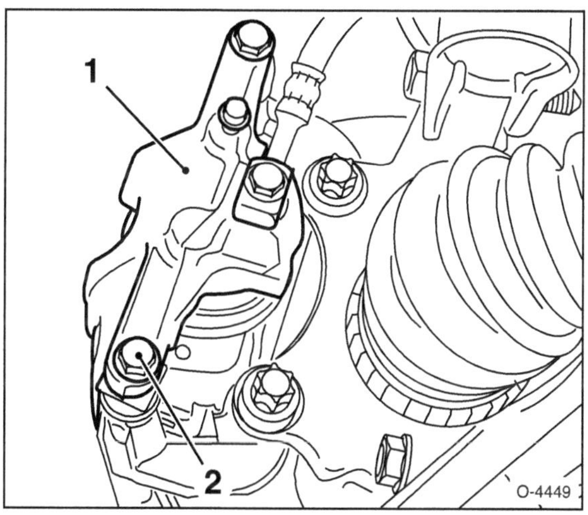


- Schraube –2– für unteren Bremssattel-Führungsbolzen herausdrehen und Bremssattel –1– nach oben klappen. Dabei darauf achten, dass der Bremsschlauch nicht zu stark beansprucht wird.

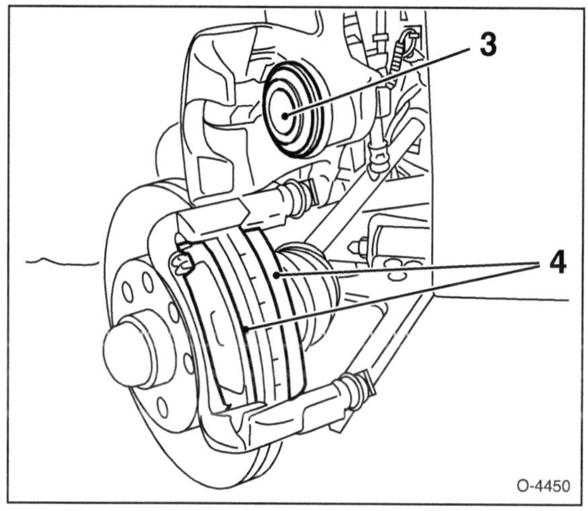


- Bremsbeläge –4– seitlich aus dem Bremssattelträger herausnehmen, dabei die Einbaulage der Bremsbeläge merken beziehungsweise markieren. 3 – Bremskolben.

### Einbau

**Achtung: Bei ausgebauten Bremsbelägen nicht auf das Bremspedal treten, sonst wird der Kolben aus dem Gehäuse herausgedrückt.** In diesem Fall Bremssattel komplett ausbauen und Kolben in der Werkstatt einsetzen lassen.

- Vor Einbau der Beläge ist die Bremsscheibe durch Abtasten mit den Fingern auf Riefen zu untersuchen. Riefige Bremsscheiben können abgedreht werden (Werkstattarbeit), sofern sie noch eine ausreichende Dicke aufweisen. Grundsätzlich beide Bremsscheiben einer Achse auf gleiches Maß abdrehen lassen.
- Bremsscheibendicke messen, siehe entsprechendes Kapitel.

**Achtung:** Zum Reinigen der Bremse **ausschließlich** Spiritus verwenden. Führungsfläche beziehungsweise Sitz der Beläge im Gehäuseschacht mit einem Lappen reinigen. Keine scharfkantigen Werkzeuge verwenden. Besonders auf das Entfernen eventueller Klebefolienreste an den Anlageflächen der äußeren Bremsbeläge achten.

- Staubkappe für Bremskolben auf Anrisse prüfen. Eine beschädigte Staubkappe umgehend ersetzen lassen, da eingedrungener Schmutz schnell zu Undichtigkeiten des Bremssattels führt. Der Bremssattel muss hierzu zerlegt werden (Werkstattarbeit).
- Bei hohem Bremsbelagverschleiß Leichtgängigkeit des Kolbens prüfen. Dazu einen Holzklotz in den Bremssattel einsetzen und durch Helfer langsam auf das Bremspedal treten lassen. Der Bremskolben muss sich leicht heraus- und hineindrücken lassen. Zur Prüfung muss der andere Bremssattel eingebaut sein. Darauf achten, dass der Bremskolben nicht ganz herausgedrückt wird. Angerosteten Bremskolben nur mit Bremsflüssigkeit oder Spiritus reinigen. Bei schwergängigem Kolben Bremssattel in der Werkstatt reparieren lassen oder ersetzen.

**Achtung:** Beim Zurückdrücken des Kolbens wird Bremsflüssigkeit aus dem Bremszylinder in den Vorratsbehälter gedrückt. Flüssigkeit im Behälter beobachten, eventuell Bremsflüssigkeit mit einem Saugheber absaugen.

**Sicherheitshinweis**
Zum Absaugen eine Entlüfter- oder Plastikflasche verwenden, die nur mit Bremsflüssigkeit in Berührung kommt. Keine Trinkflaschen verwenden! **Bremsflüssigkeit ist giftig und darf auf gar keinen Fall mit dem Mund über einen Schlauch abgesaugt werden. Saugheber verwenden.** Auch nach dem Belagwechsel darf die MAX-Marke am Bremsflüssigkeitsbehälter nicht überschritten werden, da sich die Flüssigkeit bei Erwärmung ausdehnt. Ausgelaufene Bremsflüssigkeit läuft am Hauptbremszylinder herunter, zerstört den Lack und führt zur Rostbildung.

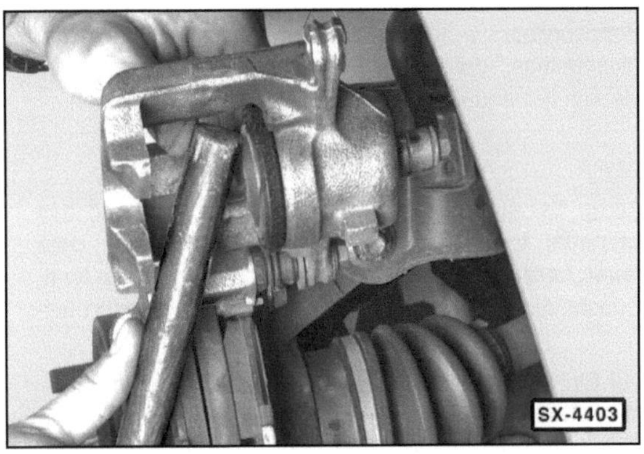


- Bremskolben mit Rücksetzwerkzeug, zum Beispiel HAZET 4971-1, zurückdrücken.

**Hinweis:** Dazu kann ein Hartholzstab (Hammerstiel) verwendet werden, dabei jedoch darauf achten, dass der Kolben nicht verkantet wird und Kolbenfläche sowie Staubkappe nicht beschädigt werden.

- Vor dem Einsetzen neuer Bremsbeläge Bremse gründlich reinigen und hitzebeständiges Schmierfett dünn auf die Belagführungsflächen auftragen.
- Bremsbeläge von der Seite in den Bremssattelträger einsetzen, dabei den Bremsbelag mit der Rundausformung an der Kolbenseite einsetzen. Auf korrekten Sitz der Bremsklötze achten.
- Bremssattel nach unten klappen, **neue Schraube** für unteren Führungsbolzen eindrehen und mit **28 Nm** festziehen.
- Reifen-Laufrichtung beachten, Räder anschrauben, Fahrzeug ablassen, erst dann Radschrauben über Kreuz mit **110 Nm** festziehen. **Achtung:** Unbedingt Hinweise im Kapitel »Rad aus- und einbauen« beachten.

**Achtung:** Bremspedal im Stand mehrmals kräftig niedertreten, bis fester Widerstand spürbar ist. Dadurch legen sich die Bremsbeläge an die Bremsscheiben an und nehmen einen dem Betriebszustand entsprechenden Sitz ein.

- Bremsflüssigkeit im Vorratsbehälter prüfen, gegebenenfalls bis zur MAX-Marke auffüllen.
- Neue Bremsbeläge vorsichtig einbremsen, dazu Fahrzeug mehrmals von ca. 80 km/h auf 40 km/h mit geringem Pedaldruck abbremsen. Dazwischen Bremse etwas abkühlen lassen.

**Achtung:** Nach dem Einbau neuer Bremsbeläge müssen diese eingebremst werden. Während einer Fahrtstrecke von rund 200 km sollten unnötige Vollbremsungen unterbleiben.

**Hinweis:** Bremsbeläge müssen in einigen Kommunen als Sondermüll entsorgt werden. Die örtlichen Behörden geben darüber Auskunft, ob auch eine Entsorgung über den hausmüllähnlichen Gewerbemüll zulässig ist.

**Achtung, Sicherheitskontrolle durchführen:**
- ◆ Sind die Bremsschläuche festgezogen?
- ◆ Befindet sich der Bremsschlauch in der Halterung?
- ◆ Sind die Entlüftungsschrauben angezogen?
- ◆ Ist genügend Bremsflüssigkeit eingefüllt?
- ◆ Bei laufendem Motor Dichtheitskontrolle durchführen. Hierzu Bremspedal mit 200 bis 300 N (entspricht 20 bis 30 kg) etwa 10 Sekunden betätigen. Das Bremspedal darf nicht nachgeben. Sämtliche Anschlüsse auf Dichtheit kontrollieren.

## CORSA/74-kW-Dieselmotor

**Hinweis:** In diesem Kapitel werden nur die Unterschiede zu den anderen Bremssätteln beschrieben. **Sämtliche dort beschriebenen Sicherheits- und Arbeitshinweise gelten auch hier und sind in jedem Fall zu berücksichtigen.**

### Ausbau

- Reifen-Laufrichtung mit Pfeil am Reifen markieren. Radschrauben lösen. Fahrzeug vorn aufbocken und Räder abnehmen. **Achtung:** Unbedingt Hinweise im Kapitel »Rad aus- und einbauen« beachten.

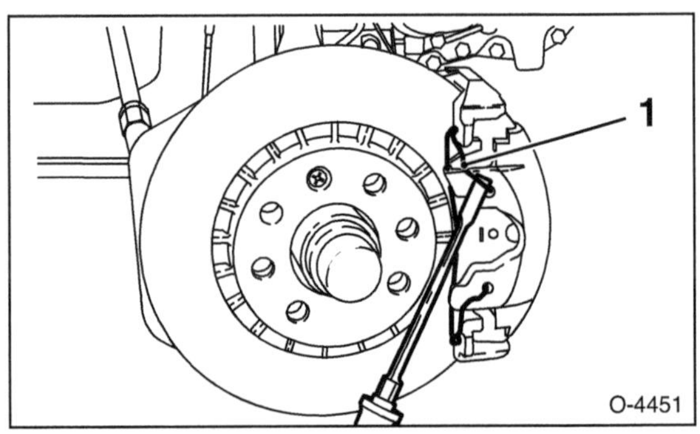


- Haltefeder –1– für Bremsbeläge mit einem Schraubendreher aus dem Bremssattel heraushebeln und abnehmen.

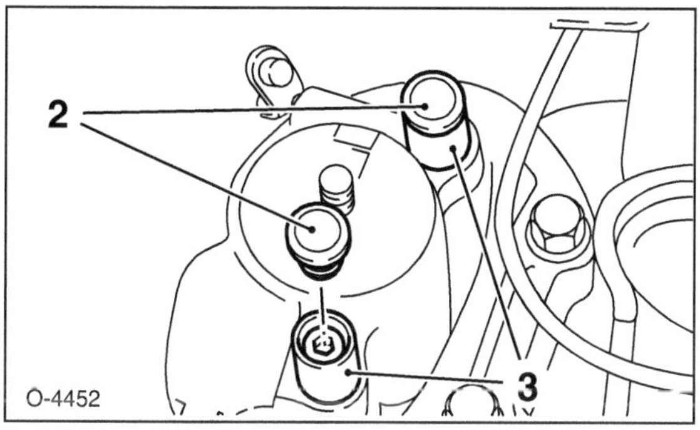


- Abdeckkappen –2– von den Schutzhülsen –3– abhebeln und beide Schrauben für Führungsbolzen herausdrehen.
- Bremssattel abnehmen und inneren Bremsbelag herausnehmen.
- Bremssattel mit Draht am Aufbau aufhängen. **Achtung:** Bremssattel nicht einfach nach unten hängen lassen; der Bremsschlauch darf nicht auf Zug beansprucht oder verdreht werden.
- Äußeren Bremsbelag aus dem Bremssattelträger herausnehmen.

**Einbau**

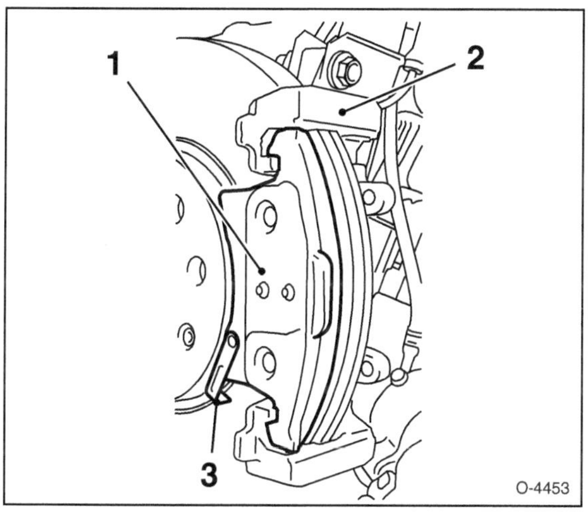


- Äußeren Bremsbelag –1– im Bremssattelträger –2– einsetzen, dabei zeigt der akustische Verschleißanzeiger –3– nach unten.

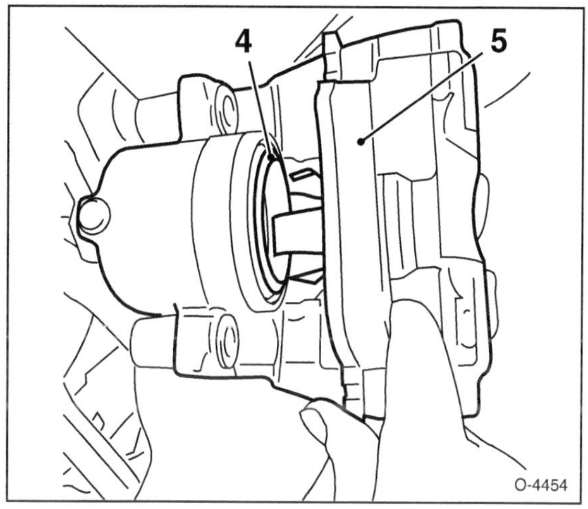


- Bremskolben –4– mit Rücksetzwerkzeug, zum Beispiel HAZET 4970/6 oder einem Hartholzstab, zurückdrücken und inneren Bremsbelag –5– in den Bremssattel einsetzen.
- Gewinde im Bremssattelträger mit einem Gewindeschneider reinigen.
- **Neue Schrauben** für Bremssattel mit Schraubensicherungsmittel, zum Beispiel LOCTITE 243, bestreichen.
- Bremssattel am Träger ansetzen, Schrauben für Führungsbolzen eindrehen und mit **28 Nm** festziehen.
- Abdeckkappen aufstecken.
- Haltefeder am Bremssattel in die Bohrungen einsetzen und unter den Bremssattelträger drücken.
- Reifen-Laufrichtung beachten, Räder anschrauben, Fahrzeug ablassen, erst dann Radschrauben über Kreuz mit **110 Nm** festziehen. **Achtung:** Unbedingt Hinweise im Kapitel »Rad aus- und einbauen« beachten.

# Bremssattel/Bremssattelträger vorn aus- und einbauen

### Ausbau

- Scheibenbremsbeläge vorn ausbauen, siehe entsprechendes Kapitel.

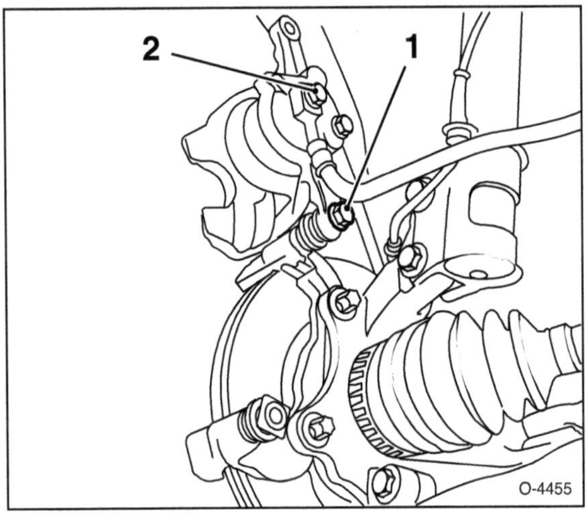


- Schraube –1– für oberen Bremssattel-Führungsbolzen herausdrehen und Bremssattel vom Träger abnehmen.
- Hohlschraube –2– für Bremsschlauch am Bremssattel abschrauben und sofort mit **neuen Dichtringen** am neuen Bremssattel anschrauben. Hohlschraube mit **40 Nm** festziehen.

**Sicherheitshinweis**
Beim Öffnen vom Bremskreis läuft Bremsflüssigkeit aus. Bremsflüssigkeit in einer untergelegten Schale auffangen. Man kann auch zuvor die Bremsflüssigkeit mit einem Saugheber aus dem Vorratsbehälter absaugen.

**Hinweis:** Wird der Bremssattel nur zum Ausbau der Bremsbeläge oder der Bremsscheibe ausgebaut, muss der Bremsschlauch nicht vom Bremssattel abgeschraubt werden. In diesem Fall den Bremssattel mit Draht so am Aufbau aufhängen, dass der Bremsschlauch nicht verdreht oder auf Zug beansprucht wird.

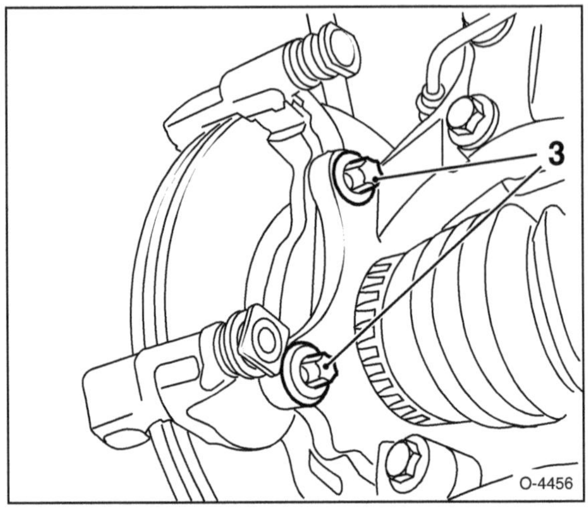


- Schrauben –3– herausdrehen und Bremssattelträger vom Achsschenkel abnehmen. **Achtung:** Hohes Lösemoment! Sicherstellen, dass das Fahrzeug sicher aufgebockt ist und der Schraubenschlüssel waagerecht angesetzt wird.

### Einbau

**Achtung: Bei ausgebauten Bremsbelägen nicht auf das Bremspedal treten, sonst wird der Kolben aus dem Gehäuse herausgedrückt.**

**Achtung:** Bei allen Schraubverbindungen, die mit Sicherungsmittel eingesetzt sind, Gewinde reinigen oder nachschneiden.

- Schrauben –3– für Bremssattelträger mit Schraubensicherungsmittel, zum Beispiel LOCTITE 243, bestreichen.
- Bremssattelträger am Achsschenkel ansetzen und mit **100 Nm** festschrauben. **Achtung:** Hohes Anzugsmoment! Sicherstellen, dass das Fahrzeug sicher aufgebockt ist und der Drehmomentschlüsselgriff waagerecht angesetzt ist.
- Bremssattel am Träger ansetzen und **neue Schraube** für oberen Bremssattel-Führungsbolzen eindrehen. Schraube mit **28 Nm** festziehen.
- War der Bremsschlauch demontiert, Hohlschraube für Bremsschlauch mit **neuen Dichtringen** im Bremssattel eindrehen. Dabei darauf achten, dass der Bremsschlauch nicht verdreht wird. Hohlschraube mit **40 Nm** festziehen.
- Scheibenbremsbeläge vorn einbauen, siehe entsprechendes Kapitel.

**Achtung:** Sicherstellen, dass der Bremsschlauch bei maximalem Lenkereinschlag das Rad nicht berührt.

**Achtung:** Bremspedal im Stand mehrmals kräftig niedertreten, bis fester Widerstand spürbar ist. Dadurch legen sich die Bremsbeläge an die Bremsscheiben an und nehmen einen dem Betriebszustand entsprechenden Sitz ein.

- Bremsflüssigkeitsstand im Vorratsbehälter prüfen, gegebenenfalls auffüllen.
- **Bremsanlage entlüften, siehe entsprechendes Kapitel.**

**Achtung, Sicherheitskontrolle durchführen:**

- Sind die Bremsschläuche festgezogen?
- Befindet sich der Bremsschlauch in der Halterung?
- Sind die Entlüftungsschrauben angezogen?
- Ist genügend Bremsflüssigkeit eingefüllt?
- Bei laufendem Motor Dichtheitskontrolle durchführen. Hierzu Bremspedal mit 200 bis 300 N (entspricht 20 bis 30 kg) etwa 10 Sekunden betätigen. Das Bremspedal darf nicht nachgeben. Sämtliche Anschlüsse auf Dichtheit kontrollieren.

## CORSA/74-kW-Dieselmotor, MERIVA

**Hinweis:** In diesem Kapitel werden nur die Unterschiede zu den anderen Bremssätteln beschrieben. **Sämtliche dort beschriebenen Sicherheits- und Arbeitshinweise gelten auch hier und sind in jedem Fall zu berücksichtigen.**

### Ausbau

- Scheibenbremsbeläge vorn ausbauen, siehe entsprechendes Kapitel.
- Bremssattel vom Träger abnehmen.
- Gegebenenfalls Hohlschraube für Bremsschlauch am Bremssattel abschrauben und sofort mit **neuen Dichtringen** am neuen Bremssattel anschrauben. Hohlschraube mit **40 Nm** festziehen.

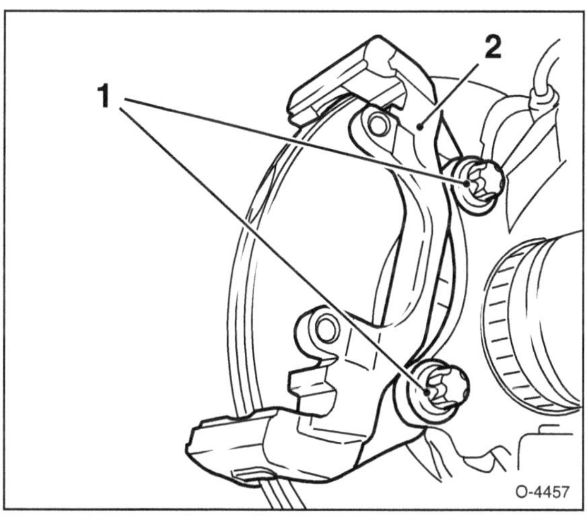


- Schrauben –1– herausdrehen und Bremssattelträger –2– vom Achsschenkel abnehmen. **Achtung:** Hohes Lösemoment!

### Einbau

- Schrauben –1– für Bremssattelträger mit Schraubensicherungsmittel, zum Beispiel LOCTITE 243, bestreichen.
- Bremssattelträger mit **100 Nm** am Achsschenkel festschrauben. **Achtung:** Hohes Anzugsmoment!
- Scheibenbremsbeläge vorn einbauen, siehe entsprechendes Kapitel.
- **Neue Schrauben** für Bremssattel mit Schraubensicherungsmittel, zum Beispiel LOCTITE 243, bestreichen.
- Bremssattel am Träger ansetzen, Schrauben für Führungsbolzen eindrehen und mit **28 Nm** festziehen.
- **Bremsanlage entlüften, siehe entsprechendes Kapitel.**

## Scheibenbremsbeläge hinten aus- und einbauen

**CORSA bis 8/03**

**Hinweis:** Der Aus- und Einbau der Scheibenbremsbeläge für die Hinterräder erfolgt prinzipiell auf die gleiche Weise wie für die Vorderräder. Deshalb auch das Kapitel »Scheibenbremsbeläge vorn aus- und einbauen« durchlesen. **Alle allgemeinen Hinweise und Sicherheitshinweise aus diesem Kapitel sind zu befolgen.**

### Ausbau

**Achtung:** Sollen die Bremsbeläge wieder verwendet werden, müssen sie beim Ausbau gekennzeichnet werden. Ein Wechsel der Beläge von der Außen- zur Innenseite oder vom rechten zum linken Rad ist nicht zulässig.

**Achtung: Grundsätzlich alle Scheibenbremsbeläge einer Achse gleichzeitig ersetzen, auch wenn nur ein Belag die Verschleißgrenze erreicht hat.**

- Reifen-Laufrichtung mit Pfeil am Reifen markieren. Radschrauben lösen. Fahrzeug hinten aufbocken und Räder abnehmen. **Achtung:** Unbedingt Hinweise im Kapitel »Rad aus- und einbauen« beachten.

**Sicherheitshinweis**
Beim Aufbocken des Fahrzeugs besteht Unfallgefahr! Hinweise im Kapitel »Fahrzeug aufbocken« beachten.

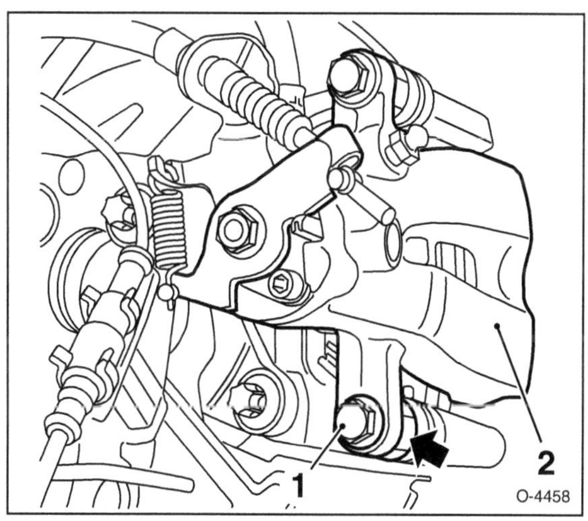


- Handbremshebel lösen. Schraube –1– für unteren Bremssattel-Führungsbolzen herausdrehen, dabei am Sechskant –Pfeil– des Führungsbolzens gegenhalten.

- Bremssattel –2– nach oben klappen. Dabei darauf achten, dass der Bremsschlauch nicht zu stark beansprucht wird.

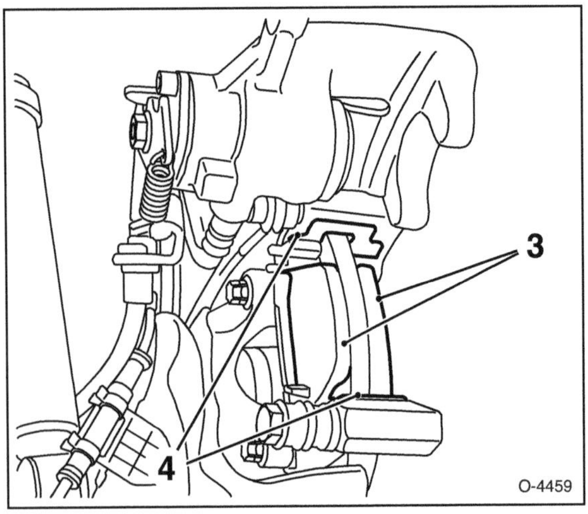


- Bremsbeläge –3– aus dem Bremssattelträger herausnehmen, dabei die Einbaulage der Bremsbeläge merken.
- Gleitbleche –4– aus dem Bremssattelträger herausziehen.

**Einbau**

**Achtung:** Beim Zurückdrücken des Kolbens wird Bremsflüssigkeit aus dem Bremszylinder in den Vorratsbehälter gedrückt. Flüssigkeit im Behälter beobachten.

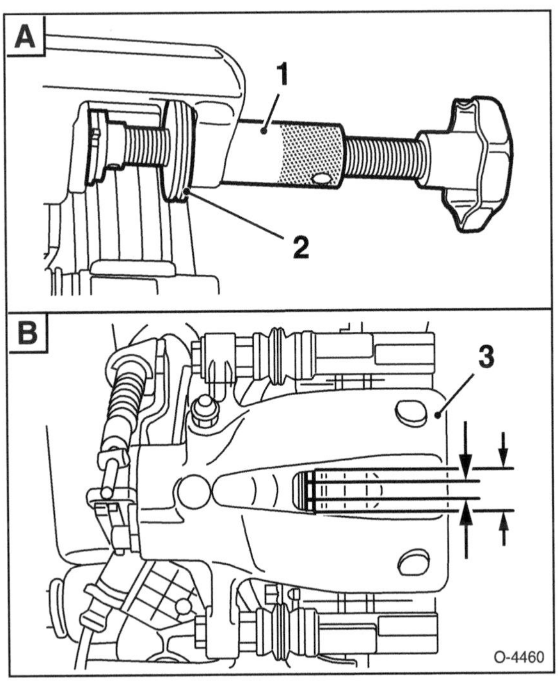


- Bremskolben mit OPEL-Werkzeug KM-6007 –1– und Adapter KM-6007-10 oder HAZET 4970/6 zurückdrücken.

**Achtung: Der Bremskolben darf nicht mit einer herkömmlichen Rücksetzvorrichtung zurückgedrückt werden. Die Nachstellung für die Handbremse würde dabei zerstört werden.**

- Kolben durch Rechtsdrehen (im Uhrzeigersinn) mit dem Spezialwerkzeug unter kräftigem Druck langsam einschrauben. Der Bund –2– des Werkzeugs muss am Bremssattel anliegen.
- Kolben zunächst bis zum Anschlag zurückdrücken. Anschließend wieder herausdrehen, bis eine Aussparung am Kolben geradlinig zum Sichtfenster des Bremssattels –3– steht –Pfeile–. **Hinweis:** Die Abbildung –B– zeigt den Bremssattel nach der fertigen Montage.

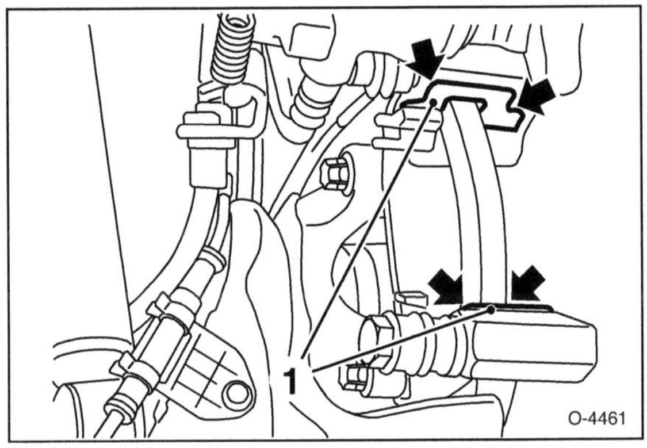


- Vor dem Einsetzen neuer Bremsbeläge Bremssattel gründlich mit Spiritus reinigen. Hitzebeständiges Schmierfett dünn auf die Belagführungsflächen –Pfeile– des Bremssattelträgers und der Gleitbleche –1– auftragen.
- Gleitbleche –1– in Bremssattelträger einsetzen.
- Bremsbeläge zwischen die Gleitbleche einsetzen. Dabei Belag mit akustischer Verschleißanzeige an der Kolbenseite des Bremssattels einsetzen.
- Schutzfolie nach Einsetzen des Bremsbelages von der Rückenplatte abziehen.
- Bremssattel über die Beläge nach unten klappen. **Neue Schraube** für unteren Führungsbolzen eindrehen und mit **45 Nm** festziehen, dabei am Sechskant des Führungsbolzens gegenhalten.
- Reifen-Laufrichtung beachten, Räder anschrauben, Fahrzeug ablassen, erst dann Radschrauben über Kreuz mit **110 Nm** festziehen. **Achtung:** Unbedingt Hinweise im Kapitel »Rad aus- und einbauen« beachten.

---

**CORSA ab 9/03, MERIVA**

**Hinweis:** Der Ein- und Ausbau erfolgt weitgehend wie bei der hinteren Bremse bis 8/03. Hier werden **nur die abweichenden** Arbeitsschritte aufgeführt.

- Bremssattel ausbauen, siehe entsprechendes Kapitel.

**Hinweis:** Der Bremssattel muss vor Ausbau der Bremsbeläge ausgebaut werden.

- Bremskolben mit OPEL-Rücksetzwerkzeug KM-6007 mit Adapter KM-6007-**30** zurückdrehen.

- Bremsbeläge mit Gleitblechen aus dem Bremssattelträger herausnehmen.

**Achtung:** Die lackierte Oberfläche der Bremsbelag-Rückenplatte nicht beschädigen. Vor dem Einbau benutzter Bremsbeläge die Klebefolie an der Rückenplatte ersetzen.

## Bremssattel/Bremsattelträger hinten aus- und einbauen

**Hinweis:** Der Aus- und Einbau des hinteren Bremssattels erfolgt prinzipiell auf die gleiche Weise wie vorne. **Alle allgemeinen Hinweise und Sicherheitshinweise aus dem entsprechenden Kapitel sind zu befolgen.**

### CORSA bis 8/03

**Ausbau**

- Reifen-Laufrichtung mit Pfeil am Reifen markieren. Radschrauben lösen. Fahrzeug hinten aufbocken und Räder abnehmen. **Achtung:** Unbedingt Hinweise im Kapitel »Rad aus- und einbauen« beachten.

**Sicherheitshinweis**
Beim Aufbocken des Fahrzeugs besteht Unfallgefahr! Hinweise im Kapitel »Fahrzeug aufbocken« beachten.

- Leitung für ABS-Sensor vom Bremsschlauch abclipsen.
- Bremsschlauch hinten an der Verbindungsstelle von der Bremsleitung abschrauben, siehe Kapitel »Bremsschlauch aus- und einbauen«.

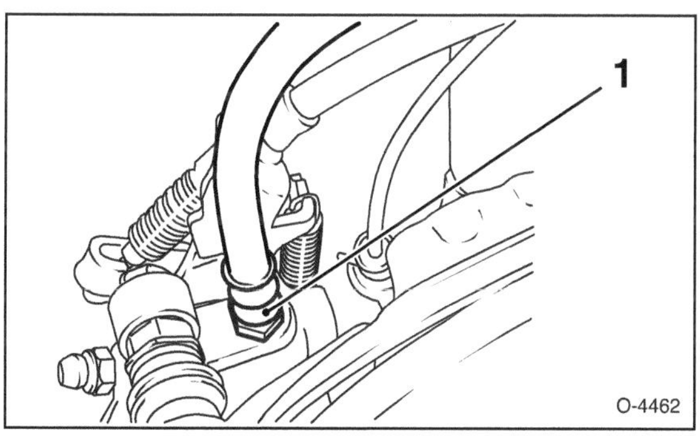


- Bremsschlauch –1– am Bremssattel abschrauben und sofort am neuen Bremssattel mit **16 Nm** anschrauben.

**Hinweis:** Wird der Bremssattel nur zum Ausbau der Bremsbeläge oder der Bremsscheibe ausgebaut, muss der Bremsschlauch nicht vom Bremssattel abgeschraubt werden. In diesem Fall den Bremssattel mit Draht so am Aufbau aufhängen, dass der Bremsschlauch nicht verdreht oder auf Zug beansprucht wird.

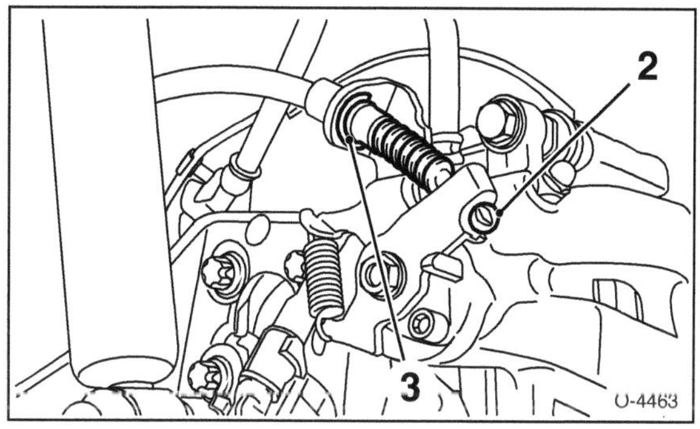


- Handbremshebel lösen. Sicherungsblech –3– am Gegenhalter mit einem Schraubendreher abziehen.
- Bremshebel zusammendrücken und Handbremsseil aushängen –2–. Handbremsseil aus dem Gegenhalter des Bremssattels herausnehmen.

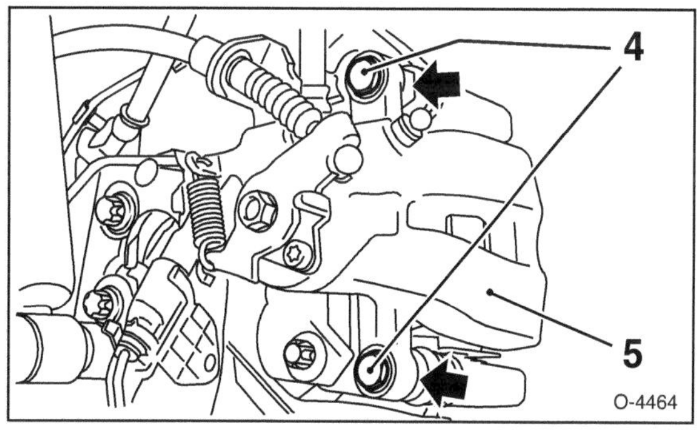


- Schrauben –4– für Bremssattel-Führungsbolzen herausdrehen, dabei am Sechskant –Pfeil– gegenhalten.
- Bremssattel –5– vom Träger abnehmen.

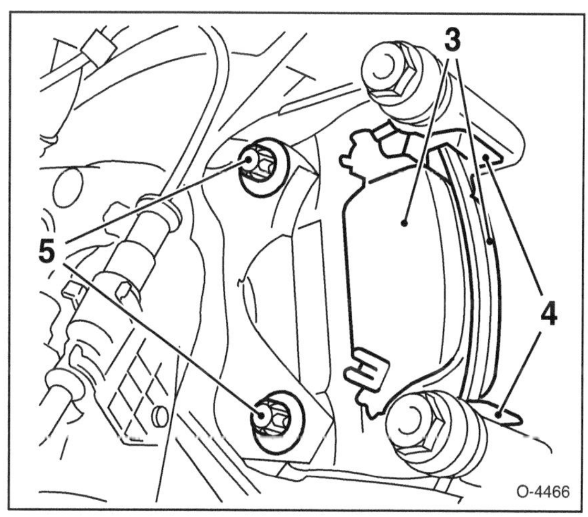


- Bremsbeläge –3– mit Gleitblechen –4– aus dem Bremssattelträger herausnehmen.
- Schrauben –5– herausdrehen und Bremssattelträger vom Achsschenkel abnehmen. **Achtung:** Hohes Lösemoment!

**Einbau**

- Gewinde der Schrauben –5– für Bremssattelträger mit einem Gewindeschneider reinigen und mit Schraubensicherungsmittel, zum Beispiel LOCTITE 243, bestreichen.
- Bremssattelträger am Achsschenkel ansetzen und mit **65 Nm** festschrauben. **Achtung:** Hohes Anzugsmoment!
- Bremsbeläge Bremse gründlich reinigen. Hitzebeständiges Schmierfett dünn auf die Belagführungsflächen des Bremssattelträgers und der Gleitbleche auftragen.
- Gleitbleche und Bremsbeläge in Bremssattelträger einsetzen. Falls nötig, Bremskolben mit OPEL-Rücksetzwerkzeug KM-6007 oder HAZET 4970/6 zurückdrehen. Dabei darauf achten, dass eine Aussparung am Kolben geradlinig zum Sichtfenster des Bremssattels steht, siehe Kapitel »Scheibenbremsbeläge hinten aus- und einbauen«.
- Bremssattel am Bremssattelträger ansetzen und **neue Schraube** für oberen Führungsbolzen eindrehen.
- Bremssattel nach unten über die Beläge klappen und **neue Schraube** für unteren Führungsbolzen eindrehen. Schrauben für Führungsbolzen mit **45 Nm** festziehen, dabei am Sechskant des Führungsbolzens gegenhalten.
- Bremsschlauch mit **16 Nm** im Bremssattel einschrauben.
- Der weitere Einbau erfolgt in umgekehrter Ausbaureihenfolge.
- **Hinterradbremse:** Handbremse einstellen, siehe entsprechendes Kapitel.
- **Bremsanlage entlüften, siehe entsprechendes Kapitel.**
- Reifen-Laufrichtung beachten, Räder anschrauben, Fahrzeug ablassen, erst dann Radschrauben über Kreuz mit **110 Nm** festziehen. **Achtung:** Unbedingt Hinweise im Kapitel »Rad aus- und einbauen« beachten.

## CORSA ab 9/03, MERIVA

**Ausbau**

**Hinweis:** Der Ein- und Ausbau erfolgt wie bei der hinteren Bremse bis 8/03. Hier werden **nur die abweichenden** Arbeitsschritte aufgeführt.

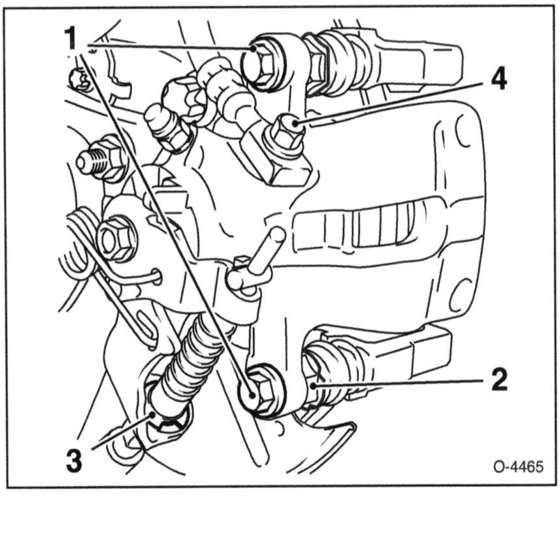


- Gegebenenfalls Hohlschraube –4– für Bremsschlauch am Bremssattel abschrauben und sofort mit **neuen Dichtringen** am neuen Bremssattel anschrauben. Hohlschraube mit **40 Nm** festziehen.
- Handbremshebel lösen. Sicherungsblech –3– am Gegenhalter herausziehen und Handbremsseil am Bremssattel aushängen.
- Schrauben –1– für Bremssattel-Führungsbolzen herausdrehen, dabei am Sechskant –2– gegenhalten.
- Bremssattel vom Träger abnehmen.
- Schrauben herausdrehen und Bremssattelträger abnehmen. **Achtung:** Hohes Lösemoment! Sicherstellen, dass das Fahrzeug sicher aufgebockt ist.

**Einbau**

- Falls nötig, Bremskolben mit OPEL-Rücksetzwerkzeug KM-6007 und Adapter KM-6007-**30** oder HAZET 4970/6 zurückdrehen.
- Schrauben für Bremssattelträger mit Schraubensicherungsmittel, zum Beispiel LOCTITE 243, bestreichen.
- Bremssattelträger am Achsschenkel ansetzen und mit **100 Nm** festschrauben. **Achtung:** Hohes Anzugsmoment! Sicherstellen, dass das Fahrzeug sicher aufgebockt ist.
- **Neue Schrauben** für Bremssattel mit Schraubensicherungsmittel, zum Beispiel LOCTITE 243, bestreichen.
- Bremssattel am Träger ansetzen, Schrauben für Führungsbolzen eindrehen und mit **25 Nm** festziehen.
- War der Bremsschlauch demontiert, Hohlschraube für Bremsschlauch mit **neuen Dichtringen** im Bremssattel eindrehen und mit **40 Nm** festziehen.
- **Bremsanlage entlüften, siehe entsprechendes Kapitel.**

## Bremsscheibe aus- und einbauen

Um beidseitig eine gleichmäßige Verzögerung sicherzustellen, müssen alle Bremsscheiben die gleiche Oberfläche bezüglich Schliffbild und Rautiefe aufweisen. Deshalb **grundsätzlich beide** Bremsscheiben einer Achse ersetzen, beziehungsweise abdrehen lassen.

**Achtung:** Wenn die Bremsscheiben ersetzt oder abgedreht werden, müssen gleichzeitig auch neue Bremsbeläge eingebaut werden.

Korrodierte Bremsscheiben erzeugen beim Abbremsen einen Rubbeleffekt, der sich auch durch längeres Bremsen nicht beseitigen lässt. In diesem Fall müssen die Bremsscheiben erneuert werden.

### Ausbau

- Reifen-Laufrichtung mit Pfeil am Reifen markieren. Radschrauben lösen. Fahrzeug aufbocken und Rad abnehmen. **Achtung:** Unbedingt Hinweise im Kapitel »Rad aus- und einbauen« beachten.

**Sicherheitshinweis**
Beim Aufbocken des Fahrzeugs besteht Unfallgefahr! Hinweise im Kapitel »Fahrzeug aufbocken« beachten.

- Scheibenbremsbeläge ausbauen, siehe entsprechendes Kapitel.
- Bremssattelträger ausbauen, siehe entsprechendes Kapitel.

**Hinweis:** Der Bremsschlauch braucht dabei nicht ausgebaut zu werden.

- Bremssattelträger so am Aufbau aufhängen, dass der Bremsschlauch nicht verdreht und auf Zug beansprucht wird.
- Um ein Herausgleiten des Bremskolbens zu verhindern, Holzstück zwischen Bremskolben und Bremssattel klemmen.

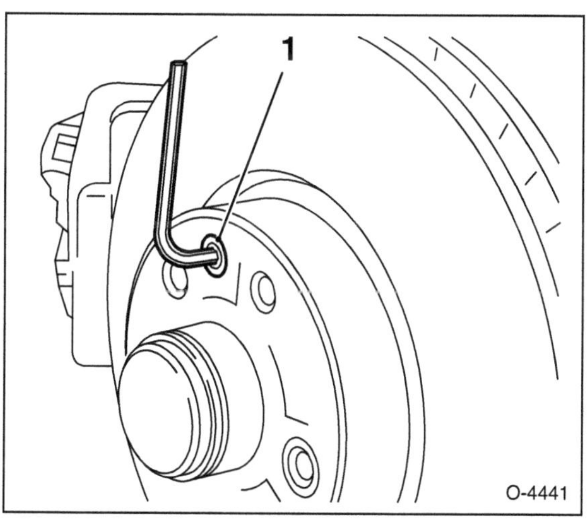


- Sicherungsschraube –1– herausdrehen.

**Hinweis:** Anstatt der hier dargestellten Inbusschraube kann auch eine Torxschraube eingeschraubt sein.

- Bremsscheibe von der Radnabe abnehmen. **Hinweis:** Fest sitzende Bremsscheibe durch leichte Schläge mit einem Kunststoffhammer von der Nabe lösen.

**Achtung:** Die Bremsscheibe darf nicht durch Gewaltanwendung (Hammerschläge) von der Radnabe getrennt werden. Stattdessen handelsüblichen Rostlöser anwenden, um Schäden an der Bremsscheibe zu vermeiden. Falls der Ausbau nur durch kräftige Hammerschläge möglich ist, aus Sicherheitsgründen Bremsscheibe und Radlager erneuern. Auch wenn ein Abzieher verwendet wird, Bremsscheibe erneuern.

### Einbau

Die Werkstatt kann die Bremsscheibe auf Schlag prüfen. Maximal zulässiger Seitenschlag: **0,03 mm**.

- Falls vorhanden, Rost am Flansch der Bremsscheibe und der Radnabe entfernen.
- Neue Bremsscheibe mit Verdünnung vom Schutzlack reinigen.
- Bremsscheibe auf Radnabe aufsetzen, Sicherungsschraube eindrehen und mit **7 Nm** festziehen.
- Bremssattelträger und Scheibenbremsbeläge einbauen, siehe entsprechende Kapitel.
- Reifen-Laufrichtung beachten, Rad anschrauben, Fahrzeug ablassen, erst dann Radschrauben über Kreuz mit **110 Nm** festziehen. **Achtung:** Unbedingt Hinweise im Kapitel »Rad aus- und einbauen« beachten.

**Achtung:** Bremspedal im Stand mehrmals kräftig niedertreten, bis fester Widerstand spürbar ist. Dadurch legen sich die Bremsbeläge an die Bremsscheiben an und nehmen einen dem Betriebszustand entsprechenden Sitz ein.

- Bremsflüssigkeit im Vorratsbehälter prüfen, gegebenenfalls bis zur MAX-Marke auffüllen.

---

**Achtung, Sicherheitskontrolle durchführen:**

- Sind die Bremsschläuche festgezogen?
- Befindet sich der Bremsschlauch in der Halterung?
- Sind die Entlüftungsschrauben angezogen?
- Ist genügend Bremsflüssigkeit eingefüllt?
- Bei laufendem Motor Dichtheitskontrolle durchführen. Hierzu Bremspedal mit 200 bis 300 N (entspricht 20 bis 30 kg) etwa 10 Sekunden betätigen. Das Bremspedal darf nicht nachgeben. Sämtliche Anschlüsse auf Dichtheit kontrollieren.

---

- Neue Bremsscheiben vorsichtig einbremsen, dazu Fahrzeug mehrmals von ca. 80 km/h auf 40 km/h mit geringem Pedaldruck abbremsen. Dazwischen Bremse etwas abkühlen lassen.

## Bremsscheibendicke prüfen

### Prüfen

- Reifen-Laufrichtung mit Pfeil am Reifen markieren. Radschrauben lösen. Fahrzeug aufbocken und Rad abnehmen. **Achtung:** Unbedingt Hinweise im Kapitel »Rad aus- und einbauen« beachten.

**Sicherheitshinweis**
Beim Aufbocken des Fahrzeugs besteht Unfallgefahr! Hinweise im Kapitel »Fahrzeug aufbocken« beachten.

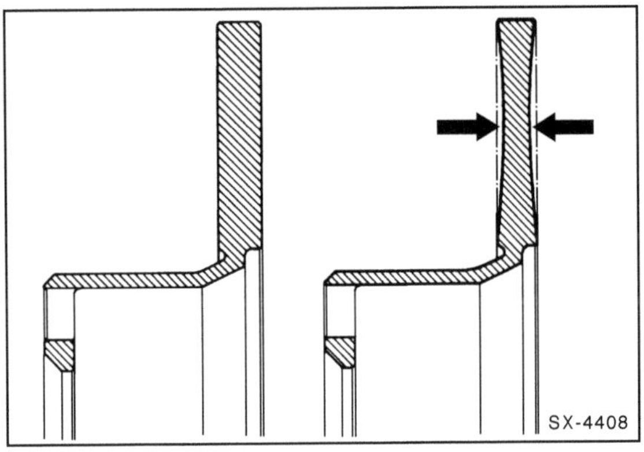


- Bremsscheibendicke immer an der dünnsten Stelle –Pfeile– messen. Die Werkstatt benutzt dazu einen speziellen Messschieber oder eine Mikrometer-Bügelmessschraube, da sich durch die Abnutzung der Bremsscheibe ein Rand bildet. Man kann die Bremsscheibendicke auch mit einer normalen Schieblehre messen, allerdings muss dann auf jeder Seite der Bremsscheibe eine entsprechend starke Unterlage zwischengelegt werden (beispielsweise 2 Münzen). Um das exakte Maß der Bremsscheibendicke zu ermitteln, muss von dem gemessenen Wert die Dicke der Münzen beziehungsweise der Unterlage abgezogen werden.

**Achtung:** Messung an mehreren Punkten der Bremsscheibe vornehmen. Zulässige Toleranz an verschiedenen Messpunkten: **0,01 mm**.

- Soll- und Verschleißwerte für Bremsscheibe, siehe »Technische Daten Bremsanlage«.
- Wird die Verschleißgrenze erreicht, Bremsscheibe erneuern.
- Bei größeren Rissen oder bei Riefen, die tiefer als **0,4 mm** sind, Bremsscheibe erneuern, siehe entsprechendes Kapitel.
- Reifen-Laufrichtung beachten, Rad anschrauben, Fahrzeug ablassen, erst dann Radschrauben über Kreuz mit **110 Nm** festziehen. **Achtung:** Unbedingt Hinweise im Kapitel »Rad aus- und einbauen« beachten.

## Bremsbacken der Trommelbremse aus- und einbauen

### Ausbau

**Achtung:** Bremsbeläge sind Bestandteil der Allgemeinen Betriebserlaubnis (ABE) und vom Werk auf das jeweilige Modell abgestimmt. Es dürfen deshalb nur die vom Automobilhersteller freigegebenen Bremsbeläge verwendet werden.

**Achtung:** Sollen die Bremsbeläge wieder verwendet werden, müssen sie beim Ausbau gekennzeichnet werden. Ein Wechsel der Beläge von der Außen- zur Innenseite oder vom rechten zum linken Rad ist nicht zulässig.

**Hinweis:** Bremsbeläge/-backen immer nur an einer Fahrzeugseite ausbauen, damit die andere Seite beim Zusammenbau als Vorlage dienen kann.

**Achtung: Grundsätzlich alle Bremsbeläge einer Achse gleichzeitig ersetzen, auch wenn nur ein Belag die Verschleißgrenze erreicht hat.**

- Reifen-Laufrichtung mit Pfeil am Reifen markieren. Radschrauben lösen. Fahrzeug hinten aufbocken und Räder abnehmen. **Achtung:** Unbedingt Hinweise im Kapitel »Rad aus- und einbauen« beachten.

**Sicherheitshinweis**
Beim Aufbocken des Fahrzeugs besteht Unfallgefahr! Hinweise im Kapitel »Fahrzeug aufbocken« beachten.

---

### CORSA Limousine

- Staubkappe mit einem Schraubendreher von der Radnabe abhebeln. **Hinweis:** Die Kappe wird dabei beschädigt und muss ersetzt werden.

**Achtung: Hohes Löse- und Anzugsmoment der Radnabenmutter!** Wir empfehlen, vor Lösen und Anziehen der Nabenmutter den Reifen zu montieren und das Fahrzeug auf die Räder zu stellen.

- Rad anschrauben und Fahrzeug ablassen.

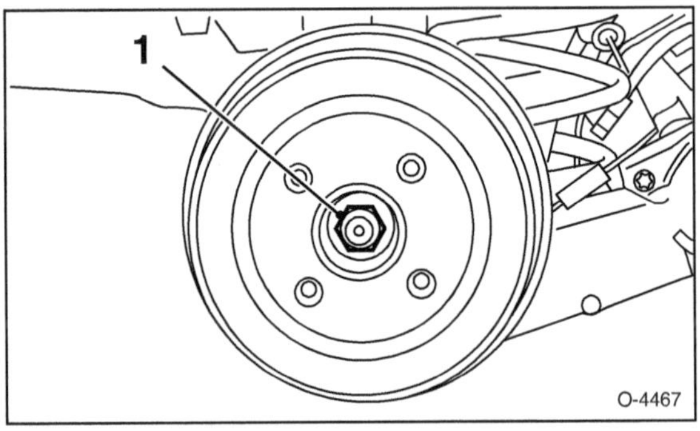


- Radnabenmutter –1– abschrauben. **Achtung:** Dabei Fußbremse durch Helfer treten lassen.

**CORSA COMBO**

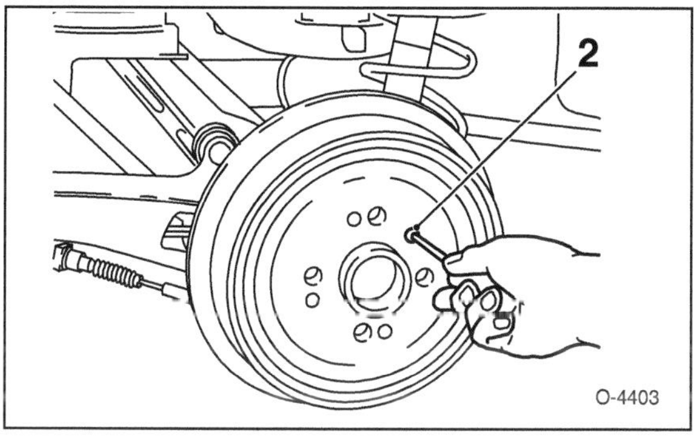


- Bremstrommel-Sicherungsschraube –2– herausdrehen.

- Handbremse lösen. Falls nötig, Handbremsseil entspannen, siehe Kapitel »Handbremse einstellen«.
- Bremstrommel vom Achszapfen abziehen.

**Hinweis:** Fest sitzende Bremstrommel durch leichte Schläge mit einem Kunststoffhammer von der Nabe lösen und vorsichtig mit einem Schraubendreher abhebeln.

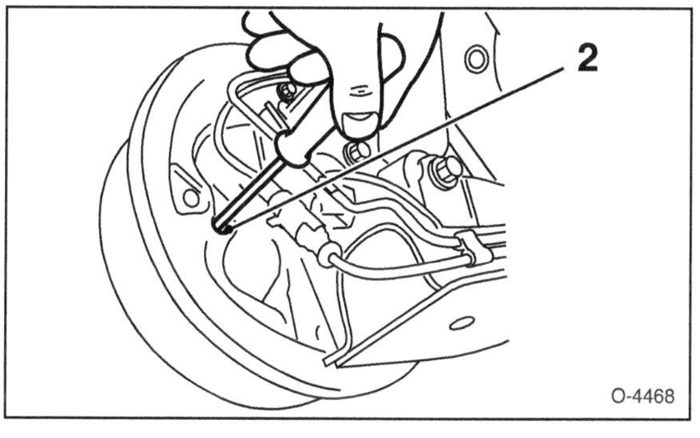


- Falls sich die Bremstrommel nicht abnehmen lässt, ist sie möglicherweise eingelaufen. Dann an der Rückseite des Bremsträgers Schraubendreher durch die Bohrung –2– einführen und damit Handbremshebel nach außen gegen den Steg der Bremsbacke drücken. Dadurch kann die Rückzugfeder die Bremsbacken zurückziehen.

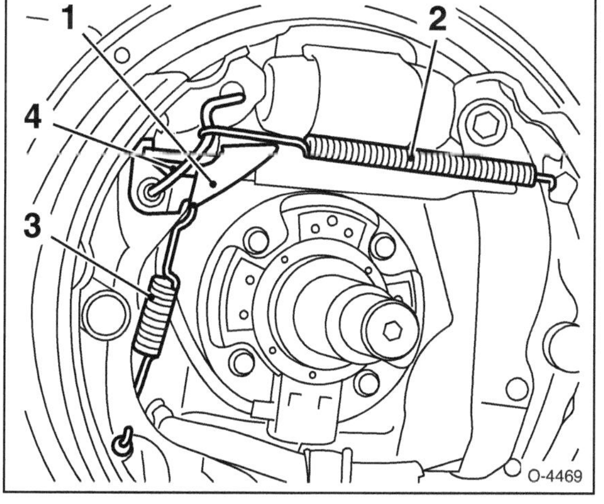


- Obere Rückzugfeder –2– mit Bremsfedernzange, zum Beispiel HAZET 797, aushängen.
- Haltebügel –4– mit einem Schraubendreher aus der Bohrung in der Bremsbacke heraushebeln.
- Nachstellhebel –1– von der Bremsbacke abnehmen und Rückzugfeder –3– für Nachstellhebel aushängen.

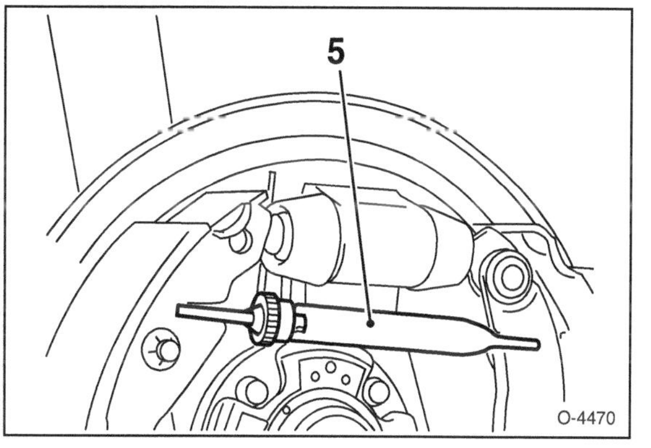


- Bremsbacken etwas auseinander ziehen und Nachstelleinheit mit Druckstange –5– abnehmen.

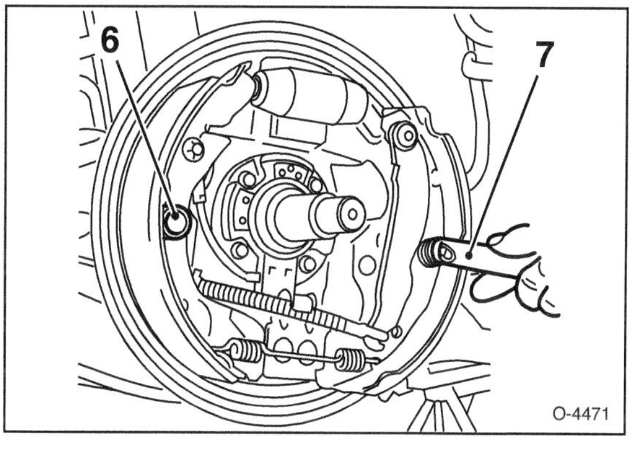


- Druckfeder –6– mit Haltestiften für Bremsbackenbefestigung herausnehmen. Dazu Federteller mit OPEL-Werkzeug KM-346 –7– oder mit HAZET 4963-1 gegen die Federkraft drücken, um 90° verdrehen und entriegeln. Gleichzeitig Stift von hinten gegenhalten. Federteller und Druckfeder abnehmen, Haltestift herausziehen.

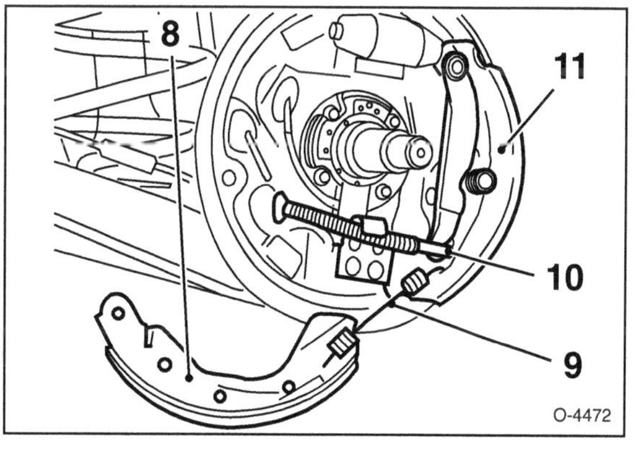


- Vordere Bremsbacke –8– vom Bremsträger abnehmen.

- Untere Rückzugfeder -9- aushängen.
- Hintere Bremsbacke -11- abnehmen und Handbremsseil -10- aus dem Handbremshebel der Bremsbacke aushängen.
- Federspange oder Spanngurt oben um den Radbremszylinder legen, damit die Bremskolben nicht aus dem Bremszylinder herausfallen.

**Achtung:** Bei ausgebauten Bremsbelägen nicht auf das Bremspedal treten. Wurden die Bremskolben aus dem Radbremszylinder herausgedrückt, Radbremszylinder ausbauen und in der Fachwerkstatt zusammensetzen lassen, oder austauschen.

**Achtung:** Die Manschetten des Radbremszylinders nicht beschädigen.

## Einbau

Grundsätzlich immer alle 4 Backen an einer Achse gleichzeitig ersetzen und dabei gleiches Fabrikat verwenden. Bremstrommel und Bremsträger nur mit Spiritus reinigen. Die Teile müssen vor dem Wiedereinbau gründlich gereinigt werden.

- Bremsträgerplatte reinigen. **Achtung:** Der Bremsstaub kann gesundheitsschädlich sein, nicht einatmen!

**Achtung:** Solange die Bremsbacken ausgebaut sind, nicht auf die Fußbremse treten, da sonst die Bremskolben aus den Radbremszylindern rutschen.

- Am Radbremszylinder die Staubmanschetten -1/2- von Hand oder mit einem stumpfen Keil anheben. **Achtung: Dabei darf der Bremskolben nicht herausgezogen werden.** Wenn es hinter der Staubmanschette feucht ist, Radbremszylinder austauschen. Staubmanschette wieder aufsetzen. Beschädigte Staubmanschetten ersetzen. **Hinweis:** In der Abbildung ist nicht der Bremskolben des OPEL CORSA dargestellt.
- Bremsfläche der Bremstrommel mit dem Finger auf Riefen prüfen. Riefige Bremstrommeln ausdrehen oder ersetzen, dabei grundsätzlich beide Bremstrommeln ausdrehen oder ersetzen.
- Geringe Unebenheiten und Rostspuren an der Bremsfläche mit Schmirgelleinen (Körnung 150) beseitigen.
- Innendurchmesser der Bremstrommel messen. Wenn die Verschleißgrenze erreicht ist, Trommel ersetzen.

**Hinweis:** Dabei immer beide Bremstrommeln einer Achse ersetzen. Sollwerte und Verschleißgrenzen, siehe Kapitel »Technische Daten Bremsanlage«.

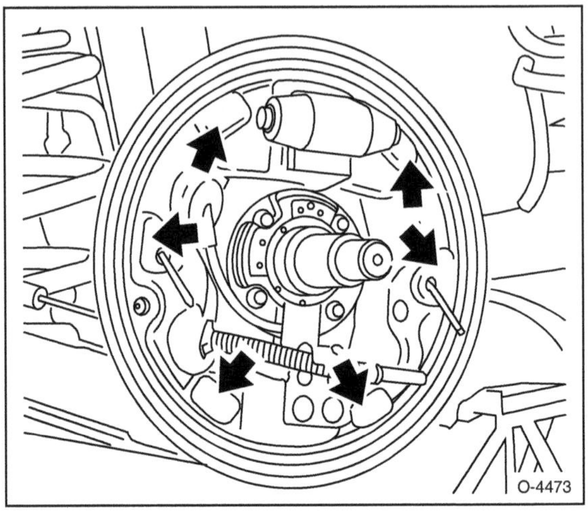


- Kontaktstellen -Pfeile- zwischen Bremsbacken und Bremsträger vor dem Einbau der Bremsbacken mit einer Weichmetallbürste reinigen und dünn mit Anti-Quietsch-Paste, zum Beispiel von LIQUI MOLY, bestreichen.

**Achtung:** Kein Fett auf Bremsbacken oder Bremsbeläge gelangen lassen.

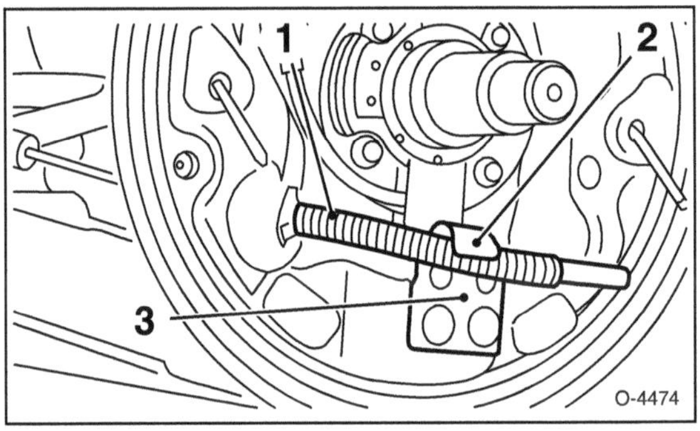


- Handbremsseil -1- in die Halterung -2- einlegen.
- Hintere Bremsbacke am Handbremsseil einhängen und in den Bremsträger einsetzen.
- Haltestift von hinten durch die Bremsträgerplatte in die Bohrung der hinteren Bremsbacke schieben, Druckfeder mit Federteller aufsetzen, Federteller mit HAZET-Werkzeug 4963-1 oder Kombizange gegen die Federkraft drücken, um 90° verdrehen und verriegeln. Dabei Haltestift von hinten gegenhalten.
- Untere Rückzugfeder zwischen beiden Bremsbacken einhängen, vordere Bremsbacke an der Führung -3- ansetzen und in den Bremsträger einsetzen.
- Anlagestellen für Rückzugfeder und Nachstelleinheit mit hitzebeständiger Paste fetten.
- Federspange beziehungsweise Spanngurt am Radbremszylinder abnehmen.

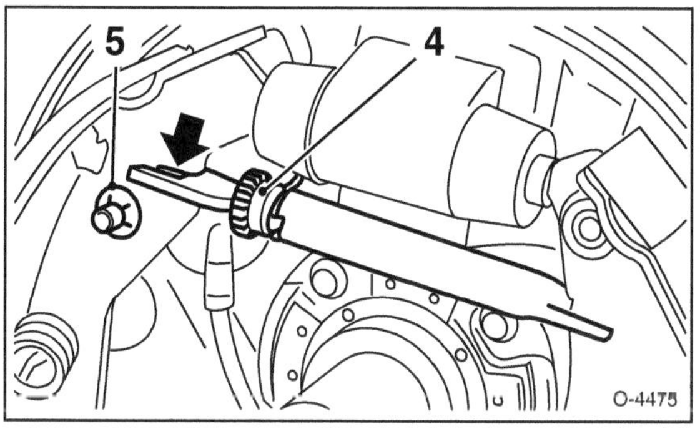


- Nachstellritzel –4– und Druckstange der Nachstelleinheit auf Leichtgängigkeit prüfen. Gegebenenfalls Nachstelleinheit zerlegen und reinigen.
- Gewinde der Nachstelleinheit dünn mit Silikonfett bestreichen.
- Nachstellritzel –4– bis zum Anschlag zurückdrehen, dann wieder etwas lösen. Das Ritzel darf am Anschlag nicht blockieren.

**Achtung:** Darauf achten, dass die Tellerfeder –5– für den Nachstellhebel eingesetzt ist. Bei Einbau neuer Bremsbacken Tellerfeder ersetzen.

- Bremsbacken oben auseinander spreizen, Nachstelleinheit so zwischen den Bremsbacken einsetzen, dass das Nachstellritzel an der vorderen Bremsbacke sitzt. Dabei auf die richtige Einbaulage achten –Pfeil–. **Hinweis:** Lage der Nachstelleinheit gegebenenfalls mit der Einbauposition an der zweiten Bremse vergleichen.
- Vordere Bremsbacke mit Druckfeder und Federteller fixieren.

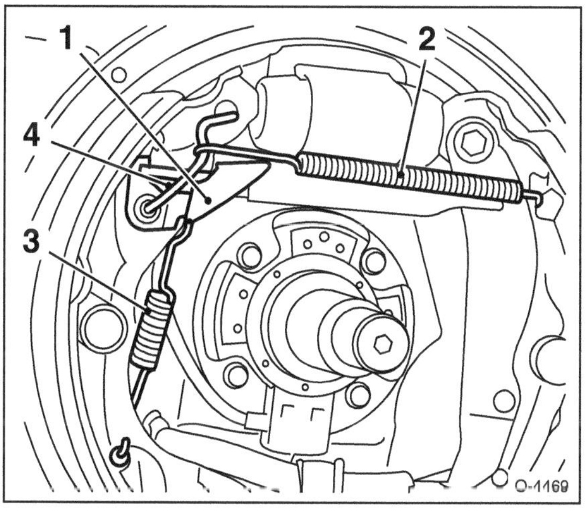


- Nachstellhebel –1– mit Rückzugfeder –3– auf den Spannstift an der Bremsbacke montieren.
- Rückzugfeder für Nachstellhebel mit einer Zange an der Bremsbacke einhängen.
- Haltebügel –4– in den Spannstift einsetzen und in die Bohrung in der Bremsbacke eindrücken.
- Obere Rückzugfeder –2– zunächst in die hintere Bremsbacke einhängen, anschließend mit Hilfe einer Bremsfedernzange oder einer geeigneten schmalen Zange am Haltebügel einhängen. **Hinweis:** Mit der Einbauposition an der gegenüberliegenden Radbremse vergleichen.

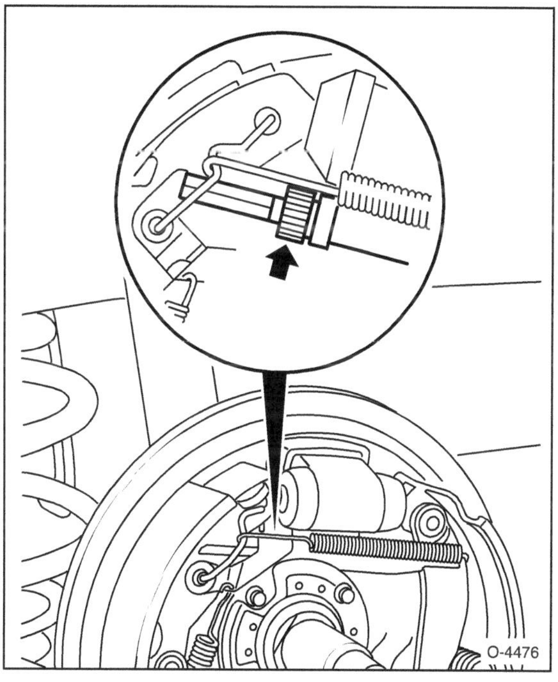


- Vor Einbau der Bremstrommel Nachstellritzel –Pfeil– bis zum Anschlag zurückdrehen.

**Achtung:** Vor Einbau der Bremstrommel Einbaupositionen von Bremsbacken, Federn sowie Nachstelleinheit kontrollieren und mit der gegenüberliegenden Bremse vergleichen.

- Bremstrommel auf Achszapfen aufschieben.

---

**CORSA Limousine**

- **Neue selbstsichernde Radnabenmutter** aufschrauben und genügend fest anziehen.
- **Achtung: Hohes Anzugsmoment der Radnabenmutter!** Deshalb Mutter erst endgültig festziehen, wenn das Fahrzeug auf dem Boden steht. Beim Anziehen der Nabenmutter von Helfer Bremspedal treten lassen.
- Rad anschrauben und Fahrzeug ablassen.
- Radnabenmutter mit **175 Nm** festziehen.
- Fahrzeug hinten aufbocken und Rad abnehmen.
- **Neue Staubkappe** auf die Radnabe aufdrücken.

---

**CORSA COMBO**

- Sicherungsschraube für Bremstrommel eindrehen.

---

- Handbremse einstellen, siehe entsprechendes Kapitel.
- Reifen-Laufrichtung beachten, Rad anschrauben, Fahrzeug ablassen, erst dann Radschrauben über Kreuz mit **110 Nm** festziehen. **Achtung:** Unbedingt Hinweise im Kapitel »Rad aus- und einbauen« beachten.

- Bremspedal im Stand mehrmals kräftig niedertreten, bis kein Überspringen des Nachstellhebels mehr zu hören ist. Dadurch legen sich die Bremsbacken an die Bremstrommeln an und nehmen einen dem Betriebszustand entsprechenden Sitz ein.
- Neue Bremsbeläge vorsichtig einbremsen, dazu Fahrzeug mehrmals von ca. 80 km/h auf 40 km/h mit geringem Pedaldruck abbremsen. Dazwischen Bremse etwas abkühlen lassen.

**Achtung:** Nach dem Einbau neuer Bremsbeläge müssen diese eingebremst werden. Während einer Fahrtstrecke von rund 200 km sollten unnötige Vollbremsungen unterbleiben.

**Hinweis:** Bremsbeläge müssen in einigen Kommunen als Sondermüll entsorgt werden. Die örtlichen Behörden geben darüber Auskunft, ob auch eine Entsorgung über den hausmüllähnlichen Gewerbemüll zulässig ist.

---

**Achtung, Sicherheitskontrolle durchführen:**

- Sind die Bremsschläuche festgezogen?
- Befindet sich der Bremsschlauch in der Halterung?
- Sind die Entlüftungsschrauben angezogen?
- Ist genügend Bremsflüssigkeit eingefüllt?
- Bei laufendem Motor Dichtheitskontrolle durchführen. Hierzu Bremspedal mit 200 bis 300 N (entspricht 20 bis 30 kg) etwa 10 Sekunden betätigen. Das Bremspedal darf nicht nachgeben. Sämtliche Anschlüsse auf Dichtheit kontrollieren.

---

## Radbremszylinder aus- und einbauen

### Ausbau

- Bremsbacken aus der Trommelbremse ausbauen, siehe entsprechendes Kapitel.

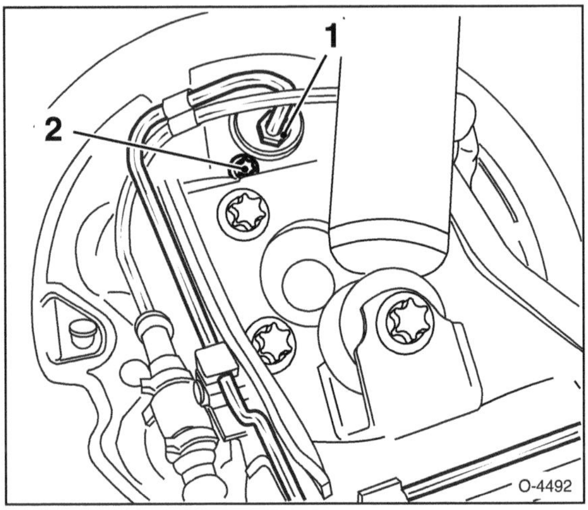


- An der Rückseite der Bremsträgerplatte Überwurfmutter –1– für Bremsleitung losdrehen, aber nicht ganz abschrauben.
- Schraube –2– für Radbremszylinder abschrauben.
- Lappen unter die Bremsträgerplatte legen.
- Überwurfmutter für Bremsleitung abschrauben und sofort am neuen Radbremszylinder handfest anschrauben. Dadurch ist sichergestellt, dass nur wenig Bremsflüssigkeit ausläuft.

### Einbau

- Schraube für Radbremszylinder einschrauben und mit **9 Nm** festziehen.
- Überwurfmutter für Bremsleitung mit **16 Nm** festziehen.
- Bremsbacken einbauen, siehe entsprechendes Kapitel.
- **Bremsanlage entlüften, siehe entsprechendes Kapitel.**

# Handbremsseil aus- und einbauen

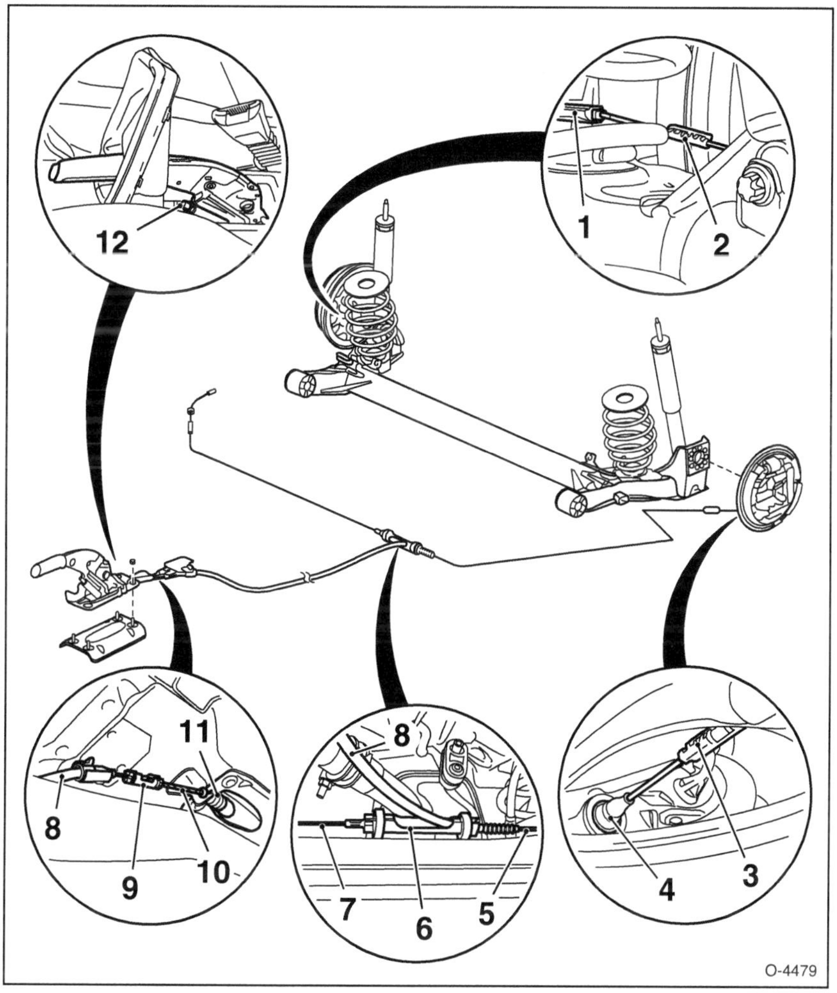


**CORSA Limousine, Trommelbremse hinten**

1 – Führung an der Hinterachse rechts und links
2 – Kupplungsstück hinten rechts
3 – Kupplungsstück hinten links
4 – Durchführung an der Trommelbremse
5 – Handbremsseil links
6 – Ausgleichstück
7 – Handbremsseil rechts
8 – Handbremsseil Mitte
9 – Kupplungsstück vorn
10 – Handbremsseil vorn
11 – Manschette/Durchführung am Trägerblech für Handbremshebel
12 – Einstellmutter am Handbremshebel

**Hinweis:** Bei der Scheibenbremse hinten ist der Aufbau des Handbremsseils ähnlich. Ausbau des Handbremsseils am Bremssattel, siehe Kapitel »Bremssattel/Bremsattelträger hinten aus- und einbauen«.

## Handbremsseil vorn

### Ausbau

- Handbremshebel ausbauen, siehe entsprechendes Kapitel.

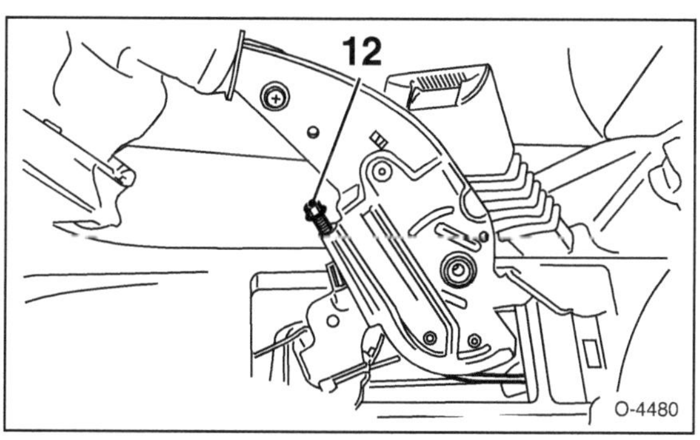


- Handbremshebel lösen. Einstellmutter –12– am Handbremshebel losschrauben und vorderes Handbremsseil aushängen.
- Fahrzeug aufbocken.

**Sicherheitshinweis**
Beim Aufbocken des Fahrzeugs besteht Unfallgefahr! Hinweise im Kapitel »Fahrzeug aufbocken« beachten.

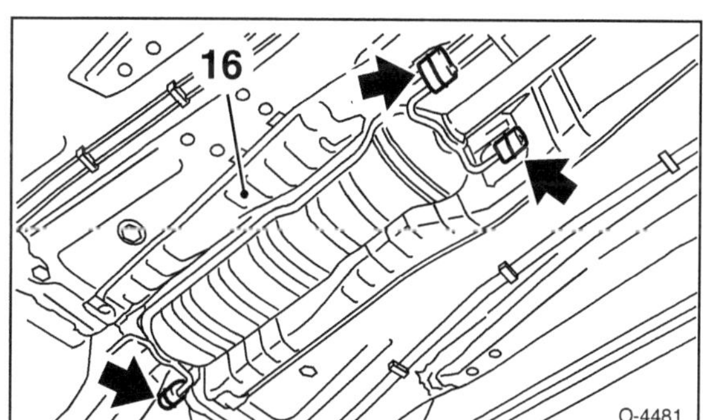


- **Fahrzeug mit Hitzeschutzblech vorn:** Stecker von der Lambdasonde abziehen. Abgasanlage hinten und vorne an den Halteschlaufen –Pfeile– aushängen und Abgasanlage auf der Hinterachse auflegen, siehe Seite 247.

● **Fahrzeug mit Hitzeschutzblech vorn:** Hitzeschutzblech –16– vom Fahrzeug-Unterboden abschrauben und auf der Abgasanlage ablegen.

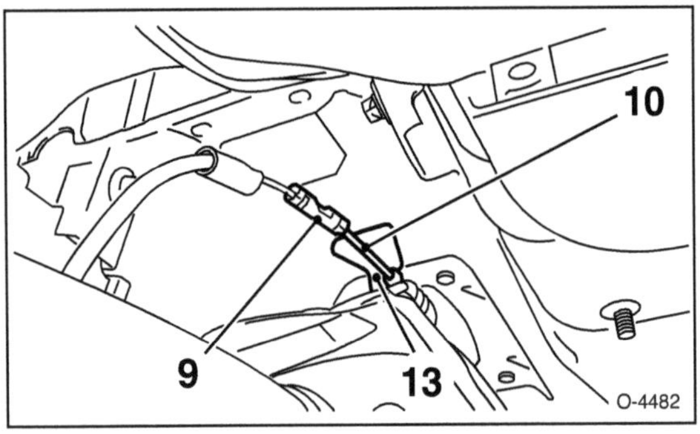


● Vorderes Handbremsseil –10– am Kupplungsstück –9– aushängen und am Halter –13– ausclipsen.

● Manschette aus dem Trägerblech des Handbremshebels ausclipsen und vorderes Handbremsseil aus der Öffnung im Fahrzeugboden herausziehen.

**Einbau**

● Vorderes Handbremsseil durch die Öffnung im Fahrzeugboden durchziehen und Manschette im Trägerblech des Handbremshebels einsetzen. Dabei auf richtigen Sitz der Manschette achten.

● Vorderes Handbremsseil in die Führung am Handbremshebel einlegen und Einstellmutter einige Umdrehungen aufschrauben.

● Handbremshebel mit **10 Nm** festschrauben.

● Vorderes Handbremsseil am Fahrzeug-Unterboden in den Halter einclipsen und am Kupplungsstück einhängen.

● Der weitere Einbau erfolgt in umgekehrter Ausbaureihenfolge.

● Handbremse einstellen.

## Handbremsseil Mitte und hinten links

**Ausbau**

● Reifen-Laufrichtung mit Pfeil am Reifen markieren. Radschrauben lösen. Fahrzeug aufbocken und **linkes** Hinterrad abnehmen. **Achtung:** Unbedingt Hinweise im Kapitel »Rad aus- und einbauen« beachten.

● **CORSA ECO:** Untere Motorraumabdeckung und Luftführungsblech ausbauen, siehe Seite 273.

● **Fahrzeug mit Hitzeschutzblech vorn:** Hitzeschutzblech vom Fahrzeug-Unterboden abschrauben, siehe Kapitel »Handbremsseil vorn«.

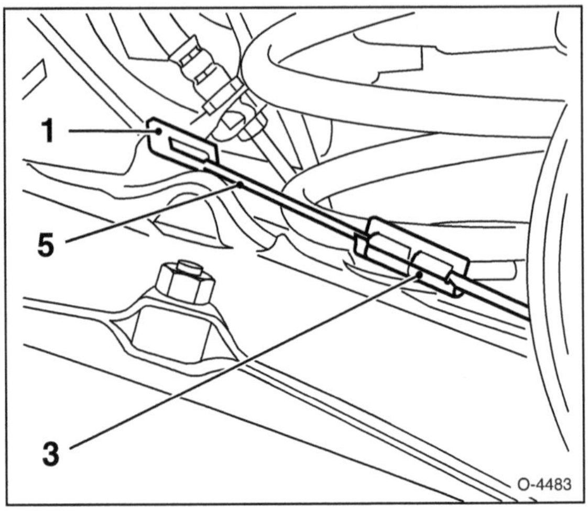


● Handbremshebel lösen. Hinteres Handbremsseil –5– am Kupplungsstück –3– aushängen und aus der Führung –1– an der Hinterachse ausclipsen.

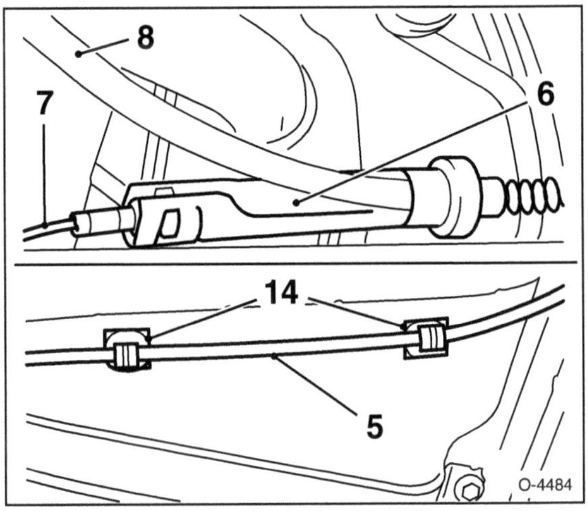


● Mittleres Handbremsseil –8– am Ausgleichstück –6– aushängen. 7 – Handbremsseil hinten rechts.

● Hinteres Handbremsseil –5– aus den Haltern –14– am Kraftstofftank ausclipsen.

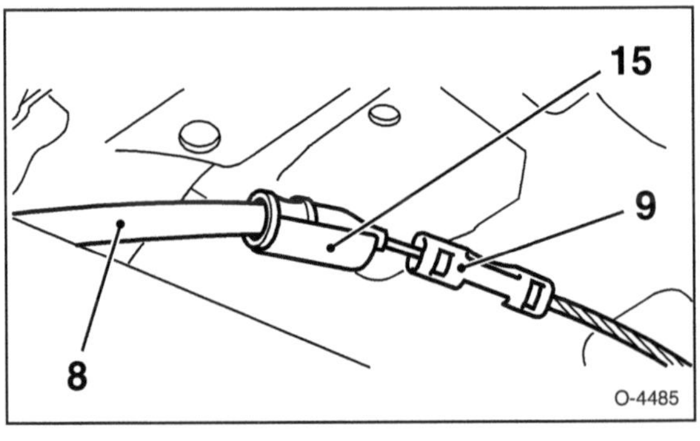


● Mittleres Handbremsseil –8– aus dem Gegenhalter –15– am Fahrzeug-Unterboden herausziehen und am vorderen Kupplungsstück –9– aushängen.

### Einbau

- Der Einbau erfolgt in umgekehrter Ausbaureihenfolge.
- Reifen-Laufrichtung beachten, Rad anschrauben, Fahrzeug ablassen, erst dann Radschrauben über Kreuz mit **110 Nm** festziehen. **Achtung:** Unbedingt Hinweise im Kapitel »Rad aus- und einbauen« beachten.
- Handbremse einstellen.

## Handbremsseil hinten rechts

### Ausbau

- Reifen-Laufrichtung mit Pfeil am Reifen markieren. Radschrauben lösen. Fahrzeug aufbocken und **rechtes** Hinterrad abnehmen. **Achtung:** Unbedingt Hinweise im Kapitel »Rad aus- und einbauen« beachten.
- Handbremshebel lösen.
- Hinteres Handbremsseil –7– am Kupplungsstück –2– aushängen und aus der Führung –1– an der Hinterachse ausclipsen, siehe Abbildung O-4479.

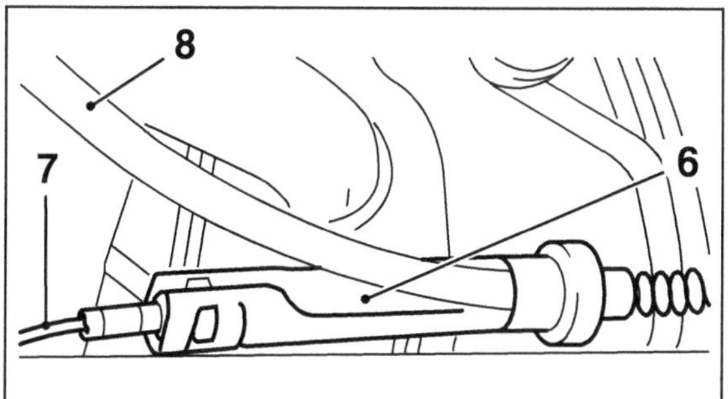

O-4486

- Hinteres Handbremsseil –7– am Ausgleichstück –6– aushängen. 8 – Mittleres Handbremsseil.

### Einbau

- Der Einbau erfolgt in umgekehrter Ausbaureihenfolge.
- Reifen-Laufrichtung beachten, Rad anschrauben, Fahrzeug ablassen, erst dann Radschrauben über Kreuz mit **110 Nm** festziehen. **Achtung:** Unbedingt Hinweise im Kapitel »Rad aus- und einbauen« beachten.
- Handbremse einstellen.

## Handbremsseil an der Trommelbremse

### Ausbau

- Reifen-Laufrichtung mit Pfeil am Reifen markieren. Radschrauben lösen. Fahrzeug aufbocken und Hinterrad abnehmen. **Achtung:** Unbedingt Hinweise im Kapitel »Rad aus- und einbauen« beachten.
- Bremstrommel und Bremsbacken ausbauen, siehe entsprechendes Kapitel.
- Handbremshebel lösen.

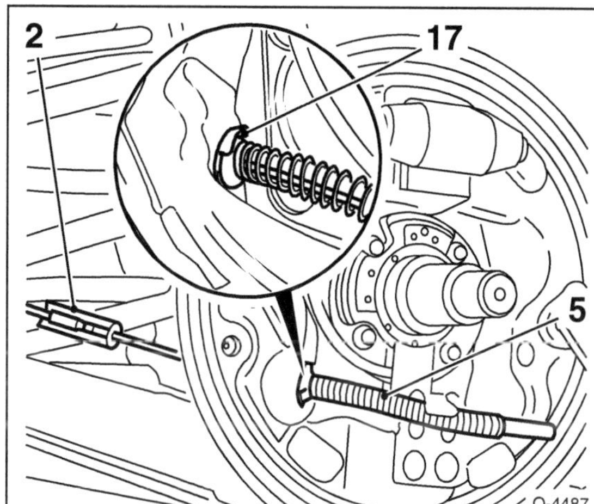

O-4487

- Sicherungsklammer –17– abziehen und hinteres Handbremsseil –5– aus der Bremsträgerplatte herausziehen.
- Hinteres Handbremsseil am Kupplungsstück –2– aushängen.

### Einbau

- Der Einbau erfolgt in umgekehrter Ausbaureihenfolge.
- Reifen-Laufrichtung beachten, Rad anschrauben, Fahrzeug ablassen, erst dann Radschrauben über Kreuz mit **110 Nm** festziehen. **Achtung:** Unbedingt Hinweise im Kapitel »Rad aus- und einbauen« beachten.
- Handbremse einstellen.

## CORSA COMBO: Handbremsseil hinten

### Ausbau

- Reifen-Laufrichtung mit Pfeil am Reifen markieren. Radschrauben lösen. Fahrzeug hinten aufbocken und Hinterräder abnehmen. **Achtung:** Unbedingt Hinweise im Kapitel »Rad aus- und einbauen« beachten.

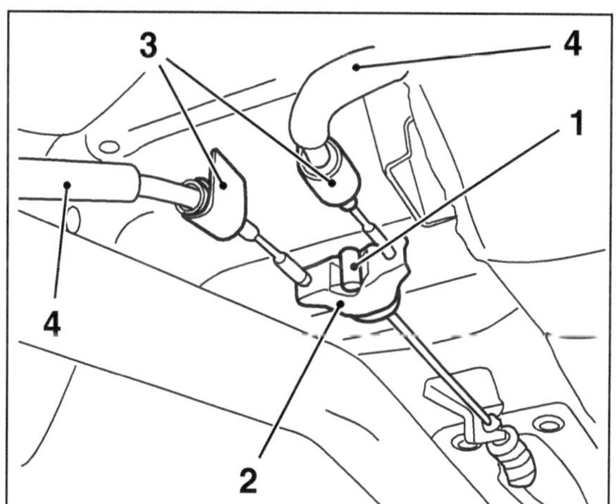

O-4488

- Vorderes Handbremsseil –1– aus dem Ausgleichstück –2– am Fahrzeug-Unterboden aushängen.

- Hintere Handbremsseile –4– aus den Gegenhaltern –3– herausziehen.
- Handbremsseile aus den Haltern am Kraftstofftank ausclipsen.

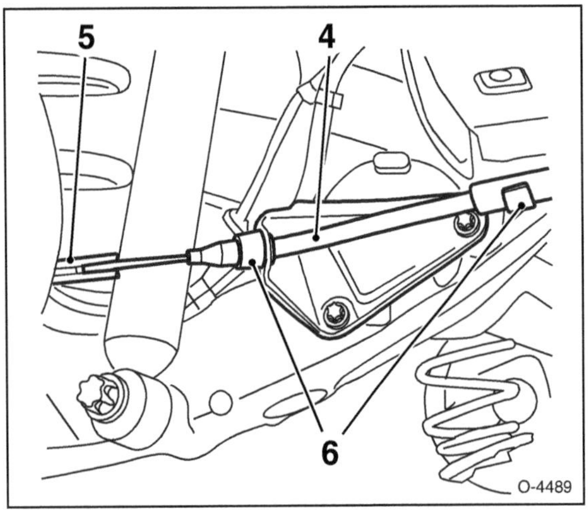


- Hinteres Handbremsseil –4– rechts und links an der Hinterachse aus dem Kupplungsstück –5– aushängen.
- Handbremsseil aus der Halterung –6– an der Hinterachse ausclipsen.

### Einbau

- Handbremsseile über der Abgasanlage verlegen, auf beiden Seiten in die Halterungen an der Hinterachse einsetzen und in den Kupplungsstücken einhängen.
- Der weitere Einbau erfolgt in umgekehrter Ausbaureihenfolge.
- Reifen-Laufrichtung beachten, Räder anschrauben, Fahrzeug ablassen, erst dann Radschrauben über Kreuz mit **110 Nm** festziehen. **Achtung:** Unbedingt Hinweise im Kapitel »Rad aus- und einbauen« beachten.
- Handbremse einstellen.

## Handbremse einstellen

### Einstellen

**Hinweis:** Die Trommelbremse hinten muss richtig eingestellt sein, so dass die Bremsbacken an den Bremstrommeln anliegen.

- Handbremshebel anziehen, Faltenbalg für Handbremshebel aus der Mittelkonsole ausclipsen und nach oben stülpen.

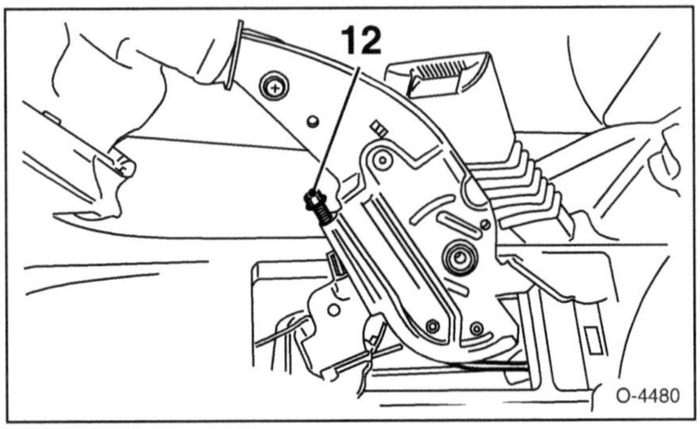


- Handbremshebel lösen. Einstellmutter –12– am Handbremshebel mit Einstellschlüssel HAZET 4965-1 losschrauben.
- Bremspedal mindestens 3-mal durchtreten, um das Spiel an der Hinterradbremse einzustellen.
- Fahrzeug hinten aufbocken.

> **Sicherheitshinweis**
> Beim Aufbocken des Fahrzeugs besteht Unfallgefahr! Hinweise im Kapitel »Fahrzeug aufbocken« beachten.

- Handbremshebel bis zur **3. Raste** anziehen.
- Einstellmutter –12– anziehen, bis sich die Hinterräder von Hand gerade noch drehen lassen.
- Sicherstellen, dass beide Hinterräder bei gelöstem Handbremshebel frei drehbar sind. Wenn nötig, Einstellmutter wieder etwas lockern.
- Fahrzeug ablassen.
- Handbremshebel bis zur **7. Raste** anziehen.
- Die Handbremse ist richtig eingestellt, wenn die Hinterräder blockiert sind und sich das Fahrzeug nicht mehr bewegen lässt. Die Bremswirkung muss an beiden Hinterrädern gleich sein.
- Faltenbalg für Handbremshebel in der Mittelkonsole einclipsen.
- Fahrzeug etwa 300 Meter mit geringer Geschwindigkeit und bei leicht angezogener Handbremse bewegen.

# Handbremshebel/-schalter aus- und einbauen

**Ausbau**

- Batterie-Massekabel (–) abklemmen. **Achtung:** Hinweise im Kapitel »Batterie aus- und einbauen« beachten.
- Deckel vom hinteren Aschenbecher aufklappen und Aschenbecher aus der Mittelkonsole herausziehen.
- Handbremshebel anziehen, Faltenbalg für Handbremshebel aus der Mittelkonsole ausclipsen und nach oben stülpen.

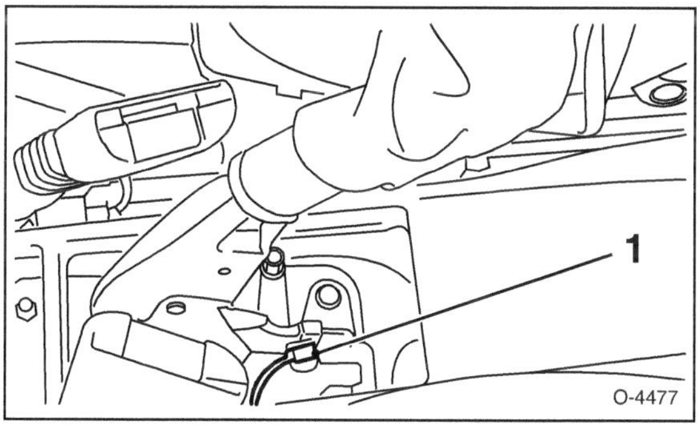


- Stecker –1– vom Schalter abziehen.

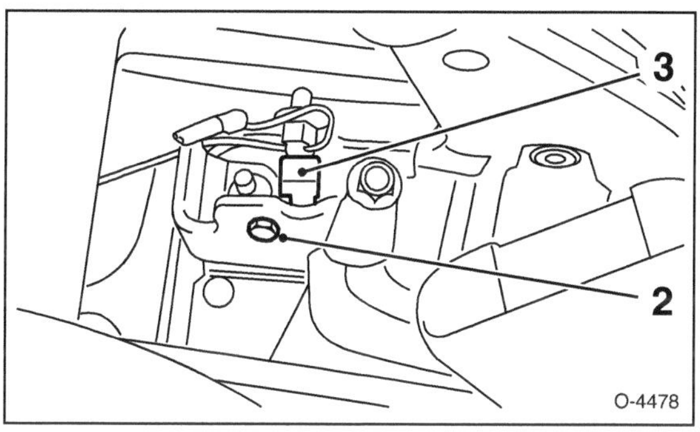


- Schraube –2– herausdrehen und Handbremsschalter –3– abnehmen.
- Handbremsseil vorn am Handbremshebel ausbauen, siehe entsprechendes Kapitel.
- 4 Muttern am Fahrzeugboden abschrauben und Handbremshebel nach oben abnehmen.

**Einbau**

- Der Einbau erfolgt in umgekehrter Ausbaureihenfolge. Handbremshebel dabei mit **10 Nm** festschrauben.

# Bremsschlauch aus- und einbauen

Das Bremsleitungssystem stellt die Verbindung vom Hauptbremszylinder zu den vier Radbremsen her.

**Achtung:** Die starren Bremsleitungen aus Metall sollen von einer Fachwerkstatt verlegt werden, da zur fachgerechten Montage einige Erfahrung nötig ist.

Als flexible Verbindungen zwischen den starren und beweglichen Fahrzeugteilen, beispielsweise den Bremssätteln, werden druckfeste Bremsschläuche verwendet. Diese müssen bei erkennbaren Schäden sofort ausgewechselt werden. Ältere Bremsschläuche können aufquellen. In einem solchen Fall kann die Bremsflüssigkeit nicht aus dem Radbremszylinder in den Ausgleichzylinder zurückfließen; die Radbremse erhitzt sich. Wird dann das betreffende Entlüfterventil am Radbremszylinder geöffnet und das Rad blockiert nicht mehr, ist das ein Zeichen für einen defekten Bremsschlauch.

> **Sicherheitshinweis, Fahrzeuge mit ABS**
> **Ist ein Bremsschlauch montiert worden oder eine Kammer des Bremsflüssigkeit-Behälters leergelaufen** (zum Beispiel bei Undichtigkeiten im Bremssystem oder wenn beim Entlüften vergessen wurde, Bremsflüssigkeit nachzufüllen), wird Luft angesaugt, die in die ABS-Hydraulikpumpe gelangt. **Die Bremsanlage muss dann in der Werkstatt mit dem Entlüftergerät entlüftet werden.**

**Achtung:** Bremsschläuche nicht mit Öl oder Petroleum in Berührung bringen, nicht lackieren oder mit Unterbodenschutz besprühen.

**Achtung:** Regeln im Umgang mit Bremsflüssigkeit beachten, siehe Kapitel »Bremsanlage entlüften«.

---

## Bremsschlauch für Vorderradbremse

**Ausbau**

- Reifen-Laufrichtung mit Pfeil am Reifen markieren. Radschrauben lösen. Fahrzeug aufbocken und Rad abnehmen. **Achtung:** Unbedingt Hinweise im Kapitel »Rad aus- und einbauen« beachten.

> **Sicherheitshinweis**
> Beim Aufbocken des Fahrzeugs besteht Unfallgefahr! Hinweise im Kapitel »Fahrzeug aufbocken« beachten.

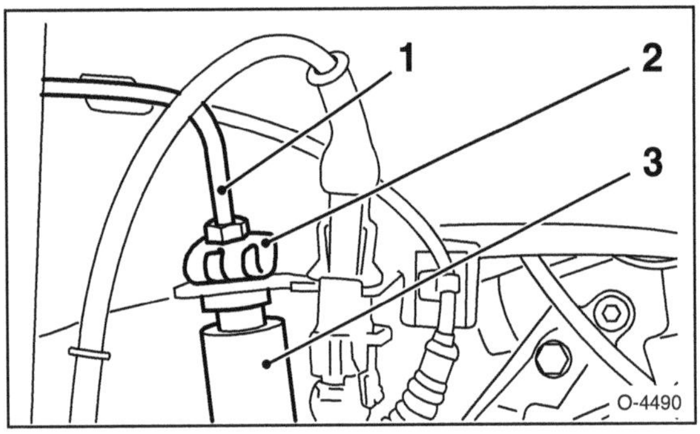


- Bremsleitung –1– vom Bremsschlauch –3– abschrauben, dabei bleibt die Sicherungsklammer –2– am Halter.

**Sicherheitshinweis**
Beim Öffnen vom Bremskreis läuft Bremsflüssigkeit aus. Bremsflüssigkeit in einer Flasche sammeln, die ausschließlich für Bremsflüssigkeit vorgesehen ist. Man kann auch zuvor die Bremsflüssigkeit mit einem Saugheber aus dem Vorratsbehälter absaugen.

- Bremsleitung und Bremsschlauch sofort mit einem Stopfen verschließen. **Achtung:** Austretende Bremsflüssigkeit mit Lappen auffangen.

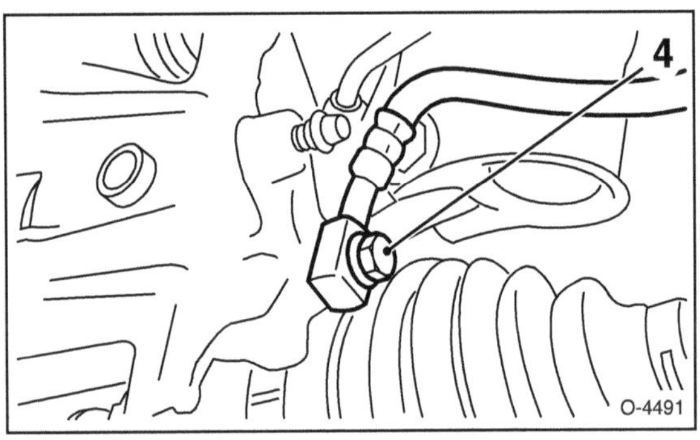


- Hohlschraube –4– herausdrehen und Bremsschlauch aus dem Bremssattel herausziehen, dabei Bremsschlauch nicht verdrillen. Auslaufende Bremsflüssigkeit auffangen.

### Einbau

**Achtung:** Nur vom Werk freigegebene Bremsschläuche einbauen. Neuen Bremsschlauch vorne so einbauen, dass er ohne Drall durchhängt.

- Bremsschlauch mit **neuen Dichtringen** im Bremssattel eindrehen, dabei Hohlschraube mit **40 Nm** festziehen.
- Bremsschlauch in den Halter einsetzen, dabei auf die Führungsnasen achten. Bremsleitung mit Sicherungsklammer am Bremsschlauch anschrauben und Überwurfschraube mit **16 Nm** festziehen.
- Bei entlasteten Rädern (Wagen angehoben) Lenkung nach links und rechts einschlagen und sicherstellen, dass der Schlauch allen Radbewegungen folgt ohne irgendwo zu scheuern.
- **Achtung:** Bremsanlage unbedingt mit einem Bremsentlüftungsgerät entlüften, siehe entsprechendes Kapitel.
- Reifen-Laufrichtung beachten, Räder anschrauben, Fahrzeug ablassen, erst dann Radschrauben über Kreuz mit **110 Nm** festziehen. **Achtung:** Unbedingt Hinweise im Kapitel »Rad aus- und einbauen« beachten.
- Erneut prüfen, ob der vordere Bremsschlauch allen Radbewegungen folgt ohne irgendwo zu scheuern.

---

**Achtung, Sicherheitskontrolle durchführen:**
- Sind die Bremsschläuche festgezogen?
- Befindet sich der Bremsschlauch in der Halterung?
- Sind die Entlüftungsschrauben angezogen?
- Ist genügend Bremsflüssigkeit eingefüllt?
- Bei laufendem Motor Dichtheitskontrolle durchführen. Hierzu Bremspedal mit 200 bis 300 N (entspricht 20 bis 30 kg) etwa 10 Sekunden betätigen. Das Bremspedal darf nicht nachgeben. Sämtliche Anschlüsse auf Dichtheit kontrollieren.

---

- Anschließend einige Bremsungen auf einer Straße mit geringem Verkehr durchführen.

---

## Bremsschlauch für Hinterradbremse

**Hinweis:** Der hintere Bremsschlauch wird in gleicher Weise von der Bremsleitung getrennt wie der vordere. Bei der Scheibenbremse hinten wird der Bremsschlauch direkt aus dem Bremssattel herausgeschraubt.

### Ausbau

- **CORSA ECO:** Unteres Luftführungsblech ausbauen, siehe Seite 273.
- Leitung für ABS-Sensor vom Bremsschlauch abclipsen.
- Bremsleitung vom Bremsschlauch abschrauben, dabei bleibt die Sicherungsklammer am Halter.
- Bremsleitung und Bremsschlauch sofort mit einem Stopfen verschließen. **Achtung:** Austretende Bremsflüssigkeit auffangen.
- **Trommelbremse hinten:** Bremsschlauch an der 2. Verbindungsstelle von der Bremsleitung abschrauben.
- **Scheibenbremse hinten:** Bremsschlauch aus dem Bremssattel herausschrauben.

### Einbau

- **Scheibenbremse hinten:** Bremsschlauch mit **16 Nm** im Bremssattel einschrauben.
- Bremsleitung mit Sicherungsklammer am Bremsschlauch anschrauben und Überwurfschraube mit **16 Nm** festziehen.
- **Achtung:** Bremsanlage unbedingt mit einem Bremsentlüftungsgerät entlüften, siehe entsprechendes Kapitel.

## Bremsanlage entlüften

Beim Umgang mit Bremsflüssigkeit sind folgende Hinweise zu beachten:

**Sicherheitshinweis**
Bremsflüssigkeit ist giftig. Keinesfalls Bremsflüssigkeit mit dem Mund über einen Schlauch absaugen. Bremsflüssigkeit nur in Behälter füllen, bei denen ein versehentlicher Genuss ausgeschlossen ist.

- Bremsflüssigkeit ist ätzend und darf deshalb nicht mit dem Autolack in Berührung kommen, gegebenenfalls Bremsflüssigkeit sofort abwischen und mit viel Wasser abwaschen.
- Bremsflüssigkeit ist hygroskopisch, das heißt, sie nimmt aus der Luft Feuchtigkeit auf. Bremsflüssigkeit deshalb nur in geschlossenen Behältern aufbewahren.
- **Bremsflüssigkeit, die schon einmal im Bremssystem verwendet wurde, darf nicht wieder verwendet werden. Auch beim Entlüften der Bremsanlage nur neue Bremsflüssigkeit verwenden.**
- Bremsflüssigkeits-Spezifikationen: **DOT 4** und **SAE J 1703**.
- **Bremsflüssigkeit darf nicht mit Mineralöl in Berührung kommen.** Schon geringe Spuren von Mineralöl machen die Bremsflüssigkeit unbrauchbar, beziehungsweise führen zum Ausfall des Bremssystems. Stopfen und Manschetten der Bremsanlage werden beschädigt, wenn sie mit mineralölhaltigen Mitteln zusammenkommen. Zum Reinigen keine mineralölhaltigen Putzlappen verwenden.
- Bremsflüssigkeit **alle 2 Jahre wechseln**, möglichst nach der kalten Jahreszeit.

**Achtung:** Bremsflüssigkeit ist ein Problemstoff und darf auf keinen Fall einfach weggeschüttet oder dem Hausmüll mitgegeben werden. Gemeinde- und Stadtverwaltungen informieren darüber, wo sich die nächste Problemstoff-Sammelstelle befindet.

### Entlüften

Nach jeder Reparatur an der Bremse, bei der die Bremsanlage geöffnet wurde, kann Luft in die Druckleitungen eingedrungen sein. Dann muss das Bremssystem entlüftet werden. Luft ist auch dann in den Leitungen, wenn sich beim Treten des Bremspedals der Bremsdruck schwammig anfühlt. In diesem Fall muss die Undichtigkeit beseitigt und die Bremsanlage entlüftet werden.

In der Werkstatt wird die Bremse in der Regel mit einem Bremsentlüftungsgerät entlüftet. **Zwingend vorgeschrieben ist die Verwendung eines Bremsentlüftungsgerätes, wenn ein Bremsschlauch demontiert wurde, wenn nur eine Kammer des Bremsflüssigkeitsbehälters leer war oder wenn die hydraulische Kupplungsbetätigung ebenfalls entlüftet werden muss.** Im Normalfall geht es auch ohne das Bremsentlüftungsgerät. Die Bremsanlage wird dann durch Pumpen mit dem Bremspedal entlüftet, dazu ist eine zweite Person notwendig.

Muss die ganze Anlage entlüftet werden, jede Radbremse einzeln und den Kupplungsnehmerzylinder entlüften. Das ist immer dann der Fall, wenn Luft in jeden einzelnen Bremszylinder gedrungen ist. Dafür immer ein **Bremsentlüftungsgerät** verwenden. Falls nur ein Bremssattel erneuert bzw. überholt wurde, genügt in der Regel das Entlüften des betreffenden Bremszylinders.

**Sicherheitshinweis**
Ist eine Kammer des Bremsflüssigkeit-Ausgleichbehälters komplett leergelaufen (zum Beispiel bei Undichtigkeiten im Bremssystem oder wenn beim Entlüften vergessen wurde, Bremsflüssigkeit nachzufüllen), wird Luft angesaugt, die in die ABS-Hydraulikpumpe gelangt. Die Bremsanlage muss dann in der Werkstatt mit dem Entlüftergerät entlüftet werden. Bei Einbau eines neuen Bremsschlauchs muss die Anlage ebenfalls mit einem Entlüftergerät entlüftet werden.

Die Reihenfolge der Entlüftung: 1. Bremssattel vorn links, 2. Bremssattel vorn rechts, 3. Bremssattel hinten links, 4. Bremssattel hinten rechts.

- Fahrzeug aufbocken.
- Vorratsbehälter bis MAX-Markierung auffüllen.

**Achtung:** Entlüfterventile vorsichtig öffnen, damit sie nicht abgedreht werden. Es empfiehlt sich, die Ventile ca. 1 Stunde vor dem Entlüften mit Rostlöser einzusprühen. Bei festsitzenden Ventilen das Entlüften von einer Werkstatt durchführen lassen.

**Achtung:** Während des Entlüftens die Entlüfterflasche 30 Zentimeter höher als das Entlüfterventil halten und ab und zu den Ausgleichbehälter beobachten. Der Flüssigkeitsspiegel darf nicht zu weit sinken, sonst wird über den Ausgleichbehälter Luft angesaugt. **Immer nur neue Bremsflüssigkeit nachgießen!**

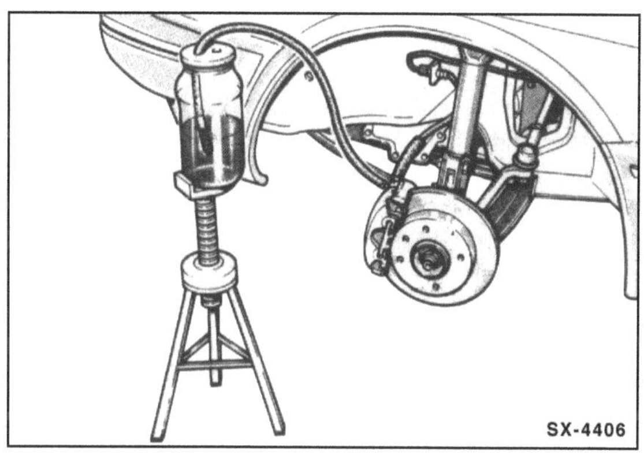


- Staubkappe vom Entlüfterventil des Bremszylinders abnehmen. Entlüfterventil reinigen, sauberen Schlauch aufstecken, anderes Schlauchende in eine mit Bremsflüssigkeit halbvoll gefüllte Flasche stecken (geeigneten Schlauch und passendes Gefäß gibt es auch im Autozubehör-Handel).
- Von einem Helfer Bremspedal so oft niedertreten lassen, »pumpen«, bis sich im Bremssystem Druck aufgebaut hat – zu spüren am wachsenden Widerstand beim Betätigen des Pedals.

- Ist genügend Druck vorhanden, Bremspedal ganz durchtreten und Fuß auf dem Bremspedal halten.

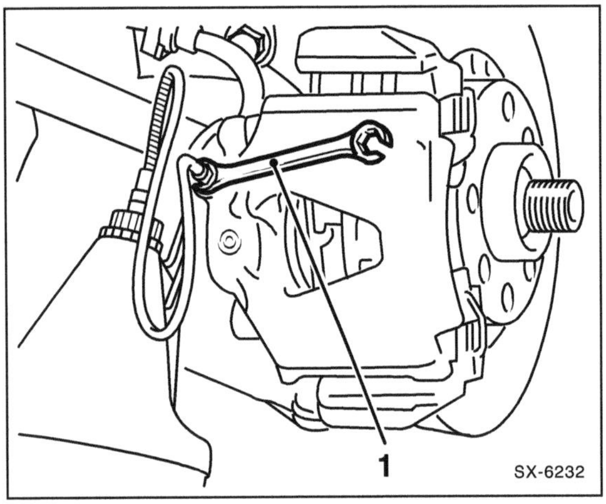


- Entlüfterventil am Bremssattel beziehungsweise am Radbremszylinder etwa 1/2 Umdrehung mit Ringschlüssel –1– öffnen. Zum Öffnen der Ventile gibt es spezielle Entlüftungsschlüssel, zum Beispiel HAZET 4968-9. Ausfließende Bremsflüssigkeit in der Flasche sammeln. **Hinweis:** Die Abbildung zeigt nicht den CORSA-Bremssattel.
- Ausfließende Bremsflüssigkeit in der Flasche sammeln. Darauf achten, dass sich das Schlauchende in der Flasche ständig unterhalb des Flüssigkeitsspiegels befindet.
- Sobald der Flüssigkeitsdruck nachlässt, Entlüfterventil schließen.
- Pumpvorgang wiederholen, bis sich Druck aufgebaut hat. Bremspedal niedertreten, Fuß auf dem Bremspedal lassen, Entlüfterventil öffnen, bis der Druck nachlässt. Entlüfterventil schließen.
- Entlüftungsvorgang an einem Bremszylinder so lange wiederholen, bis sich in der Bremsflüssigkeit, die in die Entlüfterflasche strömt, keine Luftblasen mehr zeigen.
- Nach dem Entlüften Schlauch von Entlüfterventil abziehen, Entlüfterventil festziehen und Staubkappe auf Ventil stecken. Anzugsdrehmoment für das Entlüfterventil: Bremssattel vorn – **7 Nm**, Bremssattel hinten – **10 Nm**, Radbremszylinder hinten – **6 Nm**.
- Die Bremszylinder an den anderen Rädern auf die gleiche Weise entlüften, dabei Reihenfolge einhalten.
- Nach dem Entlüften den Ausgleichbehälter bis zur MAX-Markierung auffüllen.

#### Entlüften mit Bremsentlüftungsgerät

- Dichtungsband am Wasserkasten im Bereich des Bremsflüssigkeitsbehälters abziehen.
- Abdeckung über dem Bremsflüssigkeitsbehälter beim CORSA hochklappen, beim MERIVA ausclipsen und abnehmen.
- Verschlussdeckel vom Bremsflüssigkeitsbehälter abschrauben und Entlüftungsgerät über einen Adapter am Bremsflüssigkeitsbehälter anschließen.
- Im Bremssystem einen Arbeitsdruck von 1 bar einstellen.
- Nacheinander jeden Bremszylinder entlüften: Dazu Schlauch am Entlüfterventil aufstecken, Ventil öffnen und Flüssigkeit ausströmen lassen, bis sich keine Luftblasen mehr zeigen. Anschließend Ventil schließen.
- Nach dem Entlüften Adapter und Entlüftungsgerät abbauen, dabei darauf achten, dass der Bremsflüssigkeitsbehälter unter Druck steht.

---

**Achtung, Sicherheitskontrolle durchführen:**

- Sind die Entlüftungsschrauben angezogen?
- Ist genügend Bremsflüssigkeit eingefüllt?
- Bei laufendem Motor Dichtheitskontrolle durchführen. Hierzu Bremspedal mit 200 bis 300 N (entspricht 20 bis 30 kg) etwa 10 Sekunden betätigen. Das Bremspedal darf nicht nachgeben. Sämtliche Anschlüsse auf Dichtheit kontrollieren.

---

- Anschließend einige Bremsungen auf einer Straße ohne Verkehr durchführen. Dabei sollte mindestens einmal die Bremsregelung des ABS-Systems geprüft werden. Dazu Bremse stark betätigen, bis am spürbaren Pulsieren des Bremspedals der Beginn der Bremsregelung erkennbar ist.

**Achtung:** Falls der Bremspedalweg nach der Probefahrt zu groß ist, obwohl er direkt nach dem Entlüften in Ordnung war, dann ist möglicherweise Luft in der ABS-Hydraulikeinheit. In diesem Fall Bremsanlage umgehend in der Fachwerkstatt entlüften lassen.

## Bremskraftverstärker prüfen

Der Bremskraftverstärker ist auf Funktion zu überprüfen, wenn zur Erzielung ausreichender Bremswirkung die Pedalkraft außergewöhnlich hoch ist.

- Bremspedal bei ausgeschaltetem Motor mindestens 5-mal kräftig durchtreten, dann bei belastetem Bremspedal Motor starten. Das Bremspedal muss jetzt unter dem Fuß spürbar nachgeben.
- Andernfalls Unterdruckschlauch mit Anschlussstück aus dem Bremskraftverstärker herausziehen. Motor starten. Durch Fingerauflegen am Ende des Unterdruckschlauches prüfen, ob Unterdruck vorhanden ist.
- Ist kein Unterdruck vorhanden: Unterdruckschlauch auf Undichtigkeiten und Beschädigungen prüfen, gegebenenfalls ersetzen. Sämtliche Schellen fest anziehen.
- **Dieselmotor:** Unterdruckschlauch von der Vakuumpumpe am Generator abziehen und mit dem Finger prüfen, ob Unterdruck am Schlauchanschluss anliegt.
- Ist Unterdruck vorhanden: Unterdruck messen, gegebenenfalls Bremskraftverstärker ersetzen (Werkstattarbeit).

**Hinweis:** Wird bei Fahrzeugen mit **Dieselmotor** die Bremse längere Zeit betätigt, kommt es zum Aufbrauch des Unterdrucks. Dadurch lässt sich das Bremspedal weiter durchtreten und wirkt schwammig. Dies ist aber kein Grund zur Beanstandung.

## Bremslichtschalter aus- und einbauen

Der Bremslichtschalter sitzt am Pedalbock. Beim Betätigen des Bremspedals wird über den Schalter das Bremslicht eingeschaltet. Außerdem dient der Bremslichtschalter dem ABS/ESP-Steuergerät als Signalgeber für den Beginn eines Bremsvorganges. Daher ist eine korrekte Funktion und Einstellung äußerst wichtig.

**Ausbau**

- **CORSA:** Ablagefach und untere Verkleidung auf der Fahrerseite von der Armaturentafel ausbauen, siehe Seite 254.
- **CORSA:** Obere Abdeckung im Fußraum auf der Fahrerseite herausnehmen.
- **MERIVA:** Obere Verkleidung im Fußraum auf der Fahrerseite ausbauen, siehe Seite 262.
- Stecker für Bremslichtschalter entriegeln und abziehen.

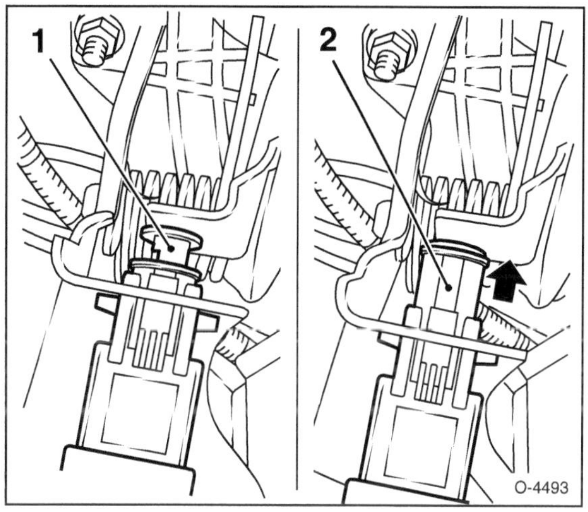


- Zuerst den Stift –1– und danach die Verriegelungshülse –2– bis zum Anschlag aus dem Bremslichtschalter herausziehen –Pfeil–.
- Bremslichtschalter entriegeln und aus dem Pedalbock herausziehen.

**Einbau**

- Der Einbau erfolgt in umgekehrter Ausbaureihenfolge.

## Störungsdiagnose Bremse

| Störung | Ursache | Abhilfe |
|---|---|---|
| Leerweg des Bremspedals zu groß. | Ein Bremskreis ausgefallen. | ■ Bremskreise auf Flüssigkeitsverlust prüfen. |
| Bremspedal lässt sich weit und federnd durchtreten. | Luft im Bremssystem. | ■ Bremse entlüften. |
| | Zu wenig Bremsflüssigkeit im Ausgleichbehälter. | ■ Neue Bremsflüssigkeit nachfüllen. Bremse entlüften. |
| | Dampfblasenbildung. Tritt meist nach starker Beanspruchung auf, z. B. Passabfahrt. | ■ Bremsflüssigkeit wechseln. Bremse entlüften. |
| Bremswirkung lässt nach, und Bremspedal lässt sich durchtreten. | Undichte Leitung. | ■ Leitungsanschlüsse nachziehen oder Leitung erneuern. |
| | Beschädigte Manschette im Haupt- oder Radbremszylinder. | ■ Manschette erneuern. Beim Hauptbremszylinder Innenteile ersetzen (Werkstatt), gegebenenfalls Hauptbremszylinder ersetzen oder Radbremszylinder überholen lassen. |

| Störung | Ursache | Abhilfe |
|---|---|---|
| Schlechte Bremswirkung trotz hohen Fußdrucks. | Bremsbeläge verölt. | ■ Bremsbeläge erneuern. |
| | Ungeeigneter oder verhärteter Bremsbelag. | ■ Beläge erneuern. Nur vom Automobilhersteller freigegebene Bremsbeläge verwenden. |
| | Bremsbeläge abgenutzt. | ■ Bremsbeläge erneuern. |
| | Bremskraftverstärker defekt, Unterdruckleitung porös, defekt. | ■ Bremskraftverstärker und Unterdruckleitung prüfen. |
| Bremse zieht einseitig. | Unvorschriftsmäßiger Reifendruck. Bereifung ungleichmäßig abgefahren. | ■ Reifendruck prüfen und berichtigen. Abgefahrene Reifen ersetzen. |
| | Bremsbeläge verölt. | ■ Bremsbeläge erneuern. |
| | Verschiedene Bremsbelagsorten auf einer Achse. | ■ Beläge erneuern. Nur vom Automobilhersteller freigegebene Bremsbeläge verwenden. |
| | **Speziell bei Scheibenbremse:** | |
| | Verschmutzte Bremssattelschächte. | ■ Sitz- und Führungsflächen der Bremsbeläge im Bremssattel reinigen. |
| | Korrosion in den Bremssattelzylindern. | ■ Bremssattel erneuern. |
| | Bremsbelag ungleichmäßig verschlissen. | ■ Bremsbeläge erneuern (an beiden Rädern), Bremssättel auf Leichtgängigkeit prüfen. |
| | **Speziell bei Trommelbremse:** | |
| | Kolben in den Radbremszylindern schwergängig. | ■ Radbremszylinder erneuern. |
| Bremse zieht von selbst an. | Hauptbremszylinder defekt. | ■ Hauptbremszylinder ersetzen. |
| Bremsen erhitzen sich während der Fahrt. | Bremse schwergängig. | ■ Bewegliche Teile der Bremse schmieren. Bremssattel überholen lassen (Werkstattarbeit). |
| | Handbremsseil schwergängig. | ■ Seil schmieren oder erneuern. |
| | Bremsschlauch innen aufgequollen, dicht. | ■ Bremsschlauch erneuern. |
| | **Speziell bei Scheibenbremse:** | |
| | Korrosion in den Bremsattelzylindern. | ■ Bremssattel erneuern. |
| | **Speziell bei Trommelbremse:** | |
| | Bremsbacken-Rückzugfedern erlahmt. | ■ Rückzugfedern erneuern. |
| Bremsen rattern. | Ungeeigneter Bremsbelag. | ■ Beläge erneuern. Nur vom Automobilhersteller freigegebene Bremsbeläge verwenden. |
| | **Speziell bei Scheibenbremse:** | |
| | Bremsscheibe stellenweise korrodiert. | ■ Scheibe mit Schleifklötzen sorgfältig glätten. |
| | Bremsscheibe hat Seitenschlag. | ■ Scheibe nacharbeiten oder ersetzen. |
| | **Speziell bei Trommelbremse:** | |
| | Bremsbeläge verschlissen. | ■ Beläge erneuern. |
| | Bremstrommel unrund. | ■ Bremstrommel ersetzen. |
| Räder lassen sich schwer von Hand drehen. | **Speziell bei Scheibenbremse:** Bremsbeläge lösen sich nicht von der Bremsscheibe, Korrosion in den Bremssattelzylindern. | ■ Bremssattel überholen, eventuell austauschen. |
| | **Speziell bei Trommelbremse:** | |
| | Bremsbacken lösen sich nicht von der Bremstrommel, Rückholfeder gebrochen oder abgesprungen. | ■ Neue Rückholfeder einbauen. |

| Störung | Ursache | Abhilfe |
|---|---|---|
| Ungleichmäßiger Belag-Verschleiß. | **Speziell bei Scheibenbremse:** | |
| | Ungeeigneter Bremsbelag. | ■ Beläge erneuern. |
| | Bremssattel verschmutzt. | ■ Bremssattelschächte reinigen. |
| | Bremssattel klemmt. | ■ Führungsbuchsen und -stifte gangbar machen. |
| | Kolben nicht leichtgängig. | ■ Kolben gangbar machen (Werkstattarbeit). |
| | Bremssystem undicht. | ■ Bremssystem auf Dichtigkeit prüfen. |
| Keilförmiger Bremsbelag-Verschleiß. | **Speziell bei Scheibenbremse:** | |
| | Bremsscheibe läuft nicht parallel zum Bremssattel. | ■ Anlagefläche des Bremssattels prüfen. |
| | Korrosion in den Bremssätteln. | ■ Verschmutzung beseitigen oder Bremssattel erneuern. |
| Bremse quietscht. | Oft auf atmosphärische Einflüsse (Luftfeuchtigkeit) zurückzuführen. | ■ Keine Abhilfe erforderlich, wenn Quietschen nach längerem Stillstand des Wagens bei hoher Luftfeuchtigkeit auftritt, sich dann aber nach den ersten Bremsungen nicht wiederholt. |
| | **Speziell bei Scheibenbremse:** | |
| | Ungeeigneter Bremsbelag. | ■ Beläge erneuern. Rückenplatte mit Anti-Quietsch-Paste bestreichen. |
| | Bremsscheibe läuft nicht parallel zum Bremssattel. | ■ Anlagefläche des Bremssattels prüfen. |
| | Verschmutzte Schächte im Bremssattel. | ■ Bremssattelschächte reinigen. |
| | **Speziell bei Trommelbremse:** | |
| | Ungeeigneter Bremsbelag oder Belag liegt nicht satt auf. | ■ Beläge erneuern. Nur vom Automobilhersteller freigegebene Bremsbeläge verwenden. |
| | Bremse verschmutzt. | ■ Bremsen reinigen. |
| | Rückholfedern zu schwach, gebrochen oder abgesprungen. | ■ Rückholfedern erneuern. |
| Bremse pulsiert. | ABS bei Vollbremsung in Funktion. | ■ Normal, keine Abhilfe. |
| | **Speziell bei Scheibenbremse:** | |
| | Seitenschlag oder Dickentoleranz der Bremsscheibe zu groß. | ■ Schlag und Toleranz prüfen. Scheibe nach-arbeiten oder ersetzen. |
| | Bremsscheibe läuft nicht parallel zum Bremssattel. | ■ Anlagefläche des Bremssattels prüfen. |
| | **Speziell bei Trommelbremse:** | |
| | Anlagefläche der Felge an der Bremstrommel nicht plan, dadurch Verzug der Bremstrommel. | ■ Es kann versucht werden, die Felgen untereinander auszutauschen. Gegebenen-falls Felgen ersetzen. |
| ABS-Kontrollleuchte leuchtet während der Fahrt. | Betriebsspannung zu niedrig (unter ca. 10 Volt). | ■ Batteriespannung prüfen. Prüfen, ob Kontroll-lampe für Generator nach dem Motorstart erlischt, andernfalls Keilrippenriemen und Generator prüfen.<br>■ Hinweise zu ABS/EBV/TC/ESP beachten. |
| | ABS-Anlage defekt. | ■ ABS-Anlage in der Fachwerkstatt prüfen las-sen. |
| Wirkung der Handbremse nicht ausreichend. | Leerweg des Handbremshebels zu groß. | ■ Handbremse einstellen. |
| | Bowdenzüge korrodiert. | ■ Neuteile einbauen. |

# Motor-Mechanik

Aus dem Inhalt:

- **Zahnriemen wechseln**
- **Zylinderkopfanzug**
- **Keilriemen wechseln**
- **Motor-Schmierung**
- **Das richtige Motoröl**
- **Motor-Kühlung**
- **Kühlmittel wechseln**
- **Frostschutz prüfen**
- **Kühlerausbau**

Für den Antrieb im OPEL CORSA/MERIVA stehen in Hubraum und Leistung unterschiedliche Benzin- und Dieselmotoren zur Verfügung. Alle Triebwerke sind flüssigkeitsgekühlt und im Motorraum quer zur Fahrtrichtung eingebaut. Das Antriebsaggregat ist in Gummi-Metalllagern aufgehängt und kann wie ein Pendel schwingen. Auftretende Drehmomentkräfte werden von einer Stütze abgefangen. Durch diese Lagerung werden nur geringe Motorvibrationen auf die Karosserie übertragen. Dadurch ist eine niedrige Leerlaufdrehzahl möglich und somit der Kraftstoffverbrauch geringer.

In den aus Grauguss gefertigten Motorblock sind die Zylinderbohrungen eingelassen. Im unteren Teil des Motorblocks befindet sich die Kurbelwelle, die von den Kurbelwellenlagern abgestützt wird. Über Gleitlager sind die Pleuel, die die Verbindung zu den Kolben herstellen, mit der Kurbelwelle verbunden. Den unteren Abschluss des Motors bildet die Ölwanne, in der sich das für die Schmierung und Kühlung erforderliche Motoröl sammelt.

Der Leichtmetall-Zylinderkopf ist auf den Motorblock aufgeschraubt. Er besteht aus Aluminiumguss mit eingepressten Ventilsitzringen und Ventilführungen aus Stahl. Aluminium wird verwendet, weil dieses Metall eine bessere Wärmeleitfähigkeit und ein geringeres spezifisches Gewicht gegenüber Grauguss aufweist. Durch hydraulische Ventilspielausgleicher wird bei den Benzinmotoren und beim 1,3-l-Diesel automatisch das Ventilspiel konstant gehalten, so dass das Einstellen des Ventilspiels im Rahmen der Wartung entfällt. Alle Motoren bis auf den Z16SE im COMBO und MERIVA besitzen 4 Ventile pro Zylinder.

Der **1,0-l-Benzinmotor** ist ein 3-Zylinder-Motor mit wartungsfreiem Nockenwellenantrieb über eine Steuerkette. Ab Modelljahr 2004 löst der Motor **Z10XEP** aus der DOHC-0-Motorenbaureihe den **Z10XE**-Motor als Einstiegsmotor für den CORSA C ab. Der 2-teilige Motorblock besteht im oberen Teil aus Grauguss und im unteren Teil aus Aluminium. Beide Teile sind miteinander verschraubt. Der untere Teil (Grundplatte) nimmt mit den integrierten Lagern die Kurbelwelle auf.

Folgende Besonderheiten unterscheiden den **Z10XEP** vom **Z10XE:**

- Kanalabschaltung durch Twinport-System

  **Twinport-System:** Je nach Bedarf öffnet oder schließt das Motor-Steuergerät über eine Unterdruckdose und eine gemeinsame Betätigungsstange die zusätzlichen Steuerklappen in den Einlasskanälen des Ansaugkrümmers. Dadurch wird die Verbrennung im Teillastbereich stabilisiert und der Kraftstoffverbrauch reduziert.
- Hubraumerweiterung von 973 auf 998 $cm^3$ durch Vergrößerung der Zylinderbohrung.
- Erhöhung der Verdichtung von 10,1 auf 10,5.

Die 1,2- und 1,4-l-Benzinmotoren **Z12XE/Z12XEP/Z14XEP** entsprechen technisch weitgehend dem 1,0-l-Motor, besitzen allerdings 4 Zylinder.

Die 16-Ventil-Motoren **Z14XE/Z16XE/Z18XE** besitzen 2 obenliegende Nockenwellen zur Betätigung der Einlass- und Auslassventile. Die beiden durch einen gemeinsamen Zahnriemen angetriebenen Nockenwellen betätigen die schräg hängenden Ventile direkt über hydraulische Tassenstößel.

Beim **1,6-l-Benzinmotor Z16SE** handelt es sich um einen OHC-Motor. »OHC« steht für »Over Head Camshaft«, was übersetzt »obenliegende Nockenwelle« bedeutet. Die Nockenwelle betätigt die 8 senkrecht hängenden Ein- und Auslassventile über Schwinghebel. Angetrieben wird die Nockenwelle von der Kurbelwelle über einen Zahnriemen.

Der **1,3-l-Dieselmotor** ist vom 1,0-l-Motor abgeleitet und besitzt einen wartungsfreien Kettenantrieb.

Der **1,7-l-Dieselmotor** verfügt über 16 Ventile, die von 2 Nockenwellen betätigt werden. Der Antrieb der Einlass-Nockenwelle erfolgt über einen Zahnriemen von der Motor-Kurbelwelle. Die Einlass-Nockenwelle treibt über eine Stirnradverzahnung die Auslass-Nockenwelle an.

# Motor auf OT für Zylinder 1 stellen/ Steuerzeiten prüfen

OT steht für Oberer Totpunkt, das heißt, der Kolben des 1. Zylinders befindet sich am oberen Umkehrpunkt. Diese Stellung erreicht der Kolben beim Kompressions- und beim Auspufftakt. Die OT-Stellung beim Kompressionstakt nennt man auch Zünd-OT, weil bei normalem Motorlauf kurz vorher die Zündung erfolgt. Gezählt werden die Zylinder in der Reihenfolge von 1 bis 4. Der 1. Zylinder liegt hinter dem Keilrippenriemenantrieb.

Um den Kolben des 1. Zylinders auf OT zu stellen, muss die Motor-Kurbelwelle gedreht werden, bis die verschiedenen OT-Markierungen übereinstimmen. Dabei Kurbelwelle im Uhrzeigersinn langsam und gleichmäßig durchdrehen.

- Das Durchdrehen der Kurbelwelle beziehungsweise des Motors kann auf mehrere Arten erfolgen:

  1. Fahrzeug seitlich vorn aufbocken. Fünften Gang einlegen, Handbremse anziehen. Angehobenes Vorderrad durchdrehen. Dadurch dreht sich auch die Motor-Kurbelwelle. Zum Drehen des Rades wird ein Helfer benötigt.

  2. Fahrzeug auf ebene Fläche stellen. Fünften Gang einlegen. Fahrzeug vorschieben oder vorschieben lassen.

  3. Getriebe in Leerlaufstellung schalten und Handbremse anziehen. Kurbelwelle an der Zentralschraube der Kurbelwellen-Riemenscheibe mit Knarre und Torx-Steckschlüsseleinsatz »E18« im Uhrzeigersinn durchdrehen.

**Achtung:** Motor nicht an der Befestigungsschraube vom Nockenwellenrad durchdrehen. Dadurch wird der Zahnriemen beziehungsweise die Steuerkette überbeansprucht.

### Vorarbeiten für alle Motoren

**Hinweis:** Bei Fahrzeugen ab Modelljahr 04 mit ESP verliert der Lenkwinkelsensor nach jedem Abklemmen der Batterie seine Grundeinstellung und muss nach Abschluss der Arbeiten neu kalibriert werden.

- Batterie-Massekabel (–) abklemmen. **Achtung:** Hinweise im Kapitel »Batterie aus- und einbauen« beachten.
- Luftfilter ausbauen, siehe Seite 243.

### 1,0-/1,2-l-Benzinmotor

- Zylinderkopfdeckel abschrauben. Zuvor Stecker für Nockenwellensensor, Öldruckschalter, Kühlmittel-Temperaturgeber abziehen, Kabelkanal an der rechten Seite abclipsen und zur Seite legen. 2 Schläuche für Motorentlüftung abziehen. Zündmodul ausbauen, siehe Seite 232.

**Sicherheitshinweis**
Beim Aufbocken des Fahrzeugs besteht Unfallgefahr! Hinweise im Kapitel »Fahrzeug aufbocken« beachten.

- Fahrzeug aufbocken.
- **CORSA ECO:** Untere Motorraumabdeckung ausbauen, siehe Seite 273.

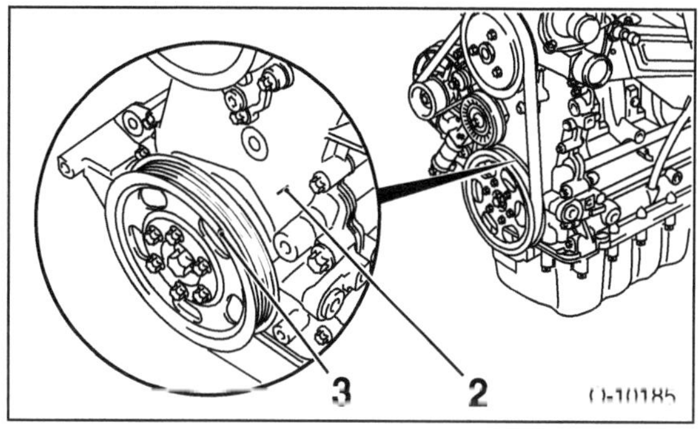


- Kurbelwelle drehen, bis die Markierung –3– auf der Riemenscheibe mit dem Anguss –2– auf dem Steuergehäuse fluchtet.

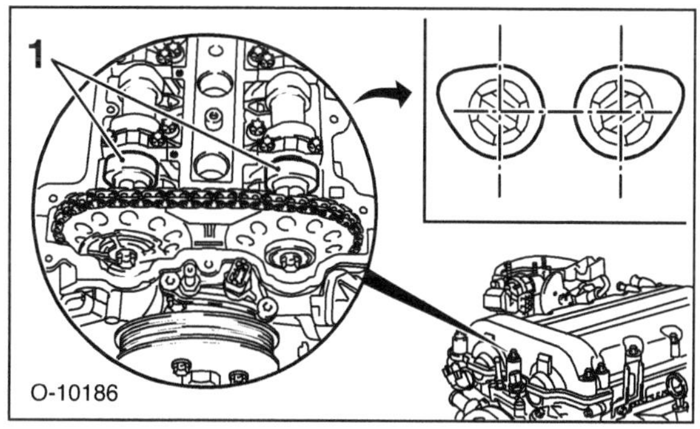


- In Zünd-OT-Stellung müssen die Nocken –1– des 1. Zylinders seitlich nach außen zeigen. Andernfalls Kurbelwelle um eine ganze Umdrehung weiterdrehen.

### OT-Stellung ermitteln mit Spezialwerkzeugen:

- Kurbelwelle drehen, bis die Markierung auf der Riemenscheibe kurz vor dem Anguss am Steuergehäuse steht.
- In dieser Stellung stehen die Nocken des 1. Zylinders kurz vor Zünd-OT. Beide Nocken zeigen dann nach außen. Andernfalls Kurbelwelle um eine ganze Umdrehung weiterdrehen.

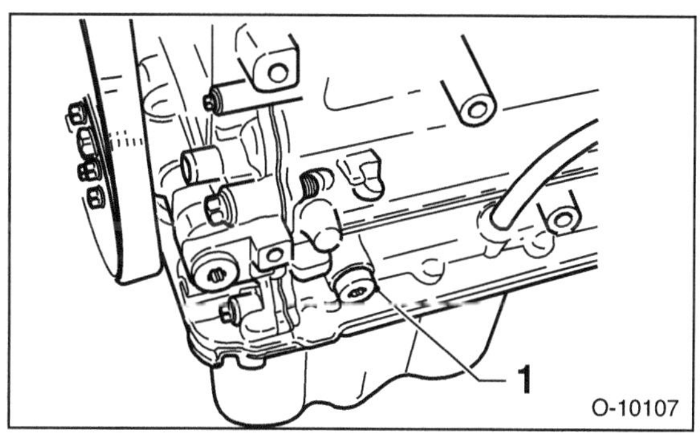


- Verschlussschraube –1– für Kurbelwellenarretierung herausschrauben.

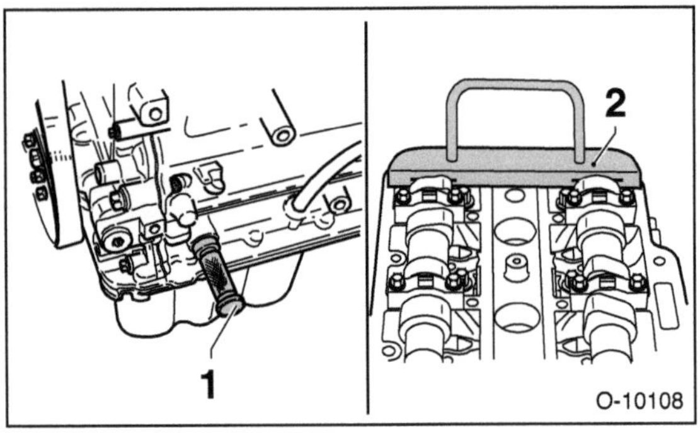


- Arretierstift –1– für Kurbelwelle in die Öffnung der Motorblock-Grundplatte einstecken und gleichzeitig Kurbelwelle an der zentralen Befestigungsschraube langsam in Motordrehrichtung weiterdrehen, bis der Arretierstift in die Nut der Kurbelwelle einrastet. Die Kurbelwelle wird dadurch in OT-Stellung arretiert. Als Arretierstift verwendet die Fachwerkstatt das Spezialwerkzeug KM-952.
- In dieser Stellung Fixierlehre –2– bis zum Anschlag in die Nuten der Nockenwellen einsetzen. Als Fixierlehre verwendet die Fachwerkstatt das Spezialwerkzeug KM-953.

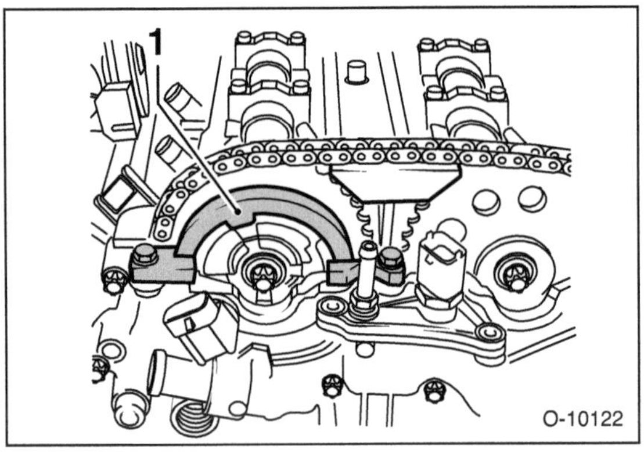


- Fixierlehre –1– für Phasengeberscheibe aufsetzen und am Steuergehäuse anschrauben. Als Fixierlehre verwendet die Fachwerkstatt das Spezialwerkzeug KM-954.

**Hinweis:** Wenn sich bei der Prüfung der Steuerzeiten die Nockenwellen-Fixierlehre oder die Phasengeber-Fixierlehre nicht einsetzen lassen, müssen die Steuerzeiten eingestellt werden (Werkstattarbeit).

- Arretierwerkzeuge abnehmen.
- Verschlussschraube für Kurbelwellenarretierung mit **neuem** Dichtring einschrauben und mit **50 Nm** festziehen.
- **CORSA ECO:** Untere Motorraumabdeckung einbauen, siehe Seite 273.
- Fahrzeug ablassen.

**Zylinderkopfdeckel einbauen**

- Dichtflächen reinigen, Dichtungsreste entfernen.
- Auf die Trennfuge von Zylinderkopf und Steuergehäuse eine ca. 2 mm dicke Raupe Silikon-Dichtmasse auftragen, zum Beispiel »Silikon Blau RTV« von Loctite. **Achtung:** Nach Auftrag der Dichtmasse muss der Zylinderkopfdeckel innerhalb von 10 Minuten angeschraubt werden.
- **Neue** Dichtung in den Zylinderkopfdeckel einsetzen.
- Zylinderkopfdeckel aufsetzen und wechselweise mit **8 Nm** festziehen.
- Elektrische Leitungen aufstecken, Kabelkanal anclipsen. Motorentlüftungsschläuche anschließen.

**Benzinmotor Z14XE/Z16XE/Z18XE**

- Obere Zahnriemenabdeckung ausbauen.
- Keilrippenriemen-Abdeckung ausbauen, siehe Seite 206.

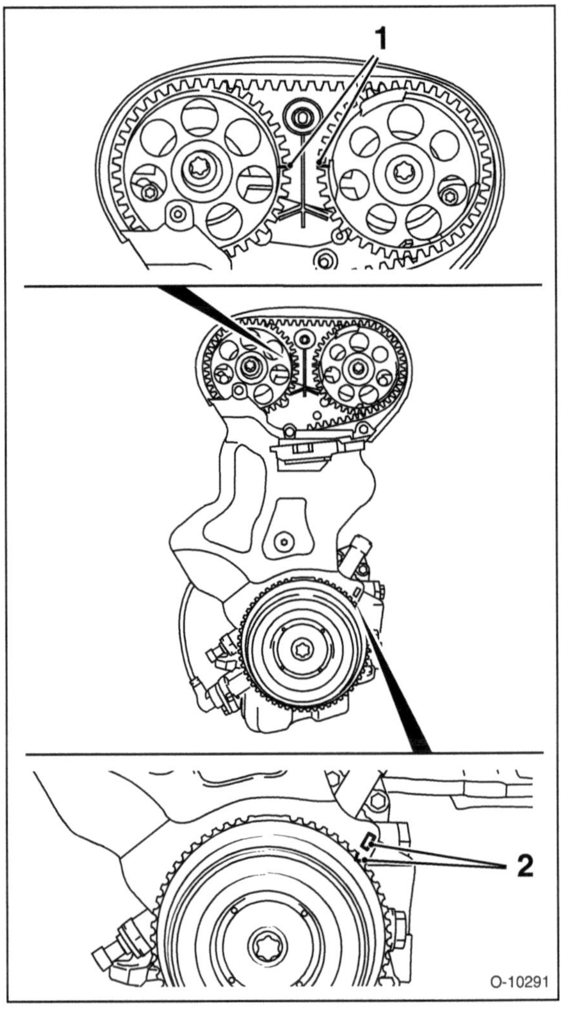


- Kurbelwelle auf Markierung –2– stellen.
- Gleichzeitig müssen sich die Markierungen –1– auf den Nockenwellenrädern innen gegenüberstehen und mit der Oberkante des Zylinderkopfes fluchten. Falls die Kerben auf den Nockenwellenrädern nach außen zeigen, Kurbelwelle um eine ganze Umdrehung weiterdrehen.
- Falls die Markierungen an den Nockenwellenrädern geringfügig versetzt sind, müssen die Steuerzeiten neu eingestellt werden. Dazu Zahnriemen ausbauen und Nockenwellenräder in OT-Stellung drehen. **Achtung:** Dabei immer den kürzesten Weg zur OT-Stellung wählen, sonst werden die Ventile der Zylinder 1 und 4 gegen die im OT stehenden Kolben gedrückt.
- Zahnriemen einbauen, siehe entsprechendes Kapitel.

### 1,6-l-Benzinmotor Z16SE

- Oberen Teil der vorderen Zahnriemenabdeckung ausbauen, siehe Seite 196.
- Keilrippenriemen-Abdeckung ausbauen, siehe Seite 206.

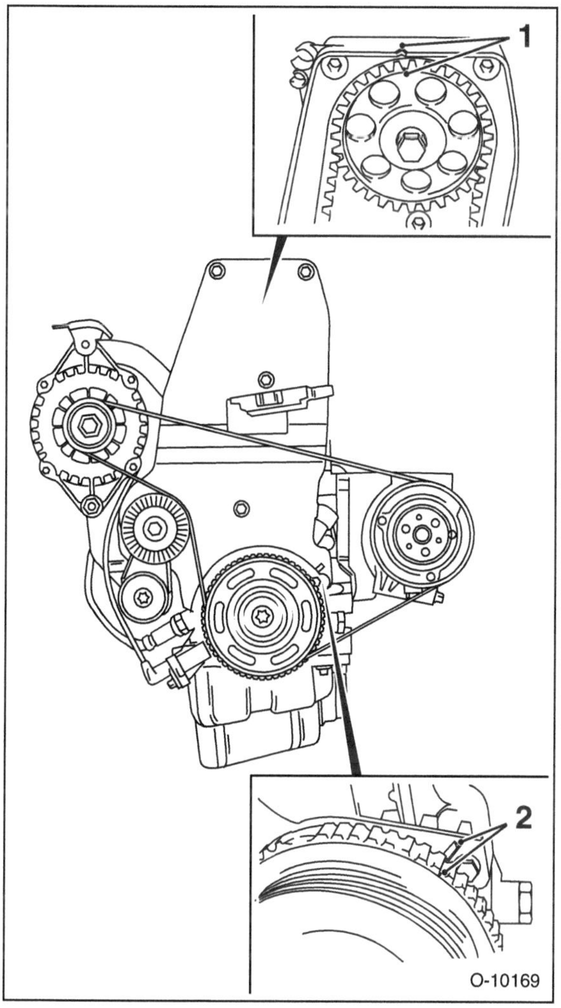


- Kurbelwelle auf Markierung –2– stellen.
- In dieser Motorstellung müssen die Markierungen –1– von Nockenwellen-Zahnrad und hinterer Zahnriemen-Abdeckung übereinstimmen. Falls die Kerbe auf dem Zahnriemenrad nach unten zeigt, Kurbelwelle um eine ganze Umdrehung weiterdrehen.
- Falls die Kerbe auf dem Zahnriemenrad gegenüber der Kerbe auf der hinteren Zahnriemenabdeckung geringfügig versetzt ist, müssen die Steuerzeiten neu eingestellt werden. Dazu Kurbelwelle auf Zünd-OT stellen und Zahnriemen ausbauen. Nockenwellenrad in OT-Stellung drehen. **Achtung:** Dabei immer den kürzesten Weg zur OT-Stellung wählen, sonst werden die Ventile der Zylinder 1 und 4 gegen die im OT stehenden Kolben gedrückt. Zahnriemen einbauen.

### 1,3-l-Dieselmotor Z13DT(J)

- Keilrippenriemen-Abdeckung ausbauen, siehe Seite 206.
- Kraftstoffverteilerrohr (Common Rail) ausbauen, siehe Seite 234.
- Elektrische Leitungen von den Glühkerzen, Einspritzventilen und vom Nockenwellensensor abziehen. Kabelkanal mit 3 Schrauben abschrauben und zur Seite legen.

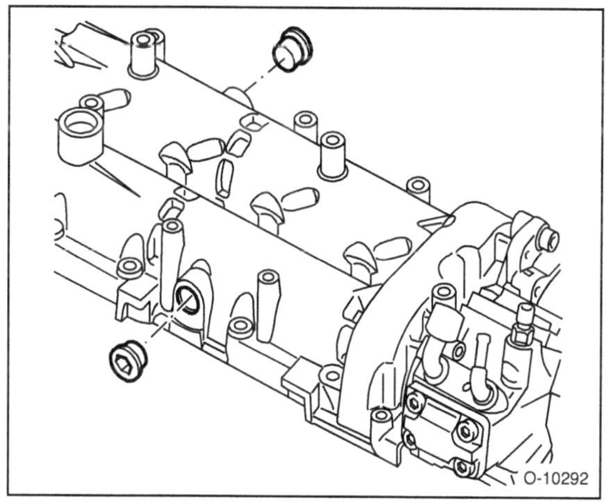


- 2 Verschlussschrauben aus dem Nockenwellengehäuse herausdrehen. Gewinde reinigen und 2 Fixierdorne (OPEL-EN-46781) in die Bohrungen einschrauben. Fixierdorne so einsetzen, dass die Abflachungen an den Spitzen waagerecht stehen. Gegebenenfalls Referenzmarkierung am Einschraubgriff anbringen.
- Kurbelwelle an der Zentralschraube in Motordrehrichtung drehen, bis die federunterstützten Fixierdorne hörbar einrasten. **Achtung:** Beim Drehen der Kurbelwelle muss ein Helfer sicherstellen, dass sich die Fixierdorne nicht verdrehen.

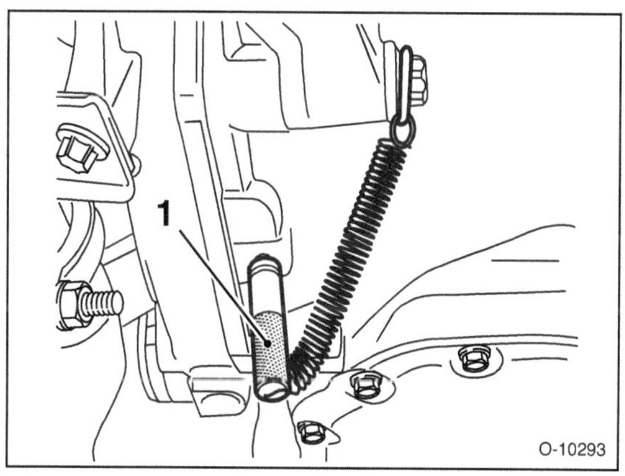


- Durch die Bohrung in der Getriebeglocke den Spezialdorn OPEL-EN-46785 –1– einsetzen. Dabei Kurbelwelle etwas drehen, damit der Dorn in die Bohrung am Schwungrad eingreift. **Achtung:** Lässt sich der Dorn nicht in das Schwungrad einsetzen, müssen die Steuerzeiten eingestellt werden (Werkstattarbeit).

#### 1,7-l-Dieselmotor

**Hinweis:** Die Arbeitsschritte sind am Beispiel des Motors Y17DT beschrieben. Bei den anderen Motoren sind teilweise abweichende Vorarbeiten nötig.

- Ladeluftschlauch abziehen, vorher Schellen öffnen und zurückschieben.
- Mittleres Ladeluftrohr oben abschrauben.
- Rechtes Vorderrad ausbauen. Dabei Reifen-Laufrichtung mit Pfeil am Reifen markieren. Radschrauben lösen. Fahrzeug aufbocken und Rad abnehmen. **Achtung:** Unbedingt Hinweise im Kapitel »Rad aus- und einbauen« beachten.
- Mittleres Ladeluftrohr unten abschrauben. Schelle öffnen und zurückschieben, Ladeluftrohr herausnehmen.
- Keilrippenriemen ausbauen, siehe Seite 206.
- Elektrische Leitungen vom Generator abbauen.
- Kabelkanal und Unterdruckleitungen vor der oberen Zahnriemen-Abdeckung abbauen.
- Obere Zahnriemenabdeckung abschrauben. **Achtung:** Es werden Schrauben unterschiedlicher Länge verwendet, daher die Einbaulage der Schrauben notieren beziehungsweise mit Filzstift markieren.

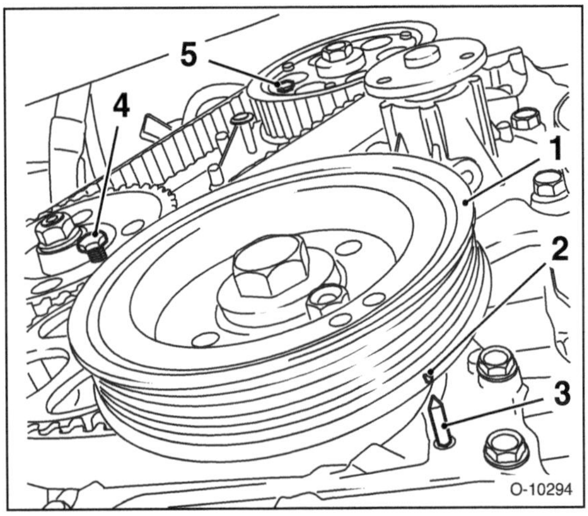


- Kurbelwelle drehen, bis die Markierung –2– auf der Kurbelwellen-Riemenscheibe –1– kurz vor dem Stift –3– am Ölpumpendeckel steht.
- Kurbelwelle langsam weiterdrehen und OT-Feststellschrauben M6 –5– für Nockenwellenrad und M8 –4– für Einspritzpumpenrad eindrehen. Bei eingedrehten Feststellschrauben muss die Markierung an der Kurbelwellen-Riemenscheibe mit dem Stift –3– am Ölpumpendeckel fluchten.

**Achtung:** Können die Feststellschrauben nicht eingeschraubt werden, während gleichzeitig die Markierungen fluchten, dann müssen die Steuerzeiten eingestellt werden. Dazu muss der Zahnriemen ausgebaut werden.

## Rechtes Motorlager mit Halter aus- und einbauen

#### Z10XE(P)/Z12XE(P)/Z14XEP

**Achtung:** In der Fachwerkstatt wird zum Ausbau des rechten Motorlagers das Spezialwerkzeug KM-6169 eingesetzt, damit sich nach Ausbau des rechten Motorlagers die Position der Motor-Getriebeeinheit zum Vorderachsträger nicht verändern kann. Steht das Spezialwerkzeug nicht zur Verfügung, Einbaulage des rechten Motorlagers markieren. Motor mit Werkstattkran leicht anheben, bis das Lager entlastet ist. In diesem Kapitel wird der Ausbau mithilfe von OPEL-Spezialwerkzeug beschrieben. Ab Modelljahr 2004 an Stelle des Werkzeuges KM-6169-1 das Werkzeug KM-6394 verwenden.

**Achtung:** Falls das Motorlager ohne Halter ausgebaut werden soll, Hinweise am Ende des Kapitels beachten.

#### Ausbau

- Batterie-Massekabel (–) abklemmen. **Achtung:** Hinweise im Kapitel »Batterie aus- und einbauen« beachten.
- Luftfilter ausbauen, siehe Seite 243.

**Sicherheitshinweis**
Beim Aufbocken des Fahrzeugs besteht Unfallgefahr! Hinweise im Kapitel »Fahrzeug aufbocken« beachten.

- Fahrzeug aufbocken.
- **CORSA ECO:** Untere Motorraumabdeckung ausbauen, siehe Seite 273.

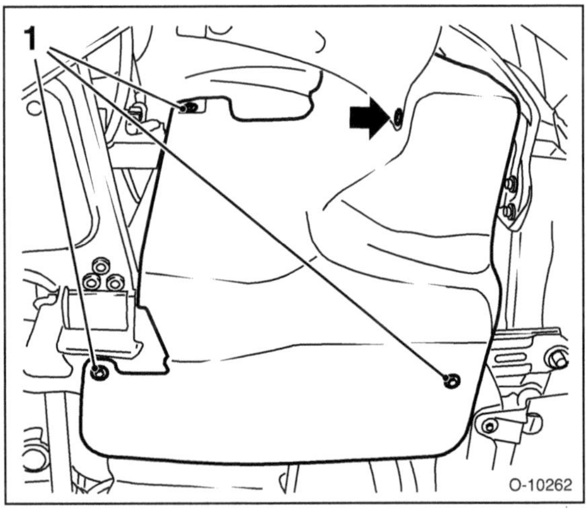


- Abdeckung für Keilrippenriemen ausbauen. Dazu 3 Schrauben –1– herausdrehen und 1 Clip abziehen.

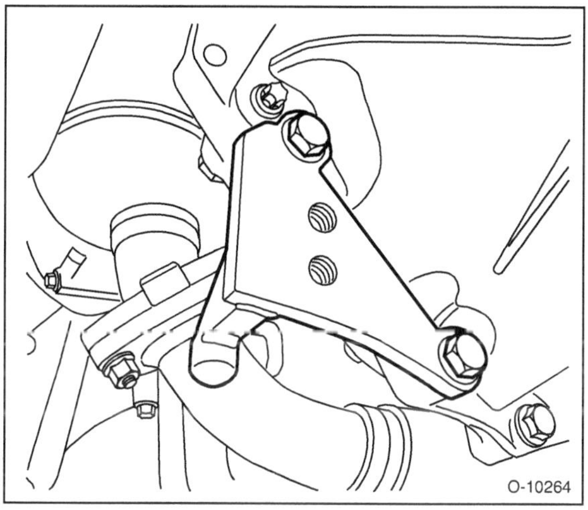


- OPEL-Spezialwerkzeug KM-6169-2 am Getriebe mit **95 Nm** anschrauben.

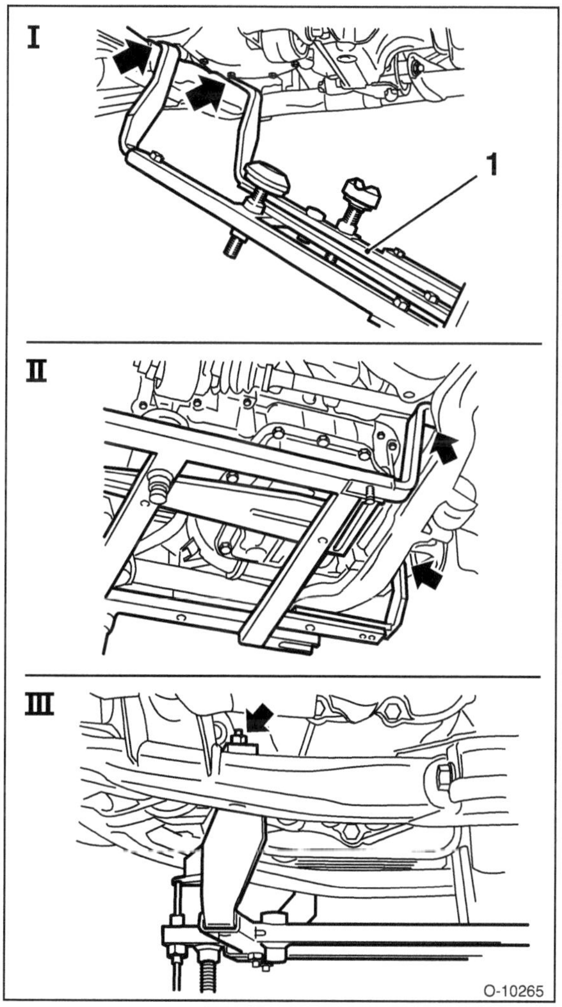


- OPEL-Spezialwerkzeug KM-6169 –1– links am Vorderachskörper ansetzen –Pfeile in Abbildung I–. **Achtung:** Dabei müssen die Führungsbolzen in der Bohrungen am Vorderachskörper eingreifen.
- Beide Halter rechts am Vorderachskörper aufsetzen –Pfeile in Abbildung II–. **Achtung:** Dabei müssen die Führungsbolzen in die Bohrungen am Vorderachskörper eingreifen –Pfeile in Abbildung III–.
- Schrauben für Spezialwerkzeug festziehen.

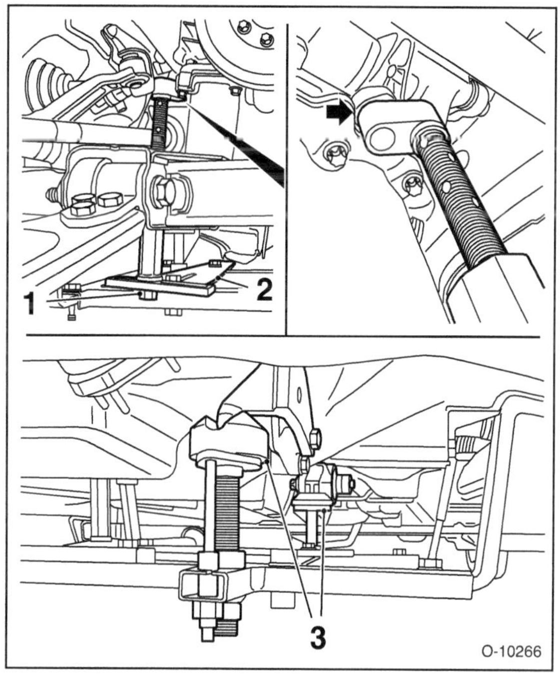


- Stützen an KM-6169 einbauen und einstellen. Dazu Stütze in die Aufnahme –2– einsetzen und Mutter –1– eindrehen.
  **Getriebeseite:** Spindeln so weit drehen, dass die Aufnahmen –3– an den Führungszapfen spielfrei anliegen
  **Motorsteuerseite:** Zapfen der Stütze in Bohrung am Motorblock spielfrei einsetzen –Pfeil–. Mutter –1– festziehen.

- Untere Schraube für Motorhalter –1– abschrauben.
- Fahrzeug etwas absenken.

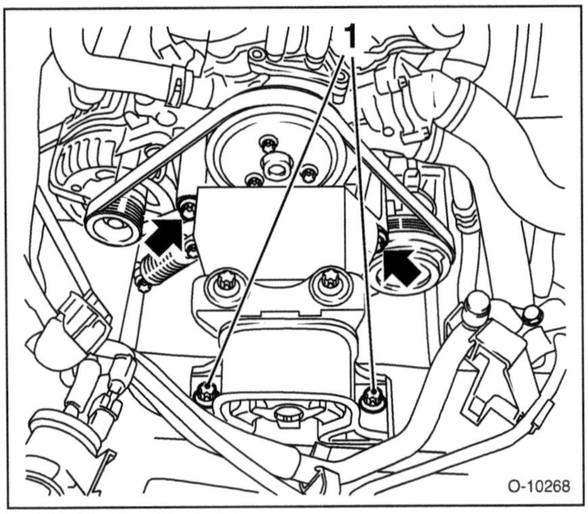


- Motorlager mit Halter abschrauben und herausnehmen. Dazu 2 Schrauben –1– sowie 2 Schrauben am Halter –Pfeile– herausdrehen.

**Einbau**

- Rechtes Motorlager einsetzen und zuerst die untere Schraube von Hand festschrauben.
- Anschließend obere Schrauben einsetzen und festziehen. **Anzugsdrehmoment:** Schrauben –1– mit **40 Nm,** Schrauben –Pfeile– mit **60 Nm** festdrehen. Danach untere Schraube mit **60 Nm** festziehen.
- Stützen an Motorsteuerseite und Getriebeseite abbauen.
- Keilrippenriemen-Abdeckung einbauen.
- **CORSA ECO:** Untere Motorraumabdeckung einbauen, siehe Seite 273.
- Reifen-Laufrichtung beachten, rechtes Vorderrad anschrauben, Fahrzeug ablassen, erst dann Radschrauben über Kreuz mit **110 Nm** festziehen. **Achtung:** Unbedingt Hinweise im Kapitel »Rad aus- und einbauen« beachten.
- Luftfilter einbauen, siehe Seite 243.
- Batterie-Massekabel (–) anklemmen. **Achtung:** Hinweise im Kapitel »Batterie aus- und einbauen« beachten.

**Speziell Motorlager ohne Halter aus- und einbauen**

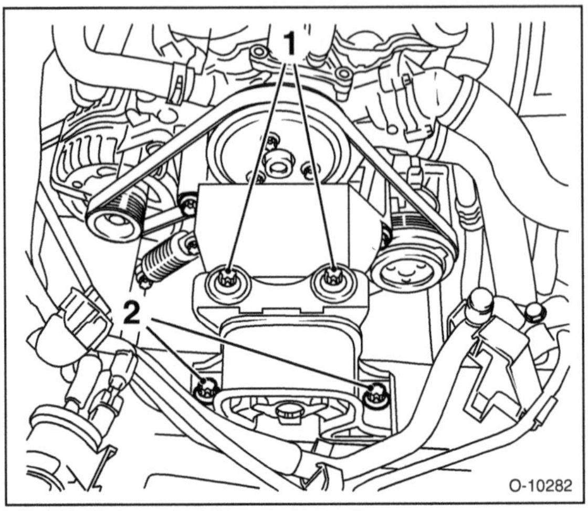


- Motorlager mit 4 Schrauben –1/2– abschrauben.
- Motorlager ansetzen, 4 Schrauben leicht beiziehen.
- 2 Schrauben –2– am Längsträger mit **40 Nm** festziehen.
- 2 Schrauben –1– am Motorhalter festziehen.
  **Anzugsdrehmomente:**
  Motor Z10XE(P) . . . . . . . . . . . . . . . . . . **60 Nm**
  Übrige Motoren . . . . . . . . . . . . **60 Nm + 30° + 15°**

# Zahnriemen/Zahnriemenspannrolle aus- und einbauen

**Motor Z14XE/Z16XE/Z18XE**

Der Zahnriemen muss im Rahmen der Wartung regelmäßig gewechselt werden. Dabei muss das Wechselintervall genau beachtet werden. Ein Zahnriemenausfall hat schwere Motorschäden zur Folge. Aus diesem Grund empfiehlt es sich, den Zahnriemen auch zu ersetzen, wenn er im Rahmen einer Reparatur ausgebaut werden muss.

Da die Zahnriemenspannung von einer automatischen Spannrolle konstant gehalten wird, ist ein Nachspannen nicht nötig. Es muss nur eine Grundeinstellung der Spannrolle beim Einbau des Zahnriemens vorgenommen werden. **Hinweis:** Heulende oder pfeifende Geräusche vom Zahnriementrieb weisen auf eine zu hohe Spannung des Zahnriemens hin. Bei zu geringer Spannung schlägt der Zahnriemen bei laufendem Motor gegen die Zahnriemen-Abdeckung.

**Achtung:** Wird bei einer Reparatur der bisherige Zahnriemen wieder eingebaut, Laufrichtung beibehalten. Vor Ausbau des Zahnriemens Laufrichtung mit Kreidepfeil markieren.

**Ausbau**

- Batterie-Massekabel (–) abklemmen. **Achtung:** Hinweise im Kapitel »Batterie aus- und einbauen« beachten.
- Obere Motorabdeckung ausbauen. Dazu Deckel vom Öleinfüllstutzen abschrauben, 2 Schrauben herausdrehen und beim Motor Z16XE seitlichen Kühlmittelschlauch ausclipsen. Abdeckung hinten etwas anheben, waagerecht nach vorn schieben (zum Kühler) und aus den vorderen Gummihaltern aushängen. Anschließend Deckel am Öleinfüllstutzen aufschrauben.
- Luftfilter ausbauen, siehe Seite 243.
- Rechtes Vorderrad ausbauen, siehe Seite 156.
- Keilrippenriemen ausbauen, siehe Seite 206.

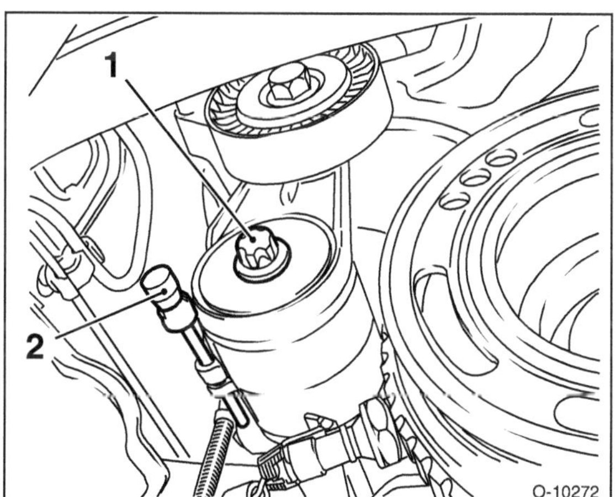


- Keilrippenriemen-Spannvorrichtung ausbauen. Dazu Spannvorrichtung entgegen der Federkraft etwas spannen, damit der Arretierstift –2– herausgezogen werden kann. Anschließend Spannvorrichtung entspannen und Schraube –1– herausdrehen.
- Motor auf Zünd-OT stellen, siehe Seite 187.
- Kurbelwellen-Riemenscheibe abschrauben. Dabei Riemenscheibe mit handelsüblichem Gegenhalter festhalten. Anschließend Zahnriemen-Antriebsrad mit der Befestigungsschraube wieder anschrauben.

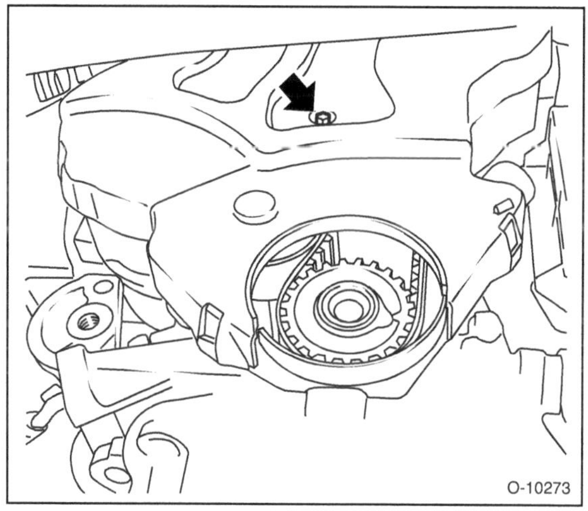


- Schraube –Pfeil– herausdrehen. Untere Zahnriemenabdeckung von der hinteren Zahnriemenabdeckung abclipsen und abnehmen.
- Motor abfangen, siehe Seite 190.

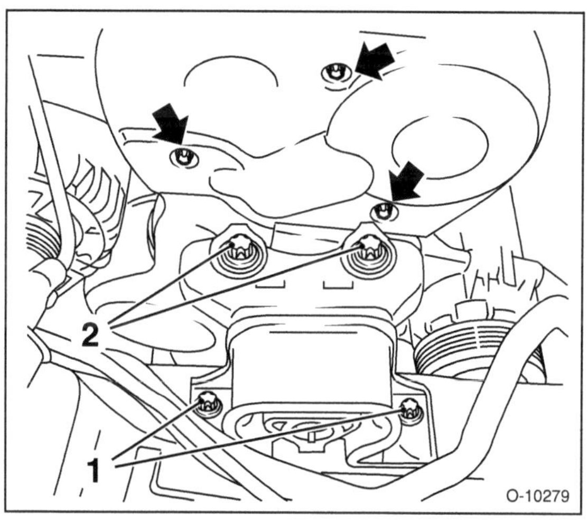


- Schrauben –1/2– herausdrehen und rechtes Motorlager abschrauben.
- Obere Zahnriemenabdeckung ausbauen, dazu 3 Schrauben –Pfeile– herausdrehen und Abdeckung abclipsen.
- Stecker für Nockenwellensensor abziehen.
- **Motor Z16XE:** Nockenwellensensor ausbauen. Dazu 2 Schrauben herausdrehen.

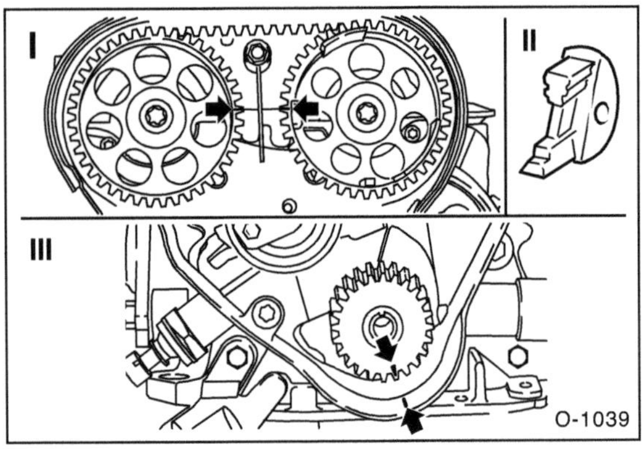


- OT-Stellung von Nockenwelle und Kurbelwelle überprüfen. Die Markierungen –Pfeile– müssen fluchten. Die Werkstatt verwendet das Werkzeug KM-852 –II– zum Einstellen und Arretieren der Nockenwellenräder.

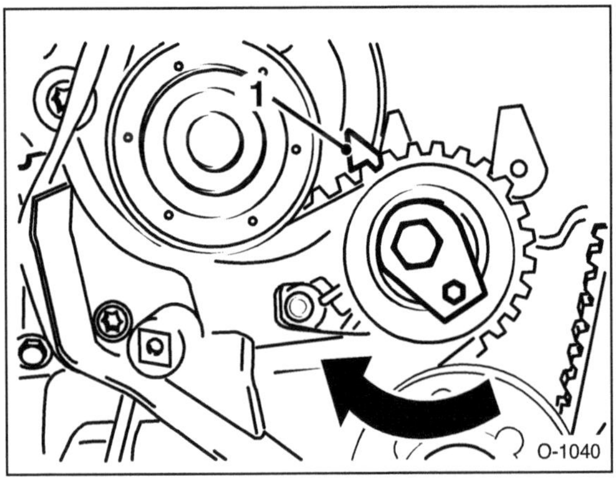


- Innensechskantschlüssel am Einstellexzenter einsetzen, Schraube für Zahnriemen-Spannrolle lösen und Einstellexzenter im Uhrzeigersinn –Pfeilrichtung– drehen, bis der Zeiger –1– kurz vor dem linken Anschlag steht.
- Laufrichtung auf dem Zahnriemen markieren und Zahnriemen abnehmen.

**Achtung:** Motorstellung bei abgenommenem Zahnriemen nicht mehr verändern.

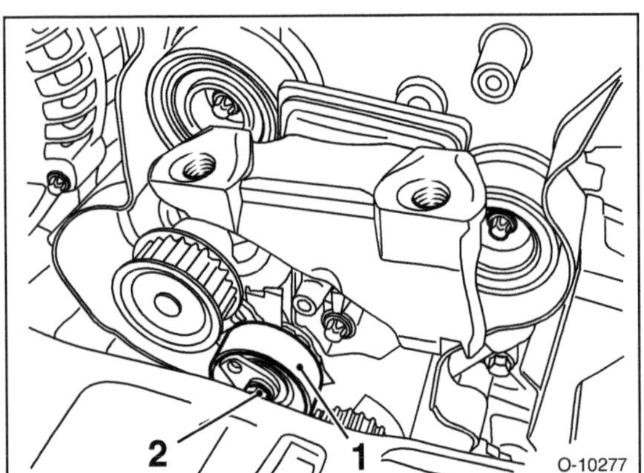


- Zahnriemenspannrolle –1– ausbauen. Dazu Schraube –2– herausdrehen.
- Falls erforderlich, Zahnriemen-Umlenkrolle abschrauben und herausnehmen.

**Einbau**

- Falls ausgebaut, Zahnriemen-Umlenkrolle mit **25 Nm** anschrauben.

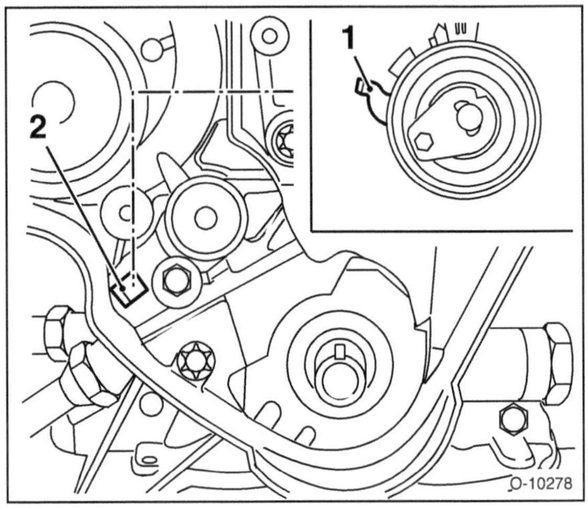


- Zahnriemenspannrolle so einsetzen, dass der Arretierhebel –1– in die Führungswange –2– der Ölpumpe eingreift. Befestigungsschraube eindrehen, **nicht** festziehen. Die Schraube wird erst nach Einstellen der Zahnriemenspannung angezogen.
- Prüfen, ob die OT-Markierungen auf Nockenwellen- und Kurbelwellenrad mit den Bezugsmarkierungen fluchten.

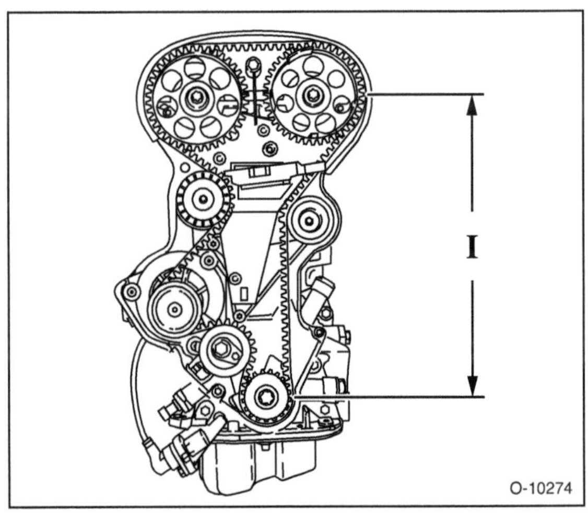


- Zahnriemen auflegen, die Zugseite –I– muss gestrafft sein. Laufrichtung bei gebrauchtem Riemen beachten.

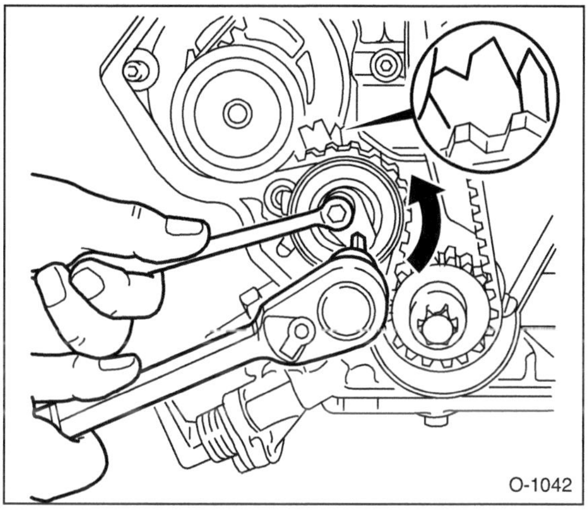


- Falls die Zahnriemenspannrolle nicht ersetzt wurde, Befestigungsschraube der Zahnriemenspannrolle lösen.

**Hinweis:** Beim Motor **Z16XE** wird der Zahnriemen von unten gespannt. Die Markierungen der Spannrolle können dabei nur mithilfe eines Spiegels erkannt werden.

- Spannrolle am Einstellexzenter entgegen dem Uhrzeigersinn –Pfeilrichtung– drehen, bis der Zeiger der Spannrolle kurz vor dem rechten Anschlag steht. In dieser Stellung Befestigungsschraube der Spannrolle beidrehen.
- Gegebenenfalls Fixierwerkzeug KM-852 abnehmen.
- Kurbelwelle langsam 2 ganze Umdrehungen in Motordrehrichtung weiterdrehen und auf OT-Stellung stellen.
- Gegebenenfalls Fixierwerkzeug KM-852 einsetzen.

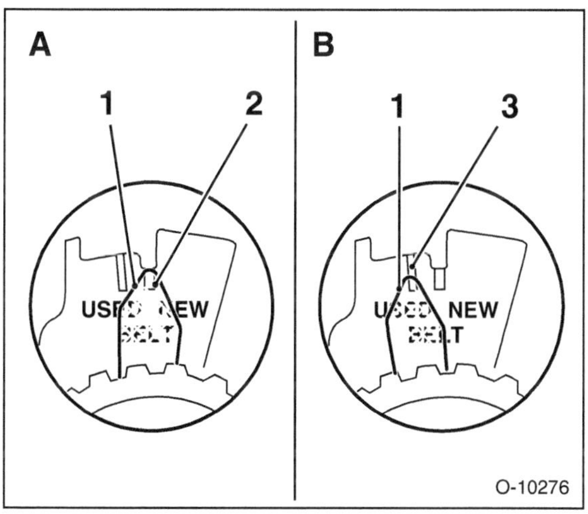


- Befestigungsschraube der Zahnriemenspannrolle etwas lösen und Einstellexzenter im Uhrzeigersinn drehen, bis die Zeigerstellung der Abbildung entspricht.
- Bei einem neuen Zahnriemen muss der Zeiger –1– der Zahnriemenspannrolle mit der Kerbmarkierung »NEW« –2– fluchten –A–.
- Bei einem gebrauchten Zahnriemen muss der Zeiger –1– der Zahnriemenspannrolle mit der Kerbmarkierung »USED« –3– fluchten –B–.
- Befestigungsschraube der Zahnriemen-Spannrolle mit **20 Nm** festziehen.
- Falls das Fixierwerkzeug KM-852 eingesetzt ist, Werkzeug abnehmen.
- Kurbelwelle um 2 ganze Umdrehungen weiterdrehen, bis die OT-Markierungen wieder übereinstimmen.
- Falls das Fixierwerkzeug KM-852 vorhanden ist, Werkzeug einsetzen.
- Sämtliche OT-Markierungen müssen gleichzeitig übereinstimmen, sonst Zahnriemen nochmals abnehmen und Einbau- sowie Spannvorgang wiederholen.
- Stellung des Zeigers der Zahnriemen-Spannrolle prüfen. Wenn der Zeiger nicht mit der entsprechenden Kerbmarkierung übereinstimmt, Spannvorgang wiederholen.
- **Motor Z16XE:** Schrauben für Nockenwellensensor mit Sicherungsmittel bestreichen. Sensor einsetzen und mit **8 Nm** anschrauben.
- Stecker für Nockenwellensensor aufstecken.
- Obere Zahnriemenabdeckung anclipsen und anschrauben.
- Rechtes Motorlager anschrauben, siehe Seite 190.
- Untere Zahnriemenabdeckung anclipsen und anschrauben.
- Kurbelwellen-Riemenscheibe anschrauben. Dabei Riemenscheibe mit handelsüblichem Gegenhalter festhalten. Befestigungsschraube in 3 Stufen festziehen.
  **1. Stufe:** mit Drehmomentschlüssel und **95 Nm;**
  **2. Stufe:** mit starrem Schlüssel um **30°** weiterdrehen;
  **3. Stufe:** mit starrem Schlüssel um **15°** weiterdrehen.
- Keilrippenriemen-Spannvorrichtung mit **35 Nm** anschrauben.
- Keilrippenriemen einbauen, siehe Seite 206.
- Reifen-Laufrichtung beachten, rechtes Vorderrad anschrauben, Fahrzeug ablassen, erst dann Radschrauben über Kreuz mit **110 Nm** festziehen. **Achtung:** Unbedingt Hinweise im Kapitel »Rad aus- und einbauen« beachten.
- Luftfilter einbauen, siehe Seite 243.
- Deckel vom Öleinfüllstutzen abschrauben. Obere Motorabdeckung ansetzen, vorn in die Gummihalter einschieben und hinten anschrauben. Beim Motor Z16XE seitlichen Kühlmittelschlauch einclipsen. Anschließend Deckel am Öleinfüllstutzen aufschrauben.
- Batterie-Massekabel (–) anklemmen. **Achtung:** Hinweise im Kapitel »Batterie aus- und einbauen« beachten.

**Hinweis:** Falls der Zahnriemen gewechselt wurde, empfiehlt es sich, einen geeigneten Aufkleber mit dem aktuellen Kilometerstand an der Zahnriemenabdeckung anzubringen.

# Zahnriemen aus- und einbauen

### Motor Z16SE

Der Zahnriemen wird im Prinzip wie bei den DOHC-Motoren Z14XE/Z16XE/Z18XE ausbaut. In der folgenden Beschreibung wird nur auf die wesentlichen Unterschiede eingegangen.

**Hinweis:** Da zum Spannen des Zahnriemens die Kühlmittelpumpe verdreht wird, können im späteren Betrieb Undichtigkeiten im Bereich der Kühlmittelpumpe auftreten. Es empfiehlt sich daher, im Rahmen des Zahnriemenwechsels die Kühlmittelpumpe auszubauen und den Dichtring zu ersetzen.

### Ausbau

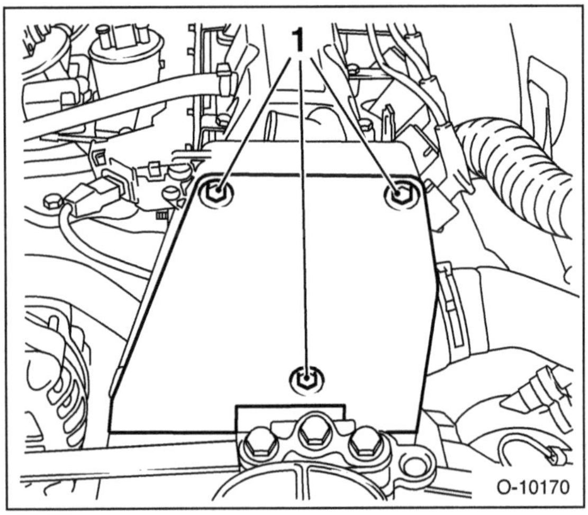


- Oberen Teil der Zahnriemenabdeckung abschrauben –1– und abnehmen.

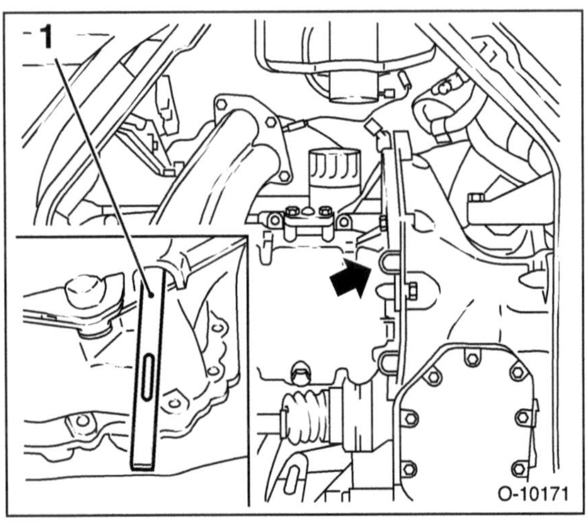


- In der Fachwerkstatt wird die Kurbelwelle mit dem Spezialwerkzeug KM-911 arretiert. Dazu Verschlussstopfen –Pfeil– mit Schraubendreher heraushebeln. Spezialwerkzeug –1– in die Öffnung einsetzen und Schwungrad blockieren.

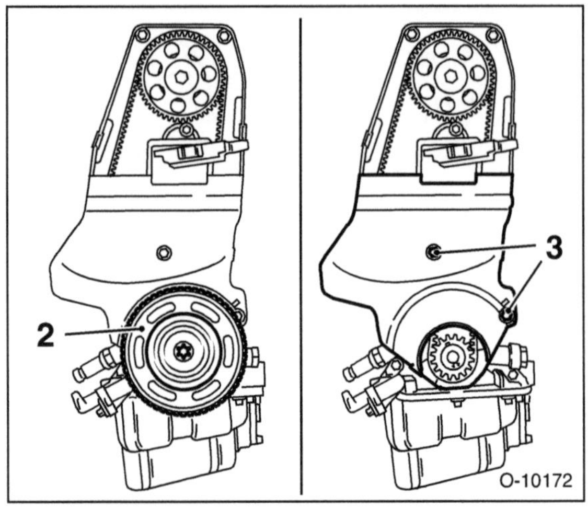


- Kurbelwellen-Riemenscheibe –2– abschrauben. Falls die Kurbelwelle nicht arretiert ist, zum Gegenhalten 1. Gang einlegen und Handbremse anziehen.
- Zahnriemen-Antriebsrad mit der Befestigungsschraube wieder anschrauben.
- Unteren Teil der Zahnriemenabdeckung abschrauben –3– und abnehmen.
- Rechtes Motorlager ausbauen, siehe Seite 190.

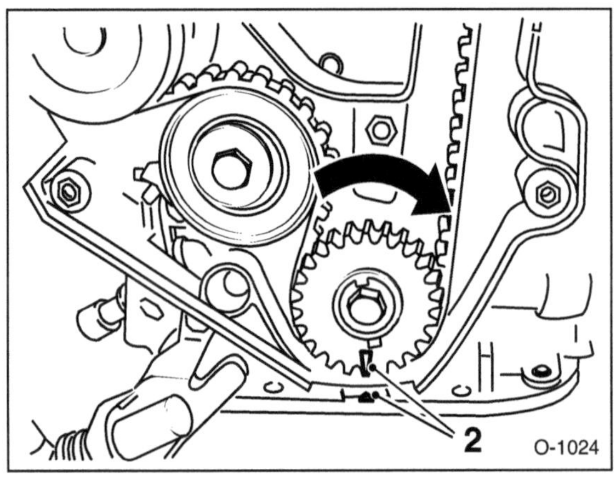


- OT-Stellung von Nockenwelle und Kurbelwelle überprüfen. Bei ausgebauter Kurbelwellen-Riemenscheibe müssen die Markierungen –2– auf Zahnrad-Antriebsrad und Ölpumpengehäuse fluchten.
- Falls der bisherige Zahnriemen wieder eingebaut werden soll, Laufrichtung auf dem Zahnriemen markieren. Dazu mit Kreide einen Pfeil auf der Zahnriemenrückseite anbringen.

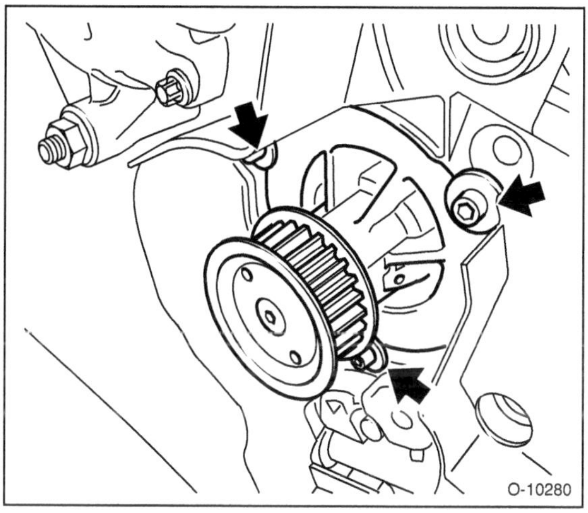


● 3 Schrauben –Pfeile– für Kühlmittelpumpe lösen.

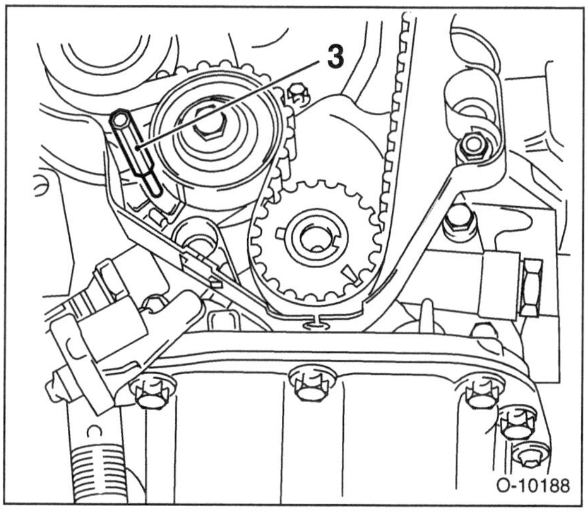


● Zahnriemen-Spannrolle entgegen der Federkraft nach oben bewegen, bis die Bohrungen deckungsgleich sind. In dieser Stellung Spannrolle mit geeignetem Dorn –3– fixieren.

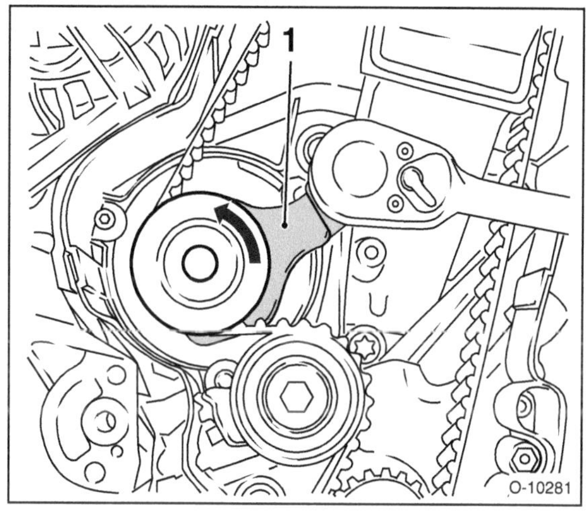


● Kühlmittelpumpe mit geeignetem Maulschlüssel oder KM-421-A –1– in Pfeilrichtung drehen und dadurch Zahnriemen entspannen.

● Zahnriemen abnehmen.

**Hinweis:** Da es in manchen Fällen im späteren Betrieb zu Undichtigkeiten der Kühlmittelpumpe aufgrund des gelösten Dichtrings kommen kann, empfiehlt sich, die Kühlmittelpumpe auszubauen und den Dichtring zu ersetzen. Kühlmittelpumpe ausbauen und Dichtring ersetzen, siehe Seite 222.

**Achtung:** Motorstellung bei abgenommenem Zahnriemen nicht mehr verändern.

### Einbau

● Kühlmittelpumpe mit neuem Dichtring einsetzen, Schrauben noch nicht festziehen.

**Achtung:** Vor dem Einbau kontrollieren, ob die OT-Markierungen auf Nockenwellen- und Kurbelwellenrad mit den Bezugsmarkierungen fluchten.

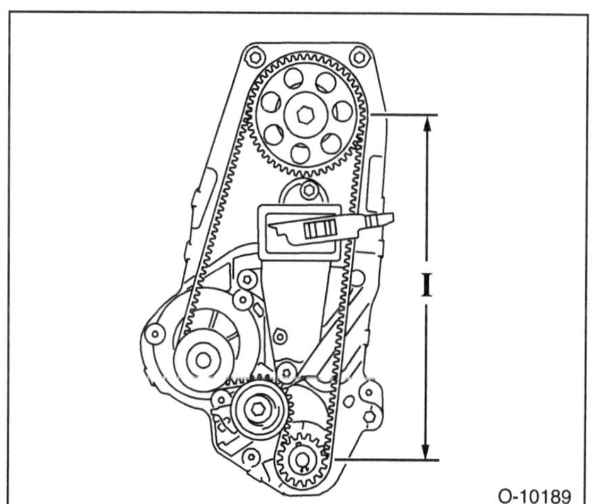


● Zahnriemen auflegen. Darauf achten, dass die Zugseite –I– straff gespannt ist und gleichzeitig die Steuerzeitenmarkierungen an Kurbel- und Nockenwelle fluchten.

● Zahnriemen-Spannrolle etwas spannen, Dorn herausnehmen und Spannrolle entspannen.

## Zahnriemen spannen

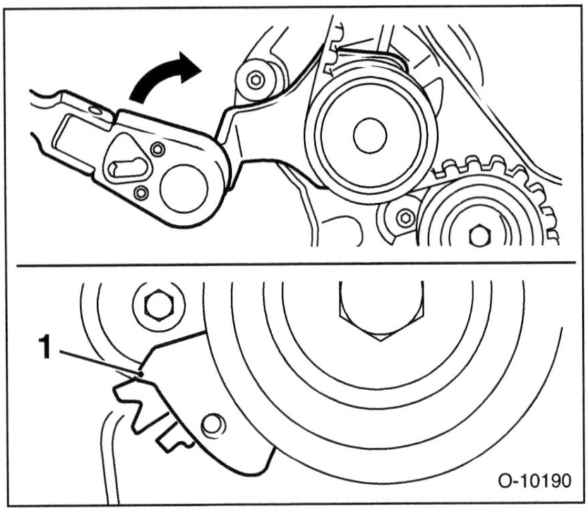


- Falls erforderlich, Befestigungsschrauben der Kühlmittelpumpe so weit lösen, dass die Pumpe verdreht werden kann.
- Kühlmittelpumpe im Uhrzeigersinn –Pfeilrichtung– drehen und dadurch Zahnriemen spannen, bis der Zeiger –1– kurz vor dem oberen Anschlag steht. In dieser Stellung Schrauben für Kühlmittelpumpe anziehen.
- Kurbelwelle um 2 ganze Umdrehungen weiterdrehen, bis die OT-Markierungen wieder übereinstimmen. **Achtung:** Kurbelwelle langsam und gleichmäßig drehen, dabei Kühlmittelpumpe nicht verstellen.

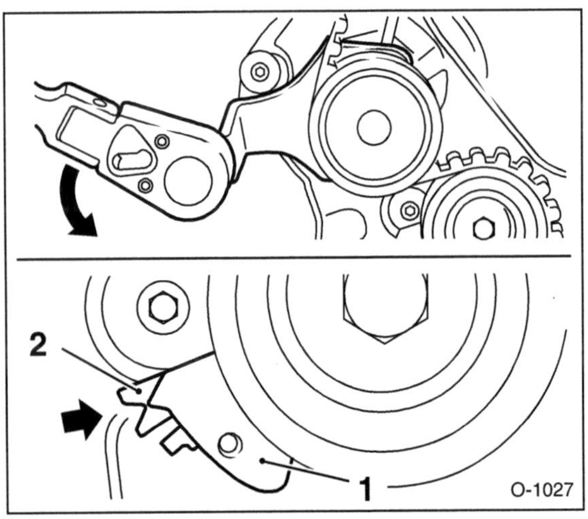


- Befestigungsschrauben der Kühlmittelpumpe lösen.
- Kühlmittelpumpe in Pfeilrichtung –entgegen dem Uhrzeigersinn– drehen und dadurch Zahnriemen-Spannung etwas lockern, bis der Zeiger –1– und die Kerbe –2– auf der Grundplatte der Zahnriemen-Spannrolle übereinstimmen. In dieser Stellung Schrauben für Kühlmittelpumpe mit **8 Nm** festziehen.
- Kurbelwelle um 2 ganze Umdrehungen weiterdrehen, bis die OT-Markierungen wieder übereinstimmen. Falls die Markierungen nicht fluchten, Einstellung wiederholen.

---

- Zeiger und Kerbe auf der Zahnriemenspannrolle müssen fluchten, sonst Spannungseinstellung wiederholen.
- Rechtes Motorlager einbauen, siehe Seite 190.
- Falls angebaut, Spezialwerkzeuge abbauen.
- Unteren Teil der Zahnriemenabdeckung an die hintere Zahnriemenabdeckung mit **4 Nm** anschrauben.
- Befestigungsschraube für Zahnriemen-Antriebsrad aus der Kurbelwelle herausschrauben.
- Kurbelwellen-Riemenscheibe mit **neuer** Schraube in 3 Stufen an die Kurbelwelle anschrauben. Falls die Kurbelwelle nicht arretiert ist, zum Gegenhalten 1. Gang einlegen und Handbremse anziehen.
  **1. Stufe:** mit Drehmomentschlüssel und **95 Nm;**
  **2. Stufe:** mit starrem Schlüssel um **30°** weiterdrehen;
  **3. Stufe:** mit starrem Schlüssel um **15°** weiterdrehen.

**Hinweis:** Um die 30°/15° beim Anziehen einzuhalten, ist es sinnvoll, entsprechende Markierungen auf der Zahnriemenabdeckung anzubringen. Dazu Schlüssel auf die Schraube aufsetzen und im Abstand von 30°/15° eine Markierung mit Kreide anbringen, gegebenenfalls aus Pappe eine 30°/15°-Winkelscheibe ausschneiden. Es gibt von HAZET auch die Winkelscheibe 6690 für den drehwinkelgesteuerten Schraubenanzug.

- Falls vorhanden, Blockierwerkzeug vom Schwungrad abnehmen und Öffnung mit Stopfen verschließen.
- Keilrippenriemen-Spannvorrichtung einbauen, siehe Seite 206.
- Keilrippenriemen einbauen, siehe Seite 206.
- Oberen Teil der Zahnriemenabdeckung anschrauben.

**Hinweis:** Falls der Zahnriemen gewechselt wurde, empfiehlt es sich, einen geeigneten Aufkleber mit dem aktuellen Kilometerstand des Fahrzeuges an der Zahnriemenabdeckung anzubringen.

## Zahnriemen aus- und einbauen

### 1,7-l-Dieselmotor außer Z17DTR

**Achtung:** Der Zahnriemen wird im Prinzip wie bei den Benzinmotoren ausbaut. In der folgenden Beschreibung wird nur auf die wesentlichen Unterschiede eingegangen.

**Ausbau**

- Elektrische Leitungen vom Generator abbauen.
- Kabelkanal und Unterdruckleitungen vor der oberen Zahnriemen-Abdeckung abbauen.
- **Z17DTH:** Stecker vom Nockenwellensensor und vom Ladedrucksensor abziehen. Nockenwellensensor abschrauben.
- Obere Zahnriemenabdeckung abschrauben. **Achtung:** Es werden Schrauben unterschiedlicher Länge verwendet, daher die Einbaulage der Schrauben notieren beziehungsweise mit Filzstift markieren.
- Rechten Motorhalter abschrauben, dazu 3 Schrauben herausdrehen.

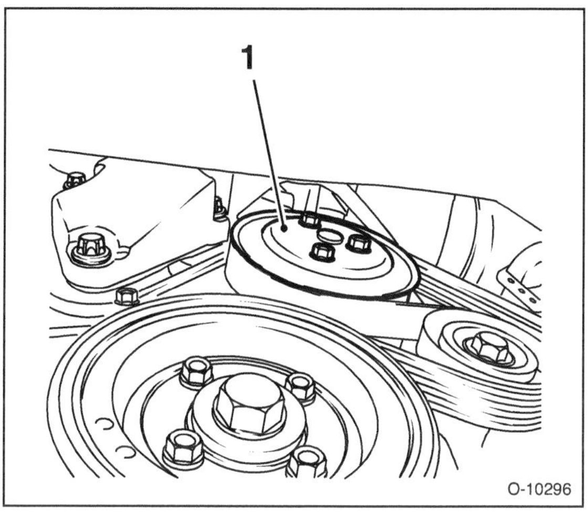


- Schrauben für Riemenscheibe der Kühlmittelpumpe –1– lockern. Nach dem Ausbau des Keilrippenriemens, Riemenscheibe abschrauben und abnehmen.
- **Z17DTH:** Elektrische Leitungen vom Anlasser abbauen.
- Kurbelwellen-Riemenscheibe abschrauben, dazu 4 Schrauben herausdrehen.
- Zahnriemen-Abdeckung unten abschrauben, dazu 3 Schrauben herausdrehen.
- Motor auf Zünd-OT stellen, siehe Seite 187.

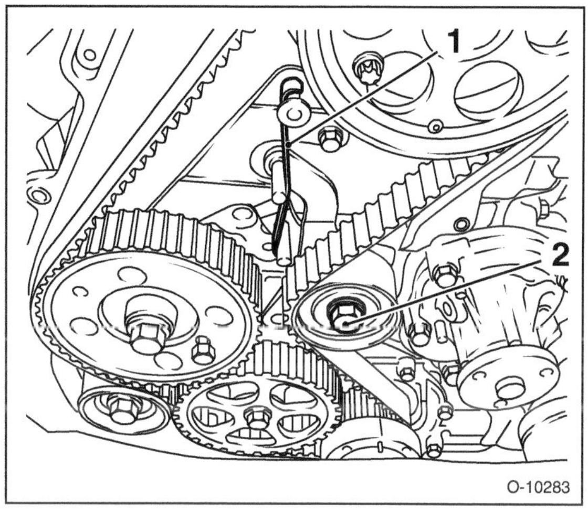


- **Y17DT/Y17DTL:** Zahnriemen-Spannrolle lösen. Dazu M10-Schraube durch die untere Bohrung der Spannrolle in den Motorblock einschrauben und Spannrolle fixieren. Schraube –2– für Spannrolle lockern. Spannfeder –1– herausnehmen.

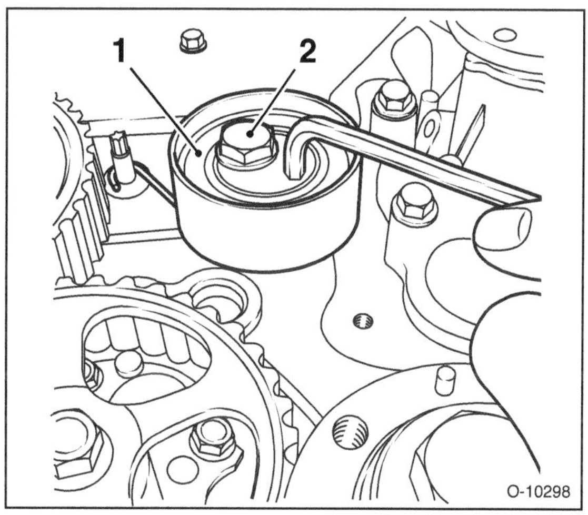


- **Z17DTH:** Zahnriemen entspannen. Dazu Schraube –2– für Spannrolle –1– lockern. Spannrolle mit Innensechskantschlüssel ca. 90° (¼ Umdrehung) gegen den Uhrzeigersinn drehen und in dieser Stellung Klemmschraube –2– festziehen.
- Laufrichtung auf dem Zahnriemen markieren und Zahnriemen abnehmen.

**Einbau**

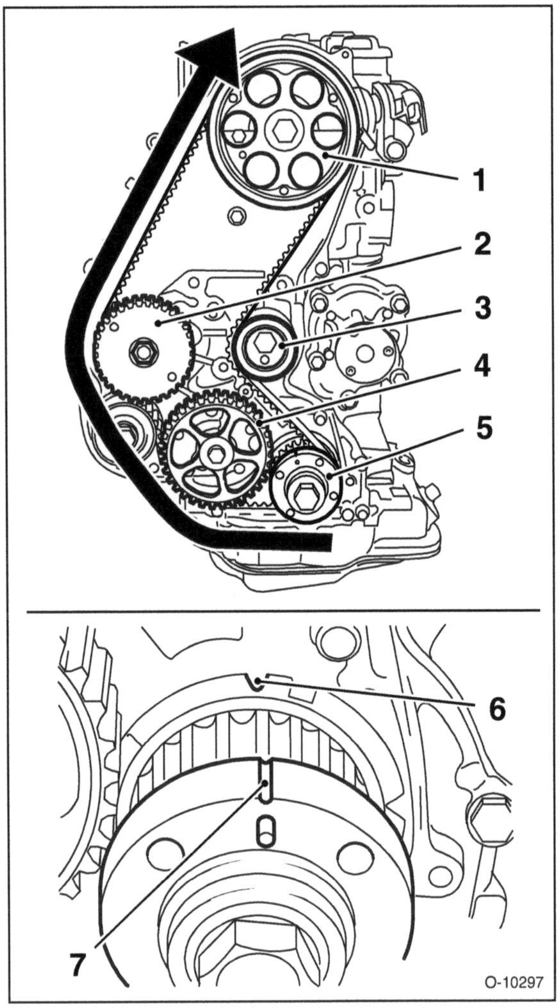


1 – Nockenwellenrad
2 – Einspritzpumpen-/Hochdruckpumpenrad
3 – Zahnriemenspannrolle
4 – Ölpumpenrad
5 – Kurbelwellenrad
6 – OT-Markierung am Ölpumpengehäuse
7 – OT-Markierung am Kurbelwellenrad

- Zahnriemen straff auflegen, zuerst auf Kurbelwellenrad, dann auf Ölpumpenrad, Einspritzpumpenrad und Nockenwellenrad. Dabei Laufrichtung des Zahnriemens beachten.
- Spannfeder einhängen und OT-Feststellschrauben herausdrehen.
- Zahnriemen spannen, dazu Kurbelwelle an der Zentralschraube 60° **gegen** die Motordrehrichtung (Gegenuhrzeigersinn) drehen.
- Schraube für Spannrolle mit **38 Nm** festziehen.
- Einstellung der Steuerzeiten kontrollieren: Kurbelwelle 60° **in** Motordrehrichtung (Uhrzeigersinn) drehen und auf OT stellen. Anschließend Kurbelwelle 2 volle Umdrehungen in Motordrehrichtung weiterdrehen und auf OT stellen. In dieser Stellung müssen sich die OT-Feststellschrauben in die Antriebsräder für Nockenwelle und Einspritzpumpe eindrehen lassen. Kurbelwellen-Riemenscheibe mit 2 Schrauben anschrauben und prüfen, ob die OT-Markierungen übereinstimmen. Falls die Markierungen nicht übereinstimmen beziehungsweise sich die OT-Feststellschrauben nicht einsetzen lassen, Steuerzeiten-Einstellung wiederholen.
- Kurbelwellen-Riemenscheibe sowie OT-Feststellschrauben abschrauben.
- Untere Befestigungsschraube für Zahnriemenspannrolle herausdrehen.
- Untere Zahnriemenabdeckung mit **10 Nm** anschrauben.
- Haltebock für Motorlager und Adapter mit **40 Nm** am Motorblock anschrauben.
- Obere Zahnriemenabdeckung ansetzen, Schrauben wie ausgebaut eindrehen und mit **10 Nm** festziehen.
- Kühlmittelpumpen-Riemenscheibe anschrauben, nicht festziehen.
- **Z17DTH:** Elektrische Leitungen am Anlasser anbauen.
- Kurbelwellen-Riemenscheibe mit **20 Nm** anschrauben, dabei an der Zentralschraube gegenhalten.
- Keilrippenriemen einbauen, siehe Seite 206.
- Schrauben für Kühlmittelpumpen-Riemenscheibe mit **10 Nm** festziehen.
- Kabelkanal und Unterdruckleitungen einclipsen und anschrauben. Nockenwellensensor mit **10 Nm** anschrauben.
- Elektrische Leitungen am Generator anbauen.

**Zusätzliche Anzugsdrehmomente:**

| | |
|---|---|
| Umlenkrolle | **80 Nm** |
| Befestigungsschraube für Zahnriemenspannrolle (nur Y17DT und Y17DTL) | **40 Nm** |
| Kurbelwellen-Zahnriemenrad | **196 Nm** |

**Hinweis** für den Einbau der Zahnriemenspannrolle beim Motor **Z17DTH:** Feder der Zahnriemenspannrolle einhängen. Schraube der Spannrolle eindrehen. Spannrolle um ca. 180° gegen den Uhrzeigersinn drehen und Klemmschraube mit **40 Nm** festziehen.

## Zylinderkopf-Anzugsmethoden

- **Neue** Zylinderkopfschrauben einsetzen und bis zur Anlage am Zylinderkopf beiziehen.

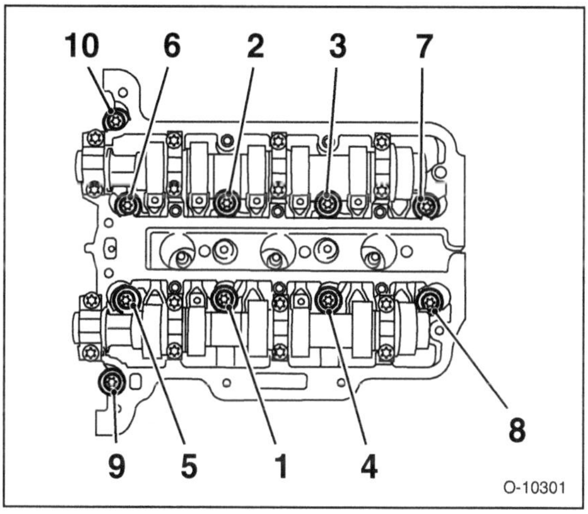


- **Motor Z10XE(P):** Zylinderkopfschrauben in der Reihenfolge von 1 bis 10 in 4 Stufen anziehen.

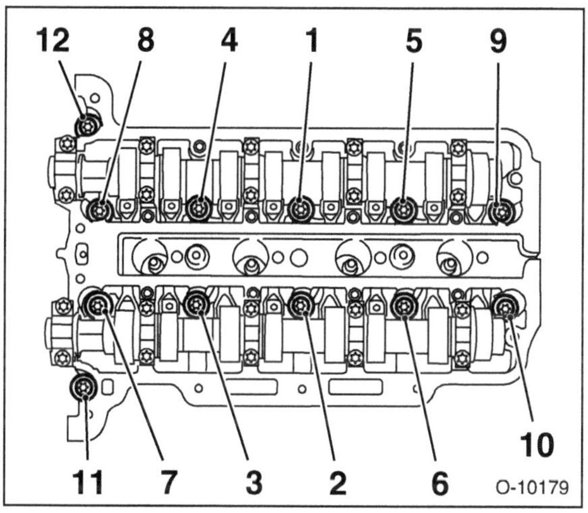


- **Motor Z12XE(P)/Z14XEP:** Zylinderkopfschrauben in der Reihenfolge von 1 bis 12 in 4 Stufen anziehen.

**Anzugsvorschrift Motor Z10XE(P)/Z12XE(P)/Z14XEP:**

**1. Stufe:** Mit Drehmomentschlüssel und **25 Nm**.
**2. Stufe:** Mit starrem Schlüssel um **60°** weiterdrehen.
**3. Stufe:** Mit starrem Schlüssel um **60°** weiterdrehen.
**4. Stufe:** Mit starrem Schlüssel um **60°** weiterdrehen.

**Weitere Anzugsdrehmomente 1,0-/1,2-/1,4-Benziner:**

Steuergehäuse/Zylinderkopfdeckel . . . . . . . . . . . **8 Nm**
Kettenspanner . . . . . . . . . . . . . . . . . . . . . **50 Nm**
Nockenwellenräder
(zuerst Einlassnockenwellenrad) . . . . . . **50 Nm + 60°**

- **Motor Y17DT(L):** Zylinderkopfschrauben in der Reihenfolge von 1 bis 10 in 5 Stufen anziehen (O-10179).
  **1. Stufe:** Mit Drehmomentschlüssel und **40 Nm**.
  **2. Stufe:** Mit starrem Schlüssel um **60°** weiterdrehen.
  **3. Stufe:** Mit starrem Schlüssel um **13°** weiterdrehen.
  **4. Stufe:** Mit starrem Schlüssel um **60°** weiterdrehen.
  **5. Stufe:** Mit starrem Schlüssel um **13°** weiterdrehen.

- **Motor Z17DTH:** Zylinderkopfschrauben in der Reihenfolge von 1 bis 10 in 3 Stufen anziehen (O-10179).
  **1. Stufe:** Mit Drehmomentschlüssel und **40 Nm**.
  **2. Stufe:** Mit starrem Schlüssel um **60°** weiterdrehen.
  **3. Stufe:** Mit starrem Schlüssel um **60°** weiterdrehen.

- **Motor Z17DTR:** Zylinderkopfschrauben in der Reihenfolge von 1 bis 10 in 3 Stufen anziehen (O-10179).
  **1. Stufe:** Mit Drehmomentschlüssel und **50 Nm**.
  **2. Stufe:** Mit starrem Schlüssel um **90°** weiterdrehen.
  **3. Stufe:** Mit starrem Schlüssel um **90°** weiterdrehen.

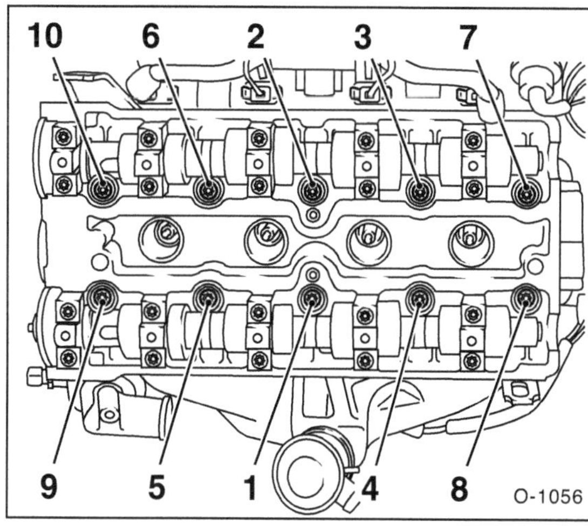


- **Motor Z14XE/Z16XE(P)/Z18XE:** Zylinderkopfschrauben in der Reihenfolge von 1 bis 10 in 5 Stufen anziehen.
  **1. Stufe:** Mit Drehmomentschlüssel und **25 Nm** .
  **2. Stufe:** Mit starrem Schlüssel um **90°** weiterdrehen.
  **3. Stufe:** Mit starrem Schlüssel um **90°** weiterdrehen.
  **4. Stufe:** Mit starrem Schlüssel um **90°** weiterdrehen.
  **5. Stufe:** Mit starrem Schlüssel um **45°** weiterdrehen.

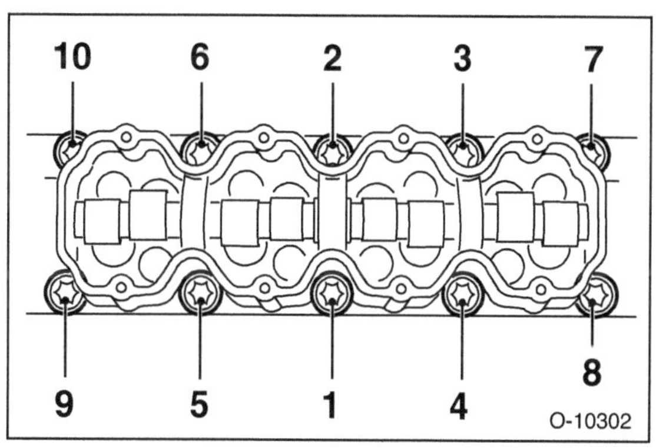


- **Motor Z16SE:** Zylinderkopfschrauben in der Reihenfolge von 1 bis 10 in 4 Stufen anziehen.
  **1. Stufe:** Mit Drehmomentschlüssel und **25 Nm**.
  **2. Stufe:** Mit starrem Schlüssel um **85°** weiterdrehen.
  **3. Stufe:** Mit starrem Schlüssel um **85°** weiterdrehen.
  **4. Stufe:** Mit starrem Schlüssel um **20°** weiterdrehen.

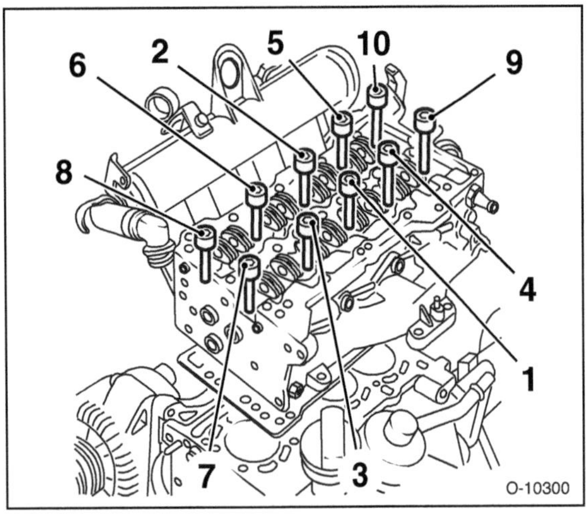


- **Motor Z13DT(J):** Zylinderkopfschrauben in der Reihenfolge von 1 bis 10 in 4 Stufen anziehen.
  1. **Stufe:** Mit Drehmomentschlüssel und **20 Nm**.
  2. **Stufe:** Mit Drehmomentschlüssel und **40 Nm**.
  3. **Stufe:** Mit starrem Schlüssel um **90°** weiterdrehen.
  4. **Stufe:** Mit starrem Schlüssel um **90°** weiterdrehen.

## Nockenwellengehäusedeckel aus- und einbauen

### 1,7-l-Dieselmotor Z17DTH

#### Ausbau

- Batterie-Massekabel (–) abklemmen. **Achtung:** Hinweise im Kapitel »Batterie aus- und einbauen« beachten.
- Luftfilter ausbauen, siehe Seite 243.
- Motor-Steuergerät ausbauen, siehe »Ventilspiel prüfen/ einstellen«.

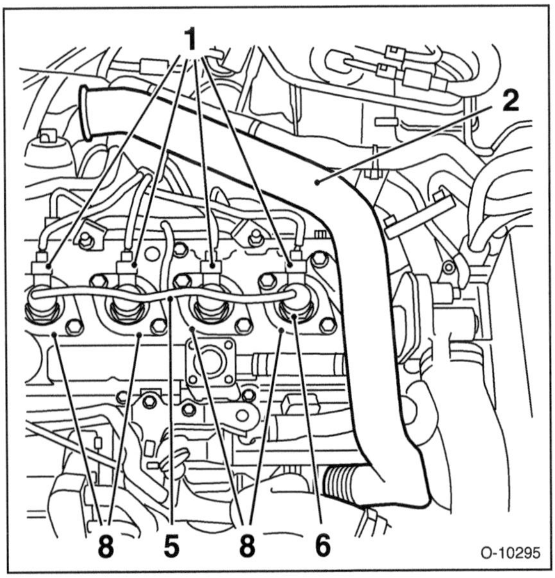


- Stecker von Einspritzventilen –1– und Glühkerzen abziehen. Kabelstrang freilegen.
- Verbindungsschlauch Ladeluftkühler zum Drosselklappenmodul an Drosselklappenmodul abbauen.
- Luftansaugrohr –2– abbauen. Dazu 3 Schrauben herausdrehen sowie 1 Schelle lösen und zurückschieben.
- Schlauch für Motorentlüftung abschrauben und mit Dichtung abnehmen.
- Motorhebeöse hinten links abschrauben.
- Ölmessstab-Führungsrohr oben lösen, dazu 2 Schrauben herausdrehen.

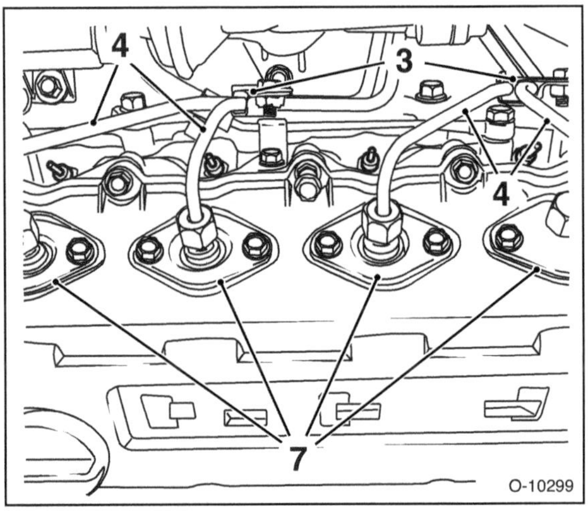


- Einbaulage der beiden Distanzhalter –3– für die Kraftstoffdruckleitungen markieren und Halter abschrauben.
- 4 Druckleitungen –4– ausbauen, dazu Überwurfmuttern mit HAZET 4560-17 oder OPEL-KM-6098 abschrauben.
- Lecköleitung (Rücklaufleitung) außen abbauen. Dazu Hohlschraube herausdrehen und auf der anderen Seite Schelle lösen und zurückschieben.
- Zahnriemenabdeckung oben abschrauben.
- 4 Leckölschläuche –5– von den Injektoren (Einspritzventilen) –6– abziehen, siehe Abbildung O-10295.
- Motorhebeöse hinten rechts abschrauben.
- 4 Abdichtbleche –7– von den Kraftstoff-Anschlüssen der Einspritzventile (Injektoren) mit je 2 Schrauben abschrauben.
- 4 Abdichtbleche –8– von den Einspritzventilen (Injektoren) mit je 2 Schrauben abschrauben, siehe Abbildung O-10295.
- Kühler-Abgasrückführung vom Nockenwellengehäusedeckel abschrauben.
- Nockenwellengehäusedeckel abschrauben und mit Dichtung abnehmen.

#### Einbau

- Nockenwellengehäusedeckel folgendermaßen einbauen, siehe Abbildung O-10290 auf Seite 206:
  - ◆ Dichtflächen sorgfältig reinigen.
  - ◆ Klebedichtungsmasse auf das Nockenwellengehäuse an den Positionen –1– und –3– auftragen.

**Achtung:** Die Ölrücklaufbohrung –2– darf nicht mit Klebedichtmasse oder von der Dichtung für den Nockenwellengehäusedeckel bedeckt werden.

- ◆ Nockenwellengehäusedeckel mit neuer Dichtung einsetzen. Dabei von Helfer die Einspritzleitung vorsichtig nach hinten drücken lassen.
- ◆ Nockenwellengehäusedeckel mit 9 Schrauben und **10 Nm** wechselweise festziehen.

- Kühler-Abgasrückführung anschrauben.
- 4 Abdichtbleche für die Einspritzventile (Injektoren) mit neuen Dichtungen einsetzen und mit je 2 Schrauben anschrauben. **Achtung:** Dichtungen vorher mit Motoröl benetzen.
- 4 Abdichtbleche für die Kraftstoff-Anschlüsse der Einspritzventile (Injektoren) mit neuen Dichtungen einsetzen und mit je 2 Schrauben abschrauben. **Achtung:** Dichtungen vorher mit Motoröl benetzen. Bleche so einsetzen, dass die Beschriftung »UP« nach oben zeigt.
- Obere Zahnriemenabdeckung einsetzen und anschrauben.
- Leckölschläuche an Einspritzventilen (Injektoren) aufstecken.
- Äußere Leckölleitung am T-Stück aufstecken und mit Schelle sichern. Am anderen Ende Hohlschraube einsetzen und mit **15 Nm** festziehen.
- 4 Druckleitungen einsetzen und mit Überwurfmutter und **25 Nm** anschrauben. **Achtung:** Die Druckleitungen müssen spannungsfrei eingebaut werden.
- 2 Distanzhalter entsprechend den angebrachten Markierungen ansetzen und anschrauben.
- Motorhebeöse hinten rechts anschrauben.
- Kabelstrang für Motormanagement verlegen und Stecker auf Glühkerzen und Einspritzventile aufstecken.
- Motorhebeöse hinten links anschrauben.
- Ladeluftrohr mit neuen Dichtungen einsetzen und mit **25 Nm** anschrauben.
- 2 Halter für Kabelstrang anbauen.
- Halter 2 für Motor-Steuergerät mit 2 Schrauben anschrauben.
- Halter 1 für Motor-Steuergerät mit 4 Schrauben anschrauben.
- Motor-Steuergerät einsetzen und mit **10 Nm** anschrauben. Mehrfachstecker aufstecken und sichern.
- Luftansaugrohr einsetzen und mit Schelle sichern
- Verbindungsschlauch Ladeluftkühler zum Drosselklappenmodul an Drosselklappenmodul anbauen
- Luftansaugrohr anschrauben, Kabelstrang einclipsen.
- Motorentlüftungsschlauch aufstecken.
- Ölmessstab-Führungsrohr oben mit 2 Schrauben anschrauben.
- Luftfiltergehäuse einbauen, siehe Seite 243.
- Batterie-Massekabel (–) anklemmen. **Achtung:** Hinweise im Kapitel »Batterie aus- und einbauen« beachten.

# Ventilspiel prüfen/einstellen

**1,7-l-Dieselmotor**

Um unterschiedliche Wärmeausdehnungen im Ventiltrieb zu kompensieren, muss ein gewisses Ventilspiel vorhanden sein.

Bei zu geringem Spiel verändern sich die Steuerzeiten, die Verdichtung ist schlecht, die Motorleistung nimmt ab, der Motorlauf ist unregelmäßig. In extremen Fällen können sich die Ventile verziehen oder die Ventile beziehungsweise Ventilsitze verbrennen.

Bei zu großem Spiel stellen sich starke mechanische Geräusche ein, die Steuerzeiten verändern sich, der Motor gibt, in Folge zu kurzer Öffnungszeiten der Ventile und somit schlechter Zylinderfüllung, weniger Leistung ab, der Motorlauf ist unregelmäßig.

Das Einstellen der Ventile hat nur dann den gewünschten Erfolg, wenn die Ventile einwandfrei abdichten, diese kein unzulässiges Spiel in den Ventilführungen haben und am Schaftende nicht eingeschlagen sind.

Das Ventilspiel ist jeweils im Rahmen der Wartung und nach Reparaturen, oder wenn Geräusche am Ventiltrieb auftreten, zu prüfen beziehungsweise einzustellen.

Das Ventilspiel wird bei »kaltem« Motor geprüft beziehungsweise eingestellt. Der Motor ist dann kalt, wenn er auf Umgebungstemperatur abgekühlt ist.

**Prüfen**

**Prüfvoraussetzung:** Steuerzeiten sind geprüft.

**Hinweis:** Die Arbeitsschritte sind am Beispiel des Motors Y17DT/Y17DTL beschrieben. Beim Motor Z17DTH/DTR müssen der Nockenwellengehäusedeckel und, anstelle der Einspritzdüsen, die Einspritzventile (Injektoren) ausgebaut werden. Für den Motor Z17DTH siehe dazu auch Seite 236.

- Batterie-Massekabel (–) abklemmen. **Achtung:** Hinweise im Kapitel »Batterie aus- und einbauen« beachten.
- Luftfilter ausbauen, siehe Seite 243.

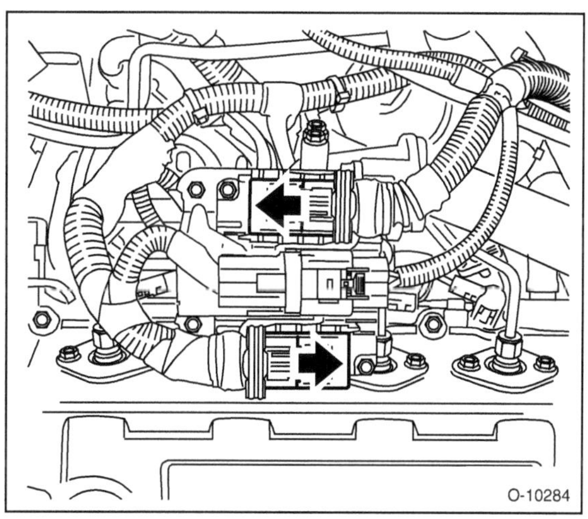


- 3 Mehrfachstecker für Motormanagement abziehen. Dabei 2 Stecker jeweils in Pfeilrichtung entriegeln.

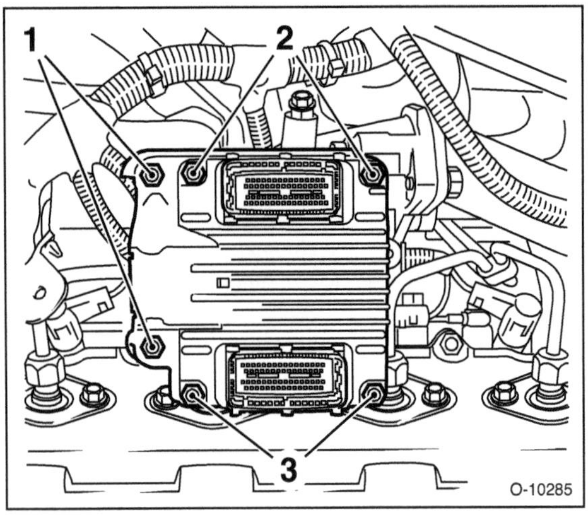


- 2 Schrauben –1– herausdrehen und Halter für Mehrfachstecker abnehmen.
- 2 Schrauben –2– und 2 Muttern –3– herausdrehen und Motor-Steuergerät abnehmen.

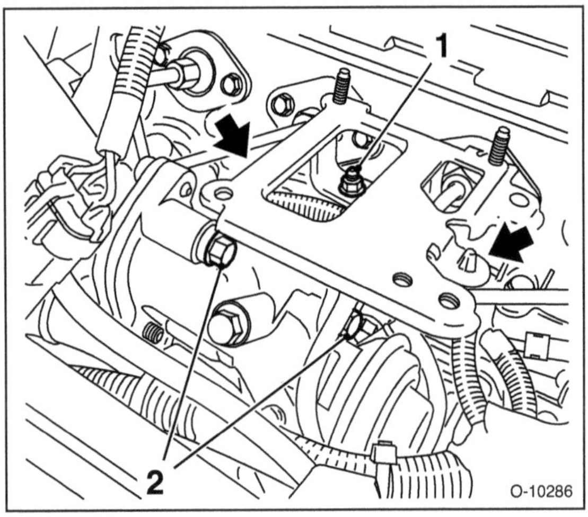


- 2 Schrauben –2– und 1 Mutter –1– herausdrehen
- Kabelstrang ausclipsen –Pfeile– und Halter für Motor-Steuergerät abnehmen.
- Motorhebeösen hinten rechts und hinten links abschrauben.
- Einspritzleitungen von Einspritzdüsen abschrauben.
- 8 Schrauben herausdrehen und äußere Abdichtung für Einspritzdüsen abnehmen.
- Halter für Ölmessstab-Führungsrohr abbauen, dazu 2 Muttern und 1 Schraube herausdrehen.
- Elektrische Leitungen vom Generator abbauen.
- Kabelkanal und Unterdruckleitungen vor der Zahnriemenabdeckung ausclipsen und abschrauben.

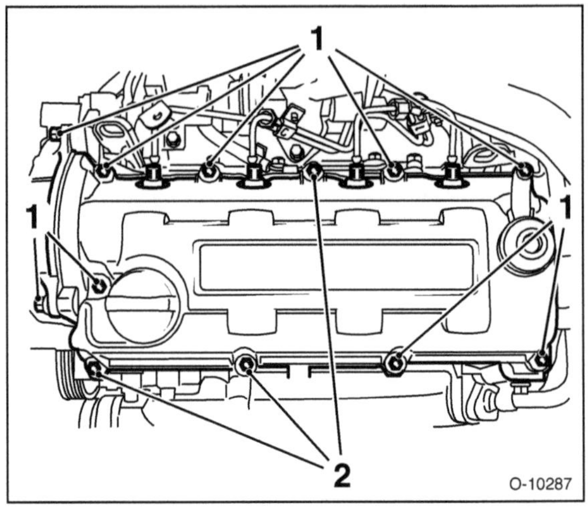


- Nockenwellengehäusedeckel abbauen, dazu 7 Schrauben –1– und 3 Stehbolzen –2– herausdrehen.
- Nockenwellengehäusedeckel vorsichtig abnehmen. **Achtung:** Dabei muss ein Helfer die Einspritzleitungen vorsichtig nach hinten drücken.
- Motorentlüftungsschlauch abziehen, vorher Schelle lösen und zurückschieben.
- Leckölleitung innen abbauen, dazu 5 Hohlschrauben herausdrehen. **Achtung:** Auf Dichtringe achten.
- Einspritzdüsen-Halter abschrauben, dazu 2 Muttern herausdrehen.
- Einspritzdüsen herausnehmen.

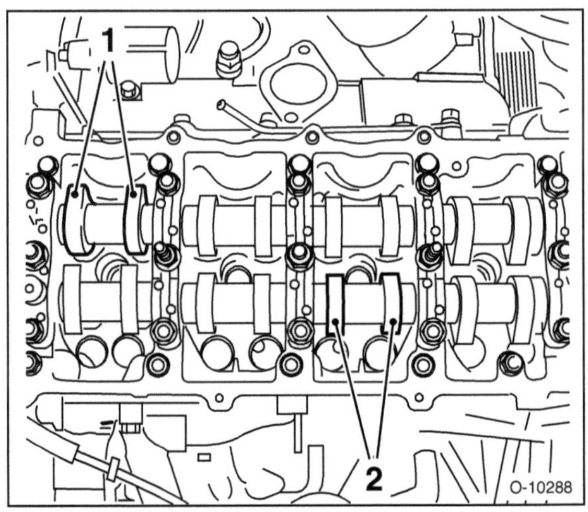


- Kurbelwelle an der Zentralschraube drehen, bis die Nockenpaare –1– und –2– nach oben stehen.
- Ventilspiel mit Fühlerblattlehre prüfen. Dazu Fühlerblattlehre zwischen die Nocken –1– und –2– und die jeweils darunterliegenden Ventilstößel schieben. Die Lehre muss sich saugend durchschieben lassen, andernfalls ist das Ventilspiel einzustellen. Prüfwert für Einlass-/Auslass-Ventilspiel: 0,35 – 0,45 mm.
- Liegt das gemessene Ventilspiel außerhalb des Prüfwertes, dann muss das Ventilspiel eingestellt werden.

- Falls das Ventilspiel eingestellt werden muss, Stärke der Fühlerblattlehre so lange wechseln, bis der Istwert des Ventilspiels ermittelt ist. Messwert notieren.

**Ventilspiel einstellen**

- Tassenstößel drehen, bis die Stößelnut nach außen zeigt.

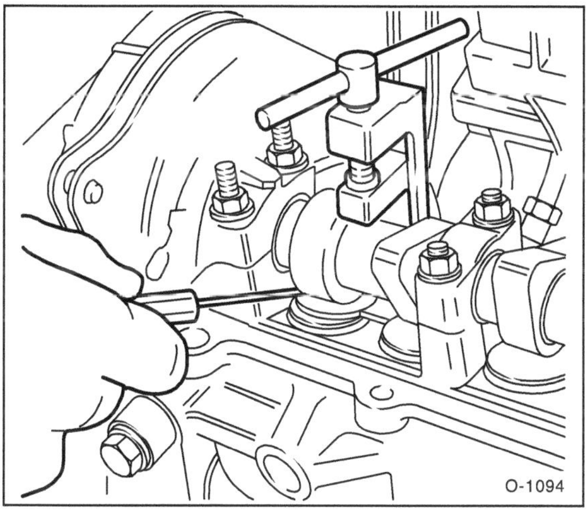


- Das Ventilspiel wird durch Auswechseln der Einstellscheiben eingestellt. Dazu müssen die Tassenstößel mit einem Niederhalter heruntergedrückt werden. **Achtung:** Da der Niederhalter genau in die Abstände der Tassenstößel passen muss, ist hierfür das OPEL-Spezialwerkzeug KM-6090 erforderlich.

**Achtung:** Beim Einsetzen des Werkzeuges auf unterschiedliche Werkzeugausführungen für Einlass- und Auslassventil achten. Markierung »IN« = Einlassseite; Markierung »EX« = Auslassseite

**Achtung:** Darauf achten, dass die Ventile beim Herunterdrücken nicht auf dem Kolbenboden aufschlagen.

- Tassenstößel niederdrücken und Einstellscheibe mit einem Schraubendreher oder einer Reißnadel aus dem Stößel heraushebeln und mit einem Stabmagneten herausziehen.
- Dicke der bisherigen Einstellscheibe ermitteln: Mit einer Bügelmessschraube die Stärke der bisher eingebauten Einstellscheibe messen, Ergebnis notieren. Die Stärke der Einstellscheibe ist auch an der Unterseite eingraviert.

Zur Berechnung der neuen Einstellscheibendicke folgende Formel anwenden:

$$N = T + A - S$$

**N** = Dicke der neu einzusetzenden Scheibe
**T** = Dicke der ausgebauten Scheibe
**A** = Gemessenes Ventilspiel
**S** = Ventilspiel-Einstellwert

**Beispiel:**

| | |
|---|---|
| Dicke der ausgebauten Einstellscheibe »T« | 3,15 mm |
| Messwert zwischen Nocken und Tassenstößel »A« | + 0,50 mm |
| | = 3,65 mm |
| Einstellwert Ventilspiel »S« | – 0,40 mm |
| Dicke der neuen Einstellscheibe »N« | = 3,25 mm |

- **Neue** Einstellscheibe mit Motoröl benetzen und einlegen. **Achtung:** Beim Einlegen der Einstellscheibe darauf achten, dass sie mit der Kennzeichnung nach unten eingelegt wird.

**Hinweis:** Einstellscheiben können in der Regel mehrmals verwendet werden, solange sie keine deutlich sichtbaren Verschleißspuren aufweisen. Ist beispielsweise die Dicke nicht mehr abzulesen, Einstellscheibe nicht wieder verwenden.

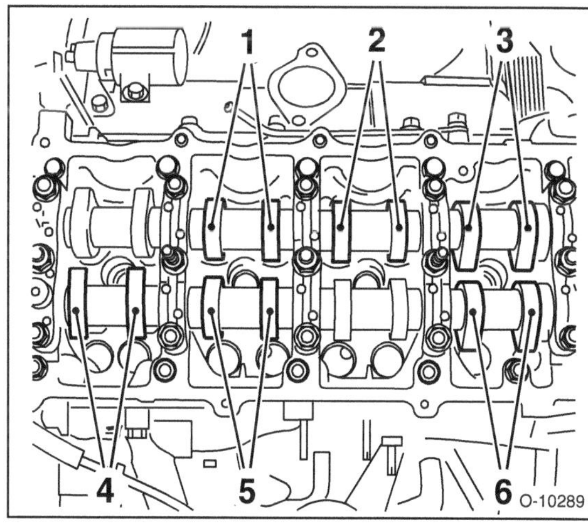


- Auf diese Weise sämtliche Ventile prüfen beziehungsweise einstellen. Dazu Kurbelwelle bei abgenommenem Niederdrücker in Motordrehrichtung ½ Umdrehung weiterdrehen und Ventilpaar –6– und –2– prüfen und einstellen. Nach einer weiteren halben Umdrehung das Ventilpaar –5– und –3– prüfen und einstellen. Kurbelwelle ½ Umdrehung weiterdrehen und Ventilpaar –4– und –1– prüfen und einstellen.
- Anschließend Ventilspiel für alle Ventile nochmals prüfen.
- Einspritzdüsen mit neuen Dichtringen und Kupferdichtungen einsetzen. Halter für Einspritzdüsen ansetzen und mit **22 Nm** festziehen.
- Leckölleitung mit neuen Dichtringen anbauen. Hohlschraube mit **15 Nm** festziehen.

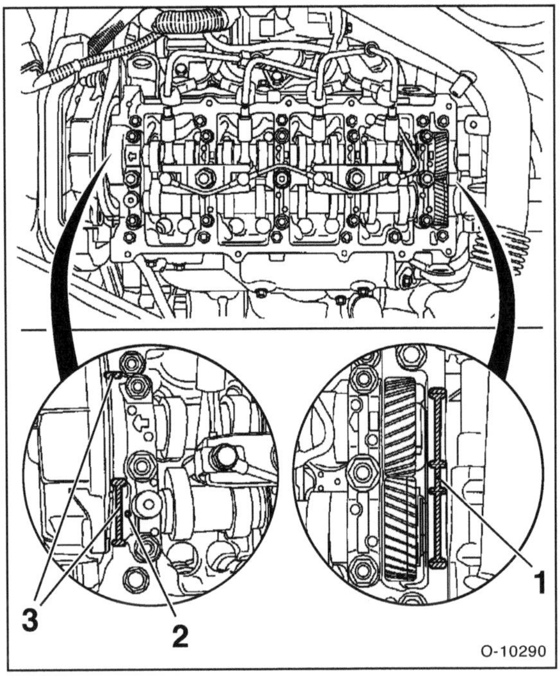


- Nockenwellengehäusedeckel folgendermaßen einbauen:
  - ◆ Dichtflächen sorgfältig reinigen.
  - ◆ Klebedichtungsmasse (weiß) auf das Nockenwellengehäuse an den Positionen –1– und –3– auftragen.

  **Achtung:** Die Ölrücklaufbohrung –2– darf nicht mit Klebedichtmasse oder von der Dichtung für den Nockenwellengehäusedeckel bedeckt werden.
  - ◆ Nockenwellengehäusedeckel mit neuer Dichtung einsetzen. Dabei von Helfer die Einspritzleitung vorsichtig nach hinten drücken lassen.
  - ◆ Nockenwellengehäusedeckel mit **10 Nm** wechselweise festziehen.
- Motorentlüftungsschlauch aufstecken und mit Schelle sichern.
- Halter für Ölmessstab-Führungsrohr anschrauben.
- Neue Abdichtungen für Einspritzdüse einsetzen.
- Einspritzleitungen ansetzen und Überwurfmuttern mit **23 Nm** festziehen.
- Motorhebeösen mit **20 Nm** festziehen.
- Kabelkanal und Unterdruckleitungen einclipsen und anschrauben.
- Elektrische Leitungen für Generator einbauen.
- Halter für Motor-Steuergerät einsetzen, Schrauben mit **25 Nm** und Mutter mit **10 Nm** festziehen.
- Kabelstrang einclipsen.
- Motor-Steuergerät und mit **6 Nm** anschrauben.
- Halter für Mehrfachstecker anschrauben.
- Mehrfachstecker am Motor-Steuergerät aufstecken und sichern.
- Luftfilter einbauen, siehe Seite 243.
- Batterie-Massekabel (–) anklemmen. **Achtung:** Hinweise im Kapitel »Batterie aus- und einbauen« beachten.

## Keilrippenriemen aus- und einbauen

### Z10XE/Z10XEP/Z12XE(P)/Z14XEP

**Achtung:** Hinweise zu den anderen Motoren stehen am Ende des Kapitels.

**Ausbau**

- Batterie-Massekabel (–) abklemmen. **Achtung:** Hinweise im Kapitel »Batterie aus- und einbauen« beachten.
- Luftfilter ausbauen, siehe Seite 243.
- Rechtes Vorderrad ausbauen. Dabei Reifen-Laufrichtung mit Pfeil am Reifen markieren. Radschrauben lösen. Fahrzeug aufbocken und Rad abnehmen. **Achtung:** Unbedingt Hinweise im Kapitel »Rad aus- und einbauen« beachten.
- **CORSA ECO:** Untere Motorraumabdeckung ausbauen, siehe Seite 273.

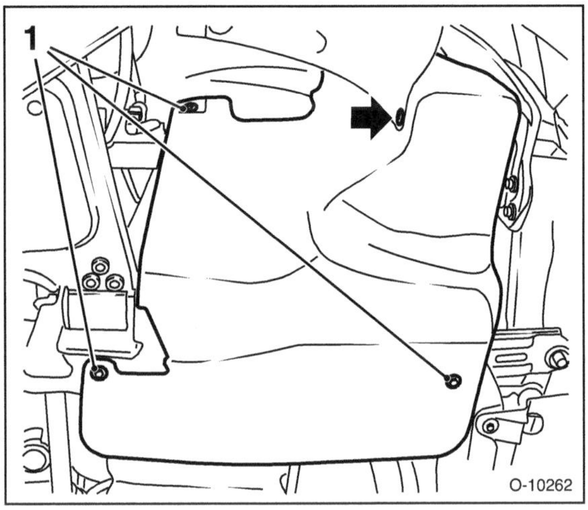


- Abdeckung für Keilrippenriemen ausbauen. Dazu 3 Schrauben –1– herausdrehen und 1 Clip abziehen.

**Achtung:** Zum Ausbau des rechten Motorlagers wird OPEL-Spezialwerkzeug benötigt. Falls das Motorlager nur zum Ausbau des Keilrippenriemens ausgebaut werden soll, kann der Motor anstelle des Spezialwerkzeuges auch mit einem handelsüblichen Werkstattkran oder mit einem Motorheber abgefangen werden.

- Rechtes Motorlager ausbauen, siehe Seite 187.

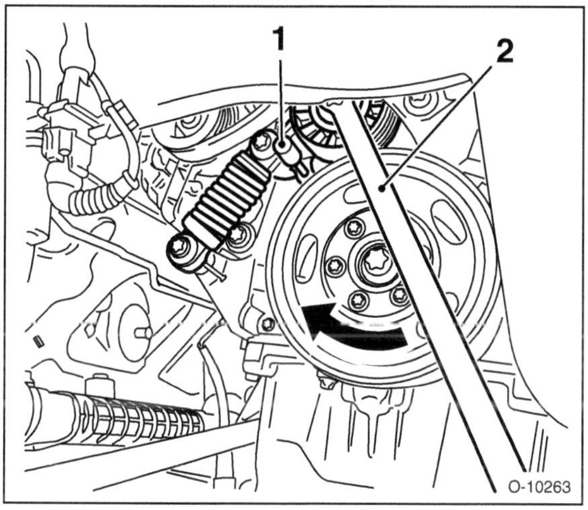


- Keilrippenriemen ausbauen. Dazu Keilrippenriemen-Spannvorrichtung in Pfeilrichtung spannen und mit Absteckdorn arretieren. Die Fachwerkstatt verwendet dazu den Schlüssel KM-6131 –2– und den Dorn KM-6130 –1–. **Hinweis:** In der Abbildung ist der Motor mit Klimaanlage dargestellt.

**Einbau**

- Neuen Keilrippenriemen auflegen.
- Keilrippenriemen-Spannvorrichtung etwas spannen, Absteckdorn abnehmen und Spannvorrichtung entspannen
- Rechtes Motorlager einbauen, siehe Seite 187.
- Keilrippenriemen-Abdeckung einbauen.
- **CORSA ECO:** Untere Motorraumabdeckung einbauen, siehe Seite 273.
- Reifen-Laufrichtung beachten, rechtes Vorderrad anschrauben, Fahrzeug ablassen, erst dann Radschrauben über Kreuz mit **110 Nm** festziehen. **Achtung:** Unbedingt Hinweise im Kapitel »Rad aus- und einbauen« beachten.
- Luftfilter einbauen, siehe Seite 243.
- Batterie-Massekabel (–) anklemmen. **Achtung:** Hinweise im Kapitel »Batterie aus- und einbauen« beachten.

---

**Speziell Z13DT/Z14XE/Z16XE/Z16SE/Z17DT/Z17DTL/Z17DTH/Z18XE**

**Hinweis:** Rechtes Motorlager, Luftfilter und Vorderrad müssen nicht abgebaut werden.

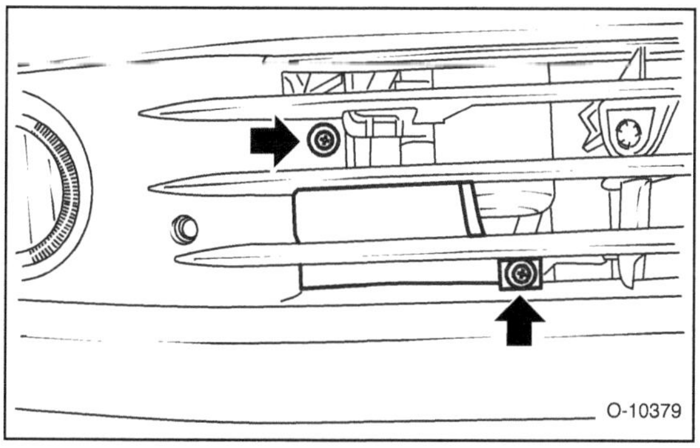


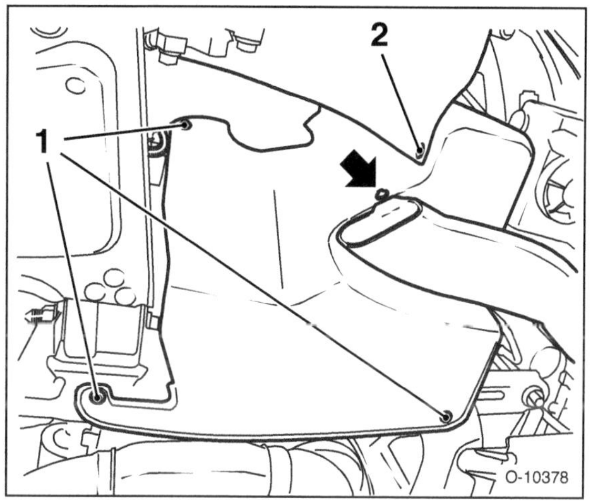


- **Z18XE:** Rechten Luftführungskanal ausbauen. Dazu 3 Schrauben –Pfeile– herausdrehen.
- **Z18XE:** Abdeckung für Keilrippenriemen ausbauen. Dazu 3 Schrauben –1– herausdrehen und 1 Clip –2– abziehen.

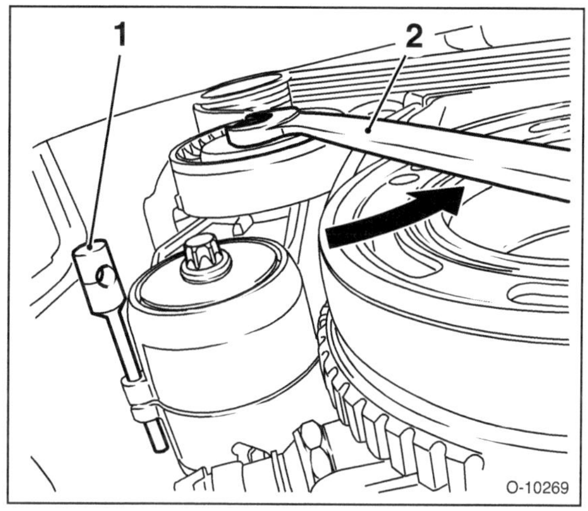


- **Z14XE/Z16XE/Z16SE/Z18XE/Z17DT/Z17DTL/Z17DTH:** Keilrippenriemen ausbauen. Dazu Keilrippenriemen-Spannvorrichtung mit langem Maulschlüssel SW-15 –2– in Pfeilrichtung spannen und mit Absteckdorn –1– arretieren. Die Fachwerkstatt verwendet dazu den Schlüssel KM-913-A –2– und den Dorn KM-6130 –1–. **Hinweis:** Falls sich beim 1,7-l-Dieselmotor die Spannvorrichtung nicht arretieren lässt, Spannvorrichtung nach Abnehmen des Keilrippenriemens entspannen.

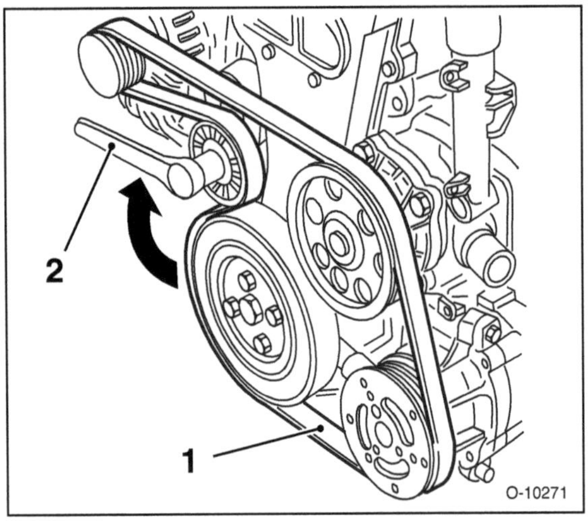


- **Z13DT(J):** Keilrippenriemen –1– ausbauen. Dazu Keilrippenriemen-Spannvorrichtung mit Schlüsssel –2– in Pfeilrichtung spannen.

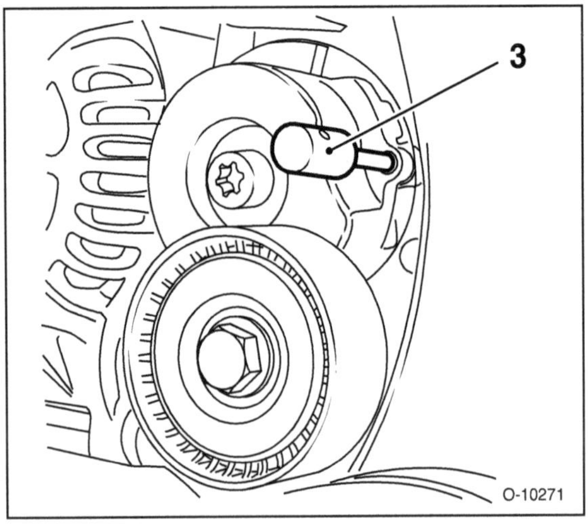


- **Z13DT(J):** In dieser Stellung Spannvorrichtung mit Absteckdorn –3– arretieren. Die Fachwerkstatt verwendet dazu den Dorn KM-6130.

## Speziell Z16XEP

### Ausbau

- Luftfilter ausbauen, siehe Seite 243.
- Laufrichtung auf dem Keilrippenriemen markieren. Dazu mit Filzstift oder Kreide einen Pfeil in Laufrichtung anbringen. Der Keilrippenriemen dreht im Uhrzeigersinn.

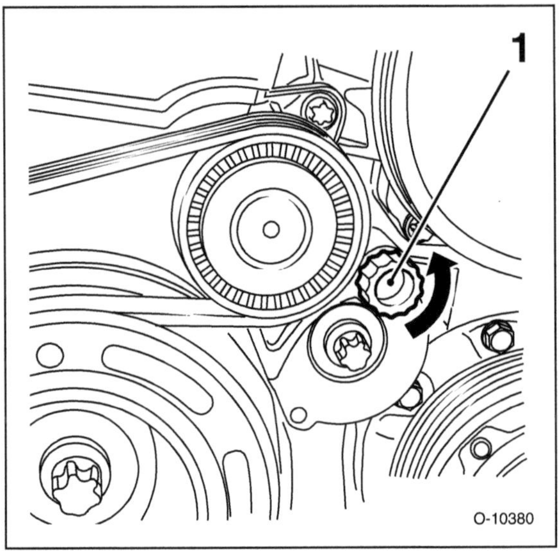


- Spannvorrichtung am Vielzahn-Anguss –1– mit geeignetem Außenvielzahn-Steckschlüssel in Pfeilrichtung spannen und mit einem Dorn arretieren.
- Keilrippenriemen abnehmen.

### Einbau

- Keilrippenriemen auflegen. **Achtung:** Wird der bisherige Riemen wieder eingebaut, Laufrichtungsmarkierung beachten. Der Keilrippenriemen darf nur in der gleichen Laufrichtung wieder eingebaut werden, da er sonst erhöhtem Verschleiß ausgesetzt ist.
- Spannvorrichtung etwas in Pfeilrichtung drehen und Dorn herausziehen. Anschließend Spannvorrichtung langsam im Uhrzeigersinn drehen und dadurch entspannen. Dadurch wird der Keilrippenriemen gespannt.
- Luftfilter einbauen, siehe Seite 243.

**Hinweis:** Falls die Spannvorrichtung aus- und eingebaut werden muss, Spannvorrichtung in arretiertem Zustand abschrauben und später mit **50 Nm** anschrauben.

## Motor starten

**Alle Motoren**

- **Schaltgetriebe:** Handbremse anziehen, Kupplung ganz durchtreten und halten, Schaltgetriebe in Leerlauf schalten. Besonders bei niedrigen Außentemperaturen erleichtert eine betätigte Kupplung das Starten, da die Reibung vom Getriebe entfällt.
- **Automatikgetriebe:** Wählhebel in »P« oder »N« stellen. Fußbremse treten und halten.

**Achtung:** Anlasser nicht länger als 30 Sekunden ununterbrochen betätigen, sonst können Anlasser und Verkabelung überhitzen.

**Benzinmotor**

- Zündschlüssel drehen und Anlasser betätigen, dabei **kein Gas geben**. Sobald der Motor läuft, Schlüssel loslassen. Springt der Motor nach 10 Sekunden nicht an oder bleibt sofort wieder stehen, 30 Sekunden warten und Startvorgang wiederholen. Bei heißem Motor Gaspedal während des Startens langsam niedertreten.
- Grundsätzlich sofort losfahren, nur bei strengem Frost Motor ca. 30 Sekunden warm laufen lassen.

**Achtung:** Vergebliche Startversuche hintereinander können den Katalysator schädigen, da unverbranntes Benzin in den Katalysator gelangt und bei Erwärmung explosionsartig verbrennt.

**Dieselmotor**

- **Bei kaltem Motor:** Zündung einschalten, bis die Vorglüh-Kontrolllampe erlischt. Sofort nach Verlöschen der Kontrolllampe Motor anlassen, dabei **kein Gas geben**. Setzen beim Starten nur unregelmäßige Zündungen ein, Anlasser so lange weiter betätigen (maximal 20 Sekunden), bis der Motor aus eigener Kraft durchläuft. Springt der Motor nicht an, Zündschlüssel in Stellung 0 zurückdrehen und ca. 30 Sekunden warten. Anschließend nochmals vorglühen und Startvorgang wie beschrieben wiederholen.

**Hinweis:** Aufgrund der guten Kaltstarteigenschaften des **Diesel-Direkteinspritzers**, braucht in der Regel erst bei Außentemperaturen unter 0° C vorgeglüht zu werden.

Wurde der Tank völlig leergefahren, dauert der Anlassvorgang nach dem Tanken deutlich länger (bis zu 1 Minute), da hierbei die Kraftstoffanlage entlüftet wird.

- **Bei warmem Motor** braucht nicht vorgeglüht zu werden. Motor sofort anlassen, kein Gas geben.

## Störungsdiagnose Motor

**Benzinmotor:** Wenn der Benzinmotor nicht anspringt, Fehler systematisch einkreisen. Damit der Motor überhaupt anspringen kann, müssen immer zwei Grundvoraussetzungen erfüllt sein: Das Kraftstoff-Luftgemisch muss bis in die Zylinder gelangen und der Zündfunke muss an den Zündkerzenelektroden überschlagen. Als Erstes ist deshalb immer zu prüfen, ob überhaupt Kraftstoff gefördert wird. Wie man dabei vorgeht, steht in den Kapiteln »Kraftstoffanlage« und »Motormanagement«. Störungen in der Steuerelektronik lassen sich nur noch mit speziellen Messgeräten herausfinden.

**Beim Dieselmotor Vorglüh- und Kraftstoffanlage prüfen.**

**Störung:** Der Motor springt schlecht oder gar nicht an.

| Ursache | Abhilfe |
|---|---|
| Sicherung defekt für: – Elektrische Kraftstoffpumpe,<br>– Elektronische Einspritzanlage,<br>– Vorglühanlage. | ■ Sicherung prüfen, siehe »Elektrische Anlage«. |
| Benzinmotor: Zündanlage defekt. | ■ Systemprüfung des Motormanagements (Werkstattarbeit). |
| Fehler im Motormanagement. | ■ Motormanagement prüfen lassen (Werkstattarbeit). |
| Kraftstoffanlage defekt, verschmutzt. | ■ Kraftstoffpumpe und -leitungen überprüfen. |
| Anlasser dreht zu langsam. | ■ Batterie laden. Anlasserstromkreis überprüfen. Korrodierte Anschlüsse reinigen. |
| Falsche Steuerzeiten. | ■ Steuerzeiten überprüfen/einstellen, ggf. Zahnriemen erneuern. |
| Wegfahrsperre sperrt den Motor. Der Motor springt normal an und geht kurz danach wieder aus. Symbol für Wegfahrsperre im Kombiinstrument leuchtet kurz auf. | ■ Zündschlüssel rausziehen und umgedreht ins Zündschloss stecken. Funk-Fernbedienung in der Nähe der Empfangsantenne (innerhalb des Fahrzeuges) betätigen. Zündung ausschalten und ca. 5 Sekunden warten, dann starten. Ersatzschlüssel verwenden. Batterie für Funk-Fernbedienung ersetzen. Fehlerspeicher der Wegfahrsperre auslesen lassen. |
| Zylinderkopfdichtung defekt. | ■ Dichtung ersetzen (Werkstattarbeit). |

# Motor-Schmierung

Für die Motor-Schmierung sind **Mehrbereichsöle** vorgeschrieben, so dass ein jahreszeitbedingter Ölwechsel (Sommer/Winter) nicht erforderlich ist. Mehrbereichsöle bauen auf einem dünnflüssigen Einbereichsöl auf (zum Beispiel: 10 W) und werden durch so genannte »Viskositätsindexverbesserer« im heißen Zustand stabilisiert. Dadurch ist sowohl für den kalten wie auch für den heißen Motor die richtige Schmierfähigkeit gegeben.

Die SAE-Bezeichnung gibt die Viskosität des Motoröls an. **SAE** = **S**ociety of **A**utomotive **E**ngineers.

**Beispiel:** SAE 10 W 40:

10 – Viskosität des Öls in kaltem Zustand. Je kleiner die Zahl, desto dünnflüssiger ist das kalte Motoröl.

W – Das Motoröl ist wintertauglich.

40 – Viskosität des Öls in heißem Zustand. Je größer die Zahl, desto dickflüssiger ist das heiße Motoröl.

Es können auch **Leichtlauföle** (Hochleistungsöle) verwendet werden. Dabei handelt es sich um Mehrbereichsöle, denen unter anderem Reibwertverminderer zugesetzt wurden, wodurch sich die Reibung innerhalb des Motors vermindert. Für das Leichtlauföl wird als Grundöl ein Synthetiköl verwendet.

**Anwendungsbereich/Viskositätsklassen**

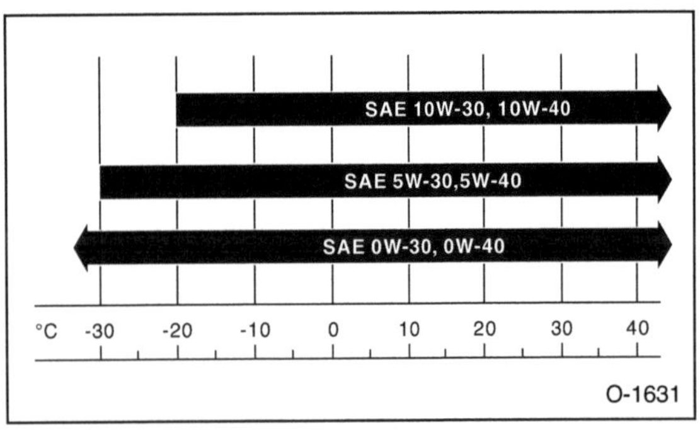


In der Abbildung wird die Motoröl-Viskosität in Abhängigkeit von der Außentemperatur für Benzin- und Dieselmotoren dargestellt. Da die Einsatzbereiche benachbarter SAE-Klassen sich überschneiden, können kurzfristige Temperaturschwankungen unberücksichtigt bleiben. Es ist zulässig, Öle verschiedener Viskositätsklassen miteinander zu mischen, wenn einmal Öl nachgefüllt werden muss und die Außentemperaturen nicht mehr der Viskositätsklasse des im Motor befindlichen Öles entsprechen.

**Zusatzschmiermittel – gleich welcher Art – sollen weder dem Kraftstoff noch den Schmierölen beigemischt werden.**

**Spezifikation des Motoröls**

Die Qualität eines Motoröls wird durch Normen der Automobil- sowie der Ölhersteller gekennzeichnet.

Europäische Ölhersteller klassifizieren ihre Öle nach der **»ACEA«-Spezifikation** (**A**ssociation des **C**onstructeurs **Européens** d'**A**utomobiles), die vor allem die europäische Motorentechnologie berücksichtigt. Öle für PKW-Benzinmotoren haben die ACEA-Qualitätsklassen A1-98 bis A3-98; Dieselmotoröle von B1-98 bis B4-98. Von höchster Qualität sind Öle **»A3«** für Ottomotoren und **»B3«** für Dieselmotoren. **»B4«** ist auf Diesel-Direkteinspritzer abgestimmt, sollte aber nur verwendet werden, wenn ebenfalls die Spezifikation »B3« angegeben ist. **»98«** gibt den Beginn der Gültigkeit der ACEA-Klassifikation im Jahr 1998 an. Motoröle mit höheren Jahreszahlangaben können ebenfalls verwendet werden.

**Achtung:** Motoröle, die vom Hersteller ausdrücklich als Öle für Diesel-Motoren bezeichnet werden, sind für Ottomotoren nicht geeignet. Es gibt Öle, die sowohl für den Otto- als auch für den Diesel-Motor geeignet sind. In diesem Fall sind beide Spezifikationen (Beispiel: ACEA A3-98/B3-98) auf der Öldose vermerkt.

## Das richtige Motoröl für den OPEL CORSA/COMBO/MERIVA

**CORSA/COMBO bis 8/03**

Vollsynthetisches Motoröl der Spezifikation **ACEA A3/B3**.

**CORSA/COMBO seit 9/03 und MERIVA mit flexiblen Wartungsintervallen**

**Benzinmotoren:** Longlife-Öl der OPEL-Spezifikationen **GM-LL-A-025** (5W-30).

**Dieselmotoren:** Longlife-Öl der OPEL-Spezifikationen **GM-LL-B-025** (10W-30).

**Hinweis:** Ein höherer Gültigkeitsindex als **»025«** ist auch zulässig. Zwischen den Ölwechseln darf bis zu 1 Liter Motoröl der Qualität ACEA-A3/B3 nachgefüllt werden, ohne dass sich das Wechselintervall verkürzt. Bei mehr als 1 Liter verkürzt sich das Wechselintervall auf 30.000 km oder 1 Jahr.

## Ölkreislauf

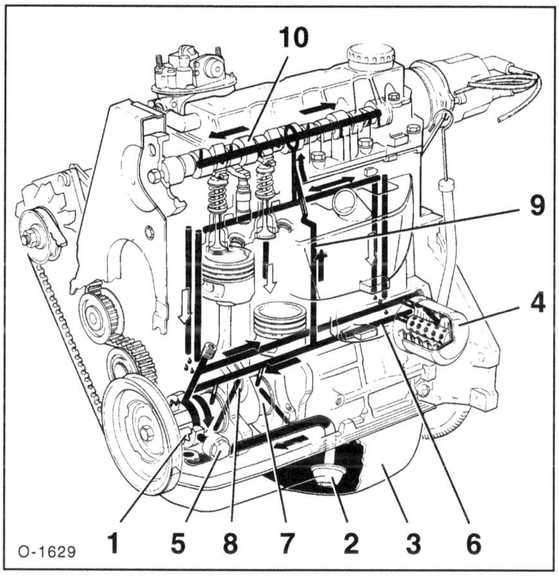


Die Ölpumpe –1– saugt das Motoröl über den Ölsaugkorb –2– aus der Ölwanne –3– an und drückt es in den Hauptstromölfilter –4–. An der Druckseite der Ölpumpe befindet sich ein Überdruckventil (Öldruckregelventil) –5–. Bei zu hohem Öldruck öffnet das Ventil, und ein Teil des Öls kann in die Ölwanne zurückfließen.

Durch die Mittelachse der Filterpatrone gelangt das gefilterte Öl in den Hauptölkanal –6–. Bei verstopftem Ölfilter leitet ein Kurzschlussventil das Öl direkt und ungefiltert in den Hauptölkanal.

Vom Hauptölkanal zweigen Kanäle ab zur Schmierung der Kurbelwellenlager –7–. Durch schräge Bohrungen in der Kurbelwelle wird das Öl an die Pleuellager –8– geleitet und von dort gegen Kolbenbolzen und Zylinder gespritzt.

Gleichzeitig gelangt Motoröl über Steigleitungen –9– in den Zylinderkopf und versorgt dort die Nockenwellenlager –10–.

Die Abbildung zeigt nicht den CORSA/MERIVA-Motor.

### Ölverbrauch

Bei einem Verbrennungsmotor versteht man unter dem Ölverbrauch diejenige Ölmenge, die als Folge des Verbrennungsvorganges verbraucht wird. Auf keinen Fall ist Ölverbrauch mit Ölverlust gleichzusetzen, wie er durch Undichtigkeiten an Ölwanne, Zylinderkopfdeckel usw. auftritt.

Normaler Ölverbrauch entsteht durch Verbrennung jeweils kleiner Mengen im Zylinder; durch Abführen von Verbrennungsrückständen und Abrieb-Partikeln. Zudem verschleißt das Öl durch hohe Temperaturen und hohe Drücke, denen es im Motor fortwährend ausgesetzt ist.

Ferner haben auch äußere Betriebsverhältnisse, Fahrweise sowie Fertigungstoleranzen einen Einfluss auf den Ölverbrauch. Der Ölverbrauch darf höchstens 0,6 l/1000 km betragen.

Unbedingt muss Öl nachgefüllt werden, wenn die »Nachfüll«-Markierung erreicht ist. **Achtung:** Nicht zu viel Öl auf einmal nachfüllen. Die Nachfüllmenge zwischen MIN- und MAX-Markierung am Ölpeilstab beträgt 1,0 l.

## Motor-Öltemperatur messen

Für verschiedene Einstellarbeiten ist die genaue Motor-Öltemperatur von Wichtigkeit.

- Die Motor-Öltemperatur sollte im Ölsumpf 1 cm über dem Boden gemessen werden. Dazu geeignete Messsonde in das Messstabführungsrohr bis zur Bodenberührung einführen und 1 cm zurückziehen.
- Damit keine Falschluft (Kurbelgehäuse-Entlüftung) über das Führungsrohr angesaugt wird, ist die Öffnung mit einem Gummistopfen abzudichten.

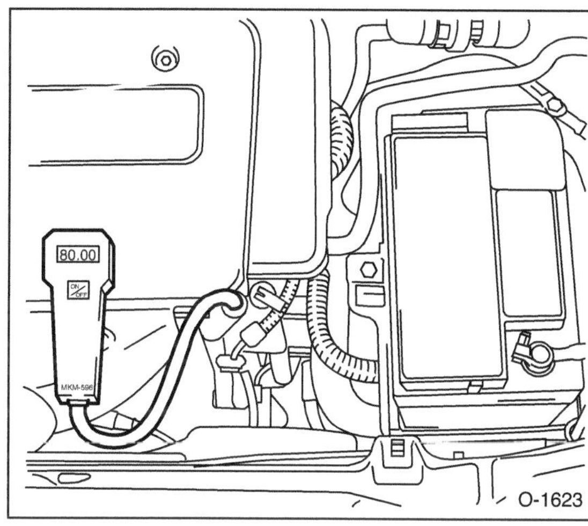


- Eine Öltemperatur von um die 80° C entspricht der Betriebstemperatur des Motors. **Hinweis:** Die Abbildung zeigt nicht den CORSA.

**Achtung:** Die Öltemperatur ist von der jeweiligen Motorbelastung abhängig. Bei extremen Belastungen sind Öltemperaturen bis zu +150° C möglich.

# Öldruck prüfen

**Prüfen**

- Motor warm fahren. Nach Erreichen der Kühlmittel-Betriebstemperatur noch etwa 5 km weiterfahren, damit auch eine ausreichende Motoröltemperatur von ca. 80° C sichergestellt ist.
- Zündung ausschalten.
- **CORSA ECO:** Untere Motorraumabdeckung ausbauen, siehe Seite 273.

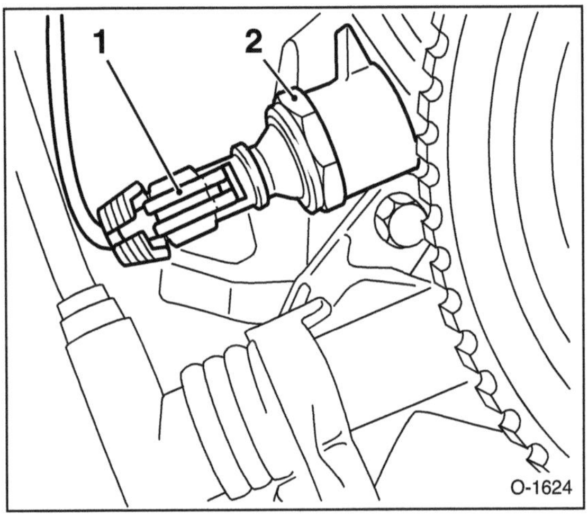


- Elektrische Leitung –1– vom Öldruckschalter –2– abziehen. Die Abbildung zeigt den 1,6-l-Benzinmotor Z16SE/ Z16XE. Beim 1,6-l-Benzinmotor Z16XEP sitzt der Öldruckschalter vorn am Zylinderkopf.
- Ölauffangwanne unter den Öldruckschalter stellen.
- Öldruckschalter –2– herausschrauben.

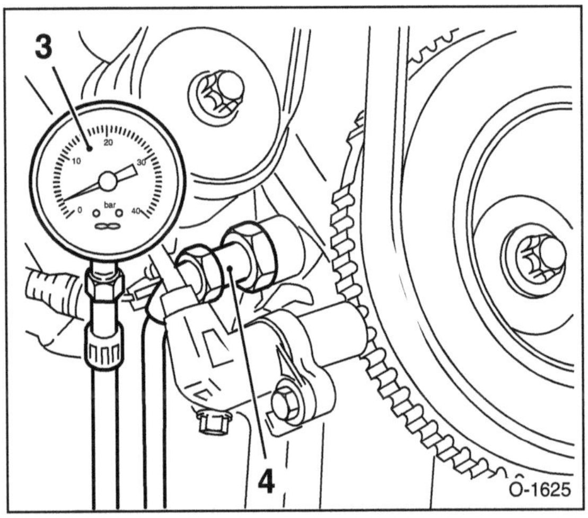


- Geeignetes Öldruckmanometer –3– mit Schraubstutzen –4– in das Gewindeloch des Öldruckschalters einschrauben.
- Motor starten und im Leerlauf drehen lassen.
- Öldruck bei betriebswarmem Motor prüfen. Wenn der Sollwert unterschritten wird, ist der Ölkreislauf (Pumpe, Lager usw.) zu überprüfen.

| Motor | Öldruck |
|---|---|
| Z10XE(P)/Z12XE(P)/Z14XE(P)/Z16SE | 1,5 bar |
| Z18XE | 1,4 bar |
| Z13DT(J) | 1,4 bar |
| Y17DT(L)/Z17DTR/Z16XEP | 1,3 bar |

- Öldruckmanometer herausschrauben. Öldruckschalter mit **neuem** Kupferdichtring einschrauben.

| Motor | Anzugsdrehmoment |
|---|---|
| Z10XE(P)/Z12XE(P)/Z14XEP/ Z17DTR | **20 Nm** |
| Z16XEP | **15 Nm** |
| Z14XE/Z16SE/Z16XE/Z18XE | **30 Nm** |
| Y17DT(L)/Z13DT(J) | **32 Nm** |

- Kabel am Öldruckschalter aufstecken.
- Ölstand prüfen, siehe Seite 20.
- **CORSA ECO:** Untere Motorraumabdeckung einbauen, siehe Seite 273.

# Ölkreislauf

## 1,3-l-Dieselmotor Z13DT

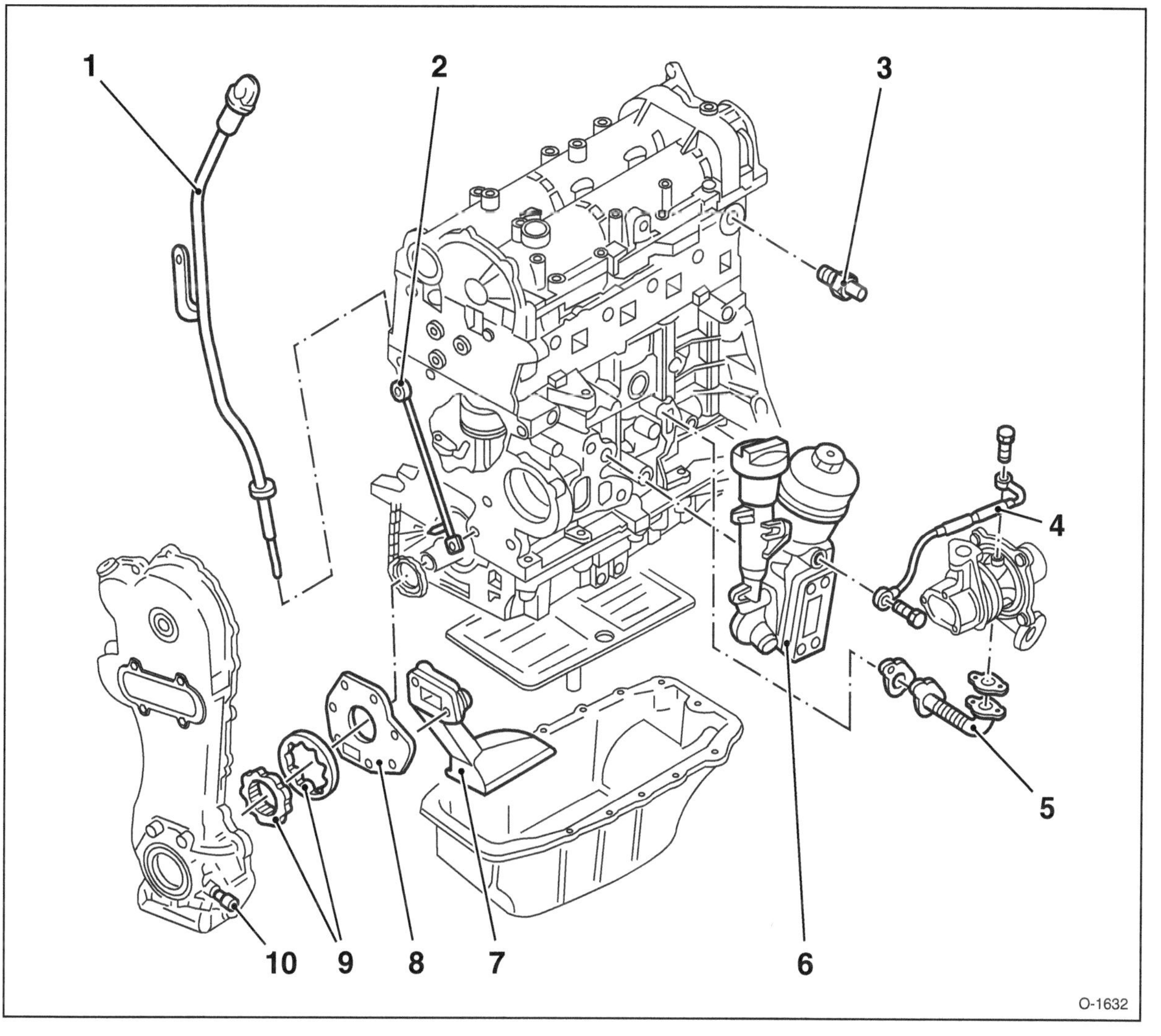


1 – Ölmessstab mit Führungsrohr
2 – Ölleitung
3 – Öldrucksensor
4 – Ölvorlaufleitung zum Turbolader
5 – Ölrücklaufleitung vom Turbolader
6 – Ölfiltergehäuse mit Ölkühler und Öleinfüllstutzen
7 – Ölansaugrohr
8 – Ölpumpen-Deckel
9 – Ölpumpen-Räder
10 – Öl-Überdruckventil

# Motor-Kühlung

## Kühlmittelkreislauf

Solange der Motor kalt ist, zirkuliert das Kühlmittel nur im Zylinderkopf sowie im Motorblock und im Wärmetauscher der Innenraumheizung. Mit zunehmender Erwärmung öffnet der Kühlmittelregler den großen Kühlmittelkreislauf. Das Kühlmittel wird von der ständig im Einsatz befindlichen Kühlmittelpumpe über den Kühler geleitet. Die Kühlflüssigkeit durchströmt den Kühler von oben nach unten und wird dabei durch die an den Kühlrippen vorbeistreichende Luft gekühlt.

Zur Verstärkung der Kühlluft ist ein elektrisch angetriebener, temperaturgesteuerter Lüfter eingebaut. Der Zeitpunkt für das Einschalten und die Drehzahl des Lüfters werden vom Motor-Steuergerät anhand der Werte des Kühlmittel-Temperaturfühlers bestimmt und über ein oder mehrere Kühlerlüfter-Relais geschaltet. Fahrzeuge mit Klimaanlage und Benzinmotor von 9/00 bis 8/03 besitzen einen Zusatzlüfter. Ab 9/03 entfällt der Zusatzlüfter, gleichzeitig wurde die Leistung des Hauptlüfters von 187 Watt auf 350 Watt erhöht.

Fahrzeuge mit Dieselmotor besitzen ein so genanntes Motorkühlungsmodul. Es besteht aus dem Kühler und 2 Lüftern, die vor und hinter dem Kühler angeordnet sind. Zwischen den Lüftern sitzt, falls vorhanden, der Verflüssiger der Klimaanlage. Angesteuert werden die Lüfter durch das Motor-Steuergerät über 4 Kühlerlüfter-Relais. Die Relais befinden sich im Motorraum im Sicherungs- und Relaiskasten (1,7-l-Motor) oder im Zusatz-Relaiskasten (1,3-l-Motor).

**Sicherheitshinweis**
**Der Elektrolüfter kann sich auch bei ausgeschalteter Zündung einschalten.** Durch Stauwärme im Motorraum ist auch **mehrmaliges Einschalten möglich.** Abhilfe: **Sicherung für Kühlerlüfter abziehen.**

## Kühler-Frostschutzmittel

Die Motor-Kühlanlage wird ganzjährig mit einer Mischung aus Wasser und Kühlerfrost- und Korrosions-Schutzmittel befüllt. Diese Mischung verhindert Frost- und Korrosionsschäden, Kalkansatz und hebt außerdem die Siedetemperatur des Kühlmittels an. Durch den Verschlussdeckel am Ausgleichbehälter wird bei warmem Motor innerhalb des Kühlkreislaufes ein Überdruck von ca. 1,2 bis 1,5 bar aufgebaut, der ebenfalls zur Siedepunkterhöhung der Kühlflüssigkeit beiträgt. Erforderlich ist der höhere Siedepunkt der Kühlflüssigkeit für ein einwandfreies Funktionieren der Motor-Kühlung. Bei zu niedrigem Siedepunkt der Flüssigkeit kann es zu einem Hitzestau kommen, wodurch der Kühlkreislauf behindert und die Kühlung des Motors vermindert wird. Deshalb muss das Kühlsystem unbedingt ganzjährig mit einer Kühlkonzentrat-Mischung gefüllt sein.

Grundsätzlich nur rotes, silikatfreies Frostschutzmittel verwenden. Das Frostschutzmittel muss von OPEL freigegeben

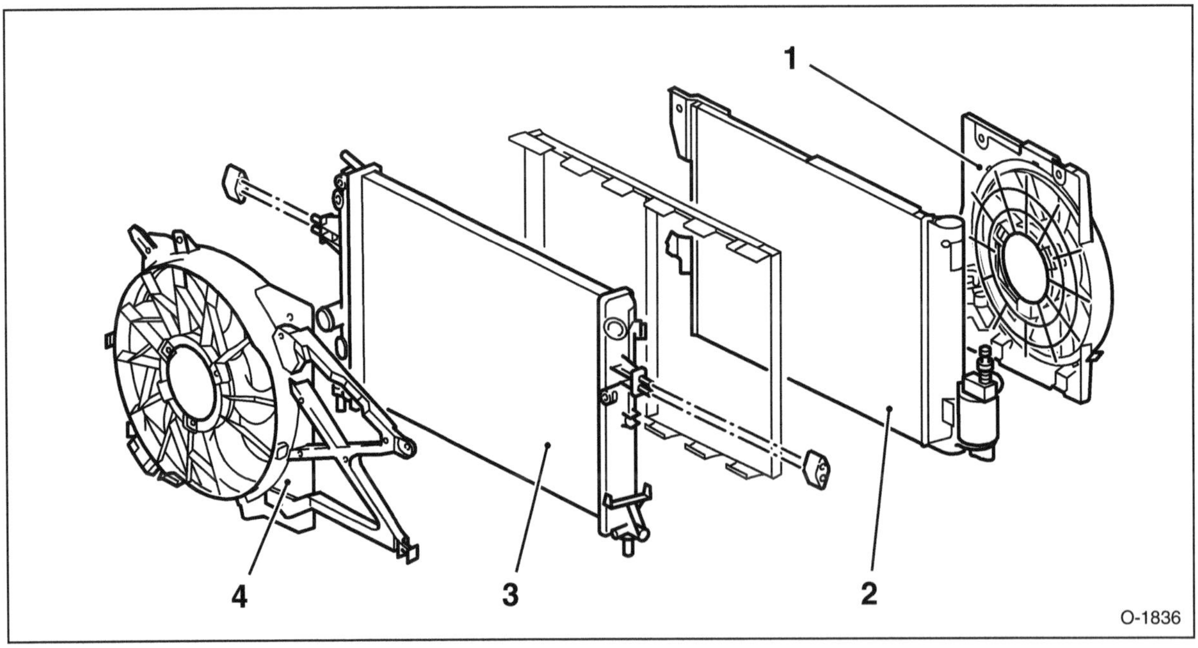


**Motorkühlungsmodul**

1 – Lüftergehäuse mit Lüftermotor vorn, nur Dieselmotor mit Klimaanlage.
2 – Verflüssiger der Klimaanlage.
3 – Kühler.
4 – Lüftergehäuse mit Lüftermotor hinten, bei allen Motoren vorhanden.

sein beziehungsweise die OPEL-Nummer 19 40 650/09 194 431 aufweisen.

**Achtung:** Auf keinen Fall, das für ältere Fahrzeuge vorgesehene silikathaltige, blaugrüne Kühlmittel einfüllen.

**Kühlmittel-Mischungsverhältnis:**

Die Kühlflüssigkeit wird aus einer Mischung von Kühlkonzentrat (Frostschutzmittel) und kalkarmem Trinkwasser hergestellt.

| Frostschutz bis | Kühlkonzentrat | Wasser |
|---|---|---|
| – 30° C | 40 % | 60 % |
| – 40° C | 50 % | 50% |

Die Kühlmittel-Füllmenge kann je nach Ausstattung des Fahrzeuges variieren. Anhaltswerte stehen in der Tabelle auf Seite 14.

## Kühlmittel ablassen und auffüllen

Falls bei Reparaturen der Zylinderkopf, die Zylinderkopfdichtung, der Kühler, der Heizungs-Wärmetauscher oder der Motor ersetzt wurden, muss die Kühlflüssigkeit auf jeden Fall ersetzt werden. Das ist erforderlich, weil sich die Korrosionsschutzanteile in der Einlaufphase an den neuen Leichtmetallteilen absetzen und somit eine dauerhafte Korrosionsschutzschicht bilden. Bei gebrauchter Kühlflüssigkeit ist der Korrosionsschutzanteil in der Regel nicht mehr groß genug, um eine ausreichende Schutzschicht an den neuen Teilen zu bilden.

Ein Wechsel des Kühlmittels im Rahmen der Wartung ist nicht erforderlich.

**Achtung:** Bei Arbeiten am Kühlsystem unbedingt darauf achten, dass **kein Kühlmittel auf den Zahnriemen** gelangt. Der Glykolanteil des Kühlmittels kann das Gewebe des Zahnriemens so schädigen, dass der Riemen nach einiger Betriebszeit reißt, wodurch schwer wiegende Motorschäden auftreten können.

**Hinweis:** Kühlmittel ist leicht giftig. Gemeinde- und Stadtverwaltungen informieren darüber, wie das alte Kühlmittel entsorgt werden soll.

**Ablassen**

**Sicherheitshinweis**
Bei heißem Motor vor dem Öffnen des Ausgleichbehälters einen dicken Lappen auflegen, um Verbrühungen durch heiße Kühlflüssigkeit oder Dampf zu vermeiden. Deckel nur bei Kühlmitteltemperaturen unter +90° C abnehmen.

- Verschlussdeckel am Ausgleichbehälter öffnen.
- Sauberes Auffanggefäß unter den Kühler stellen.

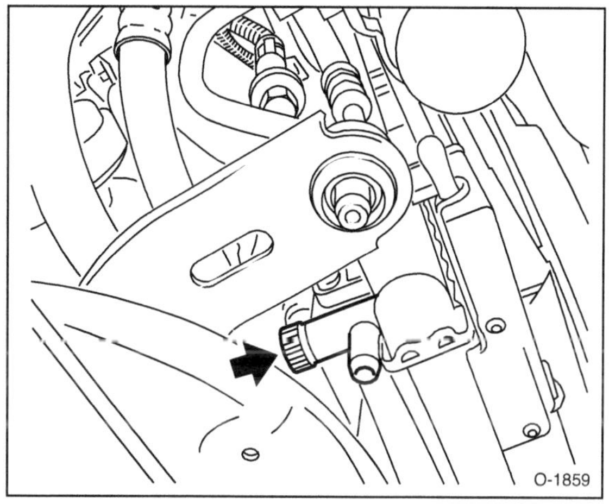


- Kühlmittel-Ablassschraube öffnen und Kühlflüssigkeit in Auffangbehälter abfließen lassen.
- Anschließend Ablassschraube wieder verschließen.

**Auffüllen**

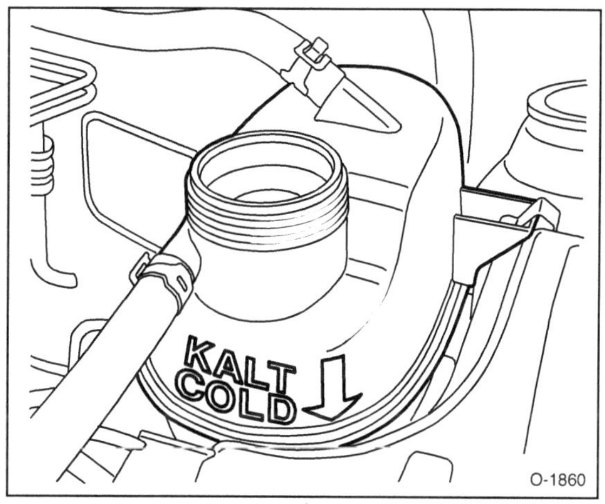


- Kühlflüssigkeit in den Ausgleichbehälter bis zur Markierung »KALT/COLD« einfüllen.
- Schraubverschluss für Ausgleichbehälter bis zum Anschlag festdrehen.
- Motor starten und warm laufen lassen, bis der Thermostat öffnet. Der untere Kühlmittelschlauch wird dann warm.
- **Motor Z13DT/Z16XE(P)/Z18XE:** Motor im Leerlauf drehen lassen, bis der Kühlerlüfter einschaltet. Nachdem der Lüfter wieder abgeschaltet hat, Motor für ca. 2 Minuten bei 2500 – 3000/min (Z17DTR: 2000 – 2500/min) weiterlaufen lassen. Dabei 3 Gasstöße bis maximal 2500/min ausführen

**Achtung:** Das Kühlsystem entlüftet sich während des Warmlaufens von selbst.

- Kühlsystem auf Dichtheit sichtprüfen.
- Motor abstellen und abkühlen lassen.
- Anschließend Kühlmittelstand nochmals prüfen, gegebenenfalls Kühlmittel bis zur »KALT/COLD«-Markierung nachfüllen.

# Kühlmittelregler (Thermostat) aus- und einbauen

Der Kühlmittelregler (Thermostat) öffnet mit zunehmender Erwärmung des Motors den großen Kühlmittelkreislauf. Bleibt der Thermostat durch einen Defekt geschlossen, wird der Motor zu heiß. Erkennbar ist das an einer im rechten Warnfeld stehenden Kühlmittel-Temperaturanzeige, während gleichzeitig der Kühler kalt bleibt. Ein defekter Thermostat kann aber auch nach dem Abkühlen der Kühlflüssigkeit weiterhin geöffnet bleiben. Dies erkennt man daran, dass der Motor nicht mehr seine Betriebstemperatur erreicht beziehungsweise dass der Zeiger der Kühlmittel-Temperaturanzeige langsamer ansteigt als bisher oder im Winter die Heizleistung nachlässt.

### Ausbau

**Achtung:** Die Beschreibung bezieht sich auf die Motoren **Z10XE(P)/Z12XE(P)/Z14XEP**. Hinweise für die anderen Motoren stehen am Ende des Kapitels.

- Batterie-Massekabel (–) abklemmen. **Achtung:** Hinweise im Kapitel »Batterie aus- und einbauen« beachten.
- **CORSA ECO:** Untere Motorraumabdeckung ausbauen, siehe Seite 273.
- Kühlmittel ablassen und auffangen, siehe entsprechendes Kapitel.

**Achtung:** Die Kühlflüssigkeit braucht nicht vollständig abgelassen zu werden. Es reicht, wenn der Kühlflüssigkeitsspiegel unterhalb vom Thermostatgehäuse liegt.

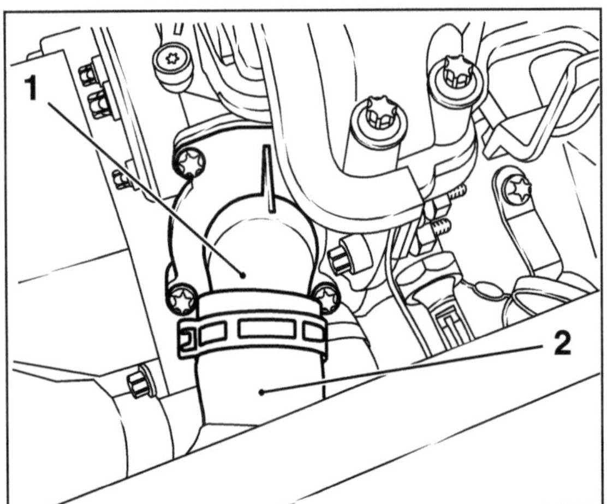

O-1861

- Kühlerschlauch –2– vom Kühlmittelstutzen abziehen, vorher Schellen öffnen und zurückschieben. **Hinweis:** Die Abbildung zeigt den 1,0-l-Motor.
- 3 Schrauben herausdrehen und Thermostatgehäuse –1– mit Thermostat abnehmen.
- Thermostat prüfen.

### Einbau

- Dichtflächen reinigen.

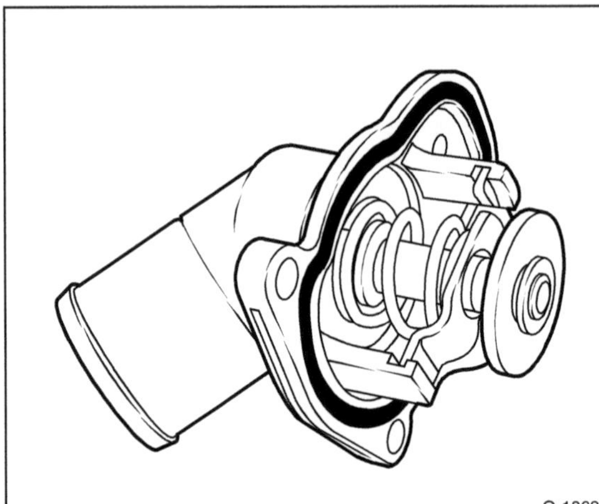
O-1862

- Thermostatgehäuse mit integriertem Thermostat und **neuer** Dichtung einsetzen und mit **8 Nm** anschrauben.
- Kühlmittelschlauch aufschieben und mit Schelle sichern.
- **CORSA ECO:** Untere Motorraumabdeckung einbauen, siehe Seite 273.
- Batterie-Massekabel (–) anklemmen. **Achtung:** Hinweise im Kapitel »Batterie aus- und einbauen« beachten.
- Frostschutz der Kühlflüssigkeit überprüfen, Kühlmittel auffüllen, siehe entsprechendes Kapitel.

---

### Speziell Motor Z14XE/Z16XE

- Obere Motorabdeckung ausbauen. Dazu Deckel vom Öleinfüllstutzen abschrauben, 2 Schrauben herausdrehen und beim Motor Z16XE seitlichen Kühlmittelschlauch ausclipsen. Abdeckung hinten etwas anheben, waagerecht nach vorn schieben (zum Kühler) und aus den vorderen Gummihaltern aushängen. Anschließend Deckel am Öleinfüllstutzen aufschrauben.
- Vorwärmschlauch für Drosselklappenmodul am Thermostatgehäuse abziehen, vorher Schelle öffnen und zurückschieben.
- Der Einbau erfolgt in umgekehrter Ausbaureihenfolge.

---

### Speziell Motor Z16SE

- Zahnriemen ausbauen, siehe Seite 196.
- Nockenwellenrad, Zahnriemenspannrolle und Zahnriemen-Antriebsrad ausbauen.
- Hintere Zahnriemen-Abdeckung abschrauben.

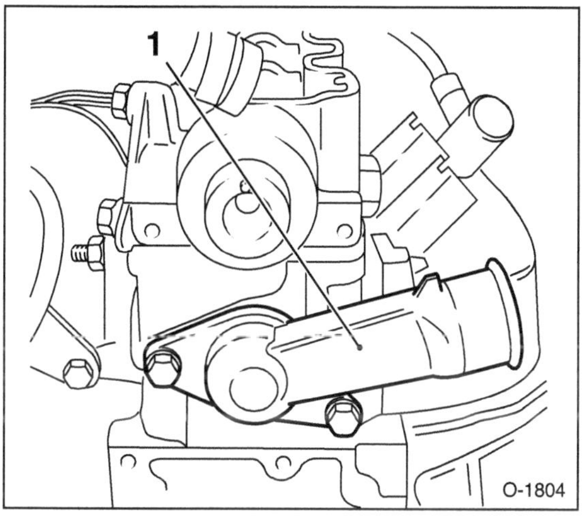


- Thermostatgehäuse –1– vom Zylinderkopf abschrauben.

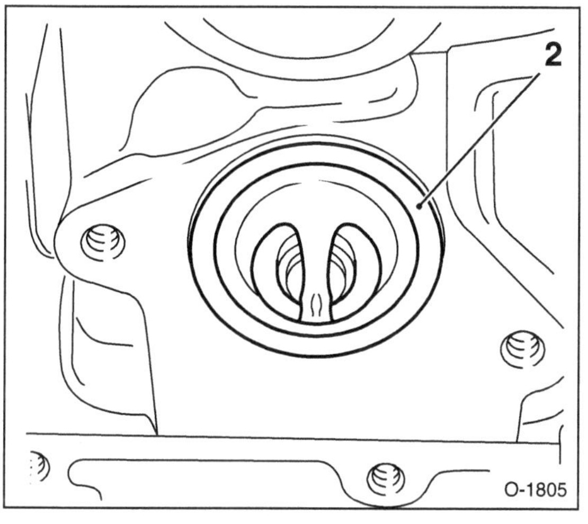


- Thermostat –2– herausnehmen.

**Einbau**

- Thermostat mit neuer Dichtung einsetzen. Thermostatgehäuse mit **10 Nm** anschrauben.
- Hintere Zahnriemen-Abdeckung mit **6 Nm** anschrauben.
- Grundplatte der Zahnriemenspannrolle mit der Nut in die Ölpumpe einsetzen und mit **20 Nm** anschrauben.
- Nockenwellenrad mit **45 Nm** anschrauben.
- Zahnriemen einbauen, siehe Seite 196.

**Speziell 1,8-l-Motor Z18XE**

- Obere Motorabdeckung ausbauen. Dazu Deckel vom Öleinfüllstutzen abschrauben und 2 Schrauben herausdrehen. Abdeckung hinten etwas anheben, waagerecht nach vorn schieben (zum Kühler) und aus den vorderen Gummihaltern aushängen. Anschließend Deckel am Öleinfüllstutzen aufschrauben.
- 1 Schraube herausdrehen und Ansaugrohr aus der Halterung herausziehen.

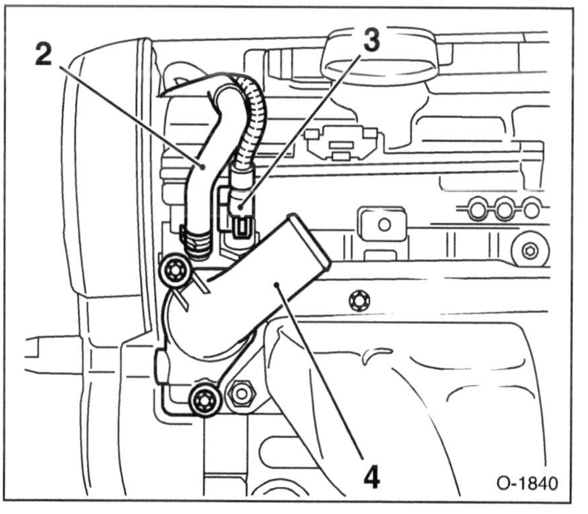


- Kühlmittelschlauch –2– abziehen.
- Stecker –3– vom Kühlmittel-Temperaturfühler abziehen.
- Thermostatgehäuse –4– abschrauben und mit Thermostat herausnehmen.
- Thermostat prüfen, gegebenenfalls Gehäuse mit Thermostat ersetzen. In diesem Fall Kühlmittel-Temperaturfühler umbauen und mit **14 Nm** anschrauben.

**Einbau**

- Thermostatgehäuse mit neuem Dichtring einsetzen und mit **20 Nm** am Zylinderkopf anschrauben.
- Stecker am Kühlmittel-Temperaturfühler aufschieben.
- Der weitere Einbau erfolgt in umgekehrter Ausbaureihenfolge.

**Speziell 1,3-l-Dieselmotor Z13DT**

Das Thermostatgehäuse befindet sich unterhalb von der Vakuumpumpe und ist am Zylinderkopf angeschraubt. Der Thermostat kann nicht aus dem Gehäuse herausgenommen werden. Bei einem Defekt muss das Thermostatgehäuse komplett mit Thermostat ersetzt werden.

- Kraftstofffilter und Crashbox ausbauen, siehe Seite 242.
- 4 Schrauben herausdrehen und Ladeluftrohr herausnehmen.

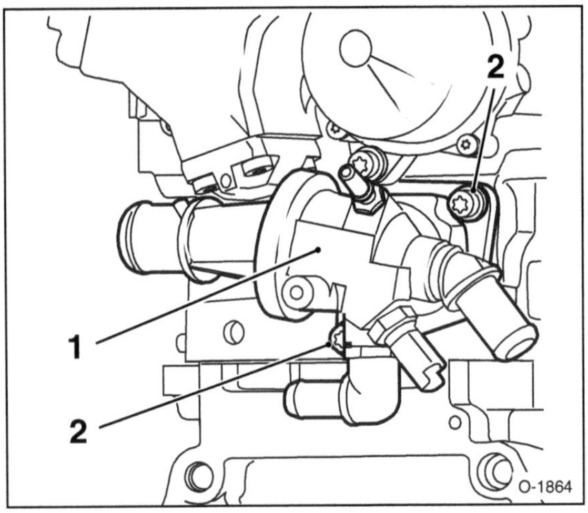


- Stecker vom Kühlmitteltemperatur-Sensor abziehen. Der Sensor ist in das Thermostatgehäuse –1– eingeschraubt.
- 4 Kühlmittelschläuche vom Thermostatgehäuse abziehen, vorher Schellen öffnen und zurückschieben.
- Thermostatgehäuse –1– abschrauben –2– und abnehmen.
- Der Einbau erfolgt in umgekehrter Ausbaureihenfolge. Gegebenenfalls Temperatursensor umbauen.
  **Anzugsdrehmomente:**
  Thermostatgehäuse . . . . . . . . . . . . . . . . **25 Nm**
  Crashbox . . . . . . . . . . . . . . . . . . . . . . **25 Nm**

**Speziell 1,7-l-Dieselmotor**

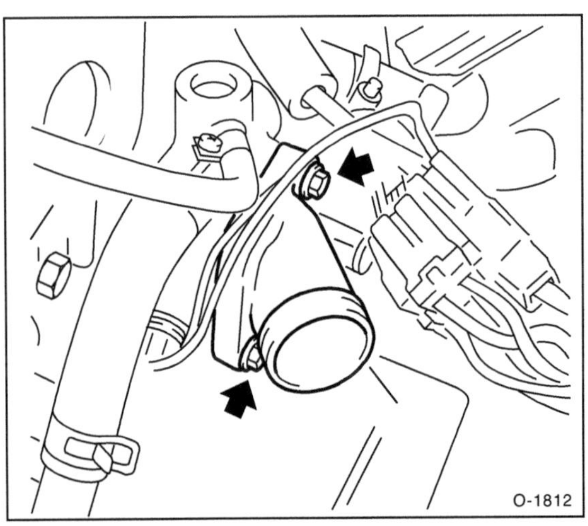


- Deckel für Thermostatgehäuse abschrauben –Pfeile–.
- Thermostat herausnehmen.
- Thermostat so einsetzen, daß die Markierung (Bohrung) auf dem Thermostat nach oben zeigt.
- Thermostatdeckel mit **neuer** Dichtung ansetzen und mit **24 Nm** anschrauben.

## Kühlmittelregler (Thermostat) prüfen

**Achtung:** Es kann nur der Öffnungsbeginn überprüft werden, da das Öffnungsende bei einer Temperatur über dem Siedepunkt des Wassers liegt.

**Prüfen**

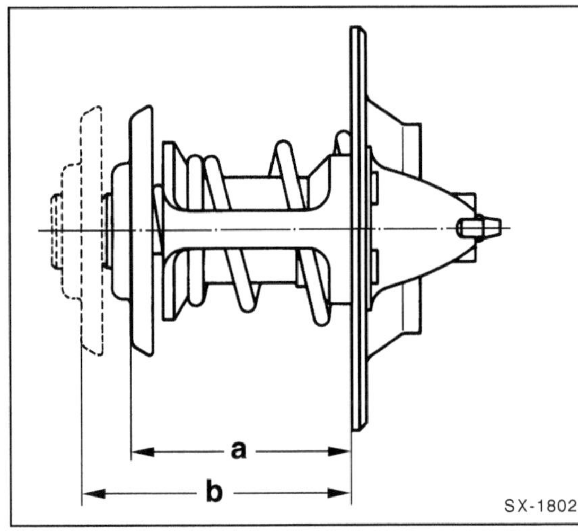


- Höhe des Thermostats messen, Maß »a« notieren.

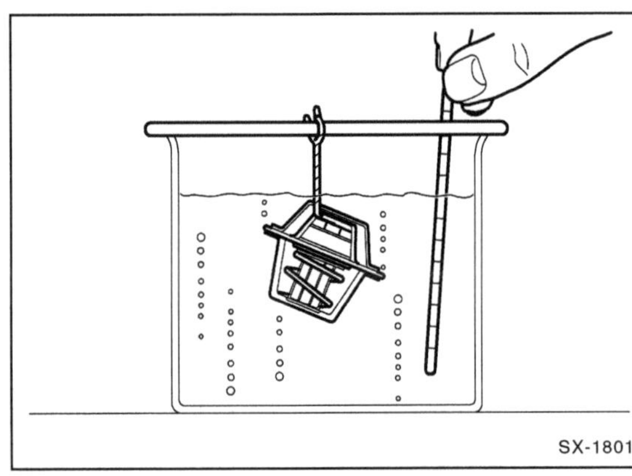


- Kühlmittelregler im Wasserbad langsam erwärmen. Dabei darf der Thermostat nicht die Wände des Behälters berühren. Der Thermostat muss vollständig eingetaucht sein. Temperatur mit einem geeigneten Thermometer kontrollieren.
- Sobald das Wasser die Öffnungstemperatur von ca. +92 ± 2° C erreicht, muss der Thermostat mit dem Öffnen der Regelklappe beginnen.
- Wasser weiter erwärmen, bis der Siedepunkt erreicht ist. Thermostat herausnehmen, die Höhe messen (Maß »b«) und mit dem ersten Messwert (Maß »a«) vergleichen. Der Öffnungshub beträgt bei Öffnungsende ca. 8 mm. Da diese Temperatur nicht erreicht wird, prüfen, ob sich der Regler um ein vergleichbares Maß geöffnet hat, sonst Kühlmittelregler ersetzen.
- Anschließend prüfen, ob sich der Regler beim Abkühlen wieder ganz schließt, andernfalls Regler ersetzen.

# Kühlsystem prüfen

### Prüfen

Undichtigkeiten im Kühlsystem können mit einem handelsüblichen Prüfgerät, zum Beispiel HAZET 4800-1/2/7 überprüft werden.

- Motor auf Betriebstemperatur bringen. Dazu Motor warm fahren, bis die Kühlmitteltemperatur-Anzeige im Fahrzeug die normale Kühlmitteltemperatur anzeigt.

**Sicherheitshinweis**
Bei heißem Motor vor dem Öffnen des Ausgleichbehälters einen dicken Lappen auflegen, um Verbrühungen durch heiße Kühlflüssigkeit oder Dampf zu vermeiden. Deckel nur bei Kühlmitteltemperaturen unter +90° C abnehmen.

- Kühlmittelstand prüfen, gegebenenfalls Kühlmittel auffüllen, siehe Seite 215.
- Verschlussdeckel am Ausgleichbehälter öffnen.

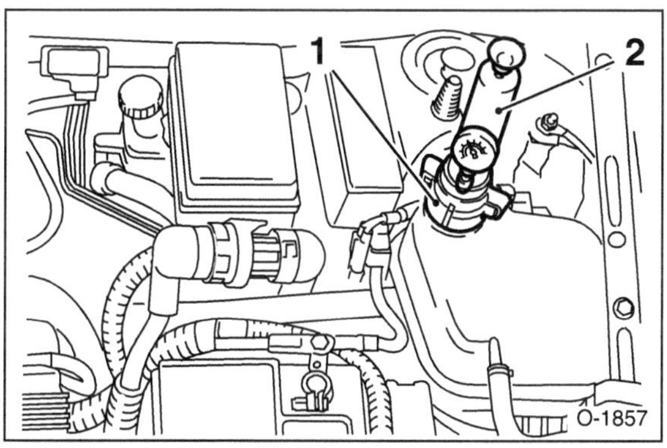


- Prüfgerät –2– auf Einfüllstutzen –1– des Ausgleichbehälters aufsetzen. Mit der Handpumpe des Gerätes einen Überdruck von ca. 1,0 bar erzeugen. Fällt der Druck ab, undichte Stelle suchen und beseitigen. Die undichte Stelle lässt sich an ausfließendem Kühlmittel erkennen.
- Wenn der Druck ohne Austritt von Kühlmittel abfällt oder gar ansteigt, kann auf inneren Kühlmittelverlust im Motor, zum Beispiel durch eine defekte Zylinderkopfdichtung oder einen Gehäuseriss, geschlossen werden.

# Lüfter aus- und einbauen

**Achtung:** Die Beschreibung bezieht sich auf die Motoren **Z10XE(P)/Z14XE ohne Klimaanlage.** Zusätzliche Hinweise für die verschiedenen Motoren und Ausführungen am Ende des Kapitels beachten.

**Hinweis:** Seit ca. 3/05 wurden bei Fahrzeugen mit Klimaanlage die Gebläsestufen für den Kühlerlüfter von bisher 4 beziehungsweise 3 auf jeweils 2 Stufen reduziert. Dies muss vor allem bei Ersatz des Lüfters oder des Steuergerätes beachtet werden.

### Ausbau

- Batterie-Massekabel (–) abklemmen. **Achtung:** Hinweise im Kapitel »Batterie aus- und einbauen« beachten.

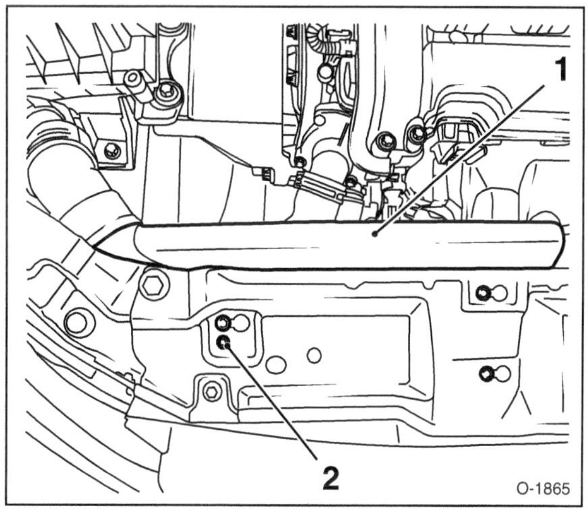


- Luftansaugrohr –1– ausbauen. Dazu Schraube –2– herausdrehen. **Hinweis:** Vor Herausnehmen des Luftansaugrohres Ölmessstab herausziehen.

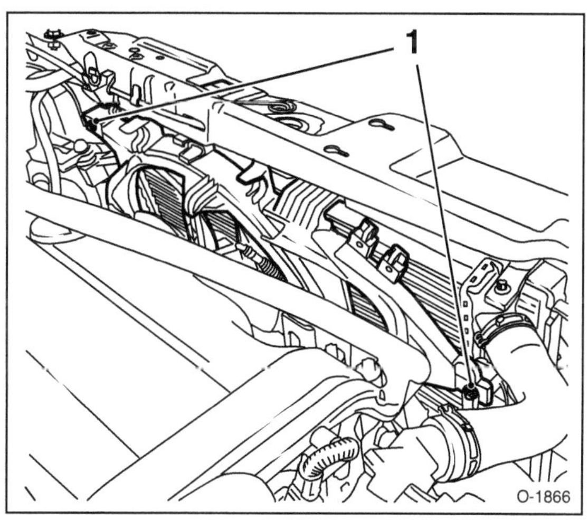


- Lüftergehäuse ausbauen. Dazu 2 Schrauben –1– herausdrehen. Kühlmittelschlauch ausclipsen. Stecker für Lüftermotor abziehen. **Hinweis:** Kabelverlegung markieren. Lüftergehäuse vorsichtig nach oben herausnehmen.

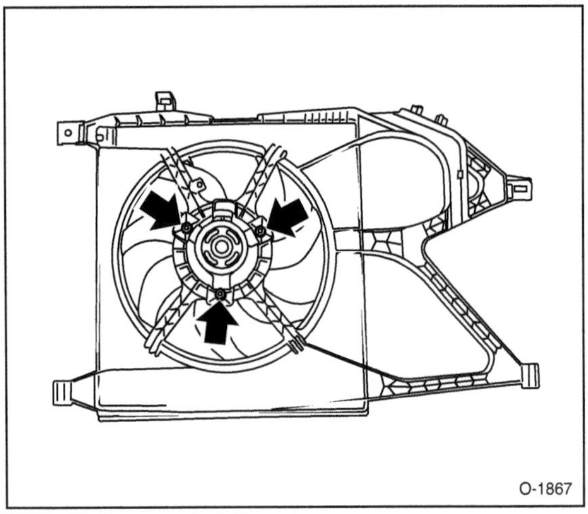


- Einbaulage des Lüftermotors zum Lüfterrad mit einem Filzstift markieren.
- 3 Muttern –Pfeile– herausdrehen und Lüftermotor abnehmen.

**Einbau**

- Lüftermotor entsprechend der angebrachten Markierungen ansetzen und mit **5 Nm** anschrauben.
- Lüftergehäuse einsetzen und mit **5 Nm** anschrauben.
- Kühlmittelschlauch einclipsen.
- Stecker für Lüftermotor aufstecken, Kabel wie bisher verlegen und gegebenenfalls mit Kabelbinder sichern.
- Luftansaugrohr einsetzen und anschrauben. Ölmessstab einstecken.
- Batterie-Massekabel (–) anklemmen. **Achtung:** Hinweise im Kapitel »Batterie aus- und einbauen« beachten.

**Speziell mit Klimaanlage**

- Stoßfänger vorn ausbauen, siehe Seite 275.
- Halteklammer für Lüftergehäuse nach unten abziehen.

**Achtung Motor Z17DTH:** Zum Ausbau des Lüfters muss der Kältemittelkreislauf der Klimaanlage geöffnet werden, daher den Lüfterausbau in einer entsprechend ausgerüsteten Fachwerkstatt durchführen lassen.

**Speziell Motor Z12XE(P)/Z14XEP/Z16SE/Z18XE/Z17DTH**

- 2 Kühlerhalter unten abschrauben.

**Anzugsdrehmoment:**
Kühlerhalter unten . . . . . . . . . . . . . . . . . . . **15 Nm**

**Speziell MERIVA**

- Abdeckung für Kühler abschrauben, dazu 2 Schrauben herausdrehen.
- Stoßfänger ausbauen, siehe Seite 275.
- Lüftergehäuse aus Halter ausclipsen und mit Helfer vorsichtig nach unten herausnehmen.

**Speziell Motor Z13DT**

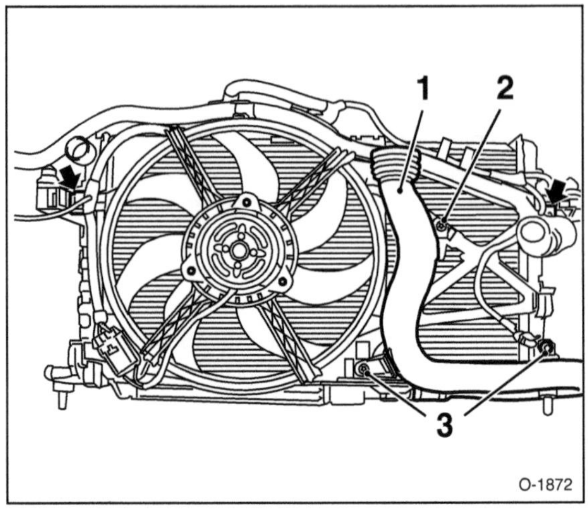


- Ladeluftschlauch zwischen Turbolader und Ladeluftrohr ausbauen, dazu Schelle öffnen und Quickfitting trennen.
- Ladeluftrohr –1– oben abschrauben –2–.
- Lüftergehäuse abschrauben, dazu 2 Schrauben –Pfeile– herausdrehen.
- Von unten die Schrauben –3– für Ladeluftrohr herausdrehen.
- 2 Kühlerhalter unten abschrauben.
- Vorwiderstand vom Lüftergehäuse abschrauben.

**Anzugsdrehmoment:**
Kühlerhalter unten . . . . . . . . . . . . . . . . . . . **15 Nm**
Kühlerhalter rechts (mit Sicherungsmasse »blau«) . **20 Nm**
Vorwiderstand . . . . . . . . . . . . . . . . . . . . . **1,5 Nm**
Ladeluftrohr . . . . . . . . . . . . . . . . . . . . . . **5 Nm**

# Kühler aus- und einbauen

**Achtung:** Die Beschreibung bezieht sich auf die Motoren **Z10XE(P)/Z14XE ohne Klimaanlage.** Zusätzliche Hinweise für die verschiedenen Motoren und Ausführungen am Ende des Kapitels beachten.

### Ausbau

- Batterie-Massekabel (–) abklemmen. **Achtung:** Hinweise im Kapitel »Batterie aus- und einbauen« beachten.
- Kühlmittel ablassen und auffangen, siehe Seite 215.
- **CORSA ECO:** Untere Motorraumabdeckung ausbauen, siehe Seite 271.
- Stoßfänger vorn ausbauen, siehe Seite 275.
- Luftansaugrohr –1– ausbauen. Dazu Schraube –2– herausdrehen, siehe Abbildung O-1865 im Kapitel »Lüfter aus- und einbauen«. **Hinweis:** Vor Herausnehmen des Luftansaugrohres Ölmessstab herausziehen.
- Kühlmittelschläuche vom Kühler abziehen, vorher Schlauchschellen öffnen und zurückschieben.

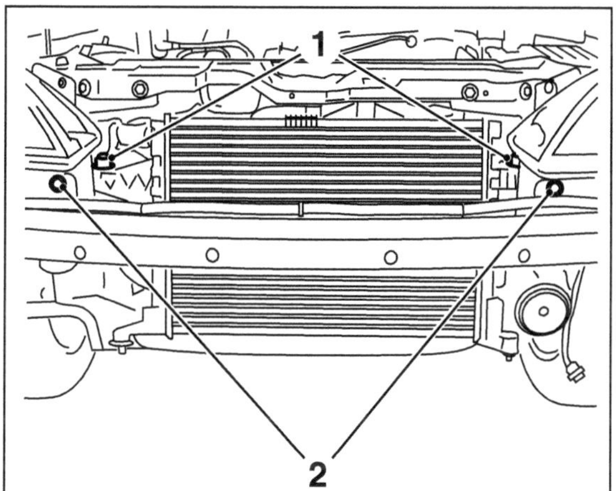

O-1868

- 2 obere Kühlerhalter –1– abschrauben –2–.
- Überlaufschlauch vom Kühler abziehen, vorher Schlauchschellen öffnen und zurückschieben.
- Stecker für Lüftermotor abziehen.
- Kühler vorsichtig nach unten herausnehmen.

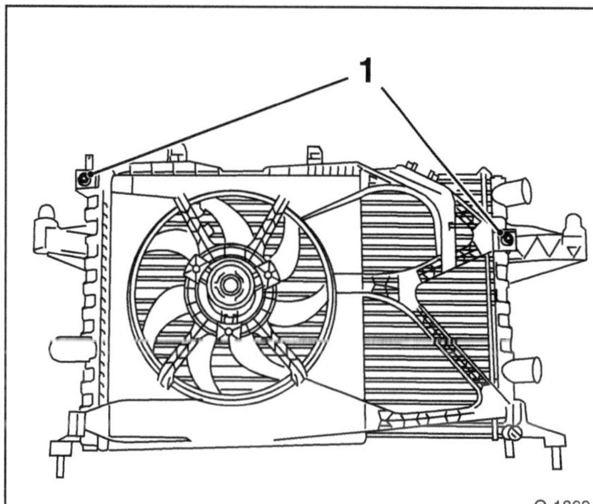

O-1869

- Lüftergehäuse vom Kühler abschrauben –1–.

### Einbau

- Lüftergehäuse am Kühler mit **5 Nm** anschrauben.
- Kühler vorsichtig von unten einsetzen.
- Stecker für Lüftermotor aufstecken.
- 2 Kühlerhalter mit **25 Nm** anschrauben.
- Überlaufschlauch am Kühler aufstecken und mit Schelle sichern.
- Kühlmittelschläuche am Kühler aufstecken und mit Schellen sichern.
- Luftansaugrohr einsetzen und anschrauben. Ölmessstab einstecken.
- Stoßfänger vorn einbauen, siehe Seite 275.
- **CORSA ECO:** Untere Motorraumabdeckung einbauen, siehe Seite 273.
- Batterie-Massekabel (–) anklemmen. **Achtung:** Hinweise im Kapitel »Batterie aus- und einbauen« beachten.
- Frostschutz der Kühlflüssigkeit überprüfen, Kühlmittel auffüllen, siehe entsprechendes Kapitel.

---

### Speziell mit Klimaanlage

**Achtung Motor Z17DTH:** Zum Ausbau des Lüfters muss der Kältemittelkreislauf der Klimaanlage geöffnet werden, daher den Lüfterausbau in einer entsprechend ausgerüsteten Fachwerkstatt durchführen lassen.

- Halteklammer für Lüftergehäuse nach unten abziehen.

- Verflüssiger abschrauben –Pfeile–, aus dem Halter ziehen und mit Draht am Motor aufhängen. **Achtung:** Der Kältemittelkreislauf bleibt geschlossen.

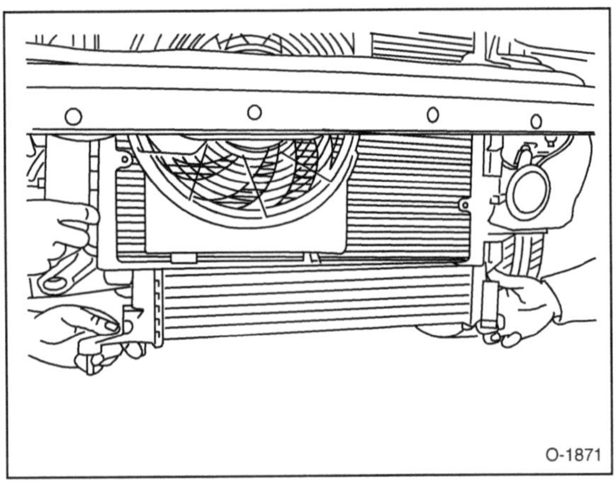


- Kühler mit Helfer sichern. 2 untere Kühlerhalter abschrauben. Dazu 4 Schrauben herausdrehen. Kühler mit Helfer vorsichtig nach unten herausnehmen.

**Anzugsdrehmomente:**
Kühlerhalter unten . . . . . . . . . . . . . . . . . . . **25 Nm**
Verflüssiger . . . . . . . . . . . . . . . . . . . . . . . . **5 Nm**

**Speziell Motor Z12XE(P)/Z14XEP**

**Hinweis:** Der Stoßfänger braucht bei Fahrzeugen ohne Klimaanlage nicht ausgebaut zu werden.

- Lüfter ausbauen, siehe entsprechendes Kapitel.
- Kühler vorsichtig nach oben aus den Gummilagern herausheben und herausnehmen.

**Anzugsdrehmoment:**
Kühlerhalter unten . . . . . . . . . . . . . . . . . . . **15 Nm**

**Speziell Motor Z18XE**

- Hupe ausbauen, siehe Seite 62.

**Anzugsdrehmomente:**
Kühlerhalter oben . . . . . . . . . . . . . . . . . . . **10 Nm**
Kühlerhalter unten . . . . . . . . . . . . . . . . . . . **15 Nm**

**Speziell MERIVA**

- Stoßfänger vorn ausbauen, siehe Seite 275.
- Kühlerhalter oben und unten abschrauben.
- Kühler mit Lüfter vorsichtig nach unten herausnehmen. **Achtung:** Dazu ist ein Helfer erforderlich.

**Anzugsdrehmoment:**
Kühlerhalter oben und unten. . . . . . . . . . . . . . **15 Nm**

## Kühlmittelpumpe aus- und einbauen

**Achtung:** Die Beschreibung bezieht sich auf die Motoren **Z10XE(P)/Z12XE(P)/Z14XEP.** Zusätzliche Hinweise für die verschiedenen Motoren und Ausführungen am Ende des Kapitels beachten.

**Ausbau**

- Batterie-Massekabel (–) abklemmen. **Achtung:** Hinweise im Kapitel »Batterie aus- und einbauen« beachten.
- Kühlmittel ablassen und auffangen, siehe entsprechendes Kapitel.
- **CORSA ECO:** Untere Motorraumabdeckung ausbauen, siehe Seite 273.
- Luftfilter ausbauen, siehe Seite 243.

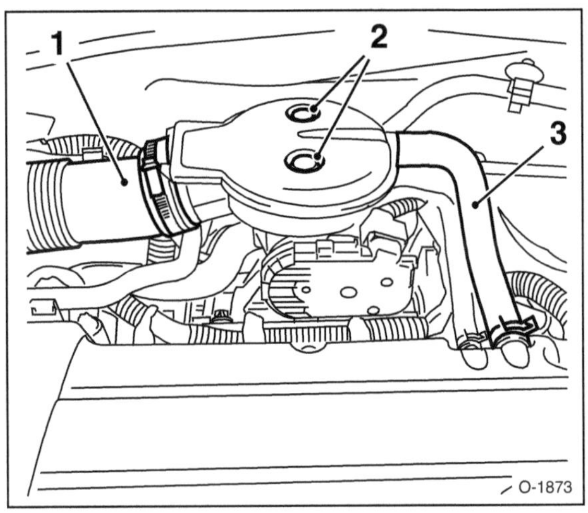


- Motorentlüftungsschlauch –3– vom Ansaugstutzen abziehen, vorher Schelle öffnen und zurückschieben.
- Ansaugstutzen abschrauben, dazu 2 Muttern –2– herausdrehen.
- Ansaugstutzen mit Luftansaugschlauch –1– abnehmen.

**Achtung:** Vor dem Entspannen des Keilrippenriemens Schrauben für Riemenscheibe der Kühlmittelpumpe lockern. Nach dem Ausbau des Keilrippenriemens, Riemenscheibe abschrauben und abnehmen.

- Keilrippenriemen ausbauen, siehe Seite 206.

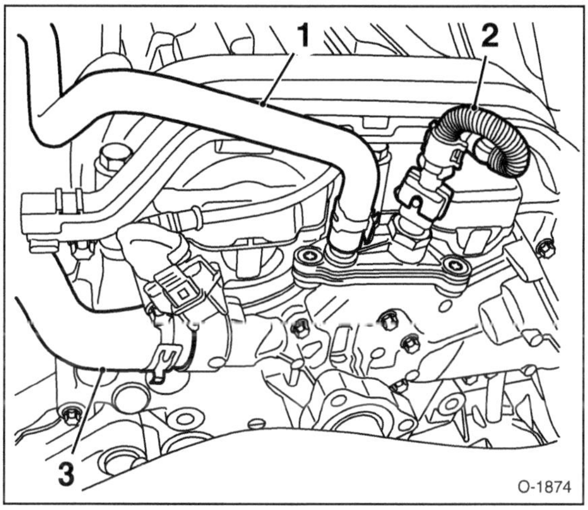


- Vorwärmschlauch –1– für Drosselklappenstutzen abziehen, vorher Schelle öffnen und zurückschieben.
- Heizungsschlauch –3– abziehen, vorher Schelle öffnen und zurückschieben.
- Stecker –2– vom Kühlmitteltemperatur-Sensor abziehen.

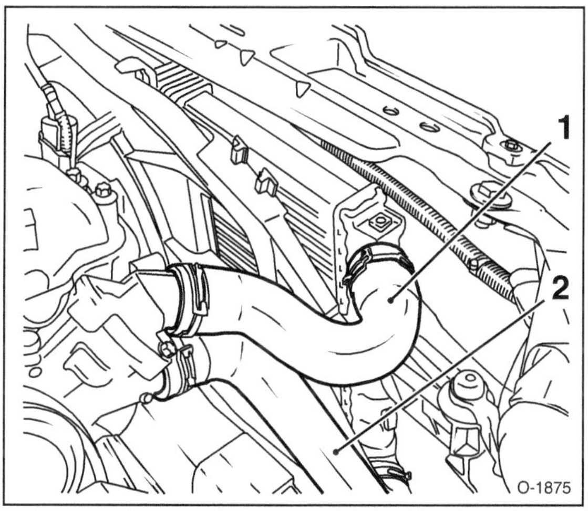


- Oberen –1– und unteren Kühlmittelschlauch –2– von der Kühlmittelpumpe abziehen, vorher Schelle öffnen und zurückschieben.

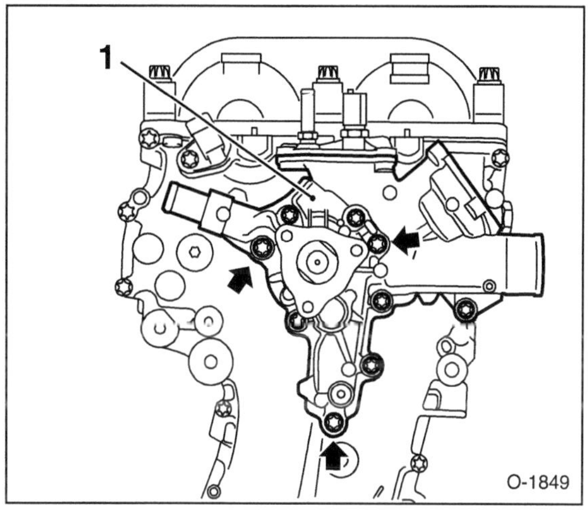


- Kühlmittelpumpe –1– vom Steuergehäuse abschrauben, dazu 9 Schrauben herausdrehen. Zur Einbauerleichterung empfiehlt es sich, die Einbaulage der kurzen Schrauben –Pfeile– mit Filzstift zu markieren.
- Kühlmittelpumpe vorsichtig abnehmen. **Achtung:** Dabei auf eventuell vorhandene Führungshülsen achten. Gegebenenfalls deren Einbaulage markieren.

**Einbau**

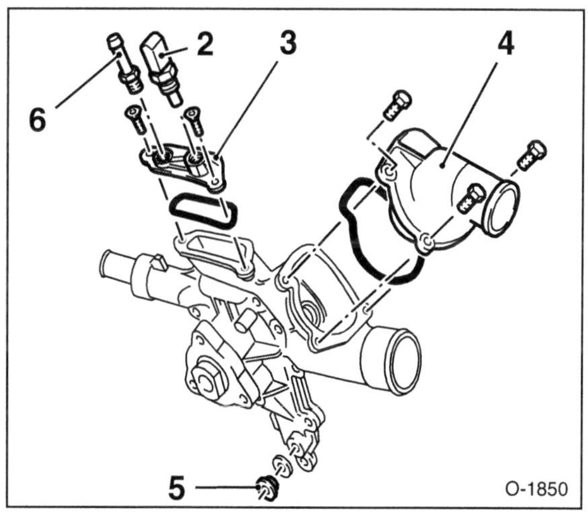


- Falls erforderlich, Anbauteile auf die neue Kühlmittelpumpe umbauen.
  2 – Kühlmitteltemperatur-Sensor, **18 Nm**.
  3 – Pumpendeckel mit **neuer** Dichtung, **8 Nm**.
  4 – Thermostat mit Gehäuse und **neuem** Dichtring, **8 Nm**.
  5 – Verschlussschraube mit **neuem** Dichtring, **15 Nm**.
  6 – Einschraubstutzen, **10 Nm**.
- Dichtflächen an Pumpe und Steuergehäuse reinigen.

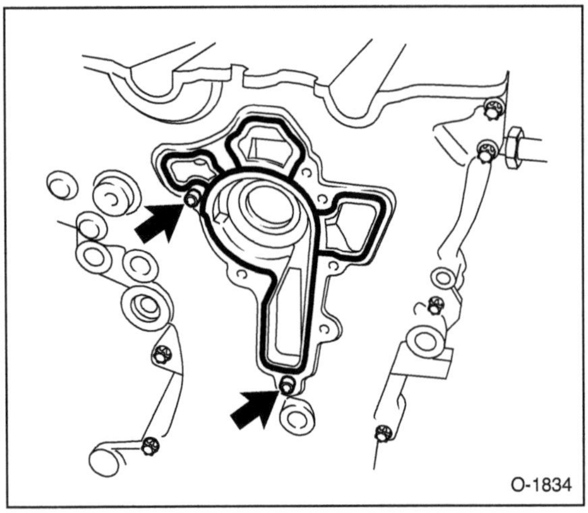


- Neue Dichtung am Steuergehäuse einlegen.
- Führungshülsen –Pfeile– einsetzen.
- Kühlmittelpumpe ansetzen und mit **8 Nm** festschrauben. **Achtung:** Kurze Schrauben in die mit Pfeilen gekennzeichneten Bohrungen, lange Schrauben in die übrigen Bohrungen einschrauben, siehe Abbildung O-1849.
- Oberen und unteren Kühlmittelschlauch an der Kühlmittelpumpe aufstecken und mit Schellen sichern.
- Stecker für Kühlmittel-Temperaturfühler aufstecken.
- Vorwärmschlauch für Drosselklappenstutzen und Heizungsschlauch an der Kühlmittelpumpe aufstecken und mit Schelle sichern.
- Kühlmittelpumpen-Riemenscheibe anschrauben, nicht festziehen.
- Keilrippenriemen einbauen, siehe Seite 206.
- Schrauben für Kühlmittelpumpen-Riemenscheibe mit **20 Nm** festziehen.
- Luftfilter mit Ansaugschlauch und Ansaugstutzen einbauen, siehe Seite 243.
- Motorentlüftungsschlauch am Ansaugstutzen aufstecken und mit Schelle sichern.
- **CORSA ECO:** Untere Motorraumabdeckung einbauen, siehe Seite 273.
- Kühlmittel auffüllen, siehe entsprechendes Kapitel.
- Batterie-Massekabel (–) anklemmen. **Achtung:** Hinweise im Kapitel »Batterie aus- und einbauen« beachten.

---

**Speziell Motor Z14XE/Z16XE/Z18XE**

- Obere Motorabdeckung ausbauen. Dazu Deckel vom Öleinfüllstutzen abschrauben, 2 Schrauben herausdrehen und beim Motor Z16XE seitlichen Kühlmittelschlauch ausclipsen. Abdeckung hinten etwas anheben, waagerecht nach vorn schieben (zum Kühler) und aus den vorderen Gummihaltern aushängen. Anschließend Deckel am Öleinfüllstutzen aufschrauben.
- Zahnriemen ausbauen, siehe Seite 193.
- Zahnriemen-Umlenk- und Spannrollen ausbauen.
- Zahnriemen-Antriebsrad von der Kurbelwelle abziehen.
- 2 Schrauben für hintere Zahnriemen-Abdeckung herausdrehen.

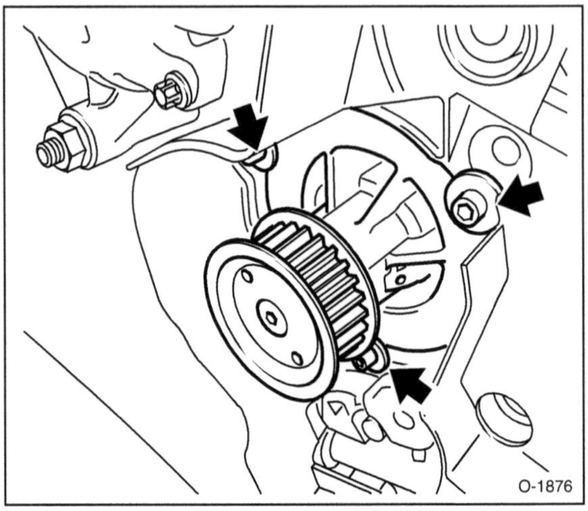


- 3 Schrauben –Pfeile– herausdrehen und Kühlmittelpumpe herausnehmen. **Hinweis:** Dabei hintere Zahnriemen-Abdeckung vorsichtig nach vorn ziehen.

**Einbau**

- Dichtflächen an Pumpe und Motorblock reinigen.
- Um ein Festrosten der Kühlmittelpumpe zu vermeiden, sowohl Dichtfläche am Motorblock als auch Dichtring im Kühlmittelpumpengehäuse leicht mit Silikonfett bestreichen, zum Beispiel OPEL 19 70 206 (weiß).

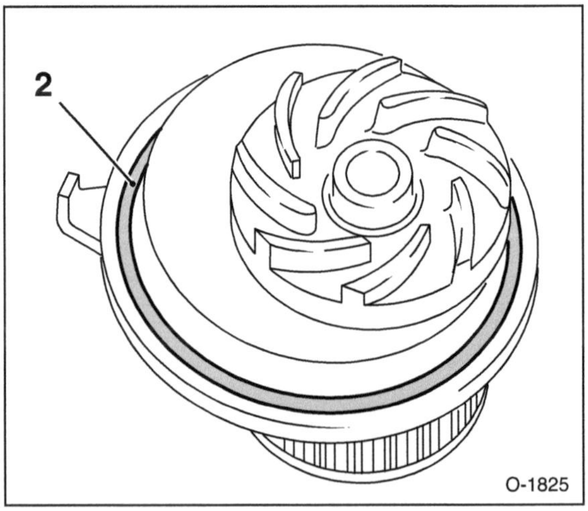


- Kühlmittelpumpe mit **neuem** Dichtring –2– einsetzen.

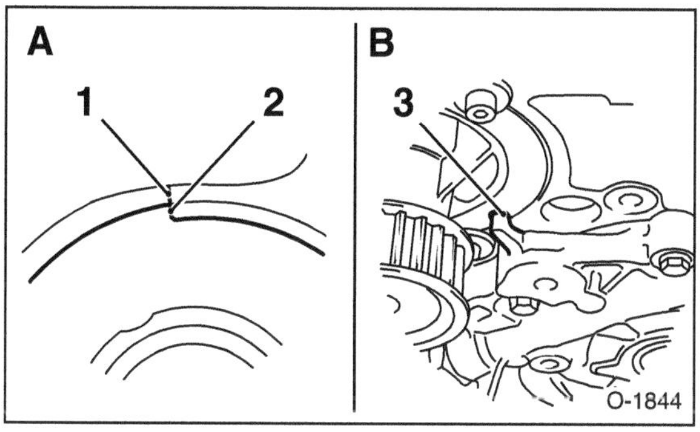


- **1,4-/1,6-l-Motor:** Kühlmittelpumpe so einsetzen, daß die Markierung –2– an der Pumpe mit der Markierung –1– am Motorblock übereinstimmt –A–.
- **1,8-l-Motor:** Kühlmittelpumpe so einsetzen, daß der Anguß –3– der Ölpumpe in die Nut der Kühlmittelpumpe eingreift –B–.
- Kühlmittelpumpe so einsetzen, dass die Markierung –2– an der Pumpe mit der Markierung –1– am Motorblock übereinstimmt. **Hinweis:** Zur Kontrolle die hintere Zahnriemen-Abdeckung etwas abheben.
- Kühlmittelpumpe mit **8 Nm** festziehen.
- Der weitere Einbau erfolgt in umgekehrter Ausbaureihenfolge.

## Dieselmotor

### Ausbau

- Batterie-Massekabel (–) abklemmen. **Achtung:** Hinweise im Kapitel »Batterie aus- und einbauen« beachten.
- Kühlmittel ablassen und auffangen, siehe entsprechendes Kapitel.
- **Y17DT(L):** Luftfilter ausbauen, siehe Seite 243.

**Achtung Y17DT(L)/Z17DTH:** Vor dem Entspannen des Keilrippenriemens Schrauben für Riemenscheibe der Kühlmittelpumpe lockern. Nach dem Ausbau des Keilrippenriemens, Riemenscheibe abschrauben und abnehmen.

- Keilrippenriemen ausbauen, siehe Seite 206.
- **Y17DT(L):** Kurbelwellen-Riemenscheibe abschrauben.

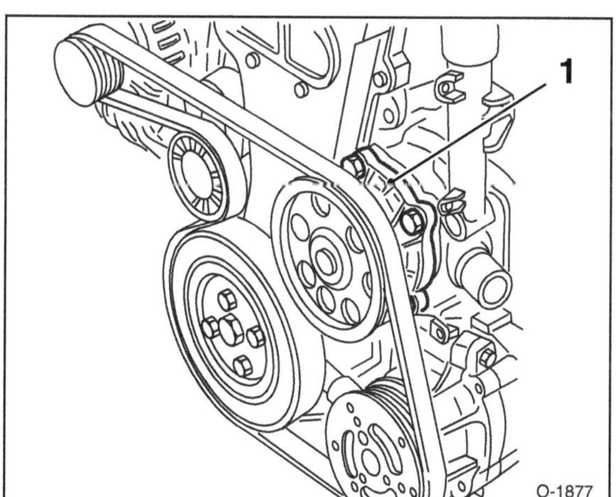


- **Z13DT:** 4 Muttern abschrauben und Kühlmittelpumpe –1– aus dem Motorblock herausnehmen. **Hinweis:** Der Keilrippenriemen ist anders als in der Abbildung dargestellt, bereits ausgebaut.

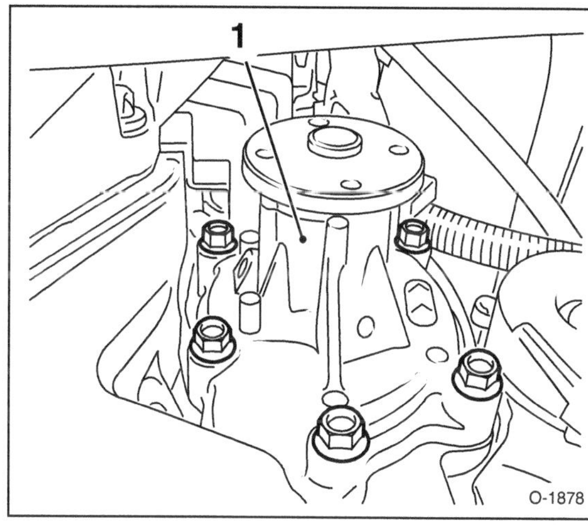


- **Y17DT(L)/Z17DTH:** 5 Schrauben herausdrehen und Kühlmittelpumpe –1– aus dem Motorblock herausnehmen.

### Einbau

- Dichtflächen reinigen.
- **Z13DT:** Kühlmittelpumpe mit neuem Dichtring einsetzen und mit **9 Nm** anschrauben.
- **Y17DT(L)/Z17DTH:** Kühlmittelpumpe mit neuer Dichtung einsetzen und mit **24 Nm** anschrauben.
- **Y17DT(L):** Kurbelwellen-Riemenscheibe mit **20 Nm** anschrauben.
- Keilrippenriemen einbauen, siehe Seite 206.
- **Y17DT(L)/Z17DTH:** Keilrippen-Riemenscheibe festschrauben.

  **Anzugsdrehmomente:**
  Z17DTH . . . . . . . . . . . . . . . . . . . . . **17 Nm**
  Y17DT(L). . . . . . . . . . . . . . . . . . . . . **10 Nm**
- **Y17DT(L):** Luftfilter einbauen, siehe Seite 243.
- Kühlmittel auffüllen, siehe entsprechendes Kapitel.
- Batterie-Massekabel (–) anklemmen. **Achtung:** Hinweise im Kapitel »Batterie aus- und einbauen« beachten.

## Störungsdiagnose Motor-Kühlung

**Störung:** Die Kühlmitteltemperatur ist zu hoch, Anzeige steht im Warnfeld.

| Ursache | Abhilfe |
|---|---|
| Zu wenig Kühlflüssigkeit im Kreislauf. | ■ Ausgleichbehälter muss bis zur Markierung »KALT« voll sein. Gegebenenfalls Kühlmittel nachfüllen. Kühlsystem auf Dichtheit prüfen. |
| Kühlmittelregler (Thermostat) öffnet nicht, Kühlflüssigkeit zirkuliert nur im kleinen Kreislauf. | ■ Prüfen, ob der obere Kühlmittelschlauch am Kühler warm wird. Wenn nicht, Regler ausbauen und prüfen, gegebenenfalls Regler ersetzen. |
| Kühlerlamellen verschmutzt. | ■ Kühler von der Motorseite her mit Pressluft durchblasen. |
| Kühler innen durch Kalkablagerungen oder Rost zugesetzt. Kühler wird nur im oberen Teil warm, unterer Kühlmittelschlauch vom Kühler wird nicht warm. | ■ Kühler erneuern. |
| Elektrolüfter läuft nicht. | ■ Stecker am Lüftermotor auf festen Sitz und guten Kontakt prüfen. **Achtung:** Verletzungsgefahr durch drehenden Lüfter!<br>■ **Benzinmotor ohne Klimaanlage:** Kühler-Relais prüfen. Unterwegs gegebenenfalls Anschlüsse 4 und 8 für Kühler-Relais (Klemme 30 und Klemme 87) überbrücken. Der Lüfter läuft dann immer mit, solange die Zündung eingeschaltet ist. In der Regel ist die Zusatzkühlung durch den Lüfter nur im Stadt- und Kurzstreckenverkehr erforderlich.<br>■ Prüfen, ob Spannung am Stecker für Lüftermotor anliegt (Zündung eingeschaltet, Motor heiß bzw. Kühler-Relais überbrückt ). Wenn ja, Lüftermotor ersetzen. |
| Kühlmitteltemperaturanzeige defekt. | ■ Geber überprüfen. Kombiinstrument prüfen lassen. |
| Kühlmittelpumpe defekt. | ■ Kühlmittelpumpe ausbauen und überprüfen. |
| Spannung für Keilrippenriemen zu gering oder Keilrippenriemen gerissen (nur 1,0-/1,2-Benzin- und Dieselmotor). | ■ Spannung für Keilrippenriemen beziehungsweise Spannrolle prüfen, gegebenenfalls Keilrippenriemen ersetzen. |

# Motor-Management

Aus dem Inhalt:

- Benzin-Einspritzanlage
- Zündanlage
- Diesel-Einspritzanlage
- Diesel-Vorglühanlage
- Kraftstoffanlage
- Motor-Luftfilter

Im Kapitel »Motor-Management« sind die Themen »Benzin-Einspritzanlage«, »Zündanlage«, »Diesel-Einspritzanlage« und Kraftstoffanlage zusammengefasst.

## Benzin-Einspritz- und Zündanlage

Das elektronische Motor-Management regelt die Kraftstoffzuteilung und das Zündsystem. Die Vorteile des elektronischen Motormanagements:

- Genau dosierte Kraftstoffmenge in jedem Betriebszustand des Motors, dadurch geringer Verbrauch bei guten Fahrleistungen.
- Reduzierung der Abgas-Schadstoffe durch exakte Kraftstoffzumessung und den Einsatz eines geregelten Katalysators.
- Die Eigendiagnose des Motor-Managements ermöglicht ein schnelleres Auffinden von Defekten. Das System ist mit einem Fehlerspeicher ausgestattet. Treten während des Betriebs Defekte auf, werden diese im Speicher abgelegt. Sollte der Motor nicht einwandfrei arbeiten, kann die Fachwerkstatt gegen Kostenerstattung eine Fehlerliste ausdrucken, damit gegebenenfalls der Defekt dann selbst behoben werden kann.

Das Steuergerät entspricht einem kleinen, sehr schnell arbeitenden Computer. Es bestimmt den optimalen Zündzeitpunkt, den Einspritzzeitpunkt und die Kraftstoff-Einspritzmenge. Dabei erfolgt eine Abstimmung des Steuergeräts mit anderen Fahrzeugsystemen, beispielsweise der Getriebesteuerung oder der Wegfahrsperre.

**Die Bauteile des Zünd- und Einspritzsystems sind langzeitstabil und praktisch wartungsfrei. Nur der Luftfiltereinsatz sowie die Zündkerzen müssen im Rahmen der Wartung gewechselt werden. Wesentliche Einstell- und Reparaturarbeiten können nur mit Hilfe von teuren Prüfgeräten durchgeführt werden, so dass diese Arbeiten nur noch von entsprechend ausgerüsteten Fachwerkstätten ausgeführt werden können.**

### Sicherheitsmaßnahmen bei Arbeiten am Benzin-Einspritzsystem

- **Kein offenes Feuer, nicht rauchen, keine glühenden oder sehr heißen Teile in die Nähe des Arbeitsplatzes bringen. Unfallgefahr! Feuerlöscher bereitstellen.**
- **Unbedingt für gute Belüftung des Arbeitsplatzes sorgen. Kraftstoffdämpfe sind giftig.**
- **Das Kraftstoffsystem steht unter Druck!** Bevor Schlauchverbindungen gelöst werden, Kraftstoffdruck abbauen, siehe Seite 238.
- Beim Trennen der Schlauchverbindungen sicherheitshalber einen dicken Putzlappen um die Verbindungsstelle legen.

**Achtung:** Bei Arbeiten am Einspritzteil des Systems sind auch die allgemeinen Sicherheits- und Sauberkeitsregeln zu beachten, siehe Kapitel »Kraftstoffanlage«.

## Diesel-Einspritzanlage

Die Dieseleinspritzung wird vollelektronisch durch das Motor-Management geregelt. Die Vorteile sind:

- Die Eigendiagnose des Motor-Managements ermöglicht ein schnelleres Auffinden von Defekten.
- Genau dosierte Kraftstoffmenge. Dadurch Reduzierung der Abgas-Schadstoffe und geringer Verbrauch.
- Das Einstellen von Leerlaufdrehzahl und Abregeldrehzahl ist nicht erforderlich.

**Die Bauteile des Motor-Managements sind langzeitstabil und praktisch wartungsfrei. Nur der Motor-Luftfiltereinsatz und der Kraftstofffilter müssen im Rahmen der Wartung gewechselt werden.**

# Benzin-Einspritzanlage

## Funktion des Motormanagements beim Benzinmotor

Der Kraftstoff wird aus dem Kraftstoffvorratsbehälter (Tank) von der elektrischen Kraftstoffpumpe angesaugt und über den vor dem Tank angebrachten Kraftstofffilter zum Kraftstoffverteiler gefördert. Ein Druckregler im Deckel der Kraftstoff-Fördereinheit sorgt dafür, dass der Druck im Kraftstoffsystem konstant bei etwa 3,8 bar gehalten wird.

Über elektrisch angesteuerte Einspritzventile wird der Kraftstoff stoßweise in das Ansaugrohr direkt vor die Einlassventile des Motors gespritzt. Das Motor-Steuergerät steuert die Einspritzventile sequentiell an, also in Zündreihenfolge, und regelt die Einspritzzeit und dadurch die Einspritzmenge.

Die Verbrennungsluft wird vom Motor über den Luftfilter angesaugt und gelangt durch das Drosselklappenteil sowie das Ansaugrohr bis zu den Einlassventilen. Geregelt wird die Luftmenge durch die Drosselklappe, die über einen Schrittmotor vom Motor-Steuergerät betätigt wird.

Die angesaugte Luftmenge wird von einem Luftmassenmesser gemessen. Anhand der Signale des Luftmassenmessers erkennt das Motor-Steuergerät den Lastzustand des Motors und regelt dementsprechend die Einspritzmenge.

Das Motor-Steuergerät ist ein kleiner, sehr schnell arbeitender Computer. Es bestimmt den optimalen Zündzeitpunkt, den Einspritzzeitpunkt und die Einspritzmenge.

Informationen von weiteren Sensoren (Fühlern) und Befehle an Aktoren (Stellglieder) sorgen in jeder Fahrsituation für einen optimalen Motorbetrieb. Fallen wichtige Sensoren aus, schaltet das Steuergerät auf ein Notlaufprogramm um, damit Motorschäden vermieden werden und weitergefahren werden kann. In diesem Fall ruckelt der Motor und neigt beim Gas geben zum Absterben.

### Sensoren und Aktoren der Einspritzanlage

- Der **Pedalwertgeber** sitzt im Fahrerfußraum und ist am Lagerbock des Gaspedals angeschraubt. Durch den Pedalwertgeber wird eine elektrisches Spannungssignal entsprechend der Gaspedalstellung an das Motor-Steuergerät übertragen.
- Der **Kühlmittel-Temperaturfühler** sitzt im Thermostatgehäuse. Es handelt es sich dabei um einen NTC-Widerstand. Das heißt, der Widerstand wird geringer, wenn die Kühlmitteltemperatur ansteigt. NTC = **N**egativer **T**emperatur **K**oeffizient.
- Die Tankentlüftung besteht aus dem **Aktivkohlebehälter** und einem **Magnetventil** (Regenerierventil). Im Aktivkohlebehälter werden Kraftstoffdämpfe gespeichert, die sich durch Erwärmung des Kraftstoffs im Tank bilden. Bei laufendem Motor werden die Kraftstoffdämpfe aus dem Aktivkohlebehälter abgesaugt und dem Motor zur Verbrennung zugeführt. Der Aktivkohlebehälter befindet sich hinter dem rechten Kotflügel.
- Der **Klopfsensor** ist unterhalb vom Ansaugkrümmer im Motorblock eingeschraubt. Er verhindert, dass schädliche, klopfende Verbrennungen auftreten können. Dadurch kann der Zündzeitpunkt an der Klopfgrenze gehalten werden, wodurch die Energie des Kraftstoffes besser ausgenutzt und somit der Kraftstoffverbrauch reduziert wird.

## Leerlaufdrehzahl/Zündzeitpunkt/ CO-Gehalt prüfen/einstellen

Im Rahmen der Wartung ist es nicht mehr erforderlich Leerlaufdrehzahl, Zündzeitpunkt und CO-Gehalt einzustellen, da die Werte permanent elektronisch nachgeregelt werden.

Falls die tatsächlichen Betriebswerte von den Sollwerten abweichen, liegt die Ursache in defekten Bauteilen, die ersetzt werden müssen. Eine fachgerechte Prüfung des Motormanagements ist nur mit speziellen Diagnosegeräten möglich.

## Allgemeine Prüfung der Benzin-Einspritzanlage

Für eine systematische Fehlersuche beziehungsweise Fehlerbehebung sind markenspezifische Messgeräte erforderlich. Diese Messgeräte sind sehr teuer und in der Regel nur in der Fachwerkstatt vorhanden. Deshalb wird hier nur eine Grundprüfung beschrieben:

- Batterie prüfen, siehe Seite 65.
- Alle Sicherungen prüfen, siehe Seite 62
- Sämtliche Stecker und Steckverbindungen des betroffenen elektronischen Systems abziehen und aufstecken. Festen Sitz der Steckverbindungen und Fixierung der Kabel im Motorraum prüfen.
- Alle Masseverbindungen auf festen Sitz und einwandfreien Kontakt prüfen.
- Schläuche und Leitungen auf Undichtigkeiten prüfen. Dabei auf Porosität und Risse achten. Lockere Anschlüsse befestigen.

# Motorraum-Übersicht

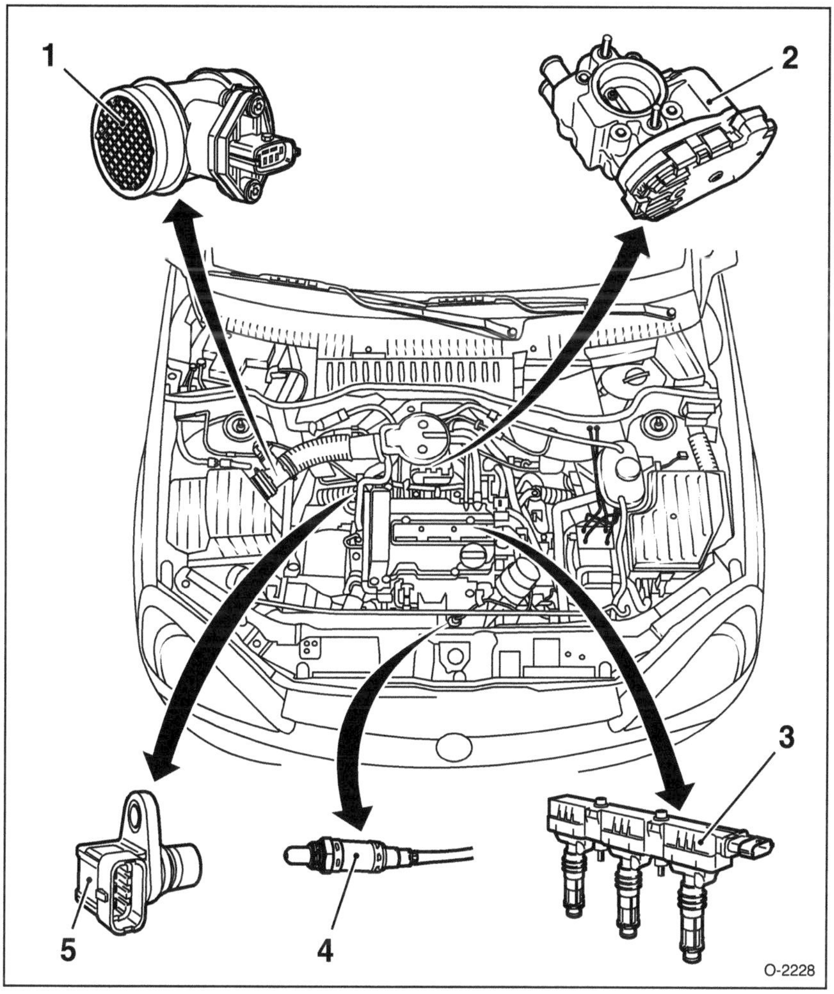


**1 – Luftmassenmesser**
Der Luftmassenmesser misst die angesaugte Luftmenge. Im Gehäuse des Luftmassenmessers befindet sich eine dünne, elektrisch beheizte Sensorplatte, die durch die vorbeistreichende Ansaugluft abgekühlt wird. Eine Steuerelektronik regelt den Heizstrom so, dass die Temperatur der Platte konstant bleibt. Steigt beispielsweise die Menge der angesaugten Luft, neigt das erhitzte Bauteil zum Abkühlen. Daraufhin wird der Heizstrom sofort erhöht, damit die Temperatur gleich bleibt. Anhand der Schwankungen des Heizstromes erkennt das Motor-Steuergerät den Lastzustand des Motors und regelt dementsprechend die Einspritzmenge.

**2 – Drosselklappenmodul, 7 – 9 Nm**
**Achtung:** Nach Aufstecken des Mehrfachsteckers ca. 30 Sekunden die Zündung einschalten. Dadurch wird die automatische Grundeinstellung aktiviert. In dieser Zeit Motor nicht starten.
Im Drosselklappenmodul befinden sich das Drosselklappen-Stellglied und das Drosselklappen-Potentiometer.
Als Stellglied fungiert ein elektrischer Schrittmotor, der die Stellung der Drosselklappe reguliert. Dadurch wird eine gleichbleibende Leerlaufdrehzahl erreicht, unabhängig davon, ob gerade Zusatzverbraucher, wie beispielsweise die Servolenkung oder der Klimakompressor, eingeschaltet sind.
Durch das Drosselklappenpotentiometer wird dem Steuergerät die momentane Winkelstellung der Drosselklappe übermittelt.

**3 – Zündmodul**
Das Zündmodul mit den integrierten Zündkerzensteckern sitzt direkt über den Zündkerzen. Es beinhaltet für jeden Zylinder eine Zündspule und eine Zündungsendstufe, Zündkabel sind nicht vorhanden, Ausnahme Motor Z16SE.

**4 – Lambdasonde**
Die Lambdasonde (Sauerstoffsensor) dient zur Regelung des Katalysators. Sie misst den Sauerstoffgehalt im Abgasstrom und schickt entsprechende Spannungssignale an das Motor-Steuergerät. Der CORSA/MERIVA ist mit 2 Lambdasonden ausgerüstet von denen eine vor und die andere nach dem Katalysator eingeschraubt sind.

**5 – Nockenwellensensor, 6 Nm**
Der Nockenwellensensor übermittelt dem Steuergerät die Zünd-OT-Stellung für Zylinder 1. Dies dient zur Synchronisation von Zündzeitpunkt und Einspritzreihenfolge.
**Motor Z14XE/Z16XE:** Schrauben mit Sicherungsmittel bestreichen und mit **8 Nm** festziehen.
**Motor Z16SE:** Schraube mit **16 Nm** festziehen.

**Hinweis:** Die Abbildung zeigt den Motor Z10XE(P).

# Einspritzventil aus- und einbauen

**Z10XE(P)/Z12XE(P)/Z14XEP**

## Ausbau

**Hinweis:** Der Ausbau für die anderen Benzinmotoren ist im Prinzip gleich. Lediglich die Zusatzarbeiten sind unterschiedlich, beispielsweise muss bei den Motoren Z14XE/Z18XE das Drosselklappenmodul nicht abgeschraubt werden.

- Batterie-Massekabel (–) abklemmen. **Achtung:** Hinweise im Kapitel »Batterie aus- und einbauen« beachten.
- Ansaugstutzen mit Luftansaugschlauch ausbauen. Dazu Motorentlüftungsschlauch vom Ansaugstutzen abziehen, vorher Schelle öffnen und zurückschieben. Ansaugstutzen abschrauben, siehe Abbildung O-1873 auf Seite 222.
- **Z10XEP/Z12XEP/Z14XEP:** Abdeckung für Einspritzventile abschrauben.
- Stecker vom Drosselklappenmodul und von den Einspritzventilen abziehen.
- Kraftstoffdruck abbauen, siehe Seite 238.
- Kraftstoffleitung am Kraftstoffverteilerrohr mit Spezialzange, zum Beispiel HAZET 4501-1, entriegeln und abziehen. Lappen um die Anschlüsse legen, um herauslaufenden Kraftstoff aufzufangen. Kraftstoffleitung mit Stopfen verschließen und zur Seite legen.
- Drosselklappenmodul abschrauben und zur Seite legen, dazu 4 Schrauben herausdrehen. **Hinweis:** Der Kühlmittelschlauch bleibt geschlossen.
- Kraftstoffverteilerrohr abschrauben, dazu 2 Schrauben herausdrehen.

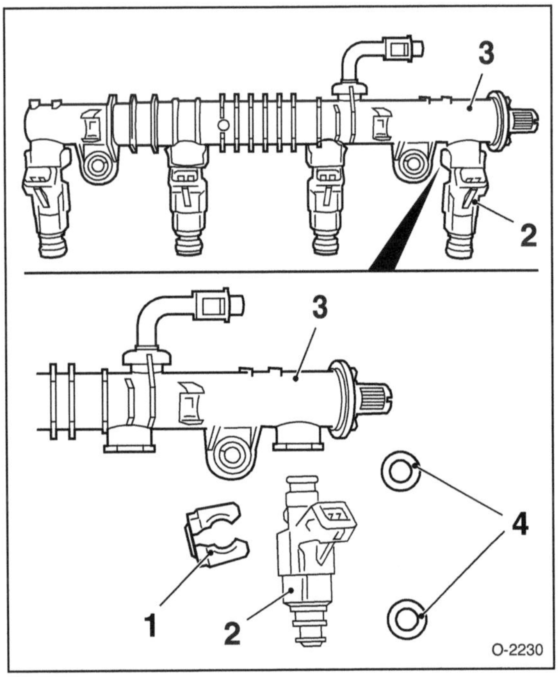

O-2230

- Sicherungsklammer –1– abziehen und Einspritzventil –2– aus dem Kraftstoffverteilerrohr –3– herausziehen. **Hinweis:** Die Abbildung zeigt den Motor Z12XE.
- Dichtringe –4– erneuern.

## Einbau

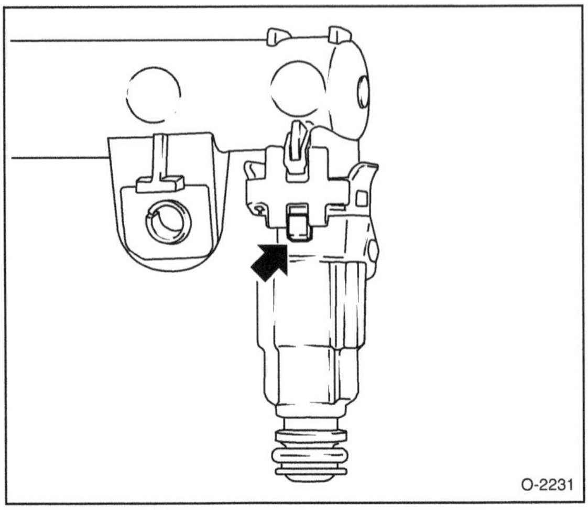
O-2231

- Einspritzventil mit **neuen** Dichtringen am Kraftstoffverteilerrohr einsetzen.
- Sicherungsklammer so einsetzen, dass die Nut in der Sicherungsklammer und die Nase am Einspritzventil ineinander greifen –Pfeil–.
- Kraftstoffverteilerrohr mit **6 Nm** (Z14XE/Z16SE/Z18XE: **8 Nm**) anschrauben.
- Dichtflächen für Drosselklappenmodul reinigen. Modul mit **neuer** Dichtung aufsetzen und mit **7 Nm** (Z16SE: **9 Nm**) anschrauben.
- Kraftstoffleitung am Kraftstoffverteilerrohr aufstecken und hörbar einrasten.
- Elektrische Stecker aufstecken.
- **Z10XEP/Z12XEP/Z14XEP:** Abdeckung für Einspritzventile anschrauben.
- Ansaugstutzen einbauen, siehe Seite 37.
- Batterie-Massekabel (–) anklemmen. **Achtung:** Hinweise im Kapitel »Batterie aus- und einbauen« beachten.

## Twinport-System

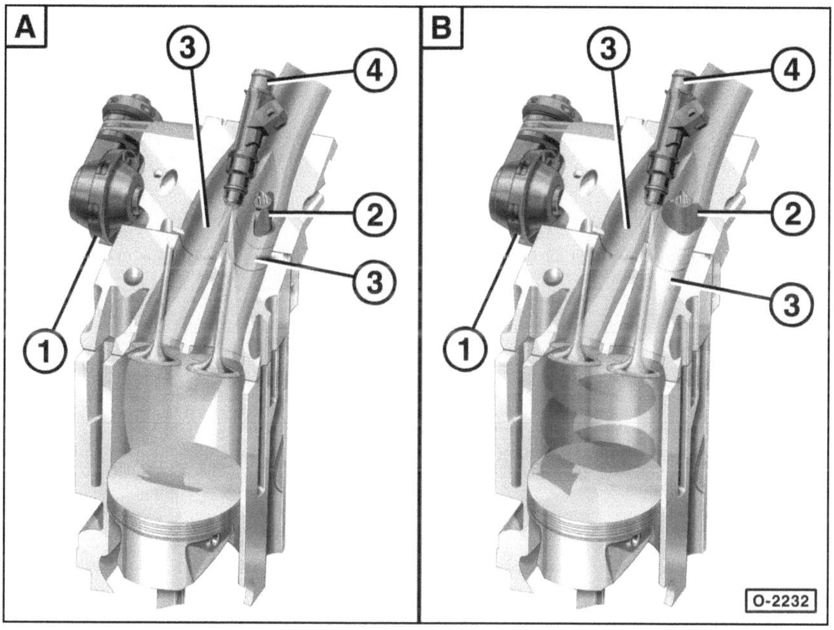


**Motor Z10XEP/Z12XEP/Z14XEP**

Bei den Motoren mit **Twinport-System** wird durch Kanalabschaltung der Kraftstoffverbrauch reduziert. Dabei öffnet oder schließt das Motor-Steuergerät je nach Bedarf die zusätzlichen Steuerklappen –2– in den zweigeteilten Einlasskanälen –3– des Ansaugkrümmers. Angesteuert werden die Steuerklappen über eine Unterdruckdose –1– und eine gemeinsame Betätigungsstange.

**A – Twinport-Steuerklappe –2– geöffnet.**
Zum Beispiel bei Volllast.

**B – Twinport-Steuerklappe –2– geschlossen**
Zum Beispiel bei Leerlaufdrehzahl und stehendem Fahrzeug.

**4 – Einspritzventil**

## Störungsdiagnose Benzin-Einspritzanlage

Störungen in der Steuerelektronik lassen sich praktisch nur noch mit speziellen Messgeräten herausfinden. Bevor anhand der Störungsdiagnose ein Fehler aufgespürt wird, müssen folgende Prüfvoraussetzungen erfüllt sein: Bedienungsfehler beim Starten ausgeschlossen. Korrekter Startvorgang, siehe Seite 209.

Kraftstoff im Tank, Motor mechanisch in Ordnung, Batterie geladen, Anlasser dreht mit ausreichender Drehzahl, Zündanlage ist in Ordnung, keine Undichtigkeiten an der Kraftstoffanlage, Verschmutzungen im Kraftstoffsystem ausgeschlossen, Kurbelgehäuse-Entlüftung in Ordnung, elektrische Masseverbindungen »Motor-Getriebe-Aufbau« vorhanden. Fehlerspeicher abfragen (Werkstattarbeit). **Achtung:** Wenn Kraftstoffleitungen gelöst werden, vorher unbedingt Kraftstoffdruck abbauen.

| Störung | Ursache | Abhilfe |
|---|---|---|
| Motor springt nicht an. | Elektro-Kraftstoffpumpe läuft beim Betätigen des Anlassers nicht an. Es sind keine Laufgeräusche hörbar. | ■ Prüfen, ob Spannung an der Pumpe anliegt. Elektrische Kontakte auf gute Leitfähigkeit überprüfen. |
| | Sicherung für Kraftstoffpumpe defekt. | ■ Sicherung überprüfen. |
| | Kraftstoffpumpen-Relais defekt. | ■ Relais überprüfen. |
| | Einspritzventile erhalten keine Spannung. | ■ Stecker von den Einspritzventilen abziehen, Diodenprüflampe an Zuleitung anschließen und Anlasser betätigen. Prüflampe muss flackern. |
| Der kalte Motor springt schlecht an, läuft unrund. | Geber für Kühlmitteltemperatur defekt. | ■ Temperaturfühler und Stecker prüfen. Ggf. Geber und Stecker mit Goldkontakten einbauen. |
| Der Motor hat Übergangsstörungen. | Luftansaugsystem undicht. | ■ Ansaugsystem prüfen. Dazu Motor im Leerlauf drehen lassen und Dichtstellen sowie Anschlüsse im Ansaugtrakt mit Benzin bestreichen. Wenn sich die Drehzahl kurzfristig erhöht, undichte Stelle beseitigen. **Achtung:** Benzindämpfe sind giftig, nicht einatmen! |
| | Kraftstoffsystem undicht. | ■ Sichtprüfung an allen Verbindungsstellen im Bereich des Motors und der elektrischen Kraftstoffpumpe. |

# Zündanlage

## Zündsystem

Das Zündsystem erzeugt einen Zündfunken, der das angesaugte Kraftstoff-/Luftgemisch zündet. Dazu wird in den Zündspulen die Batteriespannung von 12 Volt auf über 30.000 Volt umgeformt.

Bei den Ottomotoren mit elektronischer Zündung stützt sich das Steuergerät zur Ermittlung des richtigen Zündzeitpunktes auf ein elektronisch gespeichertes Zündkennfeld. Synchronisiert wird die Zündanlage durch Signale, die Nockenwellen- und Kurbelwellensensor an das Motor-Steuergerät abgeben. Eine Anti-Klopfregelung ermöglicht den wirtschaftlichen Betrieb mit hoher Verdichtung und gleicht unterschiedliche Kraftstoffqualitäten aus. Ein Klopfsensor am Motorblock registriert klopfende Verbrennungen im Motor und veranlasst durch entsprechende Impulse das Motor-Steuergerät, die Zündung in Richtung »spät« zu verstellen. Dadurch wird das Klopfen des Motors verhindert und Motorschäden werden vermieden.

Das Zündsystem arbeitet verschleiß- und wartungsfrei. Nur die Zündkerzen müssen nach den Wartungsvorschriften erneuert werden.

### Direktzündung

Die Zündverteilung erfolgt durch elektronische Bauteile. Das Zündmodul mit integrierten Zündkerzensteckern sitzt direkt über den Zündkerzen. Es beinhaltet für jeden Zylinder eine Zündspule und eine Zündungsendstufe, Zündkabel sind nicht vorhanden.

**Speziell Motor Z16SE:** Die Zündanlage hat für je 2 Zündkerzen eine Zündspule. Die beiden Zündspulen sind zusammen in einem Gehäuse links am Zylinderkopf befestigt. Von diesem DIS-Zündmodul führen die 4 Zündkabel zu den Zündkerzen. DIS = **D**irect **I**gnition **S**ystem = Direktzündsystem.

## Zündmodul aus- und einbauen

**Z10XE(P)/Z12XE(P)/Z14XEP**

### Ausbau

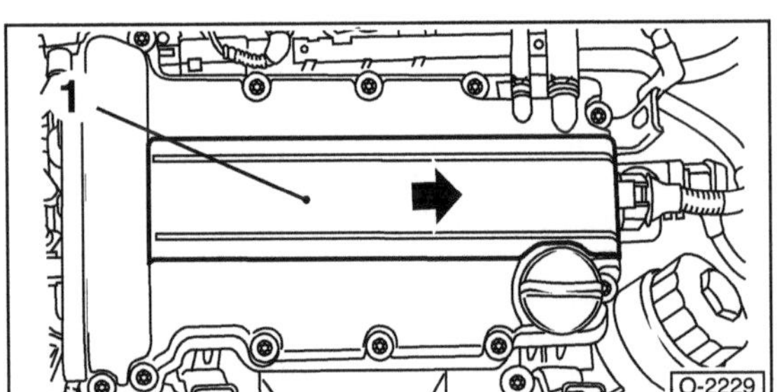


- Falls vorhanden, Abdeckung für Zündmodul –1– in Pfeilrichtung abziehen.

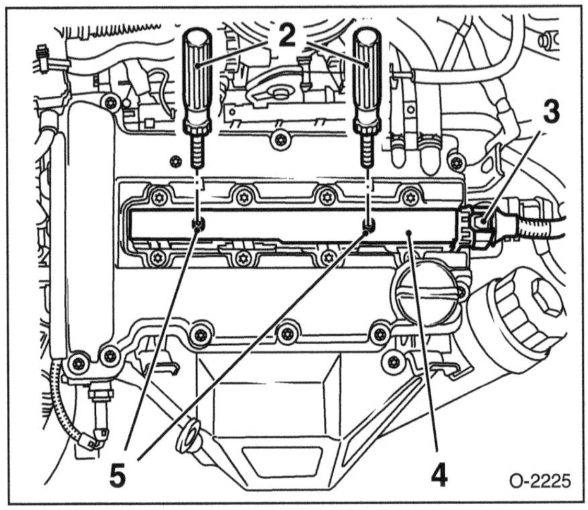


- Stecker –3– vom Zündmodul –4– abziehen.
- Schrauben –5– für Zündmodul herausdrehen.
- Zündmodul –4– nach oben aus dem Zylinderkopf herausziehen. Die Werkstatt schraubt dazu die Spezialgriffe KM-6009 –2– in das Zündmodul ein. Steht das Spezialwerkzeug nicht zur Verfügung, geeignete Schrauben eindrehen und Schrauben zusammen mit Zündmodul herausziehen.

**Achtung:** Zündmodul beim Abziehen von den Zündkerzen nicht verkanten, sonst können die Zündkerzenstecker beschädigt werden. **Motor Z16XEP:** 4 Dichtungen am Zündmodul ersetzen.

### Einbau

- Zündmodul auf die Zündkerzen aufstecken und mit **8 Nm** anschrauben.
- Mehrfachstecker am Zündmodul aufstecken.
- Abdeckung für Zündmodul aufschieben.

### Speziell Motor Z14XE/Z16XE/Z18XE

- Obere Motorabdeckung ausbauen. Dazu Deckel vom Öleinfüllstutzen abschrauben, 2 Schrauben herausdrehen und beim Motor Z16XE seitlichen Kühlmittelschlauch ausclipsen. Abdeckung hinten etwas anheben, waagerecht nach vorn schieben (zum Kühler) und aus den vorderen Gummihaltern aushängen. Anschließend Deckel am Öleinfüllstutzen aufschrauben.
- Das Zündmodul ist mit 4 Schrauben (Z18XE: 5 Schrauben) angeschraubt.

### Speziell Motor Z16SE

Das Zündmodul ist links am Zylinderkopf angeschraubt.

- Mehrfachstecker vom Zündmodul abziehen.
- 4 Zündkabelstecker abziehen.
- Zündmodul vom Zylinderkopf abschrauben, dazu 3 Schrauben herausdrehen. – **Anzugsdrehmoment: 8 Nm.**

# Diesel-Einspritzanlage

## Diesel-Einspritzverfahren

Beim Dieselmotor wird reine Luft in die Zylinder angesaugt und dort sehr hoch verdichtet. Dadurch steigt die Temperatur in den Zylindern über die Zündtemperatur des Dieselöls an. Wenn der Kolben kurz vor dem Oberen Totpunkt steht, wird in die hoch verdichtete und etwa +600° C heiße Luft Dieselöl eingespritzt. Das Dieselöl zündet von selbst, Zündkerzen sind also nicht erforderlich.

Bei sehr kaltem Motor kann es vorkommen, dass allein durch die Verdichtung die Zündtemperatur nicht erreicht wird. In diesem Fall muss vorgeglüht werden. Dazu befindet sich in jedem Brennraum eine Glühkerze, die den Brennraum aufheizt. Die Dauer des Vorglühens ist abhängig von der Umgebungstemperatur und wird durch das Motor-Steuergerät über ein Vorglührelais gesteuert.

Für die Einspritzung beim Dieselmotor gibt es 3 unterschiedliche Verfahren: Die Wirbel- und Vorkammereinspritzung sowie die Direkteinspritzung.

Bei der **Wirbel- und Vorkammereinspritzung** wird der Kraftstoff in die Vorkammer des betreffenden Zylinders eingespritzt. Das Gemisch entzündet sich sofort. Die Sauerstoffmenge, die in der Vorkammer vorhanden ist, reicht aber nur zur Verbrennung eines Teils des eingespritzten Kraftstoffs. Der übrige, unverbrannte Teil wird durch den bei der Verbrennung entstandenen Überdruck in den Verbrennungsraum geblasen. Dort verbrennt der Kraftstoff vollständig.

Die **Direkteinspritzung** spritzt den Kraftstoff direkt in den Brennraum ein, und zwar in die Brennmulde im Kolben.

### Direkteinspritzung beim 1,7-l-Motor Y17DT(L)

Der Kraftstoff wird von der Verteiler-Einspritzpumpe aus dem Kraftstoffvorratsbehälter angesaugt. In der Einspritzpumpe wird der für die Diesel-Einspritzung erforderliche hohe Druck aufgebaut und der Kraftstoff entsprechend der Zündfolge auf die einzelnen Zylinder verteilt.

Dabei baut die Einspritzpumpe einen Druck von ca. 900 bar auf und spritzt den Kraftstoff mit Mehrstrahl-Einspritzdüsen in 2 Stufen ein. Zunächst erfolgt eine Voreinspritzung von einer geringen Menge Kraftstoff, wodurch die Zündbedingungen für die Hauptkraftstoffmenge verbessert werden. Daraus resultiert eine weichere und damit auch leisere Verbrennung, ähnlich wie bei der Wirbelkammereinspritzung.

### Direkteinspritzung beim 1,3-/1,7-l-Motor Z13DT/Z17DTH

Die Diesel-Direkteinspritzung erfolgt durch ein **Common-Rail-System**. Dabei liegt der maximale Einspritzdruck bei etwa 1400 bar. Der Kraftstoff wird dadurch besonders fein zerstäubt und seine Energie kann besser genutzt werden. Der Kraftstoff wird aus dem Tank zur Hochdruckpumpe gefördert. Diese baut bereits bei niedrigen Motordrehzahlen einen sehr hohen Druck auf. Von der Hochdruckpumpe führt eine gemeinsame Kraftstoffleitung (Common Rail) zu den Einspritzventilen der einzelnen Zylinder. Die gemeinsame Kraftstoffleitung dient als Druckspeicher und verteilt den Kraftstoff mit konstantem Druck an die Einspritzventile. Die erforderliche Kraftstoff-Einspritzmenge wird vom Motor-Steuergerät über die elektromagnetischen Einspritzventile den einzelnen Zylindern exakt zugeteilt.

### Alle Dieselmotoren

Bevor der Kraftstoff in die Einspritz-/Hochdruckpumpe gelangt, wird er im Kraftstofffilter von Verunreinigungen und Wasser befreit. Daher ist es äußerst wichtig, den Kraftstofffilter im Rahmen der Wartung regelmäßig zu entwässern und auszuwechseln.

Die Einspritz-/Hochdruckpumpe ist wartungsfrei. Alle beweglichen Teile werden mit Dieselöl geschmiert. Angetrieben wird die Einspritzpumpe durch die Kurbelwelle über eine Doppelrollen-Steuerkette beziehungsweise über den Zahnriemen.

**Achtung: Bei Arbeiten an der Kraftstoffanlage Sicherheits- und Sauberkeitsregeln befolgen, siehe Seite 238.**

## Diesel-Vorglühanlage

Die Glühkerze besteht im Wesentlichen aus einem Gehäuse mit eingepresstem Heizstab.

**Hinweis:** Aufgrund der guten Kaltstarteigenschaften des Diesel-Direkteinspritzmotors ist ein Vorglühen überwiegend erst bei Temperaturen unter ca. 0° C erforderlich.

## Glühkerzen aus- und einbauen

### Ausbau

- Batterie-Massekabel (–) abklemmen. **Achtung:** Hinweise im Kapitel »Batterie aus- und einbauen« beachten.
- **Y17DT(L):** Luftfilter ausbauen, siehe Seite 243.
- **Z17DTH:** Luftansaugschlauch und Luftansaugrohr ausbauen.
- **Y17DT(L)/Z17DTH:** Motor-Steuergerät und Halter ausbauen, siehe »Ventilspiel prüfen/ einstellen«.

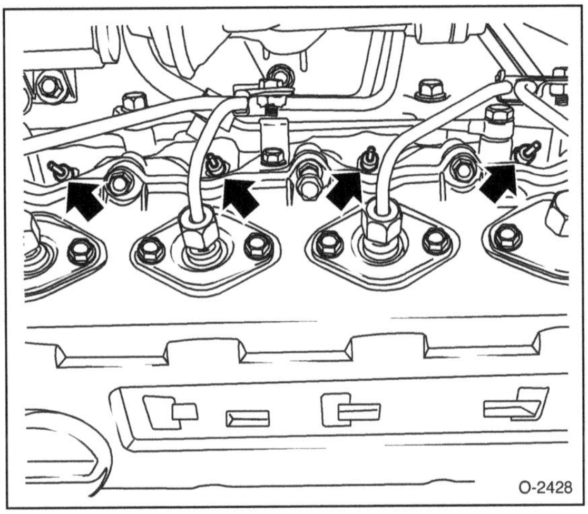
O-2428

- Glühkerzenstecker von den Glühkerzen –Pfeile– abziehen. **Hinweis:** Die Abbildung zeigt den Motor Y17DT(L).
- Glühkerzen –Pfeile– herausschrauben.

### Einbau

- Glühkerzen einschrauben und mit folgendem Anzugsdrehmoment festziehen:

| | |
|---|---|
| **Z13DT** | **10 Nm** |
| **Y17DT(L)** | **20 Nm** |
| **Z17DTH** | **18 Nm** |
| **Z17DTR** | **14 Nm** |

- Glühkerzenstecker an den Glühkerzen aufstecken.
- **Y17DT(L)/Z17DTH:** Halter und Motor-Steuergerät einbauen, siehe »Ventilspiel prüfen/ einstellen«.
- **Z17DTH:** Luftansaugschlauch und Luftansaugrohr einbauen.
- **Y17DT(L):** Luftfilter einbauen, siehe Seite 243.
- Batterie-Massekabel (–) anklemmen. **Achtung:** Hinweise im Kapitel »Batterie aus- und einbauen« beachten.

## Kraftstoffverteilerrohr aus- und einbauen

**Motor Z13DT**

### Ausbau

**Achtung:** Alle Teile des Kraftstoffsystems vor dem Ausbau unbedingt gründlich reinigen. Geöffnete Kraftstoffanschlüsse mit geeigneten Stopfen verschließen.

**Achtung: Vor Arbeiten am Common-Rail-System muss nach dem Abstellen des Motors unbedingt eine Wartezeit von ca. 1 Minute eingehalten werden. In dieser Zeit baut sich der hohe Systemdruck von selbst ab.**

O-2429

- Ladeluftrohr –1– ausbauen. Dazu obere Schelle –3– und untere Schelle öffnen und zurückschieben. 2 Schrauben –Pfeile– herausdrehen. Kabelstrang ausclipsen und Schlauch –2– abziehen.

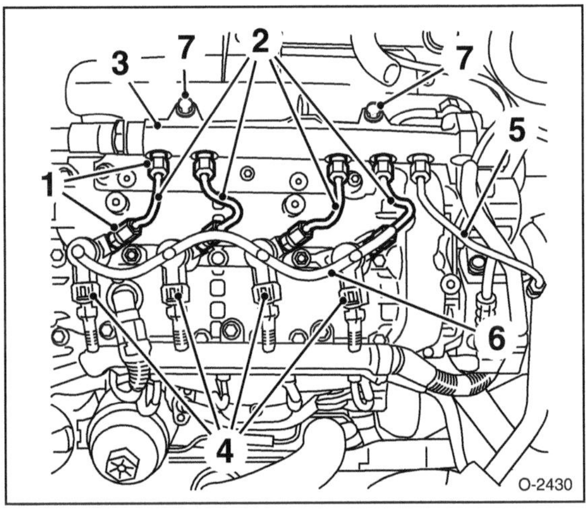

O-2430

- 8 Überwurfmuttern –1– abschrauben und 4 Druckleitungen –2– zwischen Kraftstoffverteilerrohr –3– und Einspritzventilen –4– abbauen.
- Druckleitung –5– zur Hochdruckpumpe abbauen.
- Stecker für Druckregelventil und Drucksensor am Kraftstoffverteilerrohr abziehen.
- Leckölleitung –6– abziehen.

- 2 Rücklaufleitungen zum Tank und von der Hochdruckpumpe am Kraftstoffverteilerrohr abziehen, vorher Schellen öffnen und zurückschieben.
- 2 Schrauben –7– herausdrehen und Kraftstoffverteilerrohr –3– abnehmen.

**Einbau**

- Falls das Kraftstoffverteilerrohr ersetzt wird, Drucksensor und Druckregelventil mit neuen Dichtungen sowie Hohlschraube für Leckölleitung umbauen.
  **Anzugsdrehmomente:**
  Drucksensor . . . . . . . . . . . . . . . . . . . . **70 Nm**
  Druckregelventil . . . . . . . . . . . . . . . . . . . **9 Nm**
- Kraftstoffverteilerrohr einsetzen und anschrauben.
- 2 Rücklaufleitungen aufstecken und mit Schellen sichern.
- Leckölleitung aufstecken.
- Stecker für Druckregelventil und Drucksensor am Kraftstoffverteilerrohr aufstecken.
- 5 Druckleitungen einsetzen und anschrauben.
  **Anzugsdrehmomente:**
  M14-Überwurfmutter . . . . . . . . . . . . . . . . **28 Nm**
  M12-Überwurfmutter . . . . . . . . . . . . . . . . **24 Nm**
- Ladeluftrohr einsetzen, anschrauben und mit Schellen sichern. Kabelstrang einclipsen und Schlauch aufstecken.
- Motor starten und im Leerlauf drehen lassen.

**Achtung:** Schutzbrille aufsetzen und Schutzhandschuhe tragen.

- Kraftstoffanschlüsse auf Dichtheit sichtprüfen.

## Common-Rail-Einspritzsystem

**Motor Z13DT**

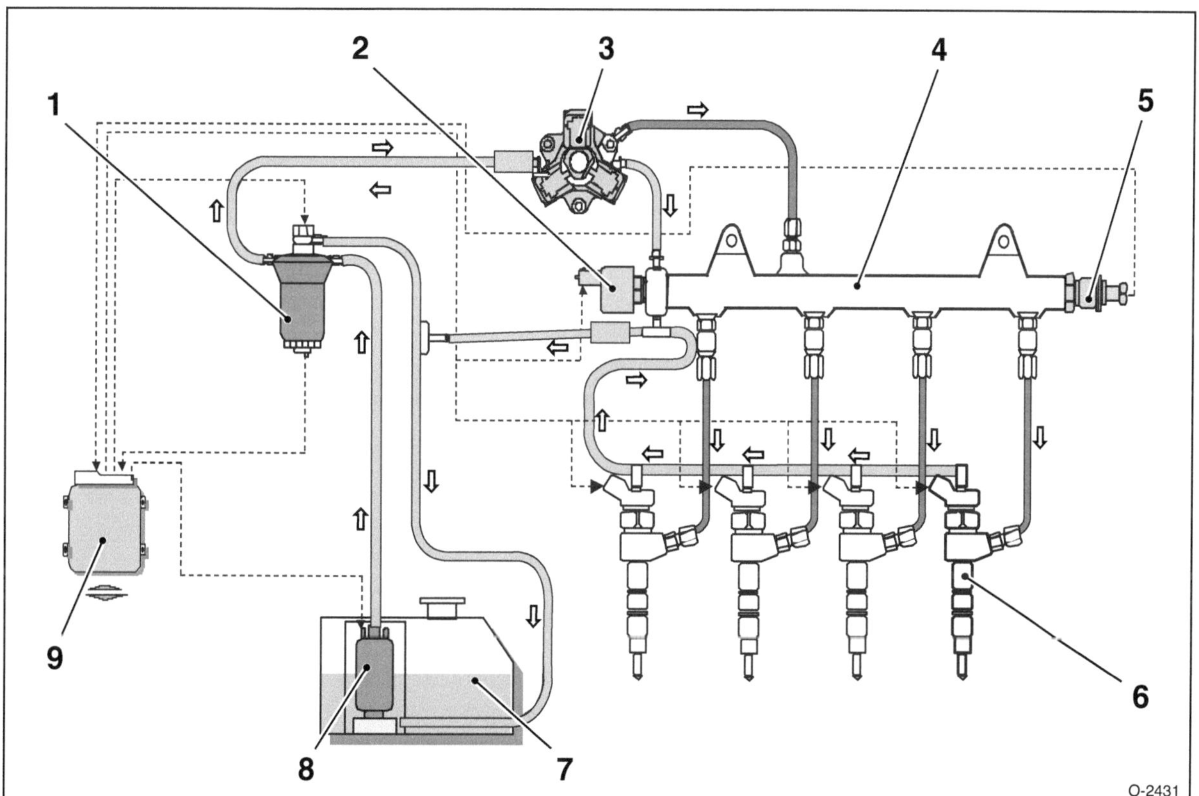


1 – Kraftstofffilter
2 – Druckregler
3 – Hochdruckpumpe
4 – Kraftstoffverteilerrohr (Common-Rail)
5 – Drucksensor
6 – Injektor (Einspritzventil)
7 – Kraftstoffvorratsbehälter (Tank)
8 – Elektrische Kraftstoffpumpe
9 – Motor-Steuergerät

# Injektor (Einspritzventil) aus- und einbauen

**Motor Z17DTH**

### Ausbau

**Hinweis:** Bei Ersatz eines Injektors muss der individuelle QR-CODE (Korrekturdaten zum Ausgleich verschiedener Fertigungstoleranzen) in das Motorsteuergerät einprogrammiert werden (Werkstattarbeit).

- Nockenwellengehäusedeckel ausbauen, siehe Seite 202.

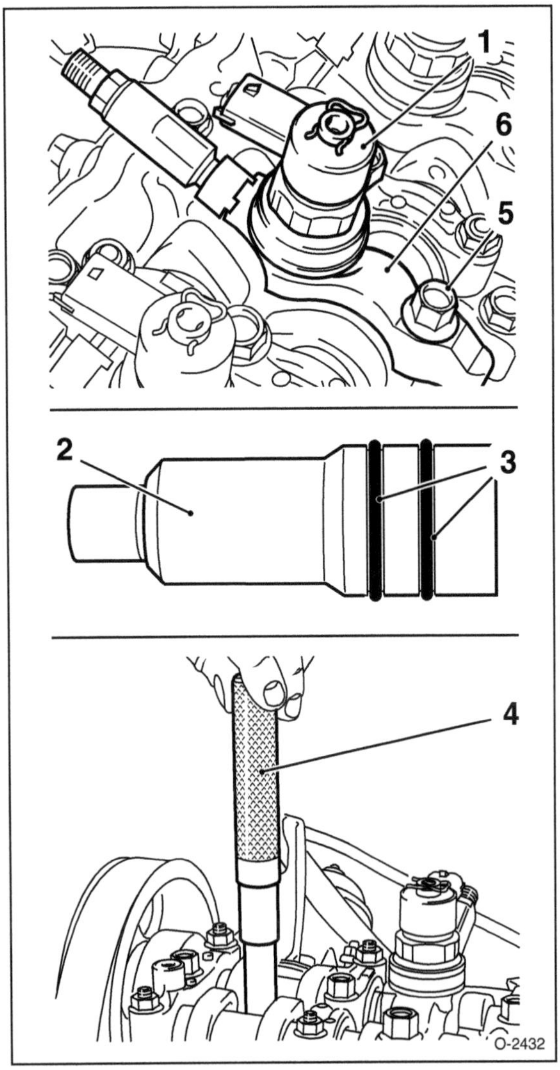


- Injektoren –1– kennzeichnen.

**Achtung:** Wenn beim Ausbau eines Injektors die Wärmeschutzhülse –2– mit herausgezogen wird, müssen die Dichtungen –3– erneuert und die Wärmeschutzhülse mit OPEL-Spezialwerkzeug KM-6357 –4– in den Zylinderkopf eingeschlagen werden.

- Schraube –5– herausdrehen und Halter –6– mit Injektor –1– ausbauen.
- Kupferdichtring abnehmen.

### Einbau

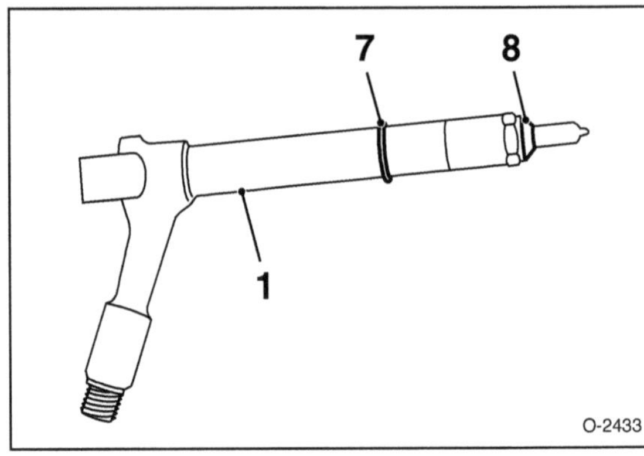


- O-Ring –7– und Kupferdichtung –8– für Injektor –1– erneuern.

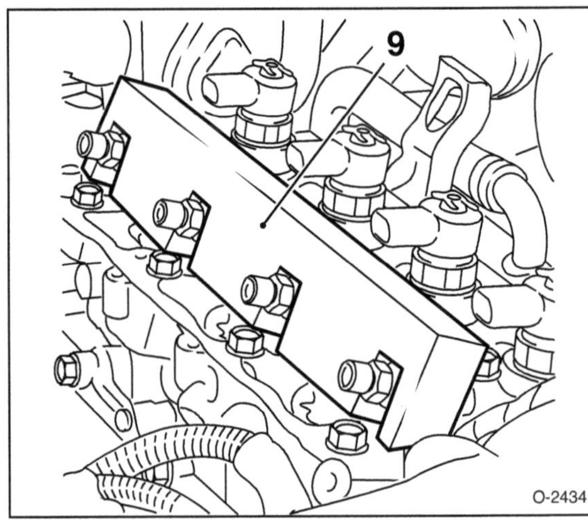


- Injektor einbauen und mit OPEL-KM-6358 –9– ausrichten.
- Schraube –5– mit **60 Nm** anziehen, siehe Abbildung O-2432 oben.
- Nockenwellengehäusedeckel einbauen, siehe Seite 202.

## Störungsdiagnose Diesel-Einspritzanlage

Bevor anhand der Störungsdiagnose der Fehler aufgespürt wird, müssen folgende Prüfvoraussetzungen erfüllt sein: Bedienungsfehler beim Starten ausgeschlossen. Kraftstoff im Tank, Kraftstoffanlage entlüftet, Motor mechanisch in Ordnung, Batterie geladen, Anlasser dreht mit ausreichender Drehzahl. Störungen in der Steuerelektronik lassen sich praktisch nur noch mit speziellen Messgeräten herausfinden. **Achtung:** Wenn Kraftstoffleitungen gelöst werden, müssen diese vorher mit Kaltreiniger gesäubert werden.

| Störung | Ursache | Abhilfe |
|---|---|---|
| 1. Motor springt nicht oder schlecht an. | 1. Kraftstoffversorgung defekt. | ■ Prüfen, ob Kraftstoff gefördert wird. |
| | a) Kraftstoffleitungen geknickt, verstopft, undicht, porös. | ■ Kraftstoffleitungen reinigen. |
| | b) Kraftstofffilter verstopft. | ■ Kraftstofffilter ersetzen. |
| | c) Im Winter: Eis oder Wachs in Filter und Leitungen, Filterheizung defekt. | ■ Fahrzeug in beheizte Garage schieben, Heizung für Kraftstofffilter prüfen. |
| | d) Tankbelüftung verschlossen. Kraftstoffsieb im Tank verschmutzt. | ■ Reinigen. |
| | 2. Motor Y17DT(L): Einspritzdüsen defekt. | ■ Einspritzdüsen prüfen, Überwurfmuttern nacheinander vorsichtig geringfügig lösen und prüfen, ob die Zylinder arbeiten. |
| 2. Motor ruckelt im Leerlauf, beim Anfahren. | 1. Kraftstoffschläuche an der Kraftstoffpumpe bzw. am Kraftstofffilter lose. | ■ Kraftstoffschläuche ersetzen, mit Schlauchschellen befestigen, Hohlschrauben festziehen. |
| | 2. Zu- und Rücklaufleitung an der Einspritzpumpe vertauscht. | ■ Anschlüsse der Kraftstoffleitungen prüfen. |
| | 3. Wie unter 1.1 – 2. | ■ Wie unter 1.1 – 2. |
| 3. Kraftstoffverbrauch zu hoch. | 1. Luftfilter verschmutzt. | ■ Filtereinsatz ersetzen |
| | 2. Kraftstoffanlage undicht. | ■ Sichtprüfung an allen Kraftstoffleitungen (Saug- Rücklauf- und Einspritzleitungen), Kraftstofffilter und Einspritzpumpe durchführen, Kraftstoffanlage auf Dichtheit prüfen. |
| | 3. Rücklaufleitung verstopft. | ■ Rücklaufleitung von Einspritzpumpe zum Kraftstoffbehälter mit Luft durchblasen. |
| | 4. Leerlauf- bzw. Höchstdrehzahl zu hoch. | ■ Prüfen, Fehlerspeicher auslesen lassen. |
| | 5. Motor hat mechanische Fehler. | ■ Ventil undicht. Zylinder/Kolben verschlissen, Zylinderkopfdichtung undicht. Verengung in der Abgasanlage. Kompression prüfen. |
| | 6. Wie unter 1.2. | ■ Wie unter 1.2. |

# Kraftstoffanlage

Zur Kraftstoffanlage zählen der Kraftstoffvorratsbehälter (Kraftstofftank), die Kraftstoffpumpe und die Kraftstoffleitungen sowie Kraftstoff- und Luftfilter. Hinweise zum Kraftstofffilter befinden sich im Kapitel »Wartungsarbeiten«.

Der Kraftstoffvorratsbehälter hat einen Inhalt von ca. 44 Litern und ist vor der Hinterachse angeordnet. Der jeweilige Kraftstoffvorrat wird dem Fahrer im Kombiinstrument angezeigt. Über ein Entlüftungssystem wird der Tank belüftet. Die schädlichen Benzindämpfe der Tankentlüftung werden in einem Aktivkohlespeicher aufgefangen und dem Motor kontrolliert zur Verbrennung zugeführt. Der Aktivkohlebehälter befindet sich am rechten Kotflügel.

## Kraftstoff sparen beim Fahren

Wesentlichen Einfluss auf den Kraftstoffverbrauch hat die Fahrweise des Fahrzeuglenkers. Hier einige Tipps für den intelligenten Umgang mit dem Gaspedal:

- Nach dem Motorstart gleich losfahren, auch bei Frost.
- Motor abschalten bei voraussichtlichen Stopps über 40 Sekunden Dauer.
- Im höchstmöglichen Gang fahren.
- Möglichst gleichmäßige Geschwindigkeiten über längere Strecken fahren, hohe Geschwindigkeiten meiden. Vorausschauend fahren. Nicht unnötig bremsen.
- Keine unnötige Zuladung mitführen, Aufbauten am Fahrzeug, beispielsweise Dachgepäckträger, möglichst abbauen.
- Immer mit richtigem, nie mit zu niedrigem Reifendruck fahren.

## Sicherheits- und Sauberkeitsregeln bei Arbeiten an der Kraftstoffversorgung

Bei Arbeiten an der Kraftstoffversorgung sind die folgenden Regeln zur Sicherheit und Sauberkeit sorgfältig zu beachten:

**Sicherheitshinweise**

- **Kein offenes Feuer, nicht rauchen, keine glühenden oder sehr heißen Teile in die Nähe des Arbeitsplatzes bringen. Unfallgefahr! Feuerlöscher bereitstellen.**
- **Unbedingt für gute Belüftung des Arbeitsplatzes sorgen. Kraftstoffdämpfe sind giftig.**
- Das Kraftstoffsystem steht unter Druck. Beim Öffnen der Anlage kann Kraftstoff herausspritzen, daher austretenden Kraftstoff mit einem Lappen auffangen. **Schutzbrille tragen.**

- Verbindungsstellen und deren Umgebung vor dem Lösen gründlich reinigen.
- Ausgebaute Teile auf einer sauberen Unterlage ablegen und abdecken. Folie oder Papier verwenden. Keine fasernden Lappen benutzen!
- Geöffnete Bauteile sorgfältig abdecken beziehungsweise verschließen, wenn die Reparatur nicht umgehend ausgeführt wird.
- Ersatzteile erst unmittelbar vor dem Einbau aus der Verpackung nehmen. Nur saubere Teile einbauen.
- Bei geöffneter Kraftstoffanlage möglichst nicht mit Druckluft arbeiten. Das Fahrzeug möglichst nicht bewegen.
- Keine silikonhaltigen Dichtmittel verwenden. Vom Motor angesaugte Spuren von Silikonbestandteilen werden im Motor nicht verbrannt und schädigen die Lambdasonden.

## Kraftstoffdruck abbauen

**Benzinmotor**

Das Kraftstoffsystem steht auch nach Abstellen des Motors lange unter hohem Druck. Vor Öffnen des Kraftstoffsystems, zum Beispiel durch Abziehen von Kraftstoffleitungen, muss auf jeden Fall der Kraftstoffdruck abgebaut werden.

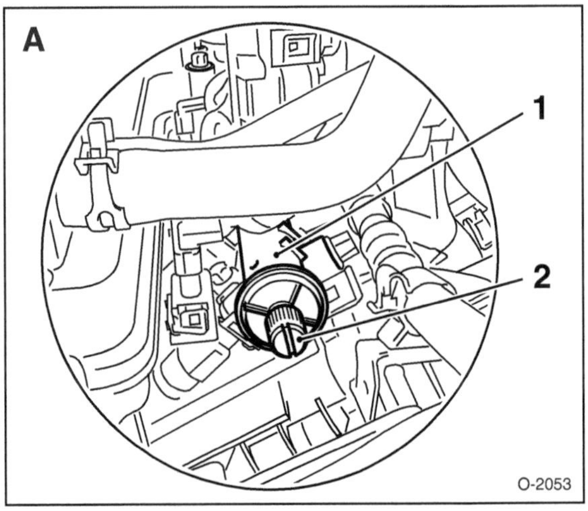


- Schutzkappe –2– am Prüfanschluss des Kraftstoffverteilerrohres –1– abschrauben.

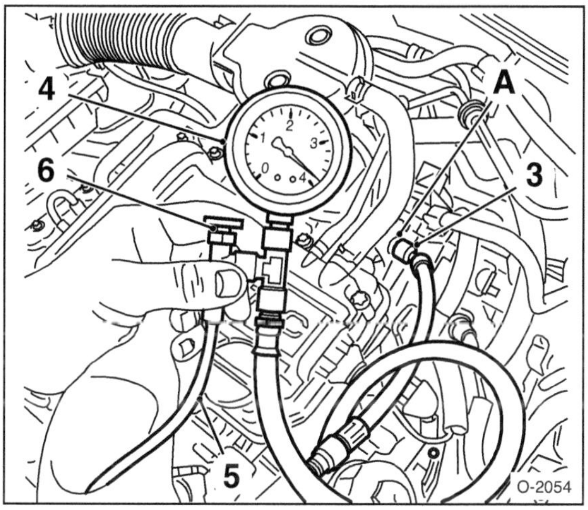


- Anschluss –3– für Kraftstoffdruck-Prüfgerät –4–, zum Beispiel OPEL-KM-J-34730-91, am Prüfanschluss –A– anschließen, siehe auch Abbildung O-2053. Ablaufschlauch –5– in geeigneten Behälter führen.
- Ablassventil –6– öffnen und Kraftstoffdruck abbauen. Dabei etwas Kraftstoff in den Auffangbehälter fließen lassen.
- Kraftstoffdruck-Prüfgerät abbauen und Schutzkappe aufschrauben.

**Hinweis:** Wenn das Spezialwerkzeug nicht zur Verfügung steht, kann folgendermaßen vorgegangen werden:

- Kraftstoffpumpen-Relais aus dem Relaiskasten herausziehen, siehe auch Seite 297.
- Motor starten und im Leerlauf laufen lassen, bis der Motor von selbst ausgeht.
- Motor mit Anlasser ca. 5 Sekunden durchdrehen, um sicherzustellen, dass der Druck in der Kraftstoffvorlaufleitung abgebaut wurde.
- Kraftstoffpumpen-Relais einstecken.

## Kraftstoffpumpe/Tankgeber aus- und einbauen

Die elektrische Kraftstoffpumpe befindet sich zusammen mit dem Tankgeber im Kraftstofftank. **Hinweis:** Beim Dieselmotor Y17DT(L) ist an dieser Stelle nur der Tankgeber eingebaut.

Der Tankgeber besteht aus einem Schwimmer und einem Potentiometer. Mit sinkendem Kraftstoffspiegel sinkt auch der Schwimmer des Tankgebers ab. Ein mit dem Schwimmer verbundenes Potentiometer erhöht dabei den elektrischen Widerstand des Gebers. Dadurch sinkt die Spannung am Anzeigeinstrument, und der Zeiger der Kraftstoff-Vorratsanzeige geht in Richtung »leer« zurück.

**Sicherheitshinweis**
**Beim Ausbau der Kraftstoffpumpe kann etwas Kraftstoff austreten. Kraftstoffdämpfe sind giftig und feuergefährlich, deshalb auf besonders gute Belüftung des Arbeitsplatzes achten. Hautkontakt mit Kraftstoff vermeiden. Kraftstoffbeständige Handschuhe tragen. Kein offenes Feuer, Brandgefahr! Feuerlöscher bereitstellen.**

Vor Ausbau von Kraftstoffpumpe und Tankgeber, Tank möglichst leer fahren. Der Tank darf maximal zu 2/3 voll sein. Zur Belüftung des Arbeitsplatzes kann auch ein Radiallüfter verwendet werden, **dessen Motor außerhalb des Luftstromes liegt und der über ein Mindest-Fördervolumen von 15 $m^3/h$ verfügt.**

### Ausbau

- Batterie-Massekabel (–) abklemmen. **Achtung:** Hinweise im Kapitel »Batterie aus- und einbauen« beachten.
- Rücksitzbank ausbauen. **COMBO:** Rücksitzbank hochklappen beziehungsweise Abdeckklappe im Laderaumboden abschrauben.

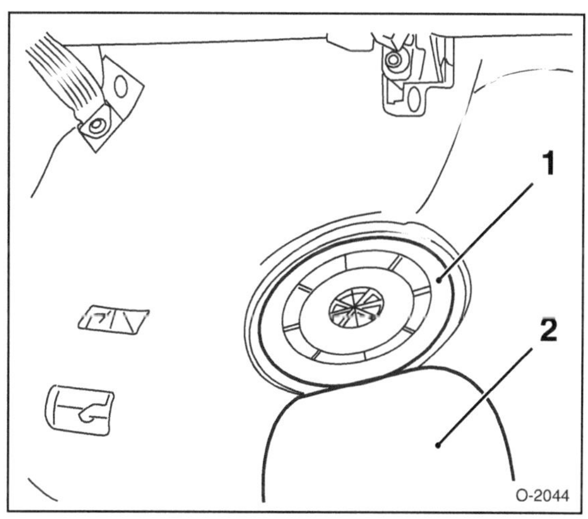


- Geräuschisolierung –2– hochklappen und Abdeckung –1– für Kraftstoff-Fördereinheit abheben.

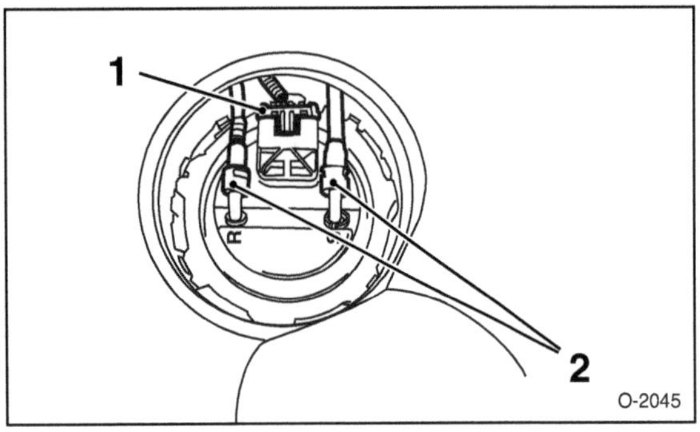


- Mehrfachstecker –1– abziehen.
- Kraftstoffleitungen –2– mit Tesaband kennzeichnen. Lappen um die Kraftstoff-Anschlüsse legen, um herauslaufenden Kraftstoff aufzufangen. Kraftstoffleitungen mit Spezialzange, zum Beispiel HAZET 4501-1, entriegeln und abziehen.

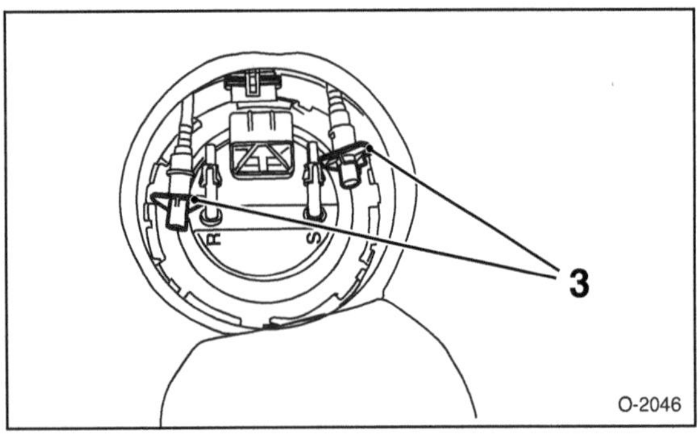


- Kraftstoffleitungen mit geeigneten Stopfen –3– verschließen und zur Seite legen.

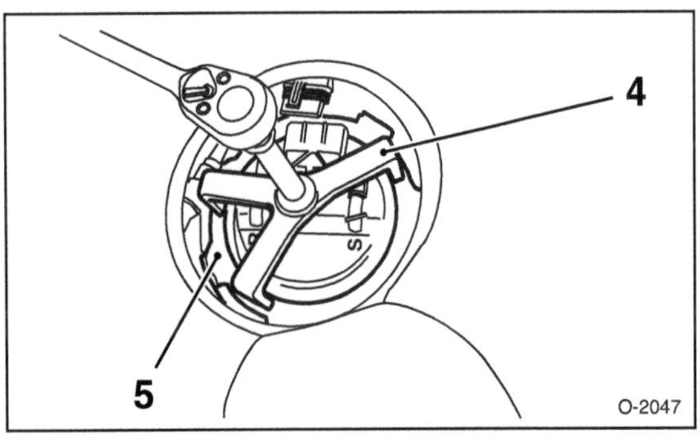


- Befestigungsring –5– für Verschlussdeckel mit OPEL-Spezialwerkzeug KM-797 –4– gegen den Uhrzeigersinn drehen und entriegeln. Steht das Werkzeug nicht zur Verfügung, geeigneten Kunststoff- oder Hartholzstab an einer Nut des Sicherungsrings ansetzen und Ring mit leichten Hammerschlägen lösen. **Achtung:** Kein Metall verwenden, Brandgefahr durch eventuell entstehende Funken! Der Verriegelungsring ist nur schwer zu lösen, daher muss das Entriegelungswerkzeug sorgfältig angesetzt werden.
- Verschlussdeckel vorsichtig abheben, dabei auf Verlegung der Kabel- und Schlauchverbindungen achten. Gegebenenfalls Verlegung notieren.

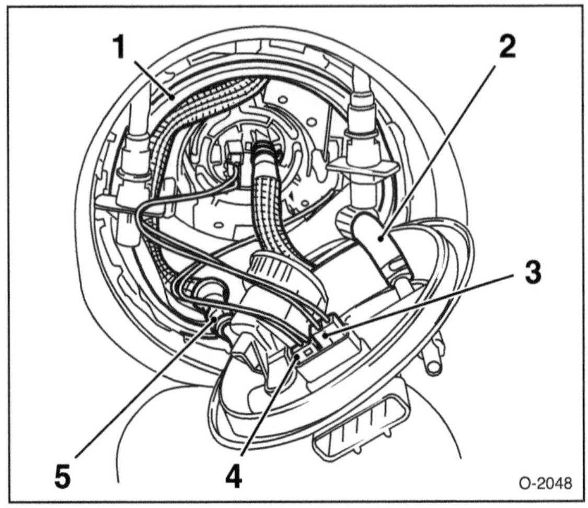


- Mehrfachstecker –4– für Tankgeber entriegeln und abziehen.
- Mehrfachstecker –3– für Kraftstoffpumpe entriegeln und abziehen.
- **COMBO:** Massestecker vom Druckregler abziehen.
- Kraftstoff-Vorlaufschlauch –2– abziehen.
- Kraftstoff-Rücklaufschlauch –5– vom Kraftstoff-Druckregler (Benziner) oder Verschlussdeckel (Diesel) abziehen.
- Verschlussdeckel abnehmen.
- Dichtring –1– herausnehmen.

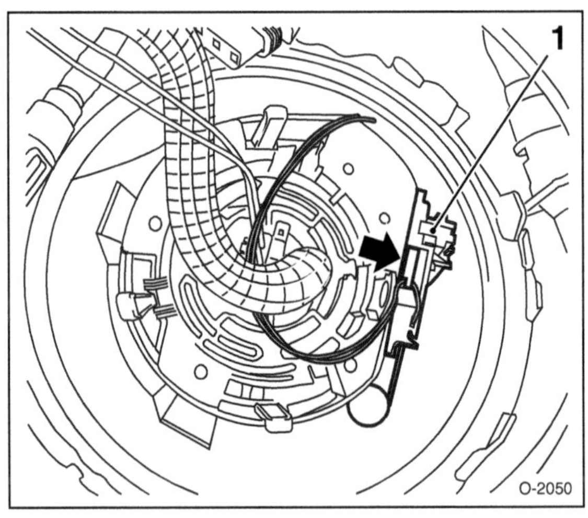


- Tankgeber ausbauen. Dazu Haken –Pfeil– nach außen drücken und Tankgeber –1– nach oben aus dem Speichertopf herausziehen.

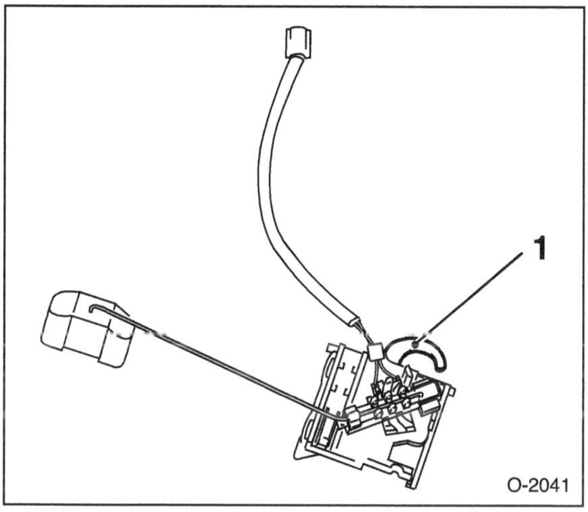


**Hinweis:** Die Abbildung zeigt den Verriegelungshaken –1– bei ausgebautem Kraftstoffmessgerät (Tankgeber).

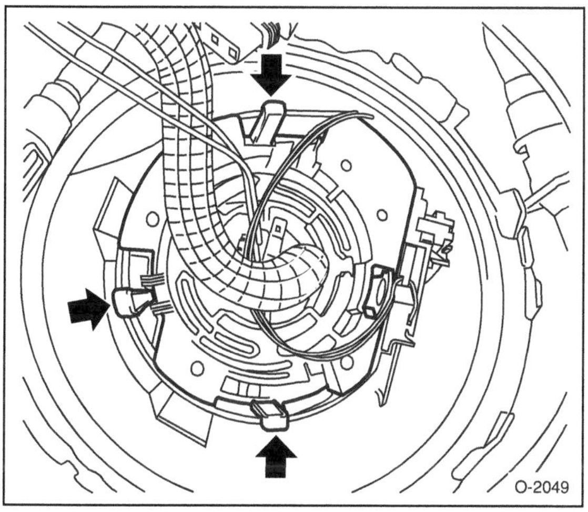


- Kraftstoffpumpe ausbauen. Dazu 3 Rastzungen –Pfeile– mit einer Hand nach innen zusammendrücken und gedrückt halten.
- Pumpengehäuse aus dem Speichertopf herausziehen. Herabtropfenden Kraftstoff mit geeignetem Gefäß und dickem Lappen auffangen.
- Kraftstoffpumpe in geeigneten Behälter ablegen.

**Einbau**

- Kraftstoffpumpengehäuse in den Speichertopf einsetzen und einrasten. Darauf achten, dass alle 3 Rastzungen hörbar eingerastet sind.
- Tankgeber einsetzen und hörbar einrasten.
- **Neuen** Gummidichtring einsetzen.
- Kraftstoffschläuche entsprechend den Markierungen am Verschlussdeckel beziehungsweise Druckregler drallfrei aufstecken und mit Schellen sichern. Kabelstecker aufstecken.
- Mehrfachstecker am Verschlussdeckel aufstecken.
- **COMBO:** Massestecker am Druckregler aufstecken.

**Achtung:** Der Verschlussdeckel muss so angesetzt werden, dass die Anschlüsse für die Kraftstoffleitungen gerade nach hinten zeigen.

- Verschlussdeckel vorsichtig aufsetzen, dabei auf Anordnung und Verlegung von Leitungen und Kraftstoffschläuchen achten.
- Verriegelungsring ansetzen, im Uhrzeigersinn drehen und einrasten.
- Stopfen von den Kraftstoffleitungen abnehmen. Leitungen mit Schnellverschlüssen am Verschlussdeckel aufstecken und einrasten. Kabelstecker aufstecken.
- Batterie-Massekabel (–) anklemmen. **Achtung:** Hinweise im Kapitel »Batterie aus- und einbauen« beachten.
- Motor starten und prüfen, ob die Pumpe anläuft und kein Kraftstoff austritt.
- Abdeckung für Kraftstoff-Fördereinheit aufdrücken und Geräuschisolierung zurückklappen.
- Rücksitzbank einbauen. **COMBO:** Rücksitzbank herunterklappen beziehungsweise Abdeckklappe im Laderaumboden anschrauben.

# Crash-Box aus- und einbauen

## Dieselmotor

**Hinweis:** Die Abbildungen zeigen den 1,3-l-Dieselmotor, beim 1,7-l-Motor ist vergleichsweise zu verfahren.

### Ausbau

- Batterie-Massekabel (–) abklemmen. **Achtung:** Hinweise im Kapitel »Batterie aus- und einbauen« durchlesen.

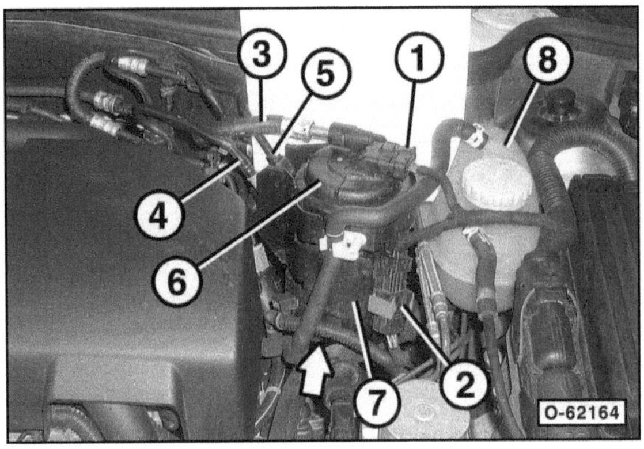


- Kabelsatzstecker für Kraftstoffheizung –1– entriegeln und abziehen.
- Steckverbindung für Motormanagement –2– an der Crash-Box ausclipsen.
- Falls vorhanden, Stecker für Kraftstofftemperaturgeber unten am Kraftstofffilter –Pfeil– entriegeln und abziehen.
- Kraftstofffiltergehäuse –6– vorsichtig aus der Crash-Box –7– herausziehen und mit angeschlossenen Kraftstoffleitungen zur Seite legen.
- **1,3-l-Dieselmotor:** Kühlmittel-Ausgleichbehälter –8– abbauen und mit angeschlossenen Kühlmittelleitungen zur Seite legen. 3 – Kraftstoffvorlaufleitung zum Filter, 4 – Kraftstoffvorlaufleitung zur Pumpe, 5 – Kraftstoffrücklaufleitung.

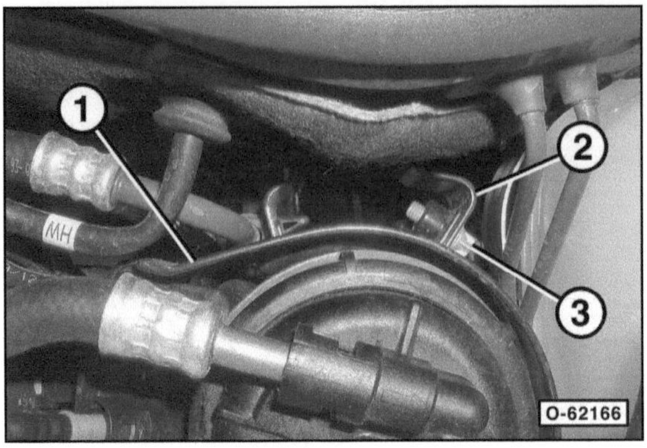


- Crash-Box –1– vom Halter –2– an der Stirnwand abschrauben –3–. **Hinweis:** Beim 1,7-l-Motor Crash-Box direkt von der Stirnwand abschrauben, dazu Schraube herausdrehen und Mutter lösen, nicht abschrauben.

### Einbau

- Crash-Box am Halter beziehungsweise an der Stirnwand mit **25 Nm** anschrauben –3–.
- Der weitere Einbau erfolgt in umgekehrter Ausbaureihenfolge.
- Batterie-Massekabel (–) anklemmen. **Achtung:** Hinweise im Kapitel »Batterie aus- und einbauen« durchlesen.

## Luftfilter/Luftführung

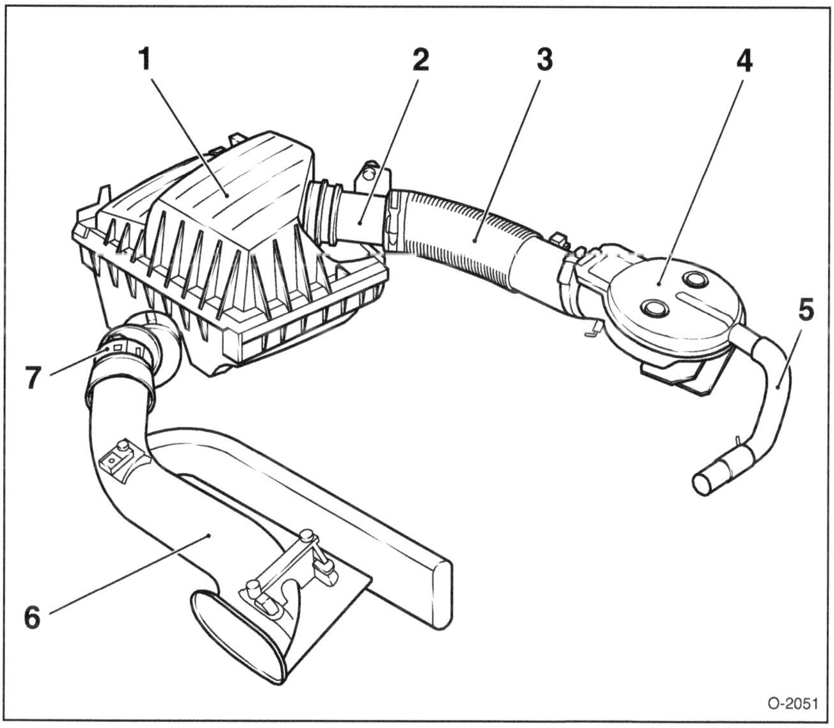


**1 – Luftfilter**
**2 – Luftmassenmesser**
**3 – Luftansaugschlauch**
**4 – Ansaugstutzen**
**5 – Motorentlüftungsschlauch**
**6 – Luftansaugrohr mit Resonator**
**7 – Ansaugschlauch**

**Hinweis:** Die Abbildung zeigt den Motor Z12XE.

## Luftfilter aus- und einbauen

### Ausbau

**Hinweis:** Beschrieben wird der Ausbau zusammen mit dem Luftmassenmesser am Beispiel des Motors Z13DT.

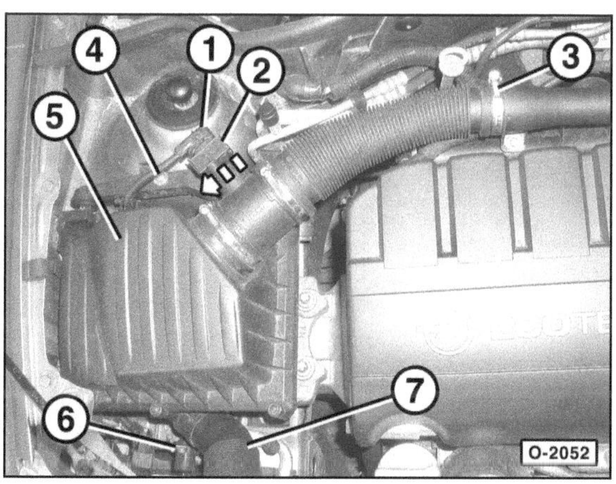


- Stecker –1– vom Luftmassenmesser abziehen. Dazu Verriegelungsschieber –2– in Richtung Kotflügel schieben –Pfeil– und ausrasten. Kabelbinder am Luftfilterhalter durchschneiden.
- Schlauchschelle –3– zwischen flexiblem Luftschlauch und Ansaugrohr mit Steckschlüssel, zum Beispiel HAZET 426-7, lösen und zurückschieben. Schlauch vom Ansaugrohr abziehen.
- Torxschraube –4– für Luftfilterhalter am Federbeindom mit Torxschraubendreher, zum Beispiel HAZET 837-T30, herausdrehen.
- Luftfilter –5– an der Halterseite anheben und an der gegenüberliegenden Lagerung –6– aushängen.
- Unteren Ansaugschlauch –7– abziehen und Luftfilter komplett herausnehmen.

### Einbau

**Hinweis:** Falls der untere Ansaugschlauch vom Luftfilter abgenommen wurde, beim Einbau darauf achten, dass die Nut am Schlauch in die Nase am Anschlussstutzen eingreift.

- Der Einbau erfolgt in umgekehrter Ausbaureihenfolge.

# Abgasanlage

Aus dem Inhalt:

- Katalysatorsysteme
- Abgasanlage demontieren
- Abgasanlage prüfen
- Abgasanlagen-Übersicht
- Lambdasonde
- Abgasturbolader

Die Abgasanlage besteht je nach Motor-Ausführung aus Abgaskrümmer, Katalysator, Vorschalldämpfer, mittlerem Abgasrohr sowie Nachschalldämpfer und Endrohr. Beim Benziner sind zwei Lambdasonden zur Abgasregelung eingeschraubt, wobei sich eine vor und die andere hinter dem Katalysator befindet. Die Abgasanlage des Dieselmotors ist ebenfalls mit einem Katalysator ausgerüstet.

Bei einer Reparatur lassen sich sämtliche Teile einzeln auswechseln.

## Katalysatorschäden vermeiden

Um Beschädigungen am Katalysator zu vermeiden, sind folgende Hinweise unbedingt zu beachten:

**Benzinmotor**

- Grundsätzlich nur **bleifreies** Benzin tanken.
- Das Anlassen des Motors durch **Anschieben** oder Anschleppen darf nur in **einem** Versuch über eine Strecke von etwa 50 Metern erfolgen. Besser: Starthilfekabel verwenden. Unverbrannter Kraftstoff könnte bei einer Zündung zur Überhitzung des Katalysators und zu seiner Zerstörung führen. Ist der Motor **betriebswarm**, darf er **nicht** angeschoben oder angeschleppt werden.
- Treten Zündaussetzer auf, hohe Motordrehzahlen vermeiden und Fehler umgehend beheben.
- Nur die vorgeschriebenen Zündkerzen verwenden.
- Keine Funkenprüfung ohne ausreichende Masseverbindung durchführen.
- Es darf kein Zylindervergleich (Balancetest) durch Zündabschaltung eines Zylinders durchgeführt werden. Bei Zündabschaltung der einzelnen Zylinder – auch über Motortester – gelangt unverbrannter Kraftstoff in den Katalysator.

**Benzin- und Dieselmotor**

- Fahrzeug nicht über trockenem Laub oder Gras beziehungsweise auf einem Stoppelfeld abstellen. Die Abgasanlage wird im Bereich des Katalysators sehr heiß und strahlt die Wärme auch nach Abstellen des Motors noch ab.
- Keinen Unterbodenschutz auf Abgasrohre auftragen.
- Die Hitzeschilde der Abgasanlage nicht verändern.
- Bei Startschwierigkeiten nicht unnötig lange den Anlasser betätigen. Während des Anlassens wird permanent Kraftstoff eingespritzt. Fehlerursache ermitteln und beseitigen.
- Kraftstofftank nie ganz leer fahren.
- Beim Ein- oder Nachfüllen von Motoröl besonders darauf achten, dass auf keinen Fall die Maximum-Markierung am Ölmessstab (obere Markierung) überschritten wird. Das überschüssige Öl gelangt sonst aufgrund unvollständiger Verbrennung in den Katalysator und kann das Edelmetall beschädigen oder den Katalysator vollständig zerstören.

## Funktion des Katalysators

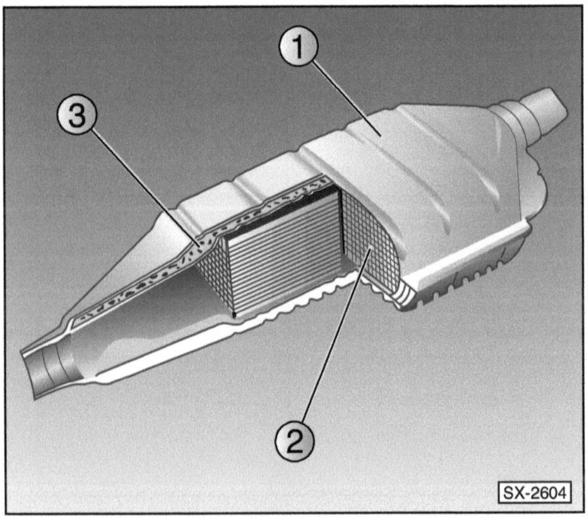


Der Katalysator dient zur Abgasumwandlung. Er besteht aus einem Keramik-Wabenkörper –2–, der mit einer Trägerschicht überzogen ist. Auf der Trägerschicht befinden sich Edelmetallsalze, die den Umwandlungsprozess bewirken. Im Gehäuse –1– wird der Katalysator durch eine Isolations-Stützmatte –3– fixiert, die außerdem Wärmeausdehnungen ausgleicht.

In Verbindung mit der elektronischen Benzin-Einspritzanlage und der oder den Lambdasonde(n) wird die Kraftstoffmenge für die Verbrennung so dosiert, dass der Katalysator die Schadstoffe optimal reduzieren kann.

Der Diesel-Katalysator wandelt die im Abgas befindlichen giftigen Kohlenmonoxide und Kohlenwasserstoffverbindungen in Kohlendioxid ($CO_2$) und Wasser ($H_2O$) um. Außerdem vermindert sich der dieseltypische Abgasgeruch.

Der höhere Anteil von Stickoxiden ($NO_X$) im Abgas des Dieselmotors wird durch ein zusätzliches **Abgas-Rückführungssystem** (ARF) auf geringem Niveau gehalten.

## Der Abgasturbolader

### Dieselmotor

Beim Turbolader sitzen auf einer Welle zwei Turbinenräder, die in zwei voneinander getrennten Gehäusen untergebracht sind. Für den Antrieb der Turbinenräder sorgen die Abgase. Sie bringen die Laderwelle auf bis zu 300.000 Umdrehungen in der Minute. Und da Abgas- und Frischluftrotor auf gleicher Welle sitzen, wird mit gleicher Drehzahl Frischluft in die Zylinder gedrückt. Zur Schmierung ist der Lader an den Ölkreislauf des Motors angeschlossen.

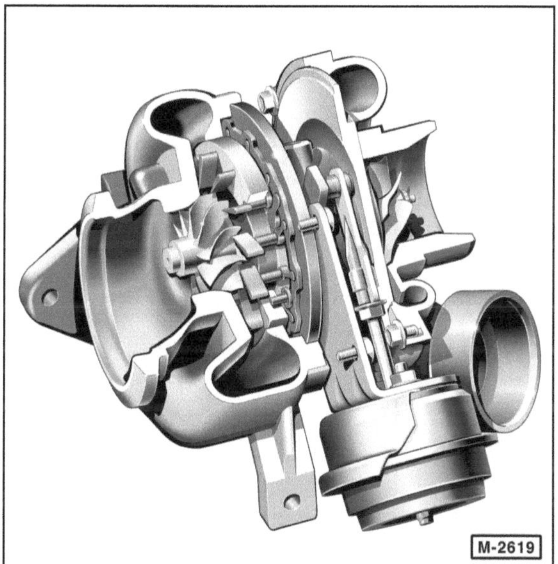


Bei den Motoren Z13DT und Z17DTH ist ein so genannter **VTG**-Turbolader (**VTG** = **V**ariable **T**urbinen-**G**eometrie) eingebaut. Dieser Abgaslader besitzt verstellbare Leitschaufeln, die vom Motor-Steuergerät über ein Magnetventil und eine Unterdruckdose stufenlos geregelt werden. Dadurch kann bei allen Drehzahlen der optimale Ladedruck erzeugt werden, was zu einem höheren Drehmoment und auch zu mehr Leistung führt.

Zwischen Turbolader und Einlasskanal des Motors befindet sich ein Ladeluftkühler, der die vorverdichtete Luft abkühlt. Das erhöht die Motorleistung, weil kühle Luft durch die höhere Luftdichte einen höheren Sauerstoffanteil besitzt.

Der Lader ist ein äußerst präzise hergestelltes Bauteil. Daher wird er in der Regel bei einem Defekt komplett ausgetauscht.

## Diesel-Partikelfilter

Seit März 2006 ist der CORSA mit Dieselmotor auf Wunsch mit einem Diesel-Partikelfilter ausgestattet. Die Rußpartikel werden dann zunächst im Wabensystem des Filters gesammelt und anschließend in einem separaten Vorgang rückstandslos verbrannt.

Damit der Diesel-Partikelfilter durch die angelagerten Rußpartikel mit der Zeit nicht verstopft und dadurch in seiner Funktion beeinträchtigt wird, muss er regelmäßig regeneriert werden. Dabei wird zwischen passiver und aktiver Regeneration unterschieden.

**Passive Regeneration:** Die Rußpartikel werden während des normalen Motorbetriebes kontinuierlich verbrannt. Bei Abgastemperaturen von +350° – +500° C, beispielsweise bei Autobahnfahrten, werden die Rußpartikel durch chemische Reaktion mit dem im Abgas enthaltenen Stickstoffoxid ($NO_X$) zu Kohlendioxid ($CO_2$) umgewandelt. Dieser Vorgang erfolgt langsam und kontinuierlich und wird über die innere Platin-Beschichtung des Filters in Gang gesetzt.

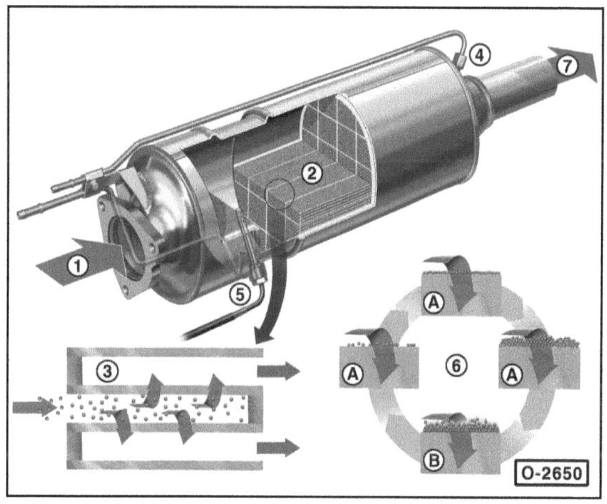


1 – Vorgereinigte Abgase
2 – Filterlamellen
3 – Funktion der Lamellen
4 – Drucksensoren
5 – Temperatursensor
6 – Reinigungszyklus
A - Passive Regeneration
B - Aktive Regeneration
7 – Gereinigte Abgase

**Aktive Regeneration:** Die Drucksensoren vergleichen den Abgasdruck vor und nach dem Partikelfilter. Hoher Druckunterschied deutet darauf hin, dass der Filter zum Verstopfen neigt. In diesem Fall wird die aktive Filter-Regeneration eingeleitet. In der Regel geschieht das dann, wenn die Abgastemperaturen für die passive Regeneration des Filters zu niedrig sind, zum Beispiel bei häufigem Stadtverkehr. Für die aktive Regeneration verändert das Motor-Steuergerät den Einspritzvorgang und erhöht dadurch die Abgastemperatur auf +600° – +650° C. Bei dieser Temperatur werden die Rußpartikel zu Kohlendioxid ($CO_2$) verbrannt. Der aktive Regenerationsvorgang dauert ca. 10 Minuten und wird vom Fahrer in der Regel nicht bemerkt.

# Abgasanlagen-Übersicht

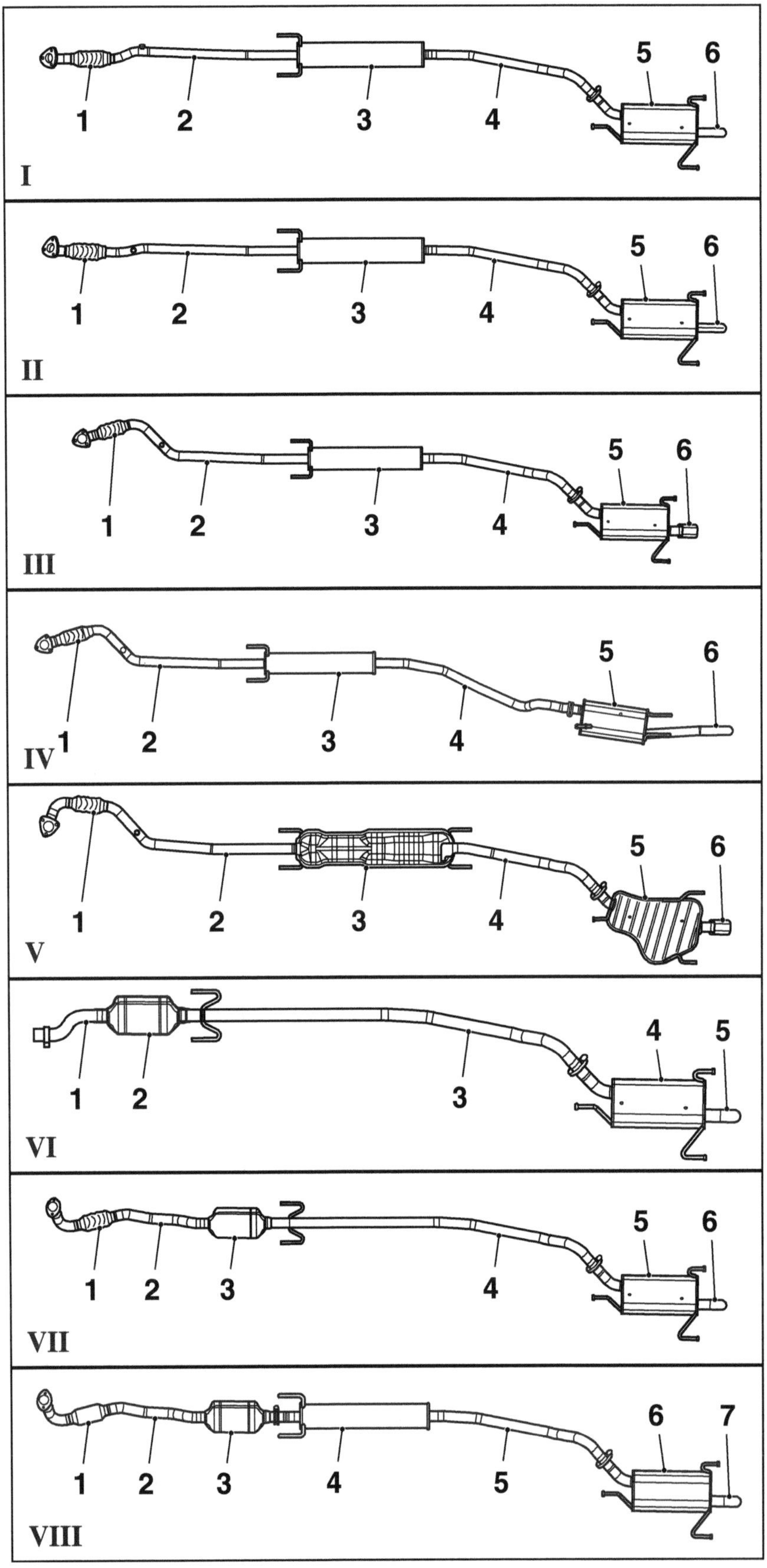


**I = Z10XE(P)**

**II = Z12XE(P)**

**III = Z14XE(P)**

**IV = Z16SE/Z16XE**

**V = Z18XE**

1 – **Flexrohr**
2 – **Vorderes Abgasrohr**
Mit Gewindestutzen für Lambdasonde 2 für Katalysatorkontrolle.
3 – **Vorschalldämpfer**
4 – **Mittleres Abgasrohr**
5 – **Nachschalldämpfer**
6 – **Endrohr**

**VI = Z13DT**

1 – **Vorderes Abgasrohr**
2 – **Vorschalldämpfer**
3 – **Mittleres Abgasrohr**
4 – **Nachschalldämpfer**
5 – **Endrohr**

**VII = Y17DT(L)**

1 – **Flexrohr**
2 – **Vorderes Abgasrohr**
3 – **Katalysator**
4 – **Mittleres Abgasrohr**
5 – **Nachschalldämpfer**
6 – **Endrohr**

**VIII = Z17DTH**

1 – **Flexrohr**
2 – **Vorderes Abgasrohr**
3 – **Katalysator**
4 – **Vorschalldämpfer**
5 – **Mittleres Abgasrohr**
6 – **Nachschalldämpfer**
7 – **Endrohr**

# Abgasanlage aus- und einbauen

## Ausbau

**Hinweis:** In den folgenden Abbildungen ist die Abgasanlage für den Motor Z14XE dargestellt. Bei den anderen Motor-Varianten ist vergleichsweise zu verfahren.

**Sicherheitshinweis**
Beim Aufbocken des Fahrzeugs besteht Unfallgefahr! Hinweise im Kapitel »Fahrzeug aufbocken« beachten.

- Fahrzeug aufbocken.
- **CORSA ECO:** Untere Motorraumabdeckung ausbauen, siehe Seite 273.
- Sämtliche Schraubverbindungen der Abgasanlage mit rostlösendem Mittel einsprühen. Rostlöser einige Zeit einwirken lassen.

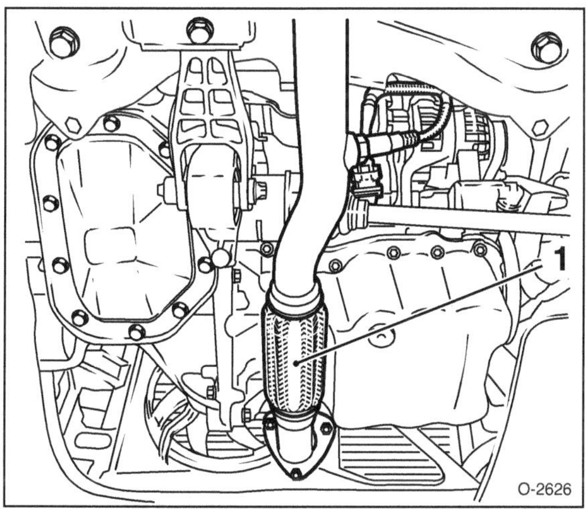


**Achtung:** Bei Arbeiten im Bereich der Abgasanlage ist das vordere Abgasrohr mit Flexrohr –1– gegen unkontrolliertes Durchhängen zu sichern. Bereits Beugungen des Flexrohres um 5 – 10 Winkelgrad aus der vorgesehenen Montageposition können eine Schädigung mit anschließendem Totalausfall des Flexrohres zur Folge haben.

Aus diesem Grund ist das Abgasanlagenstück mit dem darin befindlichen Flexrohr beispielsweise mit etwas Draht am Fahrzeugunterbau zu befestigen, dabei Abgasrohr, falls erforderlich, durch einen Helfer abstützen lassen.

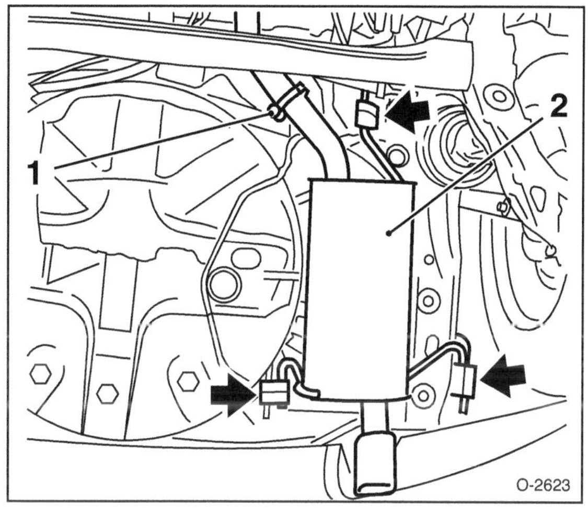


- Klemmschelle –1– für Nachschalldämpfer –2– lösen.
- Position des hinteren Nachschalldämpfers zum mittleren Abgasrohr markieren damit es an gleicher Stelle wieder zusammengefügt werden kann.
- Aufhängungsgummis –Pfeile– für Nachschalldämpfer aushängen und Nachschalldämpfer von mittlerem Abgasrohr abziehen.

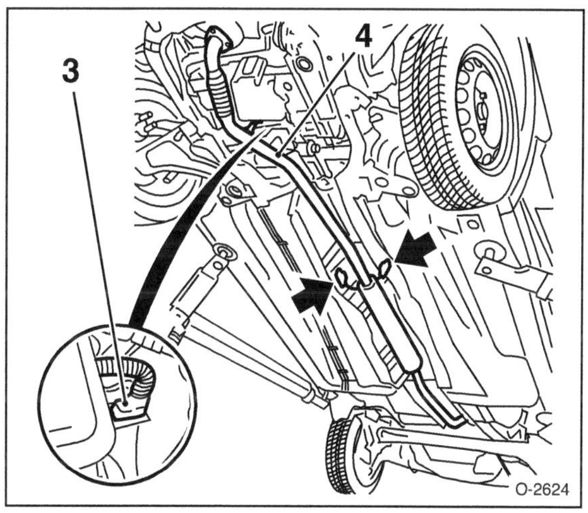


- **Benzinmotor:** Kabelsatzstecker für Lambdasonde 2 zur Katalysatorkontrolle –3– trennen.
- Vorderes Abgasrohr –4– vom Katalysator (Benzinmotor) beziehungsweise vom Turbolader (Dieselmotor) abbauen und mit Dichtung herausnehmen. **Motor Z13DT:** Dabei Schelle lösen.
- Aufhängungsgummis –Pfeile– für vorderen Schalldämpfer aushängen und vorderen Schalldämpfer mit vorderem Abgasrohr herausnehmen.
- Wenn die Abgasanlage oder Teile davon erneuert werden, sind die entsprechenden Gummihalterungen zu ersetzen und die Position des Halters für Bremskraftregler an der Hinterachse zu überprüfen.

- **Benzinmotor:** Wenn der vordere Teil der Abgasanlage ersetzt wird, Lambdasonde 2 für Katalysatorkontrolle auf das Neuteil umbauen. Dabei Lambdasonde mit Spezialfett (Lambdasondenfett) einsetzen. **Achtung:** Das Fett darf nur auf das Gewinde gelangen, nicht auf den Sondenkörper.

**Einbau**

**Achtung:** Beim Einbau von Teilen der Abgasanlage darauf achten, dass die Rohre dicht zusammengefügt werden. Sonst kann es bei der Abgasuntersuchung (AU) zu Fehlmessungen kommen.

- Es empfiehlt sich, sämtliche Schrauben mit Hochtemperaturpaste, zum Beispiel Liqui Moly LM-508-ASC (Kupferpaste), einzusetzen. Die Schrauben lassen sich dann später leichter lösen.
- Vorderen Schalldämpfer mit vorderem Abgasrohr einsetzen und Aufhängungsgummis für vorderen Schalldämpfer einhängen.
- Vorderes Abgasrohr mit **neuer** Dichtung und **neuen** Muttern am Katalysator (Benzinmotor) beziehungsweise am Turbolader (Dieselmotor) anschrauben. **Hinweis:** Auf richtige Einbaulage der Dichtung achten.
  **Anzugsdrehmomente:**
  Benzinmotor . . . . . . . . . . . . . . . . . . . . **25 Nm**
  Dieselmotor . . . . . . . . . . . . . . . . . . . . **67 Nm**
- **Benzinmotor:** Mehrfachstecker für Lambdasonde 2 zur Katalysatorkontrolle zusammenstecken.

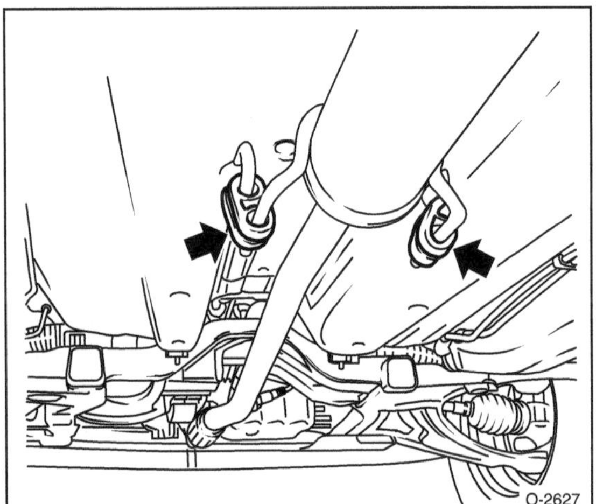


- Nachschalldämpfer auf mittleres Abgasrohr aufstecken und Aufhängungsgummis für Nachschalldämpfer einhängen –Pfeile–.
- Vor dem Anziehen der Klemmschelle die Abgasanlage entsprechend dem Verlauf des Wagenbodens spannungsfrei ausrichten. Darauf achten, dass überall ausreichend Abstand zwischen Abgasanlage und Aufbau vorhanden ist und die Haltegummis gleichmäßig belastet werden.
- Klemmschelle für Nachschalldämpfer mit **50 Nm** festziehen.

- **CORSA ECO:** Untere Motorraumabdeckung einbauen, siehe Seite 273.
- Fahrzeug ablassen.
- Abgasanlage auf Dichtheit prüfen, siehe entsprechendes Kapitel.

## Lambdasonde aus- und einbauen

**Benzinmotor**

Die Lambdasonden dienen zur Regelung der Abgaszusammensetzung bei den Benzinmotoren. Sie sind in das Abgasrohr vor und nach dem Katalysator eingeschraubt.

**Hinweis:** Zum Ausbau der Lambdasonde wird in der Regel ein Spezialsteckschlüssel mit Schlitzöffnung für die elektrische Zuleitung benötigt. Steckschlüssel für Lambdasonden gibt es in unterschiedlichen Ausführungen von HAZET, zum Beispiel 4680-1. Welcher Schlüssel benötigt wird, hängt von der Länge der Lambdasonde und von der Einbaulage ab.

**Ausbau**

- Steckverbindung für Lambdasonde 1 zur Gemischregelung trennen.
- Lambdasonde 1 vorsichtig aus dem Katalysator herausschrauben, zum Beispiel mit OPEL-KM-6129.

**Sicherheitshinweis**
Beim Aufbocken des Fahrzeugs besteht Unfallgefahr! Deshalb das Kapitel »Fahrzeug aufbocken« durchlesen.

- Fahrzeug aufbocken.

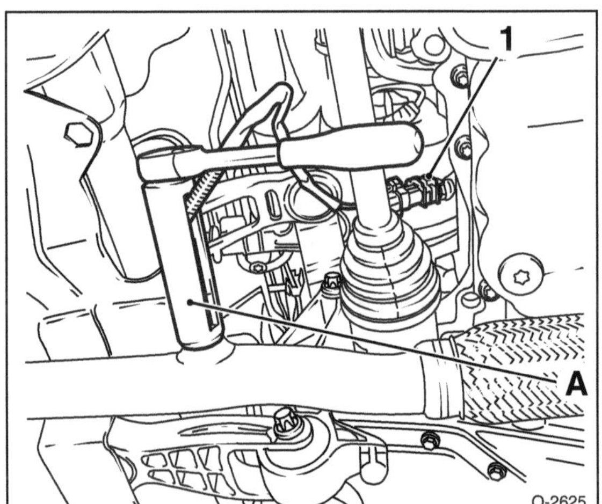


- Steckverbindung –1– für Lambdasonde 2 zur Katalysatorkontrolle trennen.
- Lambdasonde 2 vorsichtig aus dem Abgasrohr herausschrauben. **Hinweis:** Die Fachwerkstatt verwendet dazu den Steckschlüsseleinsatz OPEL-KM-6129 –A–.

**Einbau**

- Gewinde der Lambdasonde mit Hochtemperaturpaste, zum Beispiel BOSCH-Lambdasondenfett oder OPEL-Spezialfett (schwarz, 1948569/90513210), einstreichen und anschrauben. **Achtung:** Das Fett darf nur auf das Gewinde gelangen, nicht auf den Sondenkörper.

  **Anzugsdrehmomente:**
  1,0-/1,2-/1,4-l-Motor . . . . . . . . . . . . . . . **40 Nm**
  1,6-/1,8-l-Motor. . . . . . . . . . . . . . . . . . . **30 Nm**

**Achtung:** Wird die Sonde ohne das Hochtemperatur-Spezialfett eingeschraubt, frisst sich das Gewinde mit der Zeit fest. Die Lambdasonde kann dann später nicht mehr herausgeschraubt werden. Neue Sonden sind teilweise bereits mit dem Spezialfett bestrichen.

- Elektrische Leitung verlegen und Steckverbindung für Lambdasonde zusammenstecken. Kabel so verlegen, dass es nicht durchscheuern beziehungsweise nicht an der Abgasanlage anliegen kann.

## Abgasanlage auf Dichtheit prüfen

Bei Fahrzeugen mit geregeltem Katalysator können Undichtigkeiten der Abgasanlage vor der Lambdasonde zu folgenden Störungen führen:

- Startschwierigkeiten; Motor geht aus, schüttelt im Leerlauf, ruckelt beim Beschleunigen.

- Motor starten und bei laufendem Motor Abgasanlage mit einem Lappen oder Stöpsel verschließen.
- Abgasanlage auf Undichtigkeit abhören. Gegebenenfalls Verbindungsstellen Zylinderkopf/Krümmer und Krümmer/Abgasrohr vorn mit handelsüblichem »Leck-Sucher« einsprühen und auf Blasenbildung untersuchen.
- Undichtigkeit beseitigen.

## Zusätzliche Anzugsdrehmomente für Abgasanlage

| Schrauben/Muttern für .... | Anzugsdrehmoment |
|---|---|
| Abgasrückführventil an Einlasskrümmer (Dieselmotor) | 25 Nm |
| Abgasrückführventil an Flansch Einlasskrümmer (Z14XE/Z16SE/Z16XE) | 20 Nm |
| Abgasrückführventil an Zylinderkopf (Z10XE/Z12XE/Z12XEP) | 8 Nm |
| Abgasrückführventil an Adapter-Abgasrückführventil (Z18XE) | 20 Nm |
| Adapter-Abgasrückführventil und Ölmessstabführungsrohr an Zylinderkopf (Z18XE) | 8 Nm |
| Aktivkohlebehälter an A-Säule | 4 Nm |
| Befestigungsring-Kraftstofffilter (Z13DT) | 30 Nm |
| Halter für Kraftstoff- und Entgasungsleitungen an Unterboden | 1,2 Nm |
| Halter Ladeluftrohr an Nockenwellengehäuse (Dieselmotor) | 25 Nm |
| Halter Rohr Abgasrückführung an Nockenwellengehäuse (Dieselmotor) | 9 Nm |
| Halter Motorsteuergerät an Nockenwellengehäuse (Dieselmotor) | 10 Nm |
| Hitzeschutzblech an Abgaskrümmer (Y17DT/Z17DTH) | 12 Nm |
| Hitzeschutzblech an Turbolader (Y17DT/Z17DTH) | 12 Nm |
| Hitzeschutzblech an Fahrzeug-Unterboden | 2 Nm |
| Hitzeschutzblech an Vorkatalysator | 12 Nm |
| Klemmschelle für Nachschalldämpfer an mittleres Abgasrohr | 45 Nm |
| Lambdasonde 2 zur Katalysatorkontrolle an vorderes Abgasrohr | 40 Nm |
| Magnetventil Abgasrückführung an Einlasskrümmer (Dieselmotor) | 5 Nm |
| Motorsteuergerät an Halter Motorsteuergerät (Dieselmotor) | 6 Nm |
| Ölmessstabführungsrohr an Ölwannen-Oberteil | 10 Nm |
| Rohr-Abgasrückführung an Abgaskrümmer (Y17DT/Z17DTH) | 28 Nm |
| Rohr Abgasrückführung an Abgasrückführventil (Dieselmotor) | 44 Nm |
| Rohr Abgasrückführung an Abgasrückführventil (Z10XE/Z12XE/Z12XEP) | 10 Nm |
| Rohr Abgasrückführung an Auslasskrümmer (Dieselmotor) | 28 Nm |
| Vorderes Abgasrohr an Katalysator | 25 Nm* |
| Vorderes Abgasrohr an Turbolader (Dieselmotor) | 67 Nm* |
| Vorkatalysator an Turbolader (Dieselmotor) | 27 Nm |

*) Schrauben grundsätzlich ersetzen.

# Innenausstattung

Aus dem Inhalt:

- Innenspiegel ersetzen
- Mittelkonsole demontieren
- Innenverkleidungen
- Handschuhfach ausbauen
- Sitze ausbauen
- Sonnenblende ausbauen
- Sicherheitsgurte ausbauen

## Wichtige Arbeits- und Sicherheitshinweise

Werden Arbeiten an der Innenausstattung ausgeführt, sind folgende Hinweise unbedingt zu beachten:

- Zum Abhebeln von Kunststoffverkleidungen und -blenden Kunststoffkeil verwenden, zum Beispiel HAZET 1965-20.
- Clips, die beim Ausbau von Verkleidungen beschädigt werden, immer erneuern.
- Die Fenster- und Türsäulen der Karosserie werden von vorn nach hinten als A-, B-, C- und D-Säulen bezeichnet.
- Sitze, Sicherheitsgurte und Airbags sind sicherheitsrelevante Bauteile. **Aus Sicherheitsgründen nur die hier beschriebenen Arbeiten durchführen. Komplexere Arbeiten nicht in Eigenregie vornehmen, sondern von einer Fachwerkstatt durchführen lassen.**

**Achtung:** Wenn im Rahmen von Arbeiten an der Karosserie auch Arbeiten an der elektrischen Anlage durchgeführt werden, **grundsätzlich** das Batterie-Massekabel (–) abklemmen. Dazu Hinweise im Kapitel »Batterie aus- und einbauen« beachten. Als Arbeit an der elektrischen Anlage ist dabei schon zu betrachten, wenn eine elektrische Leitung vom Anschluss abgezogen beziehungsweise abgeklemmt wird.

**Achtung: Airbag-Sicherheitshinweise unbedingt befolgen, insbesondere bei Arbeiten an der Armaturentafel, siehe Seite 150.**

**Um ein Auslösen des Airbags zu verhindern, ist vor dem Trennen von Kabeln des Airbag-Systems die Zündung auszuschalten und dann zuerst das Batterie-Massekabel (–) und anschließend das Batterie-Pluskabel (+) von der Batterie abzuklemmen. Außerdem muss aus Sicherheitsgründen der Minuspol von der Batterie isoliert werden, siehe Seite 64.**

## Halteclips/Federklammern aus- und einbauen

Zahlreiche Abdeckungen und Verkleidungen sind mit Halteclips und Federklammern an der Fahrzeug-Karosserie befestigt.

**Ausbau**

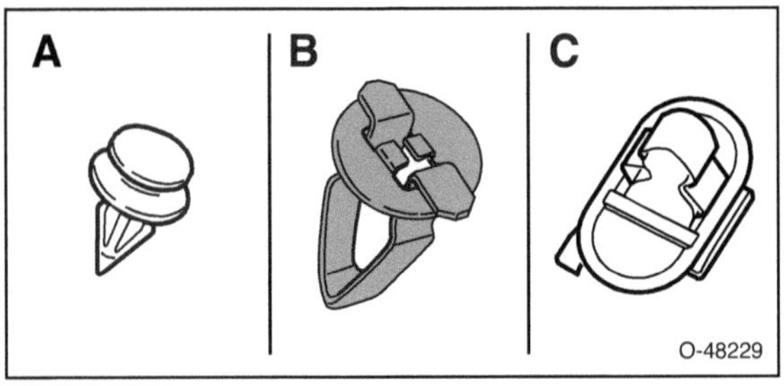


- Befestigungsclip: Clip –A– mit Schraubendreher oder Lösezange HAZET 799-4 herausziehen und Verkleidung abnehmen.
- Clip/Federklammer an der Rückseite der Verkleidung: Verkleidung mit einem Kunststoffkeil so an den Cliphalterungen lösen, dass der Clip –B– beziehungsweise die Federklammer –C– aus der Bohrung in der Karosserie herausgezogen wird.

**Einbau**

- Vor dem Einbau Halteclips auf Beschädigungen überprüfen, wenn nötig, ersetzen. Gegebenenfalls auf richtigen Sitz an der Verkleidung überprüfen.
- Befestigungsclip: Verkleidung ansetzen, Clip in die Bohrung stecken und eindrücken.
- Clip/Federklammer: Verkleidung so ansetzen, dass die Clips in die Bohrungen greifen. Verkleidung fest andrücken und Cliphalterung einrasten.

# Innenspiegel aus- und einbauen

## Spiegel ohne Regensensor

**Ausbau**

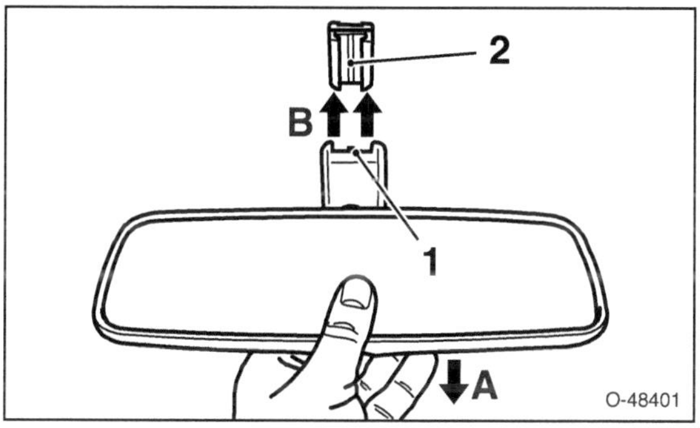


- Klammer –1– drücken und Innenspiegel nach unten –Pfeil A– aus der Halteplatte –2– herausziehen.

**Einbau**

- Innenspiegel auf die Führungen –Pfeile B– der Halteplatte –2– einschieben und bis zum Anschlag hochschieben. Dabei muss die Klammer –1– hörbar einrasten.

## Spiegel mit Regensensor

**Ausbau**

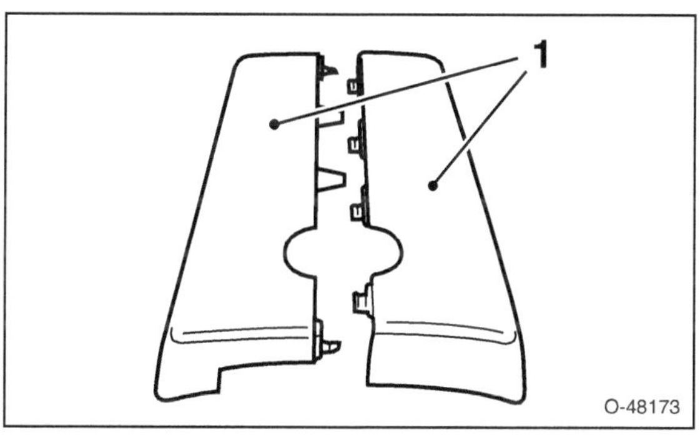


- Blende –1– am Spiegelfuß auseinander drücken, ausclipsen und abnehmen.
- Steckverbindungen für Regensensor und Abblendfunktion entriegeln und trennen.

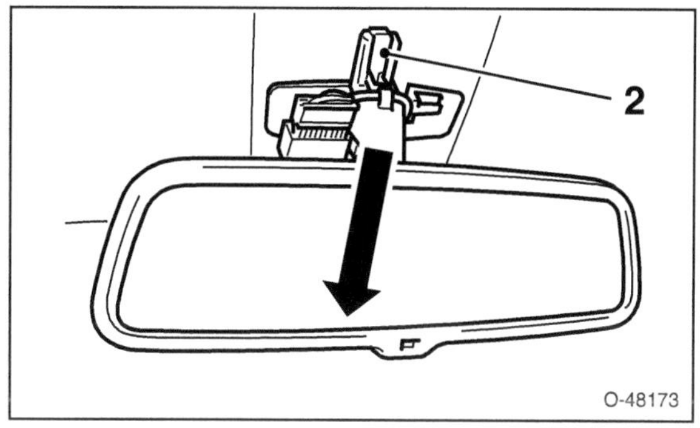


- Innenspiegel nach unten –Pfeil– aus der Halterung –2– drücken.

**Einbau**

- Der Einbau erfolgt in umgekehrter Ausbaureihenfolge.

# Haltegriff am Dach aus- und einbauen

**Ausbau**

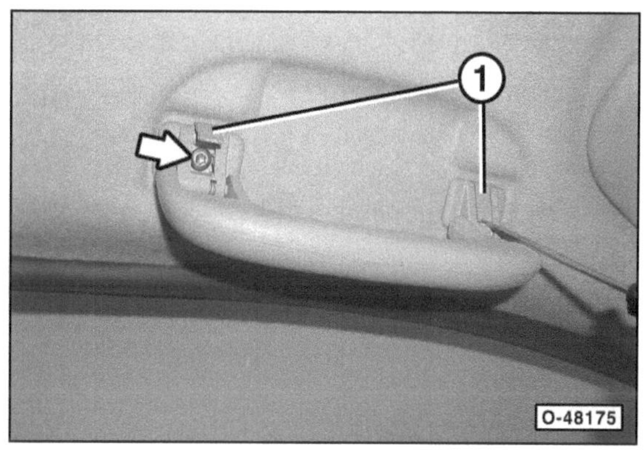


- Haltegriff nach unten klappen.
- Abdeckungen –1– mit einem Schraubendreher aufhebeln und hochklappen.
- 2 Schrauben –Pfeil– herausdrehen und Haltegriff abnehmen.

**Einbau**

- Der Einbau erfolgt in umgekehrter Ausbaureihenfolge.

## Sonnenblende aus- und einbauen

### Ausbau

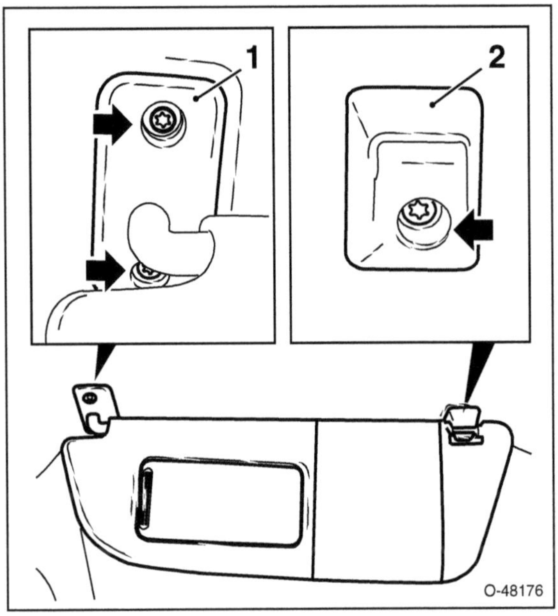


- Sonnenblende aus dem Aufnahmelager –2– aushaken.
- Schraube –Pfeil– herausdrehen und Aufnahmelager –2– abnehmen.
- Schrauben –Pfeile– herausdrehen und Halterung –1– mit Sonnenblende abnehmen.

### Einbau

- Der Einbau erfolgt in umgekehrter Ausbaureihenfolge.

## Handschuhfach aus- und einbauen

### Ausbau

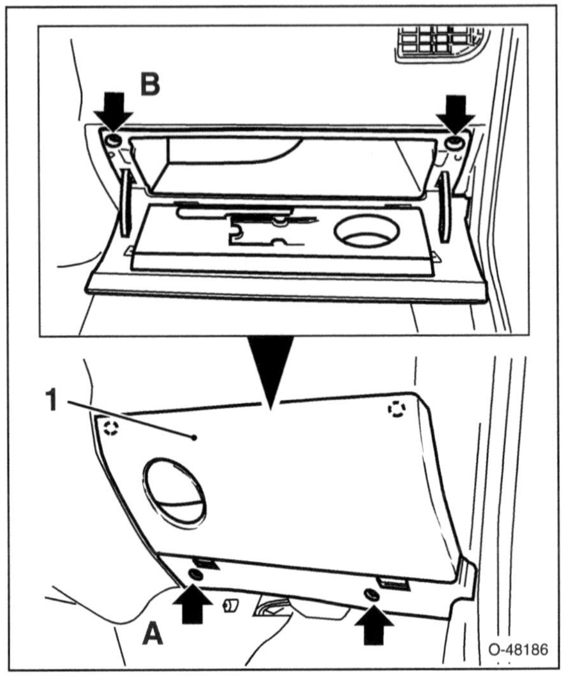


- Schrauben unten –Pfeile A– herausdrehen.
- Handschuhfachdeckel –1– öffnen.
- Schrauben oben –Pfeile B– herausdrehen.
- Handschuhfach aus der Armaturentafel herausziehen.
- **MERIVA:** Stecker für Handschuhfach-Leuchte abziehen.

### Einbau

- Handschuhfach in der Armaturentafel einsetzen.
- **MERIVA:** Stecker für Handschuhfach-Leuchte aufschieben.
- Handschuhfach festschrauben.

## Schalthebelmanschette aus- und einbauen

### Ausbau

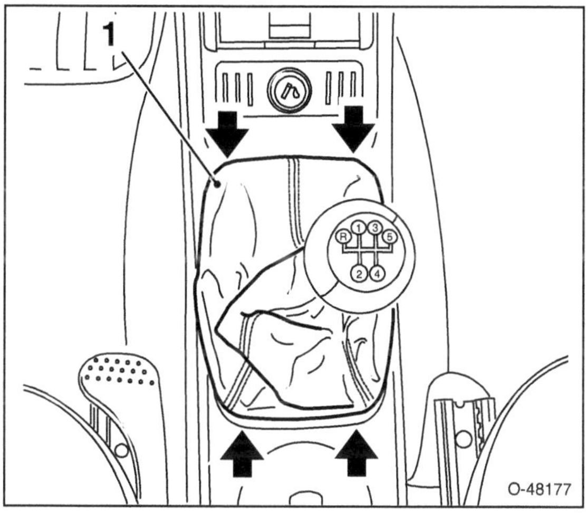


- Schalthebelmanschette –1– aus der Mittelkonsole herausclipsen –Pfeile–.

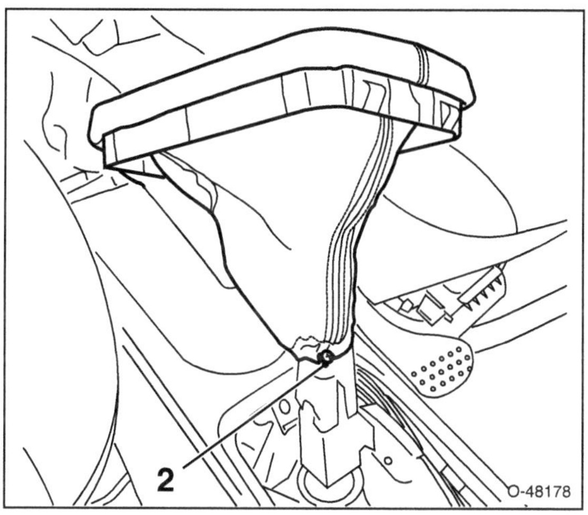


- Schalthebelmanschette nach oben stülpen, Kabelbinder –2– durchtrennen und Manschette nach oben vom Schalthebel abziehen.

### Einbau

- Der Einbau erfolgt in umgekehrter Ausbaureihenfolge, dabei Schalthebelmanschette mit neuem Kabelbinder befestigen.

**Hinweis:** Um den Knauf auszubauen, muss zuvor der Schalthebel ausgebaut werden. Dann wird der Knauf mit einem Gummihammer vom Schalthebel abgeschlagen.

## Mittelkonsole aus- und einbauen

**CORSA**

### Ausbau

- **Fahrzeuge mit Automatikgetriebe:** Wählhebel auf Position »D« stellen.
- Ascher unten greifen und nach oben aus der Mittelkonsole herausziehen. Wenn nötig, Ascher unten mit einem Kunststoffkeil ablösen.
- Deckel vom hinteren Aschenbecher aufklappen und Aschenbecher aus der Mittelkonsole herausziehen. **Hinweis:** Je nach Ausstattung ist hinten eine Ablageschale in der Mittelkonsole eingesetzt.

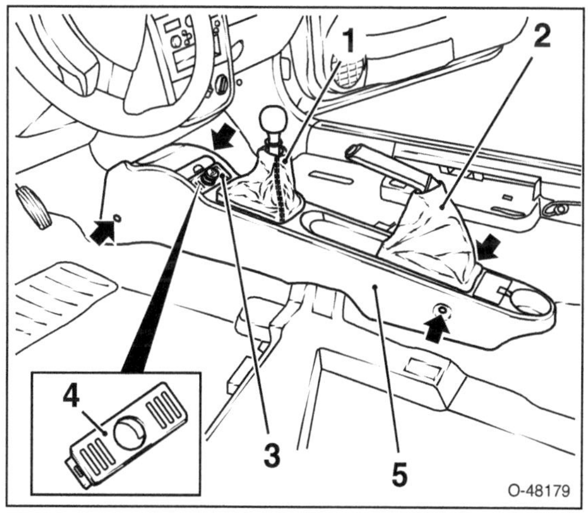


- Schalthebelmanschette –1– ausbauen, siehe entsprechendes Kapitel.
- Handbremshebel anziehen, Faltenbalg –2– für Handbremshebel aus der Mittelkonsole ausclipsen und nach oben stülpen.
- Handbremsseil am Handbremshebel aushängen, siehe Kapitel »Handbremse einstellen«, Seite 178.
- Je nach Ausstattung Schalterfeld –3– für Sitzheizung und Zigarettenanzünder oder Münzhalter –4– aus der Mittelkonsole ausbauen, siehe Seite 108.
- Schrauben –Pfeile– herausdrehen, Mittelkonsole –5– über den Schalt- und Handbremshebel führen und nach oben herausheben.

### Einbau

- Der Einbau erfolgt in umgekehrter Ausbaureihenfolge.
- Handbremse einstellen, siehe Seite 178.

# Seitliche Verkleidung im Fußraum aus- und einbauen

**Ausbau**

- **CORSA:** Mittelkonsole ausbauen, siehe entsprechendes Kapitel.

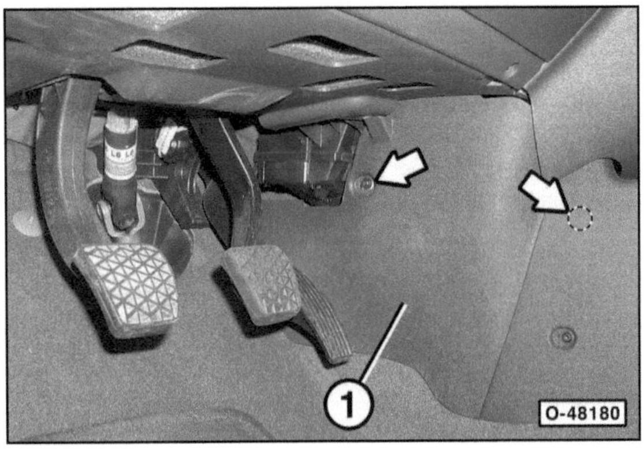


- 2 Schrauben –Pfeile– herausdrehen. **Hinweis:** Die zweite Schraube wird beim CORSA durch die Mittelkonsole verdeckt.
- Seitliche Verkleidung –1– unter der Verkleidung der Armaturentafel hervorziehen und aus dem Fußraum herausnehmen.

**Einbau**

- Der Einbau erfolgt in umgekehrter Ausbaureihenfolge.

# Verkleidung Armaturentafel Fahrerseite unten aus- und einbauen

**CORSA**

**Ausbau**

- Lenkrad auf höchste Position stellen.

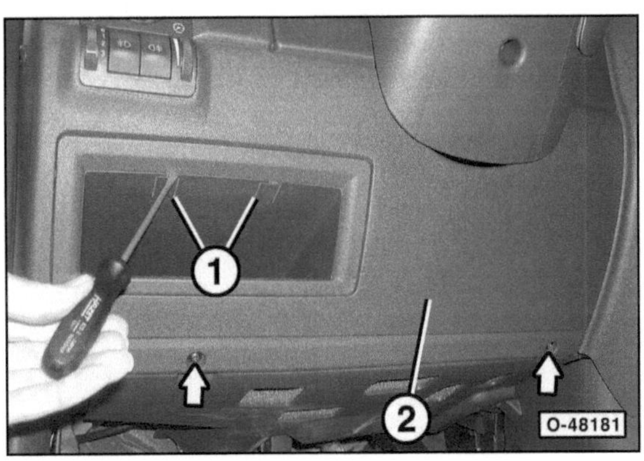


- Mit einem Schraubendreher Laschen –1– für Ablagefach nach unten drücken, gleichzeitig Ablagefach nach hinten und unten ziehen und ausrasten.
- Ablagefach aus der Armaturentafel herausziehen.
- 2 Schrauben –Pfeile– herausdrehen.
- Untere Verkleidung Armaturentafel –2– unten aushängen, nach unten ziehen und aus der oberen Halterung herausziehen.
- Untere Verkleidung von der Armaturentafel abnehmen.

**Einbau**

- Untere Verkleidung an der Armaturentafel anschrauben, Ablagefach einschieben und einrasten.

# Einstiegsleiste aus- und einbauen

## CORSA/4-Türer

**Ausbau**

- Rücksitzlehne ausbauen, siehe entsprechendes Kapitel.

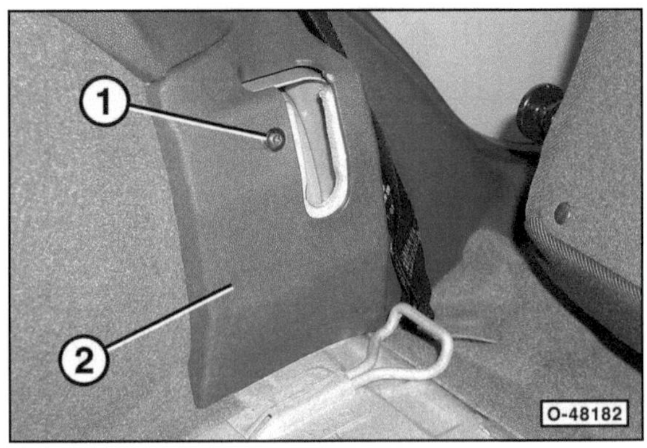


- Schraube –1– für Einstiegsleiste –2– hinten herausdrehen.
- Endbeschlag für Sicherheitsgurt hinten vom Unterboden abschrauben, siehe Kapitel »Sicherheitsgurt aus- und einbauen«.
- Gummidichtung an der Hintertür im Bereich der Einstiegsleiste abziehen.
- Vordersitz nach hinten schieben.

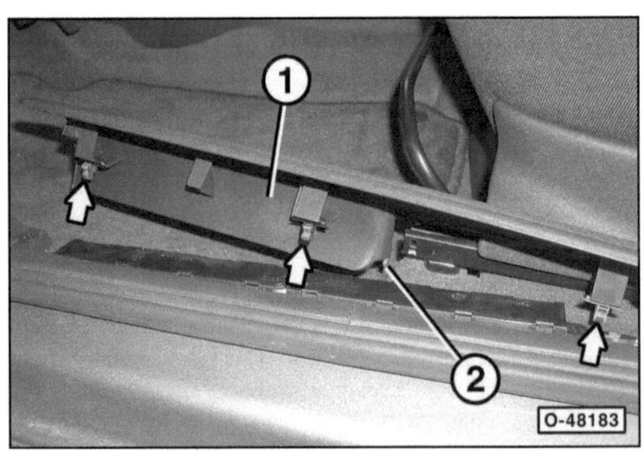


- Einstiegsleiste –1– vorne am Teppichboden greifen, nach oben ziehen und Federclips –Pfeile– aus den Bohrungen herausziehen. 2 – Vordere Einhakung für Ablagefach.

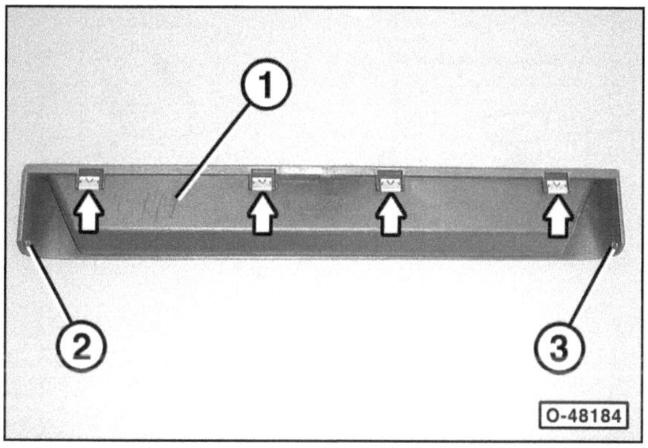


- Ablagefach –1– unten aus der vorderen Einhakung –2– herausziehen. Pfeile – Halteclips.
- Vordersitz nach vorne schieben. Ablagefach unten aus der hinteren Einhakung –3– herausziehen.
- Ablagefach nach oben aus der Einstiegsleiste herausziehen. **Achtung:** Ablagefach nicht mit einem Keil von der Einstiegsleiste abhebeln.
- Einstiegsleiste an der Hintertür am Teppichboden greifen und nach oben aus den Cliphalterungen herausziehen.
- Untere Verkleidung B-Säule mit einem Kunststoffkeil von der Einstiegsleiste abhebeln, siehe entsprechendes Kapitel.
- Einstiegsleiste aus der Seitenverkleidung im Kofferraum herausziehen und vom Türschweller abnehmen. Falls nötig, Schrauben für Seitenverkleidung herausdrehen und Seitenverkleidung etwas lösen.

### Einbau

- Der Einbau erfolgt in umgekehrter Ausbaureihenfolge. Dabei darauf achten, dass die Federclips an der Unterseite der Einstiegsleiste in die Bohrungen eingreifen.

---

## CORSA/2-Türer

### Ausbau

- 2 Schrauben herausdrehen und Ablagefach von der Einstiegsleiste abnehmen.

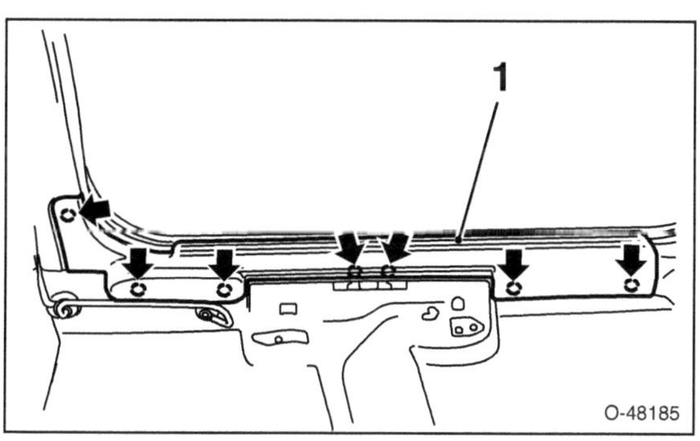


- Einstiegsleiste –1– vorne am Teppichboden greifen, nach oben ziehen und Federclips –Pfeile– aus den Bohrungen herausziehen.

### Einbau

- Der Einbau erfolgt in umgekehrter Ausbaureihenfolge.

# Verkleidung A-Säule aus- und einbauen

**CORSA**

## Obere Verkleidung

### Ausbau

- Gummidichtung an der Vordertür im Bereich der A-Säule abziehen.

**Achtung: Bei Fahrzeugen mit Kopfairbag unbedingt Airbag-Sicherheitshinweise beachten, siehe Seite 150.**

- Um ein Auslösen des Kopfairbags zu verhindern, Zündung ausschalten, zuerst Massekabel (–) und danach Pluskabel (+) von der Batterie abklemmen. **Minuspol der Batterie mit Isolierband abkleben**. Hinweise im Kapitel »Batterie aus- und einbauen« beachten.
- **Fahrzeuge mit Kopfairbag:** Airbag-Abdeckkappe mit einem Keil aus der Verkleidung an der A-Säule heraushebeln und mit Halteclip herausziehen.

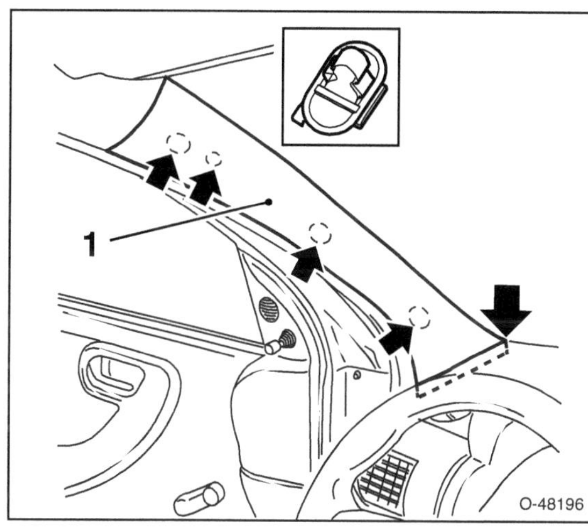


- Einen Kunststoffkeil unter die Verkleidung schieben und Verkleidung –1– an den Halteclips –Pfeile– von der A-Säule lösen.
- Verkleidung nach oben aus der Armaturentafel herausziehen.

### Einbau

- Halteclips auf Beschädigungen und auf richtigen Sitz an der Verkleidung überprüfen, wenn nötig, ersetzen.
- Der Einbau erfolgt in umgekehrter Ausbaureihenfolge, dabei darauf achten, dass die Türdichtung über die Verkleidung greift.

## Untere Verkleidung

### Ausbau

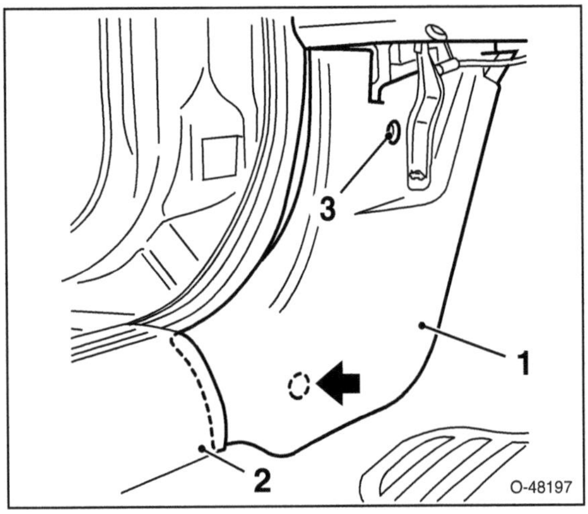


- Einstiegsleiste –2– vorne an der Stoßkante vom Türschweller ablösen, siehe entsprechendes Kapitel.
- Schraube –3– herausdrehen.
- Einen Kunststoffkeil unter die Verkleidung schieben und Verkleidung –1– unten am Halteclip –Pfeil– von der A-Säule lösen.
- Verkleidung von der A-Säule abnehmen und aus dem Fußraum herausnehmen.

### Einbau

- Der Einbau erfolgt in umgekehrter Ausbaureihenfolge, dabei darauf achten, dass die Türdichtung über die Verkleidung greift.

# Verkleidung B-Säule oben aus- und einbauen

**CORSA/2-Türer**

### Ausbau

- Seitenverkleidung hinten ausbauen, siehe entsprechendes Kapitel.

**Achtung: Bei Fahrzeugen mit Kopfairbag unbedingt Airbag-Sicherheitshinweise beachten, siehe Seite 150.**

- Um ein Auslösen des Kopfairbags zu verhindern, Zündung ausschalten, zuerst Massekabel (–) und danach Pluskabel (+) von der Batterie abklemmen. **Minuspol der Batterie mit Isolierband abkleben.** Hinweise im Kapitel »Batterie aus- und einbauen« beachten.

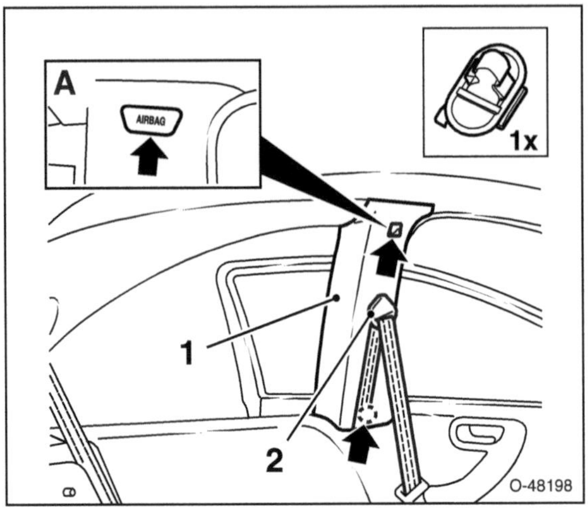


- **Fahrzeuge mit Kopfairbag:** Airbag-Abdeckkappe –Pfeil A– mit einem Keil aus der Verkleidung –1– an der B-Säule heraushebeln und mit Halteclip herausziehen.
- Umlenkbeschlag –2– von der B-Säule abschrauben, siehe Kapitel »Sicherheitsgurt vorn aus- und einbauen«.
- Einen Kunststoffkeil unter die Verkleidung schieben und Verkleidung –1– am Halteclip –Pfeil– von der B-Säule lösen.
- Verkleidung von der B-Säule abnehmen.

### Einbau

- Der Einbau erfolgt in umgekehrter Ausbaureihenfolge, dabei darauf achten, dass die Türdichtung über die Verkleidung greift.
- Umlenkbeschlag mit **35 Nm** an der B-Säule festschrauben.

# Seitenverkleidung hinten aus- und einbauen

**CORSA/2-Türer**

### Ausbau

- Gummidichtung an der Vordertür im Bereich der B-Säule unten abziehen.
- Einstiegsleiste ausbauen, siehe entsprechendes Kapitel.
- Rücksitzbank- und lehne ausbauen, siehe entsprechendes Kapitel.

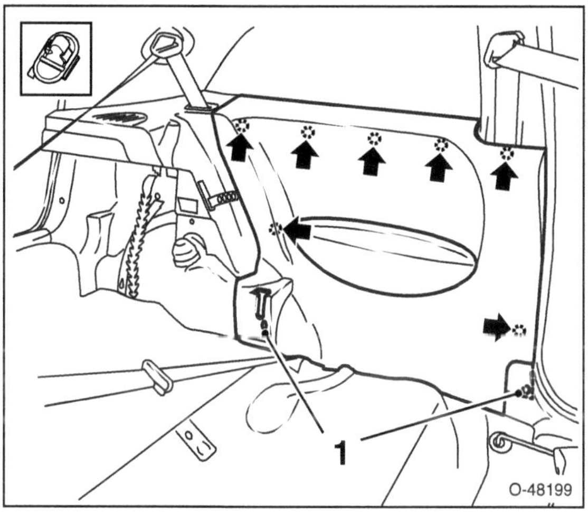


● 2 Schrauben –1– unten an der Seitenwand herausdrehen.

● Verkleidung an den Halteclips –Pfeile– von der Seitenwand lösen und abnehmen.

**Einbau**

● Der Einbau erfolgt in umgekehrter Ausbaureihenfolge, dabei darauf achten, dass die Türdichtung über die Verkleidung greift.

## Verkleidung C-Säule aus- und einbauen

**CORSA/2-Türer**

**Ausbau**

● Gummidichtung an der Heckklappe im Bereich der C-Säule abziehen.

● Obere Kofferraumabdeckung/Hutablage ausbauen.

● Rücksitzlehne an den Schließbügeln ausrasten und nach vorne klappen.

**Achtung: Bei Fahrzeugen mit Kopfairbag unbedingt Airbag-Sicherheitshinweise beachten, siehe Seite 150.**

● Um ein Auslösen des Kopfairbags zu verhindern, Zündung ausschalten, zuerst Massekabel (–) und danach Pluskabel (+) von der Batterie abklemmen. **Minuspol der Batterie mit Isolierband abkleben**. Hinweise im Kapitel »Batterie aus- und einbauen« beachten.

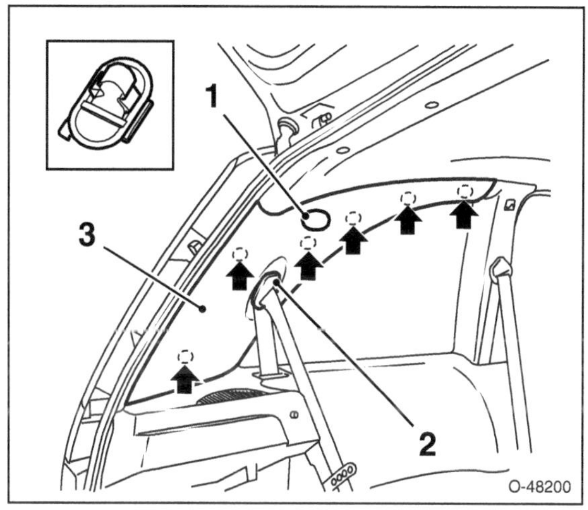


● **Fahrzeuge mit Kopfairbag:** Airbag-Abdeckkappe –1– mit einem Keil aus der Verkleidung –3– an der C-Säule heraushebeln und mit Halteclip herausziehen.

● Umlenkbeschlag –2– von der C-Säule abschrauben, siehe Kapitel »Sicherheitsgurt hinten aus- und einbauen«.

● Einen Kunststoffkeil unter die Verkleidung schieben und Verkleidung –3– an den Halteclips –Pfeile– von der C-Säule lösen.

● Verkleidung von der C-Säule abnehmen.

**Einbau**

● Der Einbau erfolgt in umgekehrter Ausbaureihenfolge, dabei darauf achten, dass die Heckklappendichtung über die Verkleidung greift.

● Umlenkbeschlag mit **35 Nm** an der C-Säule festschrauben.

## Verkleidung B-Säule aus- und einbauen

**CORSA/4-Türer**

### Obere Verkleidung

**Ausbau**

**Achtung: Bei Fahrzeugen mit Kopfairbag unbedingt Airbag-Sicherheitshinweise beachten, siehe Seite 150.**

● Um ein Auslösen des Kopfairbags zu verhindern, Zündung ausschalten, zuerst Massekabel (–) und danach Pluskabel (+) von der Batterie abklemmen. **Minuspol der Batterie mit Isolierband abkleben**. Hinweise im Kapitel »Batterie aus- und einbauen« beachten.

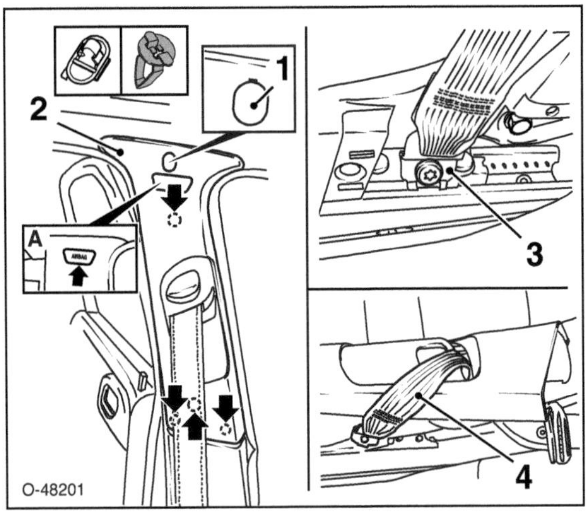


- **Fahrzeuge mit Kopfairbag:** Airbag-Abdeckkappe –Pfeil A– mit einem Keil aus der Verkleidung –2– an der B-Säule heraushebeln und mit Halteclip herausziehen.
- Abdeckung –1– aus der Verkleidung heraushebeln und Schraube herausdrehen.
- Einen Kunststoffkeil unter die Verkleidung schieben und Verkleidung –2– an den Halteclips –Pfeile– von der B-Säule lösen.
- Ablagefach von der Einstiegsleiste abclipsen, siehe Kapitel »Einstiegsleiste aus- und einbauen«.
- Gurtendbeschlag –3– vom Vordersitz abschrauben, siehe »Kapitel Sicherheitsgurt vorn aus- und einbauen«.
- Sicherheitsgurt –4– aus der Gurtführung des Höhenverstellers herausfädeln und Verkleidung –2– von der B-Säule abnehmen.

**Einbau**

- Der Einbau erfolgt in umgekehrter Ausbaureihenfolge, dabei darauf achten, dass die Türdichtung über die Verkleidung greift.
- Gurtendbeschlag mit Schraubensicherungsmittel und **20 Nm** am Vordersitz festschrauben.
- Auf korrekten Lauf des Gurtbandes in der Verkleidung an der B-Säule achten.
- Funktion des Höhenverstellers und des Aufrollautomaten prüfen.

## Untere Verkleidung

**Ausbau**

- Obere Verkleidung von der B-Säule ausbauen.

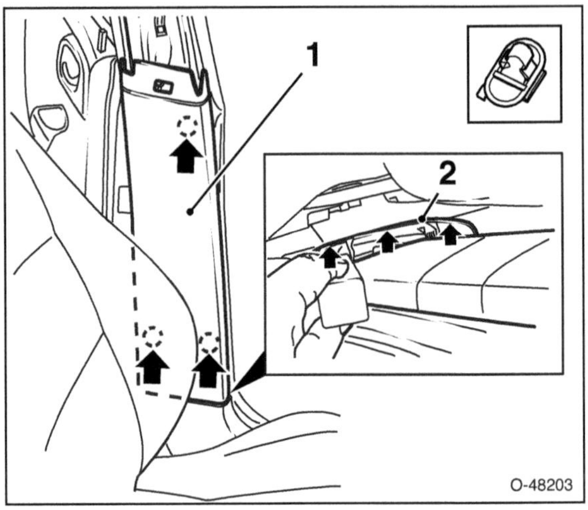


- Einen Kunststoffkeil unter die Verkleidung schieben und Verkleidung –1– an den Halteclips –Pfeile– von der B-Säule lösen.
- Mit einem Kunststoffkeil Verkleidung unten –2– von der Einstiegsleiste ablösen.

**Einbau**

- Der Einbau erfolgt in umgekehrter Ausbaureihenfolge, dabei darauf achten, dass die Türdichtung über die Verkleidung greift.

# Verkleidung C/D-Säule aus- und einbauen

**CORSA/4-Türer**

**Ausbau**

- Gummidichtung an der Hintertür im oberen Bereich der C-Säule abziehen.
- Gummidichtung an der Heckklappe im Bereich der D-Säule abziehen.
- Obere Kofferraumabdeckung/Hutablage ausbauen.
- Rücksitzlehne an den Schließbügeln ausrasten und nach vorne klappen.

**Achtung: Bei Fahrzeugen mit Kopfairbag unbedingt Airbag-Sicherheitshinweise beachten, siehe Seite 150.**

- Um ein Auslösen des Kopfairbags zu verhindern, Zündung ausschalten, zuerst Massekabel (–) und danach Pluskabel (+) von der Batterie abklemmen. **Minuspol der Batterie mit Isolierband abkleben**. Hinweise im Kapitel »Batterie aus- und einbauen« beachten.

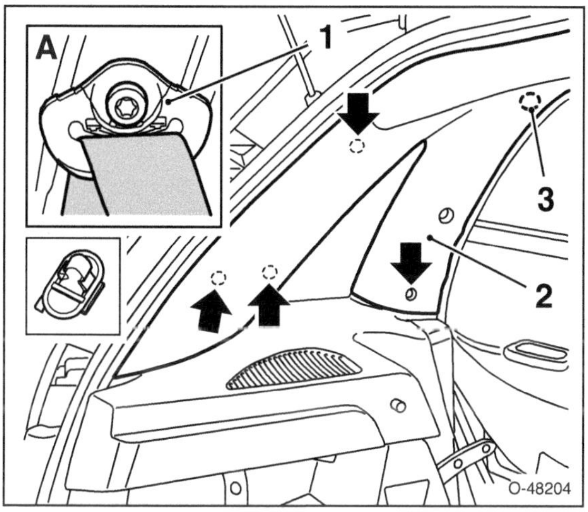


- **Fahrzeuge mit Kopfairbag:** Airbag-Abdeckkappe –3– mit einem Keil aus der Verkleidung an der C-Säule heraushebeln und mit Halteclip herausziehen.
- Umlenkbeschlag –1– von der C-Säule abschrauben, siehe Kapitel »Sicherheitsgurt hinten aus- und einbauen«.
- Einen Kunststoffkeil unter die Verkleidung schieben und Verkleidung –2– an den Halteclips –Pfeile– von der C/D-Säule lösen.
- Verkleidung von der C/D-Säule abnehmen.

### Einbau

- Der Einbau erfolgt in umgekehrter Ausbaureihenfolge, dabei darauf achten, dass die Türdichtung über die Verkleidung greift.
- Umlenkbeschlag mit **35 Nm** an der C-Säule festschrauben.

## Auflage für Kofferraumabdeckung aus- und einbauen

**CORSA**

### Ausbau

- Obere Kofferraumabdeckung/Hutablage ausbauen.
- **2-Türer:** Rücksitzbank und -lehne ausbauen, siehe entsprechendes Kapitel.
- **4-Türer:** Rücksitzlehne nach vorne klappen.
- Schließbügel für Rücksitzlehne ausbauen, siehe entsprechendes Kapitel.
- Gummidichtung an der Hintertür abziehen.
- Einstiegsleiste ausbauen, siehe entsprechendes Kapitel.
- **2-Türer:** Seitenverkleidung hinten ausbauen, siehe entsprechendes Kapitel.
- **2-Türer:** Gurtendbeschlag am Unterboden abschrauben, siehe Kapitel »Sicherheitsgurt hinten aus- und einbauen«.
- Verkleidung Heckabschluss ausbauen, siehe entsprechendes Kapitel.
- Verkleidung C/D-Säule ausbauen, siehe entsprechendes Kapitel.
- Kofferraumleuchte ausbauen und Stecker abziehen, siehe Kapitel »Glühlampen für Innenleuchten auswechseln«, Seite 103.

**2-Türer**

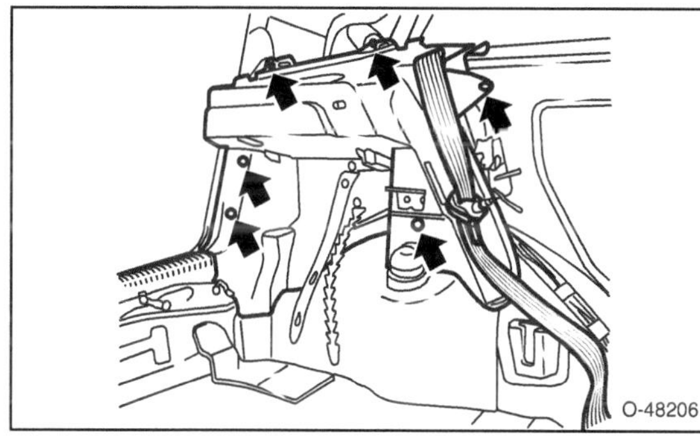


**4-Türer**

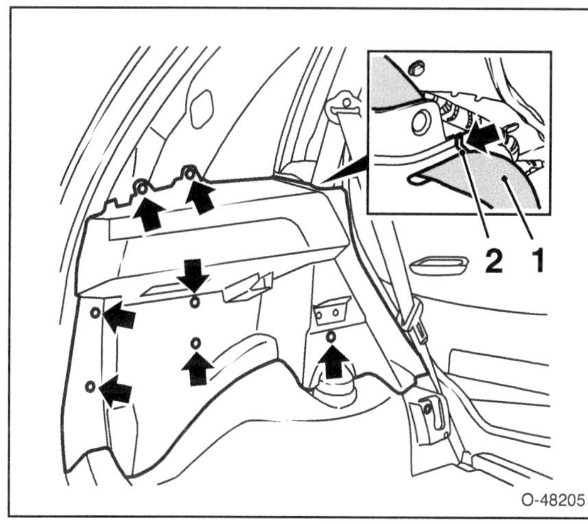


- Schrauben –Pfeile– herausdrehen und Verkleidung von der Kofferraum-Seite ablösen.
- Sicherheitsgurt –1– aus der seitlichen Auflage –2– ausfädeln.
- Stecker am Lautsprecher hinten abziehen und Seitenverkleidung abnehmen.

### Einbau

- Der Einbau erfolgt in umgekehrter Ausbaureihenfolge.

## Verkleidung Heckabschluss aus- und einbauen

**CORSA**

**Hinweis:** Die Verkleidung am Heck wird beim MERIVA im Prinzip in gleicher Weise aus- und eingebaut.

**Ausbau**

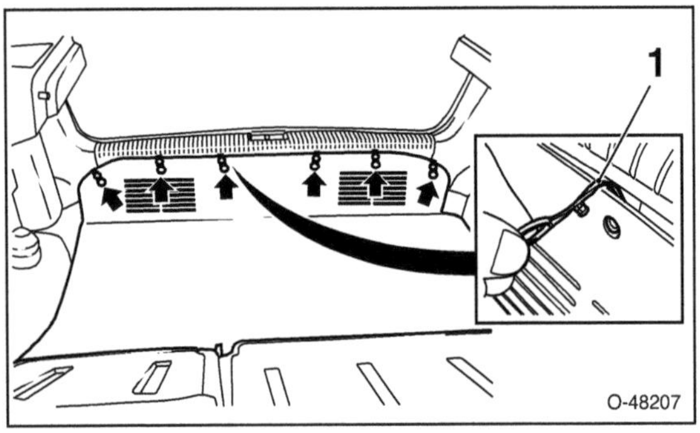


- Heckklappe öffnen. Laschen –Pfeile/1– ziehen und Teppichverkleidung nach unten drücken.

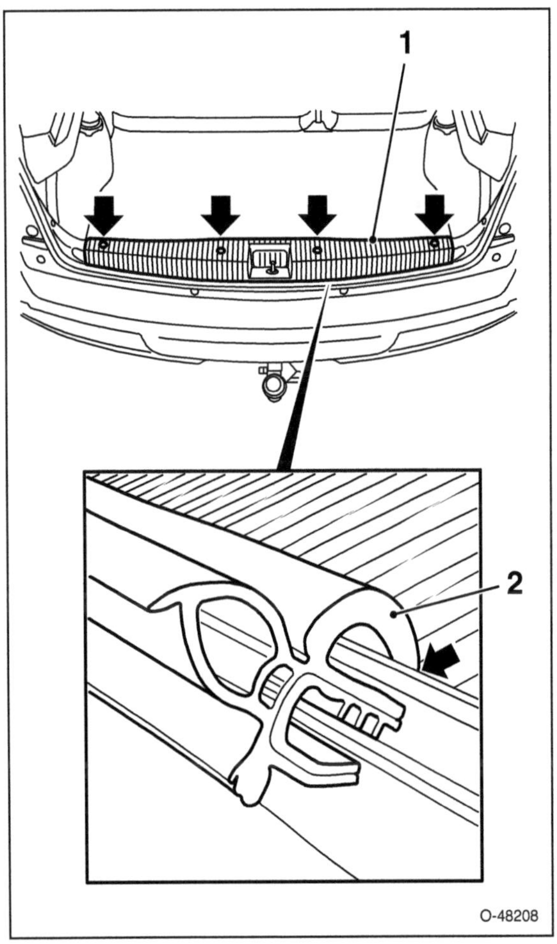


- Gummidichtung –2– an der Ladekante abziehen.
- Schrauben –Pfeile– herausdrehen und Verkleidung Heckabschluss –1– abnehmen.

**Einbau**

- Verkleidung Heckabschluss einsetzen und anschrauben.
- Teppichverkleidung hochklappen und Laschen einclipsen, dabei darauf achten, dass die Nasen der Laschen richtig einrasten.
- Gummidichtung so einsetzen, dass es über die Verkleidung greift –Pfeil–.

## Verkleidung B-Säule aus- und einbauen

**CORSA COMBO**

**Ausbau**

- Vordersitz nach vorne schieben.

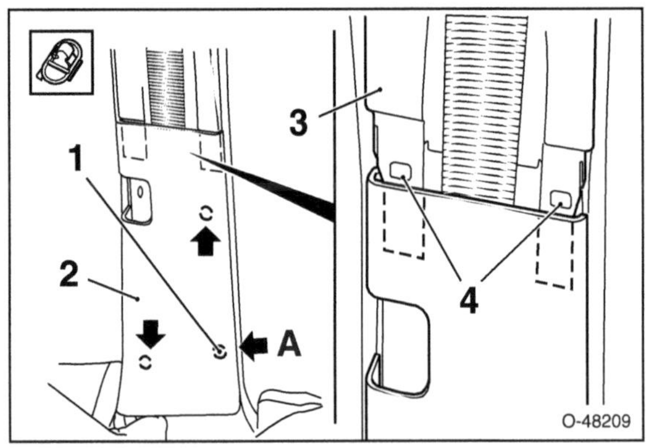


- Schraube –1– herausdrehen und Verkleidung –2– unten lösen –Pfeil A–.
- Einen Kunststoffkeil unter die Verkleidung schieben und untere Verkleidung –2– an den Halteclips –Pfeile– von der B-Säule lösen.
- Untere Verkleidung –2– von der oberen Verkleidung –3– ablösen. **Hinweis:** Die obere Verkleidung ist unter der unteren Verkleidung eingeclipst –4–.
- Untere Verkleidung –2– von der B-Säule abnehmen.
- Umlenkbeschlag von der B-Säule abschrauben, siehe Kapitel »Sicherheitsgurt vorn aus- und einbauen«.
- Einen Kunststoffkeil unter die obere Verkleidung –3– schieben und obere Verkleidung an 4 Halteclips von der B-Säule lösen.

**Einbau**

- Der Einbau erfolgt in umgekehrter Ausbaureihenfolge, dabei Umlenkbeschlag mit **35 Nm** an der B-Säule festschrauben.

## Mittelkonsole aus- und einbauen

**MERIVA**

### Ausbau

- Seitliche Verkleidung im Fußraum auf der Fahrerseite ausbauen, siehe entsprechendes Kapitel für den CORSA.
- Verkleidung im Fußraum auf der Beifahrerseite ausbauen, siehe entsprechendes Kapitel.
- Schalthebelmanschette ausbauen, siehe entsprechendes Kapitel.
- Faltenbalg des Handbremshebels an beiden Seiten etwas zusammendrücken und ausclipsen. Faltenbalg nach oben über den Handbremshebel stülpen.

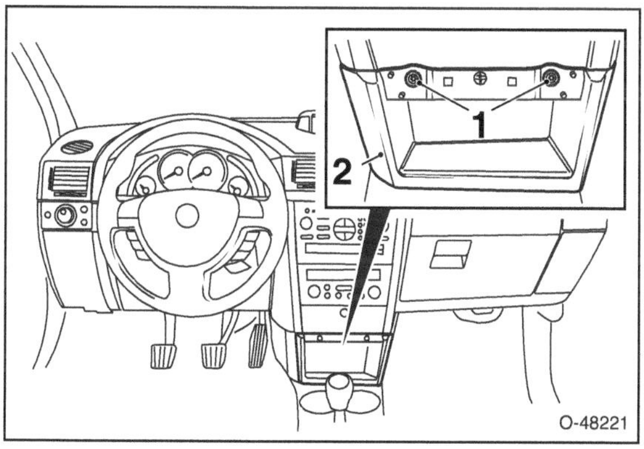


- Blende in der vorderen Mittelkonsole nach hinten und gleichzeitig nach unten ziehen und abnehmen. Darunter liegende Schrauben –1– herausdrehen.
- Ablagefach –2– herausziehen.

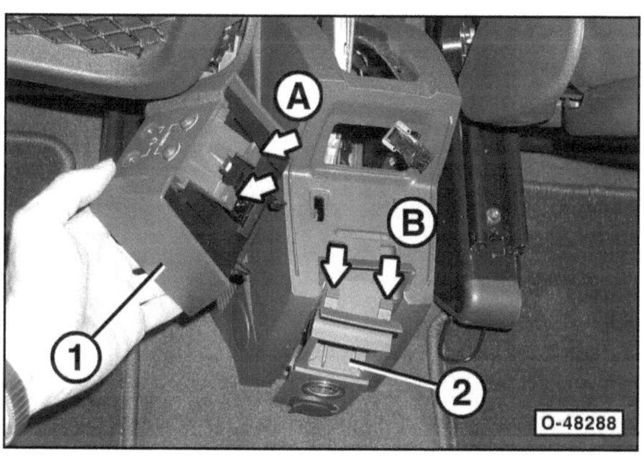


- Je nach Ausstattung hintere Radio-Bedieneinheit –1– aus der Mittelkonsole ausclipsen. Dazu Rasthaken –Pfeile A– vom Schacht des Handbremshebels aus herausdrücken, gleichzeitig Bedieneinheit nach hinten ziehen und nach oben herausziehen. Sicherungsbügel umlegen und Stecker von der Bedieneinheit abziehen.
- Aschenbecher hinten aus der Mittelkonsole herausziehen. In den Ascher-Schacht –2– greifen, Schacht nach unten drücken, an den Rasthaken –Pfeile B– ausclipsen und dabei nach hinten aus der Mittelkonsole herausziehen.
- Stecker für Zigarettenanzünder und Steckdose entriegeln und abziehen.

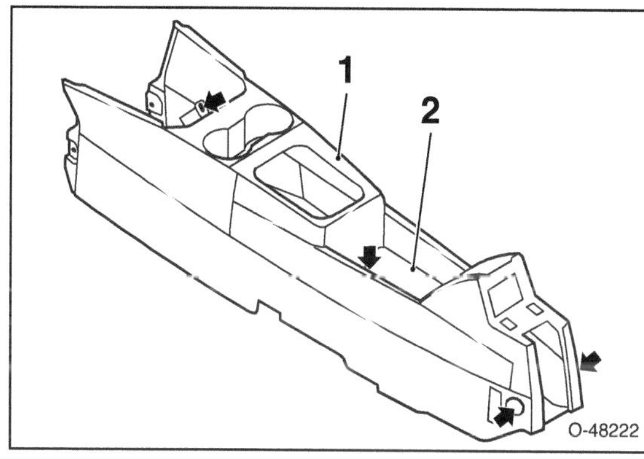


- Abdeckung aus dem Ablagefach –2– herausnehmen.
- Schrauben –Pfeile– herausdrehen und Mittelkonsole –1– vom Boden abheben. Für die hinteren 2 Schrauben zuvor Abdeckkappen an der Mittelkonsole abziehen.

### Einbau

- Der Einbau erfolgt in umgekehrter Ausbaureihenfolge.

## Einstiegsleiste aus- und einbauen

**MERIVA**

### Ausbau

- Seitliche Kofferraumverkleidung ausbauen, siehe entsprechendes Kapitel.
- Türdichtung an der Vorder- und Hintertür von der Einstiegsleiste abziehen.
- Untere Verkleidung B-Säule ausbauen, siehe entsprechendes Kapitel.

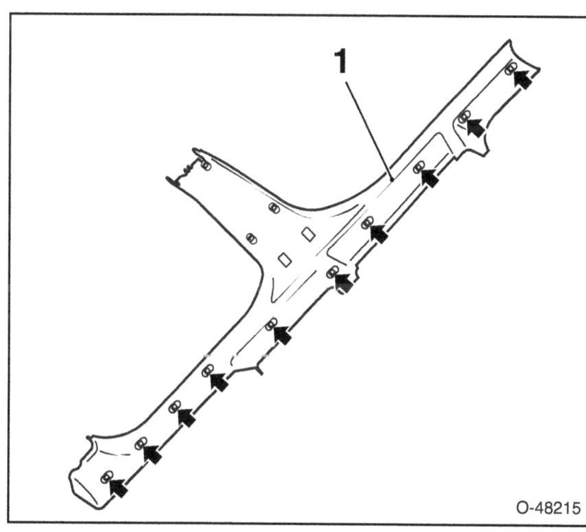


- Einstiegsleiste –1– an 10 Halteclips –Pfeile– vom Türschweller abziehen.
- B-Säulen-Verkleidung von der Einstiegsleiste ablösen.

### Einbau

- Der Einbau erfolgt in umgekehrter Ausbaureihenfolge, dabei darauf achten, dass die Türdichtung über die Einstiegsleiste greift.

## Verkleidung im Fußraum auf der Beifahrerseite aus- und einbauen

**MERIVA**

### Ausbau

- Handschuhfach ausbauen, siehe entsprechendes Kapitel.

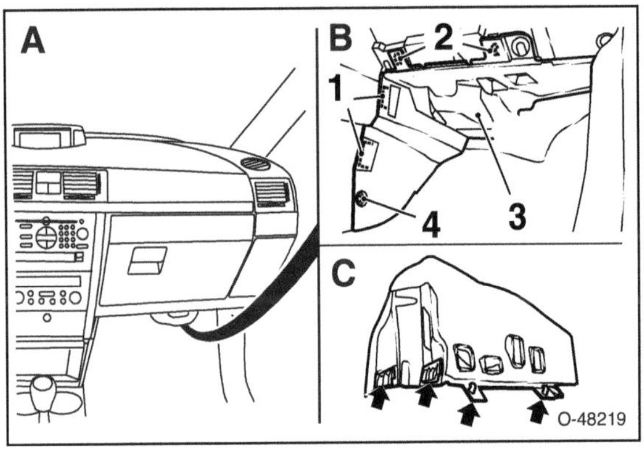


- Kappe heraushebeln und Schraube –4– herausdrehen.
- Verkleidung –3– an der Seite –1– und oben –2– ausrasten und nach unten abnehmen. **Hinweis:** Abbildung –C– stellt die Rückseite der ausgebauten Verkleidung dar mit den Haltelaschen –Pfeile–.

### Einbau

- Der Einbau erfolgt in umgekehrter Ausbaureihenfolge.

## Obere Verkleidung im Fußraum auf der Fahrerseite aus- und einbauen

**MERIVA**

### Ausbau

- Verkleidung unter der Lenksäule ausbauen, siehe entsprechendes Kapitel.

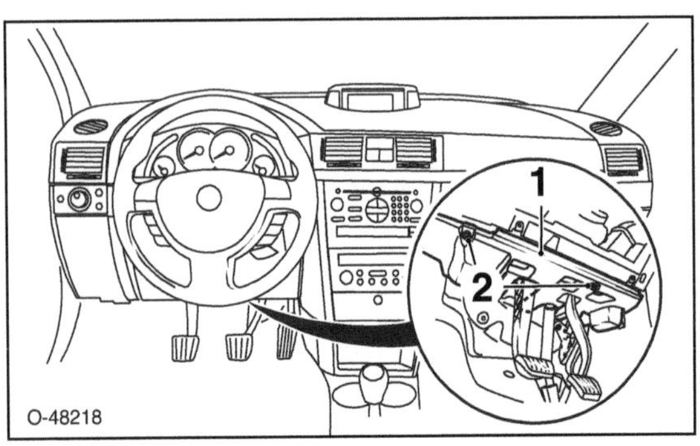


- 2 Schrauben –2– herausdrehen.
- Obere Verkleidung –1– aus dem Fußraum herausnehmen.

### Einbau

- Der Einbau erfolgt in umgekehrter Ausbaureihenfolge.

## Verkleidung unter der Lenksäule aus- und einbauen

**MERIVA**

### Ausbau

- Verkleidung an der Lenksäule ausbauen, siehe Kapitel »Lenkstockschalter aus- und einbauen«, Seite 106.

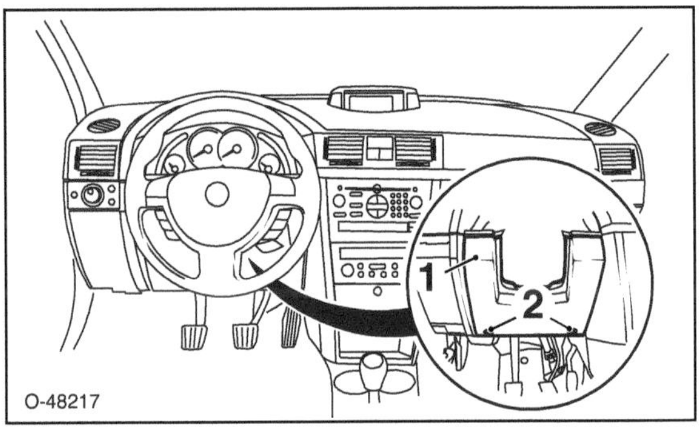


- 2 Schrauben –2– herausdrehen und Verkleidung –1– unter der Lenksäule ausclipsen und abnehmen.

### Einbau

- Der Einbau erfolgt in umgekehrter Ausbaureihenfolge.

## Zierleiste über dem Handschuhfach aus- und einbauen

**MERIVA**

### Ausbau

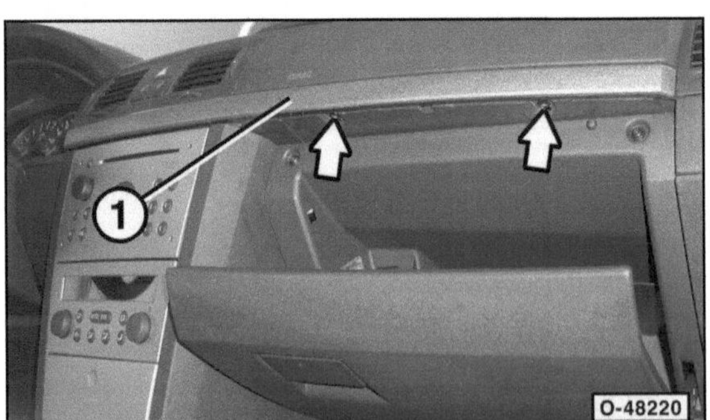


- Handschuhfach öffnen, 2 Schrauben oben –Pfeile– herausdrehen, Zierleiste –1– ausclipsen und von der Armaturentafel abnehmen.

### Einbau

- Der Einbau erfolgt in umgekehrter Ausbaureihenfolge.

## Seitliche Kofferraumverkleidung aus- und einbauen

**MERIVA**

**Ausbau**

- Druckknopfmuttern herausdrehen und Boden aus dem Kofferraum herausnehmen.
- Verkleidung Heckabschluss ausbauen, siehe entsprechendes Kapitel für den CORSA.
- Verkleidung C/D-Säule ausbauen, siehe entsprechendes Kapitel.
- 2 Druckknopfmuttern unterhalb der Bodenkante aus der Seitenverkleidung herausdrehen.
- 5 bis 6 Schrauben rundherum um die Seitenverkleidung herausdrehen.
- Verkleidung vorne aus 3 Cliphalterungen und hinten aus 1 Cliphalterung lösen, von der Seitenwand abziehen und aus dem Kofferraum herausnehmen.

**Einbau**

- Der Einbau erfolgt in umgekehrter Ausbaureihenfolge

## Verkleidung A-Säule aus- und einbauen

**MERIVA**

### Obere Verkleidung

**Ausbau**

**Achtung: Bei Fahrzeugen mit Kopfairbag unbedingt Airbag-Sicherheitshinweise beachten, siehe Seite 150.**

- Um ein Auslösen des Kopfairbags zu verhindern, Zündung ausschalten, zuerst Massekabel (–) und danach Pluskabel (+) von der Batterie abklemmen. **Minuspol der Batterie mit Isolierband abkleben**. Hinweise im Kapitel »Batterie aus- und einbauen« beachten.

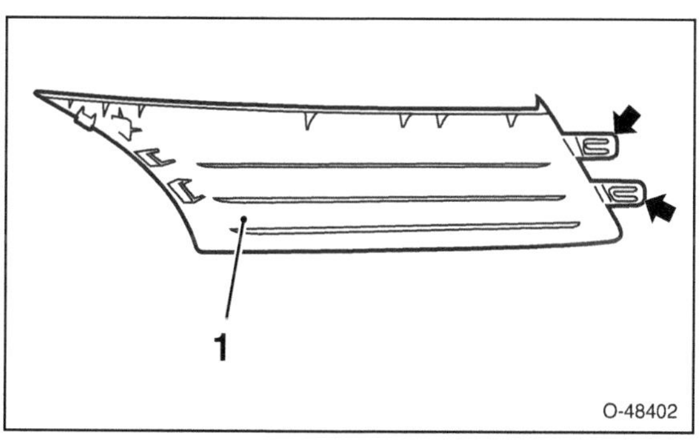


- Mit einem Kunststoffkeil seitliche Abdeckung –1– vor dem Dreieckfenster aus der Armaturentafel heraushebeln. Pfeile – Führungsnasen.
- Schaumstoffkeil am Dreieckfenster herausnehmen.

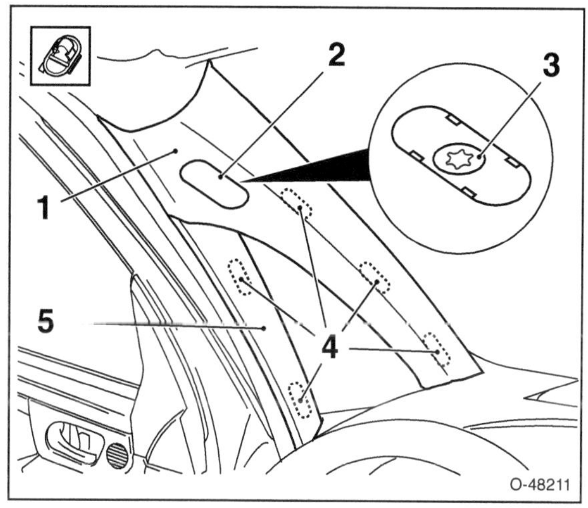


- Abdeckkappe –2– mit einem Keil aus der Verkleidung heraushebeln und Schraube –3– herausdrehen.
- Einen Kunststoffkeil unter die Verkleidung –1/5– schieben, Verkleidung an den Halteclips –4– von der A-Säule lösen und abnehmen.

**Hinweis:** Bei Fahrzeugen mit Kopfairbag besteht die Verkleidung an der A-Säule aus 2 Teilen. Dabei zuerst die vordere Verkleidung –1– und dann die hintere –5– ausclipsen.

**Einbau**

- Der Einbau erfolgt in umgekehrter Ausbaureihenfolge.

### Untere Verkleidung

**Ausbau**

- Einstiegsleiste vorne an der Stoßkante vom Türschweller ablösen, siehe entsprechendes Kapitel.
- Schraube herausdrehen.
- Einen Kunststoffkeil unter die Verkleidung schieben und Verkleidung unten am Halteclip von der A-Säule lösen.
- Verkleidung von der A-Säule abnehmen und aus dem Fußraum herausnehmen.

**Einbau**

- Der Einbau erfolgt in umgekehrter Ausbaureihenfolge, dabei darauf achten, dass die Türdichtung über die Verkleidung greift.

# Verkleidung B-Säule aus- und einbauen

**MERIVA**

## Obere Verkleidung

### Ausbau

**Achtung: Bei Fahrzeugen mit Kopfairbag unbedingt Airbag-Sicherheitshinweise beachten, siehe Seite 150.**

- Um ein Auslösen des Kopfairbags zu verhindern, Zündung ausschalten, zuerst Massekabel (–) und danach Pluskabel (+) von der Batterie abklemmen. **Minuspol der Batterie mit Isolierband abkleben**. Hinweise im Kapitel »Batterie aus- und einbauen« beachten.
- **Fahrzeuge mit Kopfairbag:** Airbag-Abdeckkappe mit einem Keil aus der oberen Verkleidung an der B-Säule heraushebeln und Schraube herausdrehen.
- Im Bereich des Gurthöhenverstellers 4 Kunststofflaschen ausclipsen und obere Verkleidung von der B-Säule lösen.

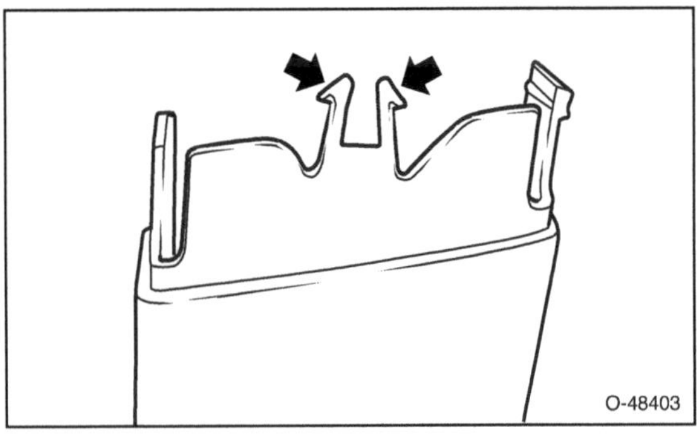


- 2 Rasthaken –Pfeile– zusammendrücken und obere Verkleidung von der unteren trennen. Obere Verkleidung von der B-Säule abnehmen.
- Abdeckung am Vordersitz abclipsen und Gurtendbeschlag für Sicherheitsgurt abschrauben.
- Sicherheitsgurt aus der Gurtführung des Höhenverstellers herausfädeln und obere Verkleidung von der B-Säule abnehmen.

### Einbau

- Der Einbau erfolgt in umgekehrter Ausbaureihenfolge, dabei Gurtendbeschlag mit Schraubensicherungsmittel und **20 Nm** am Vordersitz festschrauben.
- **Fahrzeuge mit Kopfairbag:** Schraube für obere Verkleidung mit Schraubensicherungsmittel bestreichen.
- Auf korrekten Lauf des Gurtbandes in der Verkleidung an der B-Säule achten.
- Funktion des Höhenverstellers und des Aufrollautomaten prüfen.

## Untere Verkleidung

### Ausbau

- Obere Verkleidung von der B-Säule ausbauen.

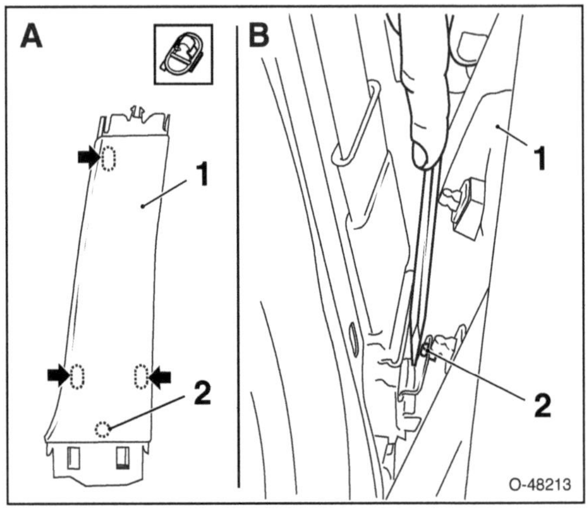


- Einen Kunststoffkeil unter die Verkleidung schieben und untere Verkleidung –1– an den Halteclips –Pfeile A– von der B-Säule lösen.
- Mit einem Schraubendreher Befestigungsstift –2– von innen aus dem Gurtaufrollautomaten abhebeln.
- Einstiegsleiste zusammen mit der unteren B-Säulen-Verkleidung ausbauen, siehe entsprechendes Kapitel.

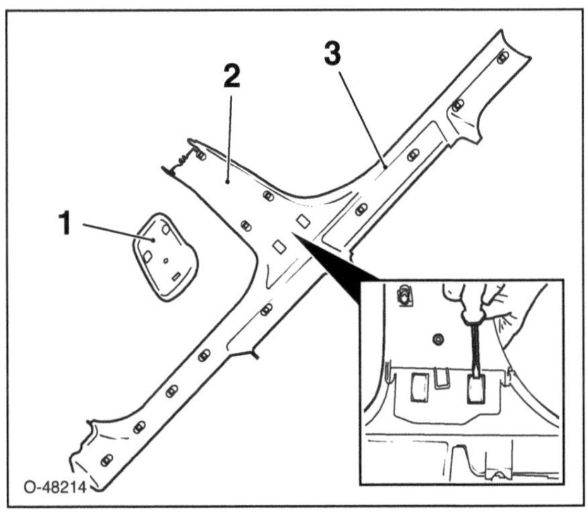


- Dämmmatte –1– an der Rückseite der Einstiegsleiste –3– abnehmen.
- Mit einem Schraubendreher 2 Rastlaschen entriegeln und untere B-Säulen-Verkleidung –2– von der Einstiegsleiste –3– ablösen.

### Einbau

- Der Einbau erfolgt in umgekehrter Ausbaureihenfolge, dabei darauf achten, dass die Türdichtung über die Verkleidung greift.

## Verkleidung C/D-Säule aus- und einbauen

**MERIVA**

**Ausbau**

- Abdeckkappe an der Seite des Rücksitzes heraushebeln und Gurtendbeschlag für Sicherheitsgurt abschrauben.

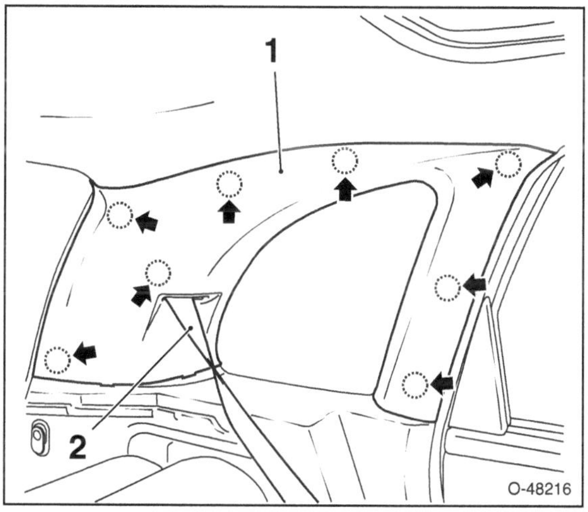


- Einen Kunststoffkeil unter die Verkleidung –1– schieben, Verkleidung an den Halteclips –Pfeile– von der C/D-Säule lösen und abnehmen.
- Sicherheitsgurt –2– aus der Verkleidung herausziehen.

**Einbau**

- Der Einbau erfolgt in umgekehrter Ausbaureihenfolge, dabei Gurtendbeschlag mit **35 Nm** am Rücksitz festschrauben.

---

**Fahrzeuge mit Kopfairbag**

**Hinweis:** Bei Fahrzeugen mit Kopfairbag bestehen die Verkleidungen an der C- und D-Säule nicht aus einem Teil. Der Aus- und Einbau erfolgt in ähnlicher Weise wie bei Fahrzeugen ohne Kopfairbag.

- Airbag-Abdeckkappe mit einem Keil aus der Verkleidung an der C-Säule heraushebeln und Schraube herausdrehen.
- Verkleidung an 2 Halteclips von der C-Säule lösen und abnehmen.
- Abdeckkappe an der Seite des Rücksitzes heraushebeln und Gurtendbeschlag für Sicherheitsgurt abschrauben.
- Verkleidung an 3 Halteclips von der D-Säule lösen und abnehmen.
- Sicherheitsgurt aus der Verkleidung D-Säule herausziehen.
- Beim Einbau Gurtendbeschlag mit **35 Nm** am Rücksitz festschrauben. Schraube hinter der Airbag-Abdeckkappe mit Schraubensicherungsmittel bestreichen.

## Vordersitz aus- und einbauen

**CORSA**

**Hinweis:** Der Vordersitz wird beim MERIVA im Prinzip in gleicher Weise aus- und eingebaut.

**Ausbau**

- Um ein Auslösen des Seiten-Airbags zu verhindern, Zündung ausschalten, zuerst Massekabel (–) und danach Pluskabel (+) von der Batterie abklemmen. **Minuspol der Batterie mit Isolierband abkleben.** Hinweise im Kapitel »Batterie aus- und einbauen« beachten.
- **4-Türer:** Ablagefach von der Einstiegsleiste abbauen, siehe Kapitel »Einstiegsleiste aus- und einbauen«.
- **4-Türer:** Sicherheitsgurt-Endbeschlag am Vordersitz ausbauen, siehe Kapitel »Sicherheitsgurt vorn aus- und einbauen«.

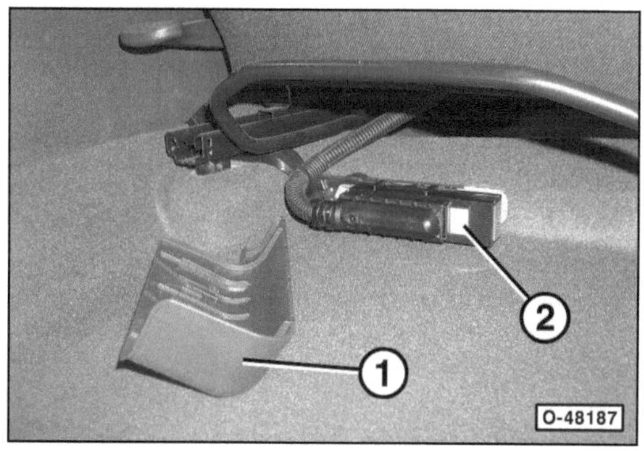


- Vordersitz nach hinten schieben und Steckerabdeckung –1– unter dem Vordersitz nach vorne abziehen.

**Achtung:** Vor dem Trennen der Steckverbindung für Seitenairbag, elektrostatische Aufladung abbauen, dazu kurz den Schließbügel der Tür oder die Karosserie anfassen. Unbedingt **Airbag-Sicherheitshinweise** befolgen, siehe Seite 150.

- Gelben Entriegelungsknopf –2– drücken, bis roter Verriegelungsknopf herausgeschoben wird.

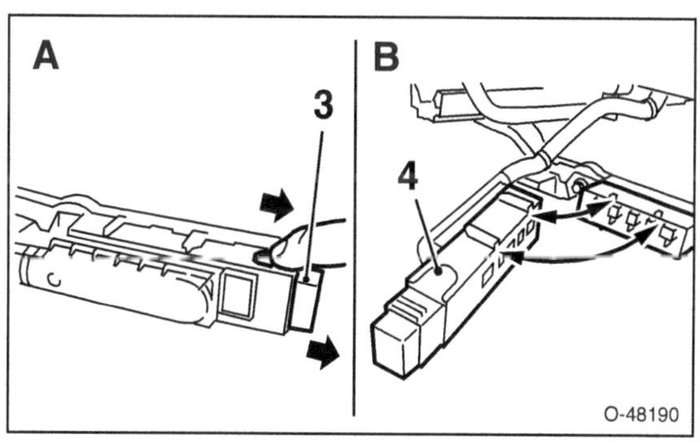


- Riegel –3– in Pfeilrichtung –A– ziehen und Stecker –4– für Vordersitz abziehen.

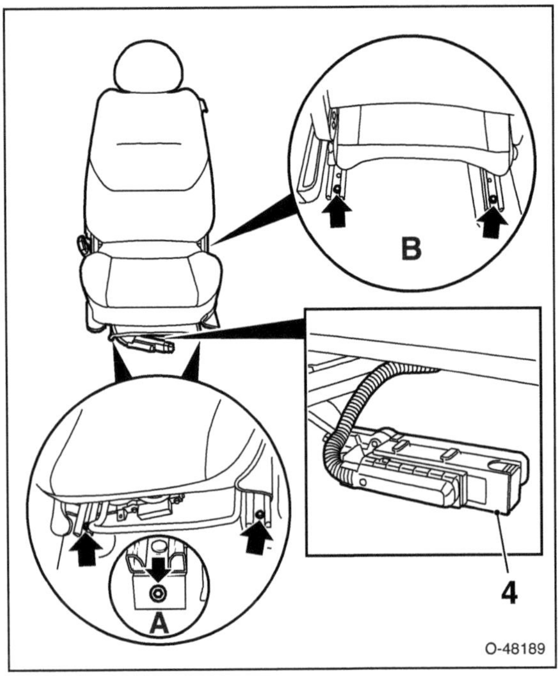


- 2 Schrauben –Pfeile A– vorne herausdrehen. 4 – Stecker für Vordersitz
- Vordersitz nach vorne schieben und 2 Schrauben –Pfeile B– hinten herausdrehen.
- Vordersitz aus dem Fahrzeug herausnehmen.

**Einbau**

- Schrauben für Vordersitz säubern und mit Schraubensicherungsmittel, zum Beispiel LOCTITE 243, bestreichen.
- Vordersitz einsetzen und Schrauben mit **20 Nm** festziehen.
- Stecker für Vordersitz aufstecken und roten Verriegelungsknopf bis zum Einrasten eindrücken.
- Steckerabdeckung von vorne über den Stecker unter dem Sitz aufschieben und einrasten.

**Achtung: Beim Anklemmen der Batterie darf sich keine Person im Innenraum des Fahrzeugs aufhalten.**

- Isolierband vom Minuspol der Batterie entfernen, zuerst Pluskabel (+) und danach Massekabel (–) an der Batterie anklemmen. **Achtung:** Hinweise im Kapitel »Batterie aus- und einbauen« beachten.
- Falls die Airbag-Warnlampe im Kombiinstrument nach Einschalten der Zündung nicht erlischt, liegt eine Störung im Airbag-System vor. In diesem Fall muss eine Fachwerkstatt aufgesucht werden.
- **4-Türer:** Sicherheitsgurt-Endbeschlag am Vordersitz einbauen, siehe Kapitel »Sicherheitsgurt vorn aus- und einbauen«.
- **4-Türer:** Ablagefach an der Einstiegsleiste anbauen, siehe Kapitel »Einstiegsleiste aus- und einbauen«.

# Rücksitz aus- und einbauen

**CORSA**

**Hinweis:** Der Aus- und Einbau wird anhand des teilbaren Rücksitzes beziehungsweise der teilbaren Rücksitzlehne beschrieben. Der einteilige Rücksitz wird prinzipiell auf die gleiche Weise aus- und eingebaut.

## Rücksitzbank

**Ausbau**

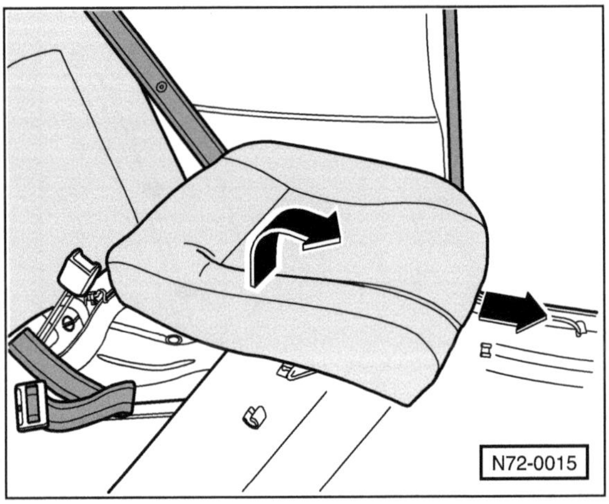


- Sitzbank an der vorderen Kante anheben, nach vorne ziehen, dann hinten anheben und nach vorne klappen.

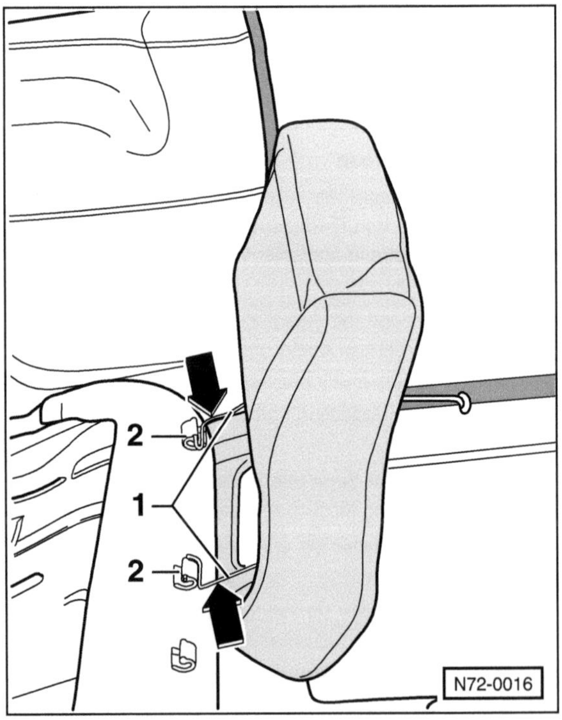


- Federbügel –1– nach innen drücken –Pfeil– und aus den Scharnieren –2– herausführen.

- Sitzbank aus dem Fahrzeug herausheben.

### Einbau

- Sitzbank in die Scharniere einsetzen, zurückklappen und einrasten.

## Rücksitzlehne

### Ausbau

- Heckklappe öffnen.
- Obere Kofferraumabdeckung/Hutablage ausbauen.
- Laschen ziehen und Teppichverkleidung am Heckabschluss nach unten drücken.
- Teppichboden aus dem Kofferraum herausnehmen.
- Kopfstützen entriegeln und aus der Rücksitzlehne herausziehen.
- Rücksitzbank nach vorne klappen.
- Gurtschloss hinten am Mittellager ausbauen, siehe entsprechendes Kapitel.

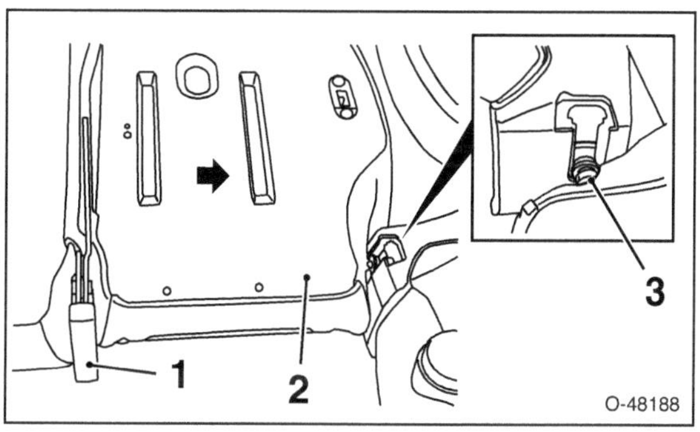


- Schrauben für Mittellager –1– der Rücksitzlehne aus dem Unterboden herausdrehen.
- Rücksitzlehne an den Schließbügeln ausrasten und nach vorne klappen.
- Rücksitzlehne –2– in Pfeilrichtung gegen eine Seitenwand drücken und Führungsbolzen –3– der Lehne nach oben aus der Aufnahme herausziehen.
- An der Gegenseite Führungsbolzen aus der zweiten Aufnahme herausziehen und Rücksitzlehne aus dem Fahrzeug herausnehmen.

### Einbau

- Der Einbau erfolgt in umgekehrter Ausbaureihenfolge.

## Schließbügel für Rücksitzlehne aus- und einbauen

**CORSA**

### Ausbau

- Obere Kofferraumabdeckung/Hutablage ausbauen.
- Rücksitzlehne nach vorne klappen.

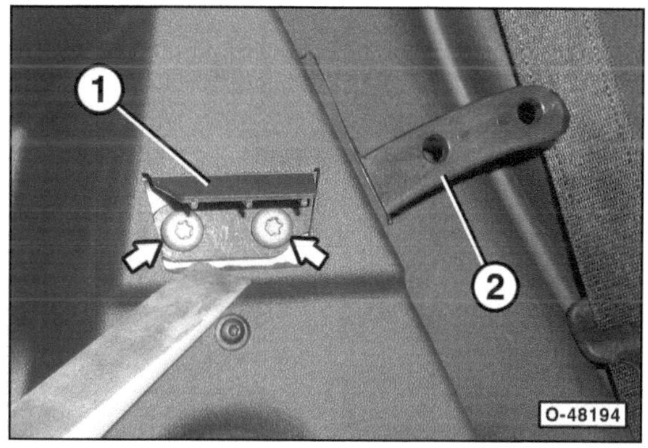


- Mit einem Kunststoffkeil, zum Beispiel HAZET 1965-20, Klappe –1– in der Kofferraum-Seitenverkleidung aufhebeln.
- 2 Schrauben –Pfeile– herausdrehen und Schließbügel –2– aus der Seitenverkleidung herausziehen.

### Einbau

- Der Einbau erfolgt in umgekehrter Ausbaureihenfolge, dabei Schrauben mit **20 Nm** festziehen.

**Hinweis:** Der Schließbügel muss beim Zurückklappen der Rücksitzlehne leichtgängig in das Schloss einrasten. Gegebenenfalls Schrauben lockern und Schließbügel auf richtige Position ausrichten.

# Sicherheitsgurt vorn aus- und einbauen

## CORSA/2-Türer

### Ausbau

- Seitenverkleidung hinten ausbauen, siehe entsprechendes Kapitel.

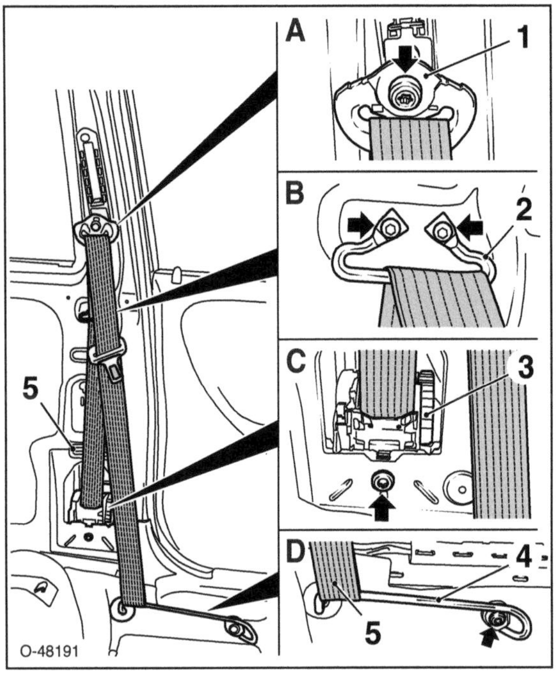


- Abdeckkappe am Umlenkbeschlag –1– oben greifen und abziehen.
- Schraube –Pfeil A– herausdrehen und Umlenkbeschlag –1– abnehmen.
- Gurtführung –2– oben von der B-Säule abschrauben –Pfeile B–.
- Schraube –Pfeil C– herausdrehen und Aufrollautomat –3– von der B-Säule abnehmen.
- Gurtführungsbügel –4– vorn abschrauben –Pfeil D– und Sicherheitsgurt –5– aus dem Gurtführungsbügel herausziehen.
- Sicherheitsgurt –5– aus der unteren Gurtführung herausziehen und von der B-Säule abnehmen.

### Einbau

- Der Einbau erfolgt in umgekehrter Ausbaureihenfolge.
  **Anzugsdrehmomente:**
  Schraube für Gurtführungsbügel . . . . . . . . . . **35 Nm**
  Schraube für Aufrollautomat . . . . . . . . . . . . **35 Nm**
  Schraube für Umlenkbeschlag . . . . . . . . . . . **35 Nm**
- Funktion des Aufrollautomaten prüfen.

## CORSA/4-Türer

### Ausbau

- Obere Verkleidung an der B-Säule ausbauen, siehe entsprechendes Kapitel.

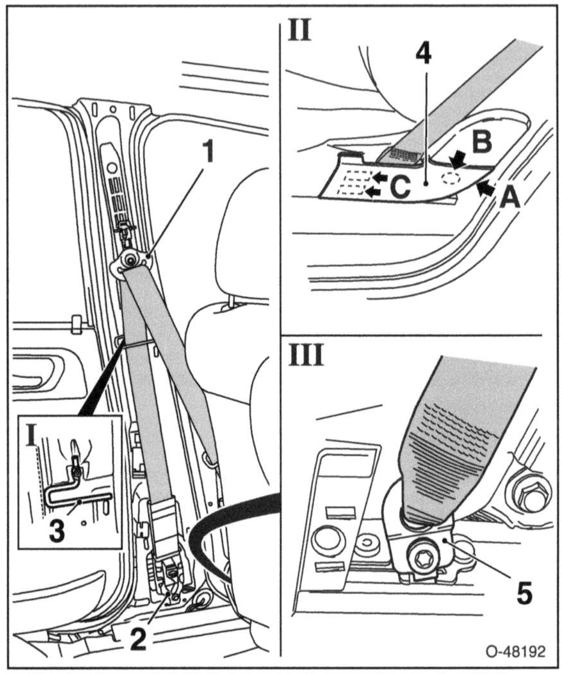


- Umlenkbeschlag –1– voHöhenverstellerer abschrauben.
- Untere Verkleidung an der B-Säule ausbauen, siehe entsprechendes Kapitel.
- Einstiegsleiste ausbauen, siehe entsprechendes Kapitel.
- Tür öffnen und von außen Mutter für Gurt-Aufrollautomat mit langem Steckschlüssel abschrauben. Aufrollautomat –2– von der B-Säule abnehmen.
- Vordersitz nach hinten schieben.
- Abdeckung –4– am Vordersitz hinten aus der Einrastung –Pfeil A– herausziehen.
- Abdeckung aus der Cliphalterung –Pfeil B– herausziehen.
- Abdeckung nach hinten vom Sitz abziehen, dabei Führungsnasen –Pfeile C– aus den Aufnahmen herausziehen.
- Schraube für Gurtendbeschlag herausdrehen und Gurtendbeschlag –5– vom Vordersitz abnehmen.
- Sicherheitsgurt aus der oberen Gurtführung –3– herausziehen und von der B-Säule abnehmen.

### Einbau

- Schraube für Gurtendbeschlag säubern und mit Schraubensicherungsmittel, zum Beispiel LOCTITE 243, bestreichen.

- Der Einbau erfolgt in umgekehrter Ausbaureihenfolge.
**Anzugsdrehmomente:**
Schraube für Gurtendbeschlag am Vordersitz . . **20 Nm**
Schraube für Aufrollautomat . . . . . . . . . . . . **35 Nm**
Schraube für Umlenkbeschlag . . . . . . . . . . . **35 Nm**

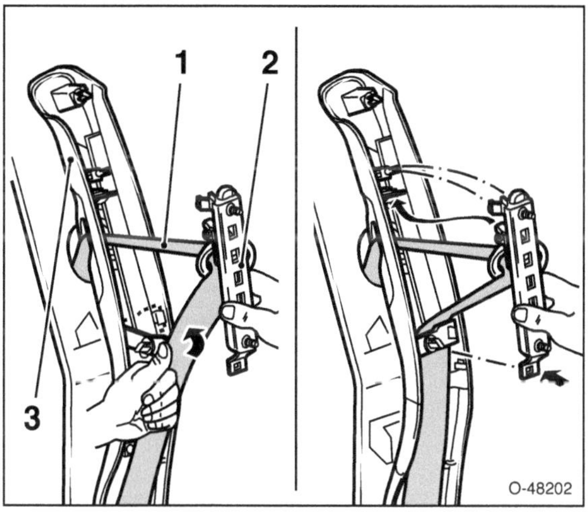


- Auf korrekten Lauf des Gurtbandes –1– in der Verkleidung –3– achten.
- Funktion des Höhenverstellers –2– und des Aufrollautomaten prüfen.

# Gurthöhenversteller vorn aus- und einbauen

## CORSA/2-Türer

### Ausbau

- Umlenkbeschlag von der B-Säule abschrauben.
- Obere Verkleidung an der B-Säule ausbauen, siehe entsprechendes Kapitel.
- 2 Schrauben herausdrehen und Gurthöhenversteller von der B-Säule abnehmen.

### Einbau

- Gurthöhenversteller mit **20 Nm** an der B-Säule anschrauben.
- Der weitere Einbau erfolgt in umgekehrter Ausbaureihenfolge.

---

## CORSA/4-Türer

### Ausbau

- Obere Verkleidung an der B-Säule ausbauen, siehe entsprechendes Kapitel.
- Umlenkbeschlag vom Höhenversteller abschrauben.
- Mit einem Kunststoffkeill, zum Beispiel HAZET 1965-20, Blende außen an der B-Säule vorsichtig ablösen. **Hinweis:** Dabei wird oben und unten jeweils ein Stopfen aus der Karosseriebohrung herausgezogen.

**Achtung:** Die Blende wird dabei beschädigt und muss ersetzt werden.

- Von außen 2 Muttern für Gurthöhenversteller mit einem Steckschlüssel abschrauben. Gurthöhenversteller von der B-Säule abnehmen.

### Einbau

- Gurthöhenversteller mit **20 Nm** an der B-Säule anschrauben.
- Der weitere Einbau erfolgt in umgekehrter Ausbaureihenfolge.

# Sicherheitsgurt hinten aus- und einbauen

## CORSA/2-Türer

### Ausbau

- Rücksitzbank- und lehne ausbauen, siehe entsprechendes Kapitel.

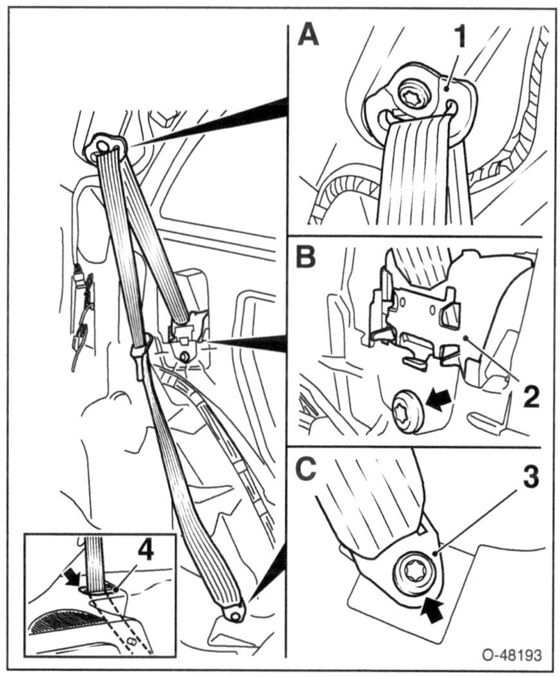


- Abdeckkappe am Umlenkbeschlag –1– oben greifen und abziehen.
- Schraube herausdrehen und Umlenkbeschlag –1– von der C-Säule abnehmen.
- Verkleidung an der C-Säule ausbauen, siehe entsprechendes Kapitel.
- Auflage für Kofferraumabdeckung ausbauen, siehe entsprechendes Kapitel.
- Schraube –Pfeil B– herausdrehen und hinteren Aufrollautomat –2– abnehmen.
- Schraube –Pfeil C– herausdrehen und Gurtendbeschlag –3– am Unterboden abnehmen.

- Hinteren Sicherheitsgurt durch den Schlitz –4– in der Verkleidung herausziehen.

**Einbau**

- Der Einbau erfolgt in umgekehrter Ausbaureihenfolge.
  **Anzugsdrehmomente:**
  Schraube für Gurtendbeschlag am Unterboden . **35 Nm**
  Schraube für Aufrollautomat . . . . . . . . . . . . **35 Nm**
  Schraube für Umlenkbeschlag . . . . . . . . . . . **35 Nm**

---

## CORSA/4-Türer

**Ausbau**

- Rücksitzbank- und lehne ausbauen, siehe entsprechendes Kapitel.
- Umlenkbeschlag von der C-Säule abschrauben.
- Verkleidung C/D-Säule oben ausbauen, siehe entsprechendes Kapitel.
- Auflage für Kofferraumabdeckung ausbauen, siehe entsprechendes Kapitel.
- Einstiegsleiste hinten an den Stoßstellen lösen, siehe entsprechendes Kapitel.
- Hinteren Gurt-Aufrollautomat abschrauben.
- Gurtendbeschlag vom Unterboden abschrauben.

**Einbau**

- Der Einbau erfolgt in umgekehrter Ausbaureihenfolge.
  **Anzugsdrehmomente:**
  Schraube für Gurtendbeschlag am Unterboden . **35 Nm**
  Schraube für Aufrollautomat . . . . . . . . . . . . **35 Nm**
  Schraube für Umlenkbeschlag . . . . . . . . . . . **35 Nm**

# Gurtschloss hinten aus- und einbauen

**CORSA**

**Ausbau**

- Rücksitze nach vorne klappen.

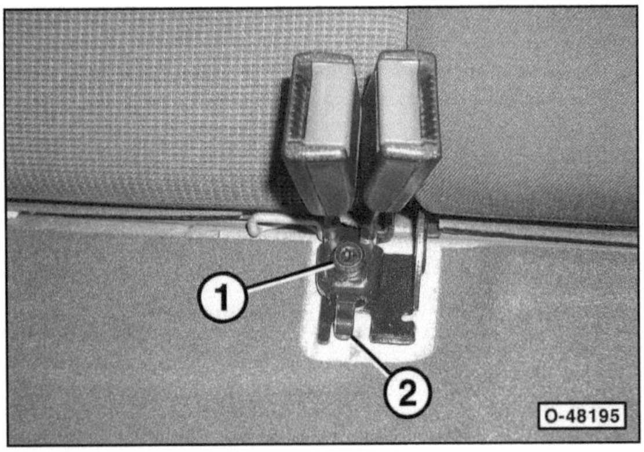

O-48195

- Schraube –1– herausdrehen und Gurtschloss vom Unterboden abnehmen.

**Einbau**

- Gurtschloss mit **35 Nm** am Unterboden festschrauben. Dabei darauf achten, dass die Nase –2– nach vorne zeigt.
- Rücksitze zurückklappen.

# Rücksitz aus- und einbauen

**MERIVA**

**Ausbau**

- Kopfstütze rechts entriegeln und aus der Rücksitzlehne herausziehen.
- Mittlere Rücksitzlehne entriegeln und bis zum Einrasten ganz nach unten klappen.

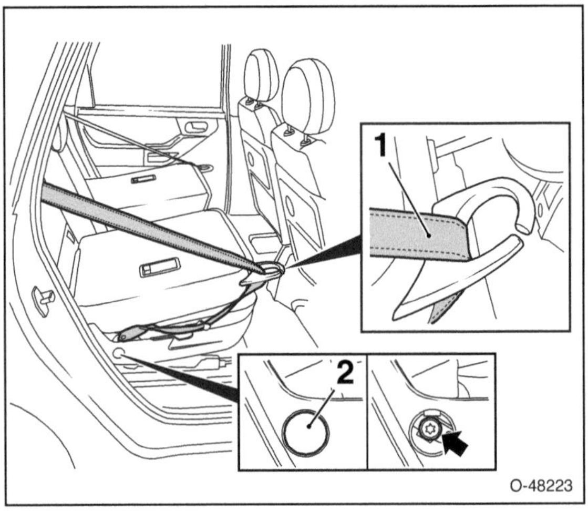

O-48223

- Sicherheitsgurt –1– aus der Gurtführung oben herausziehen.
- Abdeckkappe –2– unten am Rücksitz heraushebeln und Schraube –Pfeil– herausdrehen.
- Gurtendbeschlag nach oben herausziehen.

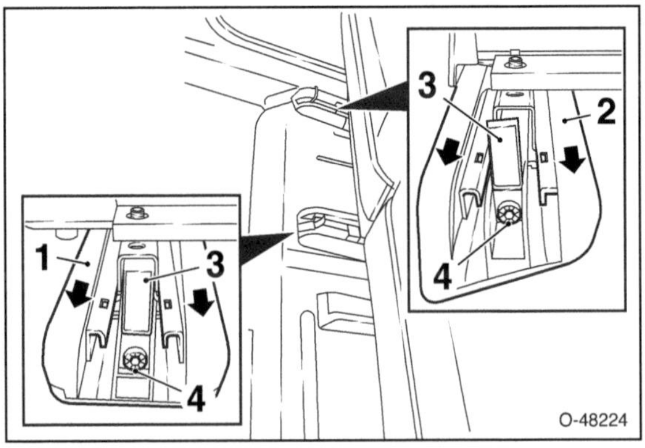

O-48224

- Mit einem Schraubendreher Abdeckkappen –3– an den Sitzschienen hochklappen und Schrauben –4– herausdrehen.

- Abdeckungen –1/2– nach vorne –Pfeil– von den Sitzschienen abziehen.
- Rücksitz nach hinten und nach innen schieben.

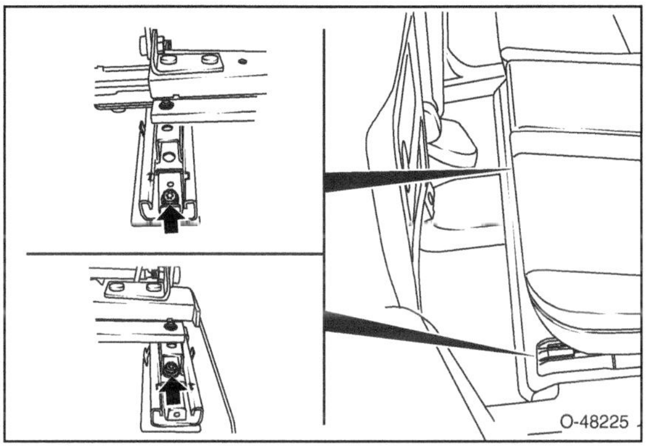


- 2 Schrauben –Pfeile– vorne herausdrehen.
- Rücksitz nach außen und nach vorne schieben.
- Rücksitzlehne nach vorne klappen.

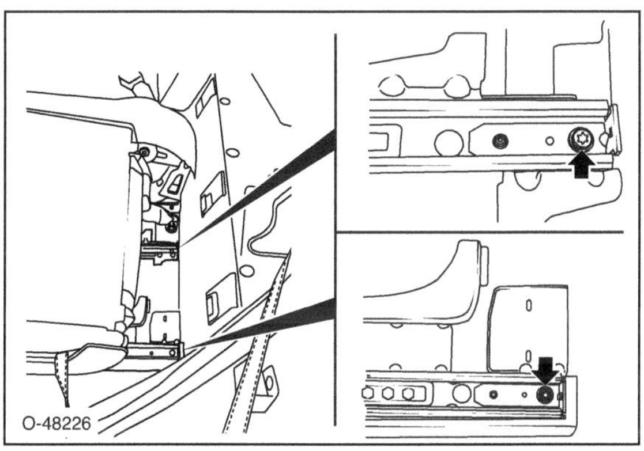


- 2 Schrauben –Pfeile– hinten herausdrehen und Rücksitz aus dem Fahrzeug herausnehmen.

### Einbau

- Der Einbau erfolgt in umgekehrter Ausbaureihenfolge.
- Schrauben für Vordersitz säubern und mit Schraubensicherungsmittel, zum Beispiel LOCTITE 243, bestreichen.
  **Anzugsdrehmomente:**
  Schrauben für Vordersitz . . . . . . . . . . . . **26 Nm**
  Schraube für Gurtendbeschlag . . . . . . . . . . **35 Nm**

## Mittlerer Rücksitz

### Ausbau

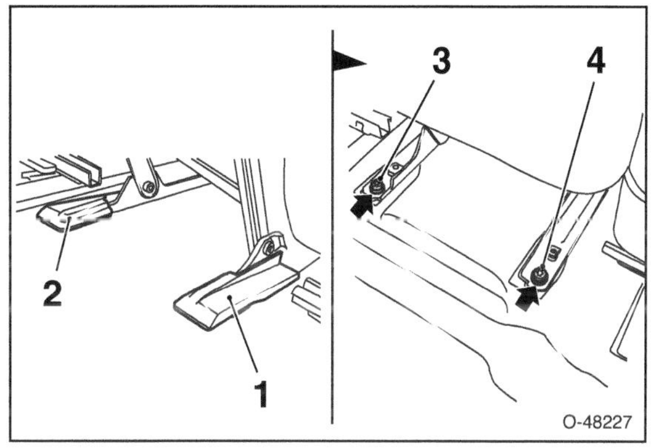


- Abdeckungen –1/2– vorne an den Sitzschienen abziehen und Schrauben –3/4– herausdrehen.
- Alle Rücksitzlehnen entriegeln und bis zum Einrasten ganz nach unten klappen.

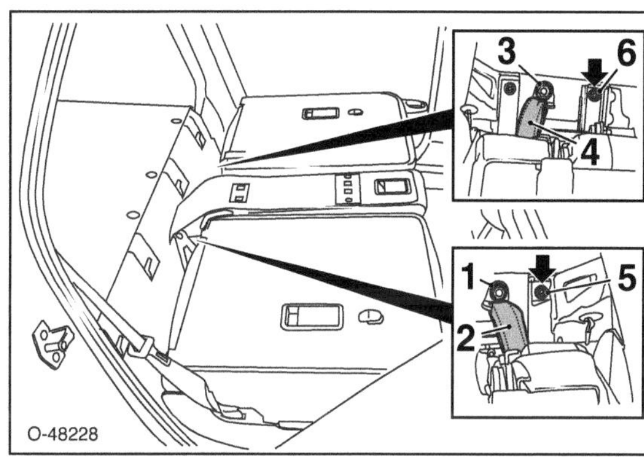


- Muttern –1/3– für Gurtschloss abschrauben und Gurtbänder –2/4– rechts und links abnehmen.
- Schrauben –5/6– herausdrehen und mittleren Rücksitz vorsichtig herausnehmen.

### Einbau

- Der Einbau erfolgt in umgekehrter Ausbaureihenfolge, dabei **hintere** Schrauben für Rücksitz zuletzt festziehen.
  **Anzugsdrehmomente:**
  Schraube für Gurtschloss . . . . . . . . . . . . **35 Nm**
  Schrauben für mittleren Rücksitz . . . . . . . . . **26 Nm**

# Karosserie außen

Aus dem Inhalt:

- Motorraumabdeckung
- Windlaufgrill
- Kotflügel
- Stoßfänger
- Motorhaube
- Heckklappe
- Tür zerlegen
- Fensterheber
- Außenspiegel

Bei der selbsttragenden Karosserie des CORSA/MERIVA sind Bodengruppe, Seitenteile, Dach und die hinteren Kotflügel miteinander verschweißt. Die Reparatur größerer Karosserieschäden sowie das Auswechseln von Front- und Heckscheibe sollten von einer Fachwerkstatt durchgeführt werden. Alle Karosserieteile sind gegen Durchrostung verzinkt.

Motorhaube, Heckklappe, Türen und die vorderen Kotflügel sind angeschraubt und lassen sich leicht auswechseln. Beim Einbau ist dann unbedingt ein gleichmäßiger Luftspalt einzuhalten, sonst klappert beispielsweise die Tür, oder es können während der Fahrt erhöhte Windgeräusche auftreten. Der Luftspalt muss auf jeden Fall parallel verlaufen, das heißt, der Abstand zwischen den Karosserieteilen muss auf der gesamten Länge des Spaltes gleich groß sein. Abweichungen bis zu 1 mm sind zulässig.

**Achtung:** Wenn im Rahmen von Arbeiten an der Karosserie auch Arbeiten an der elektrischen Anlage durchgeführt werden, **grundsätzlich** das Batterie-Massekabel (–) abklemmen. Dazu Hinweise im Kapitel »Batterie aus- und einbauen« durchlesen. Als Arbeit an der elektrischen Anlage ist dabei schon zu betrachten, wenn eine elektrische Leitung vom Anschluss abgezogen beziehungsweise abgeklemmt wird.

**Hinweis:** Viele Abdeckungen und Verkleidungen sind mit Clips befestigt. Beschädigte oder fehlende Clips durch Neuteile ersetzen. Aus- und Einbau von Halteclips, siehe Seite 250.

## Sicherheitshinweise bei Karosseriearbeiten

Muss an der Karosserie geschweißt werden, soll dies grundsätzlich durch Widerstandspunktschweißen (RP) durchgeführt werden. Nur wenn sich die Schweißzange nicht ansetzen lässt, ist das Schutzgas-Schweißverfahren anzuwenden.

- So weit Schweißarbeiten oder andere funkenerzeugende Arbeiten durchgeführt werden, grundsätzlich die Batterie komplett abklemmen (Pluskabel und Massekabel) und beide Batteriepole (+) und (–) sorgfältig mit Klebeband isolieren. Bei Arbeiten in Batterienähe muss die Batterie ausgebaut werden. **Achtung:** Unbedingt Hinweise im Kapitel »Batterie aus- und einbauen« beachten.

**Sicherheitshinweis**
Bei Karosseriearbeiten entstehen oft starke Erschütterungen, beispielsweise durch Hammerschläge. Daher immer Zündung ausschalten und beide Batteriekabel abklemmen, sonst kann der Airbag ausgelöst werden. Airbag-Sicherheitshinweise durchlesen, siehe Seite 150.

- **Fahrzeuge mit Klimaanlage:** An Teilen der befüllten Klimaanlage darf weder geschweißt noch hart- oder weichgelötet werden. Das gilt auch für Schweiß- und Lötarbeiten am Fahrzeug, wenn die Gefahr besteht, dass sich Teile der Klimaanlage erwärmen.

**Sicherheitshinweis**
Der **Kältemittelkreislauf** der Klimaanlage darf **nicht geöffnet** werden, da das Kältemittel bei Hautberührung Erfrierungen hervorrufen kann.
Bei versehentlichem Hautkontakt, die Stelle sofort mindestens 15 Minuten lang mit kaltem Wasser spülen. Austretendes Kältemittel verdampft bei Umgebungstemperatur. Das Kältemittel ist farb- und geruchlos sowie schwerer als Luft. Da das Kältemittel nicht wahrnehmbar ist, besteht am Boden beziehungsweise in einer Montagegrube Erstickungsgefahr.

- **Lackierung trocknen:** Im Rahmen einer Reparatur-Lackierung darf das Fahrzeug im Trockenofen oder in der Vorwärmzone nicht über **+80° C** aufgeheizt werden. Sonst können elektronische Steuergeräte im Fahrzeug beschädigt werden. Außerdem kann dadurch in der Klimaanlage ein starker Überdruck entstehen, der möglicherweise zum Platzen der Anlage führt.

■ **PVC-Unterbodenschutz entfernen:** Als Korrosionsschutz ist auf dem Unterboden ein PVC-Unterbodenschutz aufgetragen. Unterbodenschutz an der Reparaturstelle mit rotierender Drahtbürste entfernen oder mit einem Heißluftgebläse auf maximal +180° C erwärmen und mit einem Spachtel ablösen. **Achtung:** Durch Abbrennen beziehungsweise Erwärmen von PVC-Material über +180° C entsteht stark korrosionsfördernde Salzsäure, außerdem werden stark gesundheitsschädliche Dämpfe frei.

## Steinschlagschäden an der Frontscheibe

**Hinweis:** Kleinere Schäden an der Frontscheibe, zum Beispiel durch Steinschlag verursacht oder Scheibenwischerstreifen, beeinträchtigen die Sicht und können zu Folgeschäden an der Scheibe (Risse) führen. Diese Schäden sollten so bald wie möglich behoben werden. Verschiedene Glas-Unternehmen sind auf Reparaturen an Auto-Scheiben spezialisiert. Der Austausch der Scheibe kann auf diese Weise vermieden werden. Überdies werden die Kosten für die Scheibenreparatur von der Kaskoversicherung übernommen.

## Motorraumabdeckung unten aus- und einbauen

**CORSA ECO**

### Ausbau

**Sicherheitshinweis**
Beim Aufbocken des Fahrzeugs besteht Unfallgefahr! Hinweise im Kapitel »Fahrzeug aufbocken« beachten.

- Fahrzeug vorne aufbocken.

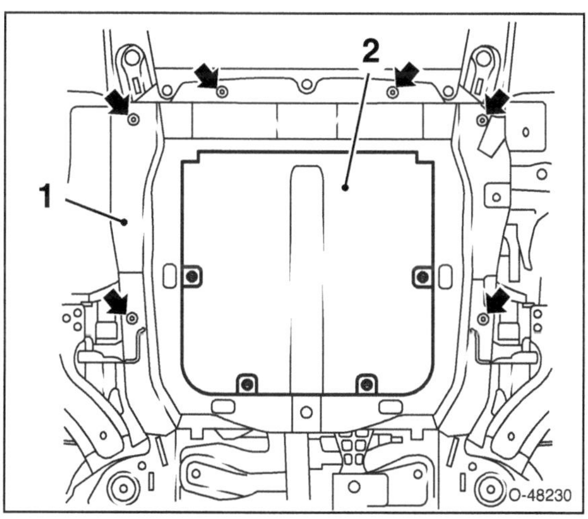


- 6 Schrauben –Pfeile– herausdrehen.
- Untere Motorraumabdeckung –1– abnehmen. 2 – Serviceklappe.

### Einbau

- Der Einbau erfolgt in umgekehrter Ausbaureihenfolge.

## Luftführungsblech unten aus- und einbauen

**CORSA ECO**

### Ausbau

**Sicherheitshinweis**
Beim Aufbocken des Fahrzeugs besteht Unfallgefahr! Hinweise im Kapitel »Fahrzeug aufbocken« beachten.

- Fahrzeug hinten aufbocken.

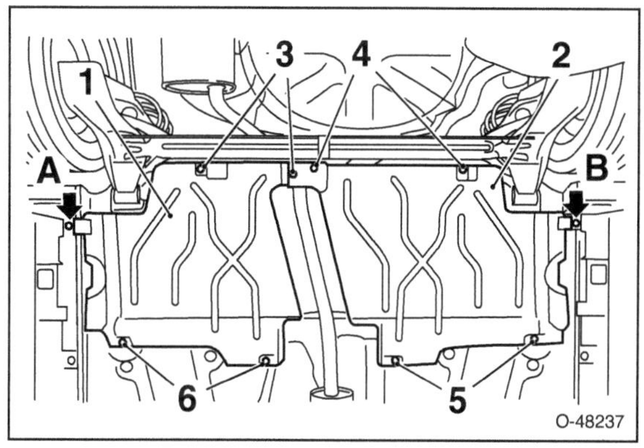


- Clip –Pfeil A– links herausziehen.
- 2 Muttern –6– links abschrauben.
- 2 Schrauben –3– links herausdrehen und linkes Luftführungsblech –1– vom Unterboden abnehmen.
- Clip –Pfeil B– rechts herausziehen, 2 Muttern –5– abschrauben, 2 Schrauben –4– herausdrehen und rechtes Luftführungsblech –2– vom Unterboden abnehmen.

### Einbau

- Der Einbau erfolgt in umgekehrter Ausbaureihenfolge.

## Stirnwandabdeckung aus- und einbauen

MERIVA

**Ausbau**

- Motorhaube öffnen.

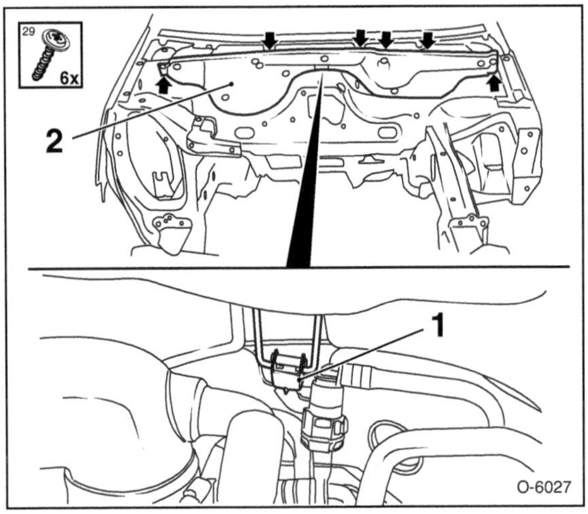


- Gummidichtung von der Stirnwandabdeckung –2– abziehen.
- 6 Schrauben –Pfeile– herausdrehen.
- Sicherungskasten ausclipsen.
- Schließbügel –1– öffnen und Stirnwandabdeckung –2– aus dem Motorraum herausnehmen.

**Einbau**

- Der Einbau erfolgt in umgekehrter Ausbaureihenfolge.

## Seitenschutzleiste aus- und einbauen

**Ausbau**

- Schutzleiste mit einem Heißluftföhn erwärmen.
- Kunststoffkeil zwischen Tür und Schutzleiste schieben und Schutzleiste gleichmäßig Stück für Stück abziehen.

**Einbau**

- Klebeflächen mit Benzin reinigen, mit Silikonentferner nachbehandeln und anschließend trockenreiben.
- Folie von der selbstklebenden Schutzleiste abziehen.
- Schutzleiste auf der Rückseite im Bereich der Klebefläche mit einem Föhn erwärmen.
- Schutzleiste am Außenblech ansetzen, leicht anheften und danach kräftig andrücken.

## Windlaufgrill aus- und einbauen

### CORSA

**Ausbau**

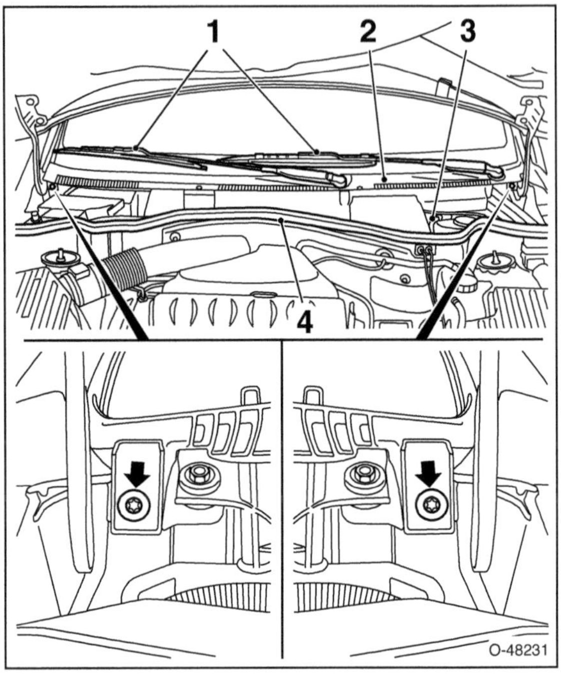


- Wischerarme –1– ausbauen, siehe Seite 86.
- Motorhaube öffnen.
- Gummidichtung –4– auf der gesamten Länge vom Wasserkasten abziehen.
- 2 Schrauben –Pfeile– links und rechts herausdrehen und Windlaufgrill –2– von der Frontscheibe abnehmen.

**Hinweis:** Um die Batterie auszubauen, muss nur die rechte Seite des Windlaufgrills ausgebaut werden. Dazu anstatt der Schraube links mittlere Schraube herausdrehen und beide Einzelteile des Windlaufgrills voneinander trennen.

- Wasserschlauch –3– für Waschdüse abziehen.

**Einbau**

- Der Einbau erfolgt in umgekehrter Ausbaureihenfolge.

### MERIVA

**Ausbau**

- Motorhaube öffnen.
- Wischerarme ausbauen, siehe Seite 86.
- Gummidichtung auf der gesamten Länge von der Stirnwandabdeckung abziehen.
- 6 Schrauben herausdrehen und Windlaufgrill von der Frontscheibe abnehmen.

**Einbau**

- Der Einbau erfolgt in umgekehrter Ausbaureihenfolge.

# Stoßfänger/Stoßfängerabdeckung vorn aus- und einbauen

## CORSA

### Ausbau

- Stecker für Nebelscheinwerfer entriegeln und abziehen.
- Motorhaube öffnen.

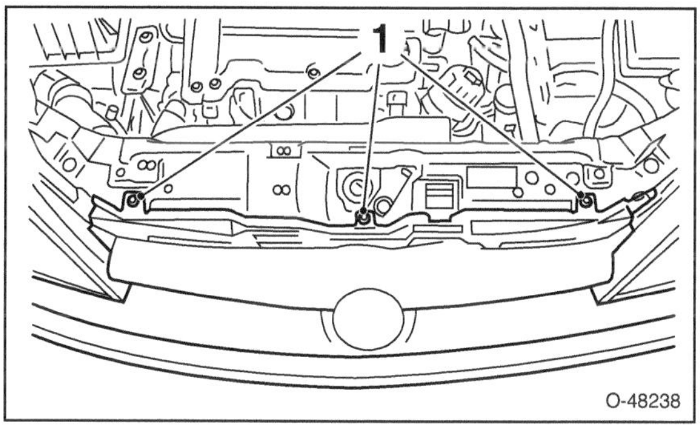


- 3 Schrauben –1– oben herausdrehen.

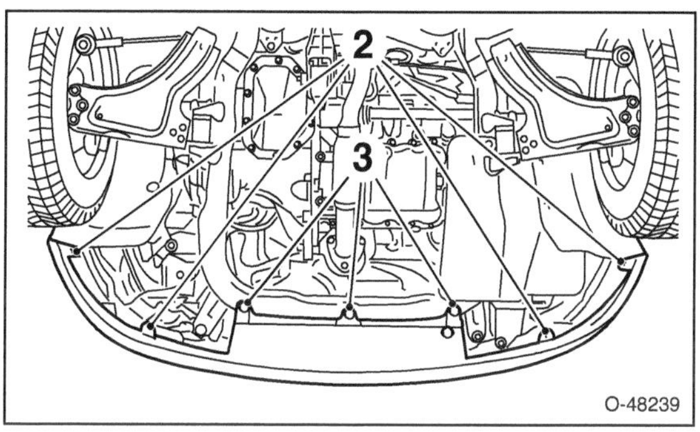


- 4 Schrauben –2– unten herausdrehen.
- 3 Clips –3– aus dem Vorderachsträger herausziehen.

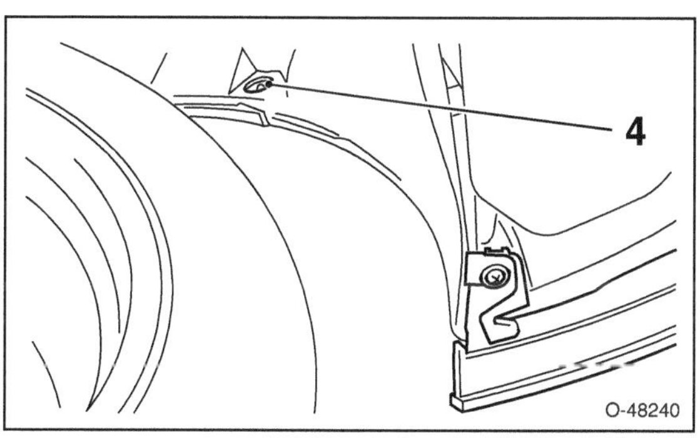


- 2 Muttern –4– am rechten und linken Kotflügel abschrauben.

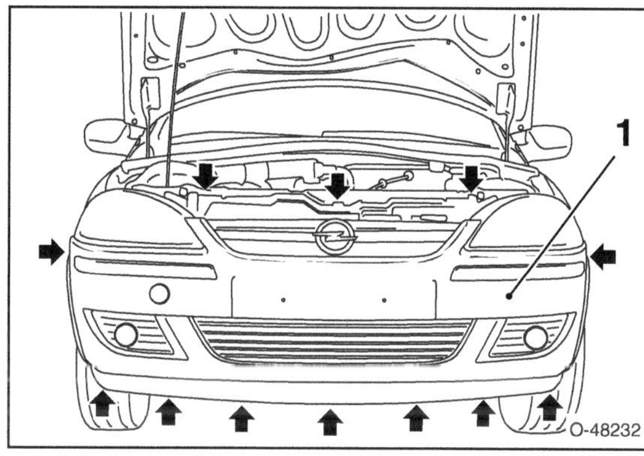


- Stoßfängerabdeckung –1– an den Seiten aus den Führungsschienen ausrasten. Pfeile – Befestigungspunkte.
- Mit einem Helfer Stoßfängerabdeckung nach vorne aus den Führungsschienen herausziehen.

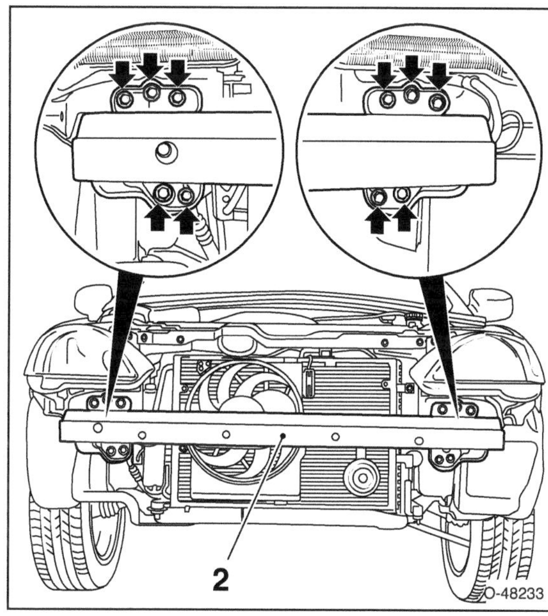


- 10 Schrauben –Pfeile– herausdrehen und Stoßfängerträger –2– vom Längsträger des Fahrzeugs abnehmen.

### Einbau

- Der Einbau erfolgt in umgekehrter Ausbaureihenfolge.

## MERIVA

### Ausbau

- Stecker für Nebelscheinwerfer entriegeln und abziehen.
- Motorhaube öffnen.

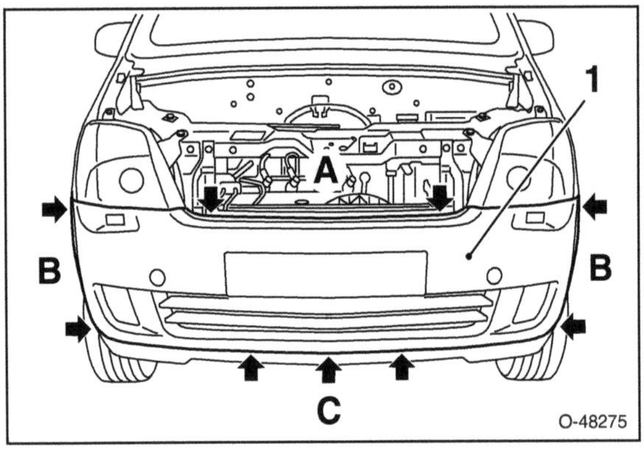


- 2 Schrauben –A– oben herausdrehen.
- 4 Schrauben –B– an den Kotflügeln rechts und links herausdrehen.
- 3 Clips –C– aus dem Vorderachsträger herausziehen.
- Stoßfängerabdeckung –1– an den Seiten aus den Führungsschienen ausrasten.
- Mit einem Helfer Stoßfängerabdeckung nach vorne aus den Führungsschienen herausziehen.

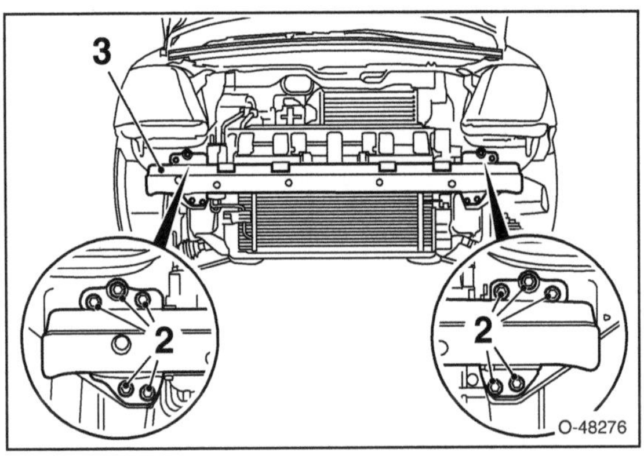


- 10 Muttern –2– herausdrehen und Stoßfängerträger –3– vom Längsträger des Fahrzeugs abnehmen.

### Einbau

- Der Einbau erfolgt in umgekehrter Ausbaureihenfolge, dabei den Stoßfängerträger mit neuen Muttern am Längsträger anschrauben.

# Stoßfänger/Stoßfängerabdeckung hinten aus- und einbauen

## CORSA Limousine

### Ausbau

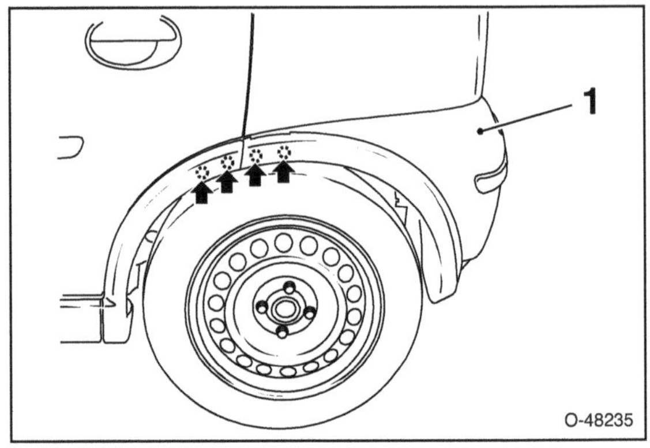


- Jeweils 4 Muttern –Pfeile– für Blende im Radkasten rechts und links abschrauben.
- Heckklappe öffnen.

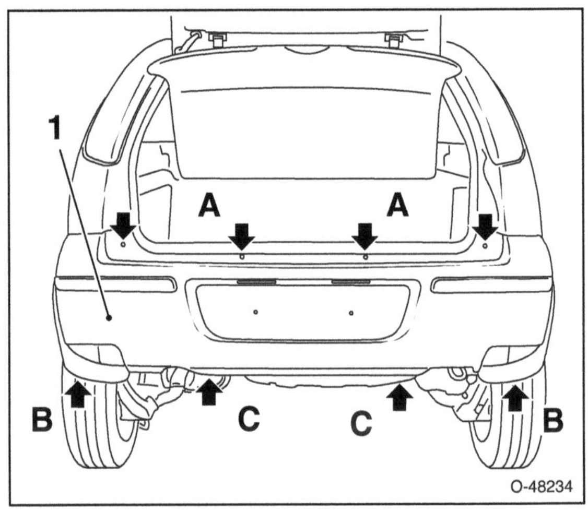


- 4 Kunststoffschrauben –A– oben aus der Stoßfängerabdeckung –1– herausdrehen.
- 2 Schrauben –B– aus den Innenkotflügeln herausdrehen.
- 2 Clips –C– unten herausziehen.
- Stoßfängerabdeckung –1– nach hinten herausziehen.
- Steckverbindung für Kennzeichenleuchte und Nebelschlussleuchte trennen und Stoßfängerabdeckung abnehmen.

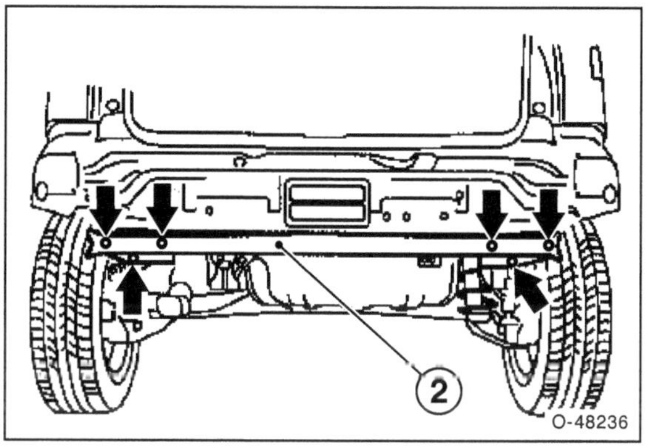


- 6 Schrauben –Pfeile– herausdrehen und Stoßfängerträger –2– abnehmen.

**Einbau**

- Der Einbau erfolgt in umgekehrter Ausbaureihenfolge.

## CORSA COMBO

**Ausbau**

- Heckleuchte ausbauen, siehe Seite 98.
- Innenkotflügel von der Stoßfängerabdeckung abschrauben, siehe Kapitel »Innenkotflügel hinten aus- und einbauen«.

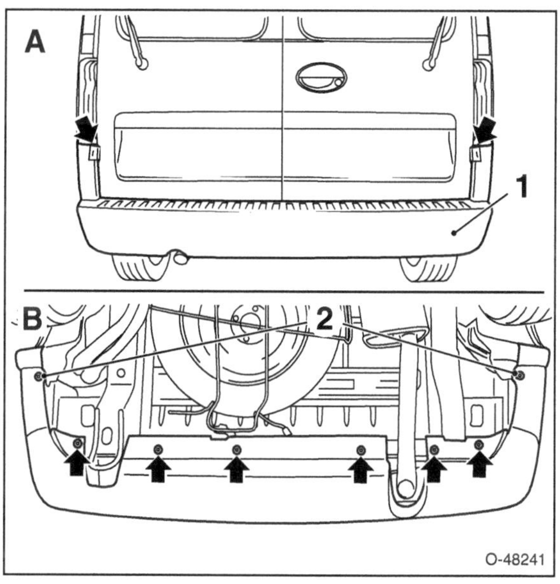


- 2 Spreizclips –Pfeile A– herausziehen.
- Am Fahrzeugboden 6 Spreizclips –Pfeile B– herausziehen und 2 Schrauben –2– herausdrehen.
- Stoßfängerabdeckung –1– hinten abnehmen.
- 2 Schrauben herausdrehen und Stoßfängerträger hinten abnehmen.

**Einbau**

- Der Einbau erfolgt in umgekehrter Ausbaureihenfolge.

## MERIVA

**Ausbau**

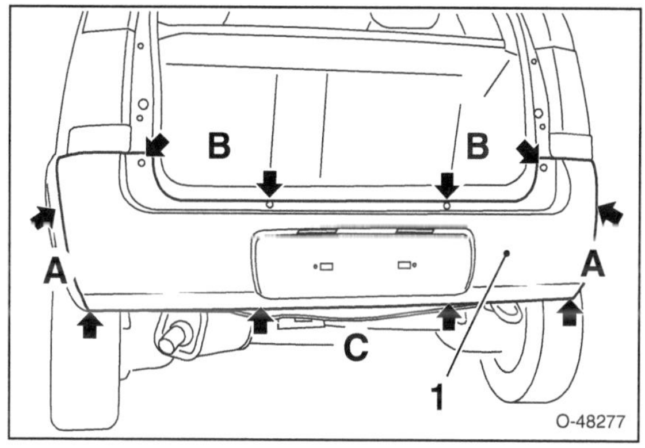


- Jeweils 1 Mutter und 1 Clip –Pfeile A– für Innenkotflügel rechts und links abschrauben.
- Heckklappe öffnen.
- 4 Kunststoffschrauben –B– oben aus der Stoßfängerabdeckung –1– herausdrehen.
- 2 Clips –C– unten herausziehen.
- Stoßfängerabdeckung –1– nach hinten herausziehen.
- Steckverbindung für Kennzeichenleuchte trennen und Stoßfängerabdeckung abnehmen.
- 6 Muttern herausdrehen und Stoßfängerträger vom Längsträger abnehmen.

**Einbau**

- Der Einbau erfolgt in umgekehrter Ausbaureihenfolge, dabei den Stoßfängerträger mit neuen Muttern am Längsträger anschrauben.

## Innenkotflügel vorn aus- und einbauen

**CORSA**

### Ausbau

- Reifen-Laufrichtung mit Pfeil am Reifen markieren. Radschrauben lösen. Fahrzeug vorne aufbocken und Vorderrad abnehmen. **Achtung:** Unbedingt Hinweise im Kapitel »Rad aus- und einbauen« beachten.

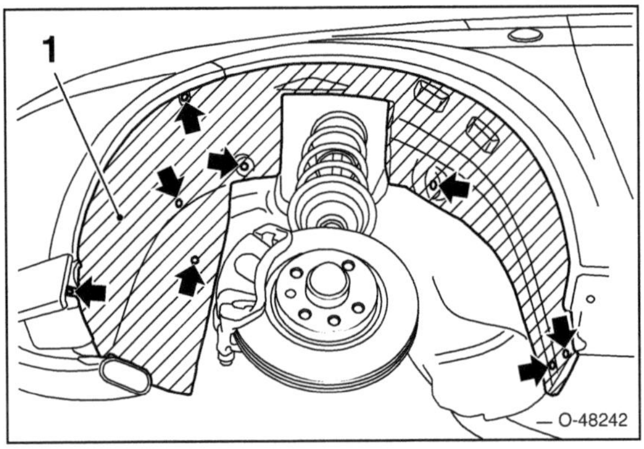


- 2 Schrauben und 1 Mutter abschrauben.
- Spreiznieten herausziehen. In den Spreiznieten befinden sich kleine Bolzen, die zuvor mit einem geeigneten Dorn durchgedrückt werden müssen.
- Innenkotflügel vorn –1– aus dem Radkasten herausziehen.

### Einbau

- Innenkotflügel in den Radkasten einsetzen und festschrauben. Spreiznieten eindrücken.
- Reifen-Laufrichtung beachten, Rad anschrauben, Fahrzeug ablassen, erst dann Radschrauben über Kreuz mit **110 Nm** festziehen. **Achtung:** Unbedingt Hinweise im Kapitel »Rad aus- und einbauen« beachten.

**MERIVA**

Der Aus- und Einbau erfolgt im Prinzip wie beim CORSA. Es müssen dabei 2 Schrauben herausgedreht und 7 Spreiznieten herausgezogen werden.

## Innenkotflügel hinten aus- und einbauen

**CORSA**

### Ausbau

- Reifen-Laufrichtung mit Pfeil am Reifen markieren. Radschrauben lösen. Fahrzeug hinten aufbocken und Hinterrad abnehmen. **Achtung:** Unbedingt Hinweise im Kapitel »Rad aus- und einbauen« beachten.

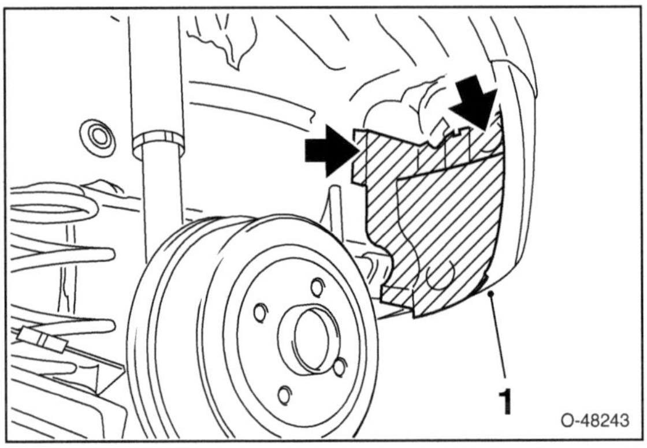


- 1 Schraube –1– und 2 Muttern –Pfeile– abschrauben und Innenkotflügel hinten aus dem Radkasten herausziehen. **Hinweis:** Die Abbildung zeigt den Innenkotflügel bei der Limousine.

### Einbau

- Innenkotflügel in den Radkasten einsetzen und festschrauben.
- Reifen-Laufrichtung beachten, Rad anschrauben, Fahrzeug ablassen, erst dann Radschrauben über Kreuz mit **110 Nm** festziehen. **Achtung:** Unbedingt Hinweise im Kapitel »Rad aus- und einbauen« beachten.

**MERIVA**

Der Aus- und Einbau erfolgt im Prinzip wie beim CORSA. Es müssen dabei 2 Muttern, 1 Schraube abgeschraubt und 2 Spreiznieten herausgezogen werden.

# Kotflügel vorn aus- und einbauen

## CORSA

### Ausbau

- Stoßfängerabdeckung vorn ausbauen, siehe entsprechendes Kapitel.
- Seitliche Blinkleuchte ausbauen, siehe Seite 96.
- Reifen-Laufrichtung mit Pfeil am Reifen markieren. Radschrauben lösen. Fahrzeug vorne aufbocken und Vorderrad abnehmen. **Achtung:** Unbedingt Hinweise im Kapitel »Rad aus- und einbauen« beachten.
- Innenkotflügel vorn ausbauen, siehe entsprechendes Kapitel.

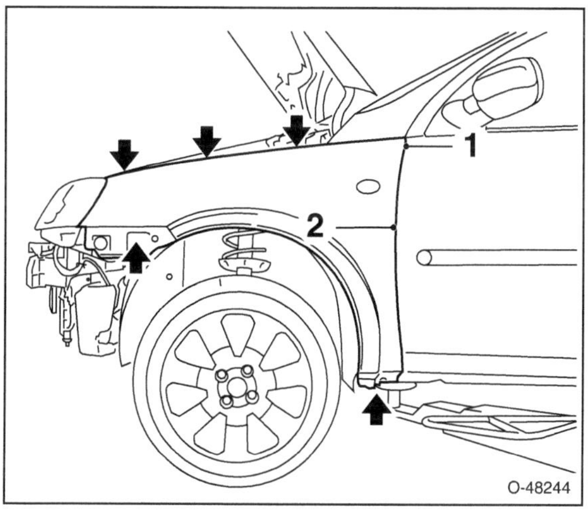


- Tür öffnen und obere Schraube –1– an der A-Säule herausdrehen.
- Schutzkappe für mittlere Schraube –2– an der A-Säule abziehen und Schraube –2– vom Radkasten aus herausdrehen.
- 5 Schrauben –Pfeile– herausdrehen.
- Kotflügel an den Anlagepunkten im Bereich der A-Säule mit einem Heißluftföhn erwärmen und abnehmen. Gegebenenfalls Dichtungsmasse mit einem Messer durchtrennen. **Achtung:** Dichtungsmasse nur leicht und kurzzeitig erwärmen. Es dürfen weder Farbveränderungen noch Blasen zu sehen sein.
- Dichtungsmasse von der Karosserie vorsichtig abschaben, dabei Lack nicht beschädigen.

### Einbau

- Neuen Kotflügel vor dem Einbau an den später unzugänglichen Stellen lackieren.
- Anlageflächen des Kotflügels reinigen, gegebenenfalls ausrichten und handelsübliches Kotflügelabdichtband auflegen oder Dichtmasse auftragen.
- Kotflügel ansetzen und auf gleichmäßige Spaltmaße ausrichten.

  **Spaltmaße, Sollwerte – CORSA:**
  Kotflügel – Tür vorn: . . . . . . . . . . . . . . . . . . . . $4{,}0^{+1{,}0}$ mm
  Kotflügel – Motorhaube: . . . . . . . . . . . . . . . . . $4{,}0^{+1{,}0}$ mm
- Kotflügel anschrauben.
- Innenkotflügel einbauen, siehe entsprechendes Kapitel.
- Reifen-Laufrichtung beachten, Rad anschrauben, Fahrzeug ablassen, erst dann Radschrauben über Kreuz mit **110 Nm** festziehen. **Achtung:** Unbedingt Hinweise im Kapitel »Rad aus- und einbauen« beachten.
- Seitliche Blinkleuchte einbauen, siehe Seite 96.
- Stoßfängerabdeckung einbauen, siehe entsprechendes Kapitel.

---

## MERIVA

### Ausbau

- Stoßfängerabdeckung vorn ausbauen, siehe entsprechendes Kapitel.
- An der Fahrzeugseite 2 Nieten herausbohren und Führungsleisten für Stoßfängerabdeckung abnehmen.
- Scheinwerfer ausbauen, siehe Seite 97.
- Klemmmutter für Scheinwerferbefestigung aus dem Kotflügel herausnehmen.
- Seitliche Blinkleuchte ausbauen, siehe Seite 96.
- Reifen-Laufrichtung mit Pfeil am Reifen markieren. Radschrauben lösen. Fahrzeug vorne aufbocken und Vorderrad abnehmen. **Achtung:** Unbedingt Hinweise im Kapitel »Rad aus- und einbauen« beachten.
- Innenkotflügel vorn ausbauen, siehe entsprechendes Kapitel.
- **Benzinmotor:** Mutter abschrauben und Aktivkohlefilter vom rechten Kotflügel abschrauben.
- Türkante und Kotflügel zum Schutz mit Textilband abdecken.

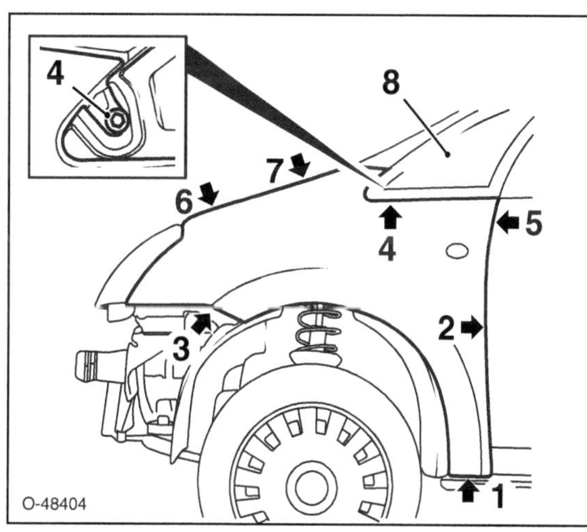


- Schraube –1– unten an der A-Säule herausdrehen.

- Schraube –2– in der Mitte der A-Säule lockern, nicht abschrauben. **Hinweis:** Die Schraube ist vom Radgehäuse aus zugänglich.
- Schraube –3– unten an der Seite herausdrehen.
- Schraube –4– oben am Dreieckfenster lockern, nicht abschrauben. Die Schraube ist von unten vom Radgehäuse aus zugänglich, dabei einen Gabelschlüssel verwenden. **Achtung:** Dreieckfenster **vorsichtig** mit einem Kunststoffkeil zur Seite drücken.
- Tür öffnen und Schraube –5– oben an der A-Säule lockern, nicht abschrauben.
- Schrauben –6/7– herausdrehen und Kotflügel vorsichtig abnehmen.

**Einbau**

- Unterlegscheibe für Schraube –4– mit Sekundenkleber am Sechskantkopf ankleben
- Kotflügel ansetzen und auf gleichmäßige Spaltmaße ausrichten.

  **Spaltmaße, Sollwerte – MERIVA:**
  Kotflügel – Tür vorn: .................... $4{,}0^{+1{,}0}$ mm
  Kotflügel – Motorhaube: .................. $4{,}0^{+1{,}0}$ mm
- Kotflügel anschrauben.
- Der weitere Einbau erfolgt in umgekehrter Ausbaureihenfolge, dabei Schraube –4– zuletzt festziehen.
- Dichtungsgummi für Dreieckfenster ausrichten.

## Blende Radkasten aus- und einbauen

**CORSA**

**Hinweis:** Hier wird der Aus- und Einbau der Blende am vorderen Radkasten beschrieben. Am hinteren Radkasten in gleicher Weise vorgehen.

**Ausbau**

- Stoßfängerabdeckung an den Stoßstellen vom Kotflügel abschrauben, siehe entsprechendes Kapitel.

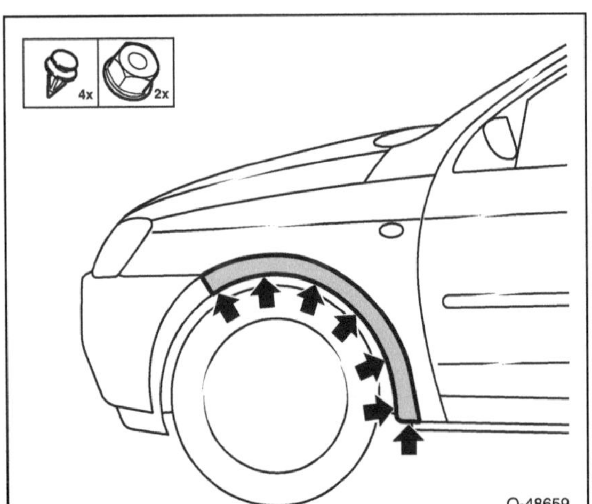

O-48659

- Muttern abschrauben.
- Blende an den Clips vom Radkasten abziehen.

**Einbau**

- Der Einbau erfolgt in umgekehrter Ausbaureihenfolge.

**Hinweis:** Der Aus- und Einbau der Blende am hinteren Radkasten beim CORSA COMBO erfolgt in ähnlicher Weise. Dort werden 6 Muttern abgeschraubt und eine Spreizniete herausgezogen.

## Schwellerverkleidung seitlich aus- und einbauen

**Ausbau**

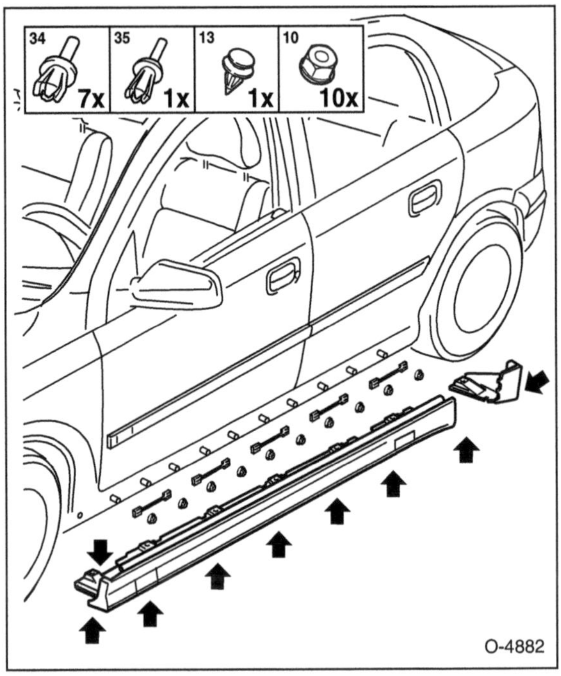

O-4882

- Türen öffnen. Spreiznieten an den mit –Pfeilen– bezeichneten Stellen herausziehen. In den Spreiznieten befinden sich kleine Bolzen, die zuvor mit einem geeigneten Dorn durchgedrückt werden müssen. **Hinweis:** In der Abbildung ist nicht der CORSA dargestellt.
- Vorne beginnend die Schwellerverkleidung abziehen.
- Gegebenenfalls Halterungen mit Muttern abschrauben.

**Einbau**

- Der Einbau erfolgt in umgekehrter Ausbaureihenfolge.

## Motorhaube aus- und einbauen/einstellen

**Hinweis:** Hier wird der Aus- und Einbau beim CORSA beschrieben. Die Arbeitsschritte erfolgen beim MERIVA im Prinzip in gleicher Weise.

### Ausbau

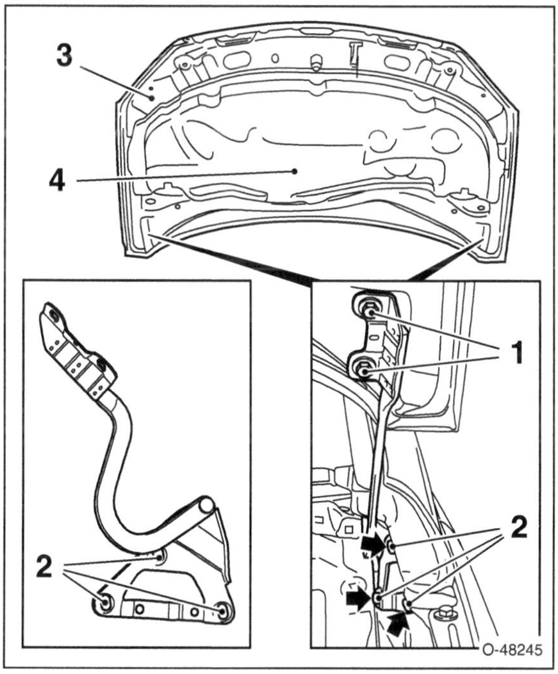


- Motorhaube -3- öffnen.
- Für den Wiedereinbau Einbaulage der Scharniere mit Filzstift an der Motorhaube markieren.
- Motorhaube von Helfer abstützen lassen. Scharnierschrauben -1- auf jeder Seite an der Motorhaube herausdrehen.

**Hinweis:** Soll das Scharnier ausgebaut werden, Scharnierschrauben -2- an der Karosserie herausdrehen. Zuvor den Windlaufgrill und beim CORSA den Wischermotor ausbauen sowie die Abdeckung vom Relaiskasten Karosserieelektronik abschrauben.

- Motorhaube mit Helfer abnehmen und vorsichtig ablegen.
- Falls eingebaut, Verkleidung -4- abnehmen.

### Einbau

- Motorhaube mit Helfer am Scharnier ansetzen. Die alte Motorhaube dabei nach den Markierungen ausrichten. Scharnierschrauben -1- handfest eindrehen.
- Motorhaube schließen und auf korrekte Spaltmaße einstellen, siehe entsprechendes Kapitel.
- Scharnierschrauben festziehen.
- Falls ausgebaut, Verkleidung an der Motorhaube anbringen.

### Einstellen

- Scharnierschrauben -1- an der Motorhaube lockern.
- Motorhaube schließen und Spaltmaße der Motorhaube prüfen, dabei soll der Spalt zum rechten und linken Kotflügel jeweils gleichmäßig breit sein und parallel verlaufen.

  **Spaltmaße, Sollwerte – CORSA/MERIVA:**
  Motorhaube – Kotflügel: . . . . . . . . . . . . . . . . . . $4{,}0^{+1{,}0}$ mm
- Gegebenenfalls Motorhaube durch Verschieben nach links oder rechts ausrichten.
- Scharnierschrauben -1- festziehen.
- Windlaufgrill ausbauen, siehe entsprechendes Kapitel.
- **CORSA:** Wischermotor ausbauen, siehe Seite 86.
- **CORSA:** 7 Schrauben herausdrehen und Abdeckung vom Relaiskasten Karosserieelektronik abnehmen. **Hinweis:** Schrauben nicht aus der Abdeckung herausdrehen.
- Scharnierschrauben -2- an der Karosserie lockern.
- Gegebenenfalls Motorhaube durch Verschieben am Scharnier in der Höhe ausrichten.
- Zusätzlich durch Herausdrehen der 2 Gummipuffer vorn an der Motorhaube Höhe im vorderen Bereich einstellen.

**Hinweis:** Als Einstell-Hilfe Knetmasse an den Gummipuffern aufdrücken. Nach Schließen der Motorhaube ist am Abdruck in der Knetmasse zu erkennen, ob die Motorhaube richtig aufliegt.

- Die Motorhaube ist richtig eingestellt, wenn die Konturen im geschlossenen Zustand mit den umliegenden Karosserieteilen fluchten.
- Scharnierschrauben -2- an der Karosserie festziehen.
- Motorhaube schließen und einwandfreie Passung und Schließfunktion prüfen, gegebenenfalls nochmals einstellen.
- **CORSA:** Abdeckung am Relaiskasten anschrauben.
- **CORSA:** Wischermotor einbauen, siehe Seite 86.
- Windlaufgrill einbauen, siehe entsprechendes Kapitel.

### Schließhaken/Schließzapfen einbauen

**Hinweis:** Bei Einbau einer neuen Motorhaube müssen der Schließhaken und der Schließzapfen an der Haube angebaut werden.

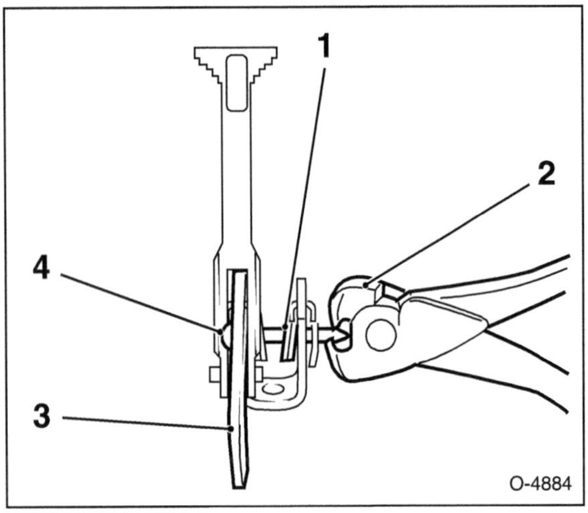


- Schließhaken –3– mit Feder –1– und Niet –4– an der Motorhaube einbauen, dabei Nietenden mit Zange –2– aufweiten.

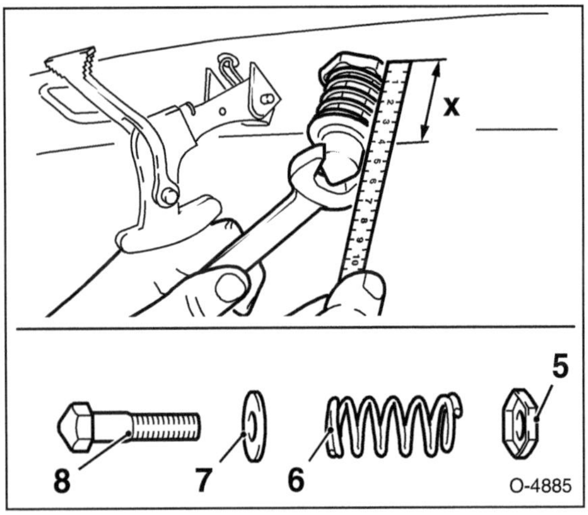


- Schließzapfen –8– mit kleiner Scheibe –7–, Spiralfeder –6– und großer Scheibenmutter –5– in die Haube einschrauben und auf das Abstandsmaß **X = 40 – 45 mm** einstellen. Das Maß –X– wird vom Haubenblech bis zum Rand der Scheibe –7– gemessen. Anschließend Schließzapfen mit Gabelschlüssel festhalten und Scheibenmutter –5– gegen das Haubenblech drehen. Dadurch wird der Schließzapfen gekontert.
- Schließzapfen mit Mehrzweckfett bestreichen.

## Heckklappe aus- und einbauen/einstellen

**CORSA Limousine/MERIVA**

### Ausbau

- Batterie-Massekabel (–) abklemmen. **Achtung:** Hinweise im Kapitel »Batterie aus- und einbauen« beachten.
- Heckklappenverkleidung ausbauen, siehe entsprechendes Kapitel.
- Elektrische Steckverbindungen für Heckscheibenheizung und -wischer sowie für Zusatzbremsleuchte und Zentralverriegelung trennen.
- Schlauch für Heckscheibenwaschanlage abziehen.

**Hinweis:** Als Montagehilfe für den Wiedereinbau an den Leitungsenden eine Schnur befestigen, die nach dem Herausziehen der Leitungen in der Klappe bleibt.

- Gummidurchführung an der Heckklappe herausdrücken und Leitungen aus der Heckklappe herausziehen.

**Sicherheitshinweis**
Heckklappe unbedingt durch einen Helfer abstützen lassen, bevor eine Gasdruckfeder gelöst wird. Sonst fällt die Heckklappe herunter, da sie durch einen Dämpfer allein nicht gehalten werden kann.

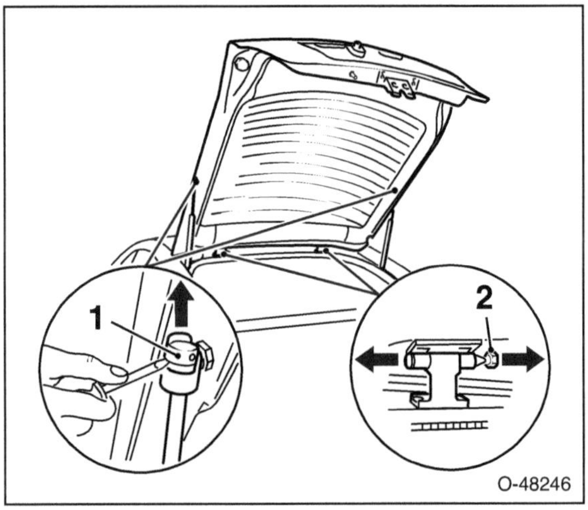


- Mit einem kleinen Schraubendreher Sicherungsbügel –1– etwas anheben und Gasdruckfeder vom oberen Kugelzapfen abziehen.
- Zweite Gasdruckfeder auf die gleiche Weise abbauen.
- Sicherungsklammern –2– abziehen, Scharnierbolzen für Heckklappe herausziehen oder mit Hammer und Durchschlag heraustreiben.
- Heckklappe mit Helfer abnehmen.

### Einbau

- Heckklappe mit Helfer an die Scharniere ansetzen und Bolzen an den Scharnieren durchschieben. Sicherungsklammern aufschieben.

- Heckklappe schließen und auf korrekte Spaltmaße einstellen, siehe entsprechendes Kapitel.
- Gasdruckfeder auf Kugelzapfen aufdrücken und einrasten. Zweite Gasdruckfeder auf die gleiche Weise einbauen.
- Wasserschlauch sowie elektrische Leitungen mithilfe der Schnur einziehen beziehungsweise bei einer neuen Heckklappe verlegen. Wasserschlauch und elektrische Leitungen anschließen.
- Gummidurchführung an der Heckklappe eindrücken.
- Batterie-Massekabel (–) anklemmen. **Achtung:** Hinweise im Kapitel »Batterie aus- und einbauen« beachten.
- Heckklappenverkleidung einbauen, siehe entsprechendes Kapitel.

**Einstellen**

- Schließzapfen an der Ladekante abschrauben.
- Verkleidung an der C/D-Säule oben lösen, siehe Seite 257/258/265.
- Clips herausziehen, Dachhimmel nach unten ziehen und Scharnierschrauben lockern.
- Heckklappe schließen und Spaltmaße der Heckklappe prüfen. Die Heckklappe ist richtig eingestellt, wenn sie im geschlossenen Zustand überall ein gleichmäßiges Spaltmaß hat, nicht zu weit nach innen oder außen steht und die Konturen mit den umliegenden Karosserieteilen fluchten.
  **Spaltmaße, Sollwerte – CORSA Limousine:**
  Heckklappe – hintere Seitenteile: .......... $4{,}0^{+1{,}0}$ mm
  Heckklappe – Dach: .................... $6{,}0^{+1{,}0}$ mm
  **Spaltmaße, Sollwerte – MERIVA:**
  Heckklappe – hintere Seitenteile: .......... $4{,}0^{+1{,}0}$ mm
  Heckklappe – Dach: .................... $4{,}0^{+1{,}0}$ mm
- Gegebenenfalls Heckklappe durch Verschieben nach links und rechts ausrichten.

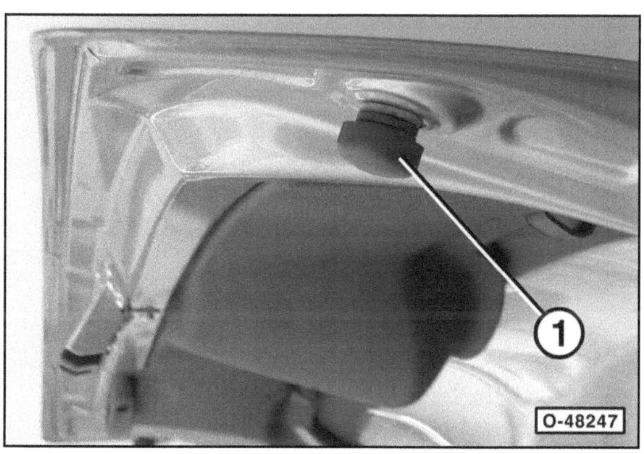


- Gummipuffer –1– an beiden Seiten so weit herausdrehen, dass die Heckklappe in geschlossenem Zustand spannungsfrei auf den Puffern aufliegt.

**Hinweis:** Als Einstell-Hilfe Knetmasse an den Gummipuffern aufdrücken. Nach Schließen der Heckklappe ist am Abdruck in der Knetmasse zu erkennen, ob die Heckklappe richtig aufliegt.

- Scharnierschrauben festziehen.
- Schließzapfen ausrichten und festschrauben.

---

**Gasdruckfeder entsorgen**

**Achtung:** Falls die Gasdruckfeder ersetzt wird, muss die alte Feder entgast werden, bevor sie entsorgt wird.

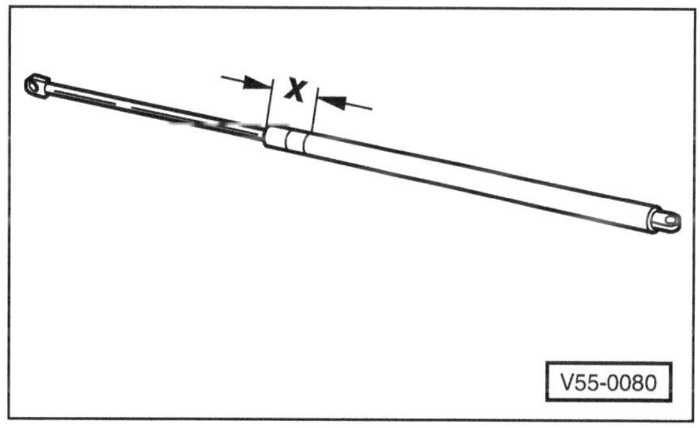


- Gasdruckfeder im **Bereich x = 50 mm** in den Schraubstock einspannen. **Achtung**: Feder unbedingt **nur in diesem Bereich** einspannen, sonst besteht Unfallgefahr!
- Zylinder im ersten Drittel der Zylindergesamtlänge – ausgehend von der Bezugskante auf der Kolbenstangenseite – aufsägen. Um herausspritzendes Öl aufzufangen, Bereich des Sägetrennschnittes mit einem Lappen abdecken. **Achtung:** Während des Sägevorganges Schutzbrille tragen.

# Heckklappenverkleidung aus- und einbauen

**CORSA Limousine**

**Ausbau**

- Heckklappe öffnen.

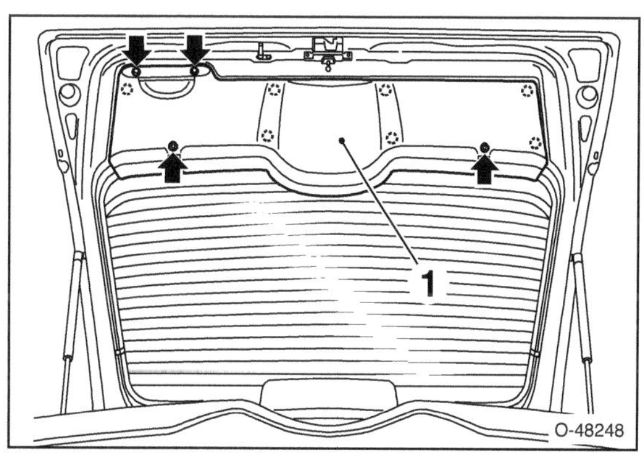


- 4 Schrauben –Pfeile– herausdrehen.
- Lösehebel, zum Beispiel HAZET 799-3, unter die Verkleidung –1– schieben und 7 Halteclips aus den Bohrungen herausziehen.
- Verkleidung –1– von der Heckklappe abnehmen.

## Einbau

- Halteclips auf Beschädigungen und auf richtigen Sitz an der Verkleidung überprüfen, wenn nötig, ersetzen.
- Verkleidung so an die Heckklappe ansetzen, dass die Halteclips in die Bohrungen eingreifen.
- Verkleidung an die Heckklappe andrücken und einclipsen. Schrauben eindrehen.

# Heckklappenverkleidung aus- und einbauen

**MERIVA**

## Ausbau

- Heckklappe öffnen.

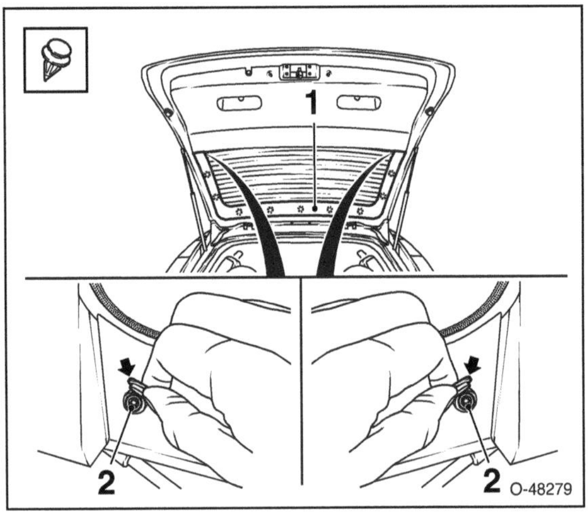


- Abdeckkappen –Pfeile– rechts und links aus der Verkleidung herausziehen.
- Schrauben –2– herausdrehen.
- Verkleidung –1– am Festerrahmen an 9 Cliphalterungen von der Heckklappe lösen und abnehmen.

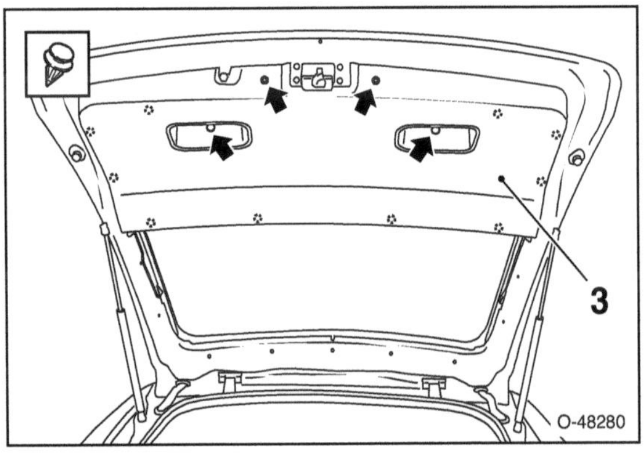


- 4 Schrauben –Pfeile– herausdrehen.
- Lösehebel, zum Beispiel HAZET 799-3, unter die Verkleidung –3– schieben und 12 Halteclips aus den Bohrungen herausziehen.
- Untere Verkleidung –3– von der Heckklappe abnehmen.

**Hinweis:** Muss nur die untere Verkleidung ausgebaut werden, genügt es, die Fensterrahmen-Verkleidung an den Stoßstellen zu lösen.

## Einbau

- Halteclips auf Beschädigungen und auf richtigen Sitz an der Verkleidung überprüfen, wenn nötig, ersetzen.
- Verkleidung so an die Heckklappe ansetzen, dass die Halteclips in die Bohrungen eingreifen.
- Verkleidung an die Heckklappe andrücken und einclipsen.
- Schrauben eindrehen.

# Heckklappenschloss aus- und einbauen

**CORSA Limousine**

## Ausbau

- Heckklappenverkleidung ausbauen, siehe entsprechendes Kapitel.

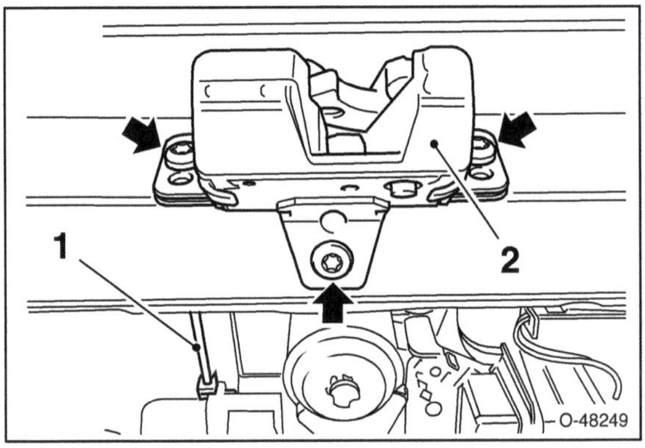


- Zugstange –1– am Schloss aushängen.
- 3 Schrauben –Pfeile– herausdrehen und Heckklappenschloss –2– abnehmen.

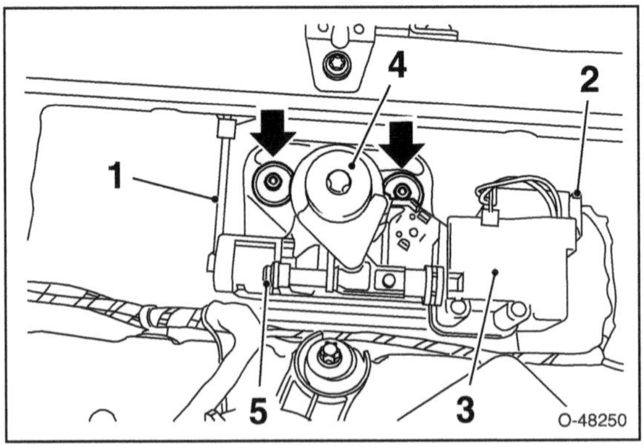


- 2 Muttern –Pfeile– abschrauben und Außengriff von der Heckklappe abnehmen.

- Zugstange –1– am Schließzylindergehäuse aushängen.
- Batterie-Massekabel (–) abklemmen. **Achtung:** Hinweise im Kapitel »Batterie aus- und einbauen« beachten.
- Stecker –2– entriegeln und abziehen.
- Stellmotor –3– für Zentralverriegelung mit Schließzylindergehäuse –4– von der Heckklappe abnehmen.
- 2 Muttern abschrauben, Sicherungsklammer –5– an der Betätigungsstange abziehen und Stellmotor vom Schließzylindergehäuse abclipsen.

### Einbau

- Der Einbau erfolgt in umgekehrter Ausbaureihenfolge.

## Tür aus- und einbauen

**Hinweis:** Hier wird der Aus- und Einbau der Vordertür beschrieben. Bei der Hintertür in gleicher Weise vorgehen.

### Ausbau

- Batterie-Massekabel (–) abklemmen. **Achtung:** Hinweise im Kapitel »Batterie aus- und einbauen« beachten.

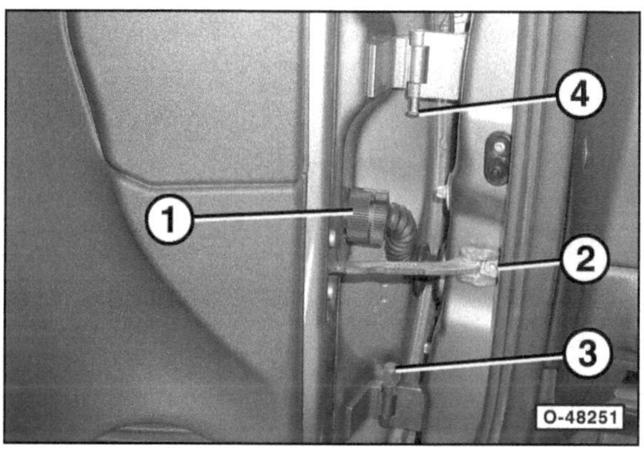


- Tür öffnen, Stecker –1– durch Drehen gegen den Uhrzeigersinn entriegeln und abziehen.
- Schraube –2– herausdrehen und Türstopper von der A-Säule lösen.
- Gummikappen –3– von den Türscharnieren oben und unten abziehen.
- Spannhülsen –4– mit Ausschlagwerkzeug HAZET 1970 oder einem geeigneten Dorn aus den Türscharnieren oben und unten herausschlagen. Spannhülse dabei an der Seite herausschlagen, auf der die Kappe saß. **Achtung:** Tür von einen Helfer abstützen lassen.
- Tür von der A-Säule nehmen.

### Einbau

- Tür auf die Scharniere setzen, dabei Tür von einen Helfer abstützen lassen.
- Spannhülsen mit Hochdruckfett einschmieren und in die Scharniere einschlagen.
- Der weitere Einbau erfolgt in umgekehrter Ausbaureihenfolge.

### Tür einstellen

- Schließbügel von der B-Säule abschrauben.
- Die Einstellung erfolgt durch Ausrichten (Verbiegen) der Scharniere. Dies erfordert einige Erfahrung, daher im Zweifelsfall Fachwerkstatt aufsuchen. Spezielle Biegewerkzeuge werden im Handel angeboten, zum Beispiel HAZET 1931 und HAZET 1973-X.
- Spaltmaße der Tür prüfen. Die Tür ist richtig eingestellt, wenn sie im geschlossenen Zustand überall ein gleichmäßiges Spaltmaß hat, nicht zu weit nach innen oder außen steht und die Konturen mit den umliegenden Karosserieteilen fluchten.

  **Spaltmaße, Sollwerte – CORSA Limousine/MERIVA:**
  Tür vorn – Kotflügel vorn: . . . . . . . . . . . . . . . . $4{,}0^{+1{,}0}$ mm
  Tür vorn – Tür hinten (4-Türer): . . . . . . . . . . . $4{,}0^{+1{,}0}$ mm
  Tür – Seitenteil hinten (2-/4-Türer): . . . . . . . . $4{,}0^{+1{,}0}$ mm
- Tür an die Karosseriekontur anpassen: Schließt die Tür in geschlossenem Zustand nicht bündig mit der umliegenden Karosserie ab, Scharniere entsprechend nach außen oder innen ziehen. Die hintere Tür darf vorne maximal 1 mm weiter innen stehen als die Vordertür.

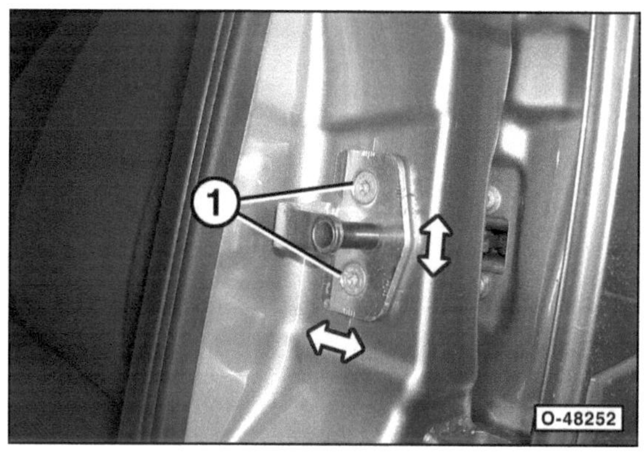


- Schließbügel anschrauben und Schrauben handfest anziehen, so dass der Schließbügel leicht verschoben werden kann.
- Tür schließen und ausrichten. Dadurch wird auch der Schließbügel ausgerichtet. Anschließend Tür vorsichtig öffnen und Schrauben –1– für Schließbügel mit **20 Nm** festziehen.
- Falls erforderlich, die durch das Verbiegen der Scharniere entstandenen Lackschäden beheben.

---

### Speziell CORSA COMBO

Zum Ausbau der Schiebetür hinten Anschlagpunkte aus der unteren und mittleren Führungsschiene abschrauben und Schiebetür mit einem Helfer aus den Schienen herausziehen.

**Spaltmaße, Sollwerte – CORSA COMBO:**
Tür vorn – Kotflügel vorn: . . . . . . . . . . . . . . . . . . . $4{,}0^{+1{,}0}$ mm
Tür vorn – Schiebetür hinten: . . . . . . . . . . . . . . . . $6{,}0^{+1{,}0}$ mm
Schiebetür hinten – Seitenteil hinten: . . . . . . . . . $6{,}0^{+1{,}0}$ mm
Schiebetür hinten – Dach/Türschweller: . . . . . . . $5{,}0^{+1{,}0}$ mm

## Türschloss aus- und einbauen

**CORSA**

### Ausbau

- Batterie-Massekabel (–) abklemmen. **Achtung:** Hinweise im Kapitel »Batterie aus- und einbauen« beachten.
- Türverkleidung ausbauen, siehe entsprechendes Kapitel.
- Wasserabweisfolie teilweise abziehen.
- **Hintertür:** Tür-Innengriff ausbauen, siehe entsprechendes Kapitel.
- **Hintertür:** Niete am Umlenkhebel für Verriegelungsknopf mit einem Dorn austreiben, Umlenkhebel sowie Halter für Bowdenzug vom Türrahmen ablösen.
- **Hintertür:** Führungsschiene für Fensterscheibe ausbauen, siehe Kapitel »Fensterheber aus- und einbauen«.

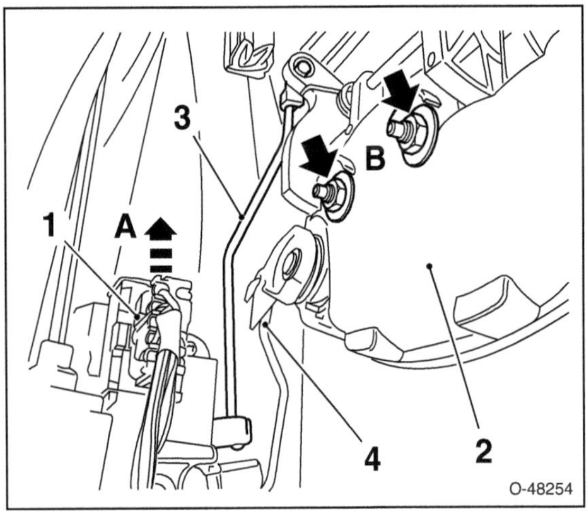


- Stecker –1– vom Stellmotor für Zentralverriegelung entriegeln –Pfeil A– und abziehen.
- **Vordertür:** 2 Muttern –Pfeile B– abschrauben und Griffschale –2– für Außengriff abnehmen.

**Hinweis:** Für den Ausbau des Außengriffs muss auch an der Hintertür die Griffschale abgeschraubt werden.

- **Vordertür:** Zugstange –3– am Schloss entriegeln und aushängen. Zugstange –4– am Schließzylindergehäuse aushängen.

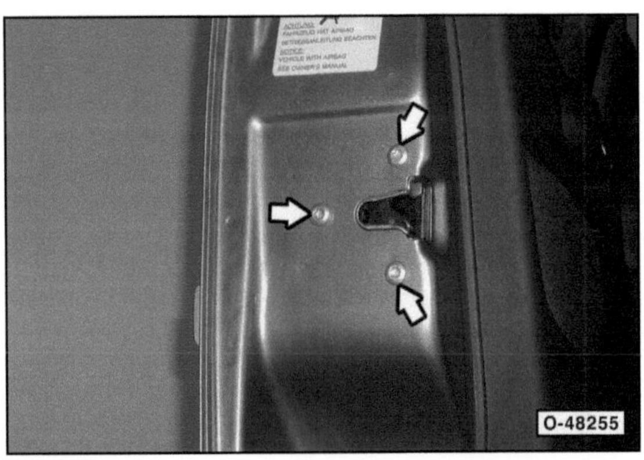


- 3 Schrauben –Pfeile– an der Schmalseite der Tür herausdrehen und Schloss vom Türrahmen abnehmen.

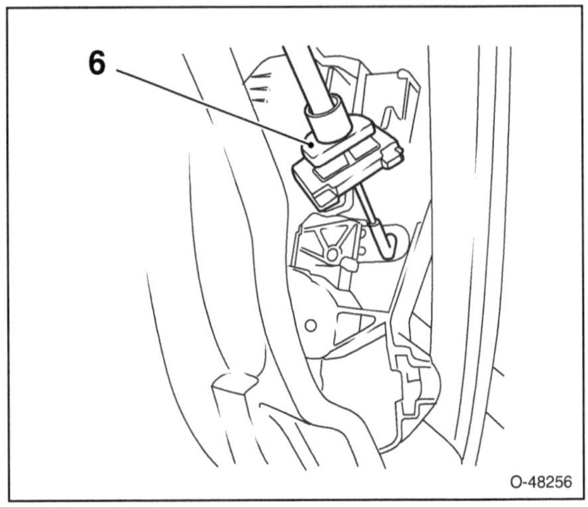


- Bowdenzüge –6– für Innengriff-Betätigung und Verriegelungsknopf am Schloss aushängen.

### Einbau

- Der Einbau erfolgt in umgekehrter Ausbaureihenfolge. Dabei beschädigte Wasserabweisfolie ersetzen.
- Bei geöffneter Tür Schließmechanismus auf Funktion prüfen.

## Tür-Außengriff aus- und einbauen

**CORSA**

### Ausbau

- Griffschale für Außengriff ausbauen, siehe Kapitel «Türschloss aus- und einbauen«.
- **Hintertür:** Führungsschiene für Fensterscheibe ausbauen, siehe Kapitel »Fensterheber aus- und einbauen«.
- Zugstange am Schloss entriegeln und aushängen.
- Außengriff mit Zugstange aus dem Türrahmen herausziehen.

### Einbau

- Der Einbau erfolgt in umgekehrter Ausbaureihenfolge.
- Bei geöffneter Tür Schließmechanismus auf Funktion prüfen.

## Schließzylinder aus- und einbauen

**CORSA**

### Ausbau

- Außengriff ausbauen, siehe entsprechendes Kapitel.

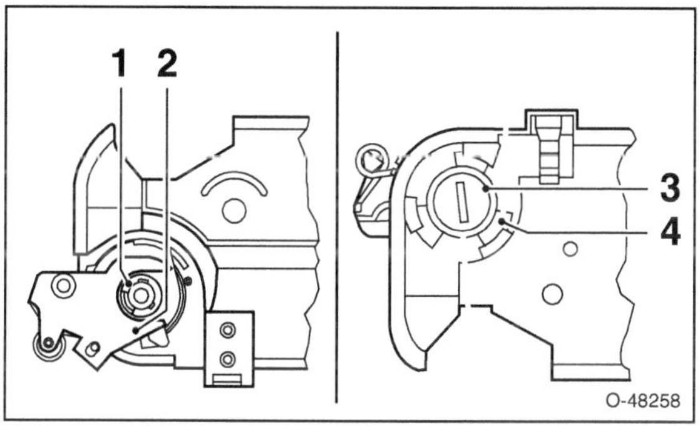


- An der Rückseite des Gehäuses Sicherungsring –1– für Schließzylinder mit Schraubendreher abhebeln.
- Mitnehmer mit Hebel –2– sowie beide Federn abnehmen.
- Schlüssel in Schließzylinder –3– einführen und Spannstift –4– mit einem Durchschlag ∅ 2 mm ausschlagen.
- Schlüssel gegen den Uhrzeigersinn drehen und Schließzylinder zusammen mit Außenhülse aus dem Gehäuse herausziehen.
- Gegebenenfalls Innenhülse, Kugeln und Kupplungsstück mit herausziehen.

### Einbau

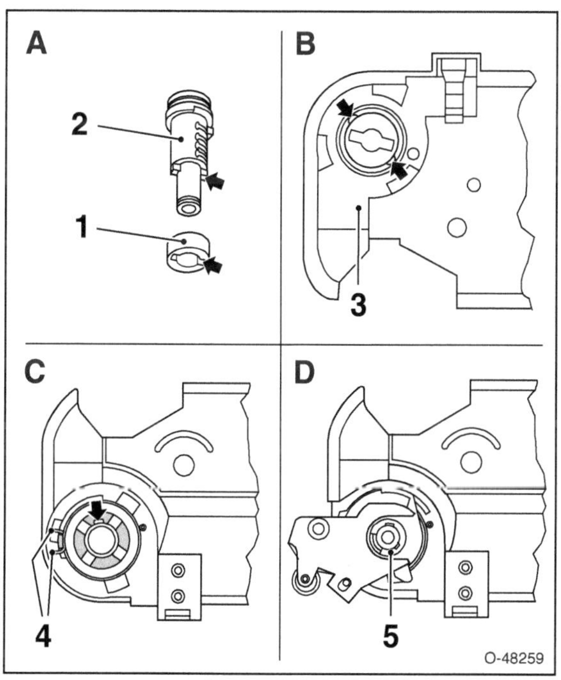


- Kupplung –1– in das Gehäuse –3– einsetzen.
- Kugeln in die Nuten –Pfeile B– einlegen und Innenhülse in das Gehäuse einschieben.
- Türschlüssel in Schließzylinder einführen.
- Schließzylinder –2– zusammen mit Außenhülse so in das Gehäuse einschieben, dass die Mitnehmer in die Aussparungen in der Kupplung –1– einrasten –Pfeile A–.
- Schlüssel im Uhrzeigersinn drehen und Spannstift einschlagen.
- An der Rückseite des Gehäuses Aussparungen der Innenhülse in die richtige Position bringen –Pfeil C–.
- Druckfeder und Drehfeder aufsetzen, dabei auf die richtige Position der Drehfederschenkel –4– achten.
- Mitnehmer mit Hebel aufsetzen, Druckfeder zusammendrücken und Sicherungsring –5– aufschieben. Dabei darauf achten, dass sich die Lage von Mitnehmer und Drehfeder nicht verändert.

## Tür-Innengriff aus- und einbauen

**CORSA**

### Ausbau

- Türverkleidung ausbauen, siehe entsprechendes Kapitel.
- Wasserabweisfolie teilweise abziehen.

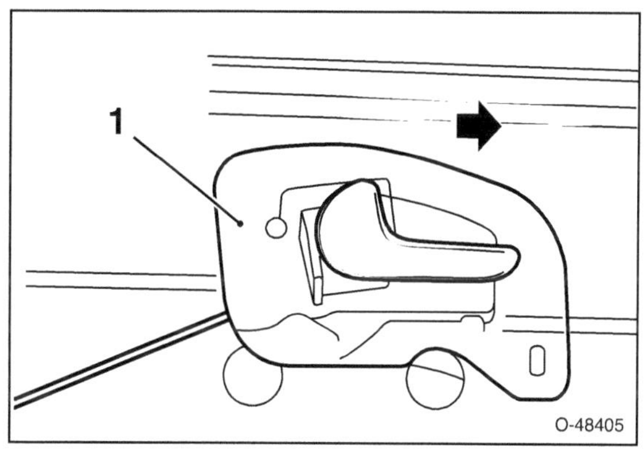


- Innengriff –1– nach vorne –Pfeil– drücken, ausrasten und vom Türrahmen herausziehen.
- **Vordertür:** Bowdenzug an der Rückseite des Innengriffs herausziehen und aushängen.
- **Hintertür:** Zugstange aus der Führung am Türrahmen und an der Rückseite des Innengriffs aushängen.

### Einbau

- Der Einbau erfolgt in umgekehrter Ausbaureihenfolge. Dabei beschädigte Wasserabweisfolie ersetzen.
- Bei geöffneter Tür Schließmechanismus auf Funktion prüfen.

# Türschloss aus- und einbauen

**MERIVA**

### Ausbau

- Batterie-Massekabel (–) abklemmen. **Achtung:** Hinweise im Kapitel »Batterie aus- und einbauen« beachten.
- Türverkleidung ausbauen, siehe entsprechendes Kapitel.
- Wasserabweisfolie teilweise abziehen.

- Riegel –1– am Stellmotor hochziehen und Stecker –2– am Türschloss abziehen.
- 3 Schrauben an der Schmalseite der Tür herausdrehen und Schloss vom Türrahmen abnehmen.

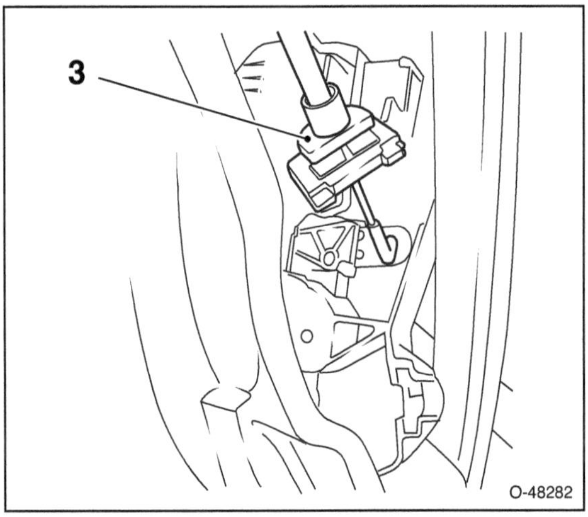


- 2 Bowdenzüge –3– am Schloss aushängen.

### Einbau

- Der Einbau erfolgt in umgekehrter Ausbaureihenfolge. Dabei beschädigte Wasserabweisfolie ersetzen.
- Bei geöffneter Tür Schließmechanismus auf Funktion prüfen.

# Türverkleidung aus- und einbauen

**CORSA**

Es wird der Ausbau der vorderen Türverkleidung beschrieben. Der Arbeitsablauf an der Hintertür ist fast identisch, auf Abweichungen wird am Kapitelende hingewiesen.

### Ausbau

- Falls vorhanden, Stellung der Fensterkurbel bei geschlossenem Fenster für den Wiedereinbau merken.
- Fenster nach unten fahren.

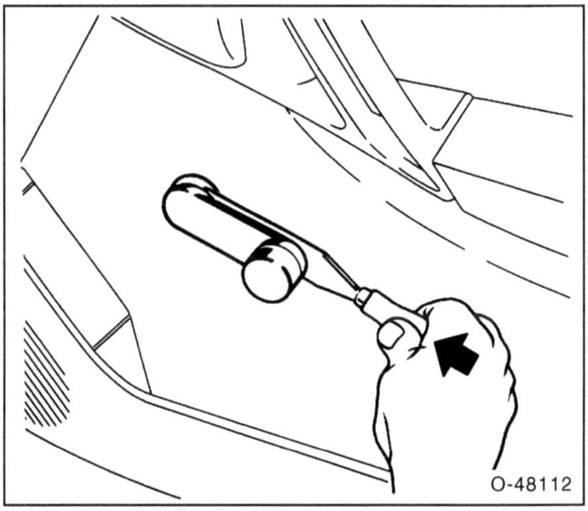


- Falls vorhanden, Fensterkurbel ausbauen. Dazu mit Spezialzange HAZET 799 oder flachem Schraubendreher die Drahtklammer abdrücken.

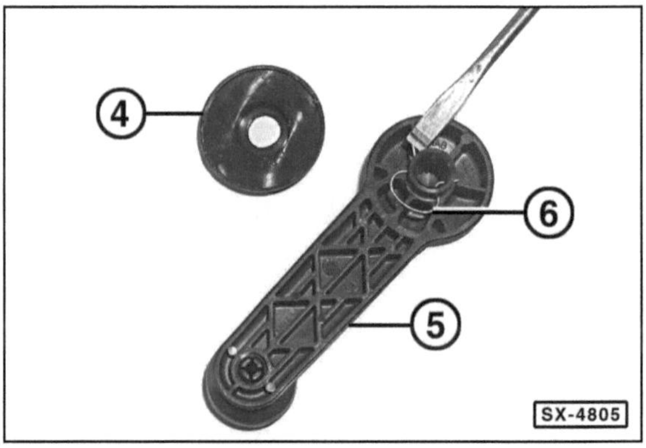


- Stehen beide Werkzeuge nicht zur Verfügung, Feder –6– mit einem schmalen Schraubendreher abdrücken.
- Kurbel –5– von der Achse abziehen. Falls beim Ausbau die Feder ganz aus der Fensterkurbel herausgedrückt wurde, Feder wieder in die Nut der Kurbel eindrücken. Kunststoffscheibe –4– abnehmen.
- Dreieckblende ausbauen, siehe entsprechendes Kapitel.

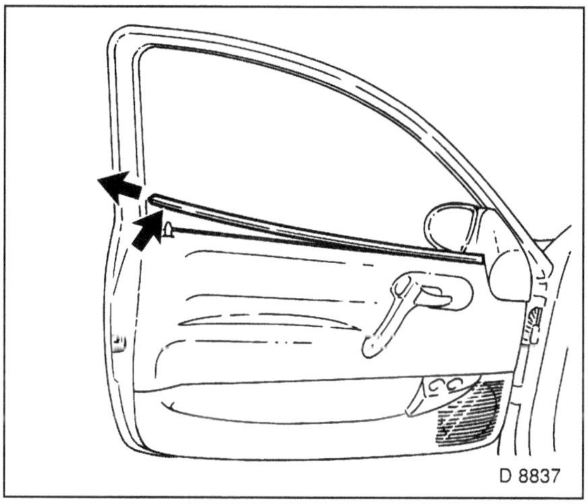


- Innere Fensterschachtleiste mit einem Kunststoffkeil abhebeln. Keil dabei hinten unter der Leiste ansetzen und Leiste, um Beschädigungen zu vermeiden, nach und nach vom Fensterschacht ablösen.
- Fensterschachtleiste vorsichtig abziehen.
- Schalter in der Tür ausbauen, siehe Seite 109.

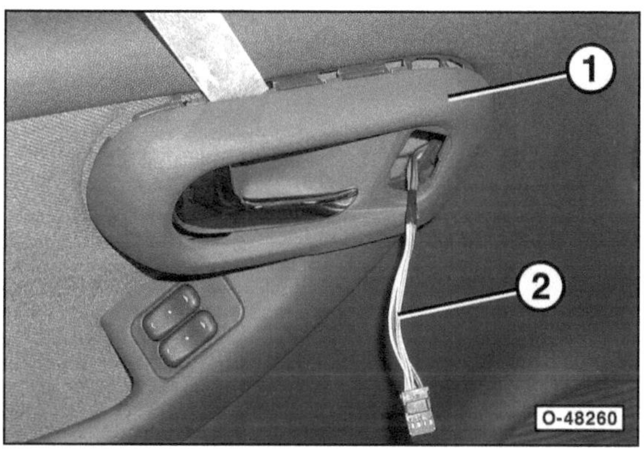


- Kunststoffkeil oben an der Blende –1– für Tür-Innengriff entlang führen und Blende lösen, dabei Keil zunächst hinten an der Blende ansetzen. 2 – Kabel für Spiegelverstellschalter.

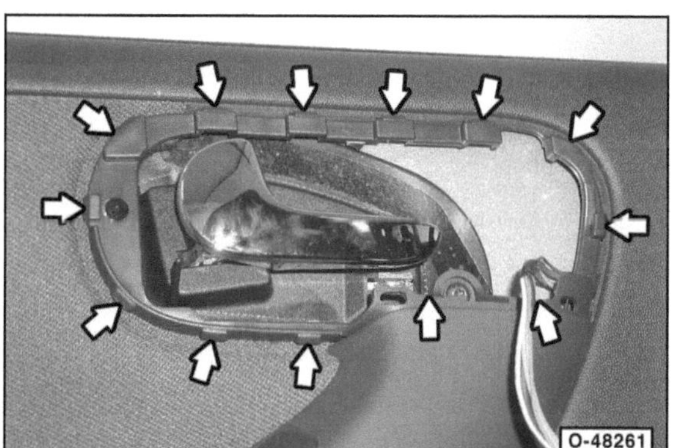


- Blende ausrasten –Pfeile– und von der Türverkleidung abnehmen.

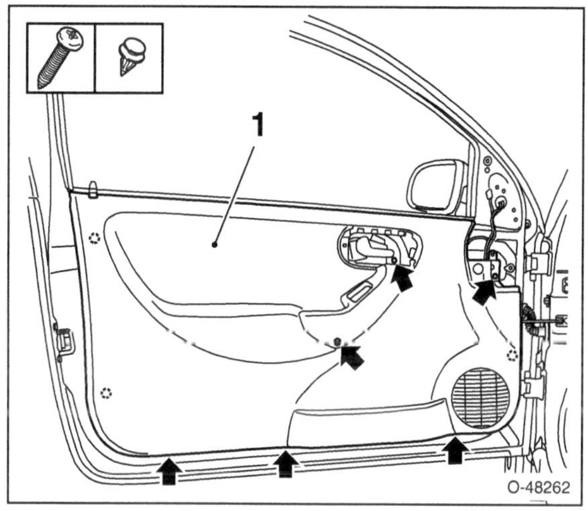


- 6 Schrauben –Pfeile– herausdrehen.
- Lösehebel, zum Beispiel HAZET 799-3, unter die Verkleidung schieben und 3 Halteclips aus den Bohrungen herausziehen.
- Verkleidung –1– von der Tür abnehmen, dabei Verriegelungsknopf vorsichtig aus der Verkleidung herausziehen.

**Einbau**

- Halteclips auf Beschädigungen und auf richtigen Sitz an der Verkleidung überprüfen, wenn nötig, ersetzen.
- Verkleidung so an die Tür ansetzen, dass die Halteclips in die Bohrungen eingreifen.
- Verkleidung an die Tür andrücken und einclipsen. Schrauben eindrehen.
- Der weitere Einbau erfolgt in umgekehrter Ausbaureihenfolge.

---

**Speziell Hintertür**

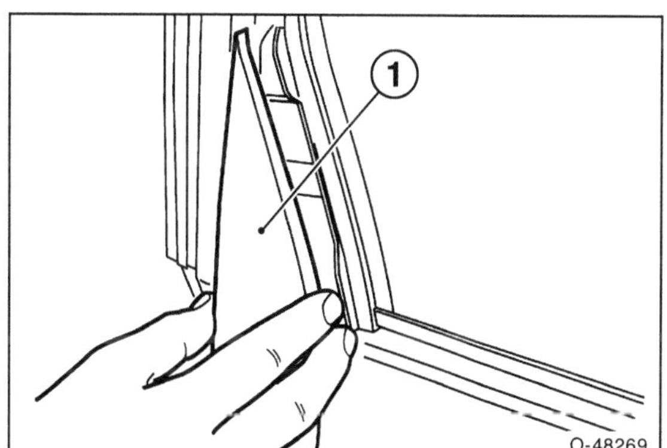


- Mit einem Kunststoffkeil Dreieckblende –1– an der Hintertür abhebeln. Dazu Keil oben ansetzen und Blende an 3 Halteclips lösen und vom Türrahmen abziehen.

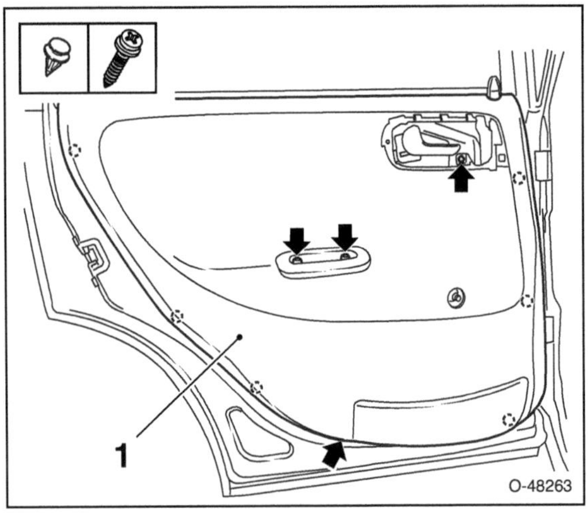


- 4 Schrauben –Pfeile– herausdrehen.
- Lösehebel, zum Beispiel HAZET 799-3, unter die Verkleidung schieben und 6 Halteclips aus den Bohrungen herausziehen.
- Verkleidung –1– von der Tür abnehmen.

## Türverkleidung aus- und einbauen

**MERIVA**

### Ausbau

- Fenster nach unten fahren.
- Fensterkurbel ausbauen, siehe Kapitel für den CORSA.
- Dreieckblende ausbauen, siehe entsprechendes Kapitel.
- Innere Fensterschachtleiste mit einem Kunststoffkeil abhebeln. Keil dabei vorne unter der Leiste ansetzen.
- Schalter in der Tür ausbauen, siehe Seite 110.

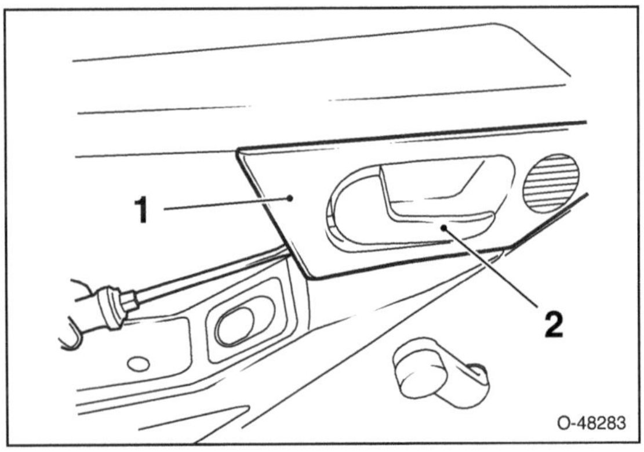


- Blende –1– für Tür-Innengriff ausrasten, dabei Türgriff –2– nach innen ziehen. Haltenasen nicht beschädigen.
- Blende von der Türverkleidung abnehmen.

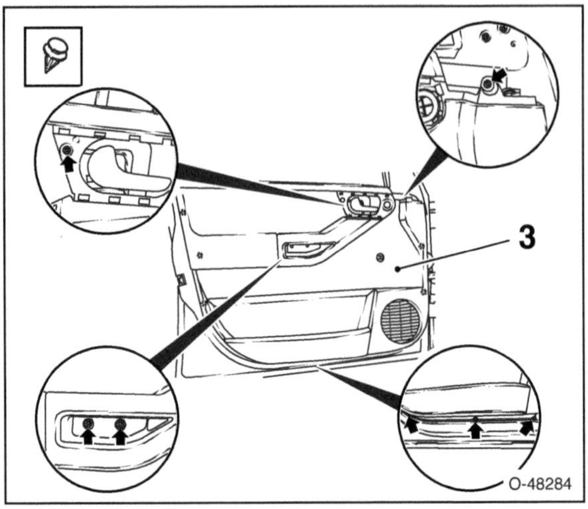


- 7 Schrauben –Pfeile– herausdrehen.
- Lösehebel, zum Beispiel HAZET 799-3, unter die Verkleidung schieben und 5 Halteclips aus den Bohrungen herausziehen.
- Stecker für Hochton-Lautsprecher abziehen.
- Verkleidung –3– von der Tür abnehmen, dabei Verriegelungsknopf vorsichtig aus der Verkleidung herausziehen.

### Einbau

- Der Einbau erfolgt in umgekehrter Ausbaureihenfolge.

---

**Speziell Hintertür**

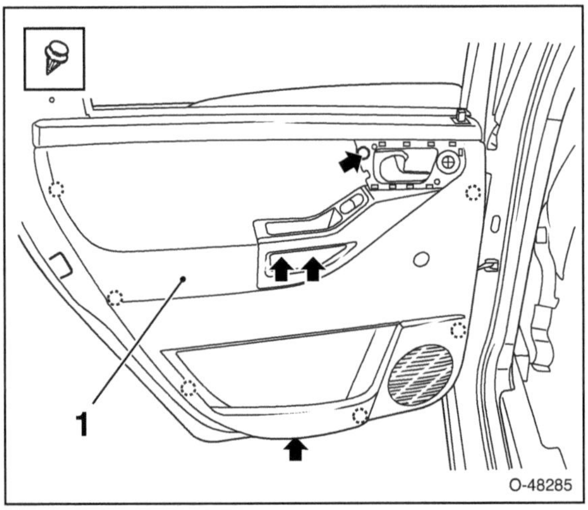


- 4 Schrauben –Pfeile– herausdrehen.
- Verkleidung –1– an 6 Halteclips –Pfeile– von der Hintertür abziehen.

## Fensterheber an der Vordertür aus- und einbauen

**CORSA**

**Hinweis:** Hier wird der Aus- und Einbau des elektrischen Fensterhebers beschrieben. Beim manuellen Fensterheber in ähnlicher Weise vorgehen.

### Ausbau

- Türverkleidung ausbauen, siehe entsprechendes Kapitel.
- Wasserabweisfolie teilweise abziehen.

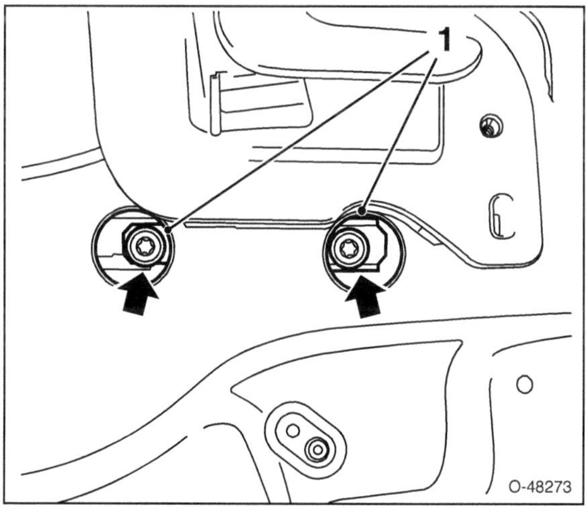


- Fensterscheibe so weit nach unten fahren, dass die Befestigungsschrauben –Pfeile– durch die Öffnungen –1– im Türrahmen zugänglich sind.
- Fensterscheibe mit 2 Kunststoffkeilen im Türschacht gegen Verrutschen sichern, ansonsten fällt das Fenster nach Ausbau des Fensterhebers nach unten.
- Batterie-Massekabel (–) abklemmen. **Achtung:** Hinweise im Kapitel »Batterie aus- und einbauen« beachten.
- Stecker am Fensterhebermotor entriegeln und abziehen.
- Schrauben –Pfeile– für Fensterscheibe herausdrehen.

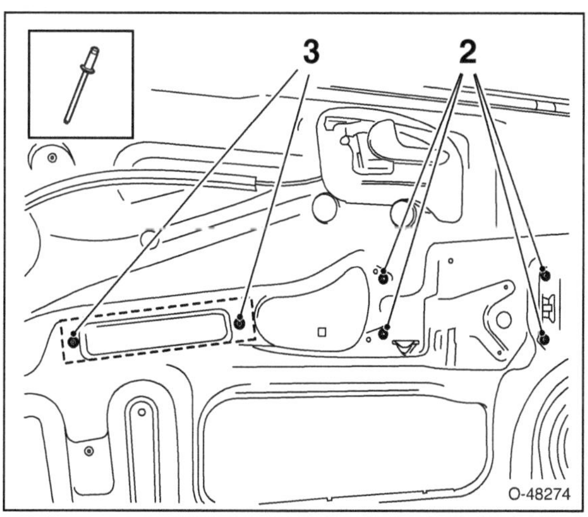


- 4 Nieten –2– für Fensterheber und 2 Nieten –3– für Führungsschiene herausbohren.
- Fensterheber mit Fensterhebermotor aus dem Türrahmen herausziehen.

### Einbau

- Bohrspäne aus dem Trägerblech des Fensterhebers entfernen.
- Fensterheber mit 4 Popnieten ∅ 4,8 x 11 mm oder kurzen Schrauben und Muttern am Türrahmen befestigen. Schrauben dabei mit Sicherungsmittel bestreichen.
- Gleitstücke des Fensterhebers mit Mehrzweckfett schmieren und in die Fensterführung schieben.
- Führungsschiene mit 2 Popnieten ∅ 4,8 x 11 mm befestigen.
- Der weitere Einbau erfolgt in umgekehrter Ausbaureihenfolge. Dabei beschädigte Wasserabweisfolie ersetzen.
- Nach dem Anklemmen der Batterie automatische Hochlauffunktion der elektrischen Fensterheber neu aktivieren, siehe Kapitel »Batterie aus- und einbauen«.
- Fensterheber auf Funktion prüfen.

## Fensterheber an der Hintertür aus- und einbauen

**CORSA**

### Ausbau

- Türverkleidung ausbauen, siehe entsprechendes Kapitel.
- Wasserabweisfolie teilweise abziehen.
- Fensterscheibe nach unten kurbeln.
- Mit einem Kunststoffkeil Dreieckblende außen an der Hintertür abhebeln. Dazu Keil oben ansetzen und Blende an 3 Halteclips lösen und vom Türrahmen abziehen.

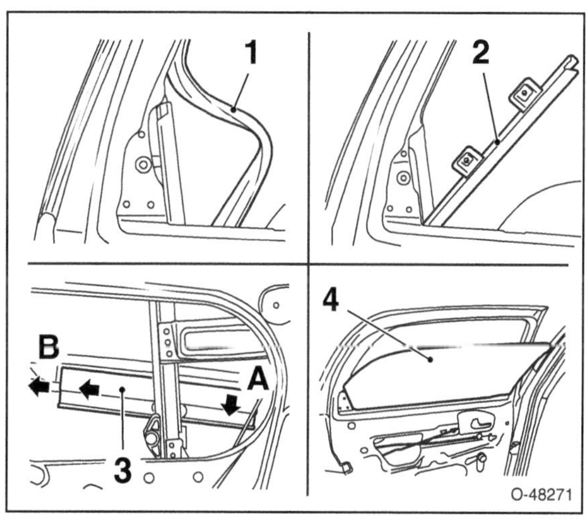


- Fensterdichtgummi –1– im Bereich der hinteren Führungsschiene abziehen.

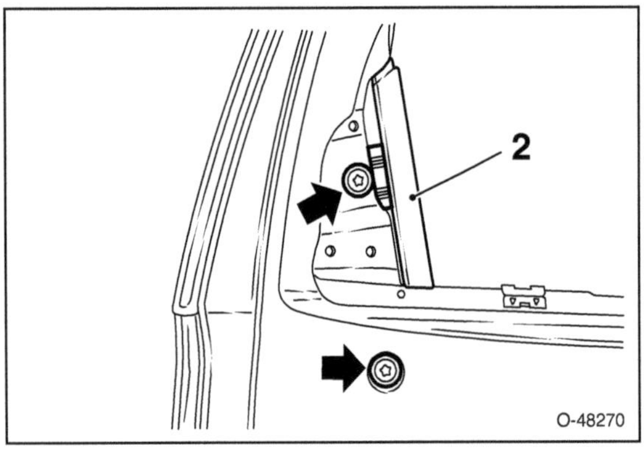


- 2 Schrauben –Pfeile– herausdrehen und hintere Führungsschiene –2– für Fensterscheibe aus dem Fensterschacht herausziehen.
- Fensterscheibe nach vorne kippen –Pfeil A– und nach hinten aus der Führung –3– des Fensterhebers herausschieben –Pfeile B–, siehe Abbildung O-48271.
- Fensterscheibe –4– nach oben aus dem Fensterschacht herausziehen, siehe Abbildung O-48271.

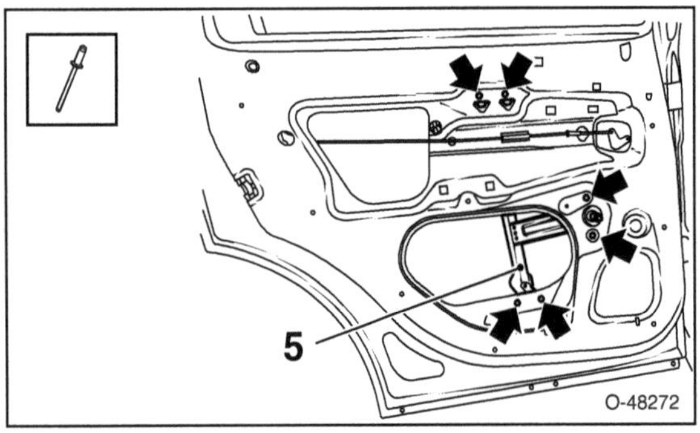


- 6 Nieten –Pfeile– herausbohren und Fensterheber –5– aus dem Türrahmen herausziehen.

### Einbau

- Bohrspäne aus dem Trägerblech des Fensterhebers entfernen.
- Gleitstück des Fensterhebers mit Mehrzweckfett schmieren.
- Fensterheber mit 6 Popnieten ∅ 4,8 x 11 mm oder kurzen Schrauben und Muttern am Türrahmen befestigen. Schrauben dabei mit Sicherungsmittel bestreichen.
- Der weitere Einbau erfolgt in umgekehrter Ausbaureihenfolge. Dabei beschädigte Wasserabweisfolie ersetzen.
- Fensterheber auf Funktion prüfen.

## Fensterheber an der Vordertür aus- und einbauen

**MERIVA**

**Hinweis:** Hier wird der Aus- und Einbau des elektrischen Fensterhebers beschrieben. Beim manuellen Fensterheber in ähnlicher Weise vorgehen.

### Ausbau

- Türverkleidung ausbauen, siehe entsprechendes Kapitel.
- Wasserabweisfolie teilweise abziehen.
- Lautsprecher an der Vordertür ausbauen, siehe Seite 113.
- Fenster nach unten fahren.
- Batterie-Massekabel (–) abklemmen. **Achtung:** Hinweise im Kapitel »Batterie aus- und einbauen« beachten.
- Stecker am Fensterhebermotor entriegeln und abziehen.

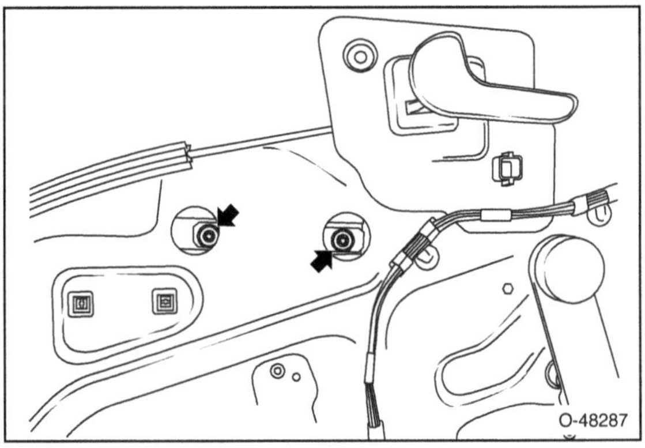


- 2 Schrauben –Pfeile– herausdrehen
- Fensterscheibe mit Kunststoffkeilen im Türschacht gegen Verrutschen sichern.

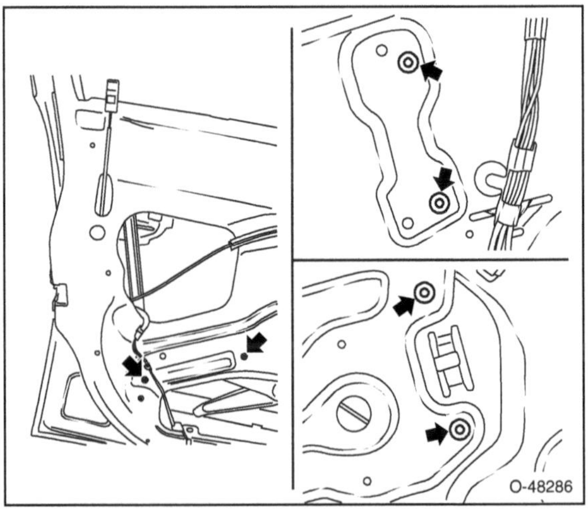


- 6 Nieten –Pfeile– für Fensterheber herausbohren.
- Fensterheber mit Fensterhebermotor aus dem Türrahmen herausziehen.

### Einbau

- Bohrspäne aus dem Trägerblech des Fensterhebers entfernen.
- Der Einbau erfolgt in umgekehrter Ausbaureihenfolge. Dabei beschädigte Wasserabweisfolie ersetzen.
- Nach dem Anklemmen der Batterie automatische Hochlauffunktion der elektrischen Fensterheber neu aktivieren, siehe Kapitel »Batterie aus- und einbauen«.
- Fensterheber auf Funktion prüfen.

## Türabdichtgummi aus- und einbauen

### Ausbau

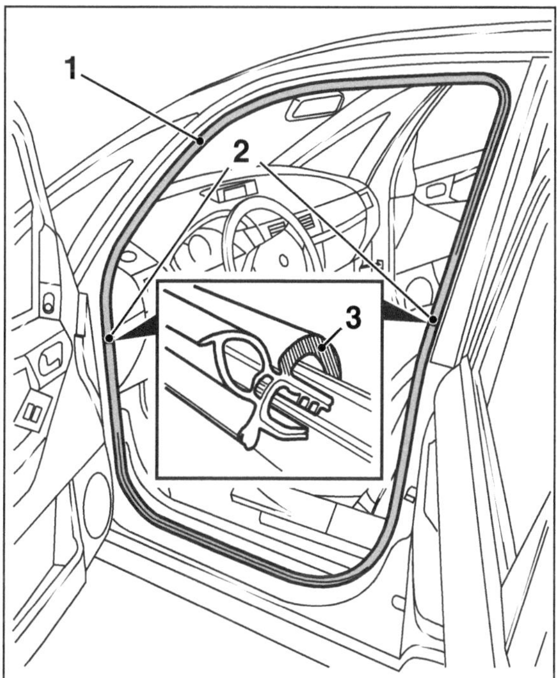

O-48264

- Tür öffnen und Gummidichtung –1– vom Türrahmen abziehen.

### Einbau

- Gummidichtung –1– am Türrahmen anlegen und festdrücken. Dabei darauf achten, dass die innere Dichtlippe –3– über der Innenverkleidung liegt.

**Hinweis:** Bei beschädigten Stoßstellen –2– der Gummidichtung Gummikleber auf ein Übergangsstück auftragen und Dichtungsenden zusammenfügen.

## Dreieckblende aus- und einbauen

### CORSA

### Ausbau

- **Manueller Spiegelversteller:** Gummikappe vom Verstellhebel abziehen.
- Fenster nach unten fahren.

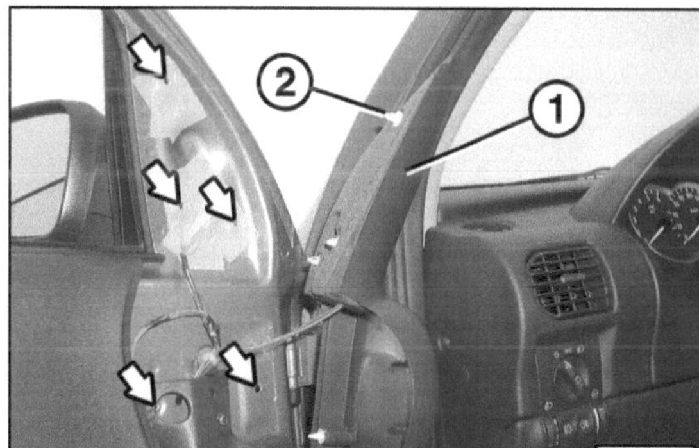

O-48265

- Dreieckblende –1– vom Türrahmen abziehen, dabei Spreizclips –2– aus den Bohrungen –Pfeile– herausziehen. Zur Unterstützung gegebenenfalls Kunststoffkeil in den Spalt zwischen Türrahmen und Dreieckblende einführen. **Hinweis:** In der Abbildung ist nur ein Spreizclip –2– gekennzeichnet.
- Dämmmatte aus der Blende herausziehen und Stecker am Hochtonlautsprecher abziehen.

### Einbau

- Der Einbau erfolgt in umgekehrter Ausbaureihenfolge.

### MERIVA

Der Ausbau erfolgt wie beim CORSA. Die Dreieckblende ist hier mit 3 Spreizclips am Türrahmen befestigt.

## Außenspiegel aus- und einbauen

### Ausbau

- Dreieckblende ausbauen, siehe entsprechendes Kapitel.

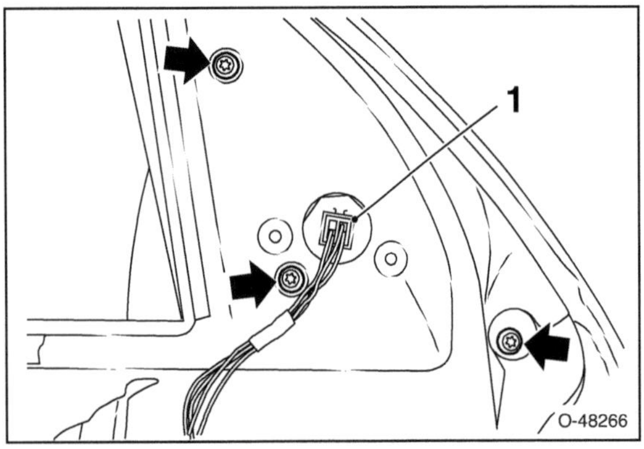


- **Elektrischer Spiegelversteller:** Stecker –1– entriegeln und abziehen.
- 3 Schrauben –Pfeile– herausdrehen, dabei Spiegel außen festhalten. Außenspiegel von der Tür abnehmen.

### Einbau

- Der Einbau erfolgt in umgekehrter Ausbaureihenfolge.

## Spiegelglas aus- und einbauen

**CORSA**

### Ausbau

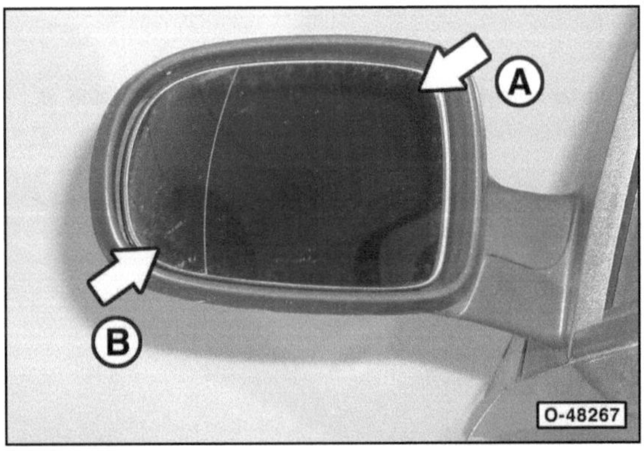


- Spiegelglas an der oberen Ecke –Pfeil A– bis zum Anschlag ins Spiegelgehäuse drücken. Dadurch tritt die diagonal gegenüberliegende Seite –Pfeil B– so weit hervor, dass man das Spiegelglas fassen kann.
- Glas mit den Fingern an der äußeren Spiegelkante herausziehen und ausclipsen.
- Beim elektrisch beheizbaren Außenspiegel beide Anschlusskabel von der Spiegelglas-Rückseite abziehen. Dabei die angenieteten Kontaktzungen festhalten, um Beschädigungen zu vermeiden.

### Einbau

- Beim elektrisch beheizbaren Außenspiegel das Anschlusskabel am Spiegelglas aufstecken.

> **Sicherheitshinweis**
> Beim Aufdrücken des Spiegelglases unbedingt Handschuhe anziehen oder sauberen Lappen unterlegen. Bruch- und Verletzungsgefahr!

- Spiegelglas ansetzen, aufdrücken und einrasten. Durch Hin- und Herbewegen des Spiegelglases festen Sitz in der Halterung prüfen.
- Außenspiegel einstellen.

## Abdeckung für Außenspiegel aus- und einbauen

**CORSA**

### Ausbau

- Spiegelglas ausbauen, siehe entsprechendes Kapitel.

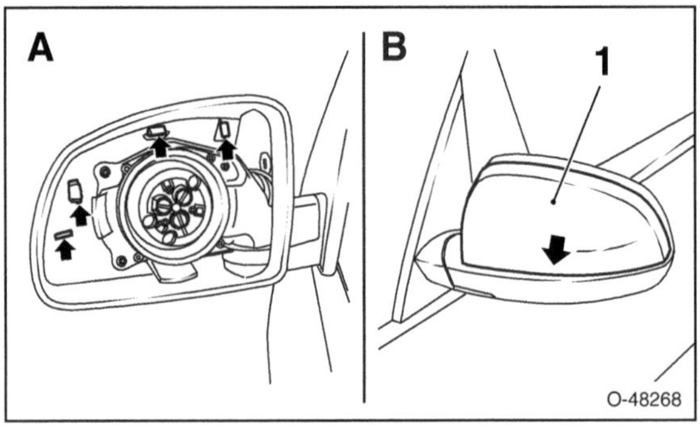


- Rastnasen –Pfeile A– im Spiegelgehäuse ausrasten und Spiegelabdeckung –1– vom Außenspiegel abnehmen –Pfeil B–.

### Einbau

- Der Einbau erfolgt in umgekehrter Ausbaureihenfolge.

# Stromlaufpläne

Aus dem Inhalt:

- **Zeichenerklärung**
- **Stromlaufplan-Übersicht**
- **Relaisbelegung**
- **Einzelpläne**

## Der Umgang mit dem Stromlaufplan

In einem Personenwagen werden bis zu 3.000 Meter Leitungen verlegt, um alle elektrischen Verbraucher (Scheinwerfer, Radio usw.) mit Strom zu versorgen.

Will man einen Fehler in der elektrischen Anlage aufspüren oder nachträglich ein elektrisches Zubehör montieren, kommt man nicht ohne Stromlaufplan aus anhand dessen der Stromverlauf und damit die Kabelverbindungen aufgezeigt werden. Grundsätzlich muss der betreffende Stromkreis geschlossen sein, sonst kann der elektrische Strom nicht fließen. Es reicht beispielsweise nicht aus, dass an der Plusklemme eines Scheinwerfers Spannung anliegt wenn nicht gleichzeitig über den Masseanschluss der Stromkreis geschlossen ist.

Deshalb ist auch das Massekabel von der Batterie mit der Karosserie verbunden. Mitunter reicht diese Masseverbindung jedoch nicht aus, und der betreffende Verbraucher bekommt eine direkte Masseleitung deren Isolierung in der Regel braun eingefärbt ist. In den einzelnen Stromkreisen können Schalter, Relais, Sicherungen, Messgeräte, elektrische Motoren oder andere elektrische Bauteile integriert sein. Damit diese Bauteile richtig angeschlossen werden können, haben die einzelnen Kontakte entsprechende Klemmenbezeichnungen.

Um das Kabelgewirr zumindest auf dem Stromlaufplan übersichtlich zu ordnen, sind die einzelnen Strompfade senkrecht nebeneinander angeordnet und durchnummeriert.

Die senkrechten Linien münden oben in Rechtecken, die die plusseitigen Anschlüsse des Stromkreises symbolisieren. Es handelt sich dabei um die Klemmen 30 und 15. Die Ziffern in den Rechtecken weisen auf die weiterführenden Strompfade zum Batterie-Pluspol beziehungsweise Zündschloss hin. Unten mündet der Stromkreis auf einer waagerechten Linie, die den Masseanschluss symbolisiert. Die Masseverbindung wird normalerweise direkt über die Karosserie hergestellt oder aber über eine zusätzliche Leitung von einem an der Karosserie angebrachten Massepunkt.

**Die wichtigsten Klemmenbezeichnungen sind:**

**Klemme 15** wird über das Zündschloss gespeist. Die Leitungen führen nur bei eingeschalteter Zündung Strom. Die Kabel sind meist schwarz oder schwarz mit farbigem Streifen.

**Klemme 30.** An dieser Klemme liegt immer die Batteriespannung an. Die Kabel sind meist rot oder rot mit farbigem Streifen.

**Klemme 31** führt zur Masse. Die Masse-Leitungen sind in der Regel braun.

Wenn der Stromkreis durch ein Quadrat unterbrochen wird, in dem eine Zahl steht, weist die Ziffer auf den Strompfad hin, in dem der Stromkreis weitergeführt wird.

Im Stromlaufplan sind in den einzelnen Leitungen Buchstabenkombinationen und Ziffern eingefügt.

**Beispiel: BKWH 0.5**

Die Buchstaben weisen auf die Leitungsfarben hin. Besteht die Kennzeichnung aus zwei Buchstabengruppen wie im Beispiel, dann nennt die erste Buchstabenfolge die Leitungsgrundfarbe: BK = schwarz und die zweite die Zusatzfarbe: WH = weiß. Die Bezeichnung »0.5« gibt an, welchen Leitungsquerschnitt in $mm^2$ die Leitung hat.

**Schlüssel für Leitungsfarben**

| | | | | | |
|---|---|---|---|---|---|
| BK | = Schwarz | GY | = Grau | VT | = Violett |
| BN | = Braun | OG | = Orange | WH | = Weiß |
| BU | = Blau | PK | = Rosa | YE | = Gelb |
| GN | = Grün | RD | = Rot | | |

## Zuordnung der Stromlaufpläne

**OPEL CORSA C, Modelljahr 2004**

Wegen des großen Umfangs können nicht alle Stromlaufpläne aus jedem Modelljahr berücksichtigt werden. Man kann sich jedoch auch an den vorliegenden Stromlaufplänen orientieren, wenn das eigene Fahrzeug einem anderen Modelljahr angehört, da die Änderungen in der Regel nur Teilbereiche betreffen.

# Gebrauchsanleitung für Stromlaufpläne

**Hinweis:** Alle Schalter und Kontakte sind in mechanischer Ruhestellung gezeichnet.

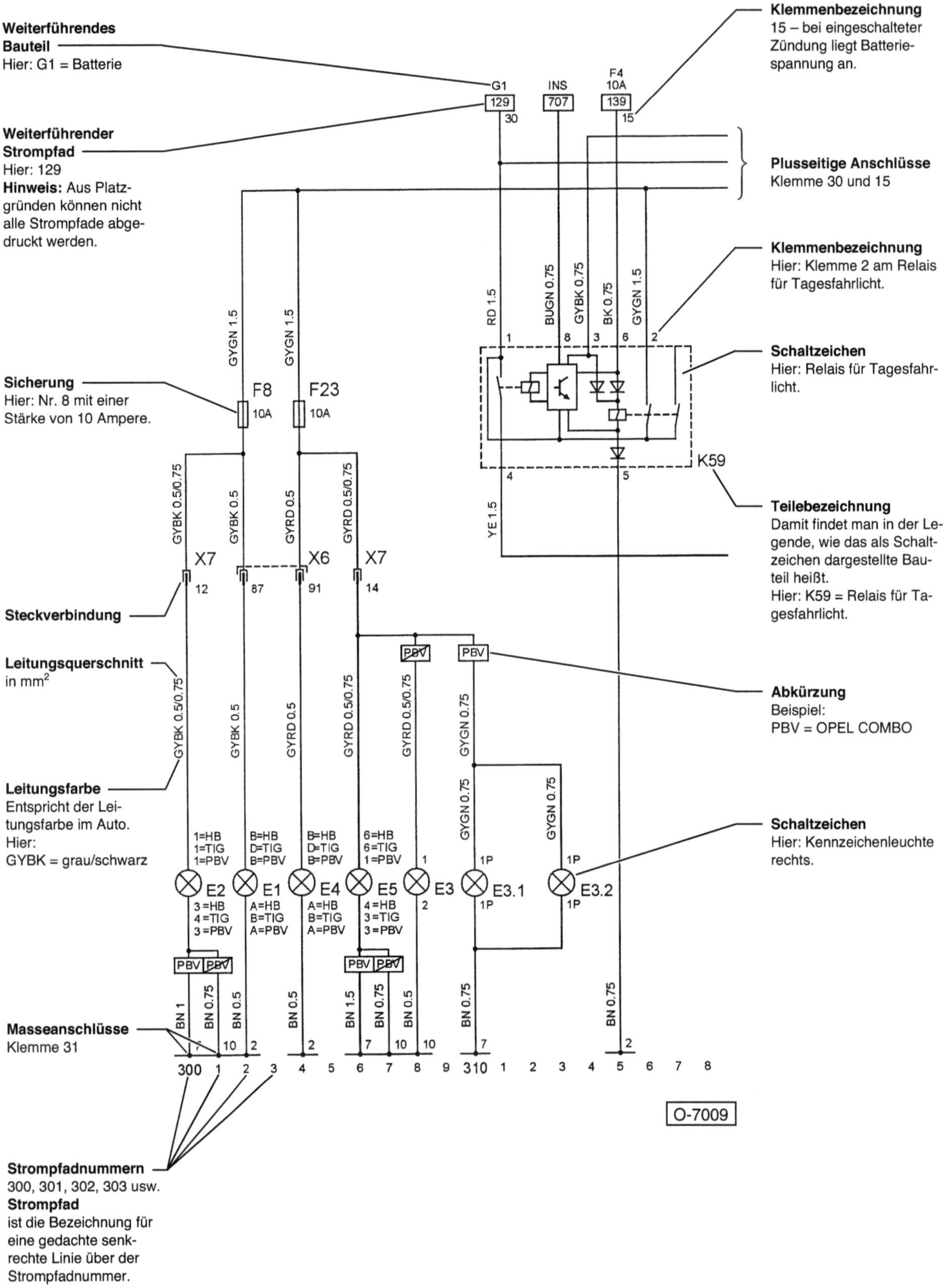

# Relaisbelegung

## CORSA

### Sicherungs- und Relaiskasten im Motorraum, links

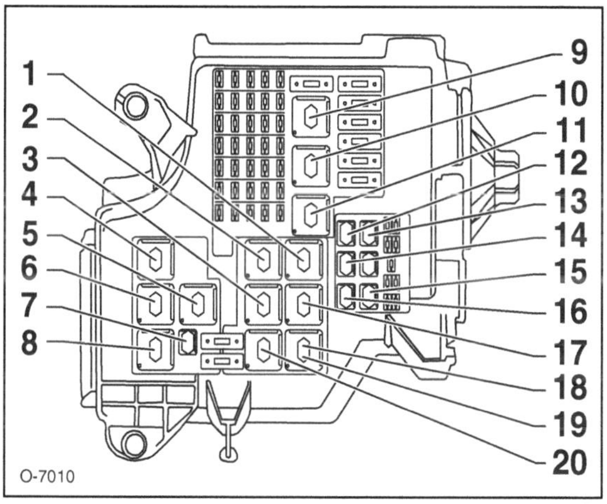


| Nr. | Relais für ... | Bezeichnung |
|---|---|---|
| 1 | Scheinwerferreinigung | K46 |
| 2 | Signal Umwandlermodul-Fahrzeuggeschwindigkeit, rechts | A119R |
| 3 | Signal Umwandlermodul-Fahrzeuggeschwindigkeit, links | A119L |
| 4 | Kühlerlüfter | K30D |
| 5 | Kühlerlüfter | K30B |
| 6 | Kühlerlüfter | K30C |
| 7 | Klimakompressor | K5 |
| 8 | Kühlerlüfter | K30A |
| 9 | Klemme 15 | K50 |
| 10 | Anlasser | K61 |
| 11 | Klemme 15a | K72 |
| 12 | Standlicht | K76 |
| 13 | Abblendlicht | K43 |
| 14 | Nebelscheinwerfer | K39 |
| 15 | Fernlicht | K45 |
| 16 | Nebelschlussleuchte | K58 |
| 17 | Heizbare Heckscheibe | K49 |
| 18 | Kraftstoffpumpe | K35 |
| 19 | Überlaufventil | K34 |
| 20 | Motorsteuerung | K26 |

### Relaiskasten im Motorraum an der Stirnwand

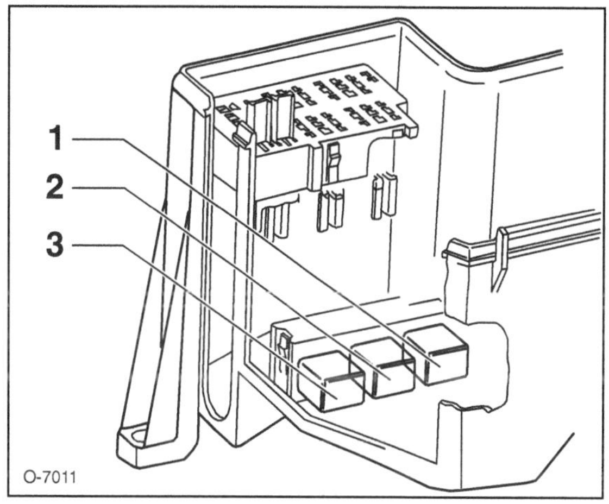


| Nr. | Relais für ... | Bezeichnung |
|---|---|---|
| 1 | Heizbare Heckscheibe | K55 |
| 2 | Heizung für Filter | K40 |
| 3 | Rückfahrscheinwerfer | K71 |

## MERIVA

### Relaiskasten hinter dem Windlaufgrill

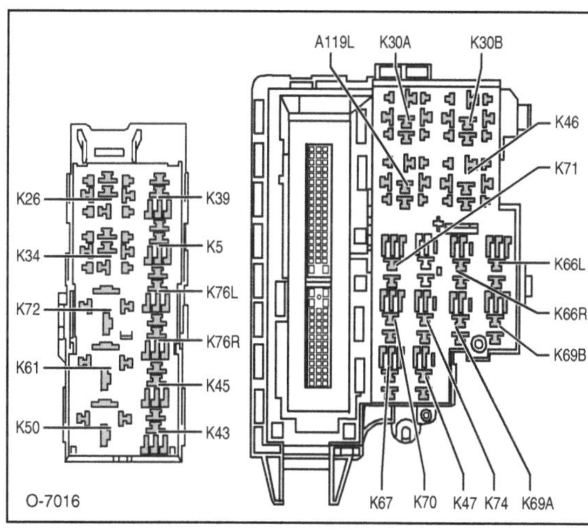


| Relais für ... | Bezeichnung |
|---|---|
| Signal-Umwandlermodul für Fahrzeuggeschwindigkeit, links | A119L |
| Verdichter, Klimaanlage | K5 |
| Motorsteuerung | K26 |
| Kühler-Lüfter | K30A |
| Kühler-Lüfter | K30B |
| Kraftstoffpumpe | K34 |
| Nebelscheinwerfer | K39 |
| Abblendlicht | K43 |
| Fernlicht | K45 |
| Scheinwerferreinigung | K46 |
| Fanfare (Hupe) | K47 |
| Klemme 15 | K50 |

Anlasser . . . . . . . . . . . . . . . . . . . . . . . K61
Blinklicht, links . . . . . . . . . . . . . . . . . . . K66L
Blinklicht, rechts . . . . . . . . . . . . . . . . . . K66R
Horn, Diebstahlwarnanlage . . . . . . . . . . . . . K67
Wischer, Frontscheibe (Stufe 1/Intervall) . . . . . . K69A
Wischer, Frontscheibe (Stufe 2) . . . . . . . . . . K69B
Wascherpumpe Frontscheibe . . . . . . . . . . . K70
Rückfahrscheinwerfer . . . . . . . . . . . . . . . . K71
Klemme 15a . . . . . . . . . . . . . . . . . . . . K72
Wascherpumpe Frontscheibe . . . . . . . . . . . K74
Parkleuchte links . . . . . . . . . . . . . . . . . . K76L
Parkleuchte rechts . . . . . . . . . . . . . . . . . K76R

## Abkürzungen

15. . . . . . . . Klemme 15, Zündspannung
30. . . . . . . . Klemme 30, Batteriespannung
31. . . . . . . . Masse
15A . . . . . . . 15 Ampere
AB . . . . . . . Airbag
ABS . . . . . . Antiblockiersystem
AC . . . . . . . Klimaanlage
ANT . . . . . . Antenne
ASP . . . . . . Außenspiegel
AT . . . . . . . Automatikgetriebe
AZV . . . . . . . Anhängerzugvorrichtung
BCM . . . . . . Karosseriesteuergerät
BRAKE . . . . . Bremslichtschalter
CIG . . . . . . . Zigarettenanzünder
CLS . . . . . . . Kupplungsschalter
CLUTCH . . . . Kupplungsschalter
CRC . . . . . . Geschwindigkeitsregler
CRP . . . . . . Autotelefon
D . . . . . . . . Diesel
DCS-NPBV . . . Türkontaktschalter (nicht COMBO)
DIAG . . . . . . Diagnosestecker
DWA . . . . . . Diebstahlwarnanlage
E68 . . . . . . . Innenraumleuchte, zeitverzögert
ECC . . . . . . Elektronische Klimaregelung
EMP . . . . . . Radio
EPS . . . . . . Elektrische Hilfskraftlenkung
ESP . . . . . . Elektronisches Stabilitäts Programm
F-- . . . . . . . Sicherung F--, zum Beispiel Sicherung F12
FB1 . . . . . . . Sicherung FB1
FH . . . . . . . Fensterheber
FL . . . . . . . Scheinwerfer
FL-NXNL . . . . Scheinwerfer (nicht Xenon-Lampen)
FOG-F . . . . . Nebelscheinwerfer
FOG-R . . . . . Nebelschlussleuchte
GID . . . . . . . Graphic-Info-Display
GPS . . . . . . Globales-Positions-System
HAZ . . . . . . Warnblinkleuchten, Schalter
HOR . . . . . . Hupe, Doppeltonhorn, Fanfare
HSH . . . . . . Heckscheibe, beheizt
HZG . . . . . . Heizung
IMO . . . . . . . Wegfahrsperre
INS . . . . . . . Instrument
IRL-NPBV . . . Innenleuchte (nicht COMBO)
J . . . . . . . . Japan
KSP . . . . . . Kraftstoffpumpe
KZL . . . . . . . Kennzeichenleuchten
LHD . . . . . . Linkslenker
LIG-RNPBV . . Rückleuchten
LISW . . . . . . Lichtschalter
LPL-NPBV . . . Kennzeichenleuchten (nicht COMBO)
LPL-PBV . . . . Kennzeichenleuchten (COMBO)
LSW . . . . . . Lichtschalter
LWR . . . . . . Leuchtweitenregelung
MIC . . . . . . . Mikrofon
MID . . . . . . . Multi-Info-Display
MIRELEKNPBV Elektrochromatischer Innenspiegel (nicht COMBO)
MK . . . . . . . Motorkühlung
MT . . . . . . . Schaltgetriebe
MTA . . . . . . Automatisch geschaltetes Schaltgetriebe
NAV . . . . . . Navigationssystem
NSL . . . . . . . Nebelschlussleuchte
NSW . . . . . . Nebelscheinwerfer
PBV . . . . . . COMBO
PPS . . . . . . Pedalwertgeber
RADIO . . . . . Radio
READ-RNPBV . Leseleuchte
REMOT . . . . . Fernbedienung, Radio
RFS . . . . . . Rückfahrscheinwerfer
RHD . . . . . . Rechtslenker
RL . . . . . . . Heckleuchten
RW . . . . . . . Heckscheibenwischer
SD . . . . . . . Schiebedach
SH . . . . . . . Sitzheizung
SLS . . . . . . . Bremslichtschalter
SUN . . . . . . Schiebedach
TEL . . . . . . . Telefon
TID . . . . . . . Triple-Info-Display
TM . . . . . . . Telematik
TRUNK-LNPBV Rückleuchte (nicht COMBO)
TURNSW . . . . Blinkerschalter
W . . . . . . . . Schlüsselkontaktsignal
WA . . . . . . . Scheibenwischer vorn/hinten
WA-HL . . . . . Scheinwerfer-Waschanlage
WEG . . . . . . Fahrzeuggeschwindigkeitssignal
WI . . . . . . . Wischer
WI-B . . . . . . Heckscheibenwischer
WI-F . . . . . . Frontscheibenwischer
XNL . . . . . . . Xenon Scheinwerfer
Y17DT . . . . . Motor Y17DT
Z10XEP . . . . Motor Z10XEP
Z12XE . . . . . Motor Z12XE
Z12XEP . . . . Motor Z12XEP
Z13DT . . . . . Motor Z13DT
Z14XE . . . . . Motor Z14XE
Z14XEP . . . . Motor Z14XEP
Z16SE . . . . . Motor Z16SE
Z17DTH . . . . Motor Z17DTH
Z18XE . . . . . Motor Z18XE
ZIG . . . . . . . Zigarettenanzünder
ZV . . . . . . . Zentralverriegelung

## otor: Z12XE (Teil 1)

| omkreis | Strompfad |
|---|---|
| or Z12XE . . . . . . . | 1400 – 1449 |

**ssepunkte**

Motor

**cker**

Karosserie vorn & Motor

**Gerätebezeichnungen**

| | |
|---|---|
| A40 | Zündspule - Direktzündung |
| A84B | Steuergerät - Motronic |
| A111 | Drosselklappensteller |
| B28 | Sensor - Nockenwelle |
| B30 | Impulsgeber - Kurbelwelle |
| B39 | Sensor - Temperatur, Kühlmittel |
| B57 | Lambdasonde - Katalysatorkontrolle |
| B65 | Sensor - Klopfregelung |
| B69 | Luftmassenmesser |
| B166 | Lambdasonde, Gemischregelung, beheizt |
| F33 | Sicherung |
| K26 | Relais - Motorsteuerung |
| K35 | Relais - Kraftstoffpumpe |
| L2A | Einspritzventil - Zylinder 1 |
| L2B | Einspritzventil - Zylinder 2 |
| L2C | Einspritzventil - Zylinder 3 |
| L2D | Einspritzventil - Zylinder 4 |
| Y57 | Magnetventil - Tankentlüftung |

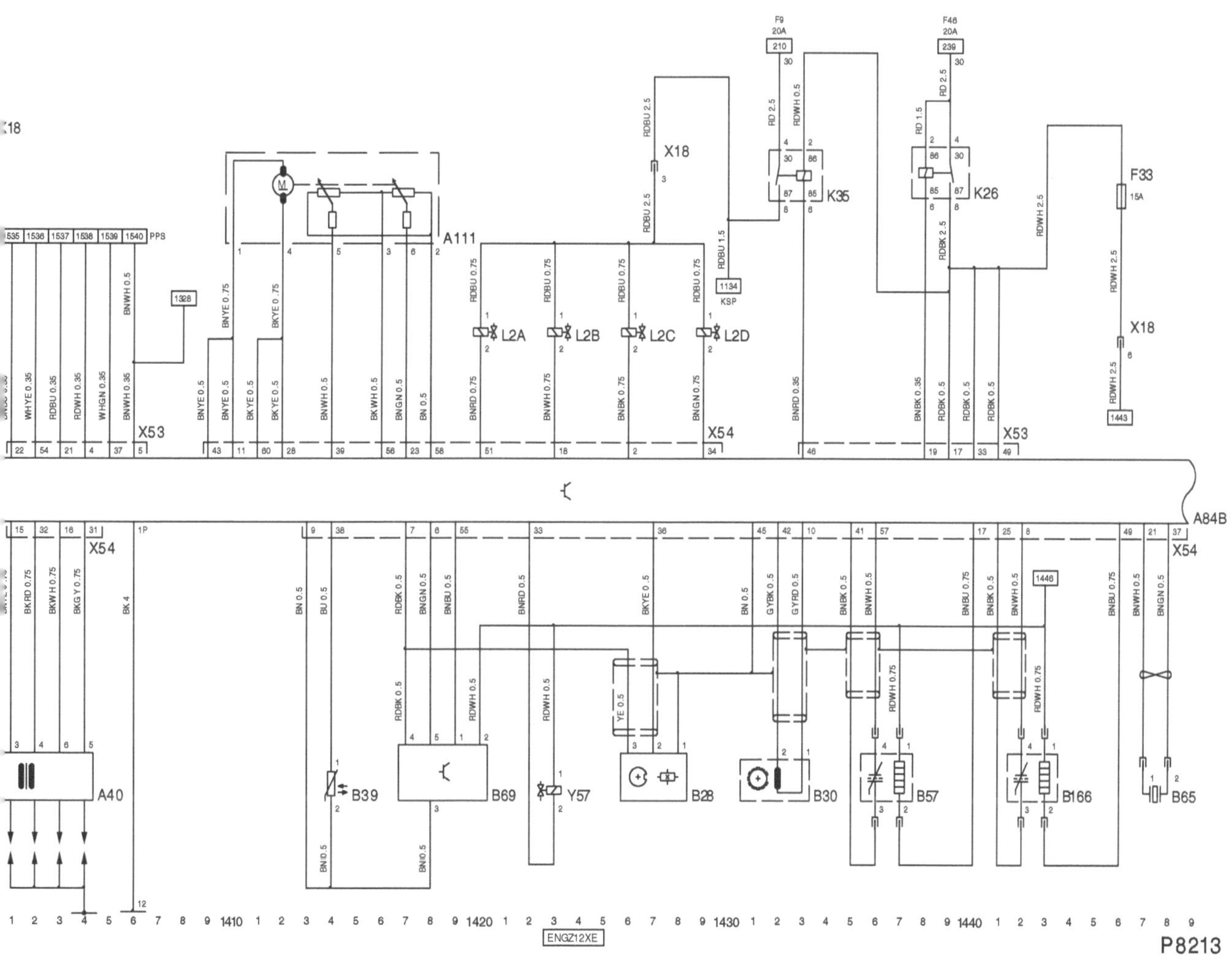


P8213

# Motor: Z12XE (Teil 2)

**Stromkreis** | **Strompfad**

Motor Z12XE . . . . . . 1500 – 1549

**Massepunkte**

12 Motor

**Stecker**

X1 Armaturentafel & Karosserie vorn
X11 Karosserie vorn & Lüfter
X14 Karosserie vorn & Karosserie hinten links
X18 Karosserie vorn & Motor
X21 Armaturentafel & Karosserie hinten rechts

**Gerätebezeichnungen**

A84B Steuergerät - Motronic
B18 Sensor - Druck, Klimaanlage
B22 Sensor - Pedalstellung
S87 Schalter - Öldruck

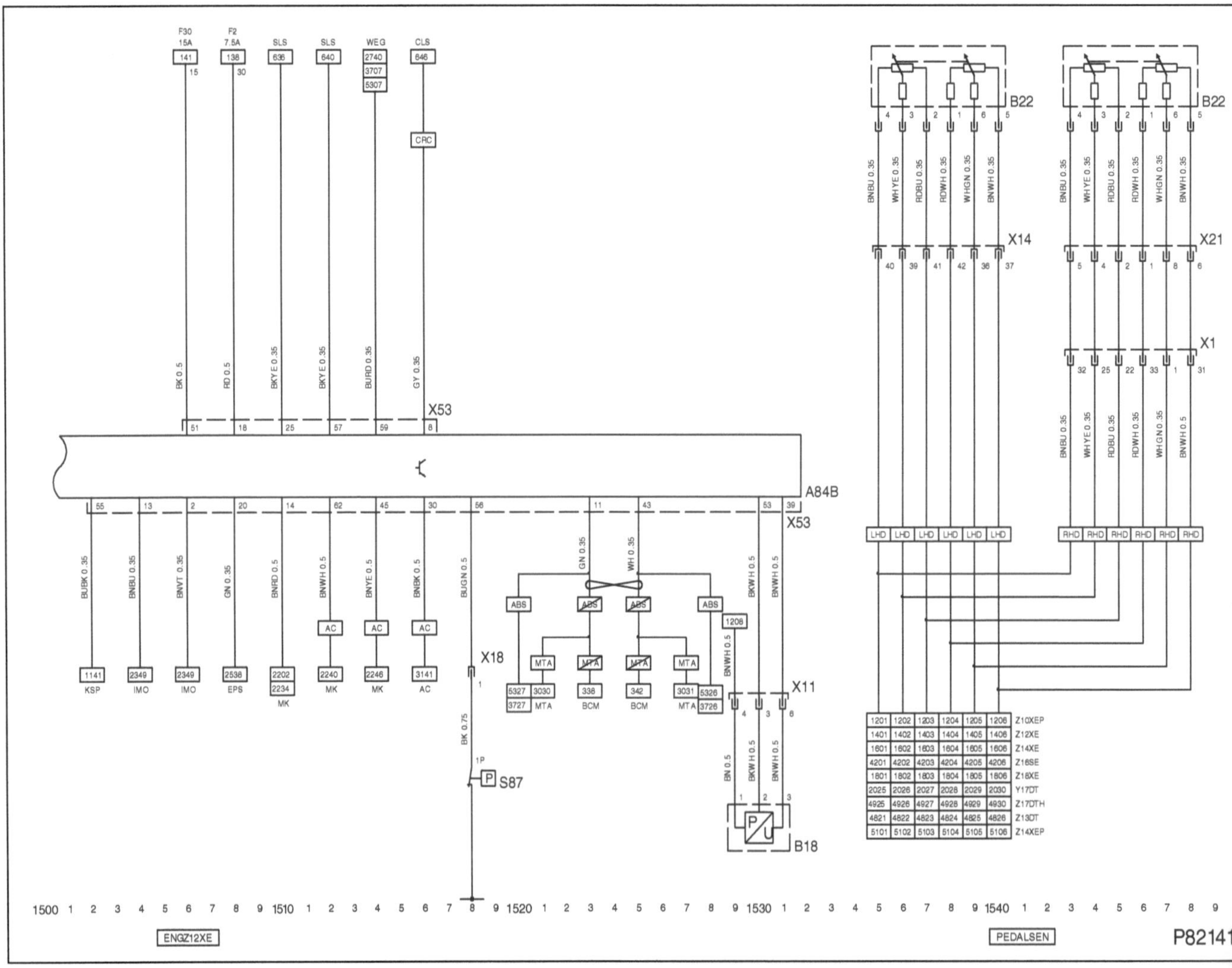

# Motor: Z13DT (Teil 1)

**Stromkreis** | **Strompfad**

Motor Z13DT . . . . . . 4700 – 4749

**Massepunkte**

8 Chassis
9 Motorraum, rechts

**Stecker**

X19 Karosserie vorn & Motor
X28 Karosserie vorn & Motor
X93 Batterieplus & Motor

**Gerätebezeichnungen**

A84D Steuergerät - Diesel
A147 Steuergerät - Glühzeit
B28 Sensor - Nockenwelle
B30 Impulsgeber - Kurbelwelle
B41 Sensor - Restmenge, Motoröl
B69 Luftmassenmesser
B87 Sensor - Wasserstand, Kraftstofffilter
F33 Sicherung
K26 Relais - Motorsteuerung
K35 Relais - Kraftstoffpumpe
R23A Glühstiftkerze - Zylinder 1
R23B Glühstiftkerze - Zylinder 2
R23C Glühstiftkerze - Zylinder 3
R23D Glühstiftkerze - Zylinder 4
Y56 Magnetventil - Abgasrückführung
Y154 Magnetventil - Kraftstoffdruckregelung

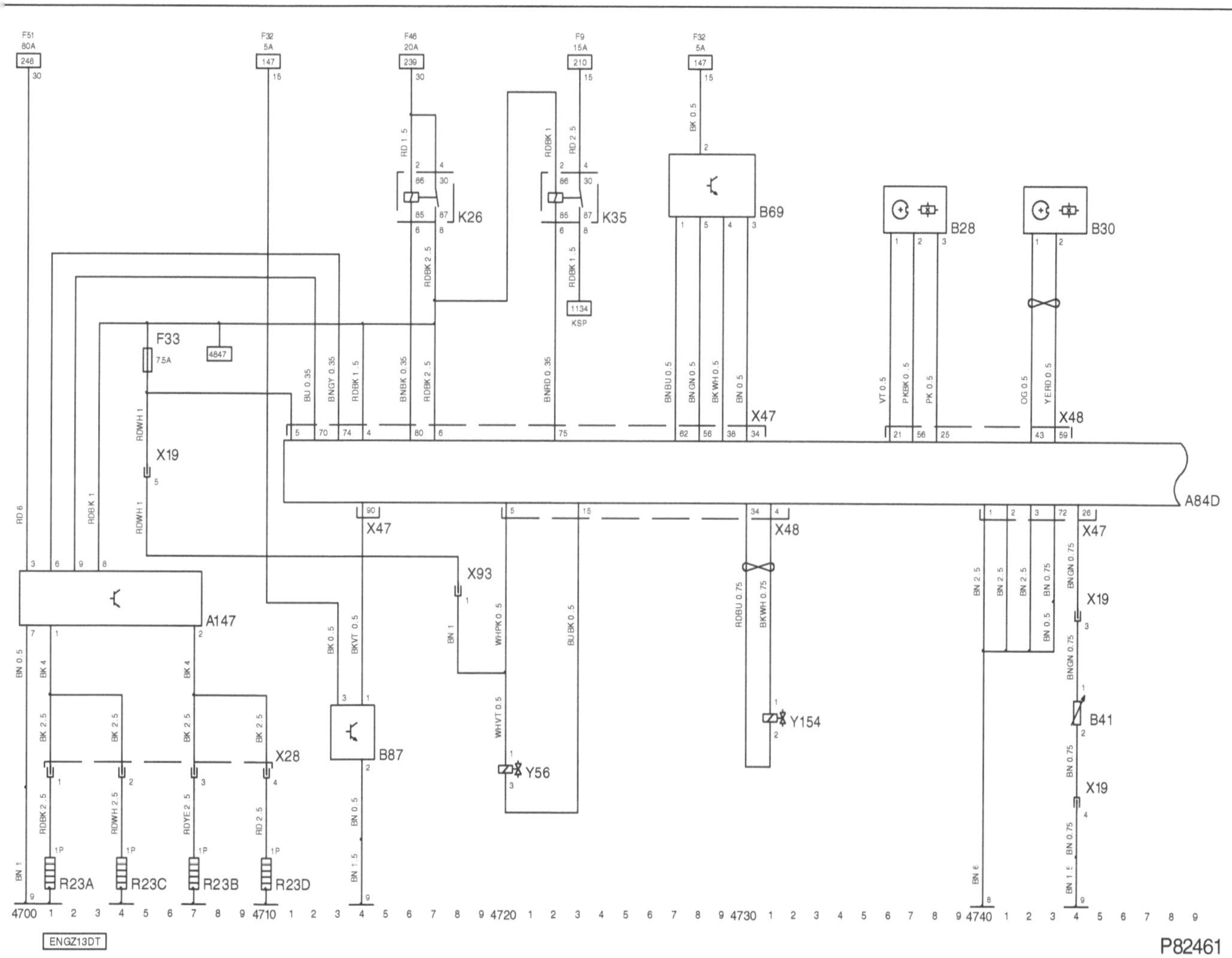

# Motor: Z13DT (Teil 2)

| Stromkreis | Strompfad |
|---|---|
| Motor Z13DT . . . . . . | 4800 – 4849 |

**Massepunkte**

8 Chassis

**Stecker**

X11 Karosserie vorn & Lüfter

**Gerätebezeichnungen**

| | |
|---|---|
| A84D | Steuergerät - Diesel |
| B18 | Sensor - Druck, Klimaanlage |
| B39 | Sensor - Temperatur, Kühlmittel |
| B150 | Sensor - Ladedruck |
| B176 | Sensor - Kraftstoffdruck am Kraftstoffverteilerrohr (Rail) |
| K40 | Relais - Filter - Heizung |
| L2A | Einspritzventil - Zylinder 1 |
| L2B | Einspritzventil - Zylinder 2 |
| L2C | Einspritzventil - Zylinder 3 |
| L2D | Einspritzventil - Zylinder 4 |
| R26 | Filterheizung |
| S87 | Schalter - Öldruck |

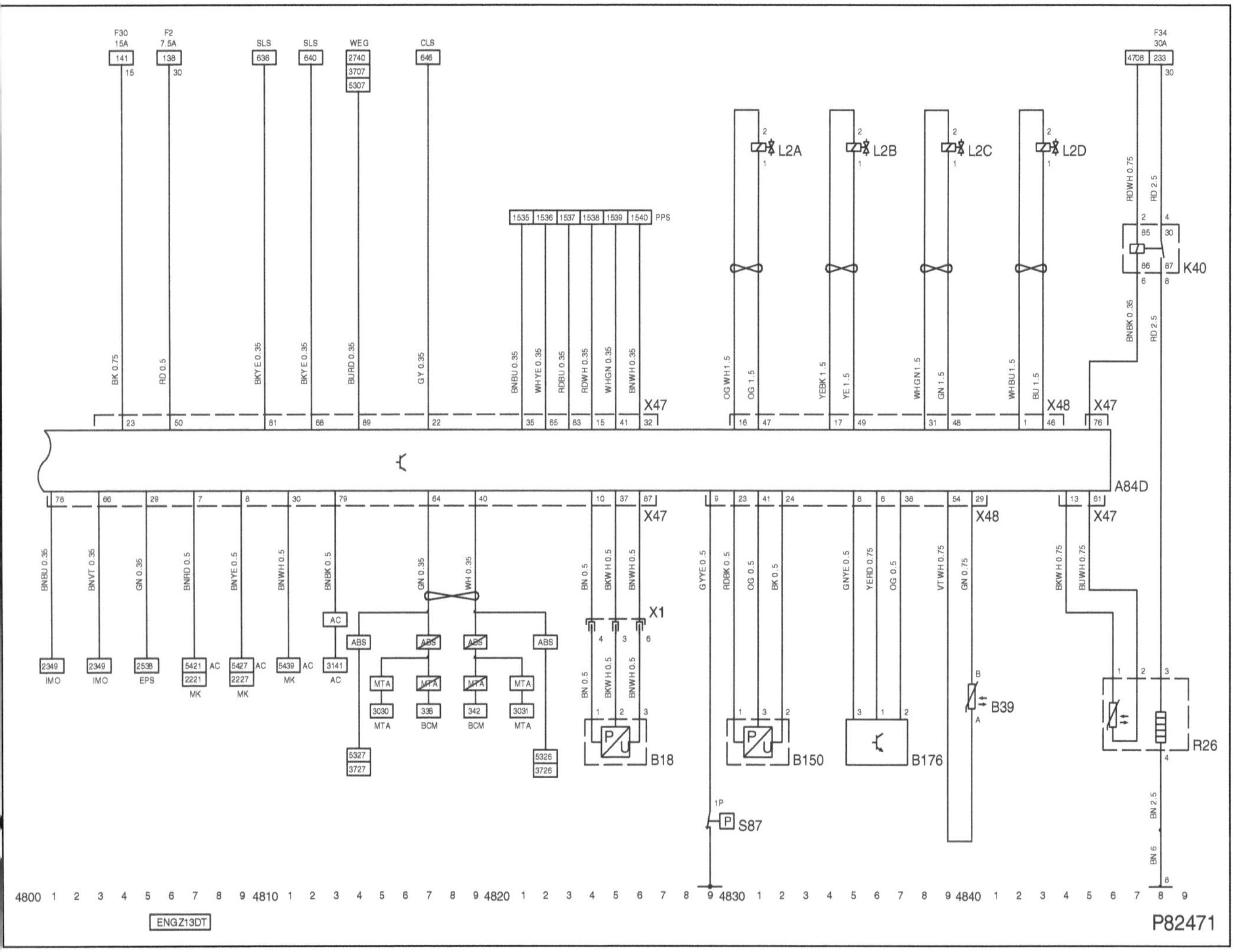

## lotor: Motorkühlung Z10XEP, Z12XE(P), Z14XEP, Z16SE, Z18XE

| omkreis | Strompfad | Gerätebezeichnungen | |
|---|---|---|---|
| torkühlung . . . . . . | 2200 – 2249 | K30A | Relais - Lüfter, Kühler |
| | | K30B | Relais - Lüfter, Kühler |
| | | K30D | Relais - Lüfter, Kühler |
| | | M7 | Motor - Lüfter, Kühler |

**ssepunkte**

Chassis

**cker**

Karosserie vorn & Lüfter

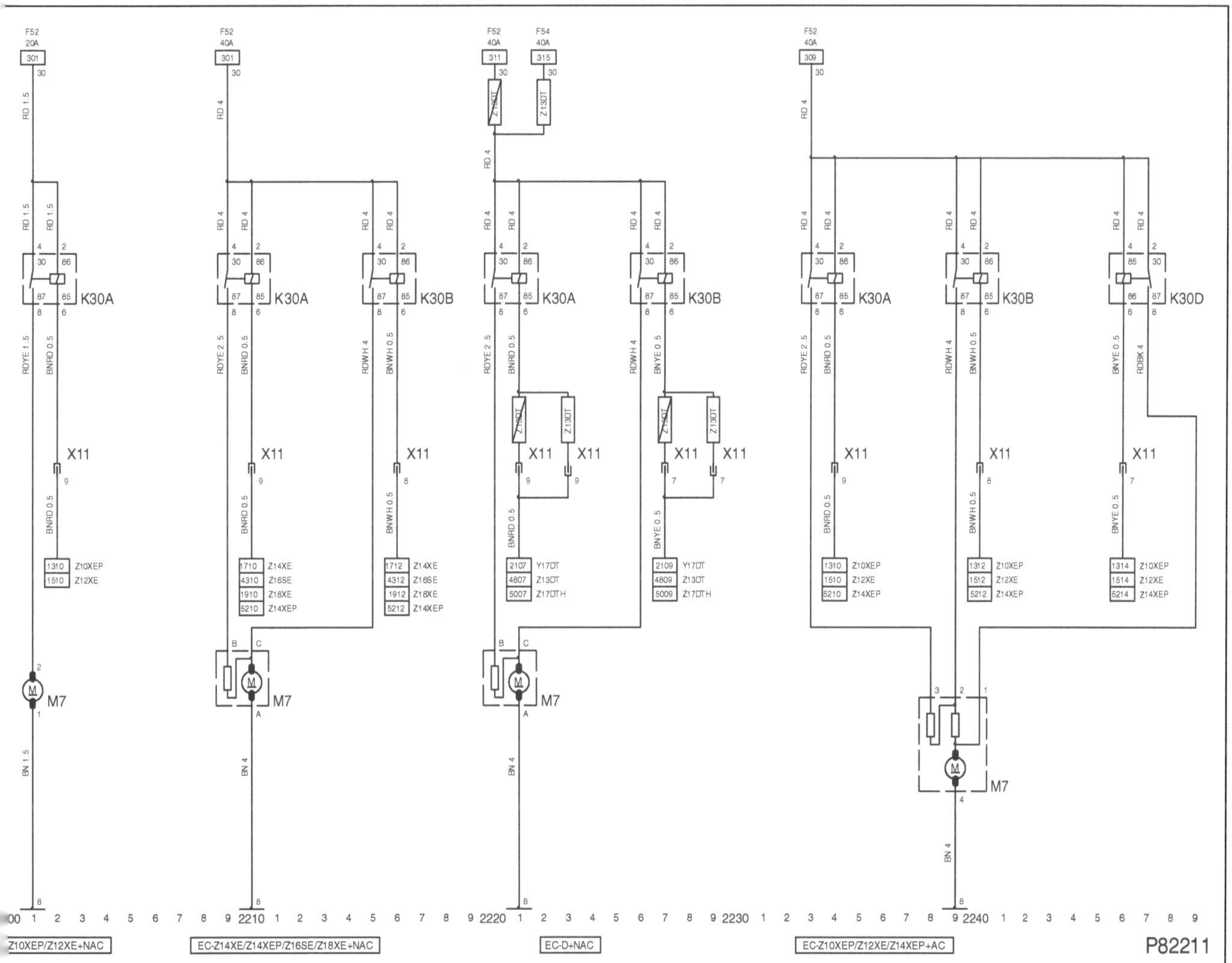

## Heizung/Motor: Heizbare Heckscheibe, Heizung, Kraftstoffpumpe

| Stromkreis | Strompfad |
|---|---|
| Heizbare Heckscheibe. . | 1100 – 1114 |
| Heizung . . . . . . . . . | 1115 – 1133 |
| Kraftstoffpumpe . . . . . | 1134 – 1149 |

**Massepunkte**

2 Tunnel
5 Karosserie, hinten links

**Stecker**

X1 Armaturentafel & Karosserie hinten
X14 Karosserie vorn & Karosserie vorn links
X16 Karosserie vorn links & Heckklappe
X20 Karosserie hinten & Drehzahlsensor/Kraftstofftank
X20.2 Karosserie vorn links & Kraftstoffbehälter
X20.3 Karosserie vorn links & Kraftstoffbehälter
X44 Leitungsstecker - Rückwandklappe
X81 Karosserie vorn links & Kraftstoffbehälter

**Gerätebezeichnungen**

A1_A160 Bediengerät - Heizung
A1_A160.3 Schalter - Gebläse, Heizung
A1_A160.4 Schalter - Heckscheibe, beheizt
A1_A160.5 Beleuchtung - Bediengerät, Heizung
A1_A160.8 Kontrollleuchte - Heckscheibe, beheizt
A15 Body Control Modul
A160 Zusammenbau - Heizung
B1_M8 Sensor - Tankinhalt
K49 Relais - Heckscheibe, beheizt
M1_A160 Motor - Gebläse, Innenraum
M1_M8 Pumpe - Kraftstoff
M8 Einheit - Kraftstoffbehälter
R1_A160 Vorwiderstand - Gebläse, Innenraum
R22 Heckscheibe, beheizt

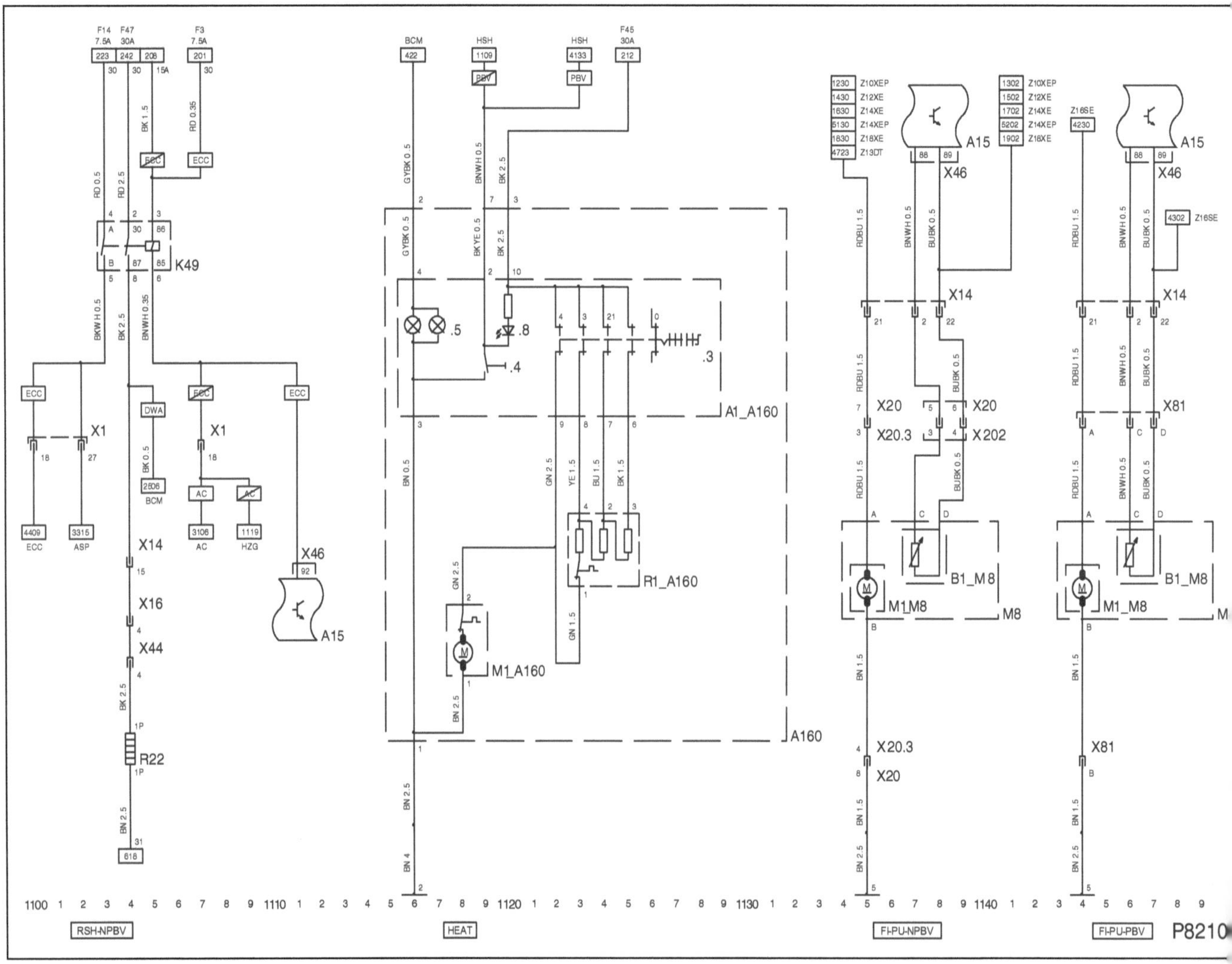

## **Elektrische Anlage:** Außenspiegel, Fensterheber

| Stromkreis | Strompfad |
|---|---|
| Außenspiegel (MIR) | 3300 – 3316 |
| Fensterheber (FH) | 3317 – 3342 |
| Mikrofon (MIC) | 3342 – 3349 |

**Massepunkte**

2 Tunnel

**Stecker**

X2 Armaturentafel & Karosserie vorn links
X3 Armaturentafel & Fahrertür
X4 Armaturentafel & Beifahrertür
X29 Karosserie vorn links & Mikrofon/Sensor - Diebstahlwarnanlage, Innenraum
X29.2 Karosserie vorn links & Mikrofon

**Gerätebezeichnungen**

A15 Body Control Modul
B156 Mikrofon
M10D Motor - Fensterheber, Fahrertür
M10P Motor - Fensterheber, Beifahrertür
M11D Spiegel-Einheit - Fahrertür
M11P Spiegel-Einheit - Beifahrertür
S112D Schalter - Fensterheber
S112D.1 Schalter - Fensterheber, Fahrertür
S112D.2 Schalter - Fensterheber, Beifahrertür
S112P Schalter - Fensterheber, Beifahrertür
S169 Schalter - Außenspiegel
S169.1 Schalter - Außenspiegel, Einstellung
S169.2 Schalter - Außenspiegel, links/rechts

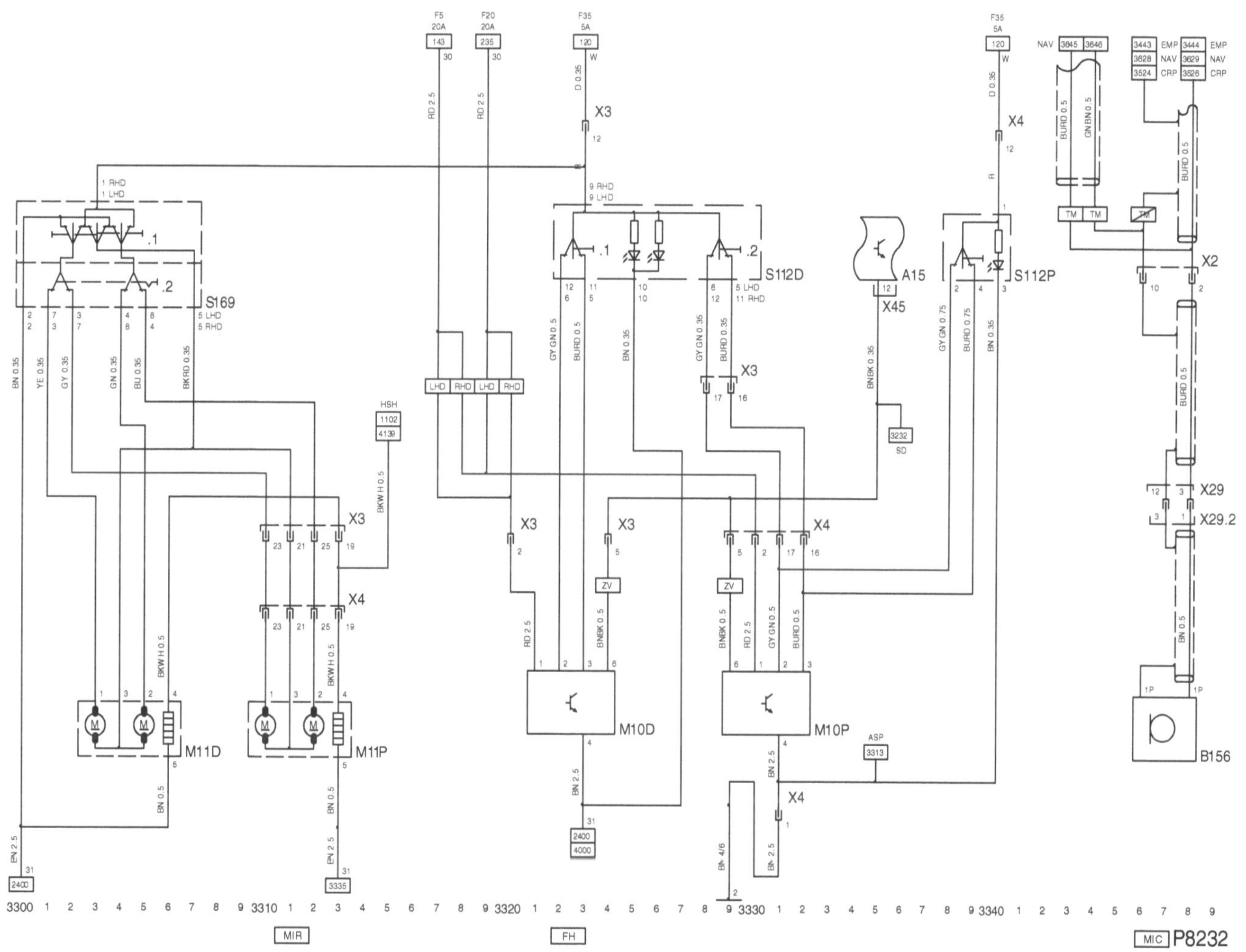

# Elektrische Anlage: Zentralverriegelung

**Stromkreis** | **Strompfad**

Zentralverriegelung . . . 2400 – 2449

**Massepunkte**

2 Tunnel

**Stecker**

- X2 Armaturentafel & Karosserie vorn links
- X3 Armaturentafel & Fahrertür
- X4 Armaturentafel & Beifahrertür
- X12 Karosserie vorn rechts & hintere Tür rechts
- X13 Karosserie vorn links & hintere Tür links
- X16 Karosserie vorn links & Heckklappe
- X27 Armaturentafel & Karosserie vorn rechts
- X44 Leitungsstecker - Rückwandklappe

**Gerätebezeichnungen**

- A15 Body Control Modul
- S1_Y49 Schalter Verriegelung Kofferraum/Heckklappe, Diebstahlwarnanlage
- K24A Relais - Verriegelung Fahrertür
- K24B Relais - Verriegelung
- K24C Relais - Entriegelung
- K24D Relais - Diebstahlsicherung
- M1_Y13D Motor - Zentralverriegelung
- M1_Y49 Motor - Zentralverriegelung, Kofferraum/Heckklappe
- S1_Y13D Schalter - Zentralverriegelung
- Y10 Motor - Zentralverriegelung, Tankklappe
- Y13D Zusammenbau - Zentralverriegelung, Fahrertür
- Y13PA Motor - Zentralverriegelung, Beifahrertür
- Y35L Motor - Zentralverriegelung, Hintertür links
- Y35R Motor - Zentralverriegelung, Hintertür rechts
- Y49 Einheit - Verriegelung, Kofferraum/Heckklappe

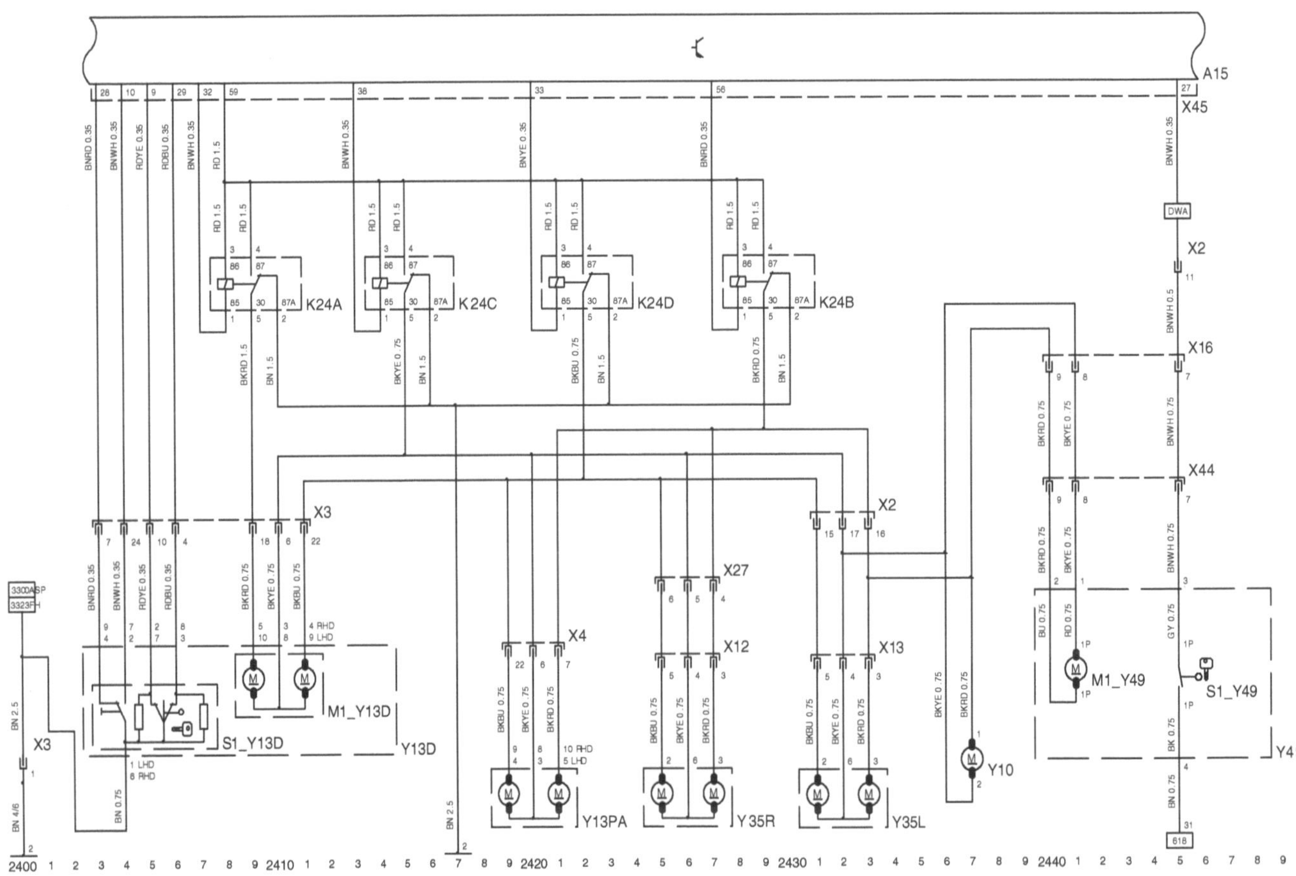


P8223

## lektrische Anlage: Innenleuchten, El. Innenspiegel, Leseleuchte, Türkontaktschalter, Zigarettenanzünder, Hupe

| omkreis | Strompfad |
|---|---|
| enleuchte . . . . . . | 1003 – 1018 |
| ktrochr. Innenspiegel | 1007 – 1013 |
| seleuchte . . . . . . . | 1007 – 1038 |
| kontaktschalter . . . | 1015 – 1031 |
| arettenanzünder . . . | 1040 – 1045 |
| ıfare (Hupe) . . . . . | 1046 – 1049 |

**ssepunkte**

Tunnel
Karosserie, hinten links
Chassis

| Stecker | |
|---|---|
| X2 | Armaturentafel & Karosserie vorn links |
| X16 | Karosserie vorn links & Heckklappe |
| X17 | Karosserie vorn links & Leseleuchte hinten |
| X27 | Armaturentafel & Karosserie vorn rechts |
| X44 | Leitungsstecker - Rückwandklappe |

| Gerätebezeichnungen | |
|---|---|
| A15 | Body Control Modul |
| B9 | Fanfare |
| E62 | Leuchte - Gepäckraum |
| E67 | Leuchte - Innenraum |
| E68 | Leuchte - Innenraum, zeitverzögert |
| E68.1 | Leuchte - Innenraum |
| E68.2 | Leseleuchte |
| E68.3 | Anzeige - Airbag, Beifahrer |
| E94 | Leselampe - hinten |
| E124 | Spiegel-Einheit - innen |
| K47 | Relais - Fanfare |
| R1 | Zigarettenanzünder |
| S39 | Schalter - Leuchte, Gepäckraum |
| S63D | Kontaktschalter - Fahrertür |
| S63P | Kontaktschalter - Beifahrertür |
| S63RL | Kontaktschalter - Hintertür links |
| S63RR | Kontaktschalter - Hintertür rechts |

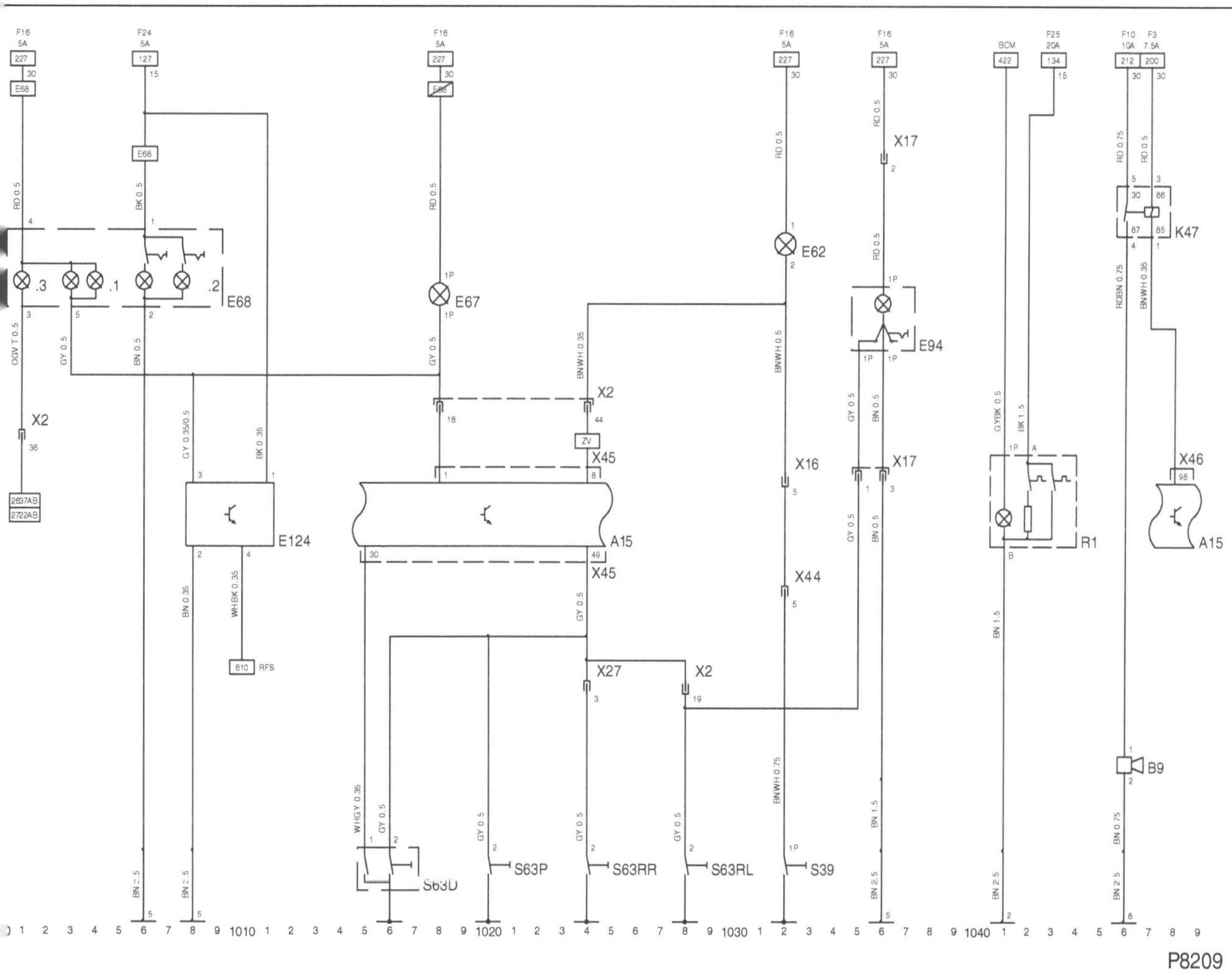

# Elektrische Anlage: Front- und Heckscheibenwischer, Scheiben-Waschanlage, Scheinwerfer-Waschanlage

| Stromkreis | Strompfad |
|---|---|
| Frontscheibenwischer | 800 – 817 |
| Heckscheibenwischer | 817 – 836 |
| Scheiben-Waschanlage | 836 – 845 |
| Scheinwerfer-Waschanlage | 846 – 849 |

**Massepunkte**

| | |
|---|---|
| 5 | Karosserie, hinten links |
| 9 | Motorraum, rechts |
| 8 | Chassis |

**Stecker**

| | |
|---|---|
| X2 | Armaturentafel & Karosserie vorn links |
| X14 | Karosserie vorn & Karosserie vorn links |
| X16 | Karosserie vorn links & Heckklappe |
| X16_1 | Karosserie hinten, links & Hecktür, links |
| X16_2 | Karosserie hinten, links & Hecktür, rechts |
| X44 | Leitungsstecker - Rückwandklappe |

**Gerätebezeichnungen**

| | |
|---|---|
| B86 | Regensensor |
| K46 | Relais - Scheinwerferreinigung |
| K56 | Relais - Wischer, Heckscheibe |
| K69A | Relais - Wischer, Frontscheibe (Stufe 1/Intervall) |
| K69B | Relais - Wischer, Frontscheibe (Stufe 2) |
| K70 | Relais Wascherpumpe Frontscheibe |
| K74 | Relais Wascherpumpe Frontscheibe |
| M12 | Motor - Wischer, Heckscheibe |
| M12L | Motor - Wischer, Heckfenster, Hecktür, links |
| M12R | Motor - Wischer, Heckfenster, Hecktür, rechts |
| M17 | Motor - Wischer, Frontscheibe |
| Y105 | Pumpe - Wascher, Front- & Heckscheibe |
| Y106 | Pumpe - Wascher, Scheinwerfer |

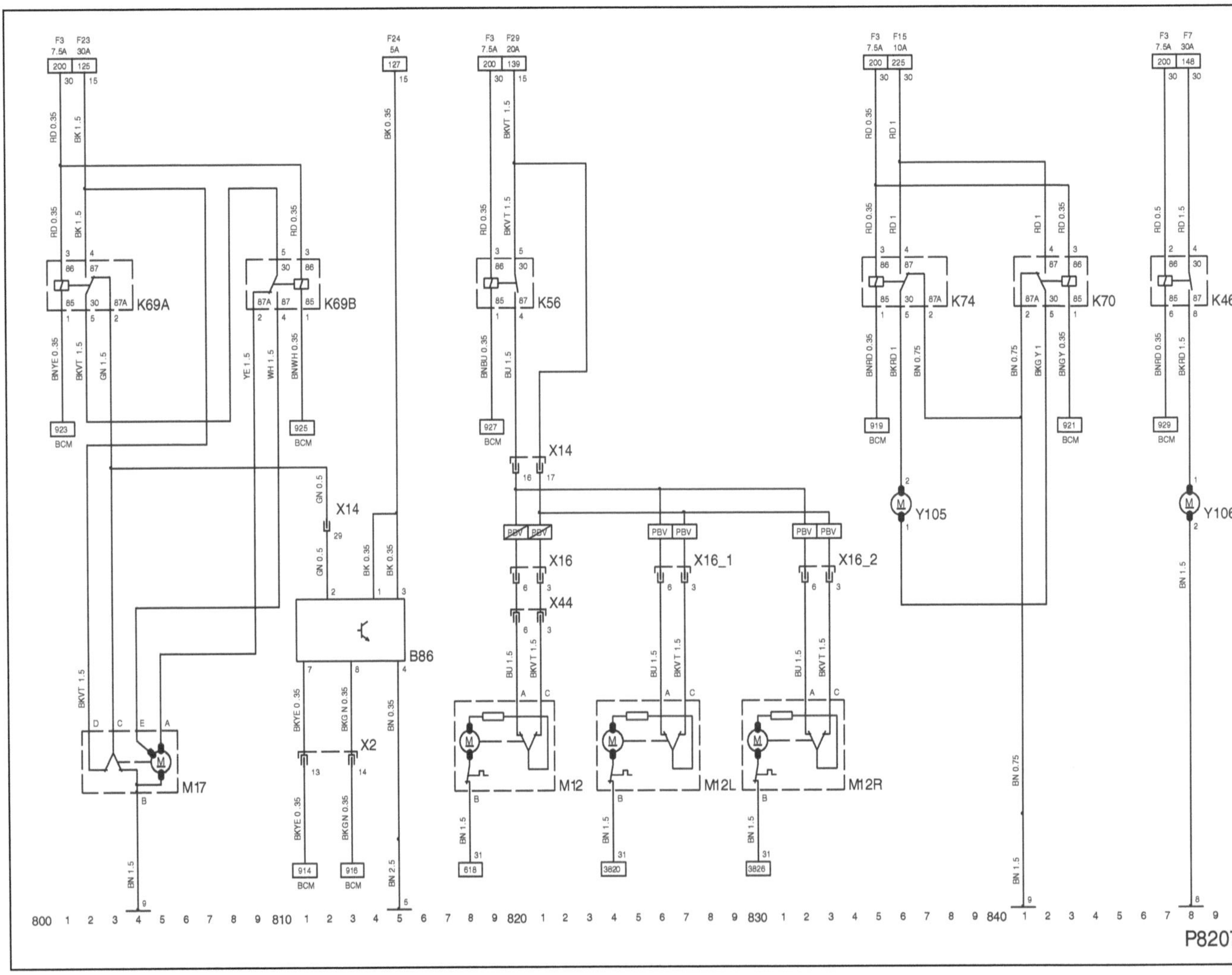

## Elektrische Anlage: Radio

| Stromkreis | Strompfad |
|---|---|
| Radio | 3407 – 3446 |
| Radio-Fernbedienung | 3400 – 3405 |
| Telefon | 3441 – 3449 |

**Massepunkte**

1 Tunnel
9 Motorraum, rechts
10 Karosserie, vorn, links

**Stecker**

A143 Stecker Telefon

X1 Armaturentafel & Karosserie hinten
X2 Armaturentafel & Karosserie vorn links
X3 Armaturentafel & Fahrertür
X4 Armaturentafel & Beifahrertür
X15 Karosserie vorn & vorderes Abschlussblech
X27 Armaturentafel & Karosserie vorn rechts
X42 Armaturentafel & Karosserie vorn rechts
X49 Armaturentafel & Karosserie vorn

**Gerätebezeichnungen**

A132A Radio
B23 Sensor - Temperatur, außen
B109L Lautsprecher, vorn links
B109LT Hochtöner, vorn, links
B109R Lautsprecher, vorn, rechts
B109RT Hochtöner, vorn, rechts
B117L Lautsprecher - Seitenwand, hinten, links
B117R Lautsprecher - Seitenwand, hinten, rechts
C7 Kondensator - Radio
S208 Schalter - Radio-Fernbedienung

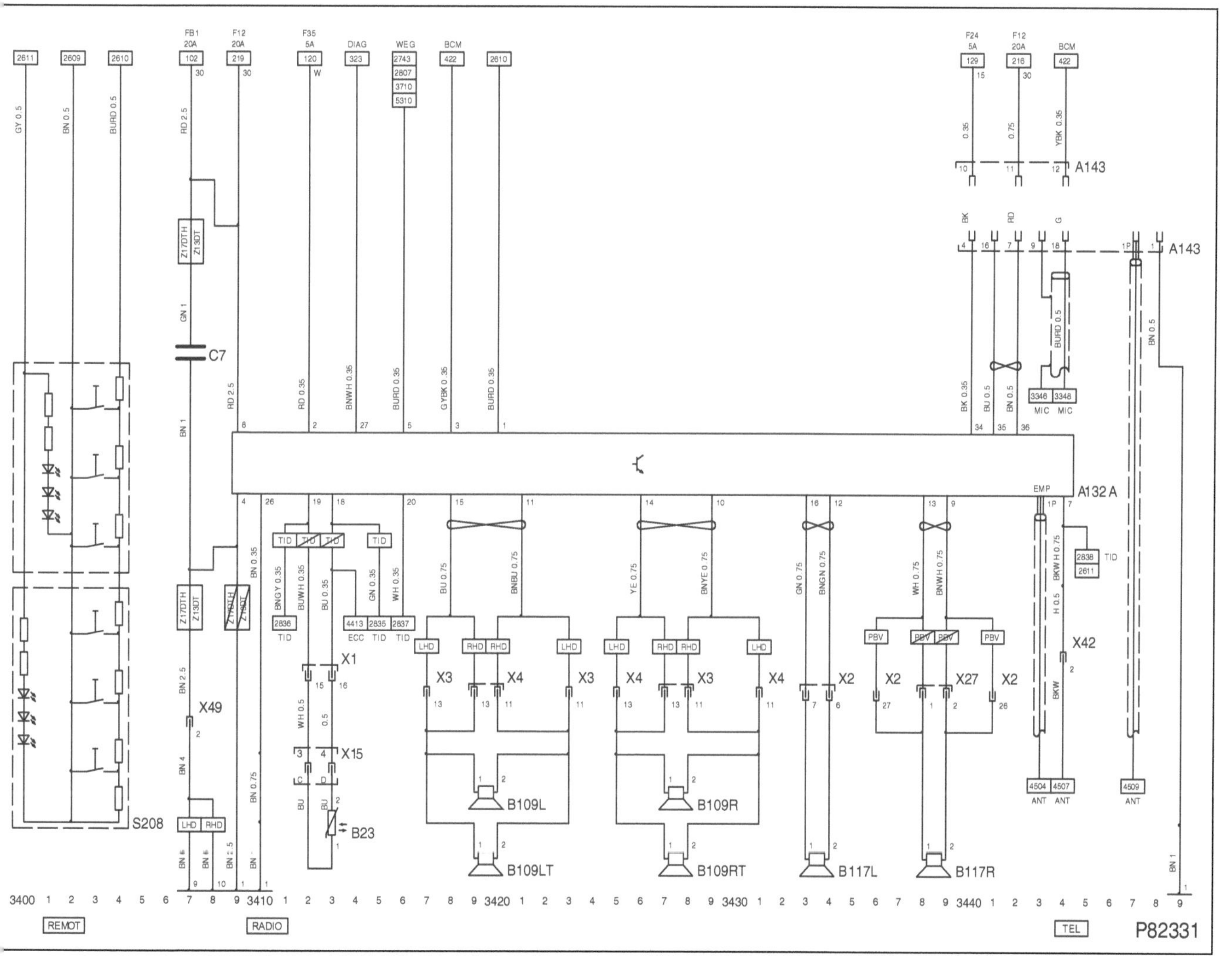


P82331

# Elektrische Anlage: Sitzheizung

| **Stromkreis** | **Strompfad** |
|---|---|
| Sitzheizung | 3200 – 3223 |
| Schiebedach | 3228 – 3239 |

**Massepunkte**

2 Tunnel
5 Karosserie, hinten links

**Stecker**

X2 Armaturentafel & Karosserie vorn links
X14 Karosserie vorn & Karosserie vorn links
X36 Armaturentafel & Fahrersitz-Zsb.
X36.3 Fahrersitz & Sitzheizung
X37 Armaturentafel & Beifahrersitz-Zsb.
X37.3 Beifahrersitz & Sitzheizung

**Gerätebezeichnungen**

M16 Motor - Schiebedach
R14 Einheit Sitzheizung, Fahrer
R19 Einheit Sitzheizung, Beifahrer
S228 Schalter - Schiebedach
S260L Schalter - Sitzheizung, links
S260R Schalter - Sitzheizung, rechts

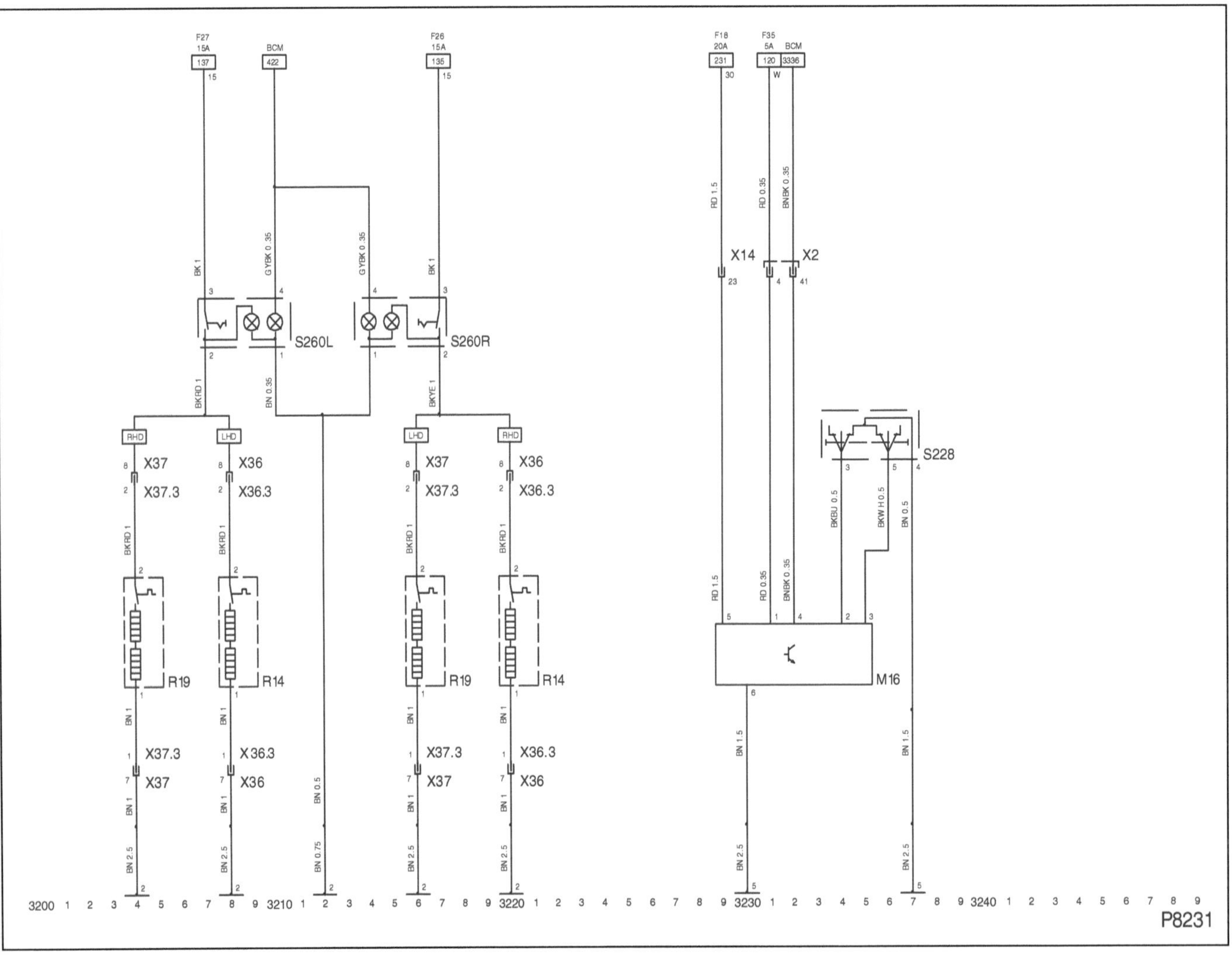

## eleuchtung: Lichtschalter, Blinkerschalter, Warnlichtschalter

| omkreis | Strompfad |
|---|---|
| ıtschalter . . . . . . . . | 400 – 421 |
| kerschalter . . . . . . . | 423 – 436 |
| rnblinkschalter . . . . . | 438 – 444 |

**ssepunkte**

Tunnel

**cker**

**Gerätebezeichnungen**

| | |
|---|---|
| A15 | Body Control Modul |
| S120 | Schalter - Warnblinklicht |
| S124 | Schalter-Einheit - Licht |
| S124.1 | Schalter - Licht |
| S124.2 | Dimmer - Instrumentenbeleuchtung |
| S124.3 | Schalter - Leuchtweitenregelung |
| S124.4 | Schalter - Beleuchtung Innenraum |
| S124.5 | Schalter - Nebelscheinwerfer |
| S124.6 | Schalter - Nebelschlussleuchte |
| S229 | Schaltereinheit - Lenksäule |
| S229.1 | Schalter - Fernlicht |
| S229.2 | Schalter - Blinkleuchte |
| S229.3 | Schalter - Geschwindigkeitsregler |

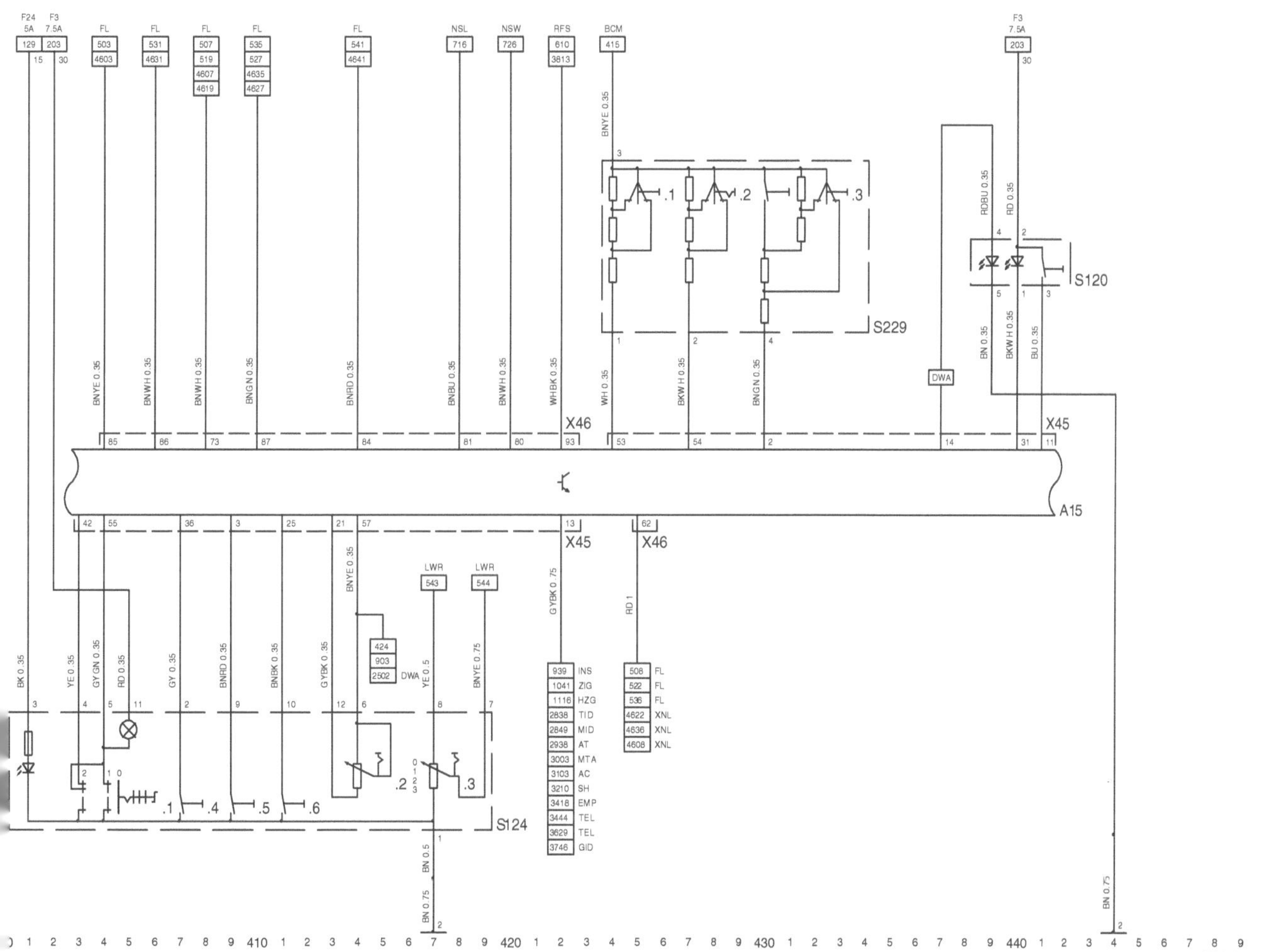

P8203

## **Beleuchtung:** Scheinwerfer (Halogen-Lampen)

| **Stromkreis** | **Strompfad** |
|---|---|
| Scheinwerfer (Halogen-Lampen) | 900 – 949 |

**Massepunkte**

- 8 Chassis
- 9 Motorraum, rechts

**Stecker**

- X1 Armaturentafel & Karosserie vorn

**Gerätebezeichnungen**

| | |
|---|---|
| E75L | Blinklicht - seitlich, links |
| E75R | Blinklicht - seitlich, rechts |
| E121LA | Scheinwerfer - links |
| E121LA.1 | Abblendlicht - links |
| E121LA.2 | Fernlicht - links |
| E121LA.3 | Blinklicht - vorn, links |
| E121LA.4 | Parklicht - links |
| E121LA.5 | Leuchtweitenregelung - links |
| E121RA | Scheinwerfer - rechts |
| E121RA.1 | Abblendlicht - rechts |
| E121RA.2 | Fernlicht - rechts |
| E121RA.3 | Blinklicht - vorn, rechts |
| E121RA.4 | Parklicht - rechts |
| E121RA.5 | Leuchtweitenregelung - rechts |
| F36 | Sicherung |
| F37 | Sicherung |
| F38 | Sicherung |
| F39 | Sicherung |
| F43 | Sicherung |
| F44 | Sicherung |
| K43 | Relais - Abblendlicht |
| K45 | Relais - Fernlicht |
| K66 | Relais - Blinklicht |
| K66.1 | Relais - Blinklicht, links |
| K66.2 | Relais - Blinklicht, rechts |
| K66L | Relais - Blinklicht, links |
| K66R | Relais - Blinklicht, rechts |
| K76 | Relais - Standlicht |

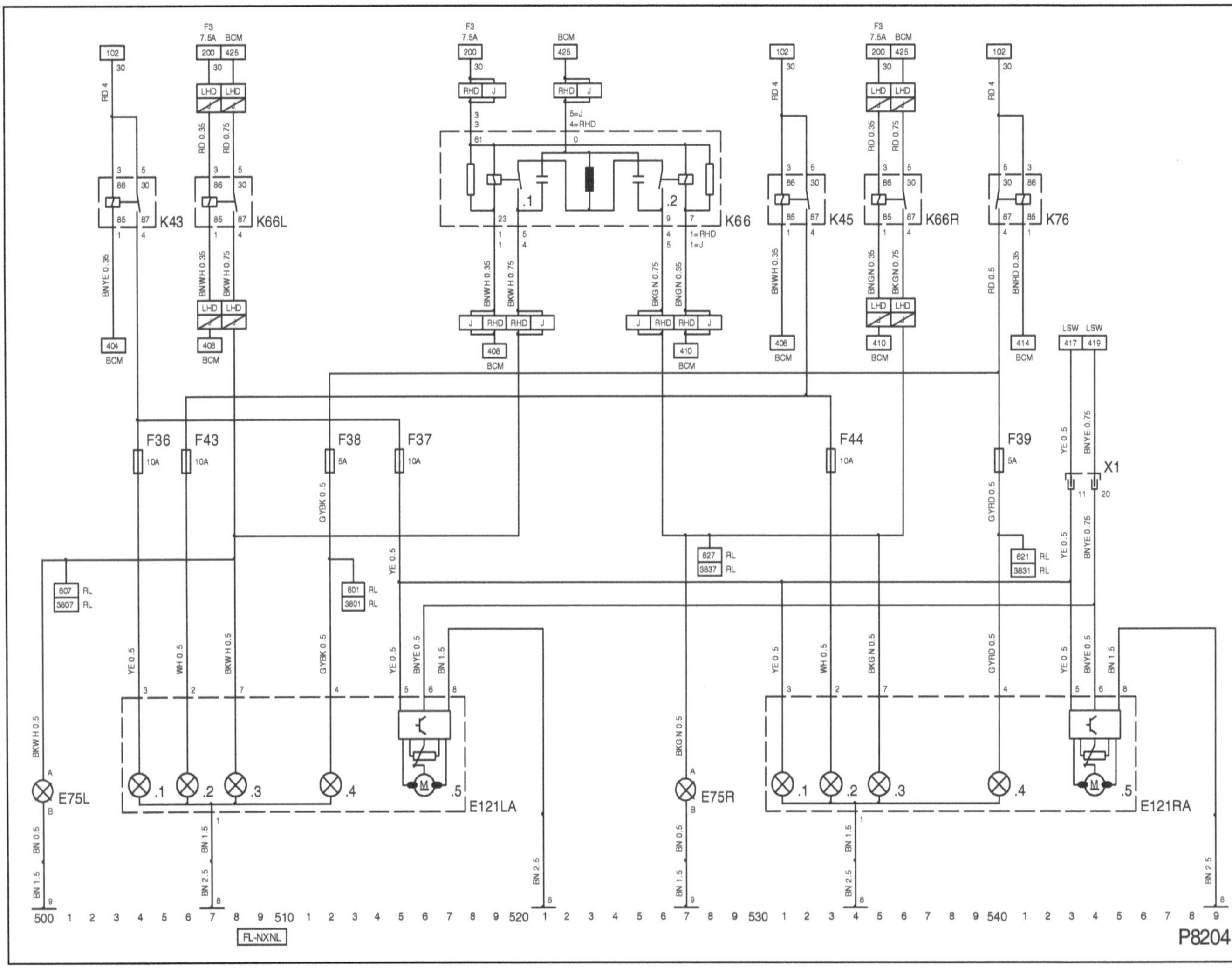

## Beleuchtung: Rückleuchten, Bremslichtschalter, Kupplungsschalter

**SStromkreis** **Strompfad**

Rückleuchten . . . . . . . 600 – 631
Bremslichtschalter . . . . . 632 – 643
Kupplungsschalter . . . . . 644 – 649

**Massepunkte**

5 Karosserie, hinten links
6 Hecktür/Heckklappe

**Stecker**

X1 Armaturentafel & Karosserie hinten
X2 Armaturentafel & Karosserie vorn links
X14 Karosserie vorn & Karosserie vorn links
X16 Karosserie vorn links & Heckklappe
X21 Armaturentafel & Karosserie vorn rechts
X44 Leitungsstecker - Rückwandklappe

**Gerätebezeichnungen**

E79 Bremslicht - Mitte
E106L Heckleuchteneinheit - links
E106L.1 Schlusslicht - Links
E106L.2 Bremslicht - links
E106L.3 Rückfahrscheinwerfer - links
E106L.4 Blinklicht - hinten, links
E106R Heckleuchteneinheit - rechts
E106R.1 Schlusslicht - Rechts
E106R.2 Bremslicht - rechts
E106R.3 Rückfahrscheinwerfer - rechts
E106R.4 Blinklicht - hinten, rechts
K71 Relais - Rückfahrscheinwerfer
S32 Schalter - Rückfahrscheinwerfer
S41 Schalter - Kupplung
S216 Schalter - Bremslicht, Zweifach

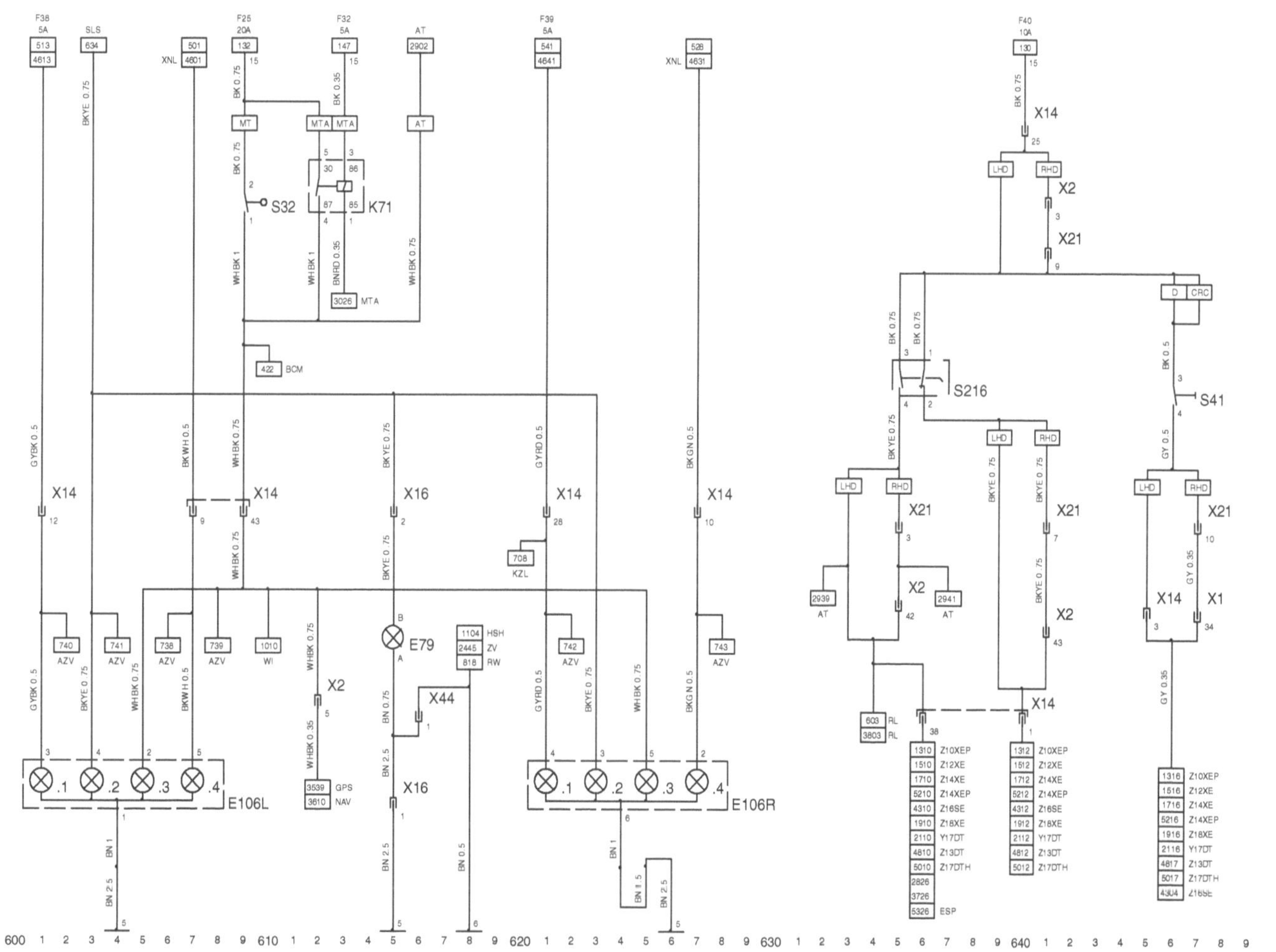


P82051

# Beleuchtung: Kennzeichenleuchen, Nebelschlussleuchte, Nebelscheinwerfer, Anhängerzugvorrichtung

| Stromkreis | Strompfad |
|---|---|
| Kennzeichenleuchten (Combo) | 700 – 706 |
| Kennzeichenleuchten (Limousine) | 708 – 713 |
| Nebelschlussleuchte | 716 – 723 |
| Nebelscheinwerfer | 725 – 732 |
| Anhängerzugvorrichtung | 735 – 749 |

**Massepunkte**

| | |
|---|---|
| 5 | Karosserie, hinten links |
| 8 | Chassis |

| Stecker | |
|---|---|
| X14 | Karosserie vorn & Karosserie vorn links |
| X15 | Karosserie vorn & vorderes Abschlussblech |
| X16_1 | Karosserie hinten, links & Hecktür, links |
| X26 | Karosserie vorn links & hinteres Abschlussblech |
| X78 | Anhängersteckdose |
| X79 | Heckpartie links & Anhängersteckdose |

| Gerätebezeichnungen | |
|---|---|
| E69L | Nebelscheinwerfer - links |
| E69R | Nebelscheinwerfer - rechts |
| E97L | Nebelschlussleuchte - links |
| E97R | Nebelschlussleuchte - rechts |
| E98A | Glühlampe - Kennzeichen, links |
| E98B | Glühlampe - Kennzeichen, rechts |
| F41 | Sicherung |
| F42 | Sicherung |
| K39 | Relais - Nebelscheinwerfer |
| K58 | Relais - Nebelschlussleuchte |
| S1_X78 | Schalter - Nebelschlussleuchte, Anhängersteckdose |

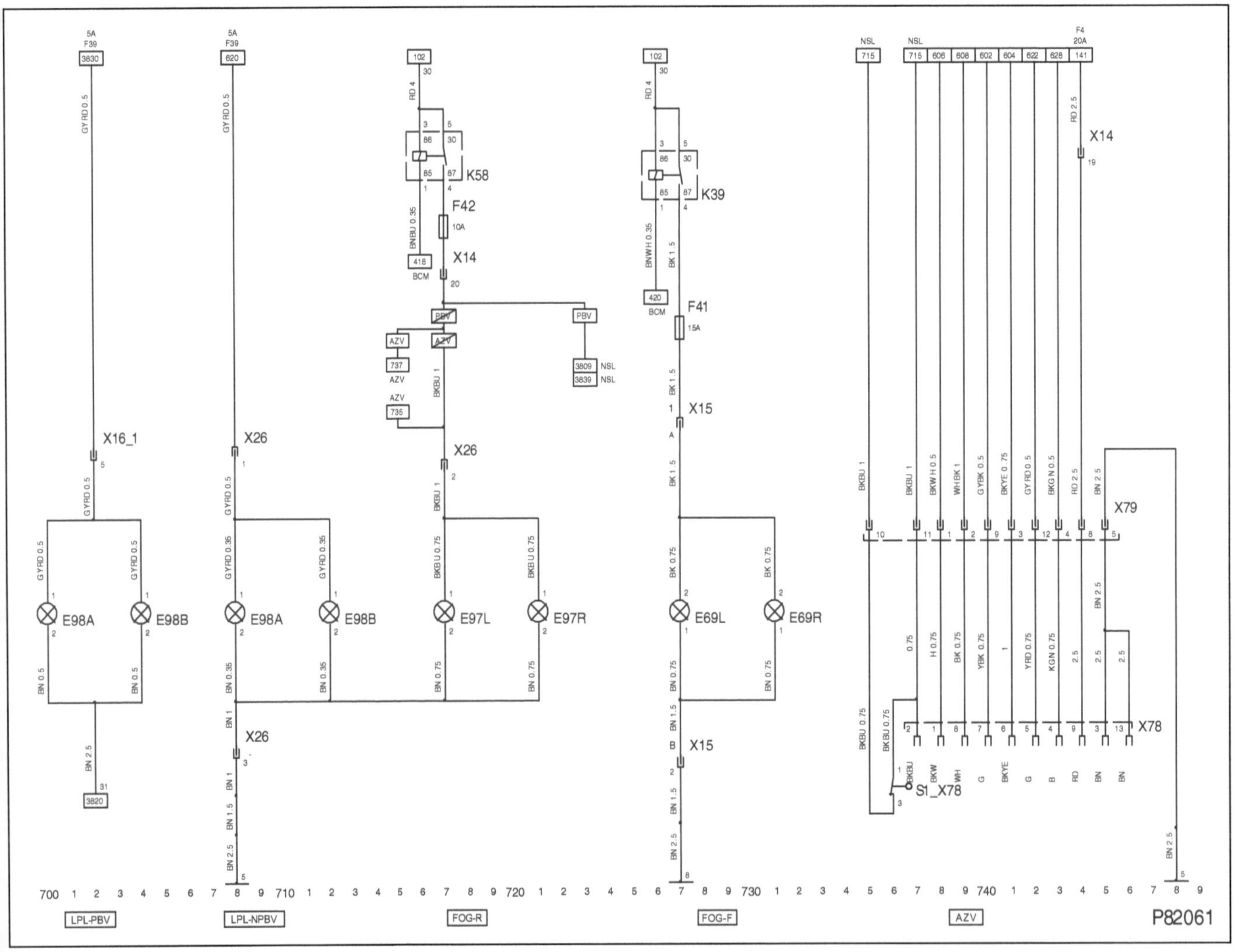

DELIUS KLASING